全国勘察设计注册公用设备工程师（暖通空调）专业考试历年真题详解——专业案例篇

GO GO 培训编委会
清风注考　编著

机 械 工 业 出 版 社

本书以清风注考版注册公用设备工程师(暖通空调)专业考试历年真题详解为基础，融合了GO GO培训班各位老师的研究成果，也采纳了两年来广大考友宝贵的意见和建议，精心编写而成。

本书紧扣考试大纲和规范，针对2006~2018年注册公用设备工程师(暖通空调)专业考试历年真题进行了详细解答，并对必要的知识点进行了扩展延伸。参编人员均为高分通过考试的考友和授课名师，有丰富的注册考试及工程设计经验，真正从考生的角度深入分析题目，题目详解逻辑性强、步骤规范、知识点总结到位，更有助于考生的复习备考。

图书在版编目(CIP)数据

全国勘察设计注册公用设备工程师(暖通空调)专业考试历年真题详解．专业案例篇/GO GO培训编委会，清风注考编著．—3版．—北京：机械工业出版社，2019.3

ISBN 978-7-111-62337-3

Ⅰ.①全… Ⅱ.①G… ②清… Ⅲ.①采暖设备-建筑设计-资格考试-题解②通风设备-建筑设计-资格考试-题解③空气调节设备-建筑设计-资格考试-题解 Ⅳ.①TU83-44

中国版本图书馆CIP数据核字(2019)第054474号

机械工业出版社(北京市百万庄大街22号 邮政编码100037)
策划编辑：范秋涛 责任编辑：范秋涛
责任校对：刘时光 责任印制：张 博
三河市宏达印刷有限公司印刷
2019年4月第3版第1次印刷
184mm×260mm·25.25印张·2插页·656千字
标准书号：ISBN 978-7-111-62337-3
定价：69.00元

凡购本书，如有缺页、倒页、脱页，由本社发行部调换

电话服务
服务咨询热线：010-88361066
读者购书热线：010-68326294

网络服务
机 工 官 网：www.cmpbook.com
机 工 官 博：weibo.com/cmp1952
金 书 网：www.golden-book.com
教育服务网：www.cmpedu.com

本书编委会

主　编：

张　诚　北京首钢国际工程技术有限公司

参　编：

刘　恋　李满峰　杨　阳　尹　奎

成慧俊　丁　珂　李　明　丛　森

前　　言

《全国勘察设计注册公用设备工程师（暖通空调）专业考试历年真题详解——专业知识篇》及《全国勘察设计注册公用设备工程师（暖通空调）专业考试历年真题详解——专业案例篇》是GO GO培训编委会推出的专业考试配套丛书。本书融合了2018年清风注考版真题详解和GO GO培训班各位老师的研究成果，精心编写而成。

本书紧扣考试大纲和规范，对2006～2018年历年考试真题进行了全面的收录和详细解答，力争做到“题题有依据”“难点有分析”“争议有讨论”，并对必要的知识点进行了扩展延伸。参编人员均为高分通过考试的考友和授课名师，有丰富的注册考试及工程设计经验，真正从考生的角度深入分析题目，题目详解逻辑性强、步骤规范、知识点总结到位，更有助于考生的复习备考。我们希望这本精心编制的注考书籍，能为您指点迷津，助您高效备考，攻克暖通注册考试大关!

本书所有题目均来源于网友贡献，题目解析由清风注考及GO GO培训班各位老师亲身整理，也采纳了广大考友的宝贵建议，不代表任何官方意见，也不是官方标准答案，仅供备考2019年注册暖通考试的广大考友交流学习使用。同时，由于水平和时间有限，本书难免出现差错，恳请您提出宝贵的修改建议，联系作者或加入注册考试交流群，大家共同进步。

2019年改版说明：

本书自2015年出版以来，受到了广大考生的热烈好评，同时也有众多考友们向我们提出了积极的改进意见。本着全力服务考生、不断完善真题、尽力满足考生差异化要求的目的，笔者对2019年新版真题详解做出了以下改版：

一、形式改版

1. 分《专业知识》和《专业案例》两册分别出版，方便考生携带和考场翻查。

2. 2006～2014年真题参照《教材2018》目录按考点进行详细分类，提高真题在前期复习过程中的使用效率，也方便考生在考场上快速查找往年相同考点的题目。

3. 2016～2018年题目不列入分类题目中，目的在于避免考生在复习前期涉及所有年份真题，但同时将近两年真题对应题号列于分类目录标题之后，以方便考生后期总结归纳以及考场查找。

4. 保留2010～2018年原版空白试卷及详细解析，主要用于复习中后期实战模拟测试，以避免复习过程中常见的眼高手低现象。

二、内容改版

1. 结合按章节详细分类的历年真题，对重要及常考知识点进行总结归纳，方便考生系统掌握相同考点真题的知识脉络和解题思路。

2. 针对2019年可能更新的规范，在相关题目详解中增加了针对新规范的解答和分析，做到与时俱进、老题新解。

3. 优化附录中焓湿图，使用更方便，查询更快捷，并增加焓湿图计算常用公式。

4. 对2018年版书籍中的错误和不足进行了勘误和完善。

真题编号说明：

本书题目编号原则为：20××-×-××，编号第一部分数字为考试年份，第二部分为考试场次，其中1、2、3、4分别对应专业知识（上）、专业知识（下）、专业案例（上）、专业案例（下），第三部分为题目编号。如2014-2-4为2014年专业知识（下）第4题。2014-3-16为2014年专业案例（上）第16题，以此类推。

清风注考

考试交流QQ群：578042535

15966718

来自 GO GO 培训的一封信

今天的你是否结束了制图的辛劳，耳边却还萦绕着甲方的念叨？

今天的你是否受够了领导的指派，胸中的理想却还在脑海徘徊？

是否，你工作多年，辛苦拼搏，阔别课本已久？为了完成职业生涯的蜕变，为了提升专业素养，为了离自己的理想更进一步，义无反顾地踏上了漫漫备考路？旁人喝咖啡的时候，你在埋头看书；旁人看韩剧的时候，你在默默复习；旁人享天伦的时候，你在奋笔做题；末了，旁人思考人生的时候，你在忐忑不安地等成绩……

天道酬勤，有志者事竟成！有一天当你拿到"沉甸甸"的证书，回首充实的备考时光，点点滴滴在心头。往日的坚毅奋斗都将化为你生命中宝贵的财富。在学习的路上，再没有什么可以阻挡你迈向理想的步伐。

可是……

你是否曾经受制于 71 本规范的桎梏，寸步难行？

你是否曾经面对 800 余页考试教材的纷繁复杂，无从下手？

你是否曾经独自一人，孤军奋战，欲求名师耳提面命的谆谆教导而不可得？

水压图，高深莫测，百思不得其解？

防排烟，事关重大，岂敢视若等闲？

焓湿图，千变万化，自信游刃有余？

更别提温熵图、压焓图两大杀器，不知摧残了多少颗疲惫的心……

浸淫书海大半年，笔下解题两千余。却依然有很多人搞不清散热器的水力工况；不明白空调水系统的故障分析；不知道污染物排放浓度的计算要点；望着"闪发蒸汽分离器""多级压缩""热回收式热泵机组""弗鲁德数 *Fr*""一次节流、不完全中间冷却"这些概念不知所云。

当然啦，像"空调箱和冷却塔的进出风风量、风温、进出水水量、水温之间的相互关系""供暖水系统阀门开闭造成的水力工况变化""空调水系统定压、压差旁通控制、一级泵变流量和二级泵系统的详细工作特性""泵与风机的工况变化及其相关的核心知识点""逆卡诺循环，劳伦兹循环，理论制冷循环，实际制冷循环""热泵工况变化的一系列必考题型""红外线辐射供暖案例题""有关中和面定位的案例题""非等温自由射流的案例题""年年必考，得分难点，焓湿图计算的案例题""大多数人很少接触的涉及冷库与冰蓄冷的案例题"，还有，还有，像"溶液除湿温湿度独立控制""蒸发冷却空调""VAV 变风量系统及置换通风"……诸如此类，大家确定一定以及肯定是非常熟悉了吧？

什么？你说你还不知道？呃……

没关系，GO GO 暖通注册培训班，为你护航。

洒脱的人生，快乐地学习。

GO GO 培训拥有强大的师资力量，所有授课老师均为 985 高校授课名师，博士学历，教学经验丰富，授课方式生动，深入浅出，广受好评。更重要的是，他们都早早地通过了注册考试，和广大考生一样，体验过注考的种种不易，更能有针对性地进行贴心辅导。

GO GO 培训也拥有强大的明星助考团，成员均为各届注考的高分考生，对注册考试颇有心得，且乐于分享。2014～2018 年，我们一起为群里的上千考友提供了无私的帮助，组织了多场规范串讲，制冷与空调重难点精讲，反响甚好。我们都是注考路上的同路人，经历了酸甜苦辣才会更加懂得珍惜和感恩。规范与教材内容繁多，该如何复习？重难点与旁枝末节如何取舍？该如何安排复习进度与计划？所有的这些，我们都将全程陪同助考，与诸君共勉。

付出的是青春与汗水，收获的是成长与友谊。

GO GO 暖通注册培训班，在我们追求理想的道路上 GO！GO！GO！

2019，我们在这里等你！

GO GO 培训

第1篇

历年真题考点分类解析
（专业案例）

第1章 供 暖

1.1 建筑热工与节能

1.1.1 围护结构热工计算(2016-3-1，2017-3-2，2018-4-2)[㊀]

1. 北京地区某办公楼的外墙内加气泡沫混凝土的厚度，按《公共建筑节能设计标准》(GB 50189—2005)计算比按《采暖通风与空气调节设计规范》(GB 50019—2003)计算需要加量，为下列何值？

已知：建筑体形系数为0.3，墙体其他材料的热阻为0.1m²·℃/W，$D>6$，北京地区供暖室外计算温度为-9℃，加气泡沫混凝土的导热系数$\lambda=0.22$W/(m·℃)。(2006-3-1)

(A)210～240mm (B)250～270mm (C)180～200mm (D)280～300mm

答案：[B]

主要解答过程：

(1)根据《公建节能》表4.2.1查得北京为寒冷地区，再根据表4.2.2-3，查得体形系数为0.3时，外墙的传热系数限值为0.6W/(m²·K)，即所需最小总热阻$R_1=1/K=1.67$(m²·K)/W。

(2)根据《暖规》第4.1.8条，查表4.1.8-1～表4.1.9可知：$\alpha=1$，$\Delta t_y=6.0$℃，$R_n=0.115$(m²·K)/W，$t_w=t_{wn}=-9$℃，此外，取室内计算温度为18℃，则围护结构最小传热阻为：

$$R_2=\frac{\alpha(t_n-t_w)}{\Delta t_y}R_n=\frac{18-(-9)}{6}\times0.115=0.518(\mathrm{m^2\cdot K/W})$$

故《公建节能》与《暖规》相比需要增加热阻：

$$\Delta R=\frac{\delta}{\lambda}=R_1-R_2=1.67-0.518=1.152(\mathrm{m^2\cdot K/W})$$

因此加气泡沫混凝土的厚度需增加的厚度为：

$$\Delta\delta=\Delta R\lambda=0.253\mathrm{m}=253\mathrm{mm}$$

注：对比《教材(第二版)》P1式(1.1-1)和《教材2018》P3式(1.1-3)，可以发现新版教材增加了材料导热系数修正系数这一参数，查表1.1-6可知，题干中加气泡沫混凝土的$\alpha_\lambda=1.6$，因此若按新教材热阻的计算方法，加气泡沫混凝土的厚度需增加的厚度为：

$$\Delta\delta'=\alpha_\lambda\Delta R\lambda=0.406\mathrm{m}=406\mathrm{mm}$$

注：本题根据老版《公建节能》及《暖规》出题，考生主要应掌握其计算方法，学会举一反三。

2. 兰州某办公楼(体形系数为0.28的外墙)，按照《公共建筑节能设计标准》的规定进行改造，加贴膨胀聚苯板，原外墙为360mm黏土多孔砖($\lambda=0.58$W/m·K)，内衬灰20mm($\lambda=0.87$W/m·K)，则外墙所贴的膨胀聚苯板($\lambda=0.05$W/m·K)的厚度至少应选下列何值？(2008-4-4)

(A)40mm (B)50mm (C)60mm (D)70mm

㊀ 括号内为近三年考试对应该知识点题目编号(下同)，考生可根据题号在本书后半部分成套真题中快速查找对应题目，也可以根据近三年该小节题目多少来判断近两年出题侧重趋势。笔者建议保留近三年新鲜题目用作考前实战模拟测试。

答案：[B]

主要解答过程：

根据《公建节能》表4.2.1查得，兰州属于寒冷地区，再根据表4.2.2-3，当体形系数为0.28时，外墙的传热系数限值为0.60W/(m²·K)，即热阻为1.667m²·K/W，查《教材2018》P3表1.1-4和表1.1-5，

$R_n=0.115m^2\cdot K/W$，$R_w=0.04m^2\cdot K/W$

原始外墙热阻 $R_0=R_n+0.36/0.58+0.02/0.87+R_w=0.799m^2\cdot K/W$

则聚苯板最小所需热阻为 $1.667-0.799=X/0.05$，解得 $X=0.043m$，选择50mm。

注意：不要漏算外墙内外对流换热热阻。

注：本题根据老版《公建节能》出题，考生主要应掌握其计算方法，学会举一反三。

3. 试对某建筑卷材屋面保温材料内部冷凝受潮进行验算，已知，在一个供暖期中，由室内空气渗入到保温材料中的水蒸气量为60kg/m²，从保温材料向室外空气渗出的水蒸气量为30kg/m²，保温材料干密度为400kg/m³，厚度为200mm，保温材料重量湿度的允许增量为6%，下列结论正确的是何项？(2009-3-1)

(A)保温材料的允许重量湿度增量为30kg/m²，会受潮

(B)保温材料的允许重量湿度增量为30kg/m²，不会受潮

(C)保温材料的允许重量湿度增量为48kg/m²，会受潮

(D)保温材料的允许重量湿度增量为48kg/m²，不会受潮

答案：[D]

主要解答过程：

保温材料实际湿度增量为：$60kg/m^2-30kg/m^2=30kg/m^2$

根据2017年教材P8式(1.1-13)：允许重量湿度增量为：

$C=10\rho\delta[\Delta\omega]=10\times400\times0.2\times6\%=48kg/m^2>30kg/m^2$，故不会受潮。

注：《教材2018》删除该公式。

4. 某热湿作业车间冬季的室内温度为23℃，相对湿度为70%，供暖室外计算温度为-8℃，$R_n=0.115m^2\cdot K/W$，当地大气压为标准大气压，现要求外窗的内表面不结露，且选用造价低的窗玻璃，应是下列何项？(2009-4-1)

(A) $K=1.2W/(m^2\cdot K)$　　(B) $K=1.5W/(m^2\cdot K)$

(C) $K=1.7W/(m^2\cdot K)$　　(D) $K=2.0W/(m^2\cdot K)$

答案：[B]

主要解答过程：

查 h-d 图得：露点温度 $t_1=17.24℃$

在保证不结露的情况下，根据热量平衡关系得：

$$K\times[23-(-8)]=\frac{23-17.24}{R_n}\Rightarrow K=1.62W/(m^2\cdot K)$$

为保证不结露并且造价最低选择 $K=1.5W/(m^2\cdot K)$。

5. 某地一厂房冬季室内设计参数为 $t_n=18℃$、$\Phi_n=50\%$，供暖室外计算温度 $t_w=-12℃$，室内空气干燥。厂房的外门的最小热阻不应低于下列哪一项？(2011-3-1)

(A) $0.21m^2\cdot ℃/W$　　(B) $0.26m^2\cdot ℃/W$

(C) $0.31m^2\cdot ℃/W$　　(D) $0.35m^2\cdot ℃/W$

答案：[A]

主要解答过程：

根据2017年教材P4式(1.1-5)，外墙最小热阻：$R_{0\min}=\dfrac{\alpha(t_n-t_w)}{\Delta t_y\alpha_n}$

查表1.1-8、表1.1-9和表1.1-4知：$\alpha=1.0,\Delta t_y=10℃,\alpha_n=8.7\ \mathrm{W/(m^2\cdot ℃)}$

又根据P5注③，外门最小热阻为外墙的60%，因此外门最小热阻为：

$$R_{0\min门}=0.6\times\frac{\alpha(t_n-t_w)}{\Delta t_y\alpha_n}=0.6\times\frac{1\times(18+12)}{10\times8.7}=0.207(\mathrm{m^2\cdot ℃/W})$$

注：《教材2018》中最小传热阻相关内容已根据《民用建筑热工设计规范》(GB 50176—2016)改编。

6. 某住宅楼节能外墙的做法(从内到外)：①水泥砂浆，厚度$\delta_1=20\mathrm{mm}$，导热系数$\lambda_1=0.93\mathrm{W/(m\cdot K)}$；②蒸压加气混凝土块，$\delta_2=200\mathrm{mm}$，导热系数$\lambda_2=0.20\mathrm{W/(m\cdot K)}$，修正系数$\alpha_\lambda=1.25$；③单面钢丝网片岩棉板，$\delta_3=70\mathrm{mm}$，$\lambda_3=0.045\mathrm{W/(m\cdot K)}$，修正系数$\alpha_\lambda=1.20$；④保护层、饰面层。如果忽略保护层、饰面层热阻影响，该外墙的传热系数K应为以下何项？(2014-3-1)

(A)(0.29~0.31)W/(m²·K)　　(B)(0.35~0.37)W/(m²·K)

(C)(0.38~0.40)W/(m²·K)　　(D)(0.42~0.44)W/(m²·K)

答案：[D]

主要解答过程：

根据《教材2018》P3表1.1-4和表1.1-5，该外墙内外表面换热系数：

$$\alpha_n=8.7\ \mathrm{W/(m^2\cdot K)}\quad \alpha_w=23\ \mathrm{W/(m^2\cdot K)}$$

根据式(1.1-3)，该外墙传热系数：(其中$R_k=0\mathrm{m^2\cdot K/W}$)

$$K=\frac{1}{R_o}=\frac{1}{\dfrac{1}{\alpha_n}+\sum\dfrac{\delta}{\alpha_\lambda\lambda}+R_K+\dfrac{1}{\alpha_w}}$$

$$=\frac{1}{\dfrac{1}{8.7}+\dfrac{0.02}{0.93}+\dfrac{0.2}{0.2\times1.25}+\dfrac{0.07}{1.2\times0.045}+0+\dfrac{1}{23}}=0.439\mathrm{W/(m^2\cdot K)}$$

1.1.2 建筑节能与权衡判断(2018-4-1)

考点总结：新旧节能规范关于权衡判断的对比

权衡判断内容	《公建节能》(GB 50189—2005)		《公建节能2015》(甲类公建)	
严寒、寒冷地区体形系数	4.1.2条	不大于0.4，不满足时需权衡判断	3.2.1条	取消权衡判断条件，根据实际工程面积大小略放宽了对体形系数的要求
窗墙比要求	4.2.4条	不大于0.7，不满足时需权衡判断	3.2.2条	取消权衡判断条件，规定严寒地区要求不宜大于0.6，其他地区要求不宜大于0.7
可见光透射比	4.2.4条	不小于0.4，不满足时需权衡判断	3.2.4条	取消权衡判断条件，规定窗墙比小于0.4时，可见光透射比不应小于0.6；窗墙比小于0.4时，可见光透射比不应小于0.4
屋顶透明面积比	4.2.6条	不大于屋顶总面积的20%，不满足时需权衡判断	3.2.7条	未做修改
围护结构热工性能	4.2.2条	满足表4.2.2-1~表4.2.2-6要求，不满足时需权衡判断	3.3.1条	满足表3.3.1-1~表3.3.1-6要求，不满足时需权衡判断，注意各表中热工参数及气候区划分有所调整

总结：《公建节能 2015》权衡判断相关改动的理解分析

(1)针对一些对能耗影响较大的参数，取消了其权衡判断的可能性，提高了权衡判断的门槛，防止设计师随意以权衡判断为借口，设计出各种“奇奇怪怪”的高能耗建筑。

(2)针对建筑面积大小划分甲类和乙类公建，仅对能耗较大的甲类公建做相关限制，抓大放小，避免一刀切现象。

(3)针对建筑规模、不同气候区做更详细的限值区分，提高了规范条文的科学性和可执行性。

(4)以下相关历年真题根据《公建节能》(GB 50189—2005)条文出题，考生不必纠结具体答案，仅需掌握权衡判断的基本思路，做到灵活运用，举一反三。

---

1. 供热面积约 30 万 m^2 小区的热网进行节能改造，用玻璃棉管壳(保温层平均使用温度 t_m = 60℃时，导热系数 0.034W/m·K)代替原来用的 150mm 厚的水泥膨胀珍珠岩(导热系数 0.16W/m·K)，且供回水温由 95℃/70℃变为 130℃/70℃，地沟内温度 40℃，那么改造后的 $D325\times8$mm 管道的保温材料厚度应为？(2007-4-1)

(A)30mm　　(B)40mm　　(C)50mm　　(D)60mm

答案：[C]

主要解答过程：

根据《民用建筑节能设计标准》(JGJ 26—1995)表 5.3.3，管道安装在地沟内，查得玻璃棉保温在外径为 $D325$ 的情况下保温层应为 40mm，注意第 5.3.4 条，超过 5 万 m^2 时，应将 200～300mm 管径的保温层厚度增加 10mm，本题中管径 $D325\times8$mm 为 $DN300$，因此需增加 10mm，即 50mm。

注意：本题考点规范已过期，新规范《严寒规》(JGJ 26—2010)已代替《民用建筑节能设计标准》(JGJ 26—1995)，相关保温层选取方法已做出修改，详见 JGJ 26—2010 第 5.2.18 条。

2. 地处严寒地区 A 区的某 10 层矩形办公楼(正南北朝向，平屋顶)，其外围护结构平面几何尺寸为 57.6m × 14.4m，每层层高均为 3.1m，其中南向外窗面积最大(其外窗面积为 604.8m^2)，问该朝向的外窗及外墙的传热系数[$W/(m^2\cdot K)$]应是何项？(2010-3-1)

(A)$K_{窗}\leqslant2.8$，$K_{墙}\leqslant0.45$　　(B)$K_{窗}\leqslant1.7$，$K_{墙}\leqslant0.40$

(C)$K_{窗}\leqslant2.5$，$K_{墙}\leqslant0.45$　　(D)应进行权衡判断

答案：[C]

主要解答过程：

建筑体积：$V=57.6\times14.4\times(10\times3.1)=25712.64(m^3)$

建筑表面积：$S=(57.6+14.4)\times2\times(10\times3.1)+57.6\times14.4=5293.44(m^2)$

体形系数：$n=S/V=0.206<0.4$，因此不需要进行权衡判断

南外窗窗墙比：$m=604.8/(57.6\times3.1\times10)=0.34$

根据《公建节能》表 4.2.2-1，查得：$K_{窗}\leqslant2.5$，$K_{墙}\leqslant0.45$

3. 某严寒地区 A 区拟建 10 层办公建筑(正南、北朝向、平屋顶)，矩形平面，其外轮廓平面尺寸为 40000mm × 14400mm。一层和顶层层高均为 5.4m，中间层层高均为 3.0m。顶层为多功能厅，多功能厅屋面开设一天窗，尺寸为 12000mm × 6000mm。该建筑的屋面及天窗的传热系数[$W/(m^2\cdot K)$]应是下列哪一项？(2011-4-1)

(A)$K_{天窗}\leqslant2.6$，$K_{屋面}\leqslant0.45$　　(B)$K_{天窗}\leqslant2.5$，$K_{屋面}\leqslant0.35$

(C)$K_{天窗}\leqslant2.5$，$K_{屋面}\leqslant0.30$　　(D)应当进行权衡判断确定

答案：[B]

主要解答过程：

建筑表面积：$S = 40\times14.4+(14.4+40)\times2\times(5.4\times2+3\times8)=4362.24(m^2)$

建筑体积：$V = 14.4\times40\times(5.4\times2+3\times8)=20044.8(m^3)$

体型系数：$N = S/V = 0.218 < 0.4$

天窗占屋面百分比：$M=(12\times6)/(40\times14.4)=12.5\% < 20\%$

根据《公建节能》第4.1.2及4.2.6条，不需要进行权衡判断确定

查表4.2.2-1，得$K_{天窗}\leqslant2.5$，$K_{屋面}\leqslant0.35$

4. 设计严寒地区A区某正南北朝向的9层办公楼，外轮廓尺寸为54m×15m，南外窗为16个通高竖向条形窗(每个窗宽2.10m)，整个顶层为多功能厅，顶部开设一天窗(24m×6m)，一层和顶层层高均为5.4m，中间层层高均为3.9m，问该建筑的南外窗及窗外的传热系数$W/(m^2\cdot K)$应当是下列何项？(2012-3-1)

(A)$K_{窗}\leqslant1.4$，$K_{墙}\leqslant0.40$　　(B)$K_{窗}\leqslant1.7$，$K_{墙}\leqslant0.45$

(C)$K_{窗}\leqslant1.5$，$K_{墙}\leqslant0.40$　　(D)$K_{窗}\leqslant1.5$，$K_{墙}\leqslant0.45$

答案：[B]

主要解答过程：

建筑表面积：$S=54\times15+2\times(54+15)\times(5.4\times2+3.9\times7)=6067.8(m^2)$

建筑体积：$V=54\times15\times(5.4\times2+3.9\times7)=30861(m^3)$

体型系数：$N=S/V=0.197<0.4$

天窗占屋面百分比：$M=(24\times6)/(54\times15)=17.8\%<20\%$

南向窗墙比：$Q=16\times2.10\times(5.4\times2+3.9\times7)/54\times(5.4\times2+3.9\times7)=62.2\%$

根据《公建节能》第4.1.2及4.2.6条，不需要进行权衡判断确定

查表4.2.2-1，得$K_{墙}\leqslant0.45$，$K_{窗}\leqslant1.7$

5. 严寒地区A区拟建正南、北朝向10层办公楼，外轮廓尺寸为63m×15m，顶层为多功能厅，南侧外窗为14个竖向条形落地窗(每个窗宽2700mm)，一层和顶层层高为5.4m，中间层层高为3.9m，其顶层多功能厅开设两个天窗，尺寸为15m×6m，问该建筑的南外墙及南外窗的传热系数$[W/(m^2\cdot K)]$应为何项？(2013-4-1)

(A)$K_{窗}\leqslant1.7$，$K_{墙}\leqslant0.40$　　(B)$K_{窗}\leqslant1.7$，$K_{墙}\leqslant0.45$

(C)$K_{窗}\leqslant1.5$，$K_{墙}\leqslant0.40$　　(D)$K_{窗}\leqslant1.5$，$K_{墙}\leqslant0.45$

答案：[B]

主要解答过程：

建筑表面积：$S=63\times15+2\times(63+15)\times(5.4\times2+3.9\times8)=7497(m^2)$

建筑体积：$V=63\times15\times(5.4\times2+3.9\times8)=39690(m^3)$

体形系数：$N=S/V=0.189<0.4$

天窗占屋面百分比：$M=(2\times15\times6)/(63\times15)=19.0\%<20\%$

南向窗墙比：$Q=14\times2.70\times(5.4\times2+3.9\times8)/63\times(5.4\times2+3.9\times8)=60\%$

根据《公建节能》第4.1.2及4.2.6条，不需要进行权衡判断确定

查表4.2.2-1，得$K_{墙}\leqslant0.45$，$K_{窗}\leqslant1.7$

注：本题为2012年案例(上)第1题改数据原题。

1.2　建筑供暖热负荷计算

1. 某商住楼，首层和二层是三班制工场，供暖室内计算温度16℃，三层及以上是住宅，每层6户，每户145m^2，供暖室内计算温度为18℃，每户住宅计算供暖热负荷约为4kW，二三层间楼板传热系数为2W/(m^2·K)，房间楼板传热的处理方法按有关设计规范下列哪一项是正确的？(2007-3-2)

(A)计算三层向二层传热量，但三层房间供暖热负荷不增加

(B)计算三层向二层传热量，计入三层供暖热负荷中

(C)不需要计算二、三层之间的楼板的传热量

(D)计算三层向二层传热量，但二层房间的供暖负荷可不减少

答案：[B]

主要解答过程：

根据《民规》第5.2.5条：相邻房间温差为2℃<5℃，但：

采暖总负荷为：$Q=6\times4\text{kW}=24\text{kW}$

通过楼板传热量为：$Q_c=KF\Delta t=2\text{W}/(\text{m}^2\cdot\text{K})\times(6\times145\text{m}^2)\times(18℃-16℃)=3.48\text{kW}>10\%Q$

故需要计算三层向二层传热量，计入三层供暖热负荷中。

2. 某车间围护结构耗热量$Q_1=110\text{kW}$，加热由门窗缝隙渗入室内的冷空气耗热量$Q_2=27\text{kW}$，加热由门孔洞侵入室内的冷空气耗热量$Q_3=10\text{kW}$，有组织的新风耗热量$Q_4=150\text{kW}$，热物料进入室内的散热量$Q_5=32\text{kW}$(每班1次，一班8h)。该车间的冬季供暖通风系统的热负荷是下列哪一项？(2008-3-2)

(A)304kW　　(B)297kW　　(C)292kW　　(D)271kW

答案：[B]

主要解答过程：

根据《教材2018》P15或《工业暖规》第5.2.1条："不经常的散热量，可以不计算"。

因此$Q=Q_1+Q_2+Q_3+Q_4=297\text{kW}$

3. 某6层办公楼层高均为3.3m，其中位于二层的一个办公室开间、进深和窗的尺寸如图所示，该房间的南外墙基本耗热量142W，南外窗的基本耗热量为545W，南外窗缝隙渗透入室内的冷空气耗热量为205W，该办公室选用散热器时，采用的耗热量应为下列哪一个选项值？(南向修正率-15%)(2008-4-3)

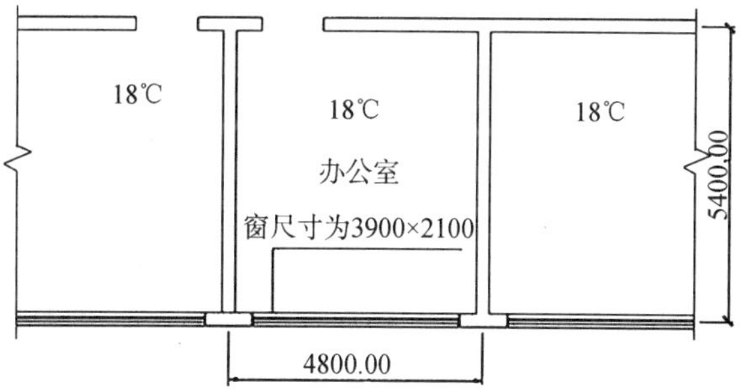

(A)740~790W　　(B)800~850W

(C)860~910W　　(D)920~960W

答案：[B]

主要解答过程：

根据《教材2018》P19第(6)条："窗墙面积比超过1:1时，对窗的基本耗热附加10%"。

本题中窗墙比$=(3.9\times2.1)/(4.8\times3.3-3.9\times2.1)=1.07>1$

故散热器负荷$Q=142\text{W}\times(1-15\%)+545\text{W}\times(1+10\%-15\%)+205\text{W}=843.45\text{W}$

注：(1)朝向修正和窗墙比修正均为对围护结构基本耗热量的修正，修正系数应相加而不是连乘。

(2)只有题干明确指出为间歇供暖的办公楼才会考虑20%的间歇附加，本题不考虑。

(3)在计算窗墙比修正系数时，墙的面积是扣除窗户面积的，与之不同的是关于《公建节能》中窗墙比的计算，墙的面积是不扣除窗户面积的，做题时应根据考点区别对待。

4. 某5层办公楼冬季采用散热器供暖，层高均为3.6m，二层有一个办公室的开间，进深和窗的尺寸如图所示，该办公室的南外墙基本耗热量为243W，南外窗的基本耗热量为490W，南外窗缝隙渗入室内的冷空气的耗热量为205W，不计与邻室之间的传热，南向的朝向修正按 -15% 计算，该室选用散热器时，其耗热量应为何项？(2009-3-2)

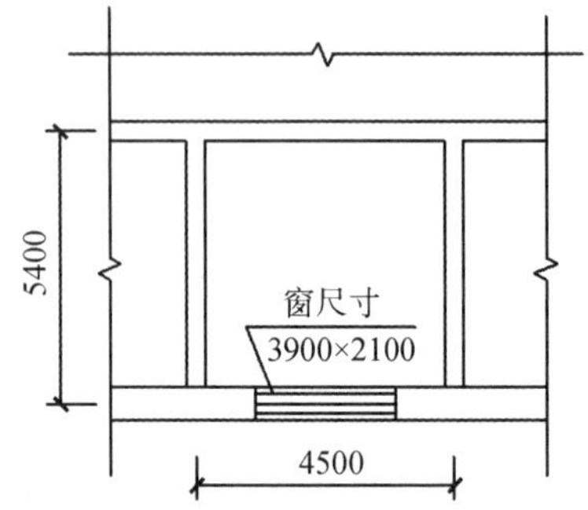

(A)920～940W (B)890～910W

(C)860～880W (D)810～830W

答案：[C]

主要解答过程：

根据《教材2018》P19，当窗墙面积比超过1:1时，对窗的基本耗热量增加10%。

本题中窗墙比 $=(3.9\times2.1)/(4.5\times3.6-3.9\times2.1)=1.02>1$

故散热器耗热量为：$Q=243\times(1-15\%)+490\times(1+10\%-15\%)+205=877.05(W)$

注：本题与2008年案例(下)第3题考点相同。

1.3 热水、蒸汽供暖系统分类及计算

1. 如图所示一重力循环上供下回供暖系统，已知：供回水温度为95℃/70℃，对应的水密度分别为 961.92kg/m³，977.81kg/m³，管道散热量忽略不计。问：系统的重力循环水头应为何项？(2013-3-1)

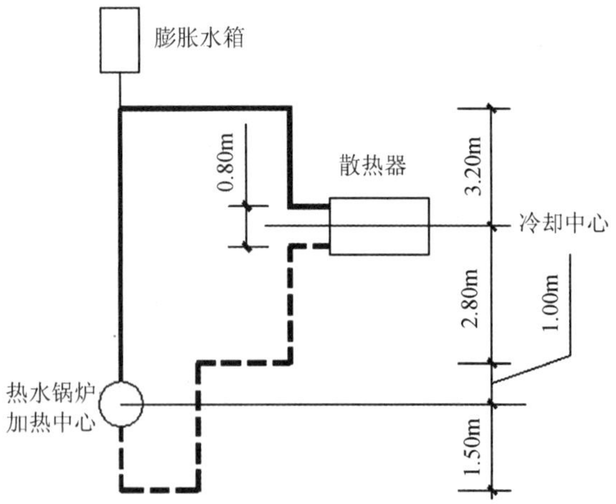

(A)42～46kg/m² (B)48～52kg/m²

(C)58～62kg/m² (D)82～86kg/m²

答案：[C]

主要解答过程：

根据《教材2018》P25式(1.3-3)及图1.3-1

系统的重力循环水头：

$$\Delta p=h(\rho_h-\rho_g)=(2.8+1)\times(977.81-961.92)=60.38(kg/m^2)$$

注：h 为加热中心至冷却中心的垂直距离，公式中不乘以重力加速度 g，所得结果单位为选项中的 kg/m²。

1.4 辐射供暖(供冷)

1.4.1 热水辐射供暖(2016-4-4，2017-4-3)

1. 严寒地区某住宅楼西北角单元有一两面外墙的卫生间($t_n=25℃$)，开间2.7m、进深2.4m，

其中卫生洁具占地 1.5m^2，位于中间楼层卫生间的对流供暖计算热负荷为 680W。甲方建议整栋楼设计地面热水辐射供暖系统，热媒为 50～40℃热水，加热管采用 PE-X 管。中间层卫生间供暖系统的合理方案应是下列何项？(给出计算判断过程)(2009-3-4)

(A)设置加热管管间距为 250mm 的地面辐射供暖系统

(B)设置加热管管间距为 200mm 的地面辐射供暖系统

(C)设置加热管管间距为 150mm 的地面辐射供暖系统

(D)设置地面辐射供暖系统 + 散热器供暖系统

答案：[D]

主要解答过程：

根据《地暖规》(JGJ 142—2004)第 3.3.2 条及条文说明，严寒地区地暖热负荷为对流热负荷的 0.95 倍。再根据第 3.4.4、3.4.5 条计算公式

$$q_x = \frac{Q}{F} = \frac{680 \times 0.95}{2.7 \times 2.4 - 1.5} = 129.7(\text{W/m}^2)$$

$$t_{pj} = t_n + 9.82\left(\frac{q_x}{100}\right)^{0.969} = 25 + 9.82 \times \left(\frac{129.7}{100}\right)^{0.969} = 37.6(℃)$$

大于第 3.1.2 条中人员短期停留温度的最高限值(32℃)，因此应改善建筑热工性能或设置其他辅助供暖设备，减少地面辐射供暖系统的热负荷。

注：本题考点为老版《地暖规》(JGJ 142—2004)，新版《辐射冷暖规》(JGJ 142—2012)删除了 0.9～0.95 的说法。

2. 某低温热水地板辐射供暖系统，设计供回水温度为 50℃/40℃，系统工作压力 p_D = 0.4MPa，某一环路所承担的热负荷为 2000W。说法正确的应是下列哪一项？并列出判断过程。(2010-3-2)

(A)采用公称外径为 *De*40 的 PP-R 管，符合规范规定

(B)采用公称外径为 *De*32 的 PP-R 管，符合规范规定

(C)采用公称外径为 *De*20 的 PP-R 管，符合规范规定

(D)采用公称外径为 *De*20 的 PP-R 管，不符合规范规定

答案：[D]

主要解答过程：

根据：$2000\text{W} = cm\Delta t$，$m = 2 \times 3600/(4.18 \times 10) = 172.25(\text{kg/h})$

根据《辐射冷暖规》(JGJ 142—2012)附录 C 表 C.1.3 可知，0.4MPa 条件下 *De*20 的 PPR 管壁厚为 2mm，即内径为 16mm。

因此管内流速：$$V = \frac{\dfrac{m}{3600\rho}}{\dfrac{1}{4}\pi D_n^2} = \frac{\dfrac{172.25}{3600 \times 1000}}{\dfrac{1}{4} \times 3.14 \times 0.016^2} = 0.238\text{m/s} < 0.25\text{m/s}$$

因此，根据第 3.5.11 条，不符合规范要求。

3. 低温热水地面辐射供暖系统的单位地面面积的散热量与地面面层材料有关，当设计供回水温度为 60℃/50℃，室内空气温度为 16℃时，地面面层分别为陶瓷地砖与木地板，采用公称外径为 *De*20 的 PB 管，加热管间距 200mm，填充层厚度为 50mm，聚苯乙烯绝热层厚度为 20mm，陶瓷地砖(热阻 $R = 0.02\text{m}^2 \cdot \text{K/W}$)与木地板(热阻 $R = 0.1\text{m}^2 \cdot \text{K/W}$)的单位地面面积的散热量之比，应是下列何项？(2012-4-2)

(A)1.70～1.79　　(B)1.60～1.69　　(C)1.40～1.49　　(D)1.30～1.39

压力测点	A	B	C	F	G	H
压力数值/Pa	25000	23000	21000	14000	12000	10000

(A)0.5～1.0Pa/(m³/h)²　　(B)1.2～1.7Pa/(m³/h)²

(C)2.0～2.5Pa/(m³/h)²　　(D)2.8～3.3Pa/(m³/h)²

答案：[A]

主要解答过程：

本类型题目为供暖经典题目，计算量较大，注意掌握计算方法，可参见《教材(第二版)》P127例题。

管道 *CDEF* 的阻力数：

$$S_{CDEF}=\frac{P_C-P_F}{G_3{}^2}=\frac{21000-14000}{60^2}=1.94[Pa/(m^3/h)^2]$$

管道 *BC* 及 *GF* 的阻力数：

$$S_{BC}=S_{GF}=\frac{P_B-P_C}{(G_2+G_3)^2}=\frac{23000-21000}{140^2}=0.102[Pa/(m^3/h)^2]$$

管道 *AB* 及 *GH* 的阻力数：

$$S_{AB}=S_{GH}=\frac{P_A-P_B}{(G_1+G_2+G_3)^2}=\frac{25000-23000}{200^2}=0.05[Pa/(m^3/h)^2]$$

①支路的阻力数：

$$S_{①}=\frac{P_B-P_C}{G_1{}^2}=\frac{23000-12000}{60^2}=3.056[Pa/(m^3/h)^2]$$

则关闭②用户后，①用户后的管网总阻力系数：

$$S_{BG}=S_{BC}+S_{CDEF}+S_{GF}=2.144[Pa/(m^3/h)^2]$$

①支路与①支路后的管网并联的阻力数为 $S_{并}$，则：

$$\frac{1}{\sqrt{S_{并}}}=\frac{1}{\sqrt{S_{①}}}+\frac{1}{\sqrt{S_{BG}}}\Rightarrow S_{并}=0.635Pa/(m^3/h)^2$$

$$S_{总}=S_{AB}+S_{并}+S_{GH}=0.735Pa/(m^3/h)^2$$

4. 接上题，若管网供回水的压差保持不变，试求关闭用户 2 后，用户 1 和用户 3 的流量应是下列何项？（测点数值为关闭用户 2 之前工况）(2009-4-5)

压力测点	A	B	C	F	G	H
压力数值/Pa	25000	23000	21000	14000	12000	10000

(A)用户 1 为 90m³/h，用户 3 为 60m³/h

(B)用户 1 为 68～71.5m³/h，用户 3 为 75～79m³/h

(C)用户 1 为 64～67.5m³/h，用户 3 为 75～79m³/h

(D)用户 1 为 60～63.5m³/h，用户 3 为 75～79m³/h

答案：[C]

主要解答过程：

由于压差不变，$P=SG^2$

关闭用户 2 前系统总阻力数：

$$S_{总0}=\frac{P_A-P_H}{(G_1+G_2+G_3)^2}=\frac{25000-10000}{200^2}=0.375[Pa/(m^3/h)^2]$$

关闭用户 2 后系统总流量：

$$G = \sqrt{\frac{S_{总0}}{S_{总}}}G_0 = \sqrt{\frac{0.375}{0.735}} \times 200 = 142.86(\mathrm{m^3/h})$$

管段 $AB+GH$ 的总阻力为：

$$\Delta P_{AB+GH} = (S_{AB} + S_{GH})G^2 = (0.05 + 0.05) \times 142.86^2 = 2040.8(\mathrm{Pa})$$

则用户 1 的压头为：

$$P_{①} = (P_A - P_H) - \Delta P_{AB+GH} = 12959.2\mathrm{Pa}$$

用户 1 的流量为：

$$G_{①} = \sqrt{\frac{P_{①}}{S_{①}}} = \sqrt{\frac{12959.2\mathrm{Pa}}{3.056\ \mathrm{Pa/(m^3/h)^2}}} = 65.1\mathrm{m^3/h}$$

用户 3 的流量为：

$$G_{③} = G - G_{①} = 142.86 - 65.1 = 77.7(\mathrm{m^3/h})$$

5. 某住宅小区热力管网有四个热用户，管网在正常工况时的水压图和各用户的水流量如图所示，如果关闭用户 2，管网的总阻力数应是下列哪一项？（设循环水泵扬程保持不变）(2010-4-4)

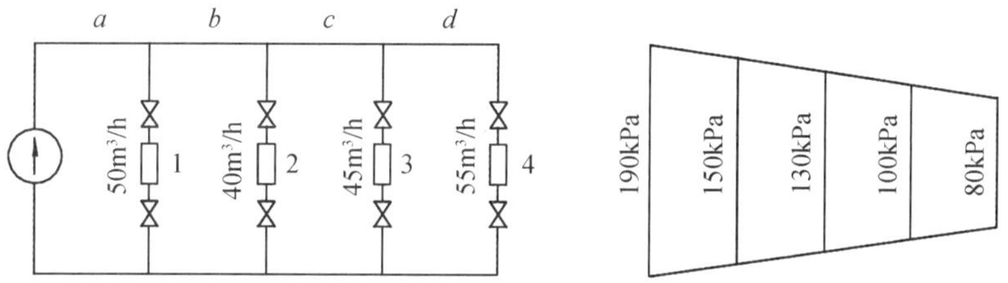

(A) $2 \sim 5.5\mathrm{Pa/(m^3/h)^2}$　　(B) $6 \sim 9.5\mathrm{Pa/(m^3/h)^2}$

(C) $10 \sim 13.5\mathrm{Pa/(m^3/h)^2}$　　(D) $14 \sim 17.5\mathrm{Pa/(m^3/h)^2}$

答案：[B]

主要解答过程：

如图所示，设 $abcd$ 管段下方对应管段为 $hgfe$，用户 2 以后的管网压头为 $P_{2后} = 130\mathrm{kPa}$，$Q_{2后} = 45 + 55 = 100(\mathrm{m^3/h})$

$$S_{2后} = \frac{P_{2后}}{Q_{2后}^2} = \frac{130 \times 10^3\mathrm{Pa}}{(100\mathrm{m^3/h})^2} = 13\mathrm{Pa/(m^3/h)^2}$$

$$S_{b+g} = \frac{P_{b+g}}{Q_{b+g}^2} = \frac{20 \times 10^3\mathrm{Pa}}{(140\mathrm{m^3/h})^2} = 1.02\mathrm{Pa/(m^3/h)^2}$$

$$S_1 = \frac{P_1}{Q_1^2} = \frac{150 \times 10^3\mathrm{Pa}}{(50\mathrm{m^3/h})^2} = 60\mathrm{Pa/(m^3/h)^2}$$

$$S_{a+h} = \frac{P_{a+h}}{Q_{a+h}^2} = \frac{40 \times 10^3\mathrm{Pa}}{(190\mathrm{m^3/h})^2} = 1.108\mathrm{Pa/(m^3/h)^2}$$

关闭用户 2 后，根据并联公式：$\frac{1}{\sqrt{S}} = \frac{1}{\sqrt{S_1}} + \frac{1}{\sqrt{S_2}}$ 设 S_1 并联 $(S_{b+g} + S_{2后})$ 的阻力数为 $S_{并}$

则：$\frac{1}{\sqrt{S_{并}}} = \frac{1}{\sqrt{S_1}} + \frac{1}{\sqrt{S_{b+g} + S_{2后}}} \Rightarrow S_{并} = 6.37\ \mathrm{Pa/(m^3/h)^2}$

则总阻力数为：$S_{总} = S_{a+h} + S_{并} = 7.48\mathrm{Pa/(m^3/h)^2}$

6. 接上题，若关闭用户 2，热用户 4 的水流量是下列哪一项？(2010-4-5)

(A) 28 ~ 33.5 m^3/h　　(B) 53.6 ~ 58.5 m^3/h

(C) 58.6 ~ 63.5 m^3/h　　(D) 67 ~ 72.5 m^3/h

答案：[C]

主要解答过程：

关闭用户 2 后，系统总流量：

$$Q' = \sqrt{\frac{P}{S_{总}}} = \sqrt{\frac{190000\text{Pa}}{7.48\ \text{Pa}/(\text{m}^3/\text{h})^2}} = 159.4\text{m}^3/\text{h}$$

$$190\text{kPa} - S_{a+h}Q'^2 = (S_{b+g} + S_{2后})(Q_3 + Q_4)^2$$

解得：$Q_3 + Q_4 = 107.44\text{m}^3/\text{h}$

用户 3、4 等比例失调，失调度为 107.44/(45 + 55) = 1.0744

因此，用户 4 的流量为 $Q_4 = 1.0744 \times 55 = 59.1(\text{m}^3/\text{h})$

7. 某热水网路如图所示，已知总流量为 220 m^3/h。各用户的流量：用户 1 和用户 3 均为 80 m^3/h，用户 2 为 60 m^3/h，压力测点的数值见下表。试求关闭用户 1 后，该热水管网 $B—G$ 管段总阻力数应是下列哪一项？(2011-3-3)

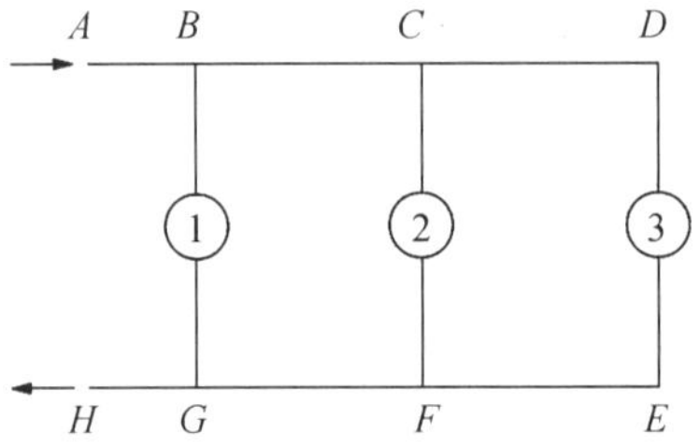

压力测点	A	B	C	F	G	H
压力数值/Pa	25000	23000	21000	14000	12000	10000

(A) 0.5 ~ 1.0 $Pa/(m^3/h)^2$　　(B) 1.2 ~ 1.7 $Pa/(m^3/h)^2$

(C) 1.8 ~ 2.3 $Pa/(m^3/h)^2$　　(D) 3.0 ~ 3.3 $Pa/(m^3/h)^2$

答案：[A]

主要解答过程：

$$S_{BG} = \frac{P_B - P_G}{(Q_2 + Q_3)^2} = \frac{11000\text{Pa}}{(140\text{m}^3/\text{h})^2} = 0.561\text{Pa}/(\text{m}^3/\text{h})^2$$

8. 接上题(表、图相同)，若管网供回水接口的压差保持不变，试求关闭用户 1 后，用户 2 和用户 3 的流量失调度应是下列哪一项？(2011-3-4)

(A) 0.98 ~ 1.02　　(B) 1.06 ~ 1.10

(C) 1.11 ~ 1.15　　(D) 1.16 ~ 1.20

答案：[B]

主要解答过程：

AB 管段阻力数为：

$$S_{AB} = \frac{P_A - P_B}{(Q_1 + Q_2 + Q_3)^2} = \frac{2000\text{Pa}}{(220\text{m}^3/\text{h})^2} = 0.041\text{Pa}/(\text{m}^3/\text{h})^2$$

GH 管段阻力数为：

$$S_{GH} = \frac{P_G - P_H}{(Q_1 + Q_2 + Q_3)^2} = \frac{2000\text{Pa}}{(220\text{m}^3/\text{h})^2} = 0.041\text{Pa}/(\text{m}^3/\text{h})^2$$

则关闭用户 1 后管网总阻力数为：

$$S = S_{AB} + S_{BG} + S_{GH} = 0.644\text{Pa}/(\text{m}^3/\text{h})^2$$

用户 2、3 等比例失调，总流量为：

$$Q_2' + Q_3' = \sqrt{\frac{P_A - P_H}{S}} = 152.6\text{m}^3/\text{h}$$

失调度：

$$x = \frac{Q_2' + Q_3'}{Q_2 + Q_3} = \frac{152.6}{140} = 1.09$$

9. 某住宅小区热力管网有四个热用户，管网在正常工况时的水压图和各热用户的水流量如图所示，如果关闭热用户 2、3、4，热用户 1 的水力失调度应是下列选项的哪一个？(2014-4-5)(假设循环水泵扬程不变)

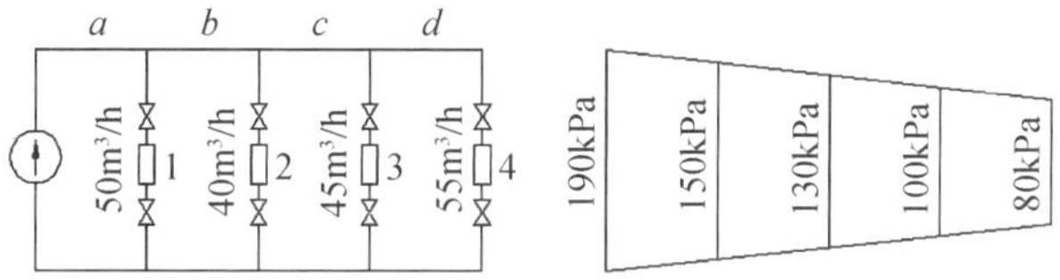

(A)0.9 ~ 1.0　　(B)1.1 ~ 1.2　　(C)1.3 ~ 1.4　　(D)1.5 ~ 1.6

答案：[B]

主要解答过程：

参考《教材 2018》P138 ~ P141 部分内容，如图所示，四个用户均运行时 a 管段的阻力损失为：$(190-150)/2=20(\text{kPa})$，流量为：$50+40+45+55=190(\text{m}^3/\text{h})$，故：

a 管段的阻力数为：

$$S_a = \frac{P_a}{Q_a^2} = \frac{20\times10^3\text{Pa}}{(190\text{m}^3/\text{h})^2} = 0.554\text{Pa}/(\text{m}^3/\text{h})^2$$

1 支路的阻力数为：

$$S_1 = \frac{P_1}{Q_1^2} = \frac{150\times10^3\text{Pa}}{(50\text{m}^3/\text{h})^2} = 60\text{Pa}/(\text{m}^3/\text{h})^2$$

关闭 2、3、4 用户后，原干管和 1 支路阻力系数不变，故：

1 支路的流量为：

$$Q_1' = \sqrt{\frac{P_Z}{2S_a + S_1}} = \sqrt{\frac{190\times10^3}{2\times0.554+60}} = 55.76(\text{m}^3/\text{h})$$，注意与 a 管路对应还有一段回水干管。

用户 1 的水力失调度为：

$$x_1 = \frac{Q_1'}{Q_1} = \frac{55.76}{50} = 1.12$$

1.6.2 管网阻力系数相关计算(2016-4-5，2017-4-5)

考点总结：管网阻力系数恒定在计算中的灵活运用

该考点在各类管网计算中运用十分普遍，考生应熟练掌握并灵活运用。其具体原则为：当系统管网阻力系数条件(管网长度、管径，局部阻力部件个数，阀门开度等)不发生变化时，可

利用公式 $P=SQ^2$ 中阻力系数 S 不变的条件，进行流量和压力变化工况的相关计算。

1. 某建筑采用低温地板辐射供暖，按60℃/50℃热水设计，计算阻力损失为70kPa(其中最不利环路阻力损失为30kPa)，由于热源条件改变，热水温度需要调整为50℃/43℃，系统和辐射地板加热管的管径不变，但需要增加辐射地板的布管密度，使最不利环路阻力损失增加40kPa，热力入口的供、回水压差为下列何值？(2006-3-2)

(A)应增加为90～110kPa　　(B)应增加为120～140kPa

(C)应增加为150～170kPa　　(D)应增加为180～200kPa

答案：[C]

主要解答过程：

原设计工况，系统干管阻力损失为：$\Delta P_g=70-30=40(kPa)$

现将供回水温度调整为50℃/43℃，为保证供热量不变，则：

$$Q=cG\Delta t=cG'\Delta t'\Rightarrow\frac{G'}{G}=\frac{\Delta t}{\Delta t'}=\frac{60-50}{50-43}=\frac{10}{7}$$

由 $\Delta P=SG^2$ 得新工况下系统干管阻力损失为：

$$\Delta P'_g=\left(\frac{G'}{G}\right)^2\Delta P_g=81.6kPa$$

由于最不利环路阻力损失增加40kPa，即增加到：30+40=70(kPa)，因此供、回水压差为：

$$P'=\Delta P'_g+70kPa=151.6kPa$$

注：要认真审题，不要把“增加40kPa”看成“增加到40kPa”。

2. 某建筑物，设计计算冬季供暖热负荷为250kW，热媒为95℃/70℃热水，室内供暖系统计算阻力损失为43kPa，而实际运行时测得：供回水温度为90℃/70℃热力入口处供回水压差为52.03kPa，如管道计算阻力损失无误，系统实际供热量为下列何值？(2007-3-4)

(A)165～182kW　　(B)215～225kW

(C)240～245kW　　(D)248～252kW

答案：[B]

主要解答过程：

设计工况：

$$G_0=\frac{Q_0}{c\Delta t_0}=\frac{250}{4.18\times(95-70)}=2.39(kg/s)$$

由于管网阻力系数 S 值不变，则：

$$\frac{P_0}{P}=\left(\frac{G_0}{G}\right)^2\Rightarrow G=\sqrt{\frac{P}{P_0}}G_0=\sqrt{\frac{52.03}{43}}\times2.39=2.63(kg/s)$$

实际供热量：

$$Q=cG\Delta t=4.18\times2.63\times(90-70)=219.9(kW)$$

3. 某热水供暖系统运行时实测流量为9000kg/h，系统总压力损失为10kPa，现将流量减小为8000kg/h，系统总压力损失为：(2007-4-4)

(A)0.78～0.80kPa　　(B)5.5～5.8kPa

(C)7.8～8.0kPa　　(D)8.1～8.3kPa

答案：[C]

主要解答过程：

$\Delta P = SQ^2$，管网不变则管网阻力系数不变，

$$\frac{\Delta P_1}{\Delta P_2} = \left(\frac{Q_1}{Q_2}\right)^2 \Rightarrow \Delta P_2 = \left(\frac{Q_2}{Q_1}\right)^2 \Delta P_1 = \left(\frac{8000}{9000}\right)^2 \times 10 = 7.9(\text{kPa})$$

4. 某建筑供暖用低温热水地面辐射供暖系统，设计供暖供回水温度为60℃/50℃，计算阻力损失为50kPa(其中最不利环路阻力损失为25kPa)。现供暖供回水温度调整为50℃/42℃，系统和辐射地板加热的管径均不变，但需要调整辐射地板的布管，形成最不利的环路阻力损失为30kPa。热力入口的供回水压差应为下列何项？(2008-3-3)

(A)45～50kPa　(B)51～60kPa　(C)61～70kPa　(D)71～80kPa

答案：[C]

主要解答过程：

设调整前系统流量为 G_1，调整后为 G_2，则：$G_1(60-50)=G_2(50-42)$，得：$G_2=1.25G_1$

调整前公共管路阻力损失 $\Delta P_{公}=50-25=25(\text{kPa})$，调整后 $\Delta P_{公}'=(G_2/G_1)^2\Delta P_{公}=39.1\text{kPa}$

则热力入口的供回水压差 $\Delta P=\Delta P_{公}'+30\text{kPa}=69.1\text{kPa}$

5. 某建筑的设计供暖负荷为200kW，供回水温度为80℃/60℃，计算阻力损失为50kPa，其入口处外网的实际供回水压差为40kPa，该建筑供暖系统的实际热水循环量应是下列何项？(2009-4-2)

(A)6550～6950kg/h　(B)7000～7450kg/h

(C)7500～8000kg/h　(D)8050～8550kg/h

答案：[C]

主要解答过程：

设计热水循环量：

$$G = \frac{200}{c \times (80-60)} \times 3600 = 8612.4(\text{kg/h})$$

由于管网阻力系数 S 值不变则：

$$G_{实际} = \sqrt{\frac{P_{实际}}{P}}G = \sqrt{\frac{40}{50}} \times 8612.4 = 7703(\text{kg/h})$$

6. 某热水集中供暖系统的设计参数：供暖热负荷为750kW，供回水温度为95℃/70℃。系统计算阻力损失为30kPa。实际运行时于系统的热力入口处测得：供回水压差为34.7kPa，供回水温度为80℃/60℃，系统实际运行的热负荷，应为下列哪一项？(2011-4-3)

(A)530～560kW　(B)570～600kW　(C)605～635kW　(D)640～670kW

答案：[D]

主要解答过程：

设计工况系统流量：

$$G_1 = \frac{750}{4.18 \times (95-70)} = 7.18(\text{kg/s})$$

管网阻力数 S 值不变，则：

$$\frac{P_1}{P_2} = \frac{G_1{}^2}{G_2{}^2} \Rightarrow G_2 = \sqrt{\frac{P_2}{P_1}}G_1 = \sqrt{\frac{34.7}{30}} \times 7.18 = 7.72(\text{kg/s})$$

则实际热负荷：

$$Q_{实} = cG_2(80-60) = 645.6(\text{kW})$$

1.6.3　蒸汽供暖系统的水力计算(2016-3-3，2017-4-6)

1. 验算由分气缸送出的供气压力 P_0 能否使凝结水回到闭式水箱中，求最小供汽压力 P_0 的正确值为下列哪一项？(2006-4-3)

已知：(1)蒸汽管道长度 $L=500\text{m}$，平均比摩阻 $\Delta P_m = 200\text{Pa/m}$，局部阻力按总阻力的 20% 计。

(2)凝结水管道总阻力为 0.01MPa。

(3)疏水器背压 $P_2 = 0.5P_1$。

(4)闭式水箱内压力 $P_4 = 0.02\text{MPa}$。

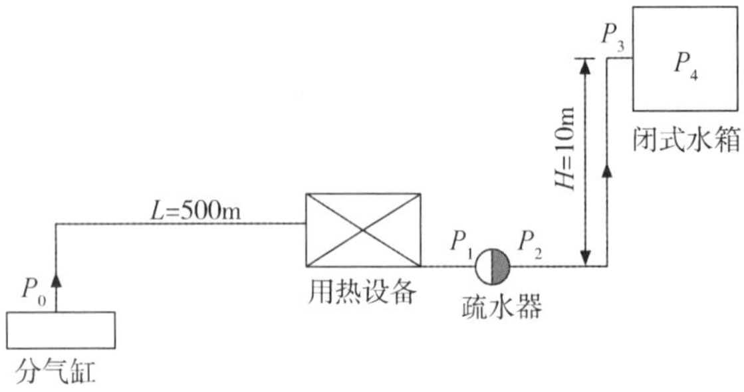

(A)0.49～0.5MPa　　(B)0.45～0.47MPa　　(C)0.37～0.4MPa　　(D)3.4～3.5MPa

答案：[C]

主要解答过程：

疏水器后最小压力：

$$P_2 = P_4 + P_3 + \rho g H = 0.02 + 0.01 + 1000 \times 9.8 \times 10 \times 10^{-6} = 0.128(\text{MPa})$$

$$P_1 = 2P_2$$

局部阻力按总阻力的 20% 计(注意不是按沿程阻力的 20% 计)，因此总阻力为：

$$P_Z = L\Delta P_m + 20\% P_Z$$

$$\Rightarrow P_Z = 1.25 \times L \times \Delta P_m = 1.25 \times 500\text{m} \times 200\text{Pa/m} = 0.125\text{MPa}$$

最小供汽压力 P_0 为：

$$P_0 = P_1 + P_Z = 0.256 + 0.125 = 0.381(\text{MPa})$$

2. 某厂房设计采用 60kPa 蒸汽供暖，供气管道最大长度为 500m，选择供气管道管径时，平均单位长度摩擦压力损失值以及供气水平干管末端的管径，应是哪一项？(2010-4-2)

(A) $\Delta P_m \leqslant 30\text{Pa/m}$，$DN \geqslant 20\text{mm}$　　(B) $\Delta P_m \leqslant 30\text{Pa/m}$，$DN \geqslant 25\text{mm}$

(C) $\Delta P_m \leqslant 70\text{Pa/m}$，$DN \geqslant 20\text{mm}$　　(D) $\Delta P_m \leqslant 70\text{Pa/m}$，$DN \geqslant 25\text{mm}$

答案：[D]

主要解答过程：

根据《教材 2018》P34 可知，60kPa 属于低压蒸汽系统，根据 P81 式(1.6-4)

$$\Delta P_m = \frac{(P-2000)\alpha}{l} = \frac{(60000-2000) \times 0.6}{500} = 69.6\text{Pa/m} \leqslant 70\text{Pa/m}$$

根据《教材 2018》P79，低压蒸汽管路管径不小于 25mm。

3. 某厂房设计采用 50kPa 蒸汽供暖，供汽管道最大长度为 600m，选择供汽管径时，平均单位长度摩擦压力损失值以及供汽水平干管的管径，应是下列何项？(2012-4-4)

(A) $\Delta P_m \leqslant 25\text{Pa/m}$，$DN \leqslant 20\text{mm}$　　(B) $\Delta P_m \leqslant 48\text{Pa/m}$，$DN \geqslant 25\text{mm}$

(C) $\Delta P_m \leqslant 50\text{Pa/m}$，$DN \leqslant 20\text{mm}$　　(D) $\Delta P_m \leqslant 25\text{Pa/m}$，$DN \geqslant 25\text{mm}$

答案：[B]

主要解答过程：

根据《教材 2018》P34 可知，50kPa 属于低压蒸汽系统，根据 P81 式(1.6-4)

$$\Delta P_{m}=\frac{(P-2000)\alpha}{l}=\frac{(50000-2000)\times 0.6}{600}=48(\text{Pa/m})$$

根据《教材 2018》P79，低压蒸汽管路管径不小于 25mm。

4. 某厂房设计采用 60kPa 蒸汽供暖，供气管道最大长度为 870m，选择供气管道管径时，平均单位长度摩擦压力损失值以及供汽水平干管的末端管径，应是何项？（2013-4-2）

(A) $\Delta P_{m}\leqslant 25\text{Pa/m}$，$DN\leqslant 20\text{mm}$　　(B) $\Delta P_{m}\leqslant 35\text{Pa/m}$，$DN\geqslant 25\text{mm}$

(C) $\Delta P_{m}\leqslant 40\text{Pa/m}$，$DN\geqslant 25\text{mm}$　　(D) $\Delta P_{m}\leqslant 50\text{Pa/m}$，$DN\geqslant 25\text{mm}$

答案：[C]

主要解答过程：

根据《教材 2018》P34 可知，60kPa 属于低压蒸汽系统，根据 P81 式(1.6-4)

$$\Delta P_{m}=\frac{(P-2000)\alpha}{l}=\frac{(60000-2000)\times 0.6}{870}=40(\text{Pa/m})$$

根据《教材 2018》P79，低压蒸汽管路管径不小于 25mm。

1.7　供暖设备与附件(2017-4-4，2018-3-4，2018-4-4)

1.7.1　散热器片数计算(2017-4-2，2018-3-1)

考点总结：

1. 流量修正系数 β_4 的使用原则

(1) 流量修正系数的含义及取值方法

新版教材在散热器面积计算公式中增加了“流量修正系数”β_4，其基本原理是：散热器标准测试工况的进出口温差为 25℃，此时流经散热器的流量称为标准流量，当实际工况散热器进出口温差小于 25℃时，在保证换热量相同的情况下，流经散热器的流量增加，散热器内表面流速增大，对流换热系数增大，所需散热器面积减小，因此在计算散热器面积时，可选取小于 1 的流量修正系数。其中流量增加倍数的计算公式为：

$$\alpha=\frac{25(\text{标准供回水温差})}{\text{实际供回水温差}}$$

根据 α 计算值查表 1.8-5 即可得流量修正系数，当流量增加倍数不是整数时可采用插值法。如柱形散热器供回水温度为 5℃时，计算得 $\alpha=5$，查表得 $\beta_4=0.83$。

(2) 流量修正系数使用误区

考生请注意，流量修正系数的选取是以散热器散热量不变为前提的，因此必须准确审题，如本书第 1.7.2 节中建筑节能改造的类似题目，由于房间负荷减小(如减小至 65%)，即便是供回水温差减小(如减小为 20℃)，实际流经散热器的流量依旧减小，故此类散热器负荷发生变化的题目，一般不考虑流量修正系数的影响。

2. 散热器片数取舍原则

关于散热器片数计算尾数取舍问题一直存在争议，唯一的依据来自于《09 技措》第 2.3.3 条，但是笔者认为散热器片数选取只能进位而不能舍去，因为舍去散热器尾数后，从理论计算角度就无法满足在设计工况下室温的要求了，这显然是不合理的，工程设计当中也只会采取进位。对于此类问题，笔者建议考生根据实际考题和选项设置灵活应对。

1. 计算第一组散热器比第五组散热器相差片数为下列何值?(2006-4-1)

散热器为铸铁 640 型，传热系数 $K=3.663\Delta t^{0.16}$ W/(m^2 · K)，单片面积为 0.2m^2/片，每个散热器的散热量均为 1500W，散热器明装，系统如图所示：

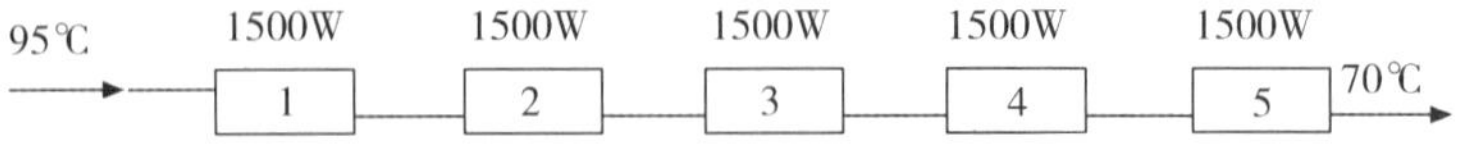

(A)8 (B)9 (C)10 (D)11

答案：[C]

主要解答过程：

由于采用单管串联系统，设第 1 组的出口水温为 t_1，第 5 组的进口水温为 t_5，流经每组散热器流量相等：

$$G=\frac{1500\times 5}{(95-70)}=\frac{1500}{95-t_1}=\frac{1500}{t_5-70}$$

$$t_1=90℃, t_5=75℃$$

根据《教材 2018》P89 式(1.8-1)，此时注意，对比《教材(第二版)》P46 式(1.6-1)，新版教材增加了流量修正系数 β_4，而 β_4 的取值方法应根据表 1.8-5 注：“表中流量增加倍数为 1 时的流量即为散热器进出口水温为 25℃时的流量，也称标准流量”，因此对于本题来说进出口温差为 5℃，在保持换热量相等的情况下，流量增加倍数为 5，铸铁 640 型散热器为柱形，因此 β_4 取 0.83。

对于第 1 组散热器，查表得：$\beta_2=1.0$，$\beta_3=1.0$，$\beta_4=0.83$，并先假设 $\beta_1=1.0$，则散热器面积为：

$$F'_1=\frac{Q}{K\Delta t_p}\beta_1\beta_2\beta_3\beta_4=\frac{1500}{3.663\times\left(\frac{95+90}{2}-18\right)^{1.16}}\times 0.83=2.289(m^2)$$

所需片数为：$n'_1=2.289/0.2=11.4$，取 $\beta_1=1.05$，

则实际所需片数为：$n_1=11.4\times 1.05=11.97$，取 12 片。

对于第 5 组散热器，查表得：$\beta_2=1.251$，$\beta_3=1.0$，$\beta_4=0.83$，并先假设 $\beta_1=1.0$，则散热器面积为：

$$F'_5=\frac{Q}{K\Delta t_p}\beta_1\beta_2\beta_3\beta_4=\frac{1500}{3.663\times\left(\frac{75+70}{2}-18\right)^{1.16}}\times 1.251\times 0.83=4.115(m^2)$$

所需片数为：$n'_5=4.115/0.2=20.6$，取 $\beta_1=1.05$

则实际所需片数为：$n_5=20.6\times 1.05=21.6$，取 22 片。

因此第一组散热器比第五组散热器相差片数为：22 − 12 = 10(片)

注：根据表 1.8-2，笔者认为只有片数≥21 时 β_1 取 1.1，因此本题在计算片数为 20.6 时，只能取 $\beta_1=1.05$，此处有争议。

2. 某办公楼的会议室($t_n=18℃$)计算供暖热负荷为 2200W，设计选用铸铁四柱 640 型散热器，散热器装在罩内，上部和下部均开口，开口高度为 150mm，供暖系统为双管上供下回系统，热媒为 85～60℃热水，散热器为异侧上进下出。该会议室选用散热器的片数，应该是下列选项的哪一个？已知：铸铁四柱型散热器单片散热面积 $f=0.205m^2$；当 $\Delta t=64.5℃$时，散热器的传热系数 $K=9.3$W/(m^2 · ℃)；10 片的散热器传热系数计算式 $K=2.442\Delta t^{0.321}$。(2008-3-4)

(A)25 片 (B)23 片 (C)22 片 (D)20 片

答案：［A］

主要解答过程：

本题可参考《教材(第二版)》P48 计算例题。

先假定 $\beta_1=1.0$，取 $\beta_2=1.0$、$\beta_3=1.04$、$\beta_4=1.0$。$\Delta t=(85+60)/2-18=54.5(℃)$。$K=2.442\times54.5^{0.321}=8.81[W/(m^2\cdot℃)]$

$$F_0=\frac{Q}{K(t_{pj}-t_n)}\beta_1\beta_2\beta_3=\frac{2200}{8.81\times54.5}\times1\times1\times1.04=4.77(m^2)$$

所以 $n_0=F_0/f=23.2$ 片，根据表 1.6-2 取 $\beta_1=1.1$，则 $n=n_0\beta_1=25.5$ 片，取 26 片。

注：(1)2008 年出题时，《教材(第二版)》表 1.6-2 给出的 23 片时的修正系数为 1.04，最终计算片数为：$23.2\times1.04=24.1$(片)，取整进位为 25 片。而《教材(第三版)》第 15 次印刷后，将≥21 片时的片数修正系数改为 1.1，故导致本题计算结果为 26 片，没有合适答案。

(2)关于散热器片数取舍原则，可参考本节考点总结。

3. 某办公楼的办公室 $t_n=18℃$，计算供暖热负荷为 850W，选用铸铁四柱 640 散热器，散热器罩内暗装，上部和下部开口高度均为 150mm，供暖系统热媒为 80～60℃热水，双管上供下回，散热器为异侧上进下出。问该办公室计算选用散热器片数应是下列哪一项？(已知：铸铁四柱 640 型散热器单片散热面积 $f=0.205m^2$；10 片的散热器传热系数计算公式 $K=2.442\Delta t^{0.321}$)(2011-4-2)

(A)8 片　　(B)9 片　　(C)10 片　　(D)11 片

答案：［C］

主要解答过程：

根据《教材 2018》P89 式(1.8-1)

$$F=\frac{Q}{K(t_{pj}-t_n)}\beta_1\beta_2\beta_3\beta_4$$，先假设 $\beta_1=1.0$，根据表 1.8-3 和表 1.8-4 得 $\beta_2=1.0$，$\beta_3=1.04$

供回水温差为 20℃，流量增加倍数为：$25\div20=1.25$，根据表 1.8-5 采用插值法得 $\beta_4=0.975$

$$F=\frac{850}{2.442\times\left(\frac{80+60}{2}-18\right)^{1.321}}\times1\times1\times1.04\times0.975=1.91(m^2)\quad 片数：n_0=\frac{F}{f}=9.32$$

查表 1.8-2，得 9～10 片时 $\beta_1=1.0$，因此：$n=9.55\times1.0=9.32$(片)，取整进位为 10 片。

注：关于散热器片数取舍原则，可参考本节考点总结。

4. 某 5 层住宅为下供下回双管热水供暖系统，设计条件下供回水温度 95℃/70℃，顶层某房间设计室温 20℃，设计热负荷 1148W。进入立管水温为 93℃。已知：立管的平均流量为 250kg/h，一～四层立管高度为 10m，立管散热量为 78W/m。设定条件下，散热器散热量为 140W/片，传热系数 $K=3.10(t_{pj}-t_n)^{0.278}W/(m^2\cdot K)$，散热器散热回水温度维持 70℃，该房间散热器的片数应为下列何项？(不计该层立管散热和有关修正系数)(2012-4-3)

(A)8 片　　(B)9 片　　(C)10 片　　(D)11 片

答案：［B］

主要解答过程：

立管散热过程：

$$4.18\times\frac{250}{3600}\times(93-t_{进})=10m\times0.078kW/m\quad\therefore t_{进}=90.31℃$$

标准供回水温度下散热器散热量：

$$140W = KF(t_{pj} - t_n)^{0.278} = 3.10F \times \left(\frac{95+70}{2} - 20\right)^{1.278}$$

实际供回水温度下散热器散热量：

$$Q' = K'F(t'_{pj} - t_n)^{0.278} = 3.10F \times \left(\frac{90.31+70}{2} - 20\right)^{1.278}$$

两式相比解得：

$$Q' = 133.3W/\text{片} \quad \therefore n = 1148/Q' = 8.61\text{ 片} \approx 9\text{ 片}$$

1.7.2 散热器水温及散热量计算(2016-4-1，2017-3-3，2017-3-15，2018-4-3)

1. 某热水供暖系统流量为32t/h时锅炉产热量为0.7MW，锅炉回水温度65℃，热网供回水温降分别为1.6℃和0.6℃，在室温18℃时，钢制柱形散热器的 K_2 值与95℃/70℃时的 K_1 值相比约为下列哪项？(钢柱式散热器 $K = 2.489\Delta T^{0.8069}$ W/m²·K)(2007-4-3)

(A)0.9　　(B)0.89　　(C)0.88　　(D)0.87

答案：[B]

主要解答过程：

$$0.7\text{MW} = c \times 32t/h \times (t_g - 65℃) \Rightarrow t_g = 83.8℃$$

散热器供水温度为：$t_{gs} = t_g - 1.6℃ = 82.2℃$

回水温度为：$t_{hs} = t_h + 0.6℃ = 65.6℃$

$$\Delta t_1 = \frac{95+70}{2} - 18 = 64.5(℃) \qquad \Delta t_2 = \frac{82.2+65.6}{2} - 18 = 55.9(℃)$$

$$\frac{K_2}{K_1} = \left(\frac{\Delta t_2}{\Delta t_1}\right)^{0.8069} = 0.89$$

2. 某办公楼会议室计算供暖热负荷为4500kW，采用铸铁四柱640型散热器，供暖热媒为热水，供回水温度为80℃/60℃，会议室为独立环路。办公楼围护结构节能改造后，该会议室的供暖热负荷降至3100W，若原设计的散热器片数与有关修正系数不变，要保持室内温度为18℃(不大于21℃)，供回水温度应是下列哪一项？(已知散热器的传热系数计算公式 $K = 2.442\Delta t^{0.321}$，供回水温差为20℃)(2010-4-3)

(A)供回水温度为75℃/55℃　　(B)供回水温度为70℃/50℃

(C)供回水温度为65℃/45℃　　(D)供回水温度为60℃/40℃

答案：[B]

主要解答过程：

根据《教材2018》P89式(1.8-1)，各修正系数不变，忽略其影响。改造前后热负荷：

$$Q_1 = \frac{K_1F\Delta t_1}{\beta_1\beta_2\beta_3\beta_4} = \frac{2.442 \times F(t_{pj1} - t_n)^{1.321}}{\beta_1\beta_2\beta_3\beta_4} = 4500\text{W}$$

$$Q_2 = \frac{K_2F\Delta t_2}{\beta_1\beta_2\beta_3\beta_4} = \frac{2.442 \times F(t_{pj2} - t_n)^{1.321}}{\beta_1\beta_2\beta_3\beta_4} = 3100\text{W}$$

两式相比得：$\dfrac{\left(\dfrac{80+60}{2} - 18\right)^{1.321}}{(t_{pj2} - 18)^{1.321}} = \dfrac{4500}{3100}$

$$t_{pj2} = \frac{t_g' + t_h'}{2} = 57.2℃ \quad t_g' - t_h' = 20℃$$

$$t_g' = 67.2℃ \quad t_h' = 47.2℃$$

3. 某办公楼会议室供暖负荷为5500W，采用铸铁四柱640型散热器，供暖热水为85℃/60℃，会议室为独立环路。办公室进行围护结构节能改造后，该会议室的供暖热负荷降至3800W，若原设计的散热器片数与有关修正系数不变，要保持室内温度为18℃（不超过21℃），供回水温度应是下列哪一项？（已知散热器的传热系数公式 $K=2.442\Delta t^{0.321}$，供回水温差为20℃）（2011-3-2）

（A）75℃/55℃　　（B）70℃/50℃　　（C）65℃/45℃　　（D）60℃/40℃

答案：[B]

主要解答过程：

根据《教材2018》P89式（1.8-1），由于修正系数保持不变，则：

原始散热量：$Q_0=K_0F\Delta t_0=2.442\times F\times\Delta t_0^{1.321}$

改造后散热量：$Q=KF\Delta t=2.442\times F\times\Delta t^{1.321}$

两式相除得：$\dfrac{5500}{3800}=\dfrac{\left(\dfrac{85+60}{2}-18\right)^{1.321}}{\left(\dfrac{t_g+t_h}{2}-18\right)^{1.321}}$，解得：$t_g+t_h=118.4$℃，又因为 $t_g-t_h=20$℃

因此：$t_g=70$℃，$t_h=50$℃

4. 某办公楼供暖系统原设计热媒为85～60℃热水，采用铸铁四柱散热器，室内温度为18℃。因办公楼进行了围护结构节能改造，其热负荷降至原来的67%，若散热器不变，维持室内温度为18℃（不超过21℃），且供暖热媒温差采用20℃，选择热媒应为下列何项？（已知散热器传热系数 $K=2.81\Delta t^{0.276}$）（2012-3-2）

（A）75～55℃热水　　（B）70～50℃热水

（C）65～45℃热水　　（D）60～40℃热水

答案：[B]

主要解答过程：

根据《教材2018》P89式（1.8-1），由于修正系数保持不变，则：

原始散热量：$Q_0=K_0F\Delta t_0=2.81\times F\times\Delta t_0^{1.276}$

改造后散热量：$0.67Q=KF\Delta t=2.81\times F\times\Delta t^{1.276}$

两式相除得：$\dfrac{1}{0.67}=\dfrac{\left(\dfrac{85+60}{2}-18\right)^{1.276}}{\left(\dfrac{t_g+t_h}{2}-18\right)^{1.276}}$，解得：$t_g+t_h=115.64$℃，又因为 $t_g-t_h=20$℃

因此取 $t_g=70$℃，$t_h=50$℃

5. 某住宅楼设计供暖热媒为85～60℃热水，采用四柱型散热器，经住宅楼进行围护结构节能改造后，采用70～50℃热水，仍能满足原设计的室内温度20℃（原供暖系统未做变更）。则改造后的热负荷应是下列何项？（散热器传热系数 $K=2.81\Delta t^{0.297}$）（2012-4-5）

（A）为原热负荷的67.1%～68.8%　　（B）为原热负荷的69.1%～70.8%

（C）为原热负荷的71.1%～72.8%　　（D）为原热负荷的73.1%～74.8%

答案：[B]

主要解答过程：

改造前热负荷：$Q=KF(t_{pj}-t_n)=2.81F\times\left(\dfrac{85+60}{2}-20\right)^{1.297}=478.36F$

$P_t = 30 - (-5) = 35mH_2O < 40mH_2O$，安全。

系统运行时，参考 P136 图 1.10-6 可知水泵吸入口处定压值为 $30mH_2O$，考虑 $6mH_2O$ 的回水干管阻力和 $-5m$ 的建筑底层标高，则用户回水管处的压力值为：

$P_{yh} = 30 + 6 - (-5) = 41(mH_2O)$

一般在系统运行时，近似认为回水管压力即为散热器承压值，因此 $41mH_2O$ 大于散热器安全工作压力。

2. 某热水供热管网的水压图如图所示，设计供回水温度为 110℃/70℃。1 号楼、2 号楼、3 号楼和 4 号楼的高度分别是：18m、36m、21m 和 21m。2 号楼为间接连接，其余为直接连接，求循环水泵的扬程和系统停止运行时 3 号楼顶层的水系统的压力（不考虑顶层的层高因素）是何项？（2013-3-5）

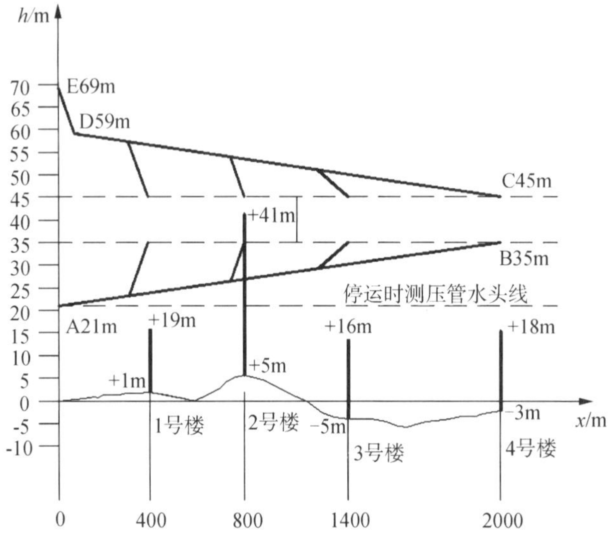

（A）水泵扬程 $38mH_2O$、3 号楼顶层水系统的压力 $5mH_2O$

（B）水泵扬程 $48mH_2O$、3 号楼顶层水系统的压力 $5mH_2O$

（C）水泵扬程 $38mH_2O$、3 号楼顶层水系统的压力 $19mH_2O$

（D）水泵扬程 $48mH_2O$、3 号楼顶层水系统的压力 $19mH_2O$

答案：[B]

主要解答过程：

本题可参考《教材 2018》P136 例题。水泵扬程：$H = 69 - 21 = 48(mH_2O)$

系统停泵后，静水压线为 21m，则 3 号楼顶层的水系统的压力为：$P_3 = 21 - 16 = 5(mH_2O)$。

注：本题出题不严密，题干中没有像教材一样说明 1、3、4 号楼是直接采用高温水供暖还是采用带混合装置的直接连接。查《教材 2018》P136 表 1.10-4，110℃水的汽化压力为 $46kPa = 4.6mH_2O$，为保证不汽化还要留有 30～50kPa 的富裕压力，分析 1、3、4 号楼停泵时候顶层水系统的压力：

$P_1 = 21 - 19 = 2(mH_2O)$，$P_3 = 21 - 16 = 5(mH_2O)$，$P_4 = 21 - 18 = 3(mH_2O)$ 均小于 $4.6 + 3 = 7.6m(H_2O)$ 防止汽化的最低压力，因此推测题干中所谓的直接连接应该是采用混合装置的直接连接，才能够满足不汽化的要求。其实可以发现，教材 P136 图中在高温水供暖建筑的楼顶是附加了 $4.6mH_2O$ 的汽化压力水头的，而题干图中并未做该附加，因此可以认为题目默认 1、3、4 号楼是采用带混合装置的直接连接。

3. 某热水供暖系统(上供下回)设计供回水温度110℃/70℃，为5个用户供暖(见下表)，用户采用散热器承压0.6MPa，试问设计选用的系统定压方式(留出了$3mH_2O$余量)及用户与外网连接方式，正确的应是下列何项?(汽化表压取42kPa，$1mH_2O=9.8kPa$，膨胀水箱架设高度小于1m)(2014-4-6)

用户	1	2	3	4	5
用户底层地面标高/m	+5	+3	-2	-5	0
用户楼高/m	48	24	15	15	24

注：以热网循环水泵中心高度为基准。

(A)在用户1屋面设置膨胀水箱，各用户与热网直接连接
(B)在用户2屋面设置膨胀水箱，用户1与外网分层连接，高区28~48m间接连接，低区1~27m直接连接，其余用户与热网直接连接
(C)取定压点压力56m，各用户与热网直接连接，用户4散热器选用承压0.8MPa
(D)取定压点压力35m，用户1与外网分层连接，高区23~48m间接连接，低区1~22m直接连接，其余用户与热网直接连接

答案：[D]

主要解答过程：

根据《教材2018》P136~P138水压图分析部分内容。

由于系统任意一点(系统最高点为最不利点)的压力不能低于热水的汽化压力(42kPa)，并留出$3mH_2O$的余量，计算最高建筑用户1所需求的最低静水压力要求为：

$$H_{J1}=48m+5m+\frac{42000Pa}{1000\times 9.8}+3m=60.3m$$

因此首先排除选项C；选项A：由于膨胀水箱架设高度小于1m，因此若在屋面设置膨胀水箱，定压压力$H\leqslant 48m+5m+1m=54m<60.3m$，同样不满足最低静水压力要求；选项B：同理选项A，在用户2屋面设置膨胀水箱，是不可能满足2用户直接连接方式下的最低静水压力要求的，因此选项B错误；选项D正确，分析如下：

在用户1进行高低分区后，除用户1高区外，其余直接连接用户(包括用户1低区)，系统最高点为22+5=27(m)或24+3=27(m)，此时所需要的最低静水压力要求为：

$$H_{J2}=27m+\frac{42000Pa}{1000\times 9.8}+3m=34.3m<35m$$，故定压点压力满足静水压力要求。

系统最低点为用户4底层的-5m，散热器承压为：

$$P=\rho gH=1000\times 9.8\times(35+5)=0.392MPa<0.6MPa$$

散热器不超压。

1.9　小区供热锅炉房

1.9.1　锅炉的基本特性及设备选择(2017-4-23)

1. 某热水锅炉进水温度为60℃，出水温度为80℃，测定的循环流量为120t/h，压力为4MPa(表压)。锅炉每小时燃煤量为0.66t，燃煤的低位发热量是19000kJ/kg。求锅炉热效率?($t=80$℃，比焓$i=335.5kJ/kg$，$t=60$℃，比焓$i=251.5kJ/kg$)(2007-4-5)

(A)75.6%~76.6%　　(B)66.8%~68.8%

(C)84.7% ~85.2%　　(D)79.0% ~80.8%

答案：[D]

主要解答过程：

根据《教材 2018》P152，锅炉热效率：

$$\eta = \frac{\text{加热水的热量}}{\text{完全燃烧产生的热量}} = \frac{120 \times (335.5 - 251.5)}{19000 \times 0.66} = 80.4\%$$

2. 某小区锅炉房为燃煤粉锅炉，煤粉仓几何容积为 $60m^3$，煤粉仓设置的防爆门面积应是下列哪一项？(2011-3-5)

(A)0.1 ~0.19m^2　(B)0.2 ~0.29m^2　(C)0.3 ~0.39m^2　(D)0.4 ~0.59m^2

答案：[D]

主要解答过程：

根据《锅规》(GB 50041—2008)第 5.1.8.4 条。

防爆门面积为：$S = 60m^3 \times 0.0025m^2/m^3 = 0.15m^2$，但总面积不应小于 $0.5m^2$。

3. 某天然气锅炉房位于地下室，锅炉额定产热量为 4.2MW，效率为 91%，天然气的低位热值 $Q_{DW} = 35000kJ/m^3$，燃烧理论空气量 $V = 0.2680Q_{DW}/1000(m^3/m^3)$，燃烧装置空气过剩系数为 1.1，锅炉间空气体积为 $1300m^3$，该锅炉房平时总送风量和室内压力状态应为下列哪一项？(运算中，保留到小数点后一位)(2011-4-5)

(A)略大于 $15600m^3/h$，维持锅炉间微正压　(B)略大于 $20053m^3/h$，维持锅炉间微正压

(C) <$20500m^3/h$，维持锅炉间负压　(D)略大于 $20500m^3/h$，维持锅炉间微正压

答案：[D]

主要解答过程：

所需天然气体积量为：$V_{天然气} = \frac{4.2MW}{Q_{DW}\eta} \times 3600 = \frac{4200}{35000 \times 0.91} \times 3600 = 475(m^3/h)$

燃烧所需空气量：$V_{空} = \frac{0.268 \times Q_{DW}}{1000} \times V_{天然气} \times 1.1 = 4901(m^3/h)$

根据《锅规》(GB 50041—2008)第 15.3.7 条，锅炉房位于地下室时，换气次数不小于 12 次，根据注：换气量中不包括锅炉燃烧所需空气量，根据条文说明中，锅炉房维持微正压。

送风量：$V_{送} = V_{空} + 12 \times 1300 = 20501m^3/h$

4. 某居住小区的热源为燃煤锅炉，小区供暖热负荷为 10MW，冬季生活热水的最大小时耗热量为 4MW，夏季生活热水的最小小时耗热量为 2.5MW，室外供热管网的输送效率为 0.92，不计锅炉房的自用热。锅炉房的总设计容量以及最小锅炉容量的设计最大值应为下列何项？(生活热水的同时使用率为 0.8)(2012-3-4)

(A)总设计容量为 11 ~13MW，最小锅炉容量的设计最大值为 5MW

(B)总设计容量为 11 ~13MW，最小锅炉容量的设计最大值为 8MW

(C)总设计容量为 13.1 ~14.5MW，最小锅炉容量的设计最大值为 5MW

(D)总设计容量为 13.1 ~14.5MW，最小锅炉容量的设计最大值为 8MW

答案：[C]

主要解答过程：

根据《教材 2018》P157 式(1.11-4)

$$Q = (10MW + 4MW \times 0.8)/0.92 = 14.35MW$$

夏季锅炉需要提供的最小供热量为：（注意：最小耗热量不应再乘同时使用率）

$$Q_x = 2.5\text{MW}/0.92 = 2.72\text{MW}$$

根据《09 技措》第 8.2.10.3.2）条，“单台燃煤锅炉的运行负荷不应低于锅炉额定负荷的 50%”，因此，最小锅炉容量的设计最大值为：

$$Q_{max} = Q_x/50\% = 5.43\text{MW}$$

5. 某小区供暖锅炉房，设有 1 台燃气锅炉，其额定工况为：供水温度为 95℃，回水温度 70℃，效率为 90%。实际运行中，锅炉供水温度改变为 80℃，回收温度为 60℃，同时测得水流量为 100t/h，天然气耗量为 260Nm^3/h（当地天然气低位热值为 35000kJ/Nm^3）。该锅炉实际运行中的效率变化为下列何项？（2013-4-6）

（A）运行效率比额定效率降低了 1.5% ~2.5%

（B）运行效率比额定效率降低了 4% ~5%

（C）运行效率比额定效率提高了 1.5% ~2.5%

（D）运行效率比额定效率提高了 4% ~5%

答案：［C］

主要解答过程：

根据《教材 2018》P152，锅炉实际运行热效率：

$$\eta' = \frac{\text{加热水的热量}}{\text{完全燃烧产生的热量}} = \frac{4.18 \times (100 \times 1000) \times (80 - 60)}{35000 \times 260} = 91.87\%$$

6. 某项目需设计一台热水锅炉，供回水温度 95℃/70℃，循环水量 48t/h，设锅炉热效率 90%，分别计算锅炉采用重油的燃料耗量（kg/h）及采用天然气的燃料消耗量（Nm^3/h）。正确的答案应是下列哪一项？（水的比热容取 4.18kJ/kg · K，重油的低位热值为 40600kJ/kg、天然气的低位热值为 35000kJ/Nm^3）（2014-3-5）

（A）135 ~140，155 ~160　　（B）126 ~134，146 ~154

（C）120 ~125，140 ~145　　（D）110 ~119，130 ~139

答案：［A］

主要解答过程：

根据《教材 2018》P152，锅炉热效率：（设 Q 为热水负荷，B 为燃料消耗量，q 为燃料低位热值）

$$\eta_{gl} = \frac{Q}{Bq} \Rightarrow B = \frac{Q}{\eta_{gl} q} = \frac{cG\Delta t}{\eta_{gl} q}$$，因此：

燃料采用重油时燃料消耗量为：

$$B_{zy} = \frac{48 \times 1000\text{kg/h} \times 4.18\text{kJ/(kg} \cdot \text{K)} \times (95 - 70)}{90\% \times 40600\text{kJ/kg}} = 137.3\text{kg/h}$$

燃料采用天然气时燃料消耗量为：

$$B_{tyq} = \frac{48 \times 1000\text{kg/h} \times 4.18\text{kJ/(kg} \cdot \text{K)} \times (95 - 70)}{90\% \times 35000\text{kJ/Nm}^3} = 152.9\text{Nm}^3/\text{h}$$

1.9.2 供热节能改造热指标计算（2018-3-5）

总结：此类题目一直存在争议，经多方求证，此类题目计算时即有建筑和新建建筑均需考虑输送散热损失，即以 2014-4-4 解法为准。

1. 严寒地区某住宅小区，有一冬季供暖用热水锅炉房，容量为 140MW，原供热范围为 200 万 m^2 的既有住宅，经对既有住宅进行围护结构节能改造后，供暖热指标降至 48W/m^2。试问，既有住宅改造后，该锅炉房还可负担新建住宅供暖的面积应是下列何项？（锅炉房自用负荷可忽略不计，管网为直埋，散热损失附加系数为 0.10；新建住宅供暖热指标为 40W/m^2）(2010-3-4)

(A)90 ~ 95(10^4m^2)　(B)96 ~ 100(10^4m^2)　(C)101 ~ 105(10^4m^2)　(D)106 ~ 115(10^4m^2)

答案：[B]

主要解答过程：

注意，本题需默认改造建筑热指标的 48W/m^2 已包括管网热损失，否则无可选答案。

既有住宅改造后所需总负荷：$Q_0 = 200 \times 10^4 \times 48 = 96(MW)$

节约容量：$\Delta Q = 140MW - Q_0 = 44MW$

可负担新建住宅面积：$S = \Delta Q / [40W/m^2 \times (1+10\%)] = 100 \times 10^4 m^2$

2. 严寒地区某 200 万 m^2 住宅小区，冬季供暖用热水锅炉容量为 140MW，满足供暖需求。城市规划在该区域再建 130 万 m^2 节能住宅也需该锅炉供暖。因该锅炉房无法扩建，故对既有住宅进行围护结构节能改造，满足全部住宅正常供暖，问：既有住宅节能改造后的供暖热指标应是下列何项？（锅炉房自用负荷忽略不计，管网直埋附加 $K_0 = 1.02$，新建住宅供暖热指标 35W/m^2）(2012-3-3)

(A) ≤44W/m^2　(B) ≤45W/m^2　(C) ≤46W/m^2　(D) ≤47W/m^2

答案：[C]

主要解答过程：

新建住宅所需锅炉容量：$Q_x = K_0 \times 130 \times 10^4 \times 35 = 46.41MW$

既有住宅改造后所需锅炉容量：$Q = 140MW - 46.41MW = 93.59MW$

改造后的热指标为：$Q_0 = Q/(K_0 \times 200 \times 10^4) = 45.9W/m^2$

3. 严寒地区某 200 万 m^2 的住宅小区，冬季供暖用热水锅炉房总装机容量为 140MW，对该住宅小区进行围护结构节能改造后，供暖热指标降至 45W/m^2，该锅炉房还能再负担新建节能住宅(供暖热指标 35W/m^2)供暖的面积，应是下列何项？（锅炉房自用负荷忽略不计，管网输送效率 $K_0 = 0.94$）(2013-4-5)

(A)$118 \times 10^4m^2$　(B)$128 \times 10^4m^2$　(C)$134 \times 10^4m^2$　(D)$142 \times 10^4m^2$

答案：[A]

主要解答过程：

容量为 140MW 的锅炉，能够提供的供暖负荷为：

$$Q = 140 \times K_0 = 131.6MW$$

既有住宅改造后所需的供暖负荷为：

$$Q_1 = 200 \times 10^4 \times 45 = 90(MW)$$

可负担新建住宅面积为：

$$\Delta S = \frac{Q - Q_1}{35} = \frac{131.6 - 90}{35} = 119 \times 10^4 m^2$$

4. 严寒地区某住宅小区的冬季供暖用热水锅炉房，容量为 280MW，刚好满足 $400 \times 10^4 m^2$ 既有住宅的供暖。因对既有住宅进行了围护结构节能改造，改造后该锅炉房又多负担了新建住宅供暖的面积 $270 \times 10^4 m^2$，且能满足设计要求。请问既有住宅的供暖热指标和改造后既有住宅的供暖热指标分别应接近下列选项的哪一个？（锅炉房自用负荷可忽略不计，管网散热损失为供热量的2%；新建住宅供暖热指标35W/m²）(2014-4-4)

(A)70.0W/m²和46.3W/m²　　(B)70.0W/m²和45.0W/m²

(C)68.6W/m²和46.3W/m²　　(D)68.6W/m²和45.0W/m²

答案：[D]

主要解答过程：

容量为280MW的锅炉，能够提供的供暖负荷为：

$$Q = 280 \times (1 - 2\%) = 274.4(\mathrm{MW})$$

既有建筑改造前的热指标为：

$$q = \frac{Q}{400 \times 10^4} = 68.6\ \mathrm{W/m^2}$$

新建住宅所需的供暖负荷为：

$$Q_x = 270 \times 10^4 \times 35 = 94.5(\mathrm{MW})$$

既有建筑改造后的热指标为：

$$q' = \frac{Q - Q_x}{400 \times 10^4} = 45.0\ \mathrm{W/m^2}$$

1.10 水泵耗电输热比计算(2018-3-2)

注意：1. 供暖系统耗电输热比总结参加本书第3.10.4节。

2. 以下题目均根据老版《公建节能》出题，考生需掌握基本计算方法。

---

1. 按节能标准设计的集中热水供暖系统，设计供回水温差25℃，室外供回水主干线总长度为1000m，循环水泵采用联轴器连接，水泵设计工况点的轴功率为12kW。该系统的建筑供热负荷约为下列哪一项。(2007-3-1)

(A)2900kW　(B)3000kW　(C)3100kW　(D)3200kW

答案：[C]

主要解答过程：

根据《公建节能》第5.2.8条：$EHR = N/Q\eta \leqslant 0.0056(14 + \alpha\sum L)/\Delta t$

$\Delta t = 25℃$，$\sum L = 1000\mathrm{m}$，$\alpha = 0.0069$，$N = 12\mathrm{kW}$，$\eta = 0.83$。代入后解得 $Q = 3080\mathrm{W}$

注：《民规》及《公建节能2015》均对计算公式做出了更新，考生需关注。

2. 某公共建筑的集中热水供暖的二次水系统，总热负荷为3200kW，供回水温度为95℃/70℃，室外主干线总长1600m，如果选用联轴器连接的循环水泵时，水泵的设计工况点的轴功率计算值应是下列何项值(取整数)？(2008-4-1)

(A)19kW　(B)17kW　(C)15kW　(D)13kW

答案：[C]

主要解答过程：

根据《公建节能》5.2.8条：

$$EHR = N/Q\eta \leqslant 0.0056(14 + \alpha\sum L)/\Delta t$$

$N \leqslant Q \times \eta \times 0.0056(14 + \alpha\sum L)/\Delta t = 3200 \times 0.83 \times 0.0056 \times (14 + 0.0069 \times 1600)/(95 - 70) = 14.9(\mathrm{kW})$，取整为15kW。

注：《公建节能 2015》第 4.3.3 条对计算公式做出了更新，考生需关注。

3. 某办公建筑设计采用散热器供暖系统，总热负荷为 2100kW，供回水温度为 80℃/60℃，系统主干线总长 950m，如果选用直联方式的循环水泵时，与水泵设计工况点的轴功率接近的应是下列哪一项？（2010-3-3）

(A)不应大于 4.0kW　　(B)不应大于 5.5kW

(C)不应大于 1.5kW　　(D)不应大于 11kW

答案：[D]

主要解答过程：

根据《公建节能》第 5.2.8 条：

$$EHR = \frac{N}{Q\eta} \leqslant 0.00561 \times (14 + \alpha \sum L)/\Delta t$$

$$N \leqslant \frac{0.00561 \times (14 + \alpha \sum L)}{\Delta t} \times Q\eta = \frac{0.00561 \times (14 + 0.0092 \times 950)}{80 - 60} \times 2100 \times 0.85 = 11.37(\text{kW})$$

第2章 通 风

2.1 环境标准、卫生标准、排放标准(2017-4-8)

1. 某车间有毒物质实测的时间加权浓度为：苯(皮)3mg/m^3、二甲苯胺(皮)2mg/m^3，甲醇(皮)15mg/m^3、甲苯(皮)20mg/m^3。问此车间有毒物质的容许浓度是否符合卫生要求并说明理由？(2007-3-6)

(A)符合　　(B)不符合　　(C)无法确定　　(D)基本符合

答案：[B]

主要解答过程：

根据《工作场所有害因素职业接触限值　第1部分：化学有害因素》(GBZ 2.1—2007)表1，查得各有害物质容许浓度分别为：苯(皮)6mg/m^3，二甲苯胺(皮)5mg/m^3，甲醇(皮)25mg/m^3，甲苯(皮)50mg/m^3。再根据A.12条：$3/6+2/5+15/25+20/50=1.9>1$，超过限值，不符合卫生标准。

2. 某车间生产过程中，工作场所空气中所含有毒气物质为丙醇，劳动者的接触状况见下表。试问，该状况下8h的时间加权平均浓度值以及是否超过国家标准容许值的判断，应是下列哪一项？(2008-3-6)

接触时间/h	相应浓度/(mg/m^3)
$T_1=2$	$G_1=220$
$T_2=2$	$G_2=200$
$T_3=2$	$G_3=180$
$T_4=2$	$G_4=120$

(A)1440mg/m^3，未超过国家标准容许值

(B)1440mg/m^3，超过国家标准容许值

(C)180mg/m^3，未超过国家标准容许值

(D)180mg/m^3，超过国家标准容许值

答案：[C]

主要解答过程：

根据《工作场所有害因素职业接触限值　第1部分：化学有害因素》(GBZ 2.1—2007)第A.3条，$C_{TWA}=(C_1T_1+C_2T_2+C_3T_3+C_4T_4)/8=180\text{mg/m}^3$。查表1得：丙醇的时间加权平均容许浓度为200mg/m^3，故未超过国家标准容许值。

3. 某新建化验室排放有毒气体苯，其排气筒的高度为12m，试问：其符合国家二级排放标准的最高排放速率为？(2008-3-10)

(A)约0.78kg/h　　(B)约0.5kg/h

(C)约0.4kg/h　　(D)约0.32kg/h(改为0.16kg/h)

答案：[D]

主要解答过程：

根据《大气污染物综合排放标准》(GB 16297—1996)表2查得新污染源苯的二级排放标准的最高排放速率(排气筒为15m)为0.5kg/h。再根据第B3条，$Q=Q_c(h/h_c)^2=0.5\times(12/15)^2=0.32(\text{kg/h})$。由于第7.4条要求：“新污染源的排气筒一般不应低于15m。若新污染源的排气筒必须低于15m时，其排放速率标准值按第7.3条的外推计算结果再严格50%执行”，因此

本题答案应为 0.16kg/h，题目选项无正确答案，将 D 选项改为 0.16kg/h。

4. 某工厂现存理化楼的化验室排放有害气体甲苯，其排气筒的高度为 12m，试问，符合国家二级排放标准的最高允许排放速率，接近下列何项？(2009-3-6)

(A)1.98kg/h (B)2.3kg/h (C)3.11kg/h (D)3.6kg/h

答案：[B]

主要解答过程：

根据《大气污染物综合排放标准》(GB 16297—1996)表 1 查得现有污染源甲苯的二级排放标准的最高排放速率(排气筒为 15m)为 3.6kg/h。再根据第 B3 条，$Q = Q_c(h/h_c)^2 = 3.6 \times (12/15)^2 = 2.304(kg/h)$。

5. 在一般工业区内(非特定工业区)新建某除尘系统，排气筒的高度为 20m，排放的污染物为石英粉尘，排放速度速率均匀，经 2h 连续测定，标准工况下，排气量 $80000m^3/h$，除尘效率为 99%，粉尘收集量为 $G_1 = 633.6kg$。试问，以下依次列出排气筒的排放速率值，排放浓度值以及达标排放的结论，正确者应为下列哪一项？(2010-3-6)

(A)3.0kg/h，$60mg/m^3$，达标排放 (B)3.1kg/h，$80mg/m^3$，排放不达标

(C)3.0kg/h，$40mg/m^3$，达标排放 (D)3.2kg/h，$40mg/m^3$，排放不达标

答案：[D]

主要解答过程：

查《环境空气质量标准》(GB 3095—1996)，非特定工业区的排放标准为二级。

排气 2h 排含尘量为 $(G_1/0.99) \times (1-0.99) = 6.4kg$，则排放速率为 6.4kg/2h = 3.2kg/h

排放浓度为 $(3.2kg/h)/80000m^3/h = 40mg/m^3$

根据《大气污染物综合排放标准》(GB 16297—1996)表 2，查得石英粉尘的最高允许排放浓度为 $60mg/m^3$，允许排放速率为 3.1kg/h。故排放浓度达标，但排放速率不达标，总体不达标。

6. 某工厂焊接车间散发的有害物质主要为电焊烟尘，劳动者接触状况见下表。试问，此状况下该物质的时间加权平均允许浓度值和是否符合国家相关标准规定的判断，正确的是下列哪一项？(2011-3-6)

(A)$3.2mg/m^3$，未超标

(B)$3.45mg/m^3$，未超标

(C)$4.24mg/m^3$，超标

(D)$4.42mg/m^3$，超标

接触时间/h	接触焊尘对应的浓度/(mg/m^3)
1.5	3.4
2.5	4
2.5	5
1.5	0(等同不接触)

答案：[B]

主要解答过程：

根据《工作场所有害因素职业接触限值 第 1 部分：化学有害因素》(GBZ 2.1—2007)第 A.3 条，

$$C_{TWA} = (C_1T_1 + C_2T_2 + C_3T_3 + C_4T_4)/8 = 3.45mg/m^3。$$

查表 2 得：电焊烟尘的时间加权平均容许浓度为 $4mg/m^3$，故未超过国家标准容许值。

7. 某工厂新建理化楼的化验室排放有害气体甲苯，排气筒的高度为 12m，试问符合国家二级排放标准的最高允许排放速率接近下列哪一项？(2011-4-7)

(A)3.49kg/h (B)2.30kg/h

(C)1.98kg/h (D)0.99kg/h

答案：[D]

主要解答过程：
根据《大气污染物综合排放标准》(GB 16297—1996)表2查得15m排气筒的二级最高允许排放速率为3.1kg/h，根据附录B3：

$$Q_0 = Q_c\left(\frac{h}{h_c}\right)^2 = 3.1\times\left(\frac{12}{15}\right)^2 = 1.984(\text{kg/h})$$

根据第7.4条规定，再严格50%则：$Q = 0.5Q_0 = 0.99\text{kg/h}$

8. 在一般工业区内(非特定工业区)新建某除尘系统，排气筒的高度为20m，距其190m处有一高度为18m的建筑物。排放污染物为石英粉尘，排放浓度为 $y = 50\text{mg/m}^3$，标准工况下，排气量 $V = 60000\text{m}^3/\text{h}$。试问，以下依次列出排气筒的排放速率值以及排放是否达标的结论，正确者应为何项？(2012-4-7)

(A)3.5kg/h，排放不达标 (B)3.1kg/h，排放达标
(C)3.0kg/h，排放达标 (D)3.0kg/h，排放不达标

答案：[D]
主要解答过程：
查《环境空气质量标准》(GB 3095—1996)，非特定工业区的排放标准为二级。
排放速率为：$50\text{mg/m}^3\times 60000\text{m}^3/\text{h} = 3\text{kg/h}$
根据《大气污染物综合排放标准》(GB 16297—1996)表2，20m排气筒的二级允许排放速率为3.1kg/h。但根据第7.1条，排气筒应高出周围200m半径范围的建筑5m以上，不能达到则需严格50%，因此允许排放速率为 $3.1\text{kg/h}\times 50\% = 1.55\text{kg/h} < 3\text{kg/h}$，故排放不达标。

2.2 全面通风

2.2.1 全面通风量计算(2017-3-8，2017-4-9，2018-3-7，2018-3-10，2018-4-11)

1. 某变配电间(所处地区大气压为101325Pa)的余热量为40kW，室外计算通风温度为32℃，计算相对湿度为72%。现要求室内温度不超过40℃，试问机械通风系统排出余热的最小风量是下列哪项值？(2008-3-7)

(A)12000~13400kg/h (B)13560~14300kg/h
(C)14600~15300kg/h (D)16500~18000kg/h

答案：[D]
主要解答过程：
变电所无湿负荷，余热应为显热负荷，因此：

$$G = \frac{Q}{c(t_n - t_w)} = \frac{40}{1.01\times(40-32)} = 4.95\text{kg/s} = 17822\text{kg/h}$$

2. 某车间工艺生产过程散发的主要有害物质包括苯胺、丙烯醇和氯化物，已知将上述三种有害物稀释至国标规定的接触限值所需空气量分别为 $8.2\text{m}^3/\text{s}$、$5.6\text{m}^3/\text{s}$、$2.1\text{m}^3/\text{s}$。试问：该车间的全面通风换气量应是下列哪一项值？(2008-4-6)

(A)$8.2\text{m}^3/\text{s}$ (B)$10.3\text{m}^3/\text{s}$ (C)$7.7\text{m}^3/\text{s}$ (D)$15.9\text{m}^3/\text{s}$

答案：[D]
主要解答过程：
根据《教材2018》P174：刺激气体稀释全面通风量应为叠加关系：$8.2\text{m}^3/\text{s} + 5.6\text{m}^3/\text{s} + 2.1\text{m}^3/\text{s} = 15.9\text{m}^3/\text{s}$。

3. 某变配电间(所处地区大气压为 101325Pa)的余热量为 40.4kW，通风室外计算温度为 32℃，计算相对湿度为 70%，要求室内温度不超过 40℃，试问机械通风系统排除余热的最小风量，应是下列何项？(2009-4-7)

(A)13000 ~ 14000kg/h　　(B)14500 ~ 15500kg/h

(C)16000 ~ 17000kg/h　　(D)17500 ~ 18500kg/h

答案：[D]

主要解答过程：

根据热量平衡关系：

$$40.4\text{kW} = cG\Delta t = 1.01\text{kJ/(kg·℃)} \times G \times 8℃$$

解得： $G = 5\text{kg/s} = 18000\text{kg/h}$

4. 某会议室有 105 人，每人每小时呼出 CO_2 为 22.6L。设室外空气中 CO_2 的体积浓度为 400ppm，会议室内空气 CO_2 允许体积浓度为 0.1%；用全面通风方式稀释室内 CO_2 浓度，则能满足室内 CO_2 的允许浓度的最小新风量是下列哪一项？(2010-4-8)

(A)3700 ~ 3800m³/h　　(B)3900 ~ 4000m³/h

(C)4100 ~ 4200m³/h　　(D)4300 ~ 4400m³/h

答案：[B]

主要解答过程：

注意：ppm 的含义为体积分数为百万分之一，即 1000ppm = 0.1%

室内 CO_2 的产生量 $m = (22.6/22.4) \times 44 \times 105 = 4.66(\text{kg/h})$

根据《教材 2018》P231 式(2.6-1)，由 CO_2 的质量平衡：

$$G\frac{(1000\text{ppm} - 400\text{ppm}) \times 44}{22.4} = G \times 1178.6\text{mg/m}^3 = m$$

解得： $G = 3954\text{m}^3/\text{h}$

5. 某车间同时散发苯、乙酸乙酯溶剂蒸气和余热，设稀释苯、乙酸乙酯溶剂蒸气的散发量所需的室外新风量分别为 200000m³/h、50000m³/h；满足排出余热的室外新风量为 220000m³/h。问同时满足排出苯、乙酸乙酯溶剂蒸气和余热的最小新风量是下列哪一项？(2011-4-9)

(A)220000m³/h　　(B)250000m³/h　　(C)270000m³/h　　(D)470000m³/h

答案：[B]

主要解答过程：

根据《教材 2018》P174，排除苯和乙酸乙酯的新风量应叠加计算即为：200000 + 50000 = 250000(m³/h)，大于排除余热所需新风量 220000m³/h，因此最小新风量应取较大值。

6. 某配电室的变压器功率为 1000kVA，变压器功率因数为 0.95，效率为 0.98，负荷率为 0.75，配电室要求下级室内设计温度不大于 40℃，当地夏季室外通风计算温度为 32℃，采用机械排风，自然进风的通风方式。能消除夏季变压器发热量的风机最小排风量应是下列何项？(风机计算风量为标准状态，空气比热容 $C = 1.01\text{kJ/kg·℃}$)(2012-3-7)

(A)5200 ~ 5400m³/h　　(B)5500 ~ 5700m³/h　　(C)5800 ~ 6000m³/h　　(D)6100 ~ 6300m³/h

答案：[A]

主要解答过程：

根据《09 技措》P60 式(4.4.2)

变压器散热量： $Q = (1 - \eta_1)\eta_2\phi W = (1 - 0.98) \times 0.75 \times 0.95 \times 1000 = 14.25(\text{kW})$

风机最小排风量：$G=\frac{Q}{c\rho\Delta t}\times3600=\frac{14.25}{1.01\times1.2\times(40-32)}\times3600=5290.8(m^3/h)$

7. 某车间同时散发苯、醋酸乙酯、松节油溶剂蒸气和余热，为稀释苯、醋酸乙酯、松节油溶剂蒸气的散发量，所需的室外新风量分别为 500000m³/h、10000m³/h、2000m³/h，满足排除余热的室外新风量为 510000m³/h。则能够满足排除苯、醋酸乙酯、松节油溶剂蒸气和余热的最小新风量是下列何项？（2012-4-8）

(A)510000m³/h (B)512000m³/h (C)520000m³/h (D)522000m³/h

答案：[B]

主要解答过程：

根据《教材 2018》P174 当数种溶剂(苯及其同系物、醇类或醋酸酯类)蒸气或数种刺激性气体同时放散于空气中时，应按各种气体分别稀释至规定的接触限值所需要的空气量的总和计算全面通风换气量。所需新风量为 500000 + 10000 + 2000 = 512000(m³/h)，大于排除余热余湿所需新风量，因此应取较大值 512000m³/h。

8. 某生产厂房采用自然进风，机械排风的全面通风方式，室内空气温度为 30℃，相对湿度为 60%，室外通风设计温度为 27℃，相对湿度为 50%，厂房内的余湿量为 25kg/h。厂房所在地为标准大气压，查 h-d 图计算，该厂房排风系统消除余湿的设计风量(按干空气计)应为下列何项？（2013-3-7）

(A)3100～3500kg/h (B)3600～4000kg/h

(C)4100～4500kg/h (D)4800～5200kg/h

答案：[D]

主要解答过程：

根据《教材 2018》P174 查 h-d 图得：$d_n=16.04g/kg$，$d_w=11.15g/kg$

排风量：$G=\frac{W}{d_n-d_w}=\frac{25\times1000}{16.04-11.15}=5112.5(kg/h)$

9. 某生产厂房采用自然进风、机械排风的全面通风方式，室内设计空气温度为 30℃，含湿量 17.4g/kg；室外通风设计温度为 26.5℃，含湿量为 15.5g/kg；厂房内的余热量 20kW，余湿量为 25kg/h；该厂房排风系统的设计风量应为下列何项？（空气比热容为 1.01kJ/kg·K）（2013-3-8）

(A)12000～14000kg/h (B)15000～17000kg/h

(C)18000～19000kg/h (D)20000～21000kg/h

答案：[D]

主要解答过程：

根据《教材 2018》P174

消除余热排风量：$G_1=\frac{Q}{c(t_p-t_o)}=\frac{20kW}{1.01kJ/(kg\cdot K)\times(30-26.5)℃}=5.658kg/s=20367.8kg/h$

消除余湿排风量：$G_2=\frac{W}{d_p-d_o}=\frac{25\times1000}{17.4-15.5}=13157.9(kg/h)$

设计风量应取两者大值，即 20367.8kg/h

注意：题干中所给的余热量为显热。计算风量要记住：显热用温差，潜热用湿差，全热用焓差。

10. 某化工生产车间内，生产过程中散发苯、丙酮、醋酸乙酯和醋酸丁酯的有机溶剂蒸气，需设置通风系统。已知其散发量分别为：苯 $M_1=200\text{g/h}$、丙酮 $M_2=150\text{g/h}$、醋酸乙酯 $M_3=180\text{g/h}$、醋酸丁酯 $M_4=260\text{g/h}$。车间内四种溶剂的最高允许浓度分别为：苯 $S_1=50\text{mg/m}^3$、丙酮 $S_2=400\text{mg/m}^3$、醋酸乙酯 $S_3=200\text{mg/m}^3$、醋酸丁酯 $S_4=200\text{mg/m}^3$。试问该车间的通风量应为下列何项？(2013-4-8)

(A) $4000\text{m}^3/\text{h}$　　(B) $4900\text{m}^3/\text{h}$　　(C) $5300\text{m}^3/\text{h}$　　(D) $6575\text{m}^3/\text{h}$

答案：[D]

主要解答过程：

根据《教材2018》P174，当数种溶剂(苯及其同系物、醇类或醋酸酯类)蒸气或数种刺激性气体同时放散于空气中时，应按各种气体分别稀释至规定的接触限值所需要的空气量的总和计算全面通风换气量。根据P173式(2.2-1b)，则该车间的通风量应为：(公式 K 值取1，否则没有答案)

$$L=\frac{M_1}{S_1-0}+\frac{M_2}{S_2-0}+\frac{M_3}{S_3-0}+\frac{M_4}{S_4-0}=\frac{200}{0.05}+\frac{150}{0.4}+\frac{180}{0.2}+\frac{260}{0.2}=6575(\text{m}^3/\text{h})$$

2.2.2 热风平衡计算(2016-3-2，2016-3-11，2016-4-8，2017-3-9)

考点总结：通风工程中室外计算温度取值

应用场合	应用条件	温度取值	出处
计算机械送风耗热量及选择空气加热器	一般情况	冬季供暖室外计算温度	《教材2018》P174 《民规》第6.3.3条
	用于补偿消除余热、余湿的全面排风耗热量	冬季通风室外计算温度	
热量平衡计算	局部排风及稀释有害气体的全面通风	冬季供暖室外计算温度	《2016年教材》P175 (2017版教材删除该部分)
	消除余热、余湿及稀释低毒性有害物质的全面通风	冬季通风室外计算温度	
自然通风	有效热量系数法计算排风温度	夏季通风室外计算温度	《教材2018》P183

注：热量平衡计算中要注意“有害气体”和“低毒性有害物质”的区别。

1. 某散发有害气体的车间，冬季室内供暖温度15℃，室内围护结构耗热量90.9kW，室内局部机械排风量为4.4kg/s。当地冬季通风室外计算干球温度-5℃，冬季供暖室外计算干球温度-10℃，空气定压比热1.01kJ/(kg·K)，采用全新风集中供热系统，为维持室内一定的负压，取送风量为4kg/s(风量不足部分由门窗外缝隙补入)，送风温度 t，下列何值为正确？(2006-4-2)

(A) $36<t\leqslant39$℃　　(B) $39<t\leqslant41$℃　　(C) $41<t\leqslant43$℃　　(D) $43<t\leqslant45$℃

答案：[B]

主要解答过程：

根据《教材2018》P175，根据质量守恒：

$$G_{zj}+G_{jj}=G_{jp}\Rightarrow G_{zj}=0.4\text{kg/s}$$

根据能量守恒：(局部排风的补风应采用供暖室外计算温度 $t_w=-10$℃)

$$90.9\text{kW}+cG_{jp}t_n=cG_{jj}t_s+cG_{zj}t_w$$

$$90.9\text{kW}+1.01\times4.4\times15=1.01\times4\times t_s+1.01\times0.4\times(-10)$$

$$t_s=40℃$$

2. 某车间局部机械排风系统的排风量 $G_{jp}=0.6\text{kg/s}$，设带有空气加热器的机械进风系统作补风和供暖，机械进风量 $G_{jj}=0.54\text{kg/s}$，该车间供暖需热量 $Q=5.8\text{kW}$，冬季供暖室外计算温度 $t_w=-15℃$，室内供暖计算温度 $t_n=15℃$。求机械进风系统的送风温度 t_s 为下列何值？(2006-4-6)

(A)31～33℃　(B)28～30℃　(C)34～36℃　(D)>36℃

答案：[B]

主要解答过程：

根据《教材2018》P175，根据质量守恒：

$$G_{zj}+G_{jj}=G_{jp}\Rightarrow G_{zj}=0.06\text{kg/s}$$

根据能量守恒：(局部排风的补风应采用供暖室外计算温度 $t_w=-15℃$)

$$5.8\text{kW}+cG_{jp}t_n=cG_{jj}t_s+cG_{zj}t_w$$

$$5.8\text{kW}+1.01\times0.6\times15=1.01\times0.54\times t_s+1.01\times0.06\times(-15)$$

$$t_s=29℃$$

3. 夏季室外通风计算温度为28℃，室内工作区设计温度为32℃，计算排风温度为36.9℃，设计的排风量为66.7kg/s，计算排风排出的总热量为下列何值？(2006-4-7)

(A)2400～2500kW　(B)590～610kW　(C)420～440kW　(D)320～340kW

答案：[B]

主要解答过程：

排风排出的总热量为：

$$Q=cG\Delta t=1.01\times66.7\times(36.9-28)=600(\text{kW})$$

4. 某地冬季室外通风计算温度0℃，供暖室外计算温度-5℃，当地一散发有害气体的车间，冬季工作区供暖计算温度15℃，围护结构耗热量181.8kW。车间屋顶(高12m)设有屋顶风机进行全面通风，排风量8.8kg/s。当采用全新风集中热风供暖系统，送风量为8kg/s，车间屋顶梯度为0.5℃/m时，热风系统的送风温度为下列何值？(2007-3-7)

(A)44.1～44.6℃　(B)44.8～45.2℃　(C)45.8～46.2℃　(D)46.8～47.2℃

答案：[B]

主要解答过程：

可参考《教材(第二版)》P159例题，设工作区高度为2m，则：

屋顶排风温度 $t_p=15℃+(12-2)\text{m}\times0.5℃/\text{m}=20℃$

质量平衡方程：$G_{zj}+G_{jj}=G_{jp}$　得出：$G_{zj}=0.8\text{kg/s}$

热量平衡方程：$Q_h+cG_{jp}t_p=cG_{zj}t_{供暖}+cG_{jj}t_s$(稀释有害气体的全面通风，采用冬季供暖室外计算温度)

解得：$t_s=45℃$

5. 某地冬季通风室外计算温度为0℃，冬季供暖室外计算温度为-5℃。一散发有害气体的生产车间，冬季工作区供暖计算温度为15℃，车间围护结构耗热量 $Q=242.4\text{kW}$；车间工作区设全面机械通风系统排除有害气体，机械排风量为9kg/s；设计采用全新风集中热风供暖，设送风量为8kg/s；则该系统冬季的设计送风温度应为下列何项？(空气比热容 $C_p=1.01\text{kJ/kg}\cdot℃$)(2010-4-1)

(A)40.5～42.4℃　(B)42.5～44.4℃　(C)44.5～47.0℃　(D)47.1～49.5℃

答案：[D]

主要解答过程：

《教材2018》P175，根据风量平衡：$G_s + G_{zj} = G_p$，得：$G_{zj} = 1\text{kg/s}$

根据热量平衡：$Q + cG_p t_n = cG_{zj} t_w + cG_s t_s$，其中 t_w 为冬季供暖室外计算温度 −5℃

$242.4 + 1.01 \times 9 \times 15 = 1.01 \times 1 \times (-5) + 1.01 \times 8 \times t_s$

解得：$t_s = 47.5$℃

6. 某地夏季为标准大气压力，室外通风计算温度为32℃，设计某车间内一高温设备的排风系统，已知：排风罩吸入的热空气温度为500℃，排风量1500m³/h。因排风机承受的温度最高为250℃，采用风机入口段混入室外空气做法，满足要求的最小室外空气风量应是下列何项？(空气比热容按 $C = 1.01\text{kJ/kg}\cdot$℃计，不计风管与外界的热交换)(2012-3-8)

(A)600～700m³/h (B)900～1100m³/h (C)1400～1600m³/h (D)1700～1800m³/h

答案：[A]

主要解答过程：

32℃时空气密度：$\rho_{32} = 353/(273+32) = 1.157(\text{kg/m}^3)$

250℃时空气密度：$\rho_{250} = 353/(273+250) = 0.675(\text{kg/m}^3)$

500℃时空气密度：$\rho_{500} = 353/(273+500) = 0.457(\text{kg/m}^3)$

根据混合过程能量守恒：

$$c\rho_{500} V_{排} \times 500℃ + c\rho_{32} V \times 32℃ = c \times (\rho_{500} V_{排} + \rho_{32} V) \times 250℃$$

$$0.457 \times 1500 \times 500 + 1.157 \times V \times 32 = (0.457 \times 1500 + 1.157 \times V) \times 250$$

$$\therefore V = 679.45\text{m}^3/\text{h}$$

7. 某乙类厂房，冬季工作区供暖计算温度15℃，厂房围护结构耗热量 $Q = 313.1\text{kW}$，厂房全面排风量 $L = 42000\text{m}^3/\text{h}$；厂房采用集中热风供暖系统，设计送风量 $G = 12\text{kg/s}$，则该系统冬季的设计送风温度 t_{jj} 应为下列何项？(注：当地为标准大气压，室内外空气密度取均为1.2kg/m³，空气比热容 $C_p = 1.01\text{kJ/kg}\cdot$℃，冬季通风室外计算温度 −10℃)(2012-4-1)

(A)40～41.9℃ (B)42～43.9℃ (C)44～45.9℃ (D)46～48.9℃

答案：[C]

主要解答过程：

根据《教材2018》P175

全面排风质量流量：$G_{jp} = \dfrac{42000}{3600} \times \rho = 14(\text{kg/s})$

根据质量守恒，自然进风量：$G_{zj} = G_{jp} - G = 2\text{kg/s}$

根据能量守恒：

$$Q + C_p G_{jp} t_n = C_p G t_{jj} + C_p G_{zj} t_w$$

$$313.1 + 1.01 \times 14 \times 15 = 1.01 \times 12 \times t_{jj} + 1.01 \times 2 \times (-10)$$

$$\therefore t_{jj} = 45℃$$

注：本题题干错误，根据《教材2018》P171第6)条，机械送风系统加热器的冬季室外参数应采用供暖室外计算温度，但是题干所给条件却是冬季通风室外计算温度。

8. 某车间设有局部排风系统，局部排风量为0.56kg/s，冬季室内工作区温度为15℃，冬季通风室外计算温度为−15℃，供暖室外计算温度为−25℃(大气为标准大气压，空气定压比热

1.01kJ/kg·℃)。围护结构耗热量为8.8kW，室内维持负压，机械进风量为排风量的90%，试求机械通风量和送风温度为下列何项？(2012-3-6)

(A)0.3～0.53kg/s，29～32℃　　(B)0.54～0.65kg/s，29～32℃

(C)0.54～0.65kg/s，33～36.5℃　　(D)0.3～0.53kg/s，36.6～38.5℃

答案：[D]

主要解答过程：

根据《教材2018》P175，机械通风量：$G_{jj}=90\%\times0.56\text{kg/s}=0.504\text{kg/s}$

根据质量守恒：$G_{zj}+G_{jj}=G_{jp}\Rightarrow G_{zj}=0.056\text{kg/s}$

根据能量守恒：(局部排风的补风应采用供暖室外计算温度 $t_w=-25℃$)

$$8.8\text{kW}+cG_{jp}t_n=cG_{jj}t_s+cG_{zj}t_w$$

$$8.8\text{kW}+1.01\times0.56\times15=1.01\times0.504\times t_s+1.01\times0.056\times(-25)$$

$$t_s=36.7℃$$

9. 某层高4m的一栋散发有害气体的厂房，室内供暖计算温度15℃，车间围护结构耗热量200kW，室内为消除有害气体的全面机械排风量10kg/s；拟采用全新风集中热风供暖系统，送风量9kg/s，则车间热风供暖系统的送风温度应为下列何项？(当地室外供暖计算温度-10℃，冬季通风室外计算温度-5℃，空气比热容为1.01kJ/kg·K)(2013-4-9)

(A)33.0～34.9℃　　(B)35.0～36.9℃　　(C)37.0～38.9℃　　(D)39.0～40.9℃

答案：[D]

主要解答过程：根据《教材2018》P175，根据风量平衡：$G_s+G_{zj}=G_p$，得：$G_{zj}=1\text{kg/s}$

根据热量平衡：$Q+cG_pt_n=cG_{zj}t_w+cG_st_s$，其中 t_w 为冬季供暖室外计算温度-10℃

$$200+1.01\times10\times15=1.01\times1\times(-10)+1.01\times9\times t_s$$

解得：$t_s=39.8℃$

注：本题为2010年案例(下)第1题修改数据原题。

10. 某车间，室内设计温度15℃，车间围护结构设计耗热量200kW，工作区局部排风量10kg/s；车间采用混合供暖系统(散热器+新风集中热风供暖)，设计散热器散热量等于室内+5℃值班供暖的热负荷。新风送风系统风量7kg/s，送风温度t(℃)为下列何项？(已知：供暖室外计算温度为-10℃，空气的比热容为1.01kJ/kg，值班供暖时，通风系统不运行)(2014-4-8)

(A)35.5～36.5　　(B)36.6～37.5　　(C)37.6～38.5　　(D)38.6～39.5

答案：[B]

主要解答过程：

由于值班供暖时通风系统不运行，因此值班供暖散热器仅承担+5℃条件下对应的围护结构耗热量，在设计温度15℃条件下，围护结构设计耗热量为200kW，由于围护结构耗热量与室内外温差成正比，故：

$$\frac{Q'}{200\text{kW}}=\frac{5-(-10)}{15-(-10)}\Rightarrow Q'=120\text{kW}\text{ 即为散热器的散热量。}$$

根据《教材2018》P175式(2.2-5)和式(2.2-6)

车间风量平衡：

$$G_p=G_{zj}+G_{jj}\Rightarrow G_{zj}=10-7=3(\text{kg/s})$$

车间热量平衡：

$$(200 - Q') + cG_p t_n = cG_{jj} t + cG_{zj} t_w$$

解得：$t = 37.03℃$

注：本题近似认为散热器在室温5℃时和15℃时散热量不变，均为120kW。

2.3 自然通风

2.3.1 自然通风的计算(2016-4-9，2017-3-11，2017-4-7，2017-4-10，2018-3-9)

1. 如图所示某车间，侧窗进风温度 $t_w = 31℃$，车间工作区温度 $t_n = 35℃$，散热有效系数 $m = 0.4$，侧窗进风口面积 $F_j = 50m^2$，天窗排风口面积 $F_p = 36m^2$，天窗和侧窗流量系数 $\mu_p = \mu_j = 0.6$，该车间自然通风量为下列哪一项？$\rho_t = 353/(273 + t)$，kg/m³。(2007-3-8)

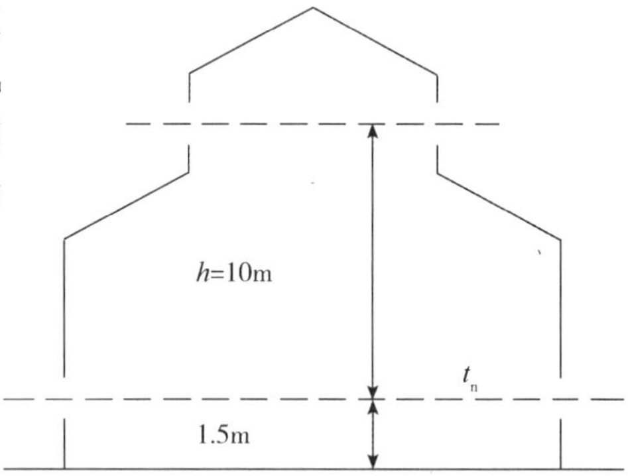

(A)30～32kg/s (B)42～44kg/s

(C)50～52kg/s (D)72～74kg/s

答案：[B]

主要解答过程：

根据《教材 2018》P183，

排风温度 $t_p = t_w + (t_n - t_w)/m = 31 + (35 - 31)/0.4 = 41(℃)$，平均温度 $t_{np} = (t_n + t_p)/2 = 38℃$

利用公式 $\rho_t = 353/(273 + t)$(空气密度与温度关系式)：

$\rho_p = 353/(273 + 41) = 1.124(kg/m^3)$，$\rho_w = 353/(273 + 31) = 1.161(kg/m^3)$，$\rho_{np} = 353/(273 + 38) = 1.135(kg/m^3)$

根据 P182 式(2.3-14)及式(2.3-15)，又因为 $\mu_p = \mu_j$，则：

$$\frac{F_j}{F_p} = \sqrt{\frac{h_2\rho_p}{h_1\rho_w}}$$，又因为 $h_1 + h_2 = 10m$，可解得 $h_1 = 3.33m$

则通风量：

$$G_j = F_j\mu_j\sqrt{2h_1g(\rho_w - \rho_{np})\rho_w} = 42.1kg/s$$

2. 某车间采用自然通风降温，已知车间总余热量 $Q = 300kW$，有效热量系数 $m = 0.5$，$F_1 = F_2 = 10m^2$，$F_3 = 30m^2$，侧窗与天窗中心距 $h = 10m$，$\mu_1 = \mu_2 = 0.4$，$\mu_3 = 0.5$，室外风速为0，空气温度 $t_w = 25℃$，通风换气量为18kg/s。室内工作区温度应为下列何项？(2009-3-7)

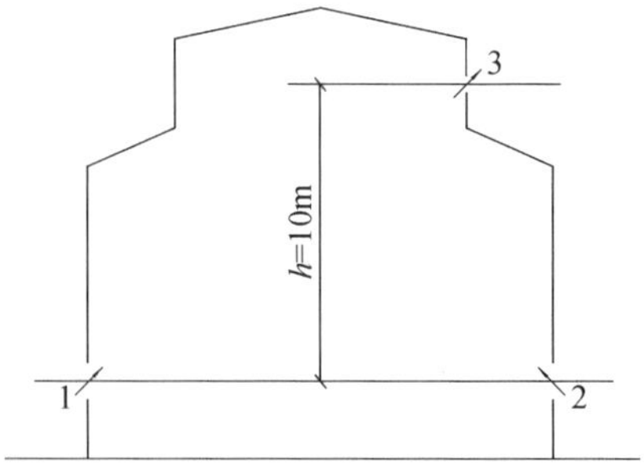

(A)28～29.5℃ (B)30～31.5℃

(C)32～33.5℃ (D)34～35.5℃

答案：[C]

主要解答过程：

根据《教材 2018》P181 式(2.3-13)及 P183 式(2.3-19)

$$G = \frac{Q}{c(t_p - t_w)} = 300kW \Rightarrow t_p = 41.5℃$$

$$t_p = \frac{t_n - t_w}{m} + t_w \Rightarrow t_n = 33.25℃$$

注意：该类型自然通风考题经常给出许多无用条件，需熟练掌握如何选择所需条件解题。

3. 某厂房利用热压进行自然通风，进风口面积 $F_j=36\text{m}^2$，排风口面积 $F_p=30\text{m}^2$，进排风口中心的高度差 $H=12.2\text{m}$。设进、排风口的流量系数相同，且近似认为 $\rho_w=\rho_p$，则厂房内部空间中余压值为零的界面与进风口中心的距离 h_j 为下列哪一项？(2010-4-9)

(A)4.7～5.2m　(B)5.3～5.8m　(C)5.9～6.4m　(D)6.8～7.3m

答案：[A]

主要解答过程：

由于认为 $\mu_j=\mu_p$，$\rho_w=\rho_p$，根据《教材2018》P182 式(2.3-16)

$$\left(\frac{F_j}{F_p}\right)^2=\frac{h_p}{h_j}=\left(\frac{36}{30}\right)^2$$

$$h_j+h_p=12.2\text{m}$$

解得：$h_j=5\text{m}$

4. 地处标准大气压的某车间利用热压自然通风(如图所示)，已知车间的侧窗 a 的开启面积 $F_a=27\text{m}^2$，侧窗 a 与天窗 b 距地面的高度分别为 $h_a=2.14\text{m}$、$h_b=13\text{m}$。设室外空气密度与排风密度近似相等，侧窗与天窗的流量系数相同。现拟维持车间距地面 $h=8.14\text{m}$ 处余压为0，问：天窗开启面积 F_b 为下列哪一项？(2011-3-8)

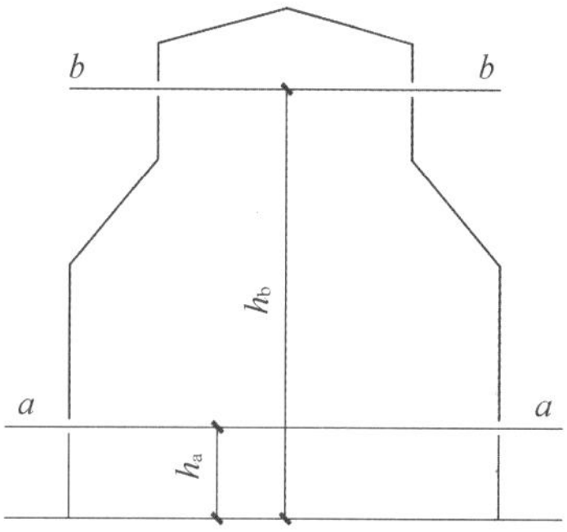

(A)26.5～27.5m²　(B)28.0～29.0m²

(C)29.5～30.5m²　(D)31.0～32.0m²

答案：[C]

主要解答过程：

$h_1=h-h_a=8.14-2.14=6(\text{m})$，$h_2=h_b-h=13-8.14=4.86(\text{m})$

根据《教材2018》P182 式(2.3-16)

$$\frac{F_a}{F_b}=\sqrt{\frac{h_2}{h_1}}=0.9\Rightarrow F_b=30\text{m}^2$$

5. 某生产厂房全面通风量20kg/s，采用自然通风，进风为厂房外墙 F 的侧窗($\mu_j=0.56$，窗的面积 $F_j=260\text{m}^2$)，排风为顶面的矩形通风天窗($\mu_p=0.46$)，通风天窗距进风窗之间的中心距离 $H=15\text{m}$。夏季室内工作地点空气计算温度35℃，室内平均气温度接近下列何项？(注：当地大气压为101.3kPa，夏季通风室外空气计算温度32℃，厂房有效热量系数 $m=0.4$)(2012-4-9)

(A)32.5℃　(B)35.4℃　(C)37.5℃　(D)39.5℃

答案：[C]

主要解答过程：

根据《教材2018》P183 式(2.3-19)

$$t_p=t_w+\frac{t_n-t_w}{m}=32+\frac{35-32}{0.4}=39.5(℃)$$

根据 P181 式(2.3-12)

$$t_{np}=\frac{t_n+t_p}{2}=\frac{35+39.5}{2}=37.25(℃)$$

注意：题干给出干扰条件，要根据需求选择有用的已知条件。

6. 某厂房采用自然通风排除室内余热，要求进风窗的进风量与天窗的排风量均为 $G_j = 850\text{kg/s}$，排风天窗窗孔两侧的密度差为 0.055kg/m³，进风窗的面积 $F_j = 800\text{m}^2$、局部阻力系数 $\zeta_j = 3.18$，设：天窗与进风窗之间中心距 $h = 15\text{m}$，天窗中心与中和面的距离 $h_j = 10\text{m}$，天窗局部阻力系数 $\zeta_p = 4.2$，天窗排风口空气密度 $\rho_p = 1.125\text{kg/m}^3$，则所需天窗面积为下列何项？(2013-3-10)

(A)410 ~ 470m²　(B)471 ~ 530m²　(C)531 ~ 590m²　(D)591 ~ 640m²

答案：[B]

主要解答过程：

根据《教材 2018》P178 式(2.3-1b)， $\mu_p = \sqrt{\dfrac{1}{\zeta_p}} = 0.49$

根据 P182 式(2.3-15)，排风天窗面积为：

$$F_b = \frac{G_j}{\mu_p\sqrt{2h_j g\Delta\rho\rho_p}} = \frac{850}{0.49\times\sqrt{2\times10\times9.8\times0.055\times1.125}} = 498.1(\text{m}^2)$$

注：本题出题有问题，因为教材 P182 式(2.3-15)中 $\Delta\rho = \rho_w - \rho_{np}$，是室外空气密度和室内平均温度下的空气密度之差，而题干中所给的窗孔两侧的密度差实际上是 $\rho_w - \rho_p$，即室外空气密度和排风密度之差，因此实际上上述算法是不准确的，正确的解法如下：

室外空气密度为：

$$\rho_w = \rho_p + 0.055 = 1.18(\text{kg/m}^3)$$

式(2.3-14)与式(2.3-15)相比：

$$\frac{F_j}{F_p} = \frac{\mu_p\sqrt{2h_2 g\Delta\rho\rho_p}}{\mu_j\sqrt{2h_1 g\Delta\rho\rho_w}} = \sqrt{\frac{h_2\rho_p\zeta_j}{h_1\rho_w\zeta_p}} = \sqrt{\frac{10\times1.125\times3.18}{5\times1.18\times4.2}} = 1.2$$

$$F_p = 665.8\text{m}^2$$

但却发现并没有对应选项，不知本题目出题者想法为何。

7. 某屋面高为 14m 的厂房，室内散热均匀，余热量为 1374kW，温度梯度 0.4℃/m；夏季室外通风计算温度 30℃，室内工作区(高 2m)设计温度 32℃。拟采用屋面天窗排风、外墙侧窗进风的自然通风方式排除室内余热，自然通风量应为下列何项？(空气比热容为 1.01kJ/kg · K)(2013-4-10)

(A)171 ~ 190kg/s　(B)191 ~ 210kg/s

(C)211 ~ 230kg/s　(D)231 ~ 250kg/s

答案：[B]

主要解答过程：

天窗排风温度： $t_p = 32 + 0.4\times(14-2) = 36.8(℃)$

通风量： $G = \dfrac{Q}{c(t_p - t_w)} = \dfrac{1374\text{kW}}{1.01\text{kJ/(kg}\cdot\text{K)}\times(36.8-30)℃} = 200\text{kg/s}$

8. 已知室内有强热源的某厂房，工艺设备总散热量为 1136kJ/s，有效热量系数 $m = 0.4$；夏季室内工作点设计温度 33℃；采用天窗排风、侧窗进风的自然通风方式排除室内余热，其全面通风量 G 应是下列何项？注：当地大气压 101.3kPa，夏季通风室外计算温度 30℃，取空气的定压比热为 1.01kJ/(kg · K)(2014-3-10)

(A)80 ~ 120kg/s　(B)125 ~ 165kg/s　(C)175 ~ 215kg/s　(D)220 ~ 260kg/s

答案：[B]

主要解答过程：

根据《教材 2018》P183 式(2.3-19)，天窗排风温度：

$$t_p = t_w + \frac{t_n - t_w}{m} = 30 + \frac{33 - 30}{0.4} = 37.5(℃)$$

根据 P181 式(2.3-13)，全面通风量为：

$$G = \frac{Q}{C(t_p - t_j)} = \frac{1136}{1.01 \times (37.5 - 30)} = 149.97(\mathrm{kg/s})$$

2.3.2 自然通风原理及设备选择(2016-3-8，2018-3-8)

1. 某工业厂房设筒形风帽排风，该风帽直径 $d = 800\mathrm{mm}$，风管长度 $l = 4\mathrm{m}$，风管局部阻力系数之和 $\sum\xi \approx 0.5$。室外计算风速 $v_w = 3\mathrm{m/s}$ 时，仅有风压作用，该风帽排风量为下列哪一项？(2006-3-7)

(A) $2700 \sim 2800\mathrm{m^3/h}$　　(B) $2500 \sim 2600\mathrm{m^3/h}$

(C) $>2800\mathrm{m^3/h}$　　(D) $<2500\mathrm{m^3/h}$

主要解答过程：

根据《教材 2018》P187 式(2.3-22)，式(2.3-23)：

$$A = \sqrt{0.4v_w^2 + 1.63(\Delta p_g + \Delta p_{ch})} = \sqrt{0.4 \times 3^2 + 1.63(0 + 0)} = 1.897$$

$$L_0 = 2827d^2 \frac{A}{\sqrt{1.2 + \sum\xi + 0.02l/d}}$$

$$= 2827 \times 0.8^2 \times \frac{1.897}{\sqrt{1.2 + 0.5 + 0.02 \times 4/0.8}} = 2558(\mathrm{m^3/h})$$

2. 含有剧毒物质或难闻气味物质的局部排风系统，或含有浓度较高的爆炸危险性物质的局部排风系统，排风系统排风口设计的正确做法应是下列选项的哪一个？(已知：建筑物正面为迎风面，迎风面长 60m，高 10m)(2008-4-10)

(A)排至建筑的迎风面　　(B)排至建筑背风面 3m 高处

(C)排至建筑物两侧面 3m 高处　　(D)排至建筑背风面 8m 高处

答案：[D]

主要解答过程：

本题应结合《教材 2018》P257 排风口要求“位于建筑空气动力阴影区和正压区以上”(图 2.7-3)。并利用 P180 式(2.3-7)。动力阴影区的最大高度为：$H_C \approx 0.3\sqrt{A} = 0.3 \times \sqrt{60 \times 10} = 7.35(\mathrm{m})$

3. 某厂房利用热压进行自然通风。厂房高度 $H = 12\mathrm{m}$，排风天窗中心距地面高度 $h = 10\mathrm{m}$，天窗的局部阻力系数 $\xi = 4$。已知：厂房内散热均匀，散热量为 $100\mathrm{W/m^3}$，厂房工作区的温度 $t_n = 25℃$，当天窗的空气平均流速 $V = 1.1\mathrm{m/s}$ 时，天窗窗口压力损失为下列哪一项(当地为标准大气压)？(2010-3-8)

(A) 2.50 ~ 2.60Pa　　(B) 2.70 ~ 2.80Pa

(C) 2.85 ~ 3.10Pa　　(D) 3.20 ~ 3.30Pa

答案：[B]

主要解答过程：

根据《教材 2018》P183 表 2.3-3 查得温度梯度 $\alpha = 1.5℃/\mathrm{m}$。根据式(2.3-17)

$t_p = t_n + \alpha(h-2) = 25 + 1.5 \times (10-2) = 37(℃)$

$\rho_p = 353/(273+37) = 1.139(kg/m^3)$

根据 P185 式(2.3-21)

$\Delta p = \zeta(\rho_p v^2/2) = 2.76Pa$

4. 某厂房利用风帽进行自然排风，总排风量 $L = 13842m^3/h$，室外风速 $v = 3.16m/s$，不考虑热压作用，压差修正系数 $A = 1.43$，拟选用 $d = 800mm$ 的筒形风帽，不接风管，风帽入口的局部阻力系数 $\xi = 0.5$。问：设计配置的风帽个数为下列何项(当地为标准大气压)？(2012-3-9)

(A)4 个　　(B)5 个　　(C)6 个　　(D)7 个

答案：[D]

主要解答过程：

根据《教材 2018》P187 式(2.3-22)

$$L_0 = 2827d^2 \frac{A}{\sqrt{1.2 + \sum\xi + 0.02l/d}} = 2827 \times 0.8^2 \times \frac{1.43}{\sqrt{1.2 + 0.5 + 0.02 \times 0/0.8}}$$

$$= 1984.3(m^3/h)$$

$$n = \frac{L}{L_0} = \frac{13842}{1984.3} = 6.98 \approx 7$$

2.4　局部排风(2018-4-8)

2.4.1　密闭罩及柜式排风罩(2017-4-11)

1. 某工厂化验室采用通风柜排放产生的有毒气体甲苯，通风柜开孔为 1000mm × 600mm，柜内甲苯发生量为 $0.05m^3/s$，若安全系数 $\beta = 1.2$，则通风柜符合控制风速要求的计算排风量应是下列何项？(2009-3-8)

(A)$864 \sim 980m^3/h$　　(B)$1044 \sim 1200m^3/h$

(C)$1217 \sim 1467m^3/h$　　(D)$1520 \sim 1735m^3/h$

答案：[C]

主要解答过程：

根据《教材 2018》P191 式(2.4-3)

$$L = L_1 + vF\beta = 0.05 + 0.45 \times (1 \times 0.6) \times 1.2 = 0.374m^3/s = 1346.4m^3/h$$

2. 某实验室为空调房间，为节约能耗，采用送风式通风柜，补风取自相邻房间。通风柜柜内进行有毒污染物试验，柜内有毒污染物气体发生量为 $0.2m^3/s$，通风柜工作孔面积 $0.2m^2$，则通风柜的最小补风量应是下列哪一项？(2010-4-10)

(A)$500 \sim 600m^3/h$　　(B)$680 \sim 740m^3/h$

(C)$750 \sim 850m^3/h$　　(D)$1000 \sim 1080m^3/h$

答案：[B]

主要解答过程：

根据《教材 2018》P191 式(2.4-3)，由于所求为最小通风量，取 $\beta = 1.1$，控制风速 v 取 0.4

排风量：$L = L_1 + vF\beta = 0.2 + 0.4 \times 0.2 \times 1.1 = 0.288m^3/s = 1036.8m^3/h$

注意，题干要求计算的为补风量，根据 P192：“送风量约为排风量的 70% ~75%”，取 70%

则补风量：$L_{补} = 0.7L = 725.76m^3/h$

3. 拟设计一用于“粗颗粒物料的破碎”的局部排风密闭罩。已知：物料下落时带入罩内的诱导空气量为0.35m^3/s，从孔口或缝隙出吸入的空气量为0.50m^3/s，则连接密闭罩“圆形吸风口”的最小直径最接近下列哪一项？（2011-3-10）

(A)0.5m　　(B)0.6m

(C)0.7m　　(D)0.8m

答案：[B]

主要解答过程：

根据《教材2018》P190 式(2.4-2)

$$L = L_1 + L_2 = 0.85\text{m}^3/\text{s}$$

根据 P191，粗颗粒物料破碎吸风口风速≤3m/s

最小直径：$S = \dfrac{1}{4}\pi D^2 = \dfrac{L}{3\text{m/s}} = 0.2833\text{m}^2$，解得：$D = 0.6\text{m}$

2.4.2 工作台上侧吸罩(2016-4-10)

考点总结：工作台上侧吸罩计算方法释疑

多年来该考点题目的解法一直在考生中存在争议，对于工作台上矩形侧吸罩的排风量，究竟是直接采用《教材2018》式(2.4-8)计算，还是根据《教材(第二版)》或《工业通风》相关例题查图计算？其实仔细的考生应该可以发现，《教材2018》式(2.4-4)~式(2.4-8)的推导过程，均是以圆形吸气口为前提的，并不适用于矩形排风罩，使人产生误解的原因在于图2.4-14b矩形排风罩的配图。而从另一个角度理解，式(2.4-8)中排风量仅与排风罩面积和控制点风速有关，而控制点风速一般为已知条件，因此假想两个面积相同的排风罩，一个为正方形，一个为特别扁长的矩形，若同时采用公式法计算其结果是相同的，这显然不合理。其实图2.4-15就是针对不同长宽比的矩形排风罩所绘制的。因此，笔者认为工作台上矩形侧吸罩的排风量计算，必须采用查图法！

但是出题老师也许并未注意到这一点，2016年专业案例(下)第10题，题干为矩形侧吸罩排风量计算，但却要求直接采用公式法，而采用查图法计算的结果与选项差距较大，对于考生造成了较大困扰。

实际上自2013年出版第三版教材时，教材就已经删除了查图法的计算例题，笔者推断在今后的考试中应该不会再涉及根据查图法计算的题目，考生应理解其原理，在考场上要根据实际题目灵活应对。

---

1. 工作台设置一侧吸罩，其罩口尺寸为400mm×800mm，罩口至污染源的最大距离为800mm，控制点吸入速度 $v_x = 0.5$m/s，该排风罩的排风量为下列何值？（2006-3-8）

注：当 $a/b = 1.0$，$x/b = 2.0$ 时，$v_x/v_0 = 0.035$。

当 $a/b = 2.0$，$x/b = 2.0$ 时，$v_x/v_0 = 0.06$。

当 $a/b = 2.0$，$x/b = 1.0$ 时，$v_x/v_0 = 0.15$。

当 $a/b = 1.0$，$x/b = 1.0$ 时，$v_x/v_0 = 0.095$。

a—罩高；b—罩宽。

(A)16000~17000m^3/h　　(B)9500~9700m^3/h

(C)3800~3900m^3/h　　(D)6000~6100m^3/h

答案：[无]

主要解答过程：

根据《教材 2018》P194 或参考《教材(第二版)》P179 例题，将该罩看成是 800mm × 800mm 的假想罩，$a/b=1.0$，$x/b=1.0$，则 $v_x/v_0=0.12$(注意题干根据教材取值错误，图 2.4-15 中从下向上，第一根是圆形风管，第二根才是 1∶1 矩形)

罩口平均风速为：

$$v_0 = v_x/0.12 = 4.17\text{m/s}$$

实际排风量为：

$$L = 3600Fv_0 = 3600 \times 0.4 \times 0.8 \times 4.17 = 4803.8(\text{m}^3/\text{h})$$

注：教材取值错误 $v_x/v_0=0.095$，答案选择 D 选项，而按照正确取值后，四个选项中没有正确答案。

2. 某车间的一个工作平台上装有带法兰边的矩形吸气罩，罩口的净尺寸为 320mm × 640mm，工作距罩口的距离 640mm，要求于工作处形成 0.52m/s 的吸入速度，排气罩的排风量应为下列何项？(2012-4-10)

(A) $1800\sim2160\text{m}^3/\text{s}$ (B) $2200\sim2500\text{m}^3/\text{s}$ (C) $2650\sim2950\text{m}^3/\text{s}$ (D) $3000\sim3360\text{m}^3/\text{s}$

答案：[B]

主要解答过程：

根据《教材(第二版)》P179 第 2 个例题，将该罩看成是 640mm × 640mm 的假想罩，$a/b=1.0$，$x/b=1.0$，查图 2.3-15 得：$v_x/v_0=0.12$(注意教材取值错误，图中从下向上，第一根是圆形风管，第二根才是矩形 1∶1)

罩口平均风速：$v_0 = v_x/0.12 = 4.33\text{m/s}$

实际排风量：$L = 3600Fv_0 = 3600 \times 0.32 \times 0.64 \times 4.33 = 3194.9(\text{m}^3/\text{h})$

由于带法兰边，需考虑 0.75 的系数，即：$L' = 0.75L = 2396.2\text{m}^3/\text{h}$

2.4.3 接受式排风罩

1. 某金属熔化炉，炉内金属温度为 650℃，环境温度为 30℃，炉口直径为 0.65m，散热面为水平面，于炉口上方 1.0m 处设圆形接受罩，接受罩的直径为下列哪一项？(2010-3-9)

(A) 0.65 ~ 1.0m (B) 1.01 ~ 1.30m (C) 1.31 ~ 1.60m (D) 1.61 ~ 1.90m

答案：[D]

主要解答过程：

根据《教材 2018》P200，$1.5\sqrt{A_P} = 1.5 \times \left[\frac{\pi}{4} \times 0.65^2\right]^{0.5} = 0.864 < H$，故为高悬罩。

根据式(2.4-23)及式(2.4-30)得：

$$D = D_Z + 0.8H = 0.36H + B + 0.8H = 1.81\text{m}$$

注：《教材 2018》对于高、低悬罩的判断增加了“$H\leqslant1$m”的条件，由于题干未指明横向气流大小；本题根据老版教材，判断为高悬罩。

2. 某金属熔化炉，炉内金属温度为 650℃，环境温度为 30℃，炉口直径为 0.65m，散热面为水平面，于炉口上方 1.0m 处设接受罩，热源的热射流收缩断面上的流量为下列哪一项？(2011-4-10)

(A) $0.10\sim0.14\text{m}^3/\text{h}$ (B) $0.16\sim0.20\text{m}^3/\text{h}$ (C) $0.40\sim0.44\text{m}^3/\text{h}$ (D) $1.1\sim1.3\text{m}^3/\text{h}$

答案：[A]

主要解答过程：

根据《教材 2018》P200 式(2.4-24)～式(2.4-26)：

$$Q = \alpha F\Delta t = A\Delta t^{1/3} \times F\Delta t = 1.7 \times \frac{\pi}{4} \times (0.65)^2 \times (650 - 30)^{4/3} = 2.98(\text{kJ/s})$$

$$L_0 = 0.167Q^{1/3}B^{3/2} = 0.167 \times 2.98^{1/3} \times 0.65^{3/2} = 0.126(\text{m}^3/\text{s})$$

注意：教材式(2.4-25)中 Q 的单位为 J/s，而式(2.4-24)中的 Q 的单位为 kJ/s，计算时注意换算。

3. 某水平圆形热源(散热面直径 $B = 1.0$m)的对流散热量为 $Q = 5.466$kJ/s，拟在热源上部 1.0m 处设直径为 $D = 1.2$m 的圆伞形接受罩排除余热。设室内有轻微的横向气流干扰，则计算排风量应是何项？(罩口扩大面积的空气吸入气流速 $V = 0.5$m/s)(2012-3-10)

(A)1001～1200m³/h　　(B)1201～1400m³/h

(C)1401～1600m³/h　　(D)1601～1800m³/h

答案：[D]

主要解答过程：

根据《教材 2018》P200，$1.5\sqrt{AP} = 1.32\text{m} > H$，因此为低悬罩，再根据式(2.4-24)，也可参考《教材(第二版)》P186 例题，注意忽略轻微横向气流影响。

$$L_0 = 0.167Q^{\frac{1}{3}}B^{\frac{3}{2}} = 0.167 \times 5.466^{\frac{1}{3}} \times 1 = 0.294(\text{m}^3/\text{s})$$

$$L = L_0 + v'F' = L_0 + v' \times \frac{\pi(D^2 - B^2)}{4} = 0.294 + 0.5 \times \frac{3.14 \times (1.2^2 - 1)}{4} = 0.467\text{m}^3/\text{s}$$

$$= 1681.2\text{m}^3/\text{h}$$

2.5 过滤与除尘

2.5.1 除尘器的选择(性能指标)

1. 经测定某除尘器入口粉尘的质量粒径分布及其分级效率见下表，问该除尘器的全效率为下列何值？(2006-3-10)

粒径范围/μm	0～5	5～10	10～20	20～40	>40
粒径分布(%)	20	10	20	20	30
除尘器分级效率(%)	40	80	90	95	100

(A)78%～81%　　(B)82%～84%　　(C)86%～88%　　(D)88.5%～90.5%

答案：[B]

主要解答过程：

根据《工业通风》P72，全效率计算公式为：

$$\eta = \sum_{i=1}^{n} \eta(d_c)f_i(d_c)\Delta d_c = 0.2 \times 0.4 + 0.1 \times 0.8 + 0.2 \times 0.9 + 0.2 \times 0.95 + 0.3 \times 1 = 83\%$$

或根据《教材 2018》P207，全效率及分级效率(式 2.5-6)的基本定义：

$$\eta = \frac{G_2}{G_1} = \frac{0.2G_1 \times 0.4 + 0.1G_1 \times 0.8 + 0.2G_1 \times 0.9 + 0.2G_1 \times 0.95 + 0.3G_1 \times 1}{G_1}$$

$$= 0.83 = 83\%$$

2. 经过某电厂锅炉除尘器的测定已知：烟气进口含尘浓度 $y_1=3000\text{mg/m}^3$，出口含尘浓度 $y_2=75\text{mg/m}^3$，烟尘粒径分布(质量百分比)见下表。(2007-4-6)

粒径范围/μm	0 ~ 5	5 ~ 10	10 ~ 20	20 ~ 40	>40
进口粉尘(%)	10.4	14.0	19.6	22.4	33.6
出口粉尘(%)	78.0	14.0	7.4	0.6	0.0

试计算 0 ~ 5μm 及 20 ~ 40μm 的分级效率约为下列何值?

(A)86.8%，99.3%　　(B)81.3%，99.9%

(C)86.6%，99%　　(D)81.3%，97.5%

答案：[B]

主要解答过程：

根据《教材 2018》P207 式(2.5-6)

$$\eta_c(0\sim5\mu\text{m})=\frac{\Delta S_c}{\Delta S_j}\times100\%=\frac{10.4\%\times y_1-78\%\times y_2}{10.4\%\times y_1}=81.3\%$$

$$\eta_c(20\sim40\mu\text{m})=\frac{\Delta S_c}{\Delta S_j}\times100\%=\frac{22.4\%\times y_1-0.6\%\times y_2}{22.4\%\times y_1}=99.9\%$$

3. 某新建车间治理污染装有一台除尘器，污染源为含石英粉尘的气体(最高允许排风浓度 $Y_2=60\text{mg/m}^3$)，其起始浓度 $Y_1=600\text{mg/m}^3$，经测定含尘气体达标排放，除尘器进口及灰斗中粉尘的粒径分布见下表。

粒径范围/μm	0 ~ 5	5 ~ 10	10 ~ 20	20 ~ 40	>40
进口粉尘(%)	16	12	20	21	31
出口粉尘(%)	13	11	18	23	35

问除尘器全效率 η 和对 10 ~ 20μm 范围内粉尘的除尘效率 η_c(分级效率)约为下列何值?(2007-4-9)

(A)95%，85%　　(B)90%，83%　　(C)90%，81%　　(D)86%，77%

答案：[C]

主要解答过程：

注意本题题干表述与表格数据不符，题干中为“进口及灰斗中粉尘的粒径分布”，因此要将表格中“出口粉尘”理解为“灰斗中粉尘(即过滤掉的粉尘)”的数据才可正确计算。

全效率：$\eta=1-\dfrac{Y_2}{Y_1}=90\%$

根据《教材 2018》P207 式(2.5-6)

$$\eta_c(10\sim20\mu\text{m})=\frac{\Delta S_c}{\Delta S_j}\times100\%=\frac{18\%\times y_1\times\eta}{20\%\times y_1}=81\%$$

注意：重视本题解答第一句说明，理解本题与 2007-4-6 的不同之处。

4. 某两级除尘器串联，已知粉尘的初始浓度为 15g/m^3，排风标准为 30mg/m^3，第一级除尘器效率 85%，求第二级除尘器的效率至少应为下列哪一项?(2010-3-11)

(A)82.5% ~85%　　(B)86.5% ~90%　　(C)91.5% ~95.5%　　(D)96.5% ~99.5%

答案：[D]

主要解答过程：

两级除尘器的总效率为：

$$\eta_t = 1 - \frac{30\text{mg/m}^3}{15\text{g/m}^3} = 99.8\% = 1-(1-85\%)\times(1-\eta_2)$$

解得：$\eta_2 = 98.7\%$

2.5.2　除尘器的计算(2018-4-9)

1. 某负压运行的袋式除尘器，在除尘器进口测得风量为$5000\text{m}^3/\text{h}$，相应含尘浓度为3120mg/m^3，除尘器的全效率为99%，漏风率为4%，该除尘器出口空气的含尘浓度为下列何值？(2006-4-9)

(A)$29 \sim 31\text{mg/m}^3$　(B)$32 \sim 34\text{mg/m}^3$　(C)$35 \sim 37\text{mg/m}^3$　(D)$38 \sim 40\text{mg/m}^3$

答案：[A]

主要解答过程：

入口粉尘量为：

$$m_入 = 3120\ \text{mg/m}^3 \times 5000\text{m}^3/\text{h} = 15.6\times10^6\text{mg/h}$$

出口粉尘量为：

$$m_出 = m_入(1-\eta) = 15.6\times10^4\text{mg/h}$$

出口风量为：

$$V_出 = 5000\text{m}^3/\text{h}\times(1+4\%) = 5200(\text{m}^3/\text{h})$$

出含尘浓度为：

$$y_出 = m_出/V_出 = 15.6\times10^4/5200 = 30(\text{mg/m}^3)$$

2. 某除尘系统采用两级除尘，测得第一级旋风除尘器的效率$\eta_1 = 80\%$，第二级电除尘器的效率$\eta_2 = 99\%$，除尘系统出口粉尘浓度$C_2 = 50\text{mg/m}^3$，达标排放。试问该除尘系统入口允许的最高粉尘浓度为下列何值？(2006-4-10)

(A)$24500 \sim 25500\text{mg/m}^3$　(B)$2450 \sim 2550\text{mg/m}^3$

(C)$21000 \sim 22000\text{mg/m}^3$　(D)$2100 \sim 2200\text{mg/m}^3$

答案：[A]

主要解答过程：

两级串联除尘器总除尘效率为：

$$\eta = 1-(1-\eta_1)(1-\eta_2) = 1-(1-80\%)\times(1-99\%) = 99.8\%$$

入口允许的最高粉尘浓度为：

$$C_1 = \frac{C_2}{1-\eta} = \frac{50}{1-99.8\%} = 25000(\text{mg/m}^3)$$

3. 某除尘系统设计排风量$L = 30000\text{m}^3/\text{h}$，空气温度$t = 180℃$，入口含尘浓度$y_1 = 2.0\text{g/m}^3$，除尘效率$\eta - 95\%$。试问下列哪一项是错误的？(2007-3-9)

(A)排风浓度为100mg/m^3(标态)　(B)排尘量为3kg/h

(C)设计工况空气密度约0.78kg/m^3　(D)标准工况下排风量约为$18100\text{m}^3/\text{h}$(标态)

答案：[A]

主要解答过程：

排尘量$=30000\text{m}^3/\text{h}\times2.0\text{g/m}^3\times(1-0.95)=3\text{kg/h}$

设计工况空气密度为$353/(273+180)=0.78(\text{kg/m}^3)$

标态下排风量为$30000\times(273+0)/(273+180)=18100(\text{m}^3/\text{h})$

标态下排风浓度为(3kg/h)/(18100m³/h) = 165mg/m³，故选项 A 错误。

4. 实测某台袋式除尘器的数据如下：进口：气体温度 40℃，风量 10000m³/h，出口：气体温度 38℃，风量 10574m³/h(测试时大气压力为 101325Pa)。当进口粉尘浓度为 4641mg/m³，除尘器的效率为 99%时，求在标准状态下除尘器出口的粉尘浓度为下列何值？(2007-3-10)

(A)38 ~ 40mg/m³ (B)46 ~ 47mg/m³ (C)49 ~ 51mg/m³ (D)52 ~ 53mg/m³

答案：[C]

主要解答过程：

出口气体排尘量 $M = 10000\text{m}^3/\text{h} \times 4641\text{mg/m}^3 \times (1-99\%) = 464100\text{mg/h}$

出口气体在工况(38℃)下浓度 $g = M/10574\text{m}^3/\text{h} = 43.9\text{mg/m}^3$

换算到标准状态(0℃)下浓度 $g_0 = g \times (273+38)/(273+0) = 50(\text{mg/m}^3)$

5. 在 101325Pa 大气压情况下，对某电厂锅炉除尘器的测定已知：烟气温度 $t = 180℃$时，烟气进口含尘浓度 $y_1 = 3000\text{mg/m}^3$，出口含尘浓度 $y_2 = 75\text{mg/m}^3$，据《锅炉大气污染物排放标准》(GB 13271—2001)为一类地区：100mg/m³，二类地区：250mg/m³，三类地区：350mg/m³。问该除尘器的全效率及排放浓度达到几类地区的排放标准。(2007-4-10)

(A)约 97.5%，一类地区 (B)约 99%，一类地区

(C)约 97.5%，二类地区 (D)约 99%，二类地区

答案：[C]

主要解答过程：

全效率：$\eta = 1 - \dfrac{y_2}{y_1} = 1 - \dfrac{75}{3000} = 97.5\%$

标准状态下出口含尘浓度 $y_{2标} = \dfrac{273+180}{273} y_2 = 124.5\text{mg/m}^3$，属于二类地区。

6. 某车间为治理石英粉尘的污染，在除尘系统风机的入口处新装一台除尘器，经测定：除尘器的入口处理风量 $L_1 = 5\text{m}^3/\text{s}$，除尘器的漏风率 $c = 2\%$，达标排放(排放浓度为 60mg/m³)，试问：每分钟该除尘器收集的粉尘量 G，应是下列哪一项？(2008-3-11)

(A)1620 ~ 1630g/min (B)1750 ~ 1760g/min

(C)1810 ~ 1820g/min (D)1910 ~ 1920g/min

答案：[C]

主要解答过程：

本题题干条件不足，需增加"除尘效率为 99%"的已知条件。

出口风量 $L_2 = L_1(1+c) = 5 \times 1.02 = 5.1(\text{m}^3/\text{s})$

排尘量 $g = L_2 \times 60\text{mg/m}^3 = 306\text{mg/s} = 18.36\text{g/min}$

收集的粉尘量 $G = g \times 99\%/(1-99\%) = 1817.6\text{g/min}$

7. 对负压运行的袋式除尘器测定得到如下数据：入口风量 $L = 10000\text{m}^3/\text{h}$，入口粉尘浓度为 4680mg/m³，出口含尘空气的温度为 27.3℃，大气压为 101325Pa，设除尘器全效率为 99%，除尘器漏风率为 4%，试问，在标准状态下，该除尘器出口的粉尘浓度，应为下列何项？(2008-4-11)

(A)40 ~ 43mg/m³ (B)44 ~ 47mg/m³

(C)48 ~ 51mg/m³ (D)52 ~ 55mg/m³

答案：[C]

主要解答过程：

入口含尘量：$m_{入} = L \times 4680\text{mg/m}^3 = 46.8(\text{kg/h})$

出口含尘量：$m_{出} = m_{入} \times (1 - 99\%) = 0.468(\text{kg/h})$

出口风量(27.3℃工况)：$L_{出} = L \times (1 + 4\%) = 10400(\text{m}^3/\text{h})$

出口风量换算到标准状态：$L_{标} = L_{出} \times 273/(273 + 27.3) = 9455(\text{m}^3/\text{h})$

则出口粉尘浓度为：$m_{出}/L_{标} = 49.5\text{mg/m}^3$

8. 某袋式除尘器位于风机的吸入段，实测数据如下：除尘器的漏风率为4%；除尘器的入口风量为10000m^3/h，入口粉尘浓度为4680mg/m^3；除尘器的出口粉尘浓度为45mg/m^3。该除尘器实测的除尘效率应是下列何项？(2009-3-10)

(A)98.5% ~98.8%　(B)98.9% ~99.2%　(C)99.3% ~99.6%　(D)99.7% ~99.9%

答案：[B]

主要解答过程：

风机处于风机吸入端，故为负压。

入口粉尘量为：$m_{入} = 4680\text{mg/m}^3 \times 10000\text{m}^3/\text{h} = 46.8\text{kg/h}$

出口风量为：$V_{出} = 10000\text{m}^3/\text{h} \times (1 + 4\%) = 10400\text{m}^3/\text{h}$

出口粉尘量为：$m_{出} = 45\text{mg/m}^3 \times \text{V}_{出} = 0.468\text{kg/h}$

除尘效率为：$\eta = 1 - \dfrac{m_{出}}{m_{入}} = 99\%$

9. 某旋风除尘器气体进口截面面积 $F = 0.24\text{m}^2$，除尘器的局部阻力系数 $\xi = 9$，在大气压 $B = 101.3\text{kPa}$，气体温度 $t = 20℃$ 的工况下，测得的压差 $\Delta p = 1215\text{Pa}$，则该工况除尘器处理的风量应是下列何项？(2009-4-10)

(A)2.4 ~2.8m^3/s　(B)2.9 ~3.3m^3/s　(C)3.4 ~3.8m^3/s　(D)3.9 ~4.2m^3/s

答案：[C]

主要解答过程：

根据《教材 2018》P210 式(2.5-14)

$\Delta P = \zeta \rho v^2/2 = 9 \times 1.2 \times v^2/2$，解得 $v = 15\text{m/s}$

因此处理风量：$V = Fv = 3.6\text{m}^3/\text{s}$

10. 某除尘系统由旋风除尘器(除尘总效率85%) + 脉冲袋式除尘器(除尘总效率99%)组成，已知除尘系统进入风量为10000m^3/h，入口含尘浓度为5.0g/m^3，漏风率：旋风除尘器为1.5%，脉冲袋式除尘器为3%，求该除尘系统的出口含尘浓度应接近下列何项(环境空气的含尘量忽略不计)？(2014-4-9)

(A)7.0mg/m^3　(B)7.2mg/m^3　(C)7.4mg/m^3　(D)7.5mg/m^3

答案：[B]

主要解答过程：

入口含尘量为：

$$m_{入} = 5\text{g/m}^3 \times 10000\text{m}^3/\text{h} = 50\text{kg/h}$$

总除尘效率为：

$$\eta_t = 1 - (1 - \eta_1)(1 - \eta_2) = 99.85\%$$

出口风量为：

$$V_{出} = 10000\text{m}^3/\text{h} \times (1 + 1.5\%) \times (1 + 3\%) = 10454.5\text{m}^3/\text{h}$$

出口含尘量为：

$$m_{出} = m_{入}(1 - \eta_t) = 0.075\text{kg/h}$$

出口浓度为：

$$y = \frac{m_{出}}{V_{出}} = 7.17\text{mg/m}^3$$

2.5.3　典型除尘器

1. 已知：某静电除尘器的处理风量 $40\text{m}^3/\text{s}$，长度 10m，电场风速 0.8m/s。求静电除尘器的体积，应是下列哪项值？（2008-3-8）

（A）50m^3　　（B）200m^3　　（C）500m^3　　（D）2000m^3

答案：[C]

主要解答过程：

根据《教材 2018》P226 式（2.5-28），$F = L/v = (40\text{m}^3/\text{s})/(0.8\text{m/s}) = 50\text{m}^2$

所以体积为 $V = Fl = 500\text{m}^3$

2. 某通风系统的过滤器，可选择静电过滤器或袋式过滤器。已知：大气压为 101.3kPa，空气温度为 20℃。处理风量为 $3000\text{m}^3/\text{h}$，静电过滤器阻力为 20Pa，耗电功率为 20W；袋式过滤器阻力为 120Pa。风机的全压效率为 0.80，风机采用三角带传动（滚动轴承）。系统每年运行 180 天，每天运行 10h。若不计电动机的功率损耗，试从节能角度比较，静电过滤器比袋式过滤器年节电数值应是下列哪一项？（2010-4-7）

（A）110～125kWh　　（B）140～155kWh　　（C）160～185kWh　　（D）195～210kWh

答案：[C]

主要解答过程：

根据《教材 2018》P268 式（2.8-3）（不考虑电动机容量安全系数 K），查表 2.8-4 三角带传动时 $\eta_m = 0.95$

静电除尘器总耗电量：

$$W_{电} = \frac{LP_{电}}{\eta \times 3600 \times \eta_m} + 20 = \frac{3000 \times 20}{0.8 \times 3600 \times 0.95} + 20 = 41.93(\text{W})$$

袋式除尘器总耗电量：

$$W_{袋} = \frac{LP_{袋}}{\eta \times 3600 \times \eta_m} = \frac{3000 \times 120}{0.8 \times 3600 \times 0.95} = 131.58(\text{W})$$

总节电量：$W = 180 \times 10 \times (W_{袋} - W_{电}) = 161.4(\text{kWh})$

3. 采用静电除尘器处理某种含尘烟气，烟气量 $L = 50\text{m}^3/\text{s}$，含尘浓度 $Y_1 = 12\text{g/m}^3$，已知该除尘器的极板面积 $F = 2300\text{m}^2$，尘粒的有效驱进速度 $w_e = 0.1\text{m/s}$，计算的排放浓度 Y_2 接近下列哪一项？（2011-3-11）

（A）240mg/m^3　　（B）180mg/m^3　　（C）144mg/m^3　　（D）120mg/m^3

答案：[D]

主要解答过程：

根据《教材 2018》P225 式（2.5-27）

$$\eta = 1.0 - \exp\left(-\frac{F}{L}w_e\right) = 1.0 - \exp\left(-\frac{2300}{50}\times 0.1\right) = 98.995\%$$

$$Y_2 = Y_1(1-\eta) = 120.6\text{mg/m}^3$$

4. 对某环隙脉冲袋式除尘器进行漏风率的测试，已知测试时除尘器的净气箱中的负压稳定为2500Pa，测试的漏风率为2.5%，试求在标准测试条件下，该除尘器的漏风率更接近下列何项？(2014-3-11)

(A)2.0%　　(B)2.2%　　(C)2.5%　　(D)5.0%

答案：[B]

主要解答过程：

根据《脉冲喷吹类袋式除尘器》(JBJ 8532—2008)第5.2条，该除尘器的漏风率为：

$$\varepsilon = \frac{44.72\varepsilon_1}{\sqrt{p}} = \frac{44.72\times 2.5\%}{\sqrt{2500}} = 2.236\%$$

2.6 有害气体净化(2016-4-11，2017-3-6)

1. 某锅炉房烧掉500kg煤时，共产生的烟气量为5000m³，每1kg煤散发的SO_2量为16g，问燃煤烟气中SO_2的体积浓度为下列何值？(SO_2的分子量为64)(2006-3-11)

(A)550～570ppm　　(B)0.5～0.6ppm　　(C)800～900ppm　　(D)440～460ppm

答案：[A]

主要解答过程：

燃烧500kg煤，散发的SO_2量为：

$$m = 500\times 16 = 8000(\text{g})$$

SO_2的质量浓度为：

$$Y = \frac{8000\text{g}}{5000\text{m}^3} = 1.6\text{g/m}^3$$

根据《教材2018》P231式(2.6-1)，SO_2的体积浓度为：

$$C = \frac{22.4Y}{M} = \frac{22.4\times 1.6\times 1000}{64} = 560\text{ppm}$$

2. 某办公室体积200m³，新风量为每小时换气2次，初始室内空气中CO_2含量与室外相同，为0.05%，工作人员每人呼出CO_2量为19.8g/h，当CO_2含量始终≯0.1%时，室内最多容纳人数为下列哪一项？(2007-4-7)

(A)18　　(B)19　　(C)20　　(D)21

答案：[B]

主要解答过程：

根据《教材2018》P231式(2.6-1)

$C_1 = 500\text{ppm}$，$Y_1 = C_1M/22.4 = 0.98\text{g/m}^3$；$C_2 = 1000\text{ppm}$，$Y_2 = C_2M/22.4 = 1.96\text{g/m}^3$

新风量 $L_X = 200\text{m}^3\times 2$ 次$/\text{h} = 400\text{m}^3/\text{h}$

根据CO_2质量平衡方程：$19.8\text{g/h}\times n = L_X(Y_2 - Y_1)$

解得：$n = 19.8$ 取19人，注意此处不能四舍五入。

3. 某有害气体流量为3000m³/h，其中有害物成分的浓度为5.25ppm，克摩尔数$M = 64$，采用固定床活性炭吸附装置净化该有害气体，设平衡吸附量为 0. 15kg/kg，炭吸附效率为 95%，一次装活性炭量为 80kg，则连续有效使用时间为下列哪一项？(2010-3-10)

(A)200 ~ 225h (B)226 ~ 250h (C)251 ~ 270h (D)271 ~ 290h

答案：[D]

主要解答过程：

根据《教材 2018》P231 式(2. 6-1)

$$Y = CM/22.4 = 5.25 \times 64/22.4 = 15(\mathrm{mg/m^3})$$

根据吸附过程质量守恒：

$$3000\mathrm{m^3/h} \times 15\mathrm{mg/m^3} \times 10^{-6} \times 95\% \times t = 80\mathrm{kg} \times 0.15\mathrm{kg/kg}$$

解得：$t = 280.7\mathrm{h}$

注意：1. 活性炭吸附为案例常考点，原理及公式较为固定，为送分题，务必熟练掌握。此外《教材(第二版)》P220 例题印刷错误，公式漏乘 200h，注意鉴别。

2. 本题参考《教材(第二版)》例题出题，不考虑《工业暖规》第 7. 3. 5 条条文说明中动活性与静活性之比，今后题目如明确给出该参数时，才需要考虑。

4. 含有 SO_2 有害气体的流量为 $3000\mathrm{m^3/h}$，其中 SO_2 的浓度为 $5.25\mathrm{mL/m^3}$，采用固定床活性炭吸附装置净化该有害气体。设平衡吸附量为 0. 15kg/kg，吸附效率为 96%。如有效使用时间(穿透时间)为 250h，所需装炭量为下列哪一项？(2011-4-11)

(A)71. 5 ~ 72. 5kg (B)72. 6 ~ 73. 6kg (C)73. 7 ~ 74. 7kg (D)74. 8 ~ 78. 8kg

答案：[A]

主要解答过程：

根据《教材 2018》P231 式(2. 6-1)

$$Y = \frac{CM}{22.4} = \frac{5.25 \times 64}{22.4} = 15(\mathrm{mg/m^3})$$

根据吸附过程 SO_2 的质量平衡：

$$W \times 0.15\mathrm{kg/kg_{炭}} = 3000\mathrm{m^3/h} \times 15 \times 10^{-6}\mathrm{kg/m^3} \times 250\mathrm{h} \times 96\%$$

$$\therefore W = 72\mathrm{kg}$$

注意：同第 3 题。

5. 含有 SO_2 有害气体流量 $2500\mathrm{m^3/h}$，其中 SO_2 的浓度 $4.48\mathrm{ml/m^3}$，采用固定床活性炭吸附装置净化该有害气体，设平衡吸附量为 0. 15kg/kg 炭，吸附效率为 94. 5%，如装炭量为 50kg，有效使用时间(穿透时间)t 为下列何项？(2012-3-11)

(A)216 ~ 225h (B)216 ~ 225h (C)236 ~ 245h (D)246 ~ 255h

答案：[D]

主要解答过程：

根据吸附过程质量守恒：

根据《教材 2018》P231 式(2. 5-1)

$$Y = CM/22.4 = 4.48 \times 64/22.4 = 12.8(\mathrm{mg/m^3})$$

$$2500\mathrm{m^3/h} \times 12.8\mathrm{mg/m^3} \times 10^{-6} \times 94.5\% \times t = 50\mathrm{kg} \times 0.15\mathrm{kg/kg_{炭}}$$

解得：$t = 248\mathrm{h}$

注意：同第 3 题。

6. 含有 SO_2 浓度为 100ppm 的有害气体，流量为 $5000\mathrm{m^3/h}$，选用净化装置的净化效率为 95%，

净化后的SO_2浓度(mg/m³)为下列何项?(大气压为101325Pa)(2014-4-10)

(A)12.0~13.0 (B)13.1~14.0 (C)14.1~15.0 (D)15.1~16.0

答案:[C]

主要解答过程:

根据《教材2018》P231式(2.6-1)

$$Y = \frac{CM}{22.4} = \frac{100 \times 64}{22.4} = 285.71(\text{mg/m}^3)$$

故净化后的SO_2浓度为:

$$Y' = Y(1-\eta) = 285.71 \times (1-95\%) = 14.29(\text{mg/m}^3)$$

2.7 通风管道系统(2017-3-7,2018-3-6)

1. 某工厂通风系统,采用矩形薄钢板风管(管壁粗糙度为0.15mm),尺寸为$a \times b = 210\text{mm} \times 190\text{mm}$,在夏季测得管内空气流速$v = 12\text{m/s}$,温度$t = 100℃$,计算出该风管的单位长度摩擦压力损失为下列何值?(已知:当地大气压力为80.80kPa,要求按流速查相关表计算,不需要进行空气密度和黏度修正)(2006-4-8)

(A)7.4~7.6Pa/m (B)7.1~7.3Pa/m (C)5.7~6.0Pa/m (D)5.3~5.6Pa/m

答案:[C]

主要解答过程:

根据《教材2018》P252式(2.7-7)

流速当量直径:

$$D_v = \frac{2ab}{a+b} = \frac{2 \times 210 \times 190}{210+190} = 199.5(\text{mm})$$

查P251图2.7-1得单位长度摩擦压力损失为:$R_{mo} = 9\text{Pa/m}$

考虑空气温度和大气压的修正,不考虑空气密度和黏性的修正,因此,根据式(2.7-4):

$$R_m = K_t K_B R_{mo} = \left(\frac{273+20}{273+t}\right)^{0.825} \times \left(\frac{B}{101.3}\right)^{0.9} \times R_{mo}$$

$$= \left(\frac{273+20}{273+100}\right)^{0.825} \times \left(\frac{80.8}{101.3}\right)^{0.9} \times 9 = 6.0(\text{Pa})$$

2. 某车间除尘通风系统的圆形风管制作完毕,需对其漏风量进行测试,风管设计工作压力为1500Pa,风管设计工作压力下的最大允许漏风量接近何项值?(按GB 50738)(2013-4-7)

(A)1.03m³/(h·m²) (B)2.04m³/(h·m²)

(C)4.08m³/(h·m²) (D)6.12m³/(h·m²)

答案:[B]

主要解答过程:

根据《通风施规》(GB 50738—2011)第4.1.6条表4.1.6-1,1500Pa管道属于中压系统,再根据第15.2.3条,中压矩形风道允许漏风量为:

$$Q_M \leqslant 0.0352 \times 1500^{0.65} = 4.083\text{m}^3/(\text{h}\cdot\text{m}^2)$$

再根据15.2.3.2条,圆形风管允许漏风量是矩形的50%,因此最终允许漏风量为2.041m³/(h·m²)。

注:其实根据《通风验规》(GB 50243—2002)第4.2.5.5条,除尘系统风管是直接按照中压计算的,但是GB 50738相同的条款将“除尘”二字删除了,值得注意。假如题干所给压力为

400Pa，则根据两本规范计算所得数值就不同了。

3. 某送风管(镀锌薄钢板制作，管道壁面粗糙度 0.15mm)长 30m，断面尺寸为 800mm × 313mm；当管内空气流速 16m/s，温度 50℃时，该段风管的长度摩擦阻力损失是多少 Pa?(注：大气压力 101.3kPa，忽略空气密度和黏性变化的影响)(2014-3-6)

(A)80 ~ 100　　(B)120 ~ 140　　(C)155 ~ 170　　(D)175 ~ 195

答案：[C]

主要解答过程：

根据《教材 2018》P252 式(2.7-7)

流速当量直径：

$$D_v = \frac{2ab}{a+b} = \frac{2 \times 800 \times 313}{800 + 313} = 449.95(\text{mm})$$

查 P251 图 2.7-1 得单位长度摩擦压力损失为：$R_{mo} = 6\text{Pa/m}$

考虑空气温度和大气压的修正，不考虑空气密度和黏性的修正，$K = 0.15$ 不考虑管壁粗糙度的修正，因此，根据式(2.7-4)：

$$R_m = K_t K_B R_{mo} = \left(\frac{273+20}{273+t}\right)^{0.825} \times \left(\frac{B}{101.3}\right)^{0.9} \times R_{mo}$$

$$= \left(\frac{273+20}{273+50}\right)^{0.825} \times \left(\frac{101.3}{101.3}\right)^{0.9} \times 6 = 5.536(\text{Pa})$$

故该段风管的长度摩擦阻力损失为：

$$\Delta P = R_m L = 5.536 \times 30 = 166.1(\text{Pa})$$

4. 某均匀送风管道采用保持孔口前静压相同原理实现均匀送风(如图所示)，有四个间距为 2.5m 的送风孔口(每个孔口送风量为 1000m³/h)。已知：每个孔口的平均流速为 5m/s，孔口的流量系数均为 0.6，断面 1 处风管的空气平均流速为 4.5m/s。该段风管断面 1 处的全压应是下列何项，并计算说明是否保证出流角 $\alpha \geq 60°$?(注：大气压力 101.3kPa，空气密度取 1.20kg/m³)(2014-3-7)

(A)10 ~ 15Pa 不满足保证出流角的条件

(B)16 ~ 30Pa 不满足保证出流角的条件

(C)31 ~ 45Pa 满足保证出流角的条件

(D)46 ~ 60Pa 满足保证出流角的条件

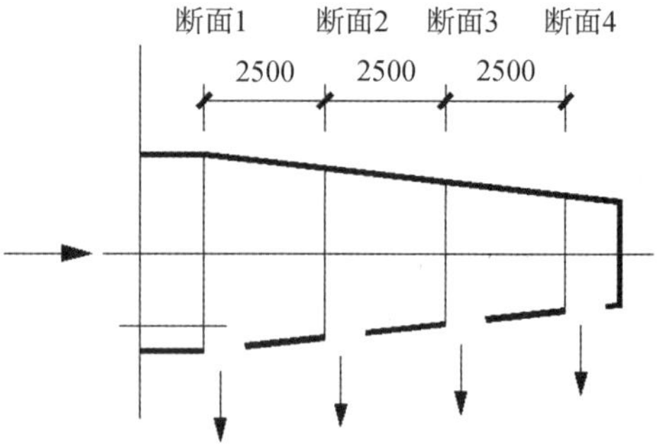

答案：[D]

主要解答过程：

根据《教材 2018》P260 ~ P261

根据式(2.7-15)，孔口平均流速 $v_0 = 5\text{m/s}$，孔口流量系数 $\mu = 0.6$

故静压流速为：

$$v_j = \frac{v_0}{\mu} = 8.33\text{m/s}$$

根据式(2.7-10)和式(2.7-11)

断面 1 处的静压为：

$$p_j = \frac{1}{2} v_j^2 \rho = 0.5 \times 8.33^2 \times 1.2 = 41.63(\text{Pa})$$

动压为：

$$p_d = \frac{1}{2}v_d{}^2\rho = 0.5 \times 4.5^2 \times 1.2 = 12.15(\text{Pa})$$

全压为：

$$p_q = p_j + p_d = 41.63 + 12.15 = 53.78(\text{Pa})$$

根据式(2.7-12)，出流角为：

$$\alpha = \arctan\left(\frac{v_j}{v_d}\right) = \arctan\frac{8.33}{4.5} = 61.6° > 60°$$

注：本题可参考《教材(第二版)》P245 例题，更易理解，第三版教材删除该例题。

5. 接上题，孔口出流的实际流速应为下列何项？(2014-3-8)

(A)9.1～10m/s (B)8.1～9.0m/s (C)5.1～6.0m/s (D)4.1～5.0m/s

答案：[A]

主要解答过程：

根据《教材 2018》P260 式(2.7-13)

孔口实际流速为：$v = \frac{v_j}{\sin\alpha} = \frac{8.33}{\sin 61.6} = 9.47(\text{m/s})$

2.8 通风机

2.8.1 通风机的分类、性能参数与命名(2016-3-7，2018-4-7，2018-4-10)

1. 要求一通风机风量 $L = 48600\text{m}^3/\text{h}$，风机入口气流全压 $P_1 = -1800\text{Pa}$，出口气流全压 $P_2 = 200\text{Pa}$，风机全压效率 $\eta = 0.9$，电动机与风机直联，电动机容量安全系数 $K = 1.15$，问电动机功率为下列何值？(2006-4-11)

(A)27.6～28kW (B)3.4～3.5kW (C)34～35kW (D)30～31kW

答案：[C]

主要解答过程：

根据《教材 2018》P268 式(2.8-3)

$$N = \frac{LP}{\eta \times 3600 \times \eta_m}K = \frac{48600 \times [200 - (-1800)]}{0.9 \times 3600 \times 1.0} \times 1.15 = 34.5(\text{kW})$$

2. 以下四台同一系列的后向机翼型离心通风机，均在高效率运行情况时，比较其噪声性能哪一台是最好的？(2007-3-11)

(A)风量 $50000\text{m}^3/\text{h}$，全压 600Pa，声功率级 105dB

(B)风量 $100000\text{m}^3/\text{h}$，全压 800Pa，声功率级 110dB

(C)风量 $80000\text{m}^3/\text{h}$，全压 700Pa，声功率级 110dB

(D)风量 $20000\text{m}^3/\text{h}$，全压 500Pa，声功率级 100dB

答案：[B]

主要解答过程：

本题需根据《红宝书》P1359，“风机的最佳工况点就是其最高效率点，也就是比声功率级的最低点”，即风机的效率越高，其转化为噪声的功率就越低，噪声性能就越好。

$L_W = L_{WC} + 10\lg(QH^2) - 20$，$L_{WC} = L_W - 10\lg(QH^2) + 20$

A 选项：$L_{WCA} = 105 - 10\lg(50000 \times 600^2) + 20 = 22.44(dB)$

B 选项：$L_{WCB} = 110 - 10\lg(100000 \times 800^2) + 20 = 21.94(dB)$

C 选项：$L_{WCC} = 110 - 10\lg(80000 \times 700^2) + 20 = 24.07(dB)$

D 选项：$L_{WCD} = 100 - 10\lg(20000 \times 500^2) + 20 = 23.01(dB)$

3. 已知一台通风兼排烟双速离心风机，低速时风机铭牌风量为 12450m³/h，风压为 431Pa。已知当地的大气压力为 $B = 101.3$kPa，现要求高温时排风量为 17430m³/h，排气温度为 270℃，若风机、电动机及传动效率在内的风机总效率为 0.52，求该配套风机的电动机功率至少应为多少。(2007-4-11)

(A)4kW　　(B)5.5kW　　(C)11kW　　(D)15kW

答案：[B]

主要解答过程：

根据《教材 2018》P268 低速运行时：

$$N_1 = \frac{L_1 P_1}{3600\eta_{总}}K = 2.866K(\text{kW})$$

高速运行与低速运行风机转速比：

$$\frac{n_2}{n_1} = \frac{L_2}{L_1} = \frac{17430}{12450} = 1.4$$

高温与标态空气密度比：

$$\frac{\rho_2}{\rho_1} = \frac{273 + 20}{273 + 270} = 0.54$$

根据表 2.8-6

$$N_2 = \frac{\rho_2}{\rho_1}\left(\frac{n_2}{n_1}\right)^3 N_1 = 0.54 \times 1.4^3 \times 2.866K = 4.247K(\text{kW})$$

查表 2.8-5，取 $K = 1.2$，则 $N_2 = 4.247 \times 1.2 = 5.1(\text{kW})$

4. 已知：一台双速风机($n_1 = 1450$r/min，$n_2 = 2900$r/min)的通风系统，风机低速运行时，测得系统风量 $L_1 = 60000$m³/h，系统的压力损失 $\Delta P_1 = 148$Pa，试问：该风机的全压效率 $\eta = 0.8$，当风机高速运转时(大气压力和温度不变)，风机的轴功率应是下列选项的哪一个？(2008-4-8)

(A)24～25kW　　(B)26～27kW　　(C)28～29kW　　(D)30～31kW

答案：[A]

主要解答过程：

根据《教材 2018》P268

低速运行时功率：

$$N_1 = \frac{L_1 P_1}{3600\eta} = \frac{60000 \times 148}{3600 \times 0.8} = 3.08(\text{kW})$$

根据表 2.8-6，高速运行时功率：

$$N_1 = N_2\left(\frac{n_2}{n_1}\right)^3 = 24.66\text{kW}$$

注意：《教材 2018》P268 式(2.8-3)为配用电动机功率，若求轴功率公式中无 η_m 和 K，轴功率为：

$$N_{轴} = \frac{LP}{3600\eta}$$

5. 根据产品样本，某风机的有效功率为 40kW，现该风机安装于一山区（当地大气压 B = 91.17kPa，气温 t = 20℃），风机有效功率的变化(kW)应是下列何项？(2009-3-11)

(A)增加 1.6～2.0kW　(B)增加 3.8～4.2kW　(C)减少 1.6～2.0kW　(D)减少 3.8～4.2kW

答案：[D]

主要解答过程：

根据《教材 2018》P272 式(2.8-5)

$$\rho_2 = 1.293 \times \left[\frac{273}{(273+20)}\right] \times \left(\frac{91.17}{101.3}\right) = 1.084(\mathrm{kg/m^3})$$

根据 P268 表 2.8-6

$$N_2 = N_1 \frac{\rho_2}{\rho_1} = 40 \times \frac{1.084}{1.2} = 36.1(\mathrm{kW}) \quad \Delta N = 40 - N_2 = 3.9(\mathrm{kW})$$

6. 某民用建筑的全面通风系统，系统计算总风量为 10000m³/h，系统计算总压力损失 300Pa，当地大气压力为 101.3kPa，假设空气温度为 20℃。若选用风系统全压效率为 0.65、机械效率为 0.98，在选择确定通风机时，风机的配用电动机容量至少应为下列何项？（风机风量按计算风量附加 5%，风压按计算阻力附加 10%）(2012-4-11)

(A)1.25～1.4kW　(B)1.4～1.50kW　(C)1.6～1.75kW　(D)1.8～2.0kW

答案：[D]

主要解答过程：

实际计算风量为：10000m³/h×(1+5%)=10500m³/h，实际计算风压为：300Pa×(1+10%)=330Pa

根据《教材 2018》P268 式(2.8-3)

电动机功率：$N = \dfrac{LP}{3600\eta\eta_m}K = \dfrac{10500 \times 330}{3600 \times 0.65 \times 0.98} \times K = 1511K(\mathrm{W})$

根据表 2.7-5，K=1.3，因此：N=(1511×1.3)W=1964W=1.964kW

7. 某台离心式风机在标准工况下的参数为：风量 9900m³/h，风压 350Pa，在实际工程中用于输送 10℃的空气，当地大气压力为标准大气压力，则该风机的实际风量和风压值为下列哪项？(2013-3-11)

(A)风量不变，风压为 335～340Pa

(B)风量不变，风压为 360～365Pa

(C)风量为 8650～8700m³/h，风压为 335～340Pa

(D)风量为 9310～9320m³/h，风压为 360～365Pa

答案：[B]

主要解答过程：

根据《教材 2018》P267，通风机的标准工况为空气温度为 20℃，空气密度为 1.20kg/m³

实际工程中 10℃空气的密度为：$\rho_{10} = 353/(273+10) = 1.247(\mathrm{kg/m^3})$

再根据 P268 表 2.8-6，密度变化风量不变，风压：$P_2 = P_1 \times \dfrac{1.247}{1.2} = 363.8(\mathrm{Pa})$

8. 某空调机组从风机出口至房间送风口的空气阻力为 1800Pa，机组出口处的送风温度为

15℃，且送风管保温良好(不计风管的传热)。问：该系统送至房间送风出口处的空气温度，最接近以下哪个选项？(取空气的定压比热为1.01kJ/kg·K、空气密度为1.2kg/m³)(注：风机电动机外置)(2014-3-9)

(A)15℃　　(B)15.5℃　　(C)16℃　　(D)16.5℃

答案：[D]

主要解答过程：

本系统风道及风口的阻力为1800Pa，参考《教材2018》P273风机全压的组成，这1800Pa的阻力需要依靠风机全压里的一部分压头来克服，并且这部分能量通过摩擦的方式转化为热量造成了送风温升，那么产生这部分压头所需要的风机有效功率为：(P267式2.8-1)

$$N_y = \frac{LP}{3600} = Q_{温升} = c\rho\frac{L}{3600}\Delta t \times 1000$$

$$\Delta t = 1.49℃$$

$$t_s = 15 + \Delta t = 16.49℃$$

9. 某风系统风量为4000m³/h，系统全年运行180d、每天运行8h，拟比较选择纤维填充式过滤器和静电过滤器两种方案(二者实现同样的过滤级别)的用能情况。已知：纤维填充式过滤器的运行阻力为120Pa，静电过滤器的运行阻力为20Pa、静电过滤器的耗电功率为40W，风机机组的效率为0.75，问采用静电过滤器方案，一年节约的电量(kW·h)应为下列何项？(2014-4-7)

(A)140~170　　(B)175~205　　(C)210~240　　(D)250~280

答案：[A]

主要解答过程：

根据《教材2018》P268式(2.8-3)，题干所给通风机效率为总效率，计算消耗电能不需不考虑电动机安全容量系数。

纤维填充式过滤器耗电量为：

$$N_1 = \frac{LP_1}{\eta \times 3600} = \frac{4000 \times 120}{0.75 \times 3600} = 177.8(\text{W})$$

静电过滤器除了风机电耗外还要计算除尘器本身电耗：

$$N_2 = \frac{LP_2}{\eta \times 3600} + 40\text{W} = \frac{4000 \times 20}{0.75 \times 3600} + 40 = 69.6(\text{W})$$

故，运行180d一年节约电量为：

$$W = 180 \times 8 \times \frac{177.8 - 69.6}{1000} = 155.8(\text{kW} \cdot \text{h})$$

注：本题为2010年专业案例(下)第7题原题改编。

2.8.2　通风机与管网特性曲线(2016-3-6)

1. 某局部排风系统，由总管通过三根支管(管径均为Φ220)分别与A、B、C三个局部排风罩(局部阻力系数均相等)连接。已知：总管流量7020m³/h，在各支管与局部排风罩连接处的管中平均静压分别为：A罩，-196Pa；B罩，-169Pa；C罩，-144Pa。A罩的排风量为下列何值？(2007-4-8)

(A)2160~2180m³/h　　(B)2320~2370m³/h　　(C)2500~2540m³/h　　(D)2680~2720m³/h

答案：[C]

主要解答过程：

由 $\Delta P = SQ^2$　$S_A = S_B = S_C = S$ 则有：

$$\Delta P_A = SQ_A{}^2$$

$$\Delta P_B = SQ_B{}^2 \Rightarrow Q_A : Q_B : Q_C = 14 : 13 : 12$$

$$\Delta P_C = SQ_C{}^2$$

又因为：$Q_A + Q_B + Q_C = 7020\text{m}^3/\text{h}$，解得：$Q_A = 2520\text{m}^3/\text{h}$

2. 某厂房内一排风系统设置变频调速风机，当风机低速运行时，测得系统风量 $Q_1 = 30000\text{m}^3/\text{h}$，系统的压力损失 $\Delta P_1 = 300\text{Pa}$；当将风机转速提高，系统风量增大到 $Q_2 = 60000\text{m}^3/\text{h}$ 时，系统的压力损失 ΔP_2 将为下列何项？（2013-3-6）

(A)600Pa　(B)900Pa　(C)1200Pa　(D)2400Pa

答案：[C]

主要解答过程：

风道系统阻力系数 S 值不变，根据公式 $\Delta P = SQ^2$

$$\Delta P_1 = SQ_1{}^2 \quad \Delta P_2 = SQ_2{}^2 = \left(\frac{Q_2}{Q_1}\right)^2 \Delta P_1 = 1200\text{Pa}$$

3. 某房间设置一机械送风系统，房间与室外压差为零。当通风机在设计工况运行时，系统送风量为 $5000\text{m}^3/\text{h}$，系统的阻力为 380Pa。现改变风机转速，系统送风量降为 $4000\text{m}^3/\text{h}$，此时该机械送风系统的阻力(Pa)应为下列何项？（2014-4-11）

(A)210~215　(B)240~245　(C)300~305　(D)系统阻力不变

答案：[B]

主要解答过程：

根据管网公式 $P = SQ^2$，工况改变管网阻力系数 S 不变，故有：

$$\frac{P_1}{P_2} = \frac{Q_1{}^2}{Q_2{}^2}$$

$$P_2 = \frac{Q_2{}^2}{Q_1{}^2} \times P_1 = \left(\frac{4000}{5000}\right)^2 \times 380\text{Pa} = 243.2\text{Pa}$$

2.9　通风管道风压、风速、风量测定（2017-3-10）

1. 风道中空气压力测定如图所示，$a = 300\text{Pa}$，$b = 135\text{Pa}$，$c = 165\text{Pa}$，以上压力值是在大气压力 $B = 101.3\text{Pa}$，$t = 20℃$ 时的测定值，求 A 点空气流速应为下列哪一项？（计算或查表取小数点后一位即可）（2006-3-6）

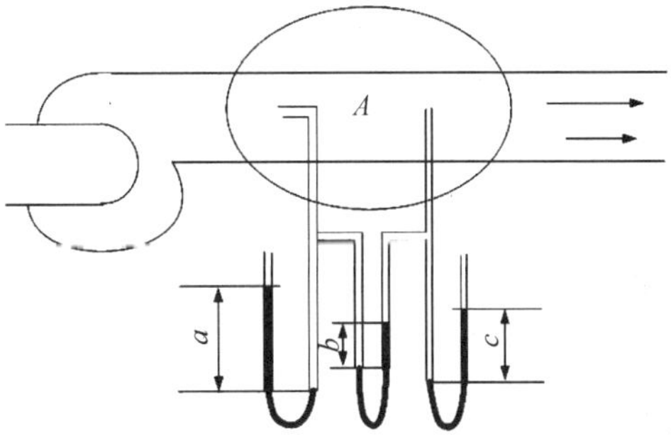

(A)21.5~22.5m/s　(B)16.5~17.5m/s

(C)14.5~15.5m/s　(D)10~11m/s

答案：[C]

主要解答过程：

根据《教材 2018》P281 图 2.9-4 及 P282 式(2.9-3)，可知动压值 $P_d = 135\text{Pa}$，因此 A 点流速为：

$$v = \sqrt{\frac{2P_d}{\rho}} = \sqrt{\frac{2 \times 135}{1.2}} = 15(\text{m/s})$$

2. 如图所示排风罩，其连接风管直径 $D=200\text{mm}$，已知该排风罩的局部阻力系数 $\xi_Z=0.04$(对应管内风速)，蝶阀全开 $\xi_{FK1}=0.2$，风管 A-A 断面处测得静压 $P_{J1}=-120\text{Pa}$，当蝶阀开度关小，蝶阀的 $\xi_{FK2}=4.0$，风管 A-A 断面处测得的静压 $P_{J2}=-220\text{Pa}$。设空气密度 $\rho=1.20\text{kg/m}^3$，蝶阀开度关小后排风罩的排风量与蝶阀全开的排风量之比为哪一项(沿程阻力忽略不计)？(2011-3-9)

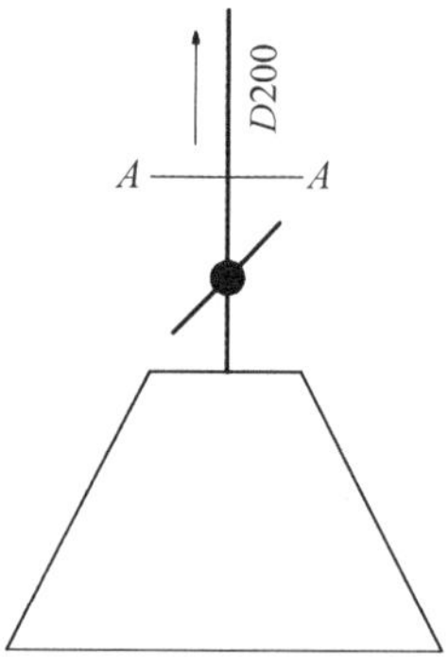

(A)48% ~53%　　(B)54% ~59%

(C)65% ~70%　　(D)71% ~76%

主要解答过程：

根据《教材2018》P285 式(2.9-9)

$$L=\frac{1}{\sqrt{1+\zeta}}F\sqrt{\frac{2}{\rho}}\sqrt{|p_j|}$$

$$\begin{cases}L_1=\dfrac{1}{\sqrt{1+0.04+0.2}}F\sqrt{\dfrac{2}{\rho}}\sqrt{120}\\ L_2=\dfrac{1}{\sqrt{1+0.04+4}}F\sqrt{\dfrac{2}{\rho}}\sqrt{|-220|}\end{cases}\Rightarrow\frac{L_2}{L_1}=0.67$$

注：也可根据基本理论方程计算：

设罩口处为 B 断面，由 A、B 断面的伯努利方程：

$$\frac{\rho v_B^{\ 2}}{2}=\frac{\rho v_A^{\ 2}}{2}+\sum\xi\frac{\rho v_A^{\ 2}}{2}+P_A(v_B=0)\Rightarrow P_A=-(1+\sum\xi)\frac{\rho v_A^{\ 2}}{2}$$

因此：$P_{J1}=-(1+\xi_Z+\xi_{FK1})\dfrac{\rho v_{A1}^{\ 2}}{2}$，$P_{J2}=-(1+\xi_Z+\xi_{FK2})\dfrac{\rho v_{A2}^{\ 2}}{2}$

两式相比得：

$$\frac{-220}{-120}=\frac{1+0.04+4}{1+0.04+0.2}\times\frac{v_{A2}^{\ 2}}{v_{A1}^{\ 2}}\Rightarrow\frac{v_{A2}}{v_{A1}}=0.67\Rightarrow\frac{Q_2}{Q_1}=\frac{Sv_{A2}}{Sv_{A1}}=0.67$$

2.10 建筑防排烟及防火规范

2.10.1 加压送风防烟

1. 一建筑高度为20m的商贸楼，其不具备自然排烟条件的防烟楼梯间及其前室各设置有一道 $1.6\text{m}\times2\text{m}(h)$ 的双扇防火门，若考虑加压房间密封程度的背压系数 $a=0.8$，漏风附加率 $b=0.15$，开启门洞出口平均风速为 1.0m/s，试问：当仅防烟楼梯间送风，前室不送风时，采用门洞流速法计算的机械加压送风系统的送风量应是下列选项的哪一个？(2008-4-9)

(A)14000 ~18000m³/h　　(B)20000 ~24000m³/h

(C)25000 ~29000m³/h　　(D)30000 ~35000m³/h

答案：[D]

主要解答过程：

根据《09技措》第4.10.3条或《教材(第二版)》P286 式(2.9-2)，20m 商贸楼小于20层，因此同时开启门的数量 $n=2$

$$L_V=\frac{nFv(1+b)}{a}\times3600=\frac{2\times(1.6\times2)\times1\times(1+0.15)}{0.8}\times3600=33120(\text{m}^3/\text{h})$$

注意：本题有陷阱，不要把20m看成20层！

本题根据第二版教材考点出题，《防排烟规范》正压送风量计算方法参见第3.4节。

2.10.2 机械排烟(2016-3-10)

1. 某一高层建筑，需在一、二层的6个防烟分区，设置如图所示的机械排烟系统。求管段①和管段②通过的最小风量为下列何项值？(2006-3-9)

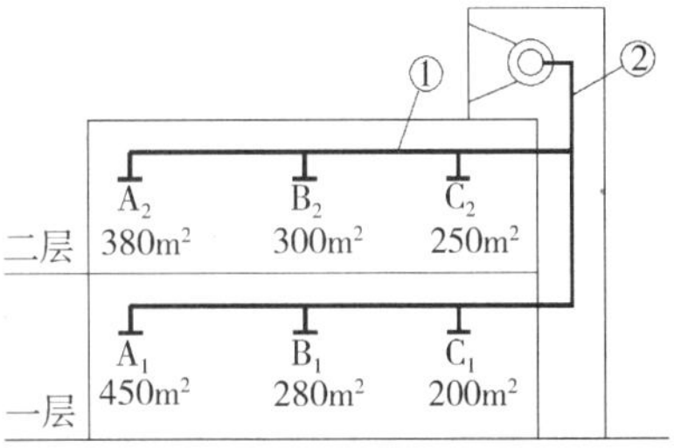

机械排烟系统示意图

(A)22800m³/h，49800m³/h

(B)45600m³/h，54000m³/h

(C)45600m³/h，72600m³/h

(D)22800m³/h，76800m³/h

答案：[B](老规范)

主要解答过程：

本题按《防排烟规范》重新解答，根据第4.6.4条，假设所有防烟分区净高相同且小于6m，并结合P101计算例题，

管段①负担防烟分区 A_2，B_2，故最小排烟量(二层排烟量)为：

$$G_2 = G_{①} = (380 + 300) \times 60 = 40800(\text{m}^3/\text{h})$$

一层排烟量为：

$$G_1 = (450 + 280) \times 60 = 43800(\text{m}^3/\text{h})$$

管段②排烟量为：

$$G_{②} = MA \times [G_1, G_2] = 43800(\text{m}^3/\text{h})$$

2. 高层建筑内的二层为商场，周边均为固定窗和墙体，该层的防烟分区为6个，6个防烟分区的面积为250m²、320m²、450m²、280m²、490m²、390m²。当设计为一个排烟系统，采用一台排烟风机时，问：当正确按照《高规》和《全国民用建筑设计技术措施暖通·动力》的规定进行排烟风机风量选择时，其排烟风量的数值应是下列哪一选项？(2008-4-7)

(A)16500～18000m³/h (B)32340～35280m³/h

(C)42240～46080m³/h (D)64680～70568m³/h

答案：[D]

主要解答过程：

本题按《防排烟规范》重新解答，根据第4.6.4及4.6.1条，假设所有防烟分区净高相同且小于6m，450m²和490m²两分区相邻，则排烟风机风量为：

$$G = 1.2 \times (450 + 490) \times 60 = 67680(\text{m}^3/\text{h})$$

选择排烟风机需考虑1.1附加系数，排烟风机风量为58800m³/h×1.1＝64680m³/h。

3. 某10层办公楼的多功能厅高度为7.2m，其面积为100m²，要设置一个排烟系统，则选择排烟风机的最小风量应是下列何项？(2009-3-9)

(A)4320m³/h (B)6600m³/h (C)7200m³/h (D)12000m³/h

答案：[C](老规范)

主要解答过程：

本题按《防排烟规范》重新解答，根据第4.6.3.2条，假设多功能厅设置喷淋系统，由于条件不足无法进行排烟量计算，本题直接查表4.6.3得排烟风机风量为：

$$L=1.2\times\left[9.1+\frac{7.2-7}{8-7}\times(10.6-9.1)\right]=11.28\times10^4(\mathrm{m^3/h})$$

可以发现，对于净高超过 6m 的空间，新规排烟量远大于老规范要求。

4. 某层高为 4.2m 的 4 层建筑内设置有中庭，中庭的尺寸为 64m × 18m × 16m(h)，其设计计算排烟量应是下列何项?（2009-4-9）

(A)69120m³/h　(B)73728m³/h　(C)102000m³/h　(D)110592m³/h

答案：[C]

主要解答过程：

根据《建规》第 9.4.5 条：

中庭体积 $V=64\times18\times16=18432\mathrm{m^3}>17000\mathrm{m^3}$，换气次数取 4 次。

排烟量 $W=18432\times4=73728\mathrm{m^3/h}<102000\mathrm{m^3/h}$，因此排烟量取 102000m³/h。

注：本题条件不足，无法按《防排烟规范》计算，相关计算方法参见第 4.6.5 条。

5. 一个地下二层的汽车库，建筑面积 3500m²，层高 3m，设置通风兼排烟系统，排烟时机械补风。试问计算的排烟量和补风量为下列哪组时符合要求?（2013-4-11）

(A)排烟量 52500m³/h，补风量 21000m³/h　(B)排烟量 52500m³/h，补风量 26250m³/h

(C)排烟量 63000m³/h，补风量 25200m³/h　(D)排烟量 63000m³/h，补风量 31500m³/h

答案：[D]

主要解答过程：

根据《汽车库、修车库、停车场设计防火规范》(GB 50067—2014)第 8.2.2 条、8.2.5 条及 8.2.10 条，建筑面积 3500m²，应该划分至少 2 个防烟分区，层高 3m，单个防烟分区排烟量不小于 30000m³/h，总排烟量不小于 60000m³/h，补风量不小于 30000m³/h。

2.11　人民防空地下室通风

1. 某人防工程为二等掩蔽体，掩蔽人数 1000 人，清洁区的面积为 1000m²，高 3m，防毒通道的净空尺寸为 6m × 3m × 3m，人员的新风为 2m³/(h · p)，试问，该工程的滤毒通风量应是下列哪一项?（2008-3-9）

(A)1900 ~ 2100m³/h　(B)2150 ~ 2350m³/h　(C)2400 ~ 2600m³/h　(D)2650 ~ 2850m³/h

答案：[B]

主要解答过程：

根据《人防规》(GB 50038—2005)第 5.2.7 条

$$L_R=L_2n=2\times1000=2000(\mathrm{m^3/h})$$

$$L_H=V_FK_H+L_F=(6\times3\times3)\times40+(1000\times3)\times4\%=2280(\mathrm{m^3/h})$$，**取大值为 2280m³/h。**

2. 某防空地下室为二等人员掩蔽所，掩蔽人数 $N=415$ 人，清洁新风量为 5m³/(p · h)，滤毒新风量为 2m³/(p · h)(滤毒设备额定风量 1000m³/h)，最小防毒通道有效容积为 20m³，清洁区有效容积为 1725m³，滤毒通风时的新风量应是下列何项?（2009-4-6）

(A)2000 ~ 2100m³/h　(B)950 ~ 1050m³/h　(C)850 ~ 900m³/h　(D)790 ~ 840m³/h

答案：[C]

主要解答过程：

根据《人防规》(GB 50038—2005)第 5.2.7 条

$L_R = L_2 N = 2 \times 415 = 830(m^3/h)$

$L_H = V_F K_H + L_F = 20 \times 40 + (1725) \times 4\% = 869(m^3/h)$，取大值为 $869m^3/h$。

根据第 5.2.16 条滤毒设备的额定风量($1000m^3/h$)大于 $869m^3/h$，故满足要求。

3. 某防空地下室为二等人员掩蔽所(一个防护单元)，掩蔽人数 $N=415$ 人，清洁新风量为 $5m^3/(p \cdot h)$，滤毒新风量为 $2m^3/(p \cdot h)$(滤毒风机风量为 $1000m^3/h$)，最小防毒通道有效容积为 $10m^3$，清洁区有效容积为 $1725m^3$，该掩蔽所设计的防毒通道的最小换气次数接近下列哪一项？(2011-3-7)

(A)200 次/h　　(B)93 次/h　　(C)76 次/h　　(D)40 次/h

答案：[B]

主要解答过程：

本题，滤毒风机风量为 $1000m^3/h$ 应理解为实际防毒通道的换气量。

根据《人防规》(GB 50038—2005)第 5.2.7 条，人员新风量为：

$$L_R = L_2 N = 2 \times 415 = 830m^3/h < 1000m^3/h$$

因此实际防毒通道的换气量应按保持超压的新风量确定，即：

$$L_H = V_F K_H + L_f = 10m^3 \times K_H + 1725m^3 \times 4\%$$

解得：$K_H = 93.1$ 次/h

4. 某人防地下室战时为二级人员掩护体，清洁区的有效体积为 $3200m^3$，掩蔽人数为 420 人，清洁式通风的新风量标准为 $6m^3/(p \cdot h)$，滤毒式通风的新风量标准为 $2.5m^3/(p \cdot h)$，最小防毒通道体积为 $20m^3$，设计滤毒通风时的最小新风量，应是下列何项？(2013-3-9)

(A)$2510 \sim 2530m^3/h$　　(B)$1040 \sim 1060m^3/h$

(C)$920 \sim 940m^3/h$　　(D)$790 \sim 810m^3/h$

答案：[B]

主要解答过程：

根据《人防规》(GB 50038—2005)第 5.2.7 条

$L_R = L_2 n = 2.5 \times 420 = 1050(m^3/h)$

$L_H = V_F K_H + L_F = 20 \times 40 + 3200 \times 4\% = 928(m^3/h)$，取大值为 $1050m^3/h$。

2.12　汽车库、电气和设备用房通风(2018-3-11)

1. 某地下车库面积为 $500m^2$，平均净高 3m，设置全面机械通风系统。已知车库内汽车的 CO 散发量为 40g/h，室外空气的 CO 浓度为 $1.0mg/m^3$。为了保证车库内空气的 CO 浓度不超过 $5.0mg/m^3$，所需的最小机械通风量应接近下列哪一项？(2011-4-8)

(A)$7500m^3/h$　　(B)$8000m^3/h$　　(C)$9000m^3/h$　　(D)$10000m^3/h$

答案：[D]

主要解答过程：

根据 CO 质量平衡方程：

$$40 \times 10^3 mg/h + V \times 1mg/m^3 = V \times 5mg/m^3$$

解得：$V = 10000m^3/h$

车库换气次数为 $n = V/(500 \times 3) = 6.67$(次/h)，满足《教材 2018》P337 不小于 6 次换气的要求。

第3章　空气调节

3.1　空气调节的基础知识(2016-4-15，2017-3-17)

1. 某空调车间，要求冬季室内干球温度为20℃，相对湿度为50%，该车间冬季总余热量为 -12.5kW，总余湿量为15kg/h。若冬季送风量为5000kg/h，不用焓湿图，试计算送风温度约为下列何值？(2006-4-14)

(A)52℃　　(B)45℃　　(C)36℃　　(D)21℃

答案：[C]

主要解答过程：

根据《教材2018》P344式(3.1-4)，本题不用焓湿图计算焓差，需忽略水蒸气的定压比热对焓值的影响，即忽略公式中1.84t这一项。

$$\Delta h = \frac{Q}{G} = 1.01\Delta t + 2500\Delta d$$

$$\frac{-12.5\text{kW}}{5000/3600(\text{kg/s})} = 1.01 \times (20 - t_s) + 2500\text{kJ/kg} \times \frac{15/3600(\text{kg/s})}{5000/3600(\text{kg/s})}$$

解得：$t_s = 36.3$℃

注：由于1.84t远小于2500，有时在工程简化计算中可以忽略不计。

2. 某空调的独立新风系统，新风机组在冬季依次用热水盘管和清洁自来水湿膜加湿器来加热和加湿空气。已知：风量6000m^3/h；室外空气参数：大气压力101.3kPa，$t_1 = -5$℃，$d_1 = 2g/kg_{干空气}$。机组出口送风参数：$t_2 = 20$℃、$d_2 = 8g/kg_{干空气}$，不查焓湿图，试计算热水盘管后的空气温度约为下列何值？(2007-3-14)

(A)25～28℃　　(B)29～32℃　　(C)33～36℃　　(D)37～40℃

答案：[C]

主要解答过程：

热水盘管加热为等湿加热，湿膜加湿为等焓加湿。

因此可知：$d_3 = d_1 = 2g/kg_{干空气}$，$h_2 = h_3 = h$

$h_2 = h = 1.01t_2 + d_2 \times (2500 + 1.84t_2)$

$h_3 = h = 1.01t_3 + d_3 \times (2500 + 1.84t_3)$

根据上几式可以解得：$t_3 = 35$℃

3. 某车间的内区室内空气设计计算参数：干球温度为20℃，相对湿度为60%，湿负荷为零，交付运行后，发热设备减少了，实际室内空调冷负荷比设计时减少了30%，在送风量和送风状态不变(送风相对湿度为90%)的情况下，室内空气状态应是下列哪一项？(工程所在地为标准大气压，计算时不考虑维护结构的传热)(2010-3-13)

(A)16.5～17.5℃，相对湿度68%～70%

(B)18.0～18.9℃，相对湿度65%～68%

(C)37.5 ~ 38.5kJ/kg$_{干空气}$、含湿量为 8.9 ~ 9.1g/kg$_{干空气}$
(D)42.9 ~ 43.1kJ/kg$_{干空气}$、含湿量为 7.5 ~ 8.0g/kg$_{干空气}$

答案：[B]

主要解答过程：

查 h-d 图得：$h_n = 42.36$kJ/kg，由于没有湿负荷，过室内点的等含湿量线与 90% 相对湿度线交点即为送风状态点，查得：$h_o = 35.7$kJ/kg

减少 30% 后单位送风量承担的室内负荷为：

$$Q_n' = (1 - 30\%) \times (h_n - h_o) = 4.66\text{kJ/kg}$$

此时室内焓值：

$$h_n' = h_o + 4.66\text{kJ/kg} = 40.36\text{kJ/kg}$$

查 h-d 图得：$t_n' = 18.3$℃，$\varphi = 67.5\%$

4. 某空调工程位于天津市。夏季空调室外计算日 16:00 时的空调室外计算温度，最接近下列哪个选项？并写出判断过程。(2014-3-14)

(A)29.4℃　　(B)33.1℃　　(C)33.9℃　　(D)38.1℃

答案：[B]

主要解答过程：

根据《民规》第 4.1.11 条或《教材 2018》P352

夏季空调室外计算逐时温度为：$t_{sh} = t_{wp} + \beta \Delta t_r$

查表 4.1-11 得：$\beta = 0.43$，查民规附录 A 得：$t_{wp} = 29.4$℃，$t_{wg} = 33.9$℃，故：

$$t_{sh} = 29.4℃ + 0.43 \times \frac{33.9℃ - 29.4℃}{0.52} = 33.12℃$$

5. 某空调房间经计算在设计状态时，显热冷负荷为 10kW，房间湿负荷为 0.01kg/s。则该房间空调送风的设计热湿比，接近下列何项？(2014-4-13)

(A)800　　(B)1000　　(C)2500　　(D)3500

答案：[D]

主要解答过程：

本题考查热湿比的基本定义，根据《教材 2018》P346 式(3.1-6)，注意热湿比为全热负荷(焓差)除以湿负荷。

房间全热负荷为：

$$\Delta h = 10\text{kW} + 2500\text{kJ/kg} \times 0.01\text{kg/s} = 35\text{kW}$$

房间送风热湿比为：

$$\varepsilon = \frac{\Delta h}{\Delta d} = \frac{35\text{kW}}{0.01\text{kg/s}} = 3500\text{kJ/kg}$$

6. 某空调房间室内设计参数为：$t_n = 26$℃，$\varphi_n = 50\%$，$d_n = 10.5$g/kg$_{干空气}$；房间热湿比为 8500kJ/kg，设计送风温差 9℃。要求应用公式计算空气焓值，则设计送风状态点的空气焓值(kJ/kg$_{干空气}$)应为下列何项？(空气的比热容为 1.01kJ/kg · ℃)(2014-4-15)

(A)38.2 ~ 38.7　　(B)39.5 ~ 40　　(C)41.0 ~ 41.5　　(D)42.3 ~ 42.8

答案：[B]

主要解答过程：

送风温度 $t_o = t_n - 9 = 17$℃，根据《教材 2018》P344 式(3.1-4)

$$h_o = 1.01t_o + \frac{d_o}{1000}(2500 + 1.84t_o)$$

$$h_n = 1.01t_n + \frac{d_n}{1000}(2500 + 1.84t_n) = 1.01 \times 26 + \frac{10.5}{1000} \times (2500 + 1.84 \times 26)$$

$$= 53.01(\mathrm{kJ/kg_{干空气}})$$

再根据 P346 式(3.1-6)

$$\varepsilon = \frac{\Delta h}{\Delta d} = \frac{h_o - h_n}{(d_o - d_n)/1000} = 8500\mathrm{kJ/kg}$$

$$d_o = 8.95\mathrm{g/kg_{干空气}}$$

解得:$h_o = 1.01t_o + \frac{d_o}{1000}(2500 + 1.84t_o) = 39.81\mathrm{kJ/kg_{干空气}}$

3.2　空调冷热负荷和湿负荷计算(2016-3-15，2017-4-14)

1. 某体育馆有 3000 人，每人散热量为：显热 65W，潜热 69W，人员群集系数取 0.92，试问该体育馆人员的空调冷负荷约为下列何值？(2006-4-12)

(A)400kW　(B)370kW　(C)210kW　(D)200kW

答案：[B]

主要解答过程：

根据《教材 2018》P363 式(3.2-11a)，体育馆属人员密集场所，人体冷负荷系数取 1，则人员空调冷负荷为：

$$CL_{rt} = C_{cl_{rt}}\phi Q_{rt} = 1 \times 0.92 \times (65 + 69) \times 3000 = 369.84(\mathrm{kW})$$

2. 在标准大气压条件下，某全新风定风量空调系统的风量为 $G = 4\mathrm{kg/s}$，冬季时房间的散湿量为 6g/s；房间需维持 $t_N = 20℃$，相对湿度 $\Phi_N = 30\%$；室外空气计算参数为：$t_W = -7℃$，$\Phi_W = 70\%$。问：以下哪项蒸汽加湿量是正确的？(2007-4-13)

(A)24g/s　(B)17 ~ 18g/s　(C)11 ~ 12g/s　(D)5 ~ 8g/s

答案：[D]

主要解答过程：

查 h-d 图得：$d_W = 1.46\mathrm{g/kg}$，$d_N = 4.34\mathrm{g/kg}$

加湿量 $\Delta d = G(d_N - d_W) - 6\mathrm{g/s} = 5.52\mathrm{g/s}$

3. 某大楼的中间楼层有两个功能相同的房间，冬季使用同一个组合空调器送风，A 房间(仅有外墙)位于外区，B 房间位于内区。已知：设计室外温度为 -12℃，室内设计温度为 18℃，A 房间外墙计算热损失 9kW，两房间送风量均为 $3000\mathrm{m^3/h}$，送风温度为 30℃，空气密度采用 $1.2\mathrm{kg/m^3}$，定压比热 1.01kJ/(kg · K)。试计算当两房间内均存在 2kW 发热量时，A、B 两个房间的温度(取整数)应是哪一个选项？(2008-3-18)

(A)A 房间 22℃，B 房间 32℃　(B)A 房间 21℃，B 房间 30℃

(C)A 房间 19℃，B 房间 32℃　(D)A 房间 19℃，B 房间 33℃

答案：[A]

主要解答过程：

注意题干中给出的 18℃为室内设计温度，所求的为室内实际温度。而外墙计算热损失 9kW 也是设计室温条件下的计算热负荷，当室温不同时需要修正。

设 A 房间实际室温为 t_A，B 房间实际室温为 t_B

t_A时 A 房间外墙实际热负荷为 Q_A

$$\frac{Q_A}{9\text{kW}}=\frac{t_A-(-12)}{18-(-12)}\Rightarrow Q_A=\frac{3}{10}(t_A+12)$$

根据 A 房间热量平衡：$Q_A-2\text{kW}=1.01\times(3000/3600)\times1.2\times(30-t_A)$，解得：$t_A=21.9℃$

根据 B 房间热量平衡：$-2\text{kW}=1.01\times(3000/3600)\times1.2\times(30-t_B)$，解得：$t_B=32℃$

4. 两幢办公建筑夏季合用一个集中空调水系统，各幢建筑典型设计日的耗冷量逐时计算值(单位：kW)见下表，冷水系统设计供回水温差为4℃，经计算冷水循环泵的扬程为 35mH$_2$O，水泵效率为50%，水管道和设备由于传热引起的冷负荷为 50kW。正确的冷水机组的总制冷量等于(或最接近)下列何值？(2009-4-21)

时刻	8:00	9:00	10:00	11:00	12:00	13:00	14:00	15:00	16:00	17:00
建筑 1	200	250	300	350	450	550	700	800	750	700
建筑 2	500	600	700	750	800	750	550	400	300	200

(A)1300kW (B)1350kW (C)1400kW (D)1650kW

答案：[C]

主要解答过程：

两建筑各逐时负荷累加最大值出现在 13:00，最大值为 1300kW。设冷水机组冷冻水量为 G：

$1300=c\rho G\Delta t=4.18\times1000\times G\times4$，解得：$G=0.0778\text{m}^3/\text{s}=279.9\text{m}^3/\text{h}$

根据水泵轴功率公式：

$$W=\frac{GH}{367.3\eta}=\frac{279.9\times35}{367.3\times0.5}=53.3(\text{kW})$$

因此冷机所需的总制冷量：

$$Q_T=1300+53.3+50=1403.3(\text{kW})$$

5. 如图所示分别为 A 建筑、B 建筑处于夏季典型设计日全天工作的冷负荷逐时分布图(横坐标为工作时刻，纵坐标为冷负荷)。设各建筑的冷水机组装机容量分别为 Q_A、Q_B，各建筑典型设计日的总耗冷量(kWh)分别为 E_A、E_B。说法正确的是下列哪一项？并写出判断过程。(2010-3-19)

(A)$Q_A>Q_B$且 $E_A>E_B$

(B)$Q_A>Q_B$且 $E_A=E_B$

(C)$Q_A>Q_B$且 $E_A<E_B$

(D)$Q_A=Q_B$且 $E_A=E_B$

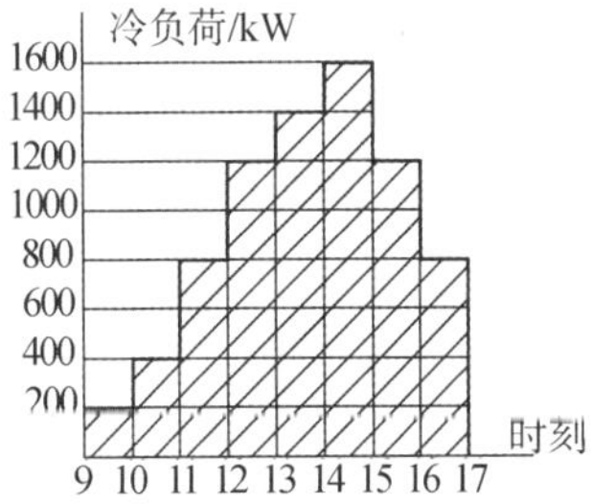

A建筑

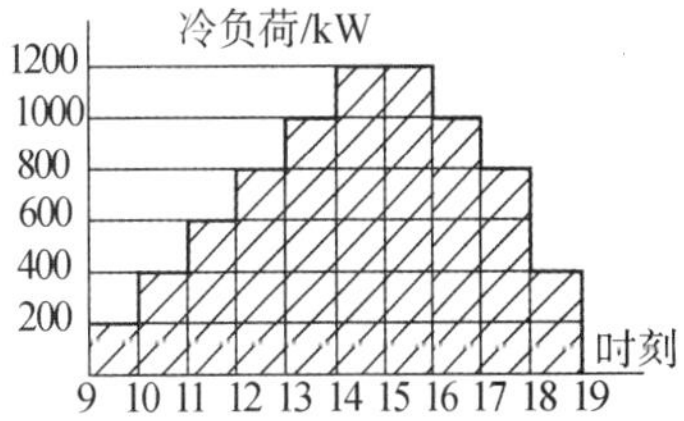

B建筑

答案：[B]

主要解答过程：

根据《民规》第 8.2.2 条，冷水机组装机容量应该以设计计算负荷选定，不另做附加。

故：$Q_A=1600\text{kW}$，$Q_B=1200\text{kW}$，$Q_A>Q_B$

而$E_A=(200+400+800+1200+1400+1600+1200+800)\text{kW}\times1\text{h}=7600\text{kWh}$

$E_B=(200+400+600+800+1000+1200+1200+1000+800+400)\text{kW}\times1\text{h}=7600\text{kWh}$

所以：$E_A=E_B$

3.3　空气处理与空调风系统

3.3.1　新风、送风量计算(2016-4-18，2017-4-13)

1. 某地夏季计算大气压力为 580mmHg，车间总余热量为 25.7kW，标准工况下空调系统送风焓差为 6.28kJ/kg$_{干空气}$，系统总阻力为 800Pa，试问此空调系统实际送风量和系统总阻力为下列何值?(2006-4-13)

(A)14500～15000m³/h，600～620Pa　　(B)14500～15000m³/h，790～810Pa

(C)15700～16200m³/h，600～620Pa　　(D)15700～16200m³/h，790～810Pa

答案：[C]

主要解答过程：

根据《教材 2018》P272 式(2.8-6)，注意一个标准大气压对应 760mmHg，空调标准工况为一个大气压，温度为 20℃，密度为 1.2kg/m³。而实际空气密度为：

$$\rho = 1.293 \times \frac{273}{273+20} \times \frac{580}{760} = 0.92(\text{kg/m}^3)$$

送风质量流量为：

$$G = \frac{Q}{\Delta h} = \frac{25.7\text{kW}}{6.28\text{kJ/kg}_{干空气}} = 4.1\text{kg/s}$$

实际送风量为：

$$L = G/\rho = 4.1/0.92 = 4.45\text{m}^3/\text{s} = 16014\text{m}^3/\text{h}$$

根据 P268 表 2.8-6，系统总阻力为：

$$P_2 = P_1\frac{\rho_2}{\rho_1} = 800 \times \frac{0.92}{1.2} = 613.3(\text{Pa})$$

2. 某大楼内无人值班的通信机房，计算显热冷负荷为 30kW。室内空气参数干球温度为 27℃、相对湿度为 60%。采用专用空调机组，其送风相对湿度为 90%。试问该机房的计算送风量为下列哪项数值?(注：当地大气压力为 101325Pa，空气密度 1.2kg/m³)(2007-3-17)

(A)11000～12000m³/h　　(B)12500～13500m³/h

(C)14000～15000m³/h　　(D)15500～16500m³/h

答案：[B]

主要解答过程：

无人值守即没有湿负荷，因此 $d_0 = d_N$，过室内状态点 N 做等湿线与 90% 相对湿度线交点即为送风状态点 O，查 h-d 图得：$t_0 = 20.4$℃

则风量：$L = \dfrac{30}{c\rho(t_N - t_0)} \times 3600 = 13500(\text{m}^3/\text{h})$

3. 某空调机房总余热量为 4kW，总余湿为 1.08kg/h。要求室内温度 18℃，相对湿度 55%。若送风温度差取 6℃，则该空调系统的送风量约为下列哪项数值?(2007-4-12)

(A)1635kg/h　　(B)1925kg/h

(C)2375kg/h　　(D)＞2500kg/h

答案：[B]

主要解答过程：

热湿比：$\varepsilon = \dfrac{4}{1.08} \times 3600 = 13333$，送风温度 $t_0 = 18 - 6 = 12$(℃)。

查 h-d 图得 $h_N=36\text{kJ/kg}$，$d_N=7.1\text{g/kg}$，$h_O=28.6\text{kJ/kg}$

则送风量：$G=\dfrac{Q}{h_N-h_O}=\dfrac{3600\times4}{36-28.6}=1946(\text{kg/h})$

注：本题由于热湿比线不是整数且超过常规焓湿图热湿比标尺的上限(10000)，推荐使用本书附录中作者发明的热湿比小工具快速绘制热湿比线。此外也可以通过热湿比基本定义计算得到送风状态点的焓值，具体计算方法如下：

$$\varepsilon=\frac{h_n-h_o}{\dfrac{d_n-d_o}{1000}}=\frac{h_n-\left[1.01t_o+\dfrac{d_o}{1000}(2500+1.84t_o)\right]}{\dfrac{d_n-d_o}{1000}}=13333$$

通过上式可以计算出送风点含湿量 d_o，从而计算出送风点焓值 h_o，此种方法计算量较大，推荐在题目热湿比不是整数的情况下采用。

4. 某建筑的空调系统采用全空气系统，冬季房间的空调热负荷为100kW(冬季不加湿)，室内计算温度为20℃，冬季室外空调计算温度为 -10℃，空调热源为60℃/50℃的热水，热水量为10000kg/h，冬季的大气压力为标准大气压，空气密度为1.2kg/m^3，定压比热1.01kJ/(kg·℃)。试问：该系统的新风量为何项值？(2008-3-13)

(A)1400~1500m^3/h (B)1520~1620m^3/h

(C)1650~1750m^3/h (D)1770~1870m^3/h

答案：[B]

主要解答过程：

空调系统总负荷 $Q=cm\Delta t=4.18\times(10000/3600)\times(60-50)=116.11(\text{kW})$

则新风系统的负荷 $Q_X=Q-100\text{kW}=16.11\text{kW}$

则新风量 $V=Q_X/(c\rho\Delta t)=16.11/(1.01\times1.2\times30)=0.443\text{m}^3/\text{s}=1595\text{m}^3/\text{h}$

5. 某空调系统的夏季新风供给量为10.0m^3/s(室外空气计算温度为35℃)，若要求供氧量保持不变，已知0℃时空气密度为1.293kg/m^3，冬季(室外空气计算温度为 -10℃)的最小新风供给量应是下列何项(全年均为标准大气压)？(2009-4-8)

(A)约8.57m^3/s (B)约10.01m^3/s

(C)约11.46m^3/s (D)约12.50m^3/s

答案：[A]

主要解答过程：

根据《教材2018》P272 式(2.8-6)，$\rho_t=353/(273+t)$

$\rho_{35}=353/(273+35)=1.146(\text{kg/m}^3)$；$\rho_{-10}=353/(273-10)=1.342(\text{kg/m}^3)$

要求供氧量不变即空气质量流量相同：$10.0\text{m}^3/\text{s}\times\rho_{35}=V\times\rho_{-10}$

解得：$V=8.54\text{m}^3/\text{s}$

6. 某五星级宾馆的宴会厅面积为400m^2，净高6m。最大用餐人数为200人(实际平均用餐人数为90人)，持续用餐时间为2.5h。宴会厅排风量为1300m^3/h，房间要求维持正压，正压风量按换气次数0.5次计算。该宴会厅的新风量应为下列哪一项？(2010-4-12)

(A)2500m^3/h (B)3000m^3/h

(C)4300m^3/h (D)6000m^3/h

答案：[B]

主要解答过程：

根据《公建节能》第 3.0.2 条条文说明："对于出现最多人数的持续时间少于 3h 的房间，所需新风量可按室内的平均人数确定，该平均人数不应少于最多人数的 1/2。"因此题目平均人数为 100 人。

查表 3.0.2 得：五星级餐厅人均新风量为 $30m^3/(h\cdot p)$

人员所需新风量：$V_{人}=100\times30=3000(m^3/h)$

正压新风量：$V_{正}=400\times6\times0.5=1200(m^3/h)$

因为 $V_{人}>V_{正}+V_{排}$，因此新风量取 $3000m^3/h$。

注：《公建节能 2015》已删除该部分内容。

7. 某地为标准大气压，有一变风量空调系统，所服务的各空调区室内逐时显热冷负荷见下表，取送风温差为 10℃，该空调系统的送风量为下列何项？（2012-3-13）

时间 / 房间	逐时显热负荷/W								
	9:00	10:00	11:00	12:00	13:00	14:00	15:00	16:00	17:00
房间 1	4340	4560	4535	4410	4190	4050	4000	3960	3935
房间 2	8870	9125	8655	7725	6065	6145	6130	5990	5800
房间 3	2440	2600	2730	2950	3245	3630	3900	3930	3730

(A) 1.40 ~ 1.50kg/s　　(B) 1.50 ~ 1.60kg/s

(C) 1.60 ~ 1.70kg/s　　(D) 1.70 ~ 1.80kg/s

答案：[C]

主要解答过程：

各房间逐时负荷累加最大值出现在 10:00，负荷值为 16.285kW。

空调送风量：$G=\dfrac{Q}{c\Delta t}=\dfrac{16.285}{1.01\times10}=1.61(kg/s)$

8. 位于我国西部某厂的空调系统，当地夏季大气压力为 70kPa，车间的总余热为 100kW，空调系统的送风焓差为 $15kJ/kg_{干空气}$，试问：设空气密度与温度无关，该空调系统的送风量最接近下列何项？（标准大气压力下，空气密度 $\rho=1.20kg/m^3$）（2013-3-14）

(A) $29000m^3/h$　　(B) $31000m^3/h$

(C) $33000m^3/h$　　(D) $35000m^3/h$

答案：[A]

主要解答过程：

大气压力不同于标准大气压，空气密度需做修正，题干假设密度与温度无关，仅与大气压有关。根据热力学公式：

$$PV=mRT\Rightarrow P=\frac{m}{V}RT\Rightarrow P=\rho RT\text{，因此：}\rho_{70}=\frac{70}{101.3}\rho_0=0.83kg/m^3$$

送风量：$L=\dfrac{Q}{\rho_{70}\Delta h}=\dfrac{100\times3600}{0.83\times15}=28915.7(m^3/h)$

9. 某办公室 $1000m^2$，层高 4m，吊顶高度 3m；空调换气次数 8 次/h；要求采用面尺寸 500mm，颈部尺寸 400mm 的方形散流器送风，试计算散流器的最少个数？（已知：散流器的安装高度为3m时，颈部最大风速要求为4.65m/s；安装高度为4m时，颈部最大风速要求为5.60m/s）(2013-4-18)

(A)6个　　(B)9个　　(C)10个　　(D)12个

答案：[B]

主要解答过程：

换气次数应计算吊顶下的空间，送风量为：

$$L=1000\times3\times8=24000(\mathrm{m^3/h})$$

单个散流器送风量为：

$$L_0=0.4^2\times4.65=0.744\mathrm{m^3/s}=2678.4\mathrm{m^3/h}$$

所需散流器个数为：

$$n=\frac{L}{L_0}=\frac{24000}{2678.4}=8.96\text{，取9个。}$$

10. 某工艺用空调房间共有10名工作人员，人均最小新风量要求不少于30m³/(h·P)，该房间设置了工艺要求的局部排风系统，其排风量为250m³/h，保证房间正压所要求的风量为200m³/h。问：该房间空调系统最小设计新风量应为多少m³/h？(2014-3-13)

(A)300　　(B)450　　(C)500　　(D)550

答案：[B]

主要解答过程：

根据《民规》第7.3.19.2条

首先，人员所需的最小新风量为：$M_1=30\times10=300(\mathrm{m^3/h})$

其次，补偿排风与保持空调区域空气压力所需的新风量之和为：$M_2=250+200=450(\mathrm{m^3/h})$

因此，该房间空调系统最小的设计新风量为：$M=\max(M_1,M_2)=450\mathrm{m^3/h}$

3.3.2 加湿、除湿计算(2016-3-12，2018-3-17)

1. 某成品库库房体积为75m³，对室温无特殊要求，其围护结构内表面散湿量与设备等散湿量之和为0.9kg/h，人员散湿量为0.1kg/h，自然渗透换气量为每小时1次。采用风量为600m³/h的除湿机进行除湿，试问除湿机出口空气的含湿量应为下列何值？(2006-3-13)

已知：室外空气干球温度为32℃，湿球温度为28℃。

室内空气温度约为28℃，相对湿度不大于70%。

(A)12~12.9g/kg　　(B)13~13.9g/kg

(C)14~14.9g/kg　　(D)15~15.9g/kg

答案：[C]

主要解答过程：

查h-d图得：室外含湿量$d_w=22.4\mathrm{g/kg}$，室内含湿量$d_n=16.7\mathrm{g/kg}$，自然渗透带来的湿负荷为：

$$W_w=(75\times1)\times\rho\times(d_w-d_n)=(75\times1)\times1.2\times(22.4-16.7)=513(\mathrm{g/h})$$

根据《教材2018》P366式(3.2-18)：

$$L=\frac{W_n+W_w}{d_n-d_o}$$

$$d_o=d_n-\frac{W_n+W_w}{L}=16.7\mathrm{g/kg}-\frac{(900+100+513)\mathrm{g/h}}{600\mathrm{m^3/h}\times1.2\mathrm{kg/m^3}}=14.6\mathrm{g/kg}$$

2. 某仓库容积为$1000m^3$，梅雨季节时，所在地的室外计算干球温度为34℃，相对湿度80%，现要求库内空气温度为30℃，相对湿度为50%，选用总风量为$2000m^3/h$的除湿机除湿。已知，建筑和设备的散湿量为0.2kg/h，库内人员的散湿量为0.8kg/h，库内自然渗透的换气量为每小时一次，按标准大气压考虑，空气密度区$1.2kg/m^3$时，除湿机出口空气的含湿量应为下列哪一项？(2008-3-15)

(A)$4.5\sim5.5g/kg_{干空气}$　　(B)$5.6\sim6.5g/kg_{干空气}$

(C)$6.6\sim7.5g/kg_{干空气}$　　(D)$7.6\sim8.5g/kg_{干空气}$

答案：[B]

主要解答过程：

查h-d图得：室外$d_w=27.29g/kg_{干空气}$，室内$d_n=13.31g/kg_{干空气}$

根据室内空气含湿量平衡方程，即：得湿量=除湿量：

$(0.2+0.8)kg/h+1000m^3\times1次/h\times1.2kg/m^3\times(d_w-d_n)/1000=$

$2000m^3/h\times1.2kg/m^3\times(d_n-d_{送})/1000$

可以解得：$d_{送}=5.9g/kg_{干空气}$

3. 冬季某空调房间$G=120000kg/h$，室内空气设计参数$t_n=23℃$，$\varphi_n=85\%$，室内无余湿，当地大气压力$B=101.3kPa$，室外空气设计参数$t_w=2℃$，$\varphi_w=70\%$，采用组合式空调机组，一次回风系统(回风参数与室内空气参数相同)，新风比为10%，干蒸汽加湿。计算加湿的干蒸汽耗量应是下列何值？并以h-d图绘制出空气处理过程。(2009-3-14)

(A)130~200kg/h　　(B)380~400kg/h

(C)800~840kg/h　　(D)1140~1200kg/h

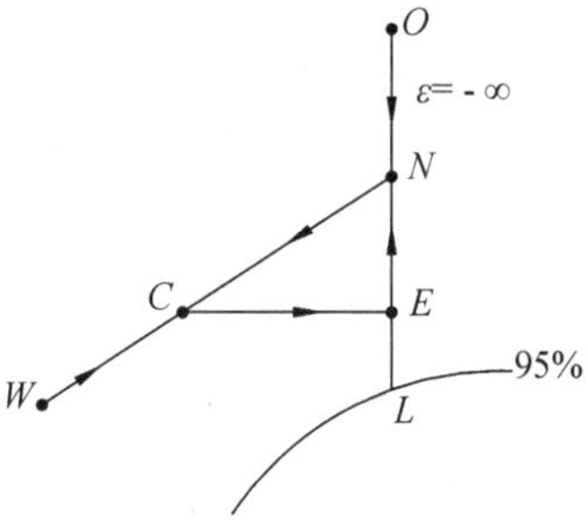

答案：[A]

主要解答过程：

空气处理过程如图所示，干蒸汽加湿为等温加湿过程

查h-d图得：$d_n=15.2g/kg$，$d_w=3.1g/kg$

C点含湿量：$d_c=0.1\times d_w+0.9\times d_n=14g/kg$

则加湿量：$W=G(d_n-d_c)=145.2kg/h$

4. 某房间冬季供暖采用散热器，房间净面积$20m^3$，净高2.8m，室内温度$t_n=20℃$，相对湿度$\varphi_n=50\%$。经窗户的自然换气量为1次/h，计算的散热器散热量为Q，如采用喷雾加湿，且维持室内空气参数不变，加湿量和计算散热器散热量的变化应是下列何项？(2009-4-12)

已知：室内散湿量可以忽略不计，该地区为标准大气压，空气密度取$1.20kg/m^3$，计算室外温度为-6℃，相对湿度50%。

(A)加湿量200~220g/h，散热器散热量不变

(B)加湿量400~420g/h，散热器散热量不变

(C)加湿量200~220g/h，散热器散热量需增加

(D)加湿量400~420g/h，散热器散热量需增加

答案：[D]

主要解答过程：

加湿量等于由于自然换气由室内带走的湿量，查h-d图得：$d_n=7.26g/kg$，$d_w=1.13g/kg$

自然换气量：$V=20\times2.8\times1=56(m^3/h)$

加湿量：$W=V\rho(d_n-d_w)=411.9g/h$

由于喷雾加湿为等焓过程，水雾蒸发所需热量由室内空气提供，若要保持室内温度不变，则

散热器散热量需增大，以补偿水雾蒸发的汽化潜热。

5. 在标准大气压力下，将干球温度为34℃、相对湿度为70%、流量为5000m³/h的室外空气处理到干球温度为24℃、相对湿度为55%的送风状态。试问处理过程中空气的除湿量为下列哪一项？（查h-d图计算，空气密度取1.2kg/m³）(2011-4-16)

(A)60～65kg/h　　(B)70～75kg/h　　(C)76～85kg/h　　(D)100～105kg/h

答案：[C]

主要解答过程：

查h-d图得：$d_1=23.75$g/kg，$d_2=10.25$g/kg

除湿量：$\Delta W = G\rho\left(\frac{d_1-d_2}{1000}\right)=5000\times1.2\times\frac{23.75-10.25}{1000}=81(\text{kg/h})$

3.3.3 直流全新风系统

1. 某空调区域空气计算参数：室温为28℃，相对湿度为55%。室内仅有显热冷负荷8kW。工艺要求采用直流式、送风温差为8℃的空调系统。该系统的设计冷量应为下列何值？（标准大气压，室外计算温度34℃，相对湿度75%）(2010-3-14)

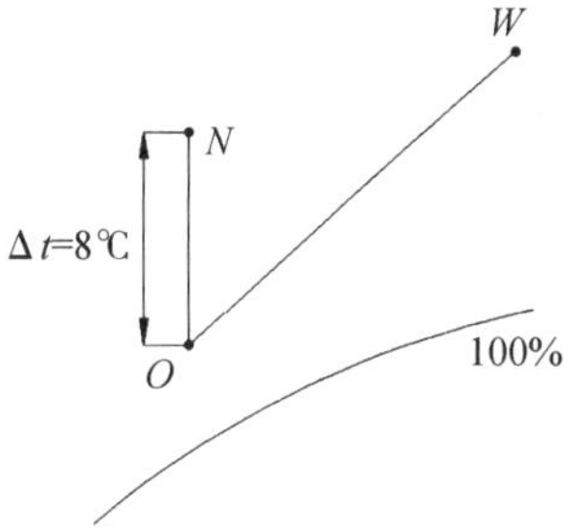

(A)35～39kW　　(B)40～44kW

(C)45～49kW　　(D)50～54kW

答案：[C]

主要解答过程：

由于仅有显热负荷，总送风量：$G=8\text{kW}/c\Delta t=0.99\text{kg/s}$

查h-d图得：$h_w=100.2$kJ/kg，$h_O=53.2$kJ/kg

因此系统的设计冷量为：

$$L=G(h_w-h_O)=46.5\text{kW}$$

2. 标准大气压下，空气从状态A($t_A=5$℃、$\varphi_A=80\%$)依次经表面式加热器和干蒸汽加湿器处理到状态点B($t_B=80$kJ/kg，$\varphi_B=50\%$)，要求直接查h-d图，求出该空气状态处理过程中，单位质量空气经表面加热器的加热量应该接近下列何项？并以h-d图绘制出处理过程。(2010-3-15)

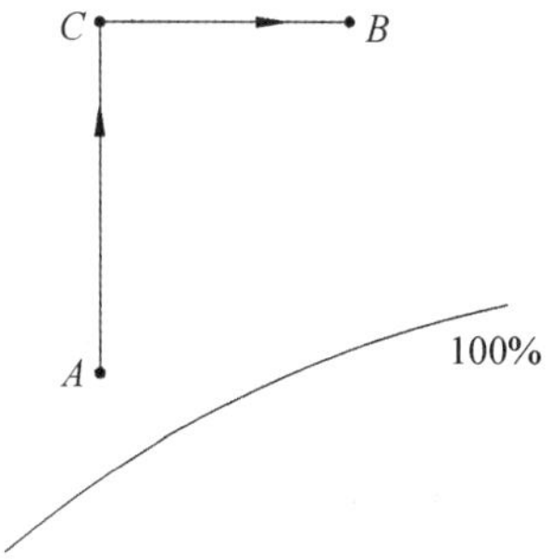

(A)64.1kJ/kg　　(B)40.1kJ/kg

(C)33.8kJ/kg　　(D)30.3kJ/kg

答案：[D]

主要解答过程：

h-d图如图所示，AC过程为等湿加热过程，CB过程为等温加湿过程

查h-d图得：$h_C=46$kJ/kg，$h_A=15.9$kJ/kg

因此加热量为：$\Delta h=h_C-h_A=30.1$kJ/kg

3. 已知某地夏季室外设计计算参数：干球温度为35℃，湿球温度为28℃（标准大气压）。需设计直流全新风系统，风量为1000m³/h（空气密度取1.2kg/m³）。要求提供新风的参数为：干球温度为15℃，相对湿度为30%，试问，采用一级冷却除湿（处理到相对湿度为95%，焓降为45kJ/$\text{kg}_{干空气}$）+转轮除湿（冷凝水带走热量忽略不计）+二级冷却方案，符合要求的除湿

器后空气温度最接近下列哪一项？查 h-d 图，并绘制出全部处理过程。（2010-3-16）

（A）15℃ （B）16℃

（C）34℃ （D）36℃

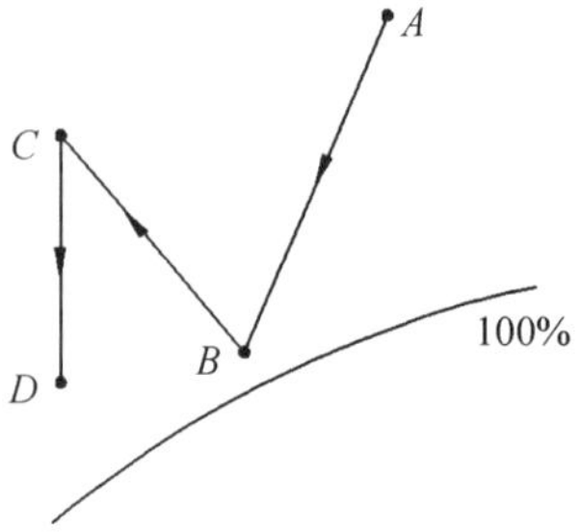

答案：［D］

主要解答过程：

根据《09 技措》P125，知转轮除湿过程近似认为是等焓升温过程。处理过程线如图所示：AB 为一级冷却除湿，BC 为转轮除湿，等焓过程，CD 为二级冷却过程。过 D 点做等含湿量线与过 B 点的等焓线的交点即为除湿器后的状态点，查 h-d 图得：$t_C=36.5$℃。

4. 已知某地夏季室外设计计算参数：干球温度为 35℃，湿球温度为 28℃（标准大气压）。需设计直流全新风系统，风量为 1000m³/h（空气密度取 1.2kg/m³）。要求提供新风的参数为：干球温度为 15℃，相对湿度为 30%，试问，采用一级冷却除湿（处理到相对湿度为 95%，焓降为 45kJ/kg$_{干空气}$）+ 转轮除湿（冷凝水带走热量忽略不计）+ 二级冷却方案，符合要求的转轮除湿器后空气温度最接近下列哪一项？查 h-d 图，并绘制出全部处理过程。（2012-4-15）

（A）15℃ （B）15.8～16.8℃ （C）35℃ （D）35.2～36.2℃

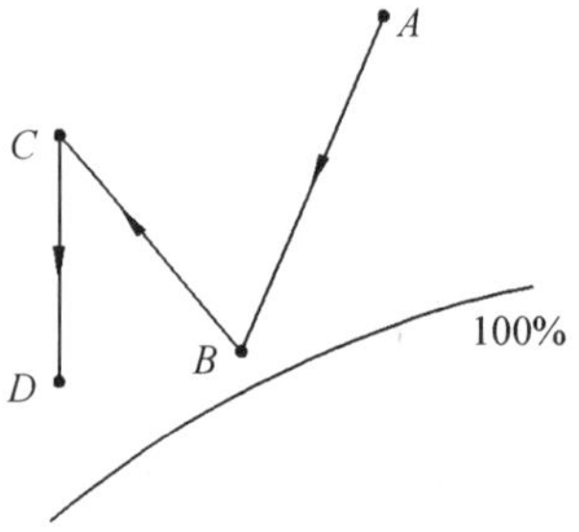

答案：［D］

主要解答过程：

本题为 2010 年专业案例（上）第 16 题原题，为防止歧义，出题老师将 2010 年原题题干“除湿器”改为“转轮除湿器”，计算方法不变。根据《09 技措》P125，知转轮除湿过程近似认为是等焓升温过程。处理过程线如图所示：AB 为一级冷却除湿，BC 为转轮除湿，等焓过程，CD 为二级冷却过程。过 D 点做等含湿量线与过 B 点的等焓线的交点即为除湿器后的状态点，查 h-d 图得：$t_C=36.5$℃

3.3.4 一次回风系统（2016-3-16，2016-4-14，2017-3-19，2018-3-12，2018-3-14，2018-4-13）

1. 某空调房间夏季总余热量 $\sum q=3300$W，总余湿量 $\sum W=0.25$g/s，室内空气全年保持温度 $t=22$℃，$\varphi=55\%$，含湿量 $d=9.3$g/kg$_{干空气}$。如送风温差取 8℃，送风量应为下列何值？（2006-3-14）

（A）0.3～0.32kg/s （B）0.325～0.34kg/s （C）0.345～0.36kg/s （D）>0.36kg/s

答案：［B］

主要解答过程：

热湿比：$\varepsilon=\dfrac{3.3\text{kW}}{\dfrac{0.25}{1000}\text{kg/s}}=13200$

查 h-d 图得：$h_n=45.24$kJ/kg，送风温度 $t_o=22-8=14$℃，过室内点做热湿比为 13200 的热湿比线与 14℃ 等温线交点即为送风点 O。查得 $h_o=35.1$kJ/kg，则送风量为：

$$G=\frac{3.3\text{kW}}{(45.24-35.1)\text{kJ/kg}}=0.33\text{kg/s}$$

注：本题由于热湿比线不是整数且超过常规焓湿图热湿比标尺的上限（10000），推荐使用本书附录中作者发明的热湿比小工具快速绘制热湿比线。此外也可以通过热湿比基本定义计算得到送风状态点的焓值，具体计算方法如下：

$$\varepsilon = \frac{h_n - h_o}{\frac{d_n - d_o}{1000}} = \frac{h_n - \left[1.01t_o + \frac{d_o}{1000}(2500 + 1.84t_o)\right]}{\frac{d_n - d_o}{1000}} = 13200$$

通过上式可以计算出送风点含湿量 d_o，从而计算出送风点焓值 h_o，此种方法计算量较大，推荐在题目热湿比不是整数的情况下采用。

2. 条件同1题，如果送风量为0.33kg/s，试问送风含湿量为下列何值？（2006-3-15）

(A) 8.5 ~ 8.6g/kg干空气　　(B) 8.7 ~ 8.8g/kg干空气

(C) 8.9 ~ 9.0g/kg干空气　　(D) >9.2g/kg干空气

答案：[A]

主要解答过程：

查 h-d 图得：d_n = 9.3g/kg干空气，根据《教材2018》P366式(3.2-18)：

$$L = \frac{\sum W}{d_n - d_o}$$

$$d_o = d_n - \frac{\sum W}{L} = 9.3 - \frac{0.25}{0.33} = 8.54(\text{g/kg}_{干空气})$$

3. 条件同1题，如果送风量为0.4kg/s，新风量为10%，新风温度为34℃，含湿量为20g/kg干空气，试计算（不使用湿空气焓湿图）该空调系统总冷负荷为下列何值？（2006-3-16）

(A) <4000W　　(B) 约4400W　　(C) 约4600W　　(D) >4800W

答案：[D]

主要解答过程：

根据《教材2018》P380，对于有送风温差限制（非机器露点送风）的一次回风系统，系统的总冷负荷包括三部分：室内负荷、新风负荷和再热负荷。

室内空气焓值为：

$$h_n = 1.01 \times t_n + d_n \times (2500 + 1.84 \times t_n)$$
$$= 1.01 \times 22 + 9.3/1000 \times (2500 + 1.84 \times 22) = 45.85(\text{kJ/kg})$$

室外新风焓值为：

$$h_w = 1.01 \times t_w + d_w \times (2500 + 1.84 \times t_w)$$
$$= 1.01 \times 34 + 20/1000 \times (2500 + 1.84 \times 34) = 85.59(\text{kJ/kg})$$

送风状态含湿量为：

$$d_o = d_n - \frac{\sum W}{L} = 9.3 - \frac{0.25}{0.4} = 8.68(\text{g/kg}_{干空气})$$

送风状态焓值为：

$$h_o = 1.01 \times t_o + d_o \times (2500 + 1.84 \times t_o)$$
$$= 1.01 \times 14 + 8.68/1000 \times (2500 + 1.84 \times 14) = 36.06(\text{kJ/kg})$$

室内负荷为：

$$Q_n = G(h_n - h_o) = 0.4 \times (45.85 - 36.06) = 3.92(\text{kW})$$

新风负荷为：

$$Q_w = G_x(h_w - h_n) = 0.4 \times 10\% \times (85.59 - 45.85) = 1.59(\text{kW})$$

不使用焓湿图，机器露点状态参数的确定十分困难，再热负荷很难计算得到，但可以发现室内负荷和新风负荷的总和为 3.92 + 1.59 = 5.51(kW)，已经大于 D 选项 4.8kW 的条件，因此本题可以推断选择 D 选项。

注意：题干中“条件同 1 题”，仅包含 2006-3-14 题中第一句的基础条件，并不包括句号后的“如送风温差取 8℃”。否则计算出的送风量为 0.33kg/s，与本题中所提供的送风量 0.4kg/s 有冲突。

4. 某空调车间要求夏季室内空气温度为 25℃，相对湿度为 50%，车间总余热量为 500kW，产湿量忽略不计。拟采用 20% 的新风，室外空气状态为：标准大气压力、干球温度为 34℃、相对湿度为 75%，若送风相对湿度为 90%，试问系统所需制冷量约为下列何值？(2006-4-15)

(A) 3060kW　　(B) 2560kW　　(C) 1020kW　　(D) 500kW

答案：[C]

主要解答过程：

参考《教材 2018》P380 部分，由于送风相对湿度为 90%，认为系统为露点送风，无再热负荷。又因为房间无湿负荷，故送风点含湿量与室内状态点含湿量相等，查 h-d 图得：$h_w = 99.6\text{kJ/kg}$，$h_n = 50.3\text{kJ/kg}$，$d_n = d_o = 9.9\text{g/kg}$，又因为 $\Phi o = 90\%$，查得 $h_o = 40.6\text{kJ/kg}$。

系统送风量为：

$$G = \frac{Q_0}{h_n - h_o} = \frac{500}{50.3 - 40.6} = 51.5(\text{kg/s})$$

新风量：$G_x = 20\% \times G = 10.3\text{kg/s}$

系统所需制冷量为：

$$Q = Q_0 + Q_x = 500 + G_x(h_w - h_n) = 500 + 10.3 \times (99.6 - 50.3) = 1007.8(\text{kW})$$

5. 某地大气压力 $B = 101325\text{Pa}$，某车间工艺性空调设带水冷式表冷器的一次回风系统，取送风温差 6℃，冷负荷为 170kW，湿负荷为 0.017kg/s，室内空气设计参数为：$t = 23℃ \pm 1℃$、相对湿度为 55%，已知新回风混合点 C 的 $h = 53.21\text{kJ/kg}$，取表冷器的出口相对湿度为 90%。问：表冷器的冷凝水管的管径应为下列哪一项？(2007-3-15)

(A) $DN32$　　(B) $DN40$　　(C) $DN50$　　(D) $DN80$

答案：[B]

主要解答过程：

热湿比：$\varepsilon = \dfrac{170}{0.017} = 10000$

查 h-d 图得：

$h_N = 48.1\text{kJ/kg}$，$d_N = 9.6\text{g/kg}_{干空气}$，送风温度 $t_O = 23 - 6 = 17(℃)$

过室内点 N 做热湿比为 10000 的热湿比线与 17℃ 等温线交点即为送风点 O，$h_O = 39.1\text{kJ/kg}$

则送风量：$G = \dfrac{170}{48.1 - 39.1} = 18.89(\text{kg/s})$

过 O 点做等湿线与 90% 相对湿度线交点即为机器露点 L。

查 h-d 图即可得到 $h_L = 35.52\text{kJ/kg}$

所以表冷器冷负荷 $Q_L = G(h_C - h_L) = 18.89\text{kg/s} \times (53.21\text{kJ/kg} - 35.52\text{kJ/kg}) = 334.14\text{kW}$

根据《暖规》第 6.4.18.6 条条文说明表 4，根据冷量选择冷凝水管管径为 $DN40$。

6. 在标准大气压力下，某空调房间的余热量为 120kW，余湿量为零，其室内空气参数干球温度为 25℃、相对湿度为 60%。空调采用带循环水喷淋室的一次回风系统。当室外空气参数干

球温度为15℃、相对湿度为50%时，送风相对湿度为95%，试问此时新风比为下列哪项数值？（2007-3-16）

(A)10% ~15%　　(B)25% ~30%　　(C)35% ~40%　　(D)45% ~50%

答案：[B]

主要解答过程：

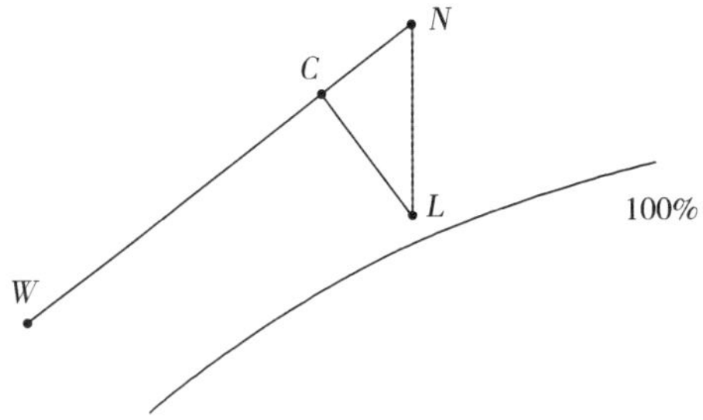

处理过程如图所示，查 h-d 图得 $h_N=55.4$kJ/kg，$h_W=28.4$kJ/kg。

由于"采用带循环水喷淋室的一次回风系统"，因此加湿过程为等焓加湿，即 $h_C=h_L$，由于湿负荷为0，过室内点 N 做等湿线与95%相对湿度线得到机器露点 L，查 h-d 图得 $h_L=48$kJ/kg

又因为 $h_C=h_L=(1-m)h_N+mh_W$

可解得：$m=27\%$

7. 已知：①某报告厅夏季室内设计温度为25℃，相对湿度为60%，房间的冷负荷 $\sum Q=100$kW，热湿比为10000kJ/kg，采用一次回风系统；②空调器的出风相对湿度为90%，送风过程温升为1℃；当大气压为101325Pa，且房间的温度达到设计值，请绘出 h-d 图的过程线，该报告厅的夏季设计送风量（查 h-d 图计算），应为下列选项的哪一个？（2008-4-15）

(A)32900 ~ 33900kg/h　　(B)34300 ~ 35300kg/h

(C)35900 ~ 36900kg/h　　(D)38400 ~ 39400kg/h

答案：[B]

主要解答过程：

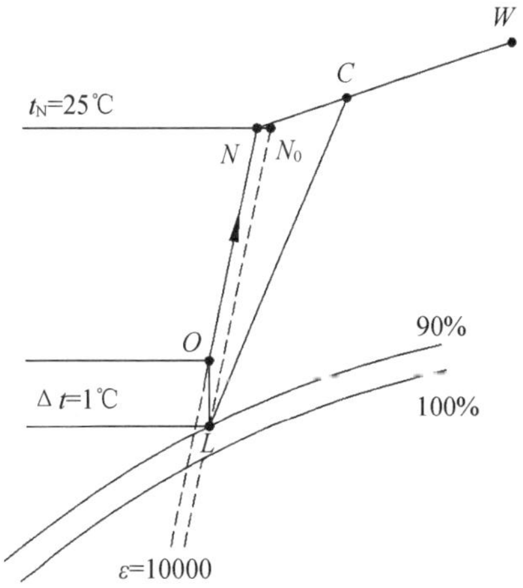

本题题意为：由于存在风机温升，使得室内实际状态点达不到设计值，如图所示，N_0 为室内设计状态点，L 点为机器露点，O 点为实际送风状态点，过 O 点做热湿比为10000的热湿比线与25℃的等温线相交即为实际室内状态点。

设计送风量应根据设计参数计算，过 N_0 点（$h_{N0}=55.54$kJ/kg）做热湿比为10000的热湿比线与90%相对湿度线相交，交点为 L，查 h-d 图得：$h_L=45.2$kJ/kg

则设计送风量：

$$G=\frac{\sum Q}{h_{N0}-h_L}=\frac{100}{55.54-45.2}=9.67\text{kg/s}=34816\text{kg/h}$$

8. 某空调房间冬季室内设计参数为 $t_n=20$℃，$\varphi_n=50\%$，室内无湿负荷，采用一次回风系统（新风比为50%），新回风混合后经绝热加湿和加热后送入房间，因此当室外空气焓值小于某一数值时，就应设新风空气预加热器。试问，该数值处于下列何范围？（大气压力101325Pa）（2009-3-13）

(A)14 ~ 19kJ/kg　　(B)20 ~ 25kJ/kg　　(C)26 ~ 30kJ/kg　　(D)31 ~ 35kJ/kg

答案：[A]

主要解答过程：

根据《教材2018》P380："采用绝热加湿方案，当新风比要求比较大时，可能使得一次混合点的焓值低于露点焓值，此时应将新风进行预热。”

查 h-d 图，$h_n = 38.5\text{kJ/kg}$。

由于没有湿负荷，过室内点与 95% 相对湿度线相交点即为机器露点，焓值为 $h_L = 28.4\text{kJ/kg}$

混合点焓值：$h_c = 50\% \times h_n + 50\% \times h_w$，当 $h_c < h_L$ 时即需要对空气进行预热。

解得 $h_w = 18.3\text{kJ/kg}$

9. 已知室内设计参数为：$t_n = 23℃$，$\varphi_n = 60\%$，室外参数为：$t_w = 35℃$，$h_w = 92.2\text{kJ/kg}$，新风比为 15%，夏季室内余热量为 $Q = 4.89\text{kW}$，余湿量为 0，送风温差为 4℃，采用一次回风系统，机器露点的相对湿度取 90%，不计风机和管道的温升。试求，夏季所需送风量(kg/s)和系统所需的冷量(kW)应为下列何项？(注：空气为标准大气压)(2010-3-17)

(A)1.10～1.30kg/s，11～14kW　　(B)1.10～1.30kg/s，14.5～18kW

(C)0.7～0.9kg/s，7～9kW　　(D)0.7～0.9kg/s，9.1～11kW

答案：[B]

主要解答过程：

查 h-d 图得：$h_n = 50\text{kJ/kg}$，$h_w = 92.2\text{kJ/kg}$，机器露点 $h_L = 43.4\text{kJ/kg}$

则混合状态点焓值：$h_C = (1 - 15\%)h_n + 15\% h_w = 56.33\text{kJ/kg}$

总送风量 $G = Q/c\Delta t = 4.89/(1.01 \times 4) = 1.21(\text{kg/s})$

系统所需冷量：$Q = G(h_C - h_L) = 15.65\text{kW}$

10. 某空调房间的计算参数：室温 28℃，相对湿度 55%，室内仅有显热负荷为 8kW，采用一次回风系统、新风比为 20%，送风的相对湿度为 90%。该系统的设计冷量应为下列哪一项？(大气条件为标准大气压，室外计算温度为 34℃，相对湿度 75%，不考虑风机与风道引起的温升)(2010-4-15)

(A)6.5～12.4kW　(B)12.5～14.4kW　(C)14.5～16.4kW　(D)16.5～18.4kW

答案：[C]

主要解答过程：

查 h-d 图得：$h_W = 100.2\text{kJ/kg}$，$h_n = 61.55\text{kJ/kg}$

混合状态点：$h_C = 0.2 \times h_W + (1 - 0.2) \times h_n = 69.28\text{kJ/kg}$

由于仅有显热负荷，过室内点做等含湿量线与 90% 相对湿度线交点即为送风状态点。

查 h-d 图得：$h_0 = 52.89\text{kJ/kg}$，$t_0 = 20℃$

因此总风量：$G = \dfrac{8}{1.01 \times (t_n - t_0)} = 0.99(\text{kg/s})$

系统设计冷量为：$Q_L = G(h_C - h_0) = 16.23\text{kW}$

11. 某一次回风定风量空调系统夏季设计参数见下表。计算该空调系统组合式空调器表冷器的设计冷量，接近下列哪一项？(2011-3-13)

	干球温度	含湿量	焓值	风量
	℃	g/kg干空气	kJ/kg	kg/h
送风	15	9.7	39.7	8000
回风	26	10.7	53.4	6500
新风	33	22.7	91.5	1500

(A)24.7kW　(B)30.4kW　(C)37.6kW　(D)46.3kW

答案：[D]

主要解答过程：

新风回风混合状态点焓值：

$$h_c = \frac{6500 \times 53.4 + 1500 \times 91.5}{6500 + 1500} = 60.54(\text{kJ/kg})$$

查 h-d 图知，送风状态点相对湿度为 92%，即该系统为露点送风，所以空调表冷器设计冷量为：

$$Q_L = \frac{G}{3600}(h_c - h_o) = \frac{8000}{3600} \times (60.54 - 39.7) = 46.3(\text{kW})$$

12. 某地一室内游泳池的夏季室内设计参数 $t_n = 32℃$，$\varphi_n = 70\%$，室外设计参数：干球温度 35℃，湿球温度 28.9℃(标准大气压，空气定压比热为 1.01kJ/kg·℃，空气密度为 1.2kg/m³)。已知：室内总散湿量为 160kg/h，夏季设计总送风量为 50000m³/h，新风量为送风量的 15%，问：组合式空调机组表冷器的冷量应为下列何项(表冷器处理后空气相对湿度为 90%)？查 h-d图计算，相关参数见下表。(2012-3-14)

室内 d_s/(g/kg干空气)	室内 h_s/(kJ/kg干空气)	室外 d_w/(g/kg干空气)	室内 h_w/(kJ/kg干空气)
21.2	86.4	22.8	94

(A)170～185kW (B)195～210kW (C)215～230kW (D)235～250kW

答案：[D]

主要解答过程：

处理过程 h-d 图如图所示。

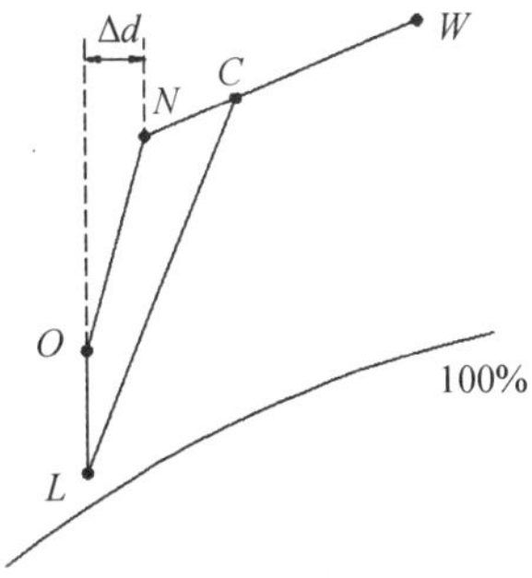

混合状态点焓值：$h_c = 0.15 \times 94 + (1 - 0.15) \times 86.4 = 87.54(\text{kJ/kg})$

室内总散湿量：

$$160\text{kg/h} = 50000 \times 1.2 \times \frac{(d_s - d_o)}{1000} \Rightarrow d_o = d_L = 18.53\text{g/kg}$$

根据 $d_L = 18.53\text{g/kg}$，$\varphi = 90\%$ 查 h-d 图得：$h_L = 72.96\text{kJ/kg}$，$t_L = 25.5℃$

因此，表冷器的冷量为：$Q_L = \frac{50000 \times 1.2}{3600} \times (h_c - h_L) = 243(\text{kW})$

13. 接上题，为维持室内游泳池夏季设计室温 32℃，设计相对湿度 70% 的条件，已知：计算的夏季显热冷负荷为 80kW。问：空气经组合式空调机组的表冷器冷却除湿后，空气的再热量应为何项？并用 h-d 图绘制该游泳池空气处理的全部过程。(2012-3-15)

(A)25～40kW (B)46～56kW (C)85～95kW (D)170～190kW

答案：[A]

主要解答过程：

计算显热负荷：$80\text{kW} = 1.01 \times \frac{50000}{3600} \times 1.2 \times (t_N - t_O) \Rightarrow t_O = 27.25℃$

再热量为：

$$Q_R = 1.01 \times \frac{50000}{3600} \times 1.2 \times (t_O - t_L) = 1.01 \times \frac{50000}{3600} \times 1.2 \times (27.25 - 25.5) = 29.4(\text{kW})$$

14. 某空调系统采用全空气空调方案，冬季房间总热负荷为 150kW，室内计算温度为 18℃，需要的新风量为 3600m³/h，冬季室外空调计算温度为 −12℃，冬季大气压力按 101300Pa 计算，空气的密度为 1.2kg/m³，定压比热容为 1.01kJ/(kg·K)，热水的平均比热容为 4.18kJ/(kg·K)，空调热源为 80℃/60℃的热水，则该房间需要的热水量为何值？(2012-3-17)

(A)5000～5800kg/h　　(B)5900～6700kg/h

(C)6800～7600kg/h　　(D)7700～8500kg/h

答案：[D]

主要解答过程：

加热新风所需热量：$Q_X = c \times \frac{3600}{3600} \times \rho \times (18 + 12) = 1.01 \times 1 \times 1.2 \times 30 = 36.36(\text{kW})$

总热负荷：$Q = Q_X + 150\text{kW} = 186.36\text{kW} = c_{水} \times G \times (80 - 60)$

解得：$G = 8025.1\text{kg/h}$

15. 某恒温车间采用一次回风空调系统，设计室温为 22℃ ±0.5℃，相对湿度为 50%，室外设计计算参数：干球温度 36℃，湿球温度 27℃，夏季室内仅有显热负荷 109.08kW，新风比为 20%，表冷器机器露点取相对湿度为 90%，当采用最大送风温差时，该车间的组合式空调器的设计冷量(当地为标准大气压，空气密度按 1.20kg/m³，不考虑风机与管道温升)应为下列何项？查 h-d 图计算。(2013-3-12)

(A)200～230kW　　(B)240～280kW

(C)300～350kW　　(D)380～420kW

答案：[C]

主要解答过程：空气处理过程如图所示。

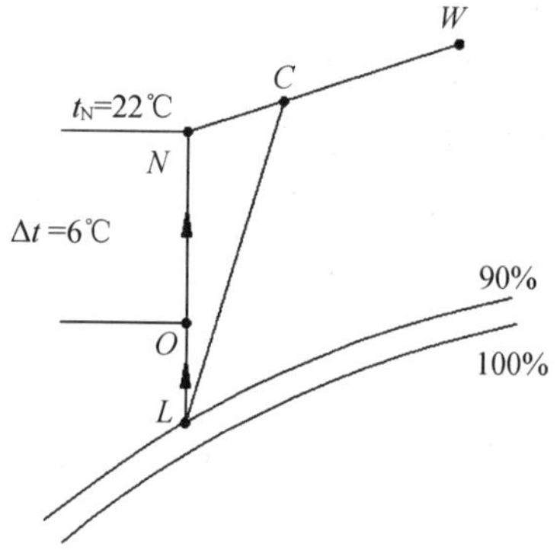

查 h-d 图得：$h_n = 43.12\text{kJ/kg}$，$h_w = 84.62\text{kJ/kg}$

混合状态点：

$$h_c = 20\% \times 84.62\text{kJ/kg} + (1 - 20\%) \times 43.12\text{kJ/kg} = 51.42\text{kJ/kg}$$

由于室内仅有显热负荷，做室内状态点的等湿线与 90% 相对湿度线的交点即为机器露点。

$$h_L = 33.7\text{kJ/kg},\ t_L = 12.75℃$$

注意题干，恒温洁净室的温度精度为 ±0.5℃，根据《教材 2018》P436 表 3.5-4，送风温差为 3～6℃，取最大值 6℃，则送风量为：

$$G = \frac{Q}{c\Delta t} = \frac{109.08\text{kW}}{1.01\text{kJ/(kg·K)} \times 6℃} = 18\text{kg/s}$$

空调器的设计冷量即为将空气由 C 点处理至 L 点所需要的冷量：

$$Q_L = G(h_c - h_L) = 18\text{kg/s} \times (51.42 - 33.7)\text{kJ/kg} = 318.96\text{kW}$$

注意：本题由于是有精度要求的恒温空调，因此最大温差送风并不是露点送风，需要经过再热至 O 点，再送入室内。

16. 某地大型商场为定风量空调系统，冬季采用变新风供冷、湿膜加湿方式。室内设计温度 22℃，相对湿度 50%，室外空调设计温度 −1.2℃，相对湿度 74%；要求送风参数为 13℃，相对湿度为 80%；系统送风量 30000m³/h。查焓湿图($B = 101325\text{Pa}$)求新风量和加湿量为下列何项？(空气密度取 1.20kg/m³)(2013-3-13)

(A)20000～23000m³/h，130～150kg/h　　(B)10000～13000m³/h，45～55kg/h

(C)7500～9000m³/h，30～40kg/h　　(D)2500～4000m³/h，20～25kg/h

答案：[C]

主要解答过程：空气处理过程如图所示。

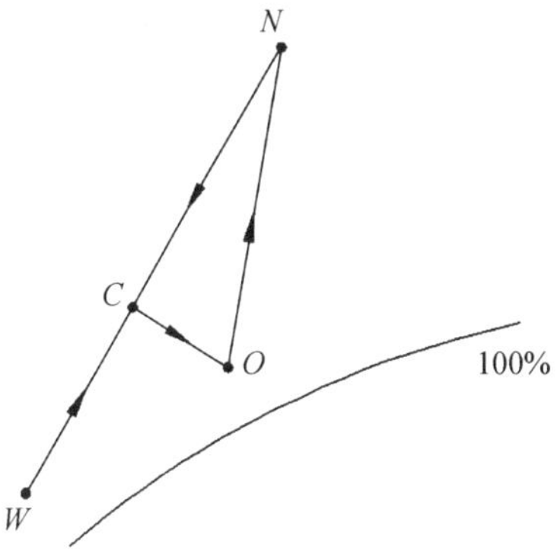

湿膜加湿为等焓加湿过程，因此 $h_c = h_o$

查 h-d 图得：$h_o = h_c = 31.92\text{kJ/kg}$，$h_n = 43.12\text{kJ/kg}$，$h_w = 5.02\text{kJ/kg}$

设新风比为 m，根据空气混合关系：

$$h_c = mh_w + (1-m)h_n$$

$$m = \frac{h_c - h_n}{h_w - h_n} = \frac{31.92 - 43.12}{5.02 - 43.12} = 0.294$$

新风量为：$G_x = 30000\text{m}^3/\text{h} \times 0.294 = 8818.9\text{m}^3/\text{h}$

查 h-d 图得：$d_n = 8.22\text{g/kg}$，$d_w = 2.52\text{g/kg}$，$d_O = 7.44\text{g/kg}$

则：$d_c = md_w + (1-m)d_n = 6.54\text{g/kg}$

加湿量：$\Delta W = G(d_o - d_c) = 30000 \times 1.2 \times (7.44 - 6.54) = 32248\text{g/h} = 32.25\text{kg/h}$

17. 某建筑一房间空调系统为全空气一次回风定风量、定新风比系统（全年送风量不变），新风比为40%。系统设计的基本参数除表列值外，其余见后：①夏季房间空调全热冷负荷40kW，送风机器露点确定为95%（不考虑风机及风管温升）；②冬季室外设计状态：室外温度－5℃，相对湿度30%；冬季送风设计温度为28℃；冬季加湿方式为高压喷雾等焓加湿；③大气压力为101325Pa。问：该系统空调机组的加热盘管在冬季设计状态下所需要的加热量，接近以下何项？（查 h-d 图计算）（2013-4-17）

	室内设计参数		热湿比/(kJ/kg)
	温度	相对湿度	
夏季	25℃	50%	20000
冬季	20℃	40%	－5000

(A)72～78kw　　(B)60～71kW　　(C)55～59kW　　(D)43～54kW

答案：[B]

主要解答过程：

过室内状态点 N 做20000的热湿比线与95%相对湿度线的交点即为送风状态点，查 h-d 图得：$h_n = 50.2\text{kJ/kg}$，$h_L = 36.9\text{kJ/kg}$

送风量：$G = \dfrac{40}{50.2 - 36.9} = 3.01(\text{kg/s})$

冬季工况，具体空气处理过程如图所示（先加热，再加湿方案）。

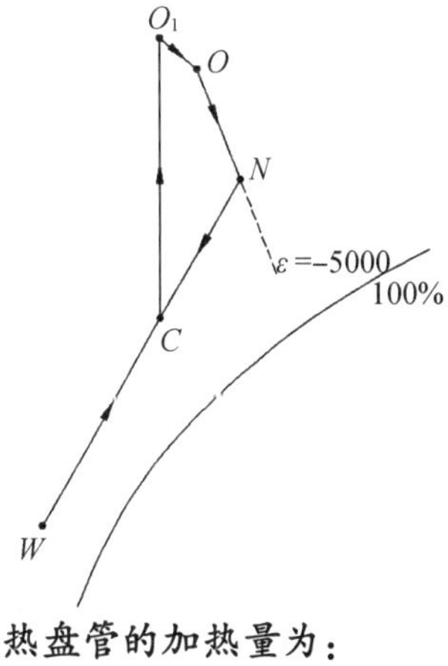

查 h-d 图得：$h_n' = 34.8\text{kJ/kg}$，$h_w' = -3.15\text{kJ/kg}$

一次回风与新风混合状态点焓值为：

$$h_c = h_w' \times 40\% + h_n' \times (1 - 40\%) = 19.62\text{kJ/kg}$$

过冬季室内状态点做－5000的热湿比线与28℃的等温线的交点即为送风状态点 O，过 O 点做等焓线与 C 点等湿线的交点即为加热盘管出口空气状态点 O_1，查焓湿图得：$h_{O1} = h_O = 40.15\text{kJ/kg}$，则加热盘管的加热量为：

$$Q_R = G(h_{O1} - h_c) = 3.01\text{kg/s} \times (40.15 - 19.62)\text{kJ/kg} = 61.8\text{kW}$$

注：一般焓湿图热湿比标尺最大为10000，新版清风注考焓湿图小工具已将热湿比标尺扩展至40000，此外精确热湿比线的手工画法请参照交流群内共享资料。

3.3.5　二次回风系统

1. 某工艺用空调房间采用冷却降温除湿的空调方式，室内设计状态：干球温度为25℃，相对湿度为55%，室温允许波动范围为±0.5℃。房间的冷负荷为21000W，湿负荷为3g/s。问：满足空调要求的空调机组，其经表冷器后的空气温度(即"机器露点")的最低允许值，用 h-d 图求解应为下列何项？并写出过程。(当地为标准大气压，取"机器露点"的相对湿度为90%)(2010-4-13)

(A)9～10℃　　(B)11.5～13℃

(C)14～16.5℃　　(D)19～22℃

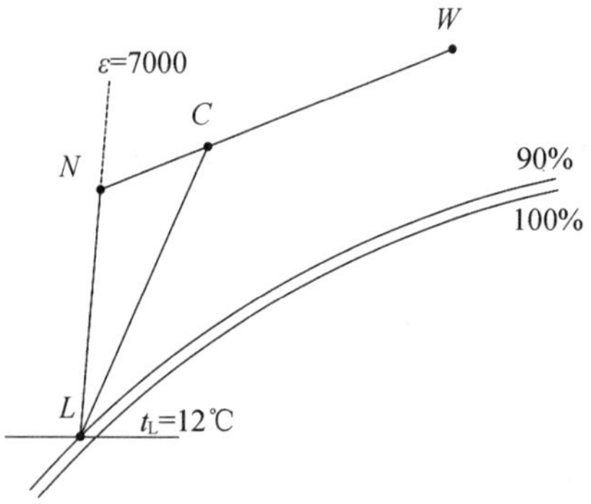

答案：[B]

主要解答过程：

本题室温允许波动范围为±0.5℃，根据《民规》表7.4.10-2可知，最大送风温差为6℃，由于二次回风的机器露点低于一次回风，题目要求机器露点的最低允许值，因此空气处理过程采用二次回风。

热湿比： $\varepsilon=\dfrac{21\text{kW}}{0.003\text{kg/s}}=7000\text{kJ/kg}$

如图所示，过室内状态点做7000的热湿比线与90%相对湿度交点即为机器露点，查 h-d 图得：$t_L=12$℃

2. 某剧院空调采用二次回风和座椅送风方式，夏季室内设计温度为25℃，座椅送风口出风温度为20℃，一次回风与新风混合后经表冷器处理到出风温度为13℃，风机和送风管考虑1℃温升。如一次回风量和新风量均为10000m³/h，要求采用计算方法求空气处理机组的送风机风量，应接近下列哪一项(空气的密度视为不变)？(2011-3-14)

(A)20000m³/h　　(B)40000m³/h

(C)44000m³/h　　(D)48000m³/h

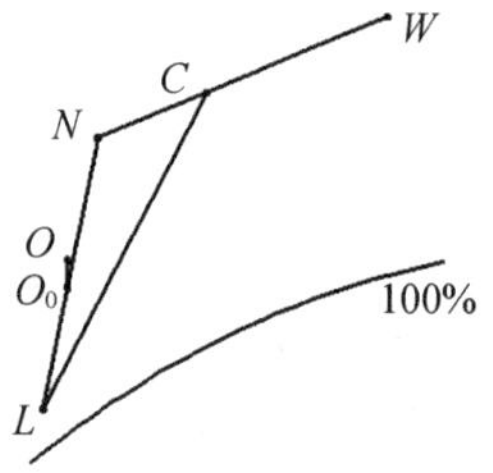

答案：[B]

主要解答过程：

空气处理过程如图所示。

由于风机温升为1℃，则二次回风混合点 $t_{O0}=20-1=19$(℃)

经过表冷器的风量为新风量与一次回风量之和为：10000+10000=20000(m³/h)

根据二次回风混合关系：

$$\frac{V_{总}}{20000}=\frac{25℃-13℃}{25℃-19℃}$$

解得：$V_{总}=40000\text{m}^3/\text{h}$

3. 某二次回风空调系统，房间设计温度23℃，相对湿度45%，室内显热负荷17kW，室内散湿量9kg/h。系统新风量2000m³/h，表冷器出风相对湿度95%(焓值23.3kJ/kg$_{干空气}$)；二次回风混合后经风机及送风管温升1℃，送风温度19℃；夏季室外设计计算温度34℃，湿球温度26℃，大气压力101.325kPa。新风与一次回风混合点的焓值接近下列何项？并于焓湿图绘制空气处理过程线。(空气密度取1.2kg/m³，比热取1.01kJ/kg·℃，忽略回风温升。过程点参数：室内 $d_n=7.9$g/kg$_{干空气}$，$h_n=43.1$kJ/kg$_{干空气}$，室外 $d_w=18.1$g/kg$_{干空气}$，$h_w=80.6$kJ/kg$_{干空气}$)(2014-3-15)

(A)67kJ/kg$_{干空气}$　　(B)61kJ/kg$_{干空气}$　　(C)55kJ/kg$_{干空气}$　　(D)51kJ/kg$_{干空气}$

答案：[B]

主要解答过程：

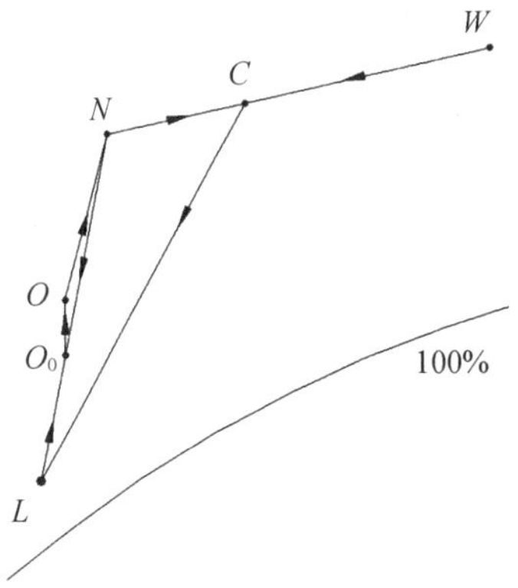

空气处理过程示意图如下，根据相对湿度95%，$h=23.3\text{kJ/kg}_{干空气}$，查 h-d 图得机器露点 $t_L=7.7℃$，二次回风混合点温度 $t_{00}=19-1=18℃$，系统总送风量为：

$$G_{总}=\frac{3600Q}{c\rho\Delta t}$$

$$=\frac{3600\times17\text{kW}}{1.01\text{kJ/(kg}_{干空气}\cdot℃)\times1.2\text{kg/m}^3\times(23-19)℃}$$

$$=12623.7\text{m}^3\text{/h}$$

根据二次混风风量关系比：

$$\frac{G_L}{G_{总}}=\frac{t_N-t_{00}}{t_N-t_L}=\frac{23-18}{23-7.7}\Rightarrow G_L=4125.4\text{m}^3\text{/h}$$

一次回风量为：

$$G_1=G_L-G_w=4125.4-2000=2125.4(\text{m}^3\text{/h})$$

一次回风混合点焓值：

$$h_C=\frac{G_1}{G_L}h_N+\frac{G_w}{G_L}h_W=\frac{2125.4}{4125.4}\times43.1+\frac{2000}{4125.4}\times80.6=61.28(\text{kJ/kg}_{干空气})$$

3.3.6 风机盘管加新风空调系统(2016-4-17)

1. 在标准大气压的条件下，某风机盘管的风量为 $680\text{m}^3\text{/h}$，其运行时的进风干球温度 $t_1=26℃$，湿球温度 $t_{sh1}=20.5℃$；出风干球温度 $t_2=13℃$，湿球温度 $t_{sh2}=12℃$。该风机盘管在此工况下，除湿量 W 与供冷量 Q 约为下列哪项？(2007-4-15)

(A) $W=3.68\text{kg/h}$，$Q=1.95\text{kW}$　　(B) $W=6.95\text{kg/h}$，$Q=2.95\text{kW}$

(C) $W=3.68\text{kg/h}$，$Q=5.65\text{kW}$　　(D) $W=6.95\text{kg/h}$，$Q=5.65\text{kW}$

答案：[C]

主要解答过程：

查 h-d 图得：$h_1=59\text{kJ/kg}$，$h_2=34.3\text{kJ/kg}$，$d_1=12.8\text{g/kg}$，$d_2=8.39\text{g/kg}$

除湿量：$W=G\rho(d_1-d_2)=680\text{m}^3\text{/h}\times1.2\text{kg/m}^3\times(12.8-8.39)\text{g/kg}=3.6\text{kg/h}$

供冷量：$Q=G\rho(h_1-h_2)=680\text{m}^3\text{/h}\times1.2\text{kg/m}^3\times(59-34.3)\text{kJ/kg}\div3600=5.6\text{kW}$

2. 某8人的办公室为风机盘管加新风空调系统，房间的全热冷负荷为7.35kW，拟选风机盘管对应工况的制冷量为3.55kW/台，并控制新风机组的出风露点温度(新风处理到相对湿度90%)等于室内空气设计点的露点温度。已知新风参数：干球温度 $t_w=35℃$，相对湿度为65%，室内设计参数：干球温度 $t_n=26℃$，相对湿度为60%，请查 h-d 图，求满足要求的风机盘管的台数应是下列何值？(大气压力为标准大气压，空气密度取 1.2kg/m^3)(2009-4-15)

(A)1台　　(B)2台　　(C)3台　　(D)4台

答案：[B]

主要解答过程：

办公室人员新风量：$V=8\times30\text{m}^3\text{/(h}\cdot\text{p)}=240\text{m}^3\text{/h}$

由于新风处理到室内状态的露点温度，而不是室内状态点的等焓线上，因此新风承担了一部分室内冷负荷，查 h-d 图得：室内点焓值 $h_n=58.2\text{kJ/kg}$，室内状态点露点温度为17.6℃，新风处理到90%相对湿度，该点焓值 $h_1=51.2\text{kJ/kg}$。因此新风所承担的室内冷负荷为：

$$Q_X = \frac{240\text{m}^3/\text{h} \times 1.2\ \text{kg/m}^3}{3600} \times (58.2 - 51.2)\text{kJ/kg} = 0.56\text{kW}$$

则风机盘管所需承担的负荷：$Q_P = 7.35\text{kW} - Q_X = 6.79\text{kW}$

所需风盘数量：$n = Q_P/3.55\text{kW} = 1.91 \approx 2$

注：本题题干有争议，关键在于如何理解新风机组的“出风露点温度”，如果理解为出风状态点的露点温度，则出风状态点为室内状态点等湿线与 90% 相对湿度线交点，$h_1 = 51.2\text{kJ/kg}$，如果理解为出风的机器露点温度，则出风状态点为 90% 相对湿度线与 17.6℃ 等温线交点，$h_1 = 46.2\text{kJ/kg}$，本题按第一种理解计算，两种方式最终选项相同。

3. 某风机盘管的冷量的计算公式：$Q = A(t_s - t_g)e^{0.02t_s}e^{0.0167t_g}$，式中，$A$ 为常数，t_s为进风湿球湿度(℃)，t_g为供水温度(℃)。若风机盘管的实际进口空气状态符合国家标准规定的试验工况参数，实际供水温度 $t_{g1} = 12℃$，该风机盘管实际冷量与额定冷量之比值应为下列何项？(2010-4-18)

(A)0.60 ~0.70　(B)0.75 ~0.85　(C)1.15 ~1.25　(D)1.50 ~1.60

答案：[A]

主要解答过程：

根据《风机盘管机组》(GB/T 19232—2003)表 4，标准试验工况为 $t_{s0} = 19.5℃$，$t_{g0} = 7℃$

因此冷量比值为：

$$\frac{Q_1}{Q_0} = \frac{A \times (19.5 - 12) \times e^{0.02\times19.5} \times e^{0.0167\times12}}{A \times (19.5 - 7) \times e^{0.02\times19.5} \times e^{0.0167\times7}} = 0.65$$

4. 某地一宾馆空调采用风机盘管 + 新风系统，设计计算参数：室内干球温度为 26℃，相对湿度为 60%；室外干球温度为 36℃、相对湿度为 65%(标准大气压)。某健身房夏季室内冷负荷为 4.8kW，湿负荷为 0.6g/s。新风处理到室内状态的等焓线，因管路温升，新风的温度为 23℃；风机盘管的出口干球温度为 16℃；新风机组和风机盘管的表冷器机器露点均为 90%，设空气密度为 1.20kg/m³，风机盘管的风量应为下列哪一项？查 h-d 图计算，并绘制出处理过程。(2011-3-15)

(A)751 ~800m³/h　(B)801 ~805m³/h

(C)851 ~1000m³/h　(D)1001 ~1200m³/h

答案：[C]

主要解答过程：

空气处理过程如图所示。

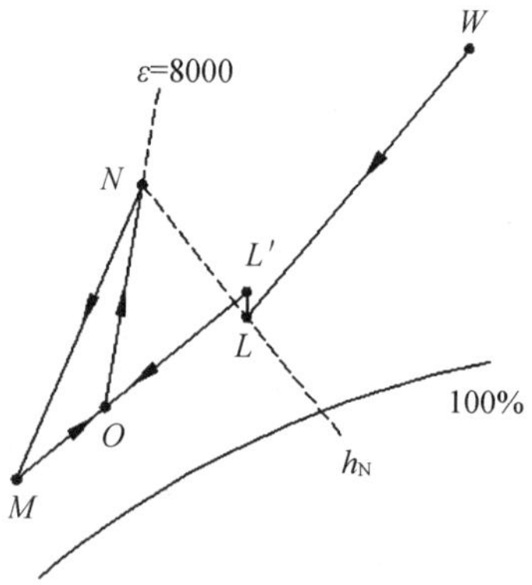

空调房间热湿比：$\varepsilon = \dfrac{4.8\text{kW}}{\dfrac{0.6}{1000}\text{kg/s}} = 8000\text{kJ/kg}$

查 h-d 图得：$h_N = 58.3\text{kJ/kg}$，风机盘管出口点 $t_M = 16℃$，$\varphi = 90\%$，$h_M = 42\text{kJ/kg}$，由于新风处理到室内等焓线上，不承担室内负荷(管路温升产生的冷负荷本题忽略，下题专门计算)，因此，风机盘管风量为：

$$V_{风盘} = \frac{4.8\text{kW}}{\rho(h_N - h_M)} = \frac{4.8\text{kW}}{1.2\ \text{kg/m}^3 \times (58.3 - 42)\text{kJ/kg}} \times 3600 = 883.4\text{m}^3/\text{h}$$

5. 接上题，因新风管路温升，产生的附加冷负荷应为下列哪一项？(2011-3-16)

(A)0.105 ~0.168kW　(B)0.231 ~0.248kW

(C)0.331 ~0.348kW　(D)0.441 ~0.488kW

答案：[A]

主要解答过程：

查 h-d 图得：$h_L = h_N = 58.3\text{kJ/kg}$，$h_M = 42\text{kJ/kg}$，$h_{L'} = 60\text{kJ/kg}$，$h_O = 45\text{kJ/kg}$

根据混合关系：

$$\frac{V_{风盘}}{V_{新}} = \frac{h_L' - h_O}{h_O - h_M} \Rightarrow V_{新} = 176.7\text{m}^3/\text{h}$$

因此，附加冷负荷：

$$\Delta Q = V_{新}\rho(h_{L'} - h_L) = \frac{176.7}{3600} \times 1.2 \times (60 - 58.3) = 0.100(\text{kW})$$

6. 某空调房间采用风机盘管（回水管上设置电动两通阀）加新风空调系统。房间空气设计参数为：干球温度26℃，相对湿度50%。房间的计算冷负荷为8kW，计算湿负荷为3.72kg/h，设计新风量为1000m³/h，新风进入房间的温度为14℃（新风机组的机器露点95%）。风机盘管送风量为2000m³/h。问：若运行时，室内相对湿度是多少？（2012-4-16）

(A)45%　　(B)50%　　(C)55%　　(D)60%

答案：[均可]

主要解答过程：

本题出题错误，所给条件不足，备选答案四个选项均有可能。一般的解题过程如下：

一般风机盘管加新风系统不能同时满足室内温度和相对湿度的设计要求，通常以保证室内设计温度为主，本题即为在保证室内设计温度(26℃)的情况下，计算室内实际的相对湿度值。

房间全热负荷为8kW，湿负荷为3.72kg/h，则潜热负荷为：

$$Q_q = \frac{3.72}{3600} \times 2500 = 2.58(\text{kW})$$

显热负荷为：

$$Q_x = 8 - 2.58\text{kW} = cG_{新}(t_n - t_{新}) + cG_{风盘}(t_n - t_{风盘})$$
$$= 1.01 \times \frac{1000}{3600} \times 1.2 \times (26 - 14) + 1.01 \times \frac{2000}{3600} \times 1.2 \times (26 - t_{风盘})$$

解得：$t_{风盘} = 24℃$

从这里开始很多参考资料的解答就出现了判断错误，有人判断，由于风盘出口送风温度远远高于室内状态点的露点温度，就此作出“风机盘管不承担室内湿负荷，为干工况运行”的错误判断，之后让新风系统承担所有湿负荷，计算出室内含湿量(12.59g/kg)，从而得出室内相对湿度为60%的错误答案。其实，决定风盘处理过程是否为干工况的关键在于供水温度，只有供水温度（或供回水平均温度）低于室内空气的露点温度时，才会发生结露现象，即所谓的湿工况，这也是为什么温湿度独立控制系统要严格控制供水温度的原因。下图（风盘送风与新风混合后送入室内的画法）将说明之前所述判断错误的原因，并分析为什么本题得不到确切答案：

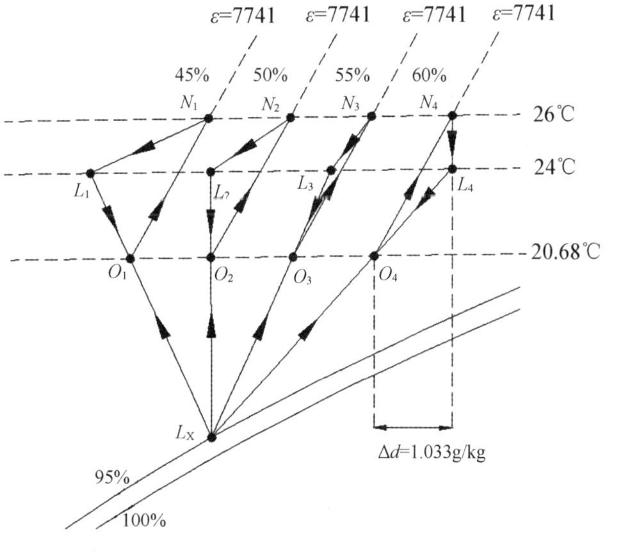

图中四种工况，分别表示ABCD四个选项中室内相对湿度的状态点，可以看出前三种工况风盘的处理过程线（N_1L_1，

N_2L_2，N_3L_3)风盘出风口温度均为 24℃，均远远大于室内状态点的露点温度，但可以明显看出，3 个过程线均为湿工况，风盘均承担湿负荷，因此可以说明之前提到的判断方法是完全错误的。具体原因可参考《教材 2018》P375，“由于表冷器翅片之间的距离，不是所有的空气都能被冷却到露点”，因此湿工况的出风温度不一定低于空气露点温度。
图中 L_X 为新风送风温度，$L_1 \sim L_4$ 为风盘出口状态点，$O_1 \sim O_4$ 为新风与风盘送风混合后状态点。

房间热湿比为：$\varepsilon = 1000 \times \dfrac{8}{\dfrac{3.72}{3600} \times 1000} = 7741$，$N_1O_1$，$N_2O_2$，$N_3O_3$，$N_4O_4$ 均为沿该热湿比的过程线。

因此，根据焓湿图比例及相似关系，可以得到以下等式：

$$h_{N1} - h_{O1} = h_{N2} - h_{O2} = h_{N3} - h_{O3} = h_{N4} - h_{O4} = \frac{8\text{kW}}{G_{新} + G_{风盘}}$$
$$= \frac{8}{\dfrac{1000 + 2000}{3600} \times 1.2} = 8(\text{kJ/kg})$$

$$t_{N1} - t_{O1} = t_{N2} - t_{O2} = t_{N3} - t_{O3} = t_{N4} - t_{O4} = \frac{8 - 2.58}{c(G_{新} + G_{风盘})}$$
$$= \frac{5.37}{1.01 \times \dfrac{1000 + 2000}{3600} \times 1.2} = 5.32(℃)$$

$$d_{N1} - d_{O1} = d_{N2} - d_{O2} = d_{N3} - d_{O3} = d_{N4} - d_{O4}$$
$$= \frac{1000 \times 3.72\text{kg/h}}{G_{新} + G_{风盘}} = \frac{1000 \times 3.72}{(1000 + 2000) \times 1.2} = 1.033(\text{g/kg})$$

$$\frac{\overline{L_XO_1}}{\overline{L_1O_1}} = \frac{\overline{L_XO_2}}{\overline{L_2O_2}} = \frac{\overline{L_XO_3}}{\overline{L_3O_3}} = \frac{\overline{L_XO_4}}{\overline{L_4O_4}} = \frac{L_{风盘}}{L_{新风}} = \frac{2000\text{m}^3/\text{h}}{1000\text{m}^3/\text{h}} = 2$$

可以发现图中四种工况(仅根据 ABCD 选项举例，其他工况也可)处理过程均能够满足题干中所有条件的要求和约束，因此本题没有固定答案，目测为出题过程中遗漏已知条件，较为可能遗漏的已知条件为：“风盘为干工况运行”，若补充条件后，则实际工况为图中第四种工况，解答过程较为简单，可以得到 60% 的结果。

7. 某建筑设置 VAV + 外区风机盘管空调系统。其中一个外区房间外墙面积 8m²，外墙传热系数 0.6W/(m²·K)；外窗面积 16m²，外窗传热系数 2.3W/(m²·K)；室外空调计算温度 -12℃，室内设计温度 20℃；房间变风量末端最大送风量 1000m³/h，最小送风量 500m³/h，送风温度 15℃；取空气密度为 1.2kg/m³，比热容为 1.01kJ/(kg·℃)。不考虑围护结构附加耗热量及房间内部的热量。问：该房间风机盘管应承担的热负荷(W)为下列何项？(2014-4-14)

(A)830 ~ 850　　(B)1320 ~ 1340　　(C)2160 ~ 2180　　(D)3000 ~ 3020

答案：[C]

主要解答过程：

围护结构热负荷为：

$$Q_{围} = K_1F_1\Delta t + K_2F_2\Delta t = 0.6 \times 8 \times [20 - (-12)] + 2.3 \times 16 \times [20 - (-12)]$$
$$= 1331.2(\text{W})$$

关于 VAV 系统带来的热负荷计算有争议，争议点在于计算风量选择最大送风量还是最小送风量。笔者认为应按最小送风量计算，原因在于：题干所述变风量系统一次送风温度为15℃，低于室内设计温度，其目的是为了满足建筑内区房间冬季供冷的需求，而对于外区房间，一次风仅需要满足室内最小新风量的要求，采用最小送风量即可。若选择最大送风量则会造成冷热抵消，增加风机盘管负荷，显然不合理，具体可参考《教材2018》P384～P387部分。因此VAV系统带来的热负荷为：

$$Q_{VAV} = cG\Delta t = 1.01 \times \frac{500}{3600} \times 1.2 \times (20-15) = 0.842\text{kW} = 842\text{W}$$

故，风机盘管应承担的热负荷为：

$$Q_{FP} = Q_{围} + Q_{VAV} = 2173\text{W}$$

3.3.7 温湿度独立控制系统(2017-4-19，2018-4-17)

考点总结：温湿度独立控制系统的设计计算方法

由于显热负荷和潜热负荷分别处理，因此温湿度独立空调系统的负荷计算及负荷分配流程有别于常规系统：

首先，分别计算出室内显热负荷和潜热负荷。

其次，根据室内湿负荷和新风量计算出新风系统的送风状态点，保证新风承担全部湿负荷。

接着，根据新风送风状态点，计算出新风系统所能承担室内的显热负荷。

最后，将剩余的室内显热负荷交给干工况末端来处理。

---

1. 标准大气压下，某房间采用温、湿度独立控制的空调系统，房间末端装置的空气处理过程为干工况。

已知：(1)室内空气设计参数 $t_N = 26℃$，$\varphi_N = 55\%$。

(2)送入处理后新风参数 $t_C = 20℃$，$\varphi_C = 55\%$。

(3)新风与末端装置处理后的室内空气混合后送入室内，混合后的空气温度为18.6℃。

(4)室内热湿比为10000。

要求以 h-d 图绘制处理过程。直接查 h-d 图，求出送入房间新风量与室内装置处理风量的比值应为下列何值？(2010-4-14)

(A)0.21～0.30　(B)0.31～0.40　(C)0.41～0.50　(D)0.51～0.60

答案：[B]

主要解答过程：

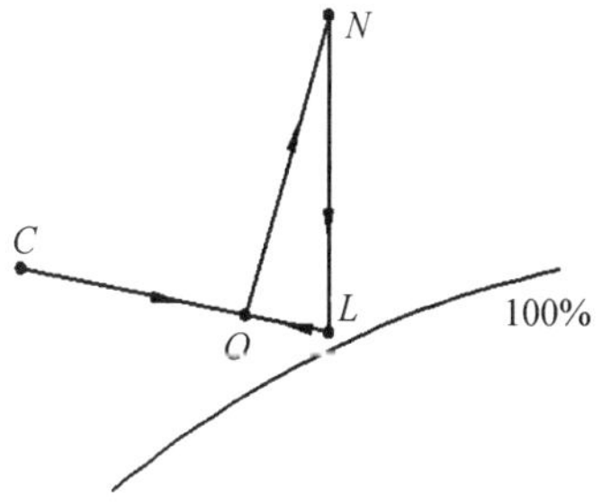

处理过程如图所示，由于系统为温湿度独立控制，空调末端干工况运行，因此处理过程 N—L 为等湿冷却。

过 N 做10000的热湿比线与18.6℃的等温线交点为送风状态点 O，O 点为处理后新风状态点 C 与末端处理后状态点 L 的混合状态点，因此 C—O 的延长线与 N 点的等含湿量线的交点即为状态点 L。

查 h-d 图得：$h_C = 40.3\text{kJ/kg}$，$h_O = 45.3\text{kJ/kg}$，$h_L = 47.3\text{kJ/kg}$

由空气混合关系得：$\dfrac{V_{新}}{V_{末}} = \dfrac{h_L - h_O}{h_O - h_C} = 0.4$

2. 某医院病房区采用理想的温湿度独立控制空调系统，夏季室内设计参数：$t_n = 27℃$，$\varphi_n = 60\%$。室外设计参数：干球温度36℃、湿球温度28.9℃(标准大气压、空气定压比热容为

1.01kJ/kg·K，空气密度为1.2kg/m^3)。已知：室内总散湿量为29.16kg/h，设计总送风量为30000m^3/h，新风量为4500m^3/h，新风处理后含湿量为8.0g/$kg_{干空气}$，问：新风空调机组的除湿量应为下列何项？查 h-d 图计算。(2012-4-13)

(A)25~35kg/h (B)40~50kg/h (C)55~65kg/h (D)70~80kg/h

答案：[D]

主要解答过程：

由于是温湿度独立控制系统，室内风机盘管不承担任何湿负荷，为干工况运行，新风承担新风和室内湿负荷，参见《教材2018》P392表中第三种工况。查 h-d 图得，$d_w=22.3$g/kg

因此新风湿负荷为：$W_X=\dfrac{4500}{3600}\rho(d_w-d_L)=1.25\times1.2\times(22.3-8)=21.45\text{g/s}=77.27\text{kg/h}$

3. 接上题，问：系统的室内干式风机盘管承担的冷负荷应为下列何项(盘管处理后空气相对湿度为90%)？查 h-d 图计算，并绘制空气处理的全过程(新风空调机组的出风的相对湿度为70%)。(2012-4-14)

(A)39~49kW (B)50~60kW

(C)61~71kW (D)72~82kW

答案：[B]

主要解答过程：

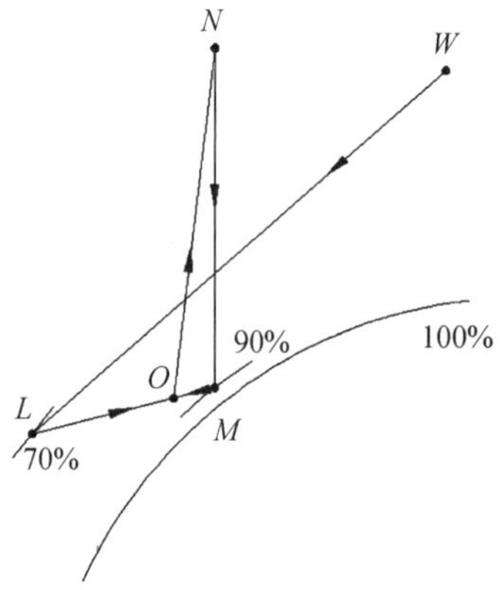

处理过程线如图所示，风机盘管处理后相对湿度为90%，过室内等含湿量线与90%相对湿度线相交，交点 M 的温度 $t_M=20.25$℃，由于风盘仅处理显热负荷，冷负荷为：

$$Q_L=cG\Delta t=1.01\times\frac{30000-4500}{3600}\times1.2\times(27-20.25)=57.9(\text{kW})$$

4. 某房间采用温湿度独立控制方式的新风加干式风机盘管空调系统，房间各项冷负荷逐时计算结果汇总见下表。问：在设备选型时，新风机组的设计冷负荷 Q_k 和干工况风机盘管的设计冷负荷 Q_f 应为以下何项？(2013-3-19)

各项冷负荷逐时计算结果汇总表 (单位：W)

时刻	10:00	11:00	12:00	13:00	14:00	15:00	16:00
围护结构冷负荷	1800	2300	2700	2900	3000	3100	3000
照明冷负荷	200	210	220	230	240	250	260
人员潜热冷负荷	200	200	200	200	200	200	200
人员显热冷负荷	100	110	120	130	140	150	160
新风冷负荷	900	1000	1100	1200	1300	1200	1100

(A)$Q_k=1300$W，$Q_f=3580$W (B)$Q_k=1300$W，$Q_f=3650$W

(C)$Q_k=1500$W，$Q_f=3380$W (D)$Q_k=1500$W，$Q_f=3500$W

答案：[D]

主要解答过程：

温湿度独立控制方式，干式风机盘管仅承担室内显热负荷，新风机组承担新风负荷和室内潜热负荷

表中显热负荷最大值出现在15:00时，$Q_f=3500$kW

新风负荷和室内潜热负荷的累加最大值出现在 14:00 时，$Q_k = 1500\text{kW}$

注：本题出题有误，简单的认为温湿度独立控制系统的室内显热负荷全部由干式风机盘管承担，实际上，新风在承担全部潜热负荷的同时，还会承担一部分显热负荷，而干式风机盘管只承担剩余的显热负荷，但本题明显未考虑到这点，否则无法作答。温湿度独立控制系统负荷的正确计算方法可参考2014 年案例(上)18 题解析。

5. 已知某地一空调房间采用辐射顶板 + 新风系统供冷(新风系统采用 7℃/12℃冷水冷却除湿)，设计室内参数：干球温度 26℃，相对湿度 60%，室内无余湿。当地气象条件：标准大气压，室外空调计算干球温度 34℃，计算含湿量 20g/kg$_{干空气}$。送入房间的新风处理方式中，设计合理的应是下列何项？并说明求解过程(新风处理后相对湿度为 90%)(2013-4-15)

(A)直接送室外 34℃的新风　　(B)新风处理到约 18℃送入室内

(C)新风处理到约 19.5℃送入室内　　(D)新风处理到约 26℃送入室内

答案：[C]

主要解答过程：

室内无余湿，因此新风机组只需要承担新风的湿负荷即可，即新风处理到室内状态点的等湿线上，假设新风机组的机器露点为 90%，做室内状态点的等湿线与 90% 相对湿度线的交点即为送风状态点，查 h-d 图得，新风送风温度为：19.5℃。

6. 某地大气压力 $B = 101.3\text{kPa}$，夏季室外空气设计参数：干球温度 34℃、湿球温度 20℃。一房间的室内空气设计参数 $t_n = 26℃$、$\Phi_n = 55\%$，室内余湿量为 1.6kg/h。采用新风机组 + 干式风机盘管，新风机组由表冷段 + 循环喷雾段组成。已知，表冷段供水温度为 16℃，热交换效率系数 0.75，新风机组出风的相对湿度 $\Phi_x = 90\%$。查 h-d 图计算并绘制出空气处理过程。送入房间的新风量应是下列何项？(2013-4-16)

(A)1280 ~ 1680kg/h　　(B)1700 ~ 2300kg/h

(C)2400 ~ 3000kg/h　　(D)3100 ~ 3600kg/h

答案：[A]

主要解答过程：

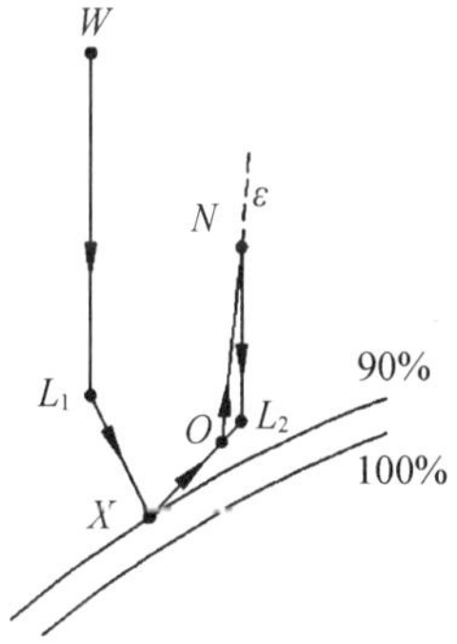

本题比较特殊，查 h-d 图得：$d_w - 9.05\text{g/kg}$，$d_n = 11.57\text{g/kg}$，可以发现夏季室外含湿量低于室内，对于新风反而要加湿，具体空气处理过程如图所示，其中上图为新风与风盘送风混合后送入室内，下图为新风与风盘送风分别送入室内(两种方案计算结果相同)。风盘 + 新风处理过程线可参考《教材 2018》P392。

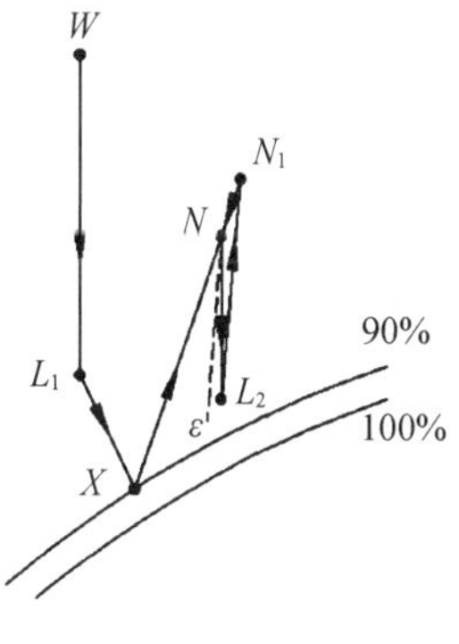

根据《教材 2018》P408 式(3.4-14)

$$0.75 = \frac{34 - t_{L1}}{34 - 16} \Rightarrow t_{L1} = 20.5℃$$

循环喷雾为等焓加湿，做 L_1 点的等焓线与 90% 相对湿度线交点即为新风出口状态点，查 h-d 图得：$d_x = 10.6\text{g/kg}$

由于风机盘管为干式，因此室内湿负荷完全由新风承担，因此新风量为：

$$G_x = \frac{W}{d_n - d_x} = \frac{1.6\text{kg/h}}{\frac{11.57 - 10.6}{1000}\text{kg/kg}} = 1650\text{kg/h}$$

注：本题出题较为新颖，过程线与常见工况不同(干旱高温地区)。

7. 某空调办公室采用温湿度独立控制系统，设计室内空气温度 24℃。房间热湿负荷的计算结果为：围护结构冷负荷 1500W，人体显热冷负荷 550W，人体潜热冷负荷 300W，室内照明及用电设备冷负荷 1150W。房间设计新风量合计为 300m^3/h，送入房间的新风温度要求为 20℃。问：室内干工况末端装置的最小供冷量，应为下列何项？(空气密度为 1.2kg/m^3，空气的定压比热为 1.01kJ/kg·℃)(2014-3-18)

(A)2650W　　(B)2796W　　(C)3096W　　(D)3200W

答案：[B]

主要解答过程：

温湿度独立控制系统，新风承担所有系统湿负荷，室内末端干工况运行，仅承担显热负荷。由于新风送风温度为 20℃，低于室内空气干球温度，故承担了一部分室内显热负荷：

$$Q_1 = c\rho L_W \Delta t = 1.01 \times 1.2 \times \frac{300}{3600} \times (24 - 20) = 0.404(\text{kW})$$

室内总显热负荷为：

$$Q_X = 1500 + 550 + 1150 = 3200(\text{W})$$

干工况末端最小供冷量为：

$$Q = Q_X - Q_1 = 3200 - 404 = 2796(\text{W})$$

8. 某办公楼层采用温湿度独立控制空调系统，夏季室内设计参为 $t = 26$℃，$\varphi = 60\%$，室内总显热冷负荷为 35kW。湿度控制系统(新风系统)的送风量为 2000m^3/h，送风温度为 19℃；温度控制系统由若干台干式风机盘管构成，风机盘管的送风温度为 20℃。试问温度控制系统的总风量(m^3/h)应为下列何项？(取空气密度为 1.2kg/m^3，比热容为 1.01kJ/(kg·℃)。不计风机、管道温升)(2014-4-17)

(A)14800 ~ 14900　　(B)14900 ~ 15000

(C)16500 ~ 16600　　(D)17300 ~ 17400

答案：[B]

主要解答过程：

温湿度独立控制系统，新风承担所有系统湿负荷，室内末端干工况运行，仅承担显热负荷。由于新风送风温度为 19℃，低于室内空气干球温度，故承担了一部分室内显热负荷：

$$Q_1 = c\rho L_W \Delta t = 1.01 \times 1.2 \times \frac{2000}{3600} \times (26 - 19) = 4.71(\text{kW})$$

干式风机盘管承担的显热负荷为：

$$Q = 35\text{kW} - Q_1 = 30.29\text{kW}$$

干式风机盘管的风量为：

$$V = \frac{Q}{c\rho \Delta t} = \frac{30.29}{1.01 \times 1.2 \times (26 - 20)} \times 3600 = 14995(\text{m}^3/\text{h})$$

3.3.8　组合式空调机组(2017-3-12)

1. 某空调箱的回风与新风混合段的压力为 -30Pa，过滤器阻力为 100Pa，空气冷却器的阻力为 150Pa，试问在 A 点排放冷凝水应有的水封最小高度为下列何值？(2006-3-17)

(A)10.1 ~ 11mm　　(B)15.1 ~ 16mm

(C)27.1 ~ 28mm　　(D)28.1 ~ 29mm

答案：[D]

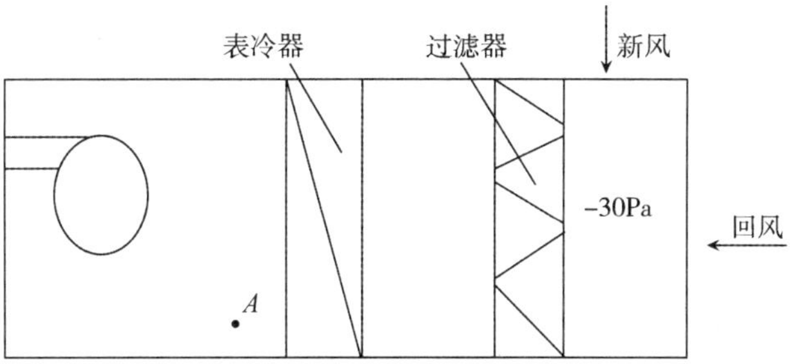

主要解答过程：

根据《民规》第8.5.23.1条冷凝水排水管应设置水封，高度不小于该点的正压或负压。排水点为负压，一旦无水封或水封高度不够，就会造成由室内向机组内漏风，气水逆向，导致冷凝水无法有效排出。A点的负压值为：

$$P_A = -30 - 100 - 150 = -280(\text{Pa})$$

$$|P_A| = \rho g H$$

$$H = \frac{|P_A|}{\rho g} = \frac{280}{1000 \times 9.8} = 0.0286\text{m} = 28.6\text{mm}$$

2. 某房间冬季空调室内设计参数为：室温20℃，相对湿度35%，空调热负荷为$Q=1\text{kW}$，室内冬季余湿为$W=0.005\text{kg/s}$。空调系统为直流式系统，采用湿膜加湿（按等焓加湿计算）方式，要求冬季送风温度为25℃。室外空气状态为：干球温度-6℃，相对湿度为40%。大气压力101325Pa，计算所要求的加湿器的饱和效率。（2007-4-14）

（A）23%～32%　　（B）33%～42%

（C）43%～52%　　（D）53%～62%

答案：［A］

主要解答过程：

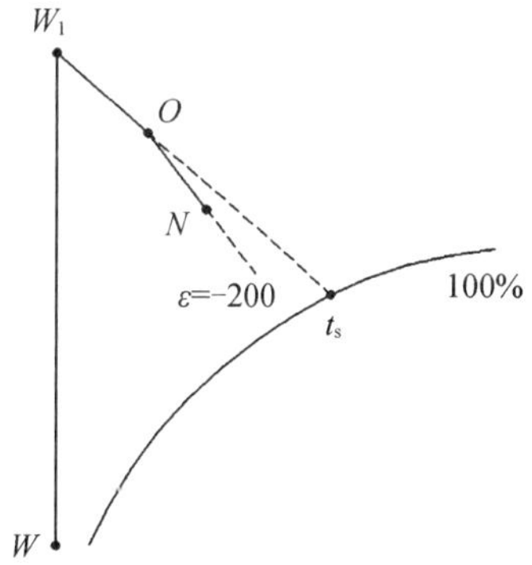

处理过程如图所示

热湿比：$\varepsilon = \dfrac{-1\text{kW}}{0.005\text{kg/s}} = -200$

查h-d图可知：$t_{W1}=30.5℃$

送风状态对应饱和空气湿球温度$t_s=11.5℃$

根据《教材2018》P411

$$\text{饱和效率} = \frac{\text{加湿前空气干球温度}-\text{加湿后空气干球温度}}{\text{加湿前空气干球温度}-\text{饱和空气湿球温度}} = \frac{30.5-25}{30.5-11.5} = 29\%$$

3. 已知：①某空调房间夏季室内设计温度为26℃，设计相对湿度为55%，房间的热湿比为5000kJ/kg。②空调器的表面冷却器的出风干球温度为14℃，相对湿度90%，送风过程中温升为2℃。当地大气压为101325Pa，房间的温度达到设计值，请绘出h-d图中的过程线，该房间的实际达到的相对湿度（查h-d图），应为下列哪一项？（2008-3-16）

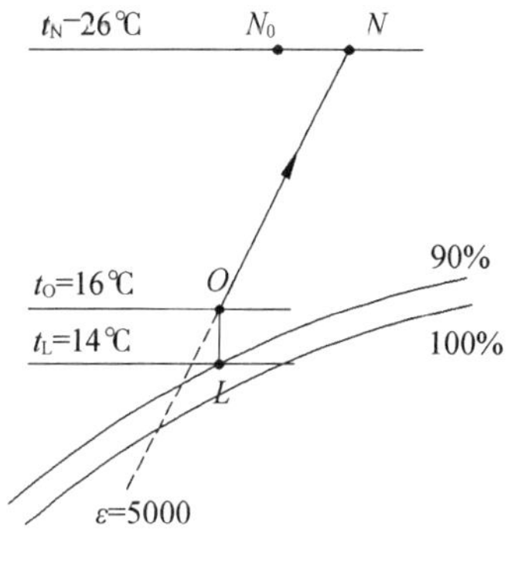

（A）76%～85%　　（B）66%～75%

（C）56%～65%　　（D）45%～55%

答案：［C］

主要解答过程：

如图所示，N_0为设计室内状态点，L为空调器出风状态点，O

点为经过 2℃送风温差后的送风状态点，过 O 点做热湿比为 5000 的热湿比线与 26℃等温线的交点即为该房间实际达到的状态点，查 h-d 图得：N 点相对湿度为 62%。

4. 某空调系统风量 18000m³/h，空气初参数：干球温度 $t_1=25$℃，湿球温度 $t_{s1}=20.2$℃，水量为 20t/h，冷水初温为 7℃；经表冷器处理后的空气温度 $t_2=10.5$℃，湿球温度 $t_{s2}=10.2$℃，已知该地为标准大气压，水的比热 4.19kJ/(kg·℃)，空气密度 1.2kg/m³，该系统冷水终温和表冷器热交换效率系数应是下列何项？(2009-3-15)

(A)11.7～12.8℃，0.80～0.81　　(B)12.9～13.9℃，0.82～0.83

(C)14～14.8℃，0.80～0.81　　(D)14.9～15.5℃，0.78～0.79

答案：[C]

主要解答过程：

查 h-d 图得：$h_1=58.1\text{kJ/kg}$，$h_2=30.1\text{kJ/kg}$

根据风侧和水侧的能量守恒：

$$\frac{G\rho}{3600}(h_1-h_2)=cm(t_{终}-7℃)$$

$$\frac{18000\times1.2}{3600}\times(58.1-30.1)=4.19\times\frac{20\times1000}{3600}\times(t_{终}-7℃)\Rightarrow t_{终}=14.3℃$$

根据《教材 2018》P408 式(3.4-14)

$$\varepsilon_1=\frac{t_1-t_2}{t_1-7}=\frac{25-10.5}{25-7}=0.806$$

5. 某空调系统采用表冷器对空气进行冷却除湿，空气的初始状态参数为：$i_1=53\text{kJ/kg}$，$t_1=30$℃；空气的终状态参数为：$i_2=30.2\text{kJ/kg}$，$t_2=11.5$℃。空气为标准大气压，空气的比热为 1.01kJ/(kg·℃)，试求处理过程的析湿系数应是下列哪一项？(2010-4-17)

(A)1.05～1.09　　(B)1.10～1.14　　(C)1.15～1.19　　(D)1.20～1.25

答案：[D]

主要解答过程：

根据《教材 2018》P404 式(3.4-11)

$$\xi=\frac{h_1-h_2}{c_p(t_1-t_2)}=\frac{53-30.2}{1.01\times(30-11.5)}=1.22$$

6. 某餐厅(高 6m)空调夏季室内设计参数为：$t=25$℃，$\Phi=50\%$。计算室内冷负荷为 $\sum Q=24250\text{W}$，总余湿量 $\sum W=5\text{g/s}$。该房间采用冷却降温除湿、机器露点最大送风温差送风的方式(注：无再热热源，不计风机和送风管温升)。空调机组的表冷器进水温度为 7.5℃。当地为标准大气压。问：空调时段，房间的实际相对湿度接近以下哪一项(取“机器露点”的相对湿度为 95%)？绘制焓湿图，图上绘制过程线。(2011-4-17)

(A)50%　　(B)60%

(C)70%　　(D)80%

答案：[C]

主要解答过程：

本题较难，需根据《民规》第 7.5.4.2 条，空气出口温度应比冷媒温度至少高 3.5℃，因此认为空调机组的出风温度(机器露点)为 $t_L=7.5+3.5=11$(℃)

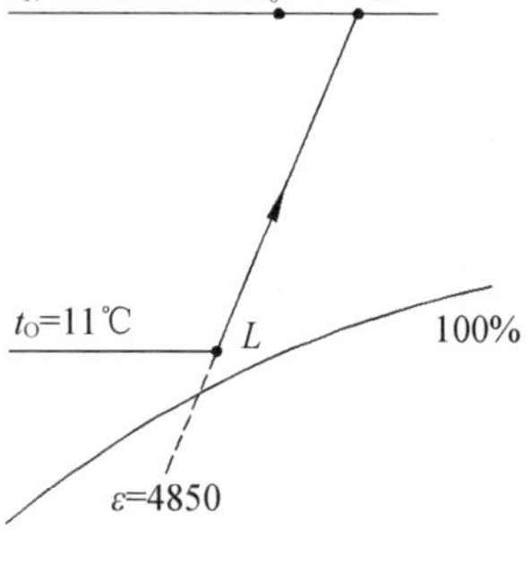

热湿比：$\varepsilon=\dfrac{24.250\text{kW}}{0.005\text{kg/s}}=4850\text{kJ/kg}$

过 L 点做热湿比为 4850 的热湿比线与 25℃的等温线相交，交点即为房间实际状态点，查 h-d 图得相对湿度接近 70%。

7. 某空调系统用表冷器处理空气，表冷器空气进口温度为 34℃，出口温度为 11℃，冷水进口温度为 7℃，则表冷器的热交换效率系数应为下列何项？(2013-3-15)

(A)0.58～0.64　　(B)0.66～0.72　　(C)0.73～0.79　　(D)0.80～0.86

答案：[D]

主要解答过程：

根据《教材 2018》P408 式(3.4-14)

$$\varepsilon_1=\frac{t_1-t_2}{t_1-t_{w1}}=\frac{34-11}{34-7}=0.852$$

3.4 空调房间的气流组织(2016-4-16，2017-3-14，2018-3-19)

1. 某工程采用喷口进行等温射流送风，射程 $x=12\text{m}$，射流末端平均风速应≤0.25m/s，喷口紊流系数 $\alpha=0.07$，送风速度为 5m/s，试问喷口直径最大为下列何值？(2006-4-16)

已知：射流计算公式为：$v_x=v_0\dfrac{0.48}{\dfrac{\alpha x}{d}+0.147}$

式中，v_x 为射程 x 处的射流轴心速度(m/s)；v_0 为喷口送风速度(m/s)；d 为喷口直径(m)。

(A)0.08～0.09m　　(B)0.17～0.185m

(C)0.24～0.25m　　(D)已知条件不足，无法求解

答案：[B]

主要解答过程：根据《教材 2018》P450 式(3.5-32)，射流轴心速度 $v_x\leqslant0.25/0.5=0.5\text{m/s}$，根据题干所给公式：

$$5\times\frac{0.48}{\dfrac{0.07\times12}{d}+0.147}\leqslant0.5$$

解得：$d\leqslant0.18\text{m}$

2. 某空调办公室夏季室内设计温度为 25℃，采用 1.0m×0.15m 的活动百叶风口送风，风口紊流系数为 0.16，送风口送风温度为 15℃。问：距离风口 1.0m 处的送风射流轴心温度为下列何值？(2010-4-16)

(A)18.0～18.4℃　　(B)18.5～18.9℃　　(C)19.0～19.8℃　　(D)20.0～20.8℃

答案：[D]

主要解答过程：

根据《教材 2018》P428 式(3.5-3)，注意此处的当量直径 d_0 在教材中已勘误为水力直径，即：

$$d_0=4\times\frac{AB}{2(A+B)}=\frac{2\times1\times0.15}{1+0.15}=0.26(\text{m})$$

$$\frac{\Delta T_x}{\Delta T_0}=\frac{0.35}{\dfrac{\alpha x}{d_0}+0.147}=\frac{0.35}{\dfrac{0.16\times1}{0.26}+0.147}=0.459$$

$\Delta T_0 = 25 - 15 = 10(℃), \Delta T_x = 4.59℃$

$T_x = 25 - \Delta T_x = 20.4℃$

3. 某空调房间设计室温为 27℃，送风量为 2160m³/h。采用尺寸为 1000mm×150mm 的矩形风口进行送风(不考虑风口有效面积系数)，送风口出风温度为 17℃。问：该送风气流的阿基米德数接近以下哪一项？(2011-3-17)

(A)0.0992　　(B)0.0081　　(C)0.0089　　(D)0.0053

答案：[D]

主要解答过程：

根据《教材 2018》P428 式(3.5-5)，注意此处的当量直径 d_0 已勘误为水力直径，即：

$$d_0 = 4 \times \frac{AB}{2(A+B)} = \frac{2 \times 1 \times 0.15}{1 + 0.15} = 0.26(\mathrm{m})$$

风速：$v_0 = \dfrac{2160}{3600 \times 1 \times 0.15} = 4(\mathrm{m/s})$

$$Ar = \frac{gd_0(t_0 - t_n)}{{v_0}^2 T_n} = \frac{9.81 \times 0.26 \times (27 - 17)}{4^2 \times (273 + 27)} = 0.0053$$

4. 某局部岗位冷却送风系统，采用紊流系数为 0.076 的圆管送风口，送风出口温度 $t_S = 20℃$，房间温度 $t_n = 35℃$，送风口至工作岗位的距离为 3m。工艺要求为：送风至岗位处的射流的轴心温度 $t = 29℃$、射流轴心速度为 0.5m/s。问：该圆管风口的送风量，应最接近下列何项(送风口直径采用计算值)？(2014-4-16)

(A)160m³/h　　(B)200m³/h　　(C)250m³/h　　(D)300m³/h

答案：[C]

主要解答过程：

根据《教材 2018》P428 式(3.5-3)

$$\frac{\Delta T_x}{\Delta T_0} = \frac{0.35}{\dfrac{\alpha x}{d_0} + 0.145} \Rightarrow \frac{35 - 29}{35 - 20} = \frac{0.35}{\dfrac{0.076 \times 3}{d_0} + 0.145} \Rightarrow d_0 = 0.31\mathrm{m}$$

根据 P425 式(3.5-1)

$$\frac{v_x}{v_0} = \frac{0.48}{\dfrac{\alpha x}{d_0} + 0.145} \Rightarrow \frac{0.5}{v_0} = \frac{0.48}{\dfrac{0.076 \times 3}{0.313} + 0.145} \Rightarrow v_0 = 0.91\mathrm{m/s}$$

故送风量：

$$V = \frac{1}{4}\pi {d_0}^2 v_0 = 251\mathrm{m^3/h}$$

3.5　空气洁净技术

3.5.1　空气洁净等级(2017-4-20)

1. 某洁净房间空气含尘浓度为 0.5μm 粒子 3600 个/m³，其空气洁净等级按国际标准规定的是下列何项？并列出判定过程(2009-4-20)

(A)4.6 级　　(B)4.8 级　　(C)5.0 级　　(D)5.2 级

答案：[C]

主要解答过程：

根据《教材 2018》P455 式(3.6-1)

$$C_n = 3600 = 10^N \times \left(\frac{0.1}{0.5}\right)^{2.08}$$，解得：$N=5.0$

3.5.2　空气过滤器(2018-4-20)

1. 4000m^{2}的洁净室，高效空气过滤器的布满率为 64.8%，如果过滤器的尺寸为 1200mm × 1200mm，试问需要的过滤器数量为下列何值？(2006-3-24)

(A)750 台　(B)1500 台　(C)1800 台　(D)2160 台

答案：[C]

主要解答过程：

过滤器面积为：

$$S = 4000 \times 64.8\% = 2592(\mathrm{m}^2)$$

所需台数为：

$$N = \frac{S}{s_0} = \frac{2592}{1.2 \times 1.2} = 1800$$

2. 第一个过滤器过滤效率为 99.8%，第二个过滤器过滤效率为 99.9%，问两个过滤器串联的总效率最接近下列哪一项？(2007-3-24)

(A)99.98%　(B)99.99%　(C)99.998%　(D)99.9998%

答案：[D]

主要解答过程：

根据《教材 2018》P207 式(2.5-4)

$$\eta_T = 1-(1-\eta_1)(1-\eta_2) = 1-(1-0.998)\times(1-0.999) = 0.999998 = 99.9998\%$$

3. 某洁净室在新风上安装粗效、中效和亚高效过滤器，对 0.5μm 以上的粒子的总效率为 99%，回风部分安装的亚高效过滤器对 0.5μm 以上的粒子的效率为 97%，新风和回风混合后经过高效过滤器，过滤器对 0.5μm 以上粒子的效率为 99.9%，已知室外新风中大于 0.5μm 以上粒子总数为 10^{6}PC/L，回风中大于 0.5μm 以上粒子总数为 3.5PC/L，新回风比 1∶4。求高效过滤器出口大于 0.5μm 以上的粒子浓度为何值？(2008-3-19)

(A)9 ~ 15PC/L　(B)4 ~ 8PC/L　(C)1 ~ 3PC/L　(D) < 1PC/L

答案：[C]

主要解答过程：

参考《教材(第二版)》P418。回风比 $s = 4/(1+4) = 0.8$

$$N_5 = M(1-s)(1-\eta_{新})(1-\eta_{高}) + Ns(1-\eta_{回})(1-\eta_{高})$$
$$= 10^6\mathrm{PC/L} \times (1-0.8)\times(1-0.99)\times(1-0.999) + 3.5\mathrm{PC/L}\times 0.8\times(1-0.97)\times(1-0.999) = 2\mathrm{PC/L}$$

注：新版教材已删除该公式。

4. 室外大气含尘浓度为 30 × 10^{4}PC/L(≥0.5μm)，预过滤器效率(≥0.5μm)为 10%，终过滤器效率为 99.9%(≥0.5μm)。室外空气经过该组合过滤器后出口处的空气含尘浓度，约为下列选项的哪一个？(2008-4-19)

(A)300PC/m^3　(B)270PC/m^3

(C)30×10^4PC/m^3　　(D)27×10^4PC/m^3

答案：[D]

主要解答过程：

出口处的空气含尘浓度为：

30×10^4PC/L×(1－10%)×(1－99.9%)=270PC/L=27×10^4PC/m^3

注意：本题本身较为简单，但陷阱在于单位，不要误选B选项：270PC/m^3。

5. 某空气处理机设有两级过滤器，按计重浓度，粗效过滤器的过滤效率为70%、中效过滤器的过滤效率为90%。若粗效过滤器入口空气含尘浓度为50mg/m^3，中效过滤器出口空气含尘浓度是下列哪一项？(2011-4-20)

(A)1mg/m^3　(B)1.5mg/m^3　(C)2mg/m^3　(D)2.5mg/m^3

答案：[B]

主要解答过程：

总过滤效率：$\eta_t = 1-(1-70\%)\times(1-90\%) = 97\%$

出口含尘浓度：$m = 50\text{mg/m}^3\times(1-\eta_t) = 1.5\text{mg/m}^3$

6. 某净化室空调系统新风比为0.15，设置了初、中、高效过滤器，对于粒径≥0.5μm微粒的计数效率分别为20%、65%、99.9%，回风含尘浓度为500000粒/m^3，新风含尘浓度为1000000粒/m^3，高效过滤器下游的空气含尘浓度(保留整数)为下列何项？(2012-4-20)

(A)43粒　(B)119粒　(C)161粒　(D)259粒

答案：[C]

主要解答过程：

参考《教材(第二版)》P418，本题因回风含尘浓度较高，认为回风先与新风进行混合再经过三级过滤器(否则没有正确答案)。

出口含尘浓度为：$N_s = (0.15\times1000000+0.85\times500000)\times(1-20\%)\times(1-65\%)\times(1-99.9\%) = 161$(粒/$m^3$)

注：新版教材已删除该公式。

7. 某空调机组内设有粗、中效两级空气过滤器，按质量浓度计，粗效过滤器的效率为70%，中效过滤器的效率为80%。若粗效过滤器入口空气含尘浓度为150mg/m^3，中效过滤器出口空气含尘浓度为下列何项？(2013-4-20)

(A)3mg/m^3　(B)5mg/m^3　(C)7mg/m^3　(D)9mg/m^3

答案：[D]

主要解答过程：

根据《教材2018》P207式(2.5-4)

$$\eta = 1-(1-70\%)\times(1-80\%) = 0.94$$

出口含尘浓度为：$G = 150\text{mg/m}^3\times(1-0.94) = 9\text{mg/m}^3$

3.5.3　气流流型和送风量、回风量(2016-4-20)

1. 设计空气洁净度等级为6级的洁净室，对于0.5μm的粒子而言，其室内单位容积发尘量为$G=1\times10^4$PC/(m^3·min)，新风比为10%，其含尘浓度为$C_1=100\times10^4$PC/L，预过滤器总效率为50%，高效空气过滤器效率为99.999%，如果室内粒子呈均匀分布状态，试问该洁净室所需换气次数为下列何值？(2007-4-24)

(A) 35～54 次/h　　(B) 100～110 次/h
(C) 65.8～84 次/h　　(D) 112～150 次/h

答案：[A]

主要解答过程：

首先根据《教材 2018》P455，对于 0.5μm 的粒子而言 6 级洁净室 $N=35200\text{PC/m}^3=35.2\text{PC/L}$，再根据 P464，送风含尘浓度(可参考第二版 P418 计算方法)：

$$N_s=M(1-s)(1-\eta_{预})(1-\eta_{高})+Ns(1-\eta_{高})=100\times10^4\text{PC/L}\times0.1\times0.5\times1\times10^{-5}+35.2\text{PC/L}\times0.9\times1\times10^{-5}=0.5\text{PC/L}$$

代入式(3.6-8)得：

$$n=\frac{60G\times10^{-3}}{\alpha N-N_s}=\frac{60\times1\times10^4\times10^{-3}}{0.4\times35.2-0.5}=44(次/h)$$

注：本题只有取 $\alpha=0.4$ 计算答案才能落到选项范围内。

2. 某洁净室按照发尘量和洁净度等级要求计算送风量 12000m³/h，根据热湿负荷计算送风量 15000m³/h，排风量 14000m³/h，正压风量 1500m³/h，室内 25 人，该洁净室的送风量应为下列何项？(2014-4-20)

(A) 12000m³/h　　(B) 15000m³/h　　(C) 15500m³/h　　(D) 16500m³/h

答案：[C]

主要解答过程：

根据《洁净规》(GB 50073—2013)第 6.1.5 条，新鲜空气量为：

$$V_x=\max[(14000+1500),25\times40]=15500\text{m}^3/\text{h}$$

再根据第 6.3.2 条，送风量为：

$$V_s=\max[12000,15000,V_x]=V_x=15500\text{m}^3/\text{h}$$

3.5.4 室压控制

1. 沿海某地为标准大气压，冬季的室外平均风速为 4.5m/s，室外温度为 0℃，空气密度为 1.29kg/m³。该地洁净室与室外合理的设计正压值应为下列何项？(2010-4-20)

(A) 5Pa　　(B) 10Pa　　(C) 15Pa　　(D) 25Pa

答案：[D]

主要解答过程：

根据《教材 2018》P467 式(3.6-11)

压力复核计算：$P=C\dfrac{v^2\rho}{2}=0.9\times\dfrac{4.5^2\times1.29}{2}=11.76(\text{Pa})$

正压值应高于迎面风压 5Pa，即为：11.76Pa + 5Pa = 16.76Pa，选择 D 选项。

3.6 空调冷热源与集中空调水系统

3.6.1 水泵计算(2016-3-14，2016-4-19，2018-4-19)

考点总结：水泵相关计算

1. 水泵轴功率计算公式

教材中并未给出水泵轴功率的计算公式，历年考题又经常涉及，因此笔者对于水泵轴功率的常用计算公式推导过程如下，以解考生之惑：

水泵将 m(kg)的水提升 H(m)高度做功为：

$$W = mgH = \rho VgH = \rho\left(\frac{G}{3600}t\right)gH$$

其中 ρ 为水的密度，取 1000kg/m^3，V 为水泵提升水的体积，G 为水泵流量(m^3/h)，重力加速度 g = 9.8m/s^2。因此水泵的有效功率为：

$$N_y = \frac{W}{t} = \frac{\rho GtgH}{3600t} = \frac{1000 \times 9.8 \times G \times H}{3600}(\text{W}) = \frac{GH}{367.3}(\text{kW})$$

考虑水泵效率 η 后即可得到常用的轴功率计算公式：

$$N = \frac{N_y}{\eta} = \frac{GH}{367.3\eta}(\text{kW})$$

其中水泵流量 G 的单位为 m^3/h，水泵扬程 H 的单位为 mH_2O，轴功率的单位为 kW，考生在做题时需注意题干已知条件单位是否与公式相同。

2. 水泵变频调速相关计算

水泵变频与风机变频类似，可参考《教材 2018》P268 表 2.8-6：水泵流量与转速成正比，水泵扬程与转速的 2 次方成正比，水泵功率与转速的 3 次方成正比，

$$\frac{G_2}{G_1} = \frac{n_2}{n_1} \quad \frac{H_2}{H_1} = \left(\frac{n_2}{n_1}\right)^2 \quad \frac{N_2}{N_1} = \left(\frac{n_2}{n_1}\right)^3$$

---

1. 一空调建筑空调水系统的供冷量为 1000kW，冷水供回水温差为 5℃，水的比热为 4.18kJ/(kg·K)，设计工况的水泵扬程为 27mH_2O，对应的效率为 70%，在设计工况下，水泵的轴功率为何项值？(2008-3-17)

(A)10～13kW　　(B)13.1～15kW　　(C)15.1～17kW　　(D)17.1～19kW

答案：[D]

主要解答过程：

水泵的运行流量 G = 1000kW/(4.18×5×1000) = 0.0478m^3/s = 172.25m^3/h

根据水泵轴功率公式：$W = GH/(367.3 \times \eta)$ = 172.25×27/(367.3×0.7) = 18.09(kW)

注意：水泵功率公式教材没有，建议将其抄在教材通风机功率一页，以备考试使用。

$W = GH/(367.3 \times \eta)$，其中，$G$ 的单位为 m^3/h；H 的单位为 mH_2O。

2. 某集中空调系统需供冷量 Q = 2000kW，供回水温差 Δt = 6℃，在设计状态点，水泵的扬程为 H = 28mH_2O，效率为 η = 75%，选择两台同规格水泵，单台水泵轴功率是下列哪一项(C_p = 4.18kJ/kg·K)？(2011-3-18)

(A)20～21kW　　(B)11～12kW　　(C)14～15kW　　(D)17～18kW

答案：[C]

主要解答过程：

单台水泵流量：$$G = \frac{0.5Q}{C_p\rho\Delta t} \times 3600 = \frac{1000}{4.18 \times 1000 \times 6} \times 3600 = 143.5(\text{m}^3/\text{h})$$

单台水泵轴功率：$$N = \frac{GH}{367.3\eta} = \frac{143.5 \times 28}{367.3 \times 0.75} = 14.6(\text{kW})$$

3. 某高层酒店采用集中空调系统，冷水机组设在地下室，采用单台离心式水泵输送冷水。水泵设计工况：流量为 400m^3/h，扬程为 50mH_2O，配套电动机功率为 75kW。系统运行后水泵

发生停泵，经核查，系统运行时的实际阻力为 $30mH_2O$。水泵性能有关数据见下表。实际运行工况下，水泵功率接近下列哪一项？并解释引起故障的原因。(2011-4-13)

流量/(m^3/h)	扬程/mH_2O	备注
280	54.5	
400	50	效率 75%
480	39	
540	30	效率 50%

(A)90kW　　(B)75kW　　(C)55kW　　(D)110kW

答案：[A]

主要解答过程：

实际运行时 $H=30mH_2O$，查表得流量为 $540m^3/h$

水泵轴功率：$N=\dfrac{GH}{376.3\eta}=\dfrac{540\times30}{367.3\times0.5}=88.21kW>75kW$

可以看出，水泵实际运行功率大于配用电动机功率，造成电流超载，导致停泵，主要原因在于设计计算管网阻力大于实际管网阻力，水泵选型过大。

4. 实测某空调冷水系统(水泵)流量为 $200m^3/h$，供水温度 7.5℃，回水温度 11.5℃，系统压力损失为 325kPa。后采用变频调节技术将水泵流量调小到 $160m^3/h$。如加装变频器前后的水泵效率不变($\eta=0.75$)，并不计变频器能量损耗，水泵轴功率减少的数值应为下列何项？(2012-3-12)

(A)8.0～8.9kW　　(B)9.0～9.9kW

(C)10.0～10.9kW　　(D)11.0～12.0kW

答案：[D]

主要解答过程：

变频前水泵轴功率为：$N_0=\dfrac{G_0H_0}{367.3\eta}=\dfrac{200\times(325000/1000\times9.8)}{367.3\times0.75}=24.08(kW)$

根据变频后流量扬程关系：$H=H_0\left(\dfrac{G}{G_0}\right)^2=325\times\left(\dfrac{160}{200}\right)^2=208kPa=21.2mH_2O$

变频后水泵轴功率为：$N=\dfrac{GH}{367.3\eta}=\dfrac{160\times21.2}{367.3\times0.75}=12.3(kW)$

水泵轴功率减少：$\Delta N=N_0-N=11.77kW$

5. 某高层酒店采用集中空调系统，冷水机组设在屋顶，送冷水，单台水泵流量 $400m^3/h$，配扬程 $50mH_2O$，系统正常运行时水泵出现过载现象，水泵阀门要关至 1/4 水泵才可正常进行，且满足供冷要求。实测水泵流量 $300m^3/h$。查该水泵样本见下表，若采用改变水泵转速的方式，则满足供冷要求时，水泵转速应接近何项？(2012-3-20)

型号	流量/(m^3/h)	扬程/mH_2O	转速/(r/min)	功率/kW
200/400	280	54.5	1460	75
	400	50		
	480	39		

(A)980r/min　　(B)1100r/min　　(C)2960r/min　　(D)760r/min

答案：[B]

主要解答过程：

满足供冷要求的水泵流量为 $300m^3/h$，由于水泵转速与流量成正比，因此

$$\frac{n_2}{n_1}=\frac{n_2}{1460}=\frac{300}{400}\Rightarrow n_2=1095\text{r/min}$$

6. 某酒店集中空调系统采用离心式循环水泵输送冷水，设计选用水泵额定流量 $200m^3/h$，扬程 $50mH_2O$，配套电动机功率 45kW。系统运行后，水泵常因故障停泵。经实测，水泵扬程为 $30mH_2O$。该水泵性能的有关数据见下表。实际运行时，水泵轴功率接近下列何项？并说明停泵原因。(2013-4-12)

型号	流量/(m^3/h)	扬程/mH_2O	效率 η
200/400	140	53	68%
200/400	200	50	75%
200/400	260	46	71%
200/400	370	30	60%

(A) 约 45kW　　(B) 约 50kW

(C) 约 55kW　　(D) 约 75kW

答案：[B]

主要解答过程：

实际运行时 $H=30$m，查表得流量为 $370m^3/h$

水泵轴功率：$N=\dfrac{GH}{376.3\eta}=\dfrac{370\times30}{367.3\times0.6}=50.37\text{kW}>45\text{kW}$

可以看出，水泵实际运行功率大于配用电动机功率，造成电流超载，导致停泵，主要原因在于设计计算管网阻力大于实际管网阻力，导致水泵选型过大。

注：本题为 2011 年案例(下)第 13 题改数据原题。

7. 某空调冷水系统如图所示。设计工况下，二次侧水泵的运行效率为 75%，水泵轴功率为 10kW。当末端及系统处于低负荷时，该系统采用恒定水泵出口压力的方式来自动控制水泵的转速。当系统所需要的流量为设计工况流量的 50% 时，假设二次侧水泵在此工况时的效率为 60%。问：此时二次侧水泵所需的轴功率，接近以下何项(膨胀管连接在水泵吸入口)？(2013-4-19)

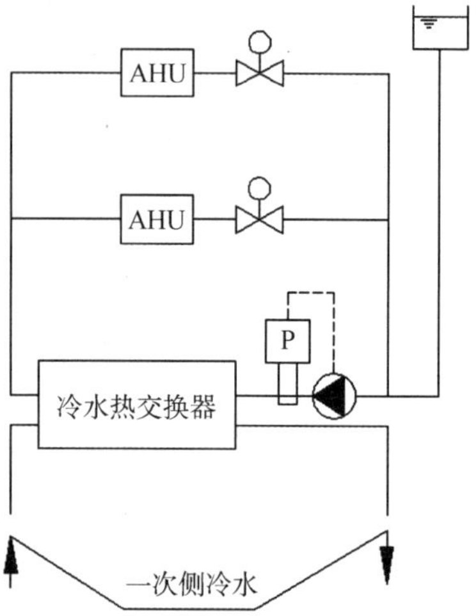

(A) 12.5kW　　(B) 6.3kW

(C) 5.0kW　　(D) 1.6kW

答案：[B]

主要解答过程：

设计工况下：$N_0=\dfrac{G_0H}{367.3\eta_0}$

50% 流量工况下：$N_1=\dfrac{0.5G_0H}{367.3\eta_1}$

两式相比得：$\dfrac{N_1}{N_0}=0.5\dfrac{\eta_0}{\eta_1}=0.625\text{kW}\Rightarrow N_1=0.625N_0=6.25\text{kW}$

3.6.2　空调水系统的水力计算和水力工况分析(2017-4-16，2018-3-15，2018-3-16)

1. 某空调系统三个相同的机组，末端采用手动阀调节，如图所示。设计状态为：每个空调箱的水流量均为100kg/h，每个末端支路的水阻力均为90kPa(含阀门、盘管及支管和附件等)；总供、回水管的水流阻力合计为 $\Delta P_{AC}+\Delta P_{DB}=30kPa$。如果 A、B 两点的供、回水压差始终保持不变，问：当其中一个末端的阀门全关后，系统的水流量是多少？(2007-3-18)

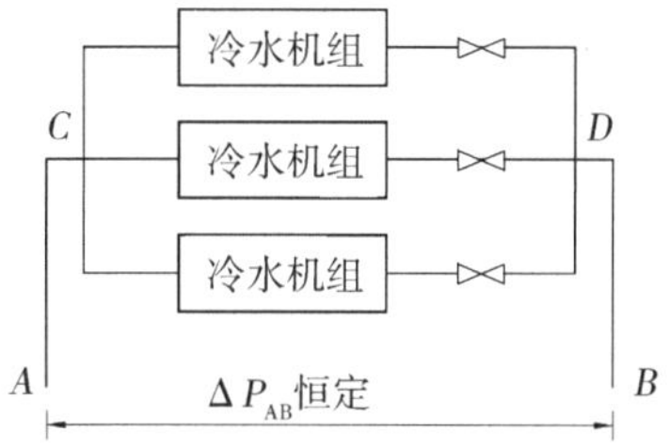

(A)190～200kg/h　　(B)201～210kg/h　　(C)211～220kg/h　　(D)221～230kg/h

答案：[C]

主要解答过程：

根据《教材2018》P139 式(1.10-23)，$\Delta P = SV^2$

单台机组阻力系数：

$$S_0=\frac{P_0}{V_0^2}=\frac{90kPa}{(100kg/h)^2}=9\times10^{-3}kPa/(kg/h)^2$$

干管总阻力系数：

$$S_{AC+DB}=\frac{P_{AC+DB}}{(3V_0)^2}=\frac{30kPa}{(300kg/h)^2}=3.33\times10^{-4}kPa/(kg/h)^2$$

关闭一台机组后，两台机组并联阻力系数：

$$\frac{1}{\sqrt{S_{并}}}=\frac{1}{\sqrt{S_0}}+\frac{1}{\sqrt{S_0}}\Rightarrow S_{并}=0.25S_0=2.2510^{-3}kPa/(kg/h)^2$$

则系统总阻力系数为：

$$S_{总}=S_{AC+DB}+S_{并}=2.58\times10^{-3}kPa/(kg/h)^2$$

系统总流量：

$$V_{总}=\sqrt{\frac{P}{S_{总}}}=\sqrt{\frac{(30+90)kPa}{2.58\times10^{-3}kPa/(kg/h)^2}}=215.5kg/h$$

2. 如图所示，某高层建筑空调水系统，①管路单位长度阻力损失(含局部阻力)为400Pa/m；②冷水机组的压力降0.1MPa；③水泵扬程为 $30mH_2O$；试问系统运行时 A 点处的压力约为下列何值？(2007-4-16)

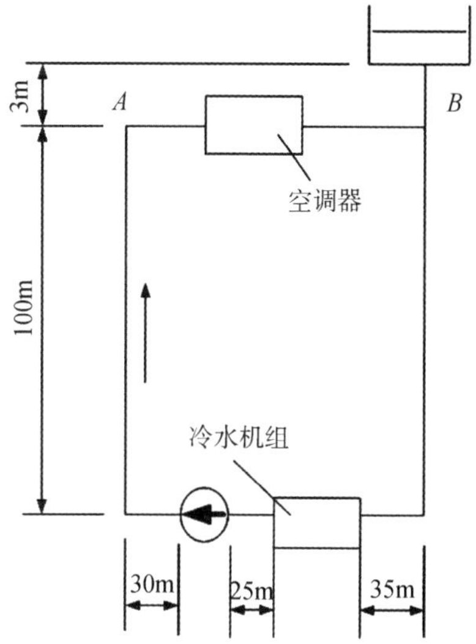

(A)$11mH_2O$　　(B)$25mH_2O$

(C)$16mH_2O$　　(D)$8mH_2O$

答案：[A]

主要解答过程：

定压点 B 压力为 $P_B=3mH_2O$，A 和 B 高度相同故不存在重力水头差。

$$P_A=P_B-P_{沿程}-P_{局部}+H_{水泵}$$

$=3mH_2O-[(100+35+25+30+100)mH_2O\times400Pa/m]/(1000kg/m^3\times9.8)-0.1MPa/(1000kg/m^3\times9.8)+30mH_2O$

$=3mH_2O-11.8mH_2O-10.2mH_2O+30mH_2O=11mH_2O$

注意：计算时尽量取 $g=9.8$。

3. 某型手动静态平衡阀的全开阻力均为 30kPa，在所示的空调水系统图中(未加平衡阀)，各支路的计算水阻力分别为：$\Delta P_{AB}=90kPa$、$\Delta P_{CD}=50kPa$、$\Delta P_{EF}=40kPa$，如果主干管的水阻力忽略不计，问：设置静态平衡阀时，合理的设置方法应是下列选项的哪一个？(2008-4-16)

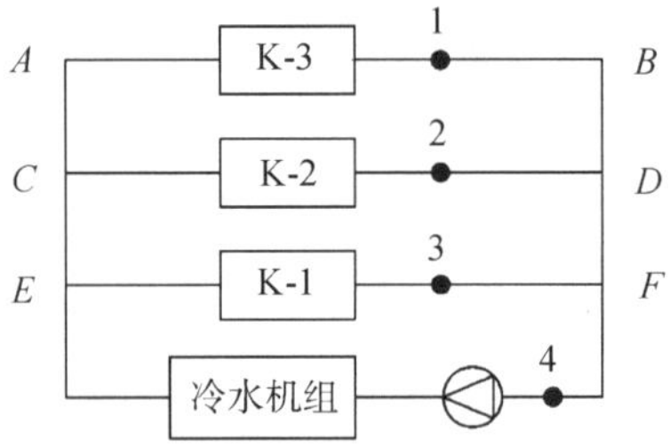

(A)在 1、2、3、4 点均应设置静态平衡阀　　(B)只在 2、3、4 点设置静态平衡阀
(C)只在 2、3 点设置静态平衡阀　　(D)只在 2 点设置静态平衡阀

答案：[C]

主要解答过程：

静态平衡阀应设置在阻力较小的支路上，AB 支路阻力最大，故 1 点不需要设平衡阀，4 点在总干线上，增加平衡阀不能解决各支路阻力不平衡的现象，因此不需要设静态平衡阀。

4. 某大楼空调水系统等高安装两个相同的膨胀水箱，如图所示。系统未运行时，两个膨胀水箱水面均处于溢水位，溢水口比空调箱高 20m，比冷水机组高 40m，水泵杨程为 $20mH_2O$，冷水机组的阻力为 $10mH_2O$，空调箱的阻力为 $10mH_2O$(忽略管路和其他部件的阻力)，问系统稳定运行后再停下来时，A、B 两个膨胀水箱的液面到冷水机组的高差与下列何项最接近(设膨胀水箱为圆柱形，内部足够深，且水系统无补水)？(2009-3-17)

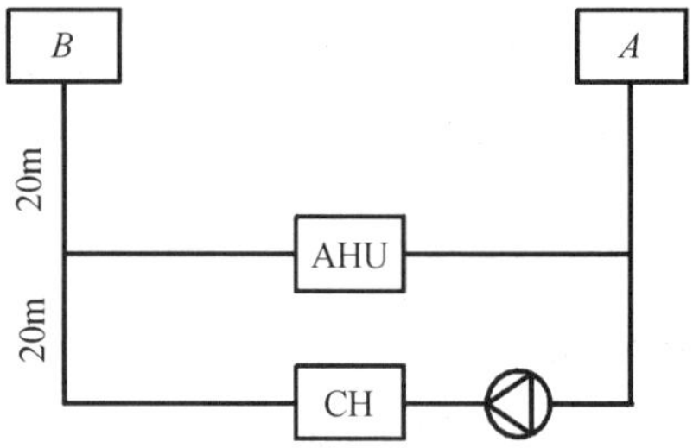

(A)40m　　(B)35m　　(C)30m　　(D)25m

答案：[B]

主要解答过程：

本题较难理解，关键要注意题干中“两个膨胀水箱水面均处于溢水位”即若水箱内水位上升则水从溢水口溢流，而且“系统无补水”，则溢流水量不会得到补充。

当系统正常运行时，水泵入口与冷机出口压差为 $10mH_2O$(水泵扬程 $20mH_2O$ – 冷机阻力 $10mH_2O$)，即 B 水箱的水位应高出 A 水箱 10m。开始运行后 A 水箱水位下降，B 水箱水位上升，但是由于有溢流口的存在，B 水箱上升的水位均溢流出去，始终保持水位不变，而 A 水箱水位不断下降，当 A、B 水箱高差达到 10m 时系统达到稳定状态，此时相当于 A 水箱下降的 10m 水位均由 B 水箱溢流口溢流出去。

而当系统再次停止运行时，由于压力相等 A、B 水箱又将达到相同高度，B 水箱水位下降 5m，A 水箱水位上升 5m，即到冷水机组的高差同为 35m。

5. 某办公室的集中空调采用不带新风的风机盘管系统，其负荷计算结果为：夏季冷负荷1000kW，冬季热负荷1200kW。夏季冷水系统的设计供回水温度为7℃/12℃，冬季热水系统的设计供回水温度为60℃/50℃。若夏季工况下用户侧管道的计算水阻力为0.26MPa。冬季用户侧管道的计算水阻力等于(或最接近)下列何项？(计算时，冷热水的水热容视为相同)(2009-4-16)

(A)0.0936MPa (B)0.156MPa (C)0.312MPa (D)0.374MPa

答案：[A]

主要解答过程：

$1000\text{kW}=cG_{夏}(12-7)$，$1200\text{kW}=cG_{冬}(60-50)$

因此 $G_{夏}=1.67G_{冬}$，$P=SQ^2$，由于管道阻力数不变则：

$$P_{冬}=\left(\frac{G_{冬}}{G_{夏}}\right)^2 P_{夏}=0.0936\text{MPa}$$

6. 某采用压差旁通控制的空调冷水系统如左图所示，两台冷水泵规格型号相同，水泵流量和扬程曲线如右图所示，两台冷水泵同时运行时，有关管段的流量和压力损失见下表。问：当1号泵单独运行时，测得 AB 管段、GH 管段的压力损失分别为4.27kPa。则水泵的流量和扬程最接近下列哪一项？并列出判断计算过程(2010-3-18)

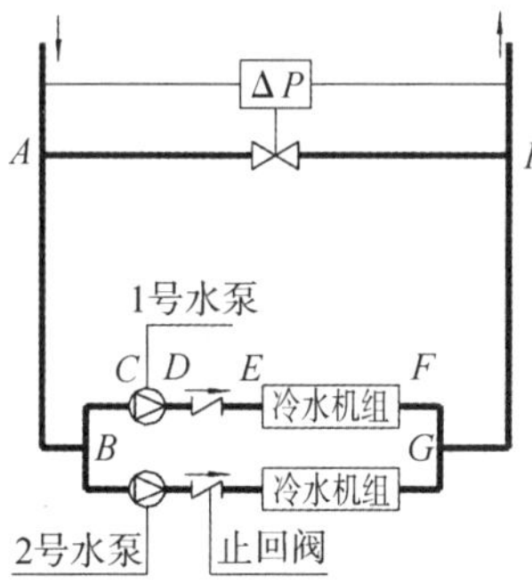

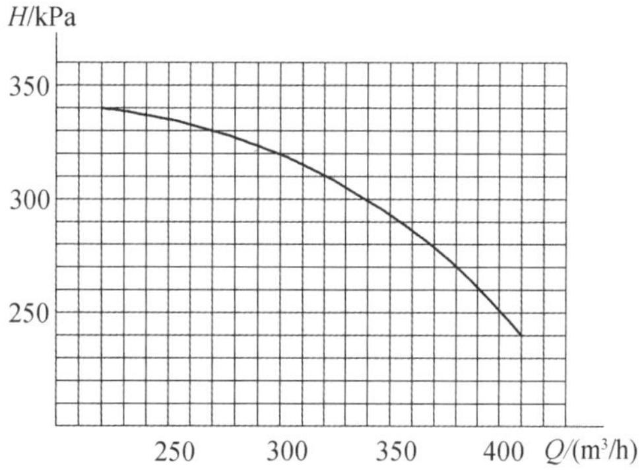

管段	AB	BC	DE	冷水机组	FG	GH
流量/(m^3/h)	600	300	300	300	300	600
压力损失/kPa	15	10	15	50	15	15

(A)流量300m^3/h，扬程320kPa (B)流量320m^3/h，扬程310kPa

(C)流量338m^3/h，扬程300kPa (D)流量300m^3/h，扬程293kPa

答案：[B]

主要解答过程：

对于 AB 管段，管网阻力数 S_{AB} 不变。

两台水泵运行时：$P_{AB}=S_{AB}Q_{AB}^2$

单台水泵运行时：$P'_{AB}=S_{AB}Q'^{2}_{AB}$

两式相比可得：$\dfrac{15\text{kPa}}{4.27\text{kPa}}=\dfrac{600^2}{(Q'_{AB})^2}$

解得：$Q'_{AB}=320\text{m}^3/\text{h}$，即为水泵流量，查右图得：扬程 $H=310\text{kPa}$

7. 某空调水系统的某段管道如图所示。管道内径为200mm，A、B 点之间的管长为10m，管道的摩擦系数为 0.02。管道上阀门的局部阻力系数(以流速计算)为 2，水管弯头的局部阻力系数(以流速计算)为 0.7。当输送水量为 $180m^3/h$ 时，问：A、B 点之间的水流阻力最接近下列何项？(水的密度取 $1000kg/m^3$)(2012-4-18)

(A)2.53kPa　　(B)3.41kPa　　(C)3.79kPa　　(D)4.67kPa

答案：[D]

主要解答过程：

管内水流速为：$v = \dfrac{180}{3600 \times \dfrac{1}{4}\pi \times (0.2)^2} = 1.59(m/s)$

根据《教材 2018》P74 式(1.6-1)

$$\Delta p = \Delta p_m + \Delta p_i = \left(\frac{\lambda}{d}l + \sum\zeta\right)\frac{\rho v^2}{2} = \left[\frac{0.02}{0.2} \times 10 + (2 + 0.7)\right] \times \frac{1000 \times 1.59^2}{2}$$

$$= 4677Pa = 4.677kPa$$

8. 某酒店的集中空调系统为闭式系统，冷水机组及冷水循环水泵(处于机组的进水口前)设于地下室，回水干管最高点至水泵吸入口的水阻力 15kPa，系统最大高差 50m(回水干管最高点至水泵吸入口)定压点设于泵吸入口管路上，试问系统最低定压压力值，正确的是下列何项(取 $g = 9.8m/s^2$)？(2014-3-12)

(A)510kPa　　(B)495kPa　　(C)25kPa　　(D)15kPa

答案：[B]

主要解答过程：

本题的直接考点是《教材 2018》P508 式(3.7-13)，但是教材针对这部分的分析出现错误，并且多次勘误均未改正，为说明其错误原因，做以下分析：

根据 P507 关于定压点的叙述，定压点确定的最主要原则是：保证系统内任何一点不出现负压或者热水的汽化(无论是系统运行还是停止)，定压点的最低运行压力应保证水系统最高点的压力为 5kPa 以上。根据以上原则结合 P507 图 3.7-26b 对该系统进行水力工况分析：

(1)当系统停止时，为保证系统最高点 A 点压力不小于 5kPa，B 点的最低定压压力为：

$$P_{B停} = P_{Amin} + \rho g H = 5 + 1 \times 9.8 \times 50 = 495(kPa)$$

(2)当系统运行时，同样保证 A 点压力不小于 5kPa，列 AB 两点的伯努利方程：

$$P_{Amin} + \rho g H + \frac{\rho v^2}{2} = P_{B运行} + \frac{\rho v^2}{2} + \Delta P_{AB}$$

$$P_{B运行} = P_{Amin} + \rho g H - \Delta H_{AB} = 5 + 1 \times 9.8 \times 50 - 15 = 480(kPa)$$

可以发现，系统停止运行时是对于定压点定压值选取的最不利状态，只要满足系统停止时定压值的要求，则系统运行时一定不会产生负压或者汽化现象，因此系统最低定压压力值应选取 495kPa。

注：由以上分析可知，教材式(3.7-13)给出的计算方法是错误的，并且也没有合理的物理意义，本题的出题意图应该是有意考查教材的出错点，以考验考生真实的分析能力，但也不排除出题者并未意识到公式错误，以简单套公式为目的给出 510kPa 的参考答案。

9. 某常年运行的冷却水系统如图所示，h_1、h_2、h_3为高差，$h_1 = 8m$、$h_2 = 6m$、$h_3 = 3m$，各段阻力见下表。计算的冷却水循环泵的扬程应为下列何项？(不考虑安全系数，取 $g = 9.8m/s^2$)(2014-3-16)

	阻力/kPa
$A\sim B$ 管道及附件	20
$C\sim D$ 管道及附件	150
冷水机组	50
冷却塔布水器	20

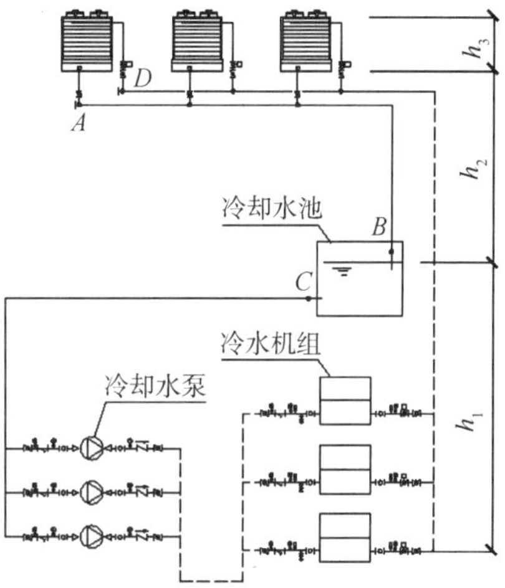

(A)215 ~ 225kPa (B)235 ~ 245kPa
(C)300 ~ 315kPa (D)380 ~ 395kPa

答案：[C]

主要解答过程：

冷却水泵从水箱抽水经冷凝器(冷水机组)送到冷却塔布水器，因此不计从冷却塔依靠重力流至回水箱的管路阻力(可把“管路 AB + 水箱”当作一个“集水盘”来看待，由水箱提升至喷淋器的高差(h_2+h_3)相当于冷却塔中水的提升高度，根据《教材 2018》P495 式(3.7-7)，其中根据 P494 下部所述，进塔水压 H_t 包含了集水盘到布水口之间的压差，因此，冷却水泵扬程为：

$$H_p=\Delta P+H_t=(P_{CD}+P_{冷机})+[\rho g(h_2+h_3)+P_{布水}]$$
$$=150+50+1\times9.8\times(6+3)+20=308.2(kPa)$$

3.7 空调系统的监测与控制(2016-3-19，2017-4-17，2018-4-15)

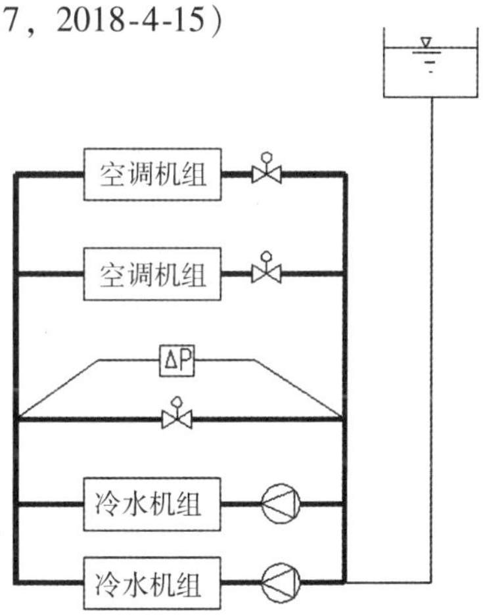

如图所示的集中空调冷水系统为由两台主机和两台冷水泵组成的一级泵变频变流量水系统，一级泵转速由供回水总管压差进行控制。已知条件是：每台冷水机组的额定设计制冷量为 1163kW，供回水温差为 5℃，冷水机组允许的最小安全运行流量为额定设计流量的 60%，供回水总管恒定控制压差为 150kPa。问：供回水总管之间的旁通电动阀所需要流通能力，最接近下列何项？(2014-4-18)

(A)326 (B)196
(C)163 (D)98

答案：[D]

主要解答过程：

每台冷水机组的额定流量为：

$$V=\frac{Q}{c\rho\Delta t}=\frac{1163}{4.18\times1000\times5}\times3600=200.3(m^3/h)$$

根据《09 技措》第 5.7.6.5 条，旁通阀的设计流量应取单台最大冷水机组的最小安全额定流量：

$$V_{min}=60\%\times V=120.2m^3/h$$

根据《教材 2018》P524 式(3.8-1)

$$C=\frac{316V_{min}}{\sqrt{\Delta P}}=\frac{316\times120.2}{\sqrt{150\times1000}}=98$$

3.8　空调、通风系统的消声与隔振(2016-3-17，2016-4-12，2017-4-12)

1. 某机房同时运行3台风机，风机的声功率级分别为83dB、85dB和80dB，试问机房内总声功率级约为下列何值？(2006-3-18)

(A)88dB　　(B)248dB　　(C)89dB　　(D)85dB

答案：[A]

主要解答过程：

根据《教材2018》P540表3.9-6，声功率级叠加的附加值

85dB叠加83dB得85 + 2.1 = 87.1(dB)

87.1dB叠加80dB得87.1 + 0.8 = 87.9(dB)

2. 某双速离心风机，转速由 $n_1 = 960\text{r/min}$ 转换为 $n_2 = 1450\text{r/min}$，试估算该风机声功率级的增加，为下列何值？(2006-4-18)

(A)8.5 ~ 9.5dB　　(B)9.6 ~ 10.5dB

(C)10.6 ~ 11.5dB　　(D)11.6 ~ 12.5dB

答案：[A]

主要解答过程：

根据《教材2018》P268表2.8-6，提高转速后，风机的流量和风压关系分别为：

$$\frac{L_2}{L_1} = \frac{n_2}{n_1} = 1.51 \quad \frac{P_2}{P_1} = \left(\frac{n_2}{n_1}\right)^2 = 2.28$$

根据P539式(3.9-7)，风机声功率级增加量为：

$$\Delta L_W = (5 + 10\lg L_2 + 20\lg P_2) - (5 + 10\lg L_1 + 20\lg P_1)$$

$$= 10\lg\frac{L_2}{L_1} + 20\lg\frac{P_2}{P_1} = 10 \times \lg 1.51 + 20\lg 2.28 = 8.95(\text{dB})$$

注：也可根据P537式(3.9-5)直接计算。

3. 某圆形大厅，直径10m，高5m，室内平均吸声系数 $\alpha_M = 0.2$，空调送风口位于四周、贴顶布置，指向性因素 Q 可取5；如果从送风口进入室内的声功率级为50dB，试问该大厅中央就座的观众感受到的声压级dB为下列哪项数值？(2007-4-18)

已知：$L_P = L_W + 10\lg\left(\dfrac{Q}{4\pi r^2} + \dfrac{1-\alpha_M}{S\alpha_M}\right)$

式中　L_p——距送风口 r 处的声压级(dB)；

L_w——从送风口进入室内的声功率级(dB)；

S——房间总表面积(m^2)。

(A)30 ~ 31　　(B)31.1 ~ 32　　(C)32.1 ~ 33　　(D)33.1 ~ 34

答案：[D]

主要解答过程：

室内表面积 $S = \pi dh + 2 \times \dfrac{1}{4}\pi d^2 = 3.14 \times 10 \times 5 + 0.5 \times 3.14 \times 100 = 314(\text{m}^2)$

代入题干公式：

$$L_P = L_W + 10\lg\left(\frac{Q}{4\pi r^2} + \frac{1-\alpha_M}{S\alpha_M}\right) = 50 + 10\lg\left[\frac{5}{4\pi(5^2+5^2)} + \frac{1-0.2}{314 \times 0.2}\right] = 33.16(\text{dB})$$

注：空调送风口位于四周、贴顶布置，观众在大厅中央就座，因此由勾股定理可知，公式中 $r^2=5^2+5^2$，此处常有考生不理解，特此说明。

4. 空调机房内设置有四套组合式空调机组，各系统对应风机的声功率级分别为：K-1，85dB、K-2，80dB、K-3，75dB、K-4，70dB。该空调机房内的最大声功率级应是下列选项的哪一个？(2008-4-17)

(A)85~85.9dB (B)86~86.9dB (C)87~87.9dB (D)88~88.9dB

答案：[B]

主要解答过程：

根据《教材 2018》P540 表 3.9-6，声功率级叠加的附加值

85dB 叠加 80dB 得 85+1.2=86.2(dB)

86.2dB 叠加 75dB 得 86.2+0.3=86.5(dB)

86.5dB 叠加 70dB 时要注意表格下面注，当两个声功率差值大于 15dB 时，可不再叠加。

5. 设置于室外的某空气源热泵冷(热)水机组的产品样本标注的噪声值为 70dB(A)(距机组 1m，距地面 1.5m 的实测值)，距机组的距离 10m 处的噪声值应是何项？(2009-4-19)

(A)49~51dB(A) (B)52~54dB(A) (C)55~57dB(A) (D)58~60dB(A)

答案：[B]

主要解答过程：

根据《教材 2018》P627 式(4.3-26)

$$L_1=70=L_W+10\lg(4\pi\times10^2)^{-1}$$

$$L_{10}=L_W+10\lg(4\pi\times10^2)^{-1}$$

两式相减，解得 $L_{10}=50$dB(A)。

6. 某风机转速为 2900r/min，若风机减振器选用金属弹簧型，减振器固有频率应为下列哪一项？(2010-4-19)

(A)4~5Hz (B)9~13Hz (C)18~21Hz (D)45~50Hz

答案：[B]

主要解答过程：

2900r/min=48.33r/s=48.33Hz

根据《民规》第 10.3.3 条：

$$\frac{48.33\text{Hz}}{f}=4\sim5\Rightarrow f=9.66\sim12.08\text{Hz}$$

7. 在同一排风机房内，设有三台排风机，其声功率依次为 62dB、65dB 和 70dB，该机房的最大声功率级为下列哪一项？(2011-3-19)

(A)69.5~70.5dB (B)70.8~71.8dB (C)71.9~72.9dB (D)73.5~74.5dB

答案：[B]

主要解答过程：

根据《教材 2018》P540 表 3.9-6

70dB 叠加 65dB 为 70+1.2=71.2(dB)

71.2dB 叠加 62dB 为 71.2+0.5=71.7(dB)

8. 某变频水泵的额定转速为 960r/min，变频控制最小转速为额定转速的 60%。现要求该水泵

隔振设计时的振动传递比不大于 0.05。问：选用下列哪种隔振器更合理？并写出推断过程。(2014-3-19)

(A)非预应力阻尼型金属弹簧隔振器　　(B)橡胶剪切隔振器

(C)预应力阻尼型金属弹簧隔振器　　(D)橡胶隔振垫

答案：[C]

主要解答过程：

根据《教材 2018》P548 式(3.9-14)及式(3.9-15)

水泵额定工况的扰动频率为：

$$f=\frac{n}{60}=\frac{960}{60}=16(\mathrm{Hz})$$

所需隔振器的自振频率为：

$$f_0=f\sqrt{\frac{T}{1-T}}\leqslant 16\sqrt{\frac{0.05}{1-0.05}}=3.67(\mathrm{Hz})<5(\mathrm{Hz})$$

故，根据教材所述自振频率小于 5Hz 时，应采用预应力阻尼型金属弹簧隔振器。

3.9　保温与保冷设计(2017-4-15)

考点总结：多层平板传热问题

该考点在在历年考题中常有涉及，也是众多考生的易错点之一，考题类型主要包括防结露计算，保温材料厚度，导热系数计算等。以两层平板为例：平板内外侧空气温度分别为：t_n 和 t_w，对流换热系数分别为：α_n 和 α_w，壁面温度从内到外依次为 t_1、t_2、t_3，两层材料的导热系数分别为：λ_1、λ_2，厚度分别为：δ_1、δ_2，可列其传热热流密度等式如下：

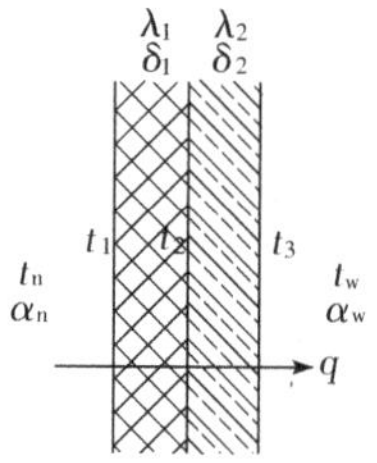

$$q=\frac{t_n-t_w}{\frac{1}{\alpha_n}+\frac{\delta_1}{\lambda_1}+\frac{\delta_2}{\lambda_2}+\frac{1}{\alpha_w}}=\frac{\text{壁面两侧空气温差}}{\text{总热阻}}$$

$$=\frac{t_n-t_1}{\frac{1}{\alpha_n}}=\frac{\text{内侧空气温度}-\text{内侧壁面温度}}{\text{内壁面对流换热热阻}}$$

$$=\frac{t_3-t_w}{\frac{1}{\alpha_w}}=\frac{\text{外侧壁面温度}-\text{外侧空气温度}}{\text{外壁面对流换热热阻}}$$

$$=\frac{t_1-t_2}{\frac{\delta_1}{\lambda_1}}=\frac{t_2-t_3}{\frac{\delta_2}{\lambda_2}}=\frac{t_1-t_3}{\frac{\delta_1}{\lambda_1}+\frac{\delta_2}{\lambda_2}}=\frac{\text{各壁面间温差}}{\text{对应材料导热热阻}}$$

该类题目正确解答的关键就在于：准确选取两点间温差与其对应热阻，并根据题干要求列出包含所求参数的热流密度等式，所列等式解法可能有多种，但只要符合上述对应原则，均能得到正确答案。

---

1. 组合式空调机组的壁板采用聚氨酯泡沫塑料保温($\lambda=0.0275+0.0009t_m$)，机外的环境温度按 12℃考虑，满足标准规定的保温层厚度应选何项？(2008-3-14)

(A)最小为 30mm　　(B)最小为 40mm　　(C)最小为 50mm　　(D)最小为 60mm

答案：[B]

主要解答过程：

本题根据《组合式空调机组》(GB/T 14294—2008)第6.1.2条，壁板绝热得热阻不小于0.74$m^2 \cdot K/W$，而保温材料的导热系数与其保温层平均温度有关，但规范中并未提到空调箱内温度为多少，而根据表4，供暖工况供回水温度为60℃/50℃，考虑到热舒适性，冬季送风温度一般不会大于50℃，接近回水温度。因此取空调箱内最高温度为50℃。则：

$$\lambda = 0.0275 + 0.0009 \times \frac{50+12}{2} = 0.0554$$

$$R = \frac{\delta}{\lambda} \geqslant 0.74 \Rightarrow \delta \geqslant 0.74\lambda = 0.74 \times 0.0554 = 0.04\text{m} = 40\text{mm}$$

在满足热阻要求条件下保温层厚度的最小值应为40mm。

2. 空调风管材料镀锌钢板，尺寸1000mm×500mm，长度26m，风管始端送风温度为16℃，环境温度为28℃，送风量为10000m^3/h，绝热材料采用25mm厚泡沫型塑板，λ=0.035W/(m·K)，风管内表面的放热系数为30W/(m^2·K)，风管外表面的放热系数8.7W/(m^2·K)，空气密度为1.2kg/m^3，定压比热为1.01kJ/(kg·K)，试问，该管段因传热所产生的空气温度升高，应是下列选项哪一个？（2008-4-14）

(A)0.1~0.2℃　　(B)0.25~0.4℃

(C)0.45~0.6℃　　(D)0.65~0.75℃

答案：[B]

主要解答过程：

本题可根据《红宝书》P1496式(19.6-1)计算得到。但《红宝书》考试不易翻查，推荐通过能量守恒方程的方法计算：

风管热阻R=1/30+0.025/0.035+1/8.7=0.863(m^2·K/W)，传热系数$K=1/R$=1.16W/(m^2·K)

忽略风管内空气温升(很小，本题为0.32℃)对风管内外温差的影响，Δt=28−16=12(℃)

根据能量守恒方程：$KF\Delta t = cV\rho\Delta t_{送}$($F$为风管表面积)

$$1.16\times10^{-3}\text{kW/(m}^2\cdot\text{K)}\times[2\times(1+0.5)\times26]\text{m}^2\times12℃ =$$
$$1.01\text{kJ/(kg}\cdot\text{K)}\times(10000/3600)\text{m}^3\text{/s}\times1.2\text{kg/m}^3\times\Delta t_{送}$$

解得：$\Delta t_{送}$=0.32℃

注意：应从原理上理解物理过程，明确物理意义，此外计算时注意单位的匹配。

3. 已知空调风管内空气温度t_1=14℃，环境的空气温度t_w=32℃，相对湿度为80%，露点温度t_p=28℃，采用的保温材料导热系数λ=0.04W/(m·K)，风管外部的对流换热系数α=8W/(m^2·K)，为防止保温材料外表面结露，风管的保温层厚度应是下列何项(风管内表面的对流换热系数和风管壁热阻忽略不计)？（2009-3-12）

(A)18mm　　(B)16mm　　(C)14mm　　(D)12mm

答案：[A]

主要解答过程：

根据能量守恒：通过风管的总热量=风管表面的对流换热量

$$\frac{32℃ - 14℃}{\dfrac{\delta}{\lambda}+\dfrac{1}{\alpha}} = \frac{32℃ - 28℃}{\dfrac{1}{\alpha}}$$

解得：δ=17.5mm

4. 某房间室内温度为32℃，相对湿度为70%，房间内有明敷无保温的钢质给水管，大气压力为标准大气压，给水管表面不产生结露的给水温度应为下列何项(给水管壁的热阻忽略不计)？并说明取值理由。(2009-4-14)

(A)23℃　(B)24℃　(C)25℃　(D)26℃

答案：[D]

主要解答过程：

由于给水管壁的热阻忽略不计，因此可认为给水温度等于管壁温度，不产生结露要求管壁温度高于室内空气露点温度。查 h-d 图得空气露点温度 $t_1 = 25.84$℃，因此供水温度应为26℃。

5. Ⅰ类地区的某办公楼的全空气空调系统，空调送风温度为19℃，风管材料为镀锌钢板，风管处于室内非空调区(空气温度为31℃)，采用导热系数为0.0377W/(m·K)的离心玻璃棉保温(不计导热系数的温度修正)。问满足空调风管热阻的玻璃棉板保温层厚度为下列哪一项？(2010-3-12)

(A)26～30mm　(B)31～36mm　(C)36～40mm　(D)41～45mm

答案：[B]

主要解答过程：

根据《民规》P271表K.0.4或《公建节能2015版》P58表D.0.4，一般空调系统绝热层最小热阻为0.81m² · K/W，由于不考虑导热系数温度修正，则：

$$\delta = R\lambda = 0.81 \times 0.0377 = 0.0305\text{m} \approx 31\text{mm}$$

6. 某冷库地处标准大气压，其一内走廊与－15℃的冷藏间相邻。已知冷藏间外侧空气参数：16℃，$\varphi = 85\%$。冷藏间与走廊之间传热系数 $K = 0.371\text{W}/(\text{m}^2 \cdot \text{K})$，隔墙外表面换热阻 $R_w = 0.125\text{m}^2 \cdot ℃/\text{W}$。求走廊隔墙外表面温度，并判断隔墙外表面是否会结露？(2010-4-24)

(A)14～15°C，不会结露　(B)14～15°C，会结露

(C)12～13°C，不会结露　(D)12～13°C，会结露

答案：[A]

主要解答过程：

查 h-d 图得室内状态点露点温度：$t_L = 13.4$℃

根据墙体热平衡方程：

$$\frac{16 - t_{外}}{R_w} = \frac{16 - (-15)}{\frac{1}{K}} \Rightarrow t_{外} = 14.56℃ > t_L$$ **，因此隔墙外表面不会结露。**

7. 某地夏季空调室外计算干球温度 $t_W = 35$℃，累年最热月平均相对湿度为80%。设计一矩形钢制冷水箱(冷水温度为7℃)，采用导热系数 $\lambda = 0.0407\text{W}/(\text{m} \cdot \text{K})$ 的软质聚氨酯制品保温。不计水箱壁热阻和水箱内表面放热系数，按防结露要求计算的最小保温层厚度义应是下列哪一项？注：当地为标准大气压，保温层外表面换热系数 $\alpha_W = 8.14\text{W}/(\text{m}^2 \cdot \text{K})$。(2011-4-12)

(A)23.5～26.4mm　(B)26.5～29mm　(C)29.5～32.4mm　(D)32.5～35.4mm

答案：[C]

主要解答过程：

查 h-d 图，室外状态点露点温度 $t_L = 31.02$℃

由于不计水箱壁热阻和水箱内表面放热系数，由热量平衡关系：

$$\frac{35 - 7}{\frac{d}{\lambda} + \frac{1}{\alpha_w}} = \frac{35 - t_L}{\frac{1}{\alpha_w}} \Rightarrow d = 0.03\text{m} = 30\text{mm}$$

8. 一空调矩形钢板送风管（风管内空气温度 15℃），途经一非空调场所（场所空气干球温度 35℃、露点温度为 31℃）。拟选用离心玻璃棉保温防止结露，则该风管的防止结露的最小计算保温厚度应是下列何项？（注：离心玻璃棉的导热系数 $\lambda=0.039\text{W}/(\text{m}\cdot\text{K})$，不考虑导热系数的温度修正；保温层外表面换热系数 $\alpha=8.14\text{W}/(\text{m}^2\cdot\text{K})$，保冷厚度修正系数为 1.2）（2013-4-13）

（A）19.3～20.3mm　（B）21.4～22.4mm　（C）22.5～23.5mm　（D）23.6～24.6mm

答案：［C］

主要解答过程：

本题未给出风管内表面换热系数、风管材料导热系数以及风管厚度，只能忽略其热阻。（风管内为强制对流换热，对流换热热阻较小，此外风管材料的热阻也远小于保温材料）

为防止结露，保温层外侧最低温度不能低于空气的露点温度，根据热量传递等量关系：

$$8.14\times(35-31)=\frac{31-15}{\dfrac{d}{0.039}}\Rightarrow d=19.17\text{mm}$$

考虑到 1.2 的保冷厚度修正系数，保温层厚度为：19.17mm×1.2＝23.0mm

9. 某办公楼的空气调节系统，空调风管的绝热材料采用柔性泡沫橡塑材料，其导热系数为 $0.0365\text{W}/(\text{m}\cdot\text{K})$，根据有关节能设计标准，采用柔性泡沫橡塑板材的厚度规格，最合理的应是下列选项的哪一个？并列出判断过程。（计算中不考虑修正系数）（2014-4-12）

（A）19mm　（B）25mm　（C）32mm　（D）38mm

答案：［C］

主要解答过程：

根据《民规》第 11.1.6 条及附录表 K.0.4-1 或《公建节能 2015 版》附录 D.0.4，最小热阻限值限值为 $0.81(\text{m}^2\cdot\text{K/W})$，因此：

$$0.81\leqslant\frac{\delta_2}{\lambda}\Rightarrow\delta_2\geqslant29.6\text{mm}$$

3.10　空调系统的节能、相关节能规范

3.10.1　新风比设计

1. 一个空气空调系统向下表中的四个房间送风，试计算空调系统的设计新风量约为下列何值？（2007-3-12）

房间名称	在室人数	新风量/（m³/h）	送风量/（m³/h）
办公室 1	15	450	3000
办公室 2	5	150	2000
会议室	40	1360	4200
接待室	8	200	2800
合计	68	2160	12000

（A）$2160\text{m}^3/\text{h}$　（B）$2520\text{m}^3/\text{h}$　（C）$3000\text{m}^3/\text{h}$　（D）$3870\text{m}^3/\text{h}$

答案：［B］

主要解答过程：

根据《公建节能 2015》第 4.3.12 条

$X=2160/12000=0.18$，$Z=1360/4200=0.324$

$Y=X/(1+X-Z)=0.18/(1+0.18-0.324)=0.21$

则新风量：$L=Y\times 12000=2520(\mathrm{m^3/h})$

2. 某全空气空调系统服务三个房间的设计送风量和新风量分别见下表，表内的新风量和送风量是根据各房间的人员和负荷计算所得，问该空调系统按照节能设计所确定的系统新风比应是下列选项哪一个？(2008-4-13)

(A)23.5% ~24.5% (B)20.5% ~21.5%

(C)19.0% ~20.0% (D)17.5% ~18.5%

房间用途	商场 1	商场 2	商场 3
新风量/($\mathrm{m^3/h}$)	1920	1500	1080
送风量/($\mathrm{m^3/h}$)	8000	10000	6000

答案：[C]

主要解答过程：

根据《公建节能 2015》4.3.12 条

$$X=(1920+1500+1080)/(8000+10000+6000)=0.1875$$

$$Z=1920/8000=0.24$$

则 $Y=X/(1+X-Z)=0.1979=19.8\%$

3. 某办公楼的一全空气空调系统为四个房间送风，下表内新风量和送风量是根据各房间的人员和负荷计算所得。问该空调设计的总新风量应是下列哪一项？(2011-4-19)

房间用途	办公室 1	办公室 2	会议室	接待室	合计
新风量/($\mathrm{m^3/h}$)	500	180	1360	200	2240
送风量/($\mathrm{m^3/h}$)	3000	2000	4200	2800	12000

(A)2200 ~2300$\mathrm{m^3/h}$ (B)2350 ~2450$\mathrm{m^3/h}$

(C)2500 ~2650$\mathrm{m^3/h}$ (D)2700 ~2850$\mathrm{m^3/h}$

答案：[C]

主要解答过程：

根据《公建节能 2015》第 4.3.12 条

$$X=\frac{2240}{12000}=18.76\% \qquad Z=\frac{1360}{4200}=32.4\%$$

$$Y=\frac{X}{1+X-Z}=\frac{18.76\%}{1+18.76\%-32.4\%}=21.6\%$$

$$Q_{新}=12000\mathrm{m^3/h}\times Y=2597\mathrm{m^3/h}$$

4. 某总风量为 40000$\mathrm{m^3/h}$ 的全空气低速空调系统服务于总人数为 180 人的多个房间，其中新风要求比最大的房间为 50 人，送风量为 7500$\mathrm{m^3/h}$。新风人均标准为 30$\mathrm{m^3/(h\cdot 人)}$。试问该系统的总新风量最接近下列何项？(2012-4-12)

(A)5050$\mathrm{m^3/h}$ (B)5250$\mathrm{m^3/h}$ (C)5450$\mathrm{m^3/h}$ (D)5800$\mathrm{m^3/h}$

答案：[D]

主要解答过程：

根据《公建节能 2015》第 4.3.12 条

$$X=\frac{180\times 30}{40000}=0.135 \quad Z=\frac{50\times 30}{7500}=0.2$$

$$Y=\frac{X}{1+X-Z}=\frac{0.135}{1+0.135-0.2}=0.1444$$

因此系统新风量为：$40000 \times 0.1444 = 5775.4(m^3/h)$

5. 某一次回风全空气空调系统负担4个空调房间(房间A～房间D)，各房间设计状态下的新风量和送风量详见下表，已知4个房间的总室内冷负荷为18kW，各房间的室内设计参数均为：$t=25℃$，$\varphi=55\%$，$h=52.9kJ/kg$，室外新风状态点为$t=34℃$，$\varphi=65\%$，$h=90.4kJ/kg$，无再热负荷，且忽略风机、管道温升，该系统的空调器所需冷量应为下列何项？(空气密度$\rho=1.2kg/m^3$)(2013-3-16)

	房间A	房间B	房间C	房间D	合计
新风量/(m^3/h)	180	270	180	150	780
送风量/(m^3/h)	1250	1500	1500	1200	5450
新风比	14.4%	18%	12%	12.5%	14.3%

(A)25～25.9kW　　(B)26～26.9kW　　(C)27～27.9kW　　(D)28～28.9kW

答案：[D]

主要解答过程：

房间总冷负荷已知，只需求出新风负荷即可，根据《教材2018》P559或《公建节能2015》第4.3.12条

系统新风比：$Y=\dfrac{X}{1+X-Z}=\dfrac{14.3\%}{1+14.3\%-18\%}=14.85\%$

系统新风量为：$L_x=5450\times14.85\%=809.3(m^3/h)$

新风负荷为：$Q_x=L_x\rho\Delta h=\dfrac{809.3}{3600}\times1.2\times(90.4-52.9)=10.12(kW)$

空调器所需冷量：$Q=Q_n+Q_x=28.12kW$

3.10.2 风机节能(2018-4-16)

注意：该考点往年题目均根据《公建节能》(GB 50189—2005)相关条文出题，而《公建节能》(GB 50189—2015)第4.3.22条已作出修改，考生应根据往年考题掌握该类题目基本做题思路，不必纠结答案。

---

1. 设计沈阳市某车站大厅补风系统，若风机的总效率为55%，按照普通机械通风系统的节能要求，所选风机的最大全压值不应超过下列何项？(2009-4-11)

(A)600Pa　　(B)634Pa　　(C)703Pa　　(D)750Pa

答案：[A]

主要解答过程：

根据《公建节能》第5.3.26条，查表得普通机械通风系统的耗功率限值为0.32。

$$W_s=P/(3600\eta_t),\ P=W_s\times3600\eta_t=0.32\times3600\times0.55=633.6(Pa)$$

但根据第5.3.26条条文说明，普通机械通风系统的最高全压标准为600Pa，故选择计算值与规定值的较小者，为600Pa。

注：本题相关内容见《公建节能2015》第4.3.20条，计算公式有所修改。

2. 某商场空调系统采用两管制定风量系统，粗效和中效过滤，采用湿膜加湿，风机全压1100Pa，风机全压效率72%，电动机效率80%，电动机直联，该风机单位风量耗功率满足节能设计标准的判断以及风机单位风量耗功率数值最接近的应是哪项？(2009-4-17)

(A)不符合节能设计标准相关限制要求，$0.62W/(m^3/h)$

(B)不符合节能设计标准相关限制要求，0.53W/(m³/h)
(C)符合节能设计标准相关限制要求，0.53W/(m³/h)
(D)符合节能设计标准相关限制要求，0.42W/(m³/h)

答案：[C]

主要解答过程：

根据《公建节能》第5.3.26条

$$W_S = P/(3600\eta_t) = 1100/(3600 \times 0.72 \times 0.8 \times 1) = 0.53\text{W}/(\text{m}^3/\text{h})$$

根据表5.3.26注3：采用湿膜加湿方法时，单位风量耗功率限值可增加0.053W/(m³/h)。限值为0.52+0.053=0.573W/(m³/h)>0.53W/(m³/h)，因此符合节能设计相关限制要求。

注：本题相关内容见《公建节能2015》第4.3.20条，计算公式有所修改。

3. 某房间采用机械通风与空调相结合的方式排除室内余热。已知，室内余热量为10kW，设计室温为28℃，空调机的 $COP=4-0.005\times(t_w-35)$(kW/kW)，其中 t_w 为室外空气温度，单位为℃；机械通风系统可根据室外气温调节风量以保证室温，风机功率为1.5kW/(m³/s)，问采用机械通风与空调的切换温度(室外为标准大气压，空气密度取1.2kg/m³)应为下列哪一项？(2010-3-7)

(A)19.5~21.5°C　　(B)21.6~23.5°C　　(C)23.6~25.5°C　　(D)25.6~27.5°C

答案：[B]

主要解答过程：

本题为过渡季根据室外条件切换自然通风与空调系统以达到节能的目的，只需求出系统切换点的室外空气温度。注意题干中"风机功率为1.5kW/(m³/s)"的单位，意思是单位风量风机耗功率。

设通风与空调能耗相同时室外温度为 t_w，有：

$$\frac{10\text{kW}}{4-0.005\times(t_w-35)} = \frac{10\text{kW}}{c\times\rho\times(28-t_w)}\times 1.5\text{kW}/(\text{m}^3/\text{s})$$

解得：$t_w=22.98$℃

4. 某严寒地区办公建筑，采用普通机械排风系统，风机与电动机采用直联方式，设计工况下的风机效率为60%，电动机效率为90%，风道单位长度的平均阻力为3Pa/m(包括局部阻力和摩擦阻力)。该系统符合节能要求，允许的最大风管长度为下列哪一项？(2010-4-11)

(A)195~201m　　(B)204~210m　　(C)220~240m　　(D)300~350m

答案：[B]

主要解答过程：

根据《教材2018》P268表2.8-4，电动机直联机械效率为1，总效率 $\eta_t=0.6\times0.9\times1=0.54$

根据《公建节能》第5.3.26条，普通机械排风系统，$W_s=0.32\text{W}/(\text{m}^3/\text{h})$

$$W_s=P/(3600\eta_t),\ P=W_s\times3600\times\eta_t=622.08\text{Pa}$$

则风管长度：$L=P/(3\text{Pa/m})=207.4\text{m}$

注：本题《公建节能2015》相关内容见第4.3.20条，计算公式有所修改。

5. 某严寒地区办公楼，采用二管制定风量空调系统，空调机组内设置了预热盘管，空气经粗、中效两级过滤后送入房间，其风机全压为1280Pa，总效率为70%，风机的单位风量耗功率数值和是否满足节能设计标准的判断，正确的为下列哪一项？(2011-4-18)

(A)0.38W/(m³/h)，满足　　(B)0.42W/(m³/h)，满足

(C)0.51W/(m³/h)，满足　　　　(D)0.51W/(m³/h)，不满足

答案：[C]

主要解答过程：

根据《公建节能》第5.3.26条，查表5.3.26严寒地区二管制定风量空调系统的办公建筑，设置了预热盘管时单位风量耗功率限值为：0.42+0.035=0.515W/(m³/h)

$$W_s=\frac{P}{3600\eta_t}=\frac{1280}{3600\times0.7}=0.508\text{W/(m}^3\text{/h)}<0.515\text{W/(m}^3\text{/h)}\ 满足要求。$$

注：同上题。

6. 某办公楼普通机械送风系统风机与电动机采用直联方式，设计工况下的风机及传动效率为92.8%，风管的长度为124m，通风系统单位长度平均风压为5Pa/m(包含摩擦阻力和局部阻力)。问：在通风系统设计时，所选择的风机效率的最小值应接近以下何项效率值，才能满足节能要求？(2012-3-19)

(A)52%　　(B)53%　　(C)56%　　(D)58%

答案：[D]

主要解答过程：

电动机直联，机械效率为1，风管总阻力为：124m×5Pa/m=620Pa

根据《公建节能》第5.3.26条，普通机械通风系统 $W_s=0.32$

$$W_s=0.32=\frac{P}{3600\times1\times\eta\times0.928}=\frac{620}{3600\times1\times\eta\times0.928}\quad(\eta_t=\eta_m\eta\eta_d)$$

$$\therefore\eta=58\%$$

注：同上题。

7. 严寒地区的某办公建筑中的两管制定风量全空气空调系统，其空调机组的功能段如图所示。设风机(包含电动机及传动效率)的总效率为 $\eta_t=55\%$。问：该系统送风机符合节能设计要求所允许的最大全压限值，接近以下何项？(2013-4-14)

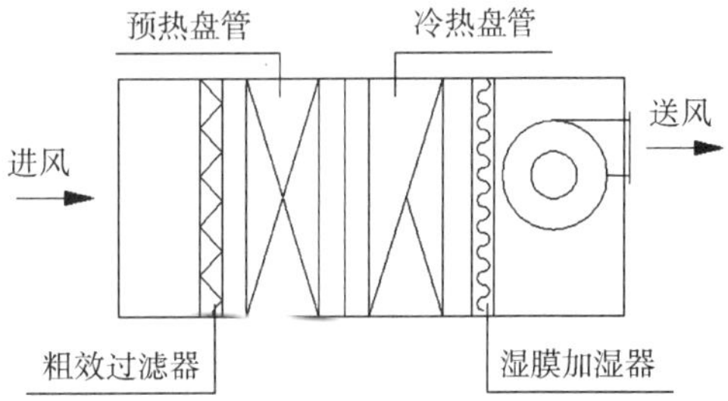

(A)832Pa　　(B)901Pa

(C)937Pa　　(D)1006Pa

答案：[D]

主要解答过程：

根据《公建节能》第5.3.26条，查表5.3.26，办公建筑、设粗效过滤器、两管制定风量系统的单位风量耗功率限值为0.42W/(m³/h)，又根据注2和注3，严寒地区增设预热盘管时，功率可增加0.035W/(m³/h)，采用湿膜加湿方法时，功率可增加0.053W/(m³/h)，即 W_s = 0.42+0.035+0.053=0.508W/(m³/h)。

$$W_s=P/(3600\eta_t)\Rightarrow P=3600W_s\eta_t=1005.84\text{Pa}$$

注：同上题。

3.10.3 热回收(2016-3-13，2016-4-7，2017-3-13，2017-3-18)

1. 某空调房间冷负荷142kW，采用全空气空调，空调系统配有新风从排风中回收显热的装置(热交换率 $\eta=0.65$，且新风量与排风量相等，均为送风量的15%)。已知：室外空气计算参数：干球温度33℃，比焓90kJ/kg$_{干空气}$，室内空气计算参数：干球温度26℃，比焓58.1kJ/

$kg_{干空气}$，当采用室内空气状态下的机器露点(干球温度19℃，焓51kJ/$kg_{干空气}$)送风时，空调设备的冷量(不计过程的冷量损失)为下列何值？(2007-3-13)

(A)170～180kW　　(B)215～232kW　　(C)233～240kW　　(D)241～250kW

答案：[B]

主要解答过程：

注意：排风热回收题目为常考点，要看清是显热回收还是全热回收，排风热回收相关内容参考《教材2018》P562。基本步骤如下：

第一步：计算送风量 $G = 142kW/(58.1-51)kJ/kg = 20kg/s$

第二步：计算假设不进行热回收时空调设备的冷量

一次回风混合状态点 $h_C = h_N + 15\%(h_W - h_N) = 62.9kJ/kg$

空调设备的冷量 $Q_0 = G(h_C - h_L) = 20kg/s \times (62.9-51)kJ/kg = 237.7kW$

第三步：计算回收热量(显热用温差计算，全热用焓差计算)

$$Q_{回} = \eta \times 15\% G \times c \times \Delta t = 0.65 \times 0.15 \times 20kg/s \times 1.01kJ/(kg \cdot ℃) \times (33-26)℃ = 13.79kW$$

第四步：计算实际空调设备冷量

$$Q = Q_0 - Q_{回} = 223.9kW$$

2. 某办公室设计为风机盘管加新风空调系统，并设有"排风—新风热回收装置"，室内全热冷负荷为10kW，配置的风机盘管全热供冷量为9kW，新风空调机组的送风量为1000m^3/h，排风量为新风量的80%，以排风侧为基准的"排风—新风热回收装置"的显热回收效率62.5%，已知新风参数为：干球温度 $t_w = 35℃$，比焓 $h_w = 86kJ/kg_{干空气}$；室内设计参数为：干球温度 $t_n = 25℃$，比焓 $h_n = 50.7kJ/kg_{干空气}$。问：新风空调机组的表冷器的设计供冷量应是下列选项的哪一个(大气压力按标准大气压考虑，空气密度取1.2kg/m^3)？(2008-4-18)

(A)6.5～8.0kW　　(B)8.5～10.0kW

(C)10.5～12.0kW　　(D)12.5～14.0kW

答案：[C]

主要解答过程：

(1)若不进行显热回收，且新风处理到室内等焓线时新风表冷器所需供冷量为：

$$Q_0 = G(h_W - h_n) = (1000m^3/h/3600) \times 1.2kg/m^3(86-50.7)kJ/kg = 11.77kW$$

(2)但由于风机盘管全热供冷量为9kW，则室内负荷中有1kW(10-9)的冷负荷需要由新风系统承担。

(3)热回收系统回收热量

$$Q_{回} = cG_{排}\Delta t\eta = 1.01 \times (1000/3600) \times 0.8 \times 1.2 \times (35-25) \times 0.625 = 1.68(kW)$$

则实际新风表冷器所需供冷量 $Q = Q_0 + 1kW - Q_{回} = 11.09kW$。

3. 某办公室有40人，采用风机盘管加新风空调系统，设"排风—新风热回收装置"，室内全热冷负荷为22kW，新风空调机组的送风量为1200m^3/h，以排风侧为基准的热回收装置全热回收效率为60%，排风量为新风量80%。已知新风参数：干球温度 $t_w = 36℃$，湿球温度 $t_{ws} = 27℃$；室内参数：$t_n = 26℃$，$\varphi_n = 50\%$。问：经热回收后，该房间空调设备的总冷负荷应是下列何项(大气压为标准大气压，空气密度取1.2kg/m^3)？(2009-3-19)

(A)28.3～29kW　　(B)27.6～28.2kW　　(C)26.9～27.5kW　　(D)26.2～26.8kW

答案：[A]

主要解答过程：

查 h-d 图得：$h_W=87.7\text{kJ/kg}$，$h_n=53.3\text{kJ/kg}$

(1)若不进行显热回收，且新风处理到室内等焓线时新风表冷器所需供冷量为：

$$Q_0=G(h_W-h_n)=(1200\text{m}^3/\text{h}/3600)\times1.2\text{kg/m}^3\times(87.7-53.3)\text{kJ/kg}=13.76\text{kW}$$

(2)热回收系统回收热量

$$Q_{回}=G_{排}(h_W-h_n)\eta=(1200/3600)\times0.8\times1.2\times(87.7-53.3)\times0.6=6.6(\text{kW})$$

(3)则房间设备总冷负荷 $Q=22\text{kW}+Q_0-Q_{回}=29.1\text{kW}$

4. 某全新风空调系统设全热交换器，新风与排风量相等，夏季显热回收效率为60%，全热回收效率为55%。已知：新风进风干球温度为34℃，进风焓值为90kJ/kg$_{干空气}$；排风温度为27℃，排风焓值为55kJ/kg$_{干空气}$。试计算其新风出口的干球温度和焓值应是下列哪一项？(2011-4-15)

(A)31.2℃，74.25kJ/kg$_{干空气}$　　(B)22.3℃，64.4kJ/kg$_{干空气}$

(C)38.7℃，118.26kJ/kg$_{干空气}$　　(D)29.8℃，70.75kJ/kg$_{干空气}$

答案：[D]

主要解答过程：

根据《教材2018》P562～P563

显热回收效率：$60\%=\dfrac{t_1-t_2}{t_1-t_3}=\dfrac{34-t_2}{34-27}\Rightarrow t_2=29.8℃$

全热回收效率：$55\%=\dfrac{h_1-h_2}{h_1-h_3}=\dfrac{90-h_2}{90-55}\Rightarrow h_2=70.75\text{kJ/kg}$

5. 某空调系统新排风设全热交换器，夏季显热回收效率为60%，全热回收效率为55%，若夏季新风进风干球温度34℃，进风焓值90kJ/kg$_{干空气}$，排风温度27℃，排风焓值60kJ/kg$_{干空气}$，夏季新风出风的干球温度和焓值应为下列何项？(2012-3-16)

(A)33～34℃，85～90kJ/kg$_{干空气}$　　(B)31～32℃，77～83kJ/kg$_{干空气}$

(C)29～30℃，70～75kJ/kg$_{干空气}$　　(D)27～28℃，63～68kJ/kg$_{干空气}$

答案：[C]

主要解答过程：

本题为2011年专业案例(下)第15题稍做修改。根据《教材2018》P562～P563

显热回收效率：$60\%=\dfrac{t_1-t_2}{t_1-t_3}=\dfrac{34-t_2}{34-27}\Rightarrow t_2=29.8℃$

全热回收效率：$55\%=\dfrac{h_1-h_2}{h_1-h_3}=\dfrac{90-h_2}{90-60}\Rightarrow h_2=73.5\text{kJ/kg}$

6. 某空调房间采用风机盘管加新风空调系统(新风不承担室内显热负荷)，该房间冬季设计湿负荷为0，房间设计参数为：干球温度20℃，相对湿度30%，室外通风计算参数为：干球温度0℃，相对湿度20%，房间设计新风量为1000m^3/h，新风采用空气显热热回收装置，显热回收效率为60%，新风机组的处理过程如图所示。问：

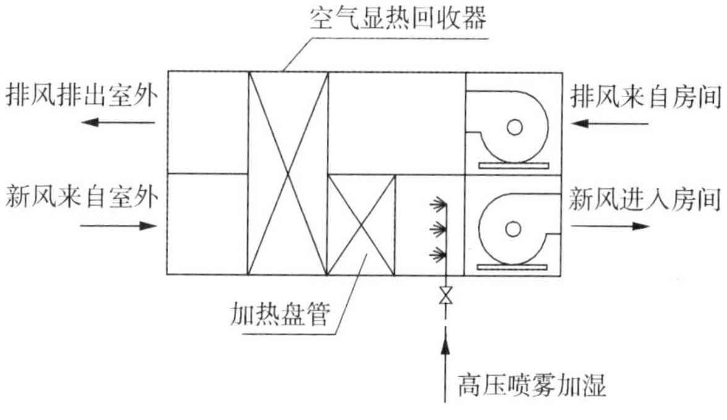

新风机组加热盘管的加热量约为下列何项?(按照标准大气压计算,空气密度为 1.2kg/m³)(2012-3-18)

(A)2.7kW　　(B)5.4kW　　(C)6.7kW　　(D)9.2kW

答案:[B]

主要解答过程:

根据《教材 2018》P376,高压喷雾加湿为等焓过程,又因为新风不承担室内显热负荷,且房间湿负荷为 0,因此新风需直接处理到室内状态点 N 处,新风处理过程如图所示。查 h-d 图得:$d_W = 0.75$g/kg,$h_N = 31.2$kJ/kg。其中 W_2 点为室内等焓线与室外等含湿量线的交点,查得:$t_{W2} = 29$℃,或根据:$31.2 = 1.01t_{W2} + (2500 + 1.84t_{W2}) \times 0.75 \times 10^{-3}$,解得:$t_{W2} = 29$℃,因此:

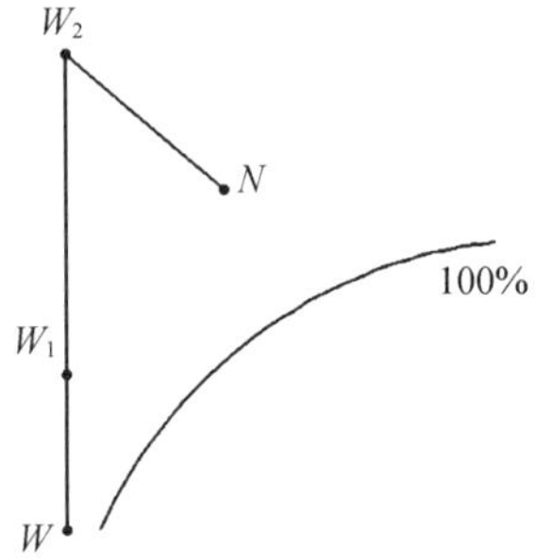

若不进行热回收所需加热量:

$$Q_0 = 1.01 \times \frac{1000}{3600} \times 1.2 \times (29 - 0) = 9.76(\text{kW})$$

显热回收热量:$Q_R = 0.6 \times 1.01 \times \frac{1000}{3600} \times 1.2 \times (20 - 0) = 4.04(\text{kW})$

新风机组所需加热量:$Q = Q_0 - Q_R = 5.72$kW,计算结果与 B 选项有一定差距。

注:实际工程中,将新风通过等焓加湿直接处理到室内状态点要求控制精度较高,并不常用,本题疑似题干附图印刷错误,若将"高压喷雾加湿"更改为"干蒸汽加湿",则加湿过程为等温过程,则计算过程调整为:

若不进行热回收所需加热量:$Q_0 = 1.01 \times \frac{1000}{3600} \times 1.2 \times (20 - 0) = 6.73(\text{kW})$

显热回收热量:$Q_R = 0.6 \times 1.01 \times \frac{1000}{3600} \times 1.2 \times (20 - 0) = 4.04(\text{kW})$

新风机组所需加热量:$Q = Q_0 - Q_R = 2.69$kW,发现十分接近 A 选项。

7. 某空调房间设置全热回收装置,新风量与排风量均为 200m³/h,室内温度为 24℃、相对湿度 60%、焓值 56.2kJ/kg,室外温度 35℃、相对湿度 60%,焓值 90.2kJ/kg,全热回收效率 62%,试求新风带入室内的冷负荷为下列何项?(空气密度为 1.2kg/m³)(2014-4-19)

(A)260~320W　　(B)430~470W　　(C)840~880W　　(D)1380~1420W

答案:[C]

主要解答过程:

根据《教材 2018》P563 式(3.11-7)

$$\eta_h = 0.62 = \frac{h_1 - h_2}{h_1 - h_3} = \frac{90.2 - h_2}{90.2 - 56.2}$$

$$h_2 = 69.12\text{kJ/kg}$$

则新风带入室内的冷负荷为:

$$Q_x = \rho V(h_2 - h_3) = 1.2 \times \frac{200}{3600} \times (69.12 - 56.2) = 0.861\text{kW} = 861\text{W}$$

3.10.4 耗电输热(冷)比(2016-4-13,2017-3-16,2018-3-18)

考点总结:耗电输热(冷)比争议点总结

《民规》及《公建节能 2015 版》针对供暖系统及空调冷(热)水耗电输热(冷)比做出了修订,计算公式及方法相同，但细心的考生可以发现两本规范在系数选取上有所区别，并且规范印刷也均存在错误，因此笔者对于以上问题做如下总结：

供暖系统耗电输热比

规范名称	《民规》	《公建节能 2015》
条文编号	第 8.11.13 条	第 4.3.3 条
不同点	一级泵 $B=20.4$；二级泵 $B=24.4$	一级泵 $B=17$；二级泵 $B=21$
错误点	当 $\sum L \leqslant 400\text{m}$ 时，α 取值错误，应为 $\alpha=0.0115$，与《公建节能 2015》取值相同	无

空调冷(热)水系统耗电输冷(热)比

规范名称	《民规》	《公建节能 2015》
条文编号	第 8.5.12 条	第 4.3.9 条
不同点	$\sum L$，当管道设于大面积单层或多层建筑时，可按机房出口至最远端空调末端的管道长度减去 100m 确定	$\sum L$，当最远用户为风机盘管时，应按机房出口至最远端空调末端的管道长度减去 100m 确定
错误点	无	表 4.3.9-5 表格划分印刷错误，应以《民规》表 8.5.12-5 为准

注：大面积单层建筑，且最远用户为风机盘管时，管道长度是否应减去 200m 存在一定争议，笔者个人认为不应重复计算。

说明：

(1)考虑到《民规》及《公建节能 2015》均为现行规范，如遇相关考题，考生应根据题干所给信息判断考点出处，灵活选择规范依据。

(2)以下 2014 年之前题目均根据 2005 版《公建节能》出题，考生应掌握基本解题思路，不必纠结答案。

---

1. 某空调冷冻水系统，供回水温度为 7℃ 和 12℃，设计流量 $G=100\text{m}^3/\text{h}$，水泵扬程 $H=32\text{mH}_2\text{O}$，水泵效率 $\eta=0.73$，试问该系统的输送能效比(ER)为下列何值？(2006-3-12)

(A)0.0145～0.0155　(B)0.02～0.021　(C)0.022～0.023　(D)0.024～0.025

答案：[B]

主要解答过程：

根据《公建节能》第 5.3.27 条

$$ER = 0.002342H/(\Delta T\eta) = 0.002342 \times 32/(5 \times 0.73) = 0.0205$$

注：《民规》第 8.5.12 条对耗电输冷比给出了新的计算公式，如按照民规计算：

$$Q = c\rho G\Delta t = 4.18 \times 1000 \times \frac{100}{3600} \times (12-7) = 580.6(\text{kW})$$

$$ECH = 0.003096\frac{\sum(GH/\eta_b)}{\sum Q} = 0.003096 \times \frac{100 \times 32}{580.6 \times 0.73} = 0.0234$$

2. 一空气调节系统的冷水管道，当供回水温度为 7℃/12℃，所采用水泵的设计工作点的效率为 68% 时，符合节能设计标准的水泵设计扬程，最接近的应是下列何？(2008-3-12)

(A)29m　(B)32m　(C)35m　(D)38m

答案：[C]

主要解答过程:

根据《公建节能》5.3.27，查表 5.3.27 得空调冷水管道 ER 值为 0.0241，代入式(5.3.27)得:

$$H=ER\Delta T\eta/0.002342=0.0241\times 5\times 0.68/0.002342=35(\text{m})$$

注:《民规》及《公建节能 2015 版》均对计算公式做出了更新，考生需关注。

3. 某图书馆报告厅的空调系统夏季采用冷水机组供冷，已知冷水供回水温差为 5℃，水泵设计扬程为 $36\text{mH}_2\text{O}$，该水泵符合节能设计要求的设计工作点的最低效率应为下列何项?(2009-3-18)

(A)60%　　(B)65%　　(C)70%　　(D)72%

答案:[C]

主要解答过程:

根据《公建节能》第 5.3.27 条，查表 5.3.27 得 $ER=0.0241$

$$ER=0.002342H/(\Delta T\eta)$$

解得: $\eta=0.7$

4. 二管制空调水系统，夏季测得如下数据: 空调冷水流量 $G=108\text{m}^3/\text{h}$，供、回水温度分别为 11.5℃，7.5℃，水泵轴功率 $N=10\text{kW}$，水泵效率为 75%。问系统的输送能效比(ER)为下列哪一项?(注: 水的密度 $\rho=1000\text{kg/m}^3$，比热为 4.2kJ/kg·K)(2011-3-12)

(A)0.0171 ~ 0.0190　　(B)0.0191 ~ 0.0210　　(C)0.0211 ~ 0.0230　　(D)0.0236 ~ 0.0270

答案:[B]

主要解答过程:

由水泵轴功率公式:

$$N=\frac{GH}{367.3\eta}\Rightarrow H=\frac{367.3\times 0.75\times 10}{108}=25.5(\text{m})$$

根据《公建节能》第 5.3.27 条

$$ER=\frac{0.002342H}{\Delta T\eta}=\frac{0.002342\times 25.5}{(11.5-7.5)\times 0.75}=0.01991$$

5. 成都市某 12 层的办公建筑，设计总冷负荷为 850kW，冷水机组采用两台水冷螺杆式冷水机组。空调水系统采用二管制一级泵系统，选用两台设计流量为 $100\text{m}^3/\text{h}$，设计扬程为 $30\text{mH}_2\text{O}$ 的冷水循环泵并联运行。冷冻机房至系统最远用户的供回水管道的总输送长度 350m，那么冷水循环泵的设计工作点效率应不小于多少?(2014-3-17)

(A)58.3%　　(B)69.00%　　(C)76.4%　　(D)80.9%

答案:[D]

主要解答过程:

根据《民规》第 8.5.12 条，冷水循环泵的耗电输冷比满足:

$$ECR=0.003096\sum(GH/\eta_b)/\sum Q\leqslant A(B+\alpha\sum L)/\Delta T$$

查各附表: $G=100\text{m}^3/\text{h}$(单台水泵)，$H=30\text{m}$，$\sum Q=850\text{kW}$，$\Delta T=5℃$

$$A=0.003858,\ B=28,\ \sum L=350,\ \alpha=0.02$$

$$故:\eta_b\geqslant\frac{0.003096\Delta T\times\sum GH}{A(B+\alpha\sum L)\times\sum Q}=\frac{0.003096\times 5\times 2\times 100\times 30}{0.003858\times(28+0.02\times 350)\times 850}=80.92\%$$

注: 表 8.5.12-3 和表 8.5.12-4 在查询参数上标注不明确，易造成困扰，故作者对表 8.5.12-3

做出注释，以便考生理解：

表 8.5.12-3

系统组成		四管制单冷、单热管道 B 值（两管制冷水管路 B 值也按该列选取）	二管制热水管道 B 值（热水管道对应冷水系统不取值，为“—”）
一级泵	冷水系统	28	—
	热水系统	22	21
二级泵	冷水系统	33	—
	热水系统	27	25

同理，两管制冷水管路 α 值也应根据表 8.5.12-4 取值。

第 4 章　制冷与热泵技术

4.1　蒸汽压缩式制冷循环(2016-3-20，2016-3-22，2017-3-23，2017-3-24，2018-3-21)

考点总结：制冷循环题目计算要点

(1)熟悉各种制冷循环的具体流程，准确对应系统流程图与压焓图各点位置。

(2)准确理解各点之间所对应的循环过程，以及各点的质量流量和对应焓值。

(3)准确列出各部件(回热器、闪发蒸汽分离器、中间冷却器等)的质量守恒和能量守恒方程。

---

1. 某 R134a 制冷循环，蒸发温度 4℃，冷凝温度 40℃，采用膨胀机代替膨胀阀，试问理论循环制冷系数为下列何值？注：各状态点参数见下表。(2006-4-19)

状态点	温度 /℃	绝对压力/MPa	比焓 /(kJ/kg)	比熵 /[kJ/(kg·K)]	比容 /(m^3/kg)
压缩机入口蒸发器出口	4	0. 33755	401. 0	1. 7252	0. 6042
压缩机出口冷凝器入口	44. 1	1. 0165	423. 8	1. 7252	
冷凝器出口	40	1. 0165	256. 36	1. 190	
膨胀机出口	4	0. 33755	252. 66		

(A)7. 5 ~7. 6　　(B)7. 7 ~7. 8　　(C)7. 9 ~8. 0　　(D) >8. 0

答案：[B]

主要解答过程：

采用膨胀机代替膨胀阀，膨胀机可以对外做功或者发电，提高了制冷循环的制冷系数。

$$\varepsilon_{th} = \frac{\Phi_0}{P_{th}} = \frac{q_0}{\omega_{th}} = \frac{q_0}{\omega_{压缩机} - \omega_{膨胀机}}$$

$$= \frac{401.0 - 252.66}{(423.8 - 401.0) - (256.36 - 252.66)} = 7.77$$

2. 下图为闪发分离器的 R134a 双级压缩制冷循环，问流经蒸发器与流经冷凝器制剂质量流量之比，应为下列何值？该循环主要状态点制冷剂的比焓(kJ/kg)为：h^3 = 410. 25，h_6 = 256. 41，h_7 = 228. 50。(2007-3-19)

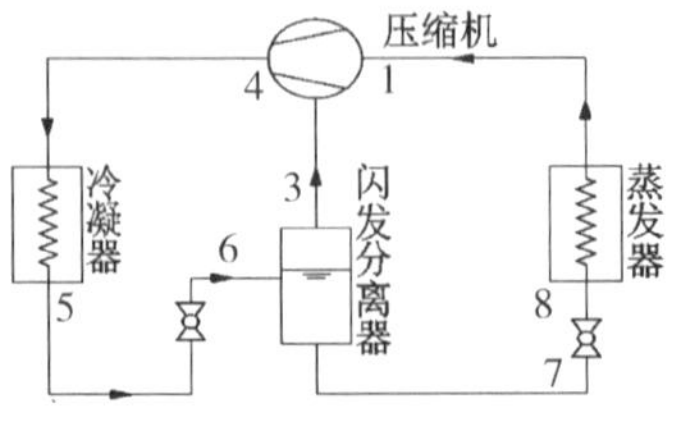

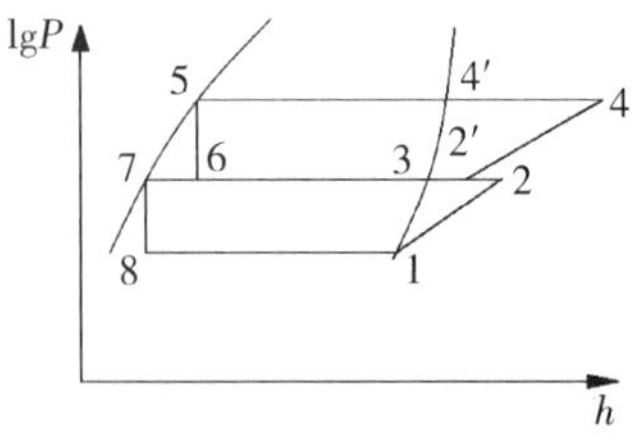

(A)0. 8 ~0. 87　　(B)0. 84 ~0. 85　　(C)0. 82 ~0. 83　　(D)0. 87

答案：[B]

主要解答过程：

对于闪发分离器：

质量守恒方程： $m_6 = m_3 + m_7$

能量守恒方程： $m_6 h_6 = m_3 h_3 + m_7 h_7$

解得 $m_7 : m_3 = 5.51$，**因此** $m_7 : m_6 = 0.846$

3. 某R134a制冷循环，蒸发温度4℃，冷凝温度40℃，采用膨胀涡轮代替膨胀阀，试问理论循环可收回的功量为下列何值(kJ/kg)？注：各种状态点参数见下表。(2007-3-20)

状态点	温度/℃	绝对压力/MPa	比焓/(kJ/kg)	比容/(m^3/kg)
压缩机入口蒸发器出口	4	0.33755	401.0	0.06042
压缩机出口冷凝器入口	44.1	1.0165	423.8	
冷凝器出口	40	1.0165	256.36	
蒸发器入口	4	0.33755	252.66	

(A)3.65～3.75　　(B)3.55～3.64　　(C)3.76～3.85　　(D)3.45～3.54

答案：[A]

主要解答过程：

回收功： $W_{回收} = h_{冷凝器出口} - h_{蒸发器入口} = 256.36\text{kJ/kg} - 252.66\text{kJ/kg} = 3.7\text{kJ/kg}$

4. 如图所示为采用热力膨胀阀的回热式制冷循环。点2蒸发器出口状态，2—3和6—7为气液在回热器的换热过程，试问该循环制冷剂的单位质量制冷能力为下列何值？(kJ/kg)(各点比焓见下表)(2007-3-23)

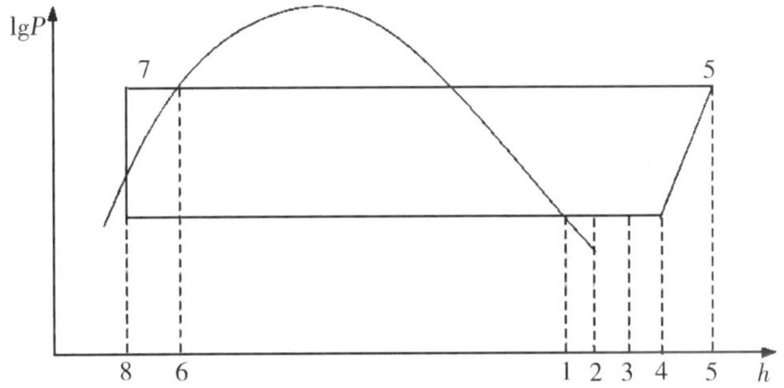

状态点号	1	2	3	4	5	6	7
比焓/(kJ/kg)	406	410	416.3	418.5	442.5	249.2	242.9

(A)166.5～167.5　　(B)163～164　　(C)165～166　　(D)＞166

答案：[A]

主要解答过程：

制冷能力即为蒸发器吸热量 $h_2 - h_8 = h_2 - h_7 = 410 - 242.9 = 167.1\text{(kJ/kg)}$

另一种解法：利用回热循环热平衡关系可得： $h_2 - h_8 = h_3 - h_6 = 416.3 - 249.2 = 167.1\text{(kJ/kg)}$，**答案相同。**

5. 一台带节能器的螺杆压缩机的二次吸气制冷循环，工质为R22，已知：冷凝温度40℃，绝对压力1.5336MPa，蒸发温度4℃，绝对压力0.56605MPa，按理论循环，不考虑制冷剂的吸气过热，试求节能器中的压力。(2007-4-21)

(A)0.50~0.57MPa　(B)0.90~0.95MPa　(C)1.00~1.05MPa　(D)1.40~1.55MPa

答案：[B]

主要解答过程

根据《教材 2018》P584，公式：$P_m=(P_kP_o)^{0.5}=0.932$MPa

6. 图示为采用热力膨胀阀的回热式制冷循环，点 1 为蒸发器出口状态，1—2 和 5—6 为气液在回热器内的换热过程，该循环制冷能效比应为下列哪一项？(注：各点比焓见下表)(2008-3-22)

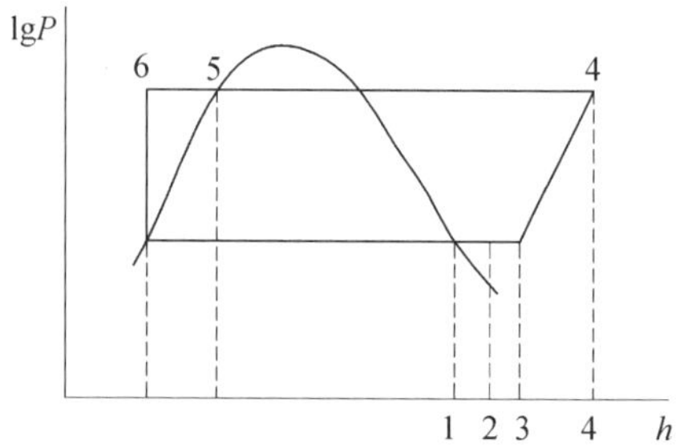

状态点号	1	2	3	4	5
比焓/(kJ/kg)	340	346.3	349.3	376.5	235.6

(A)3.71~3.90　(B)3.91~4.10

(C)4.11~4.30　(D)4.31~4.50

答案：[B]

主要解答过程：

由回热器能量守恒：$h_2-h_1=h_5-h_6$，得：$h_6=229.3$kJ/kg

制冷量 $q=h_1-h_6=110.7$kJ/kg；耗功率 $W=h_4-h_3=27.2$kJ/kg

能效比 $\varepsilon=q/W=4.07$，选 B 选项。

7. 某氨压缩式制冷机组，采用带辅助压缩机的过冷器以提高制冷系数。冷凝温度为 40℃、蒸发温度为 -15℃，过冷器蒸发温度为 -5℃。图示为系统组成和理论循环，点 2 为蒸发器出口状态，该循环的理论制冷系数应是下列何项？(注：各点比焓见下表)(2009-3-22)

比焓点号	2	3	5	6	7	8
比焓/(kJ/kg)	1441	2040	686	616	1500	1900

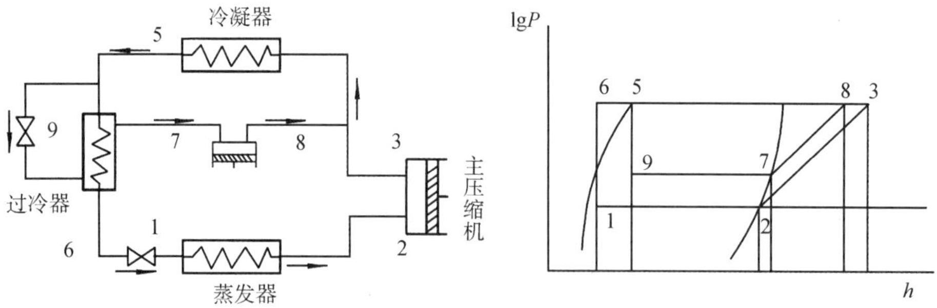

(A)2.10~2.30　(B)1.75~1.95　(C)1.36~1.46　(D)1.15~1.35

答案：[D]

主要解答过程：

根据过冷器的能量平衡方程：$M_5h_9=M_6h_6+M_7h_7$　($h_9=h_5$，$h_6=h_1$)

质量平衡：$M_5=M_6+M_7$，解得：$M_6=11.63M_7$

则制冷系数为：$\varepsilon=\dfrac{(h_2-h_1)M_6}{(h_8-h_7)M_7+(h_3-h_2)M_6}=1.3$

8. 假设制冷机组以逆卡诺循环工作，当外界环境温度为 35℃，冷水机组可分别制取 7℃和 18℃冷水，已知室内冷负荷为 20kW，可全部采用 7℃冷水处理，也可分别用 7℃和 18℃冷水处理(各承担 10kW)，试问全部由 7℃冷水处理需要的冷机电耗与分别用 7℃和 18℃冷水处理

需要冷机电耗的比值为下列何项？（2009-4-22）

（A）>2.0　　（B）1.6～2.0　　（C）1.1～1.5　　（D）0.6～1.0

答案：［C］

主要解答过程：

制取7℃冷水时机组效率：

$$\varepsilon_7 = \frac{273+7}{(273+35)-(273+7)} = 10$$

制取18℃冷水时机组效率：

$$\varepsilon_{18} = \frac{273+18}{(273+35)-(273+18)} = 17.1$$

方案一的耗电量：$W_1 = \dfrac{20\text{kW}}{\varepsilon_7} = 2\text{kW}$

方案二的耗电量：$W_2 = \dfrac{10\text{kW}}{\varepsilon_7} + \dfrac{10\text{kW}}{\varepsilon_{18}} = 1.58\text{kW}$

因此：$W_1/W_2 = 1.266$

9. 某活塞式二级氨压缩式机组，若已知机组冷凝压力为1.16MPa，机组的中间压力为0.43MPa，按经验公式计算，机组的蒸发压力应是下列何项？（2009-4-24）

（A）0.31～0.36MPa　　（B）0.25～0.30MPa　　（C）0.19～0.24MPa　　（D）0.13～0.18MPa

答案：［D］

主要解答过程：

根据《教材2018》P584

$$0.43 = (P_0 \times 1.16)^{\frac{1}{2}}，解得：p_0 = 0.159\text{MPa}$$

10. 某带经济器的螺杆式压缩式制冷机组，制冷剂为R22。制冷剂质量流量的比值 $M_{R1}:M_{R2} = 6:1$，如图所示为系统组成和理论循环，点1为蒸发器出口状态，该循环状态点3的焓值为下列哪一项？（注：各点比焓见下表）（2010-3-21）

状态点号	1	2	4	5	9
比焓/(kJ/kg)	409.09	428.02	440.33	263.27	414.53

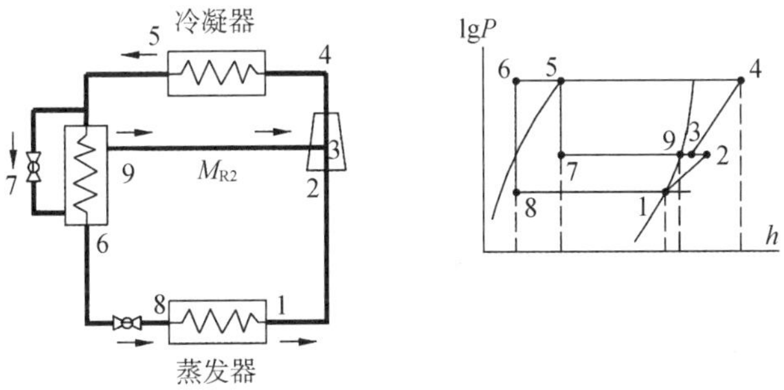

（A）403～410kJ/kg　　（B）419～422kJ/kg　　（C）424～427kJ/kg　　（D）428～431kJ/kg

答案：［C］

主要解答过程：

3点为9点和2点的混合状态点，由能量守恒：

$$(M_{R1}+M_{R2})h_3 = M_{R1}h_2 + M_{R2}h_9$$

解得：$h_3 = 426.1\text{kJ/kg}$

11. 接上题，该循环的理论制冷系数 COP 接近下列何项？(2010-3-22)

(A)6.34　(B)5.48　(C)5.16　(D)4.83

答案：[D]

主要解答过程：

由经济器的能量守恒：($h_6=h_8$)

$$(M_{R1}+M_{R2})h_5=M_{R1}h_6+M_{R2}h_9$$

解得：$h_8=h_6=238.06\text{kJ/kg}$

制冷量：$Q_V=(h_1-h_8)M_{R1}$

耗功率：$W=M_{R1}(h_2-h_1)+(M_{R1}+M_{R2})(h_4-h_3)$

$$COP=\frac{Q_V}{W}=\frac{6\times171.03}{6\times(428.02-409.09)+7\times(440.33-426.1)}=4.81$$

12. 某一次节流完全中间冷却的氨双级压缩制冷理论循环，冷凝温度为 38℃，蒸发温度为 −35℃。按制冷系数最大为原则确定中间压力，对应的中间温度接近下列何值？(2011-3-24)

(A)1.5℃　(B)0℃　(C)−2.8℃　(D)−5.8℃

答案：[C]

主要解答过程：

根据《教材 2018》P584 式(4.1-35)

$$t_{佳}=0.4t_k+0.6t_0+3℃=0.4\times38+0.6\times(-35)+3=-2.8(℃)$$

13. 某氨压缩式制冷机组，冷凝温度为 40℃、蒸发温度为 −15℃，如图所示为其理论循环，点 2 为蒸发器制冷剂蒸汽出口状态。该循环的理论制冷系数应是下列何值？(注：各点比焓见下表)(2011-4-21)

状态点号	1	2	3	4
比焓/(kJ/kg)	686	1441	2040	1650

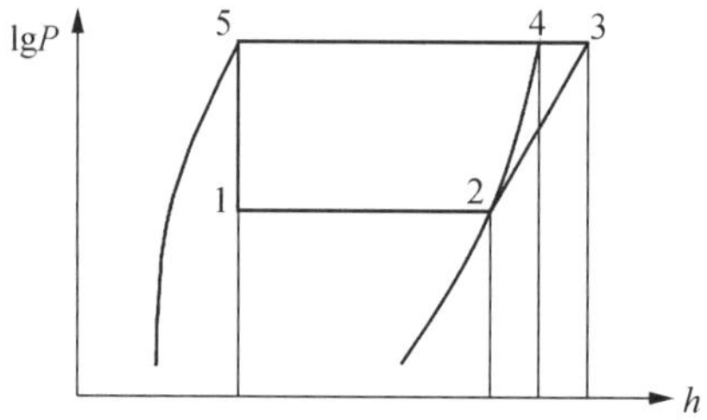

(A)2.10～2.30　(B)1.75～1.95

(C)1.45～1.65　(D)1.15～1.35

答案：[D]

主要解答过程：

$$\varepsilon=\frac{Q}{W}=\frac{h_2-h_1}{h_3-h_2}=\frac{1441-686}{2040-1441}=1.26$$

14. 某热回收型地源热泵机组，采用 R502 制冷剂，冷凝温度为 40℃、蒸发温度为 −5℃，如图所示为其理论循环。采用冷凝热回收，回收蒸发的显热。点 4 为冷凝器制冷剂蒸汽进口状态，该机组回收的热量占循环中总的冷凝热的比例应是下列哪一项？注：各点比焓见下表。(2011-4-22)

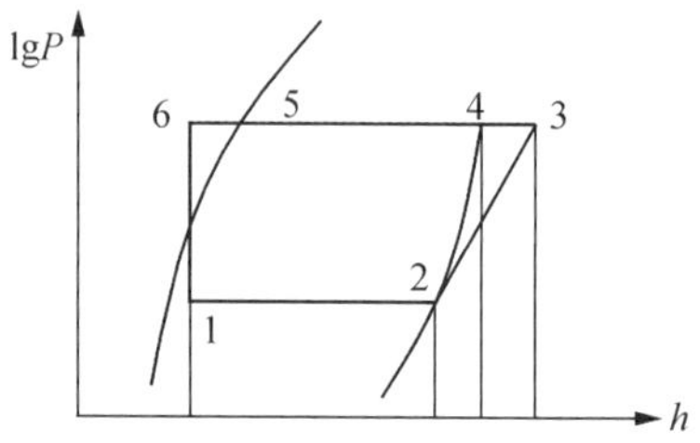

状态点号	1	2	3	4	5
比焓/(kJ/kg)	241.5	344.7	385.7	359.6	247.9

(A)26.5%～29.0%　(B)21.0%～23.5%

(C)18.6%～20.1%　(D)17%～18.5%

答案：[D]

主要解答过程：

3 点为压缩机出口状态点，在不进行热回收时即为冷凝器进口状态，进行热回收后，冷凝器进口状态点为 4 点，因此，单位制冷机流量回收热量为：h_3-h_4，总冷凝热为：$h_3-h_6=h_3-h_1$

回收热量所占比例：

$$m=\frac{h_3-h_4}{h_3-h_1}=\frac{385.7-359.6}{385.7-241.5}=18.1\%$$

15. 图示为闪发分离器的(制冷剂为 R134a)双级压缩制冷循环，已知：循环主要状态点制冷剂的比焓(kJ/kg)为：$h_3=410.25$，$h_7=228.50$。当流经蒸发器与流出闪发分离器的制冷剂质量流量之比为 5.5 时，h_5应为下列何值？(2012-4-23)

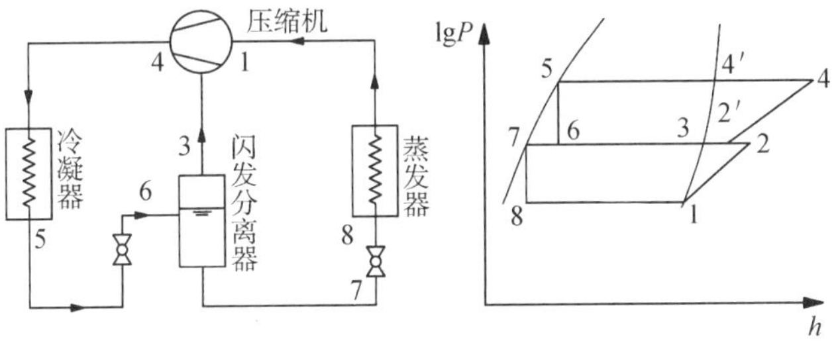

(A)231～256kJ/kg　　(B)251～270kJ/kg

(C)271～280kJ/kg　　(D)281～310kJ/kg

答案：[B]

主要解答过程：

本题根据 2007 年专业案例(上)第 19 题改编。

$$m_7:m_3=5.5$$

质量守恒方程：$m_6=m_3+m_7$

能量守恒方程：$m_6h_6=m_3h_3+m_7h_7$

解得：$h_5=h_6=256.5\text{kJ/kg}$

16. 图示为采用热力膨胀阀的回热式制冷循环，点 1 为蒸发器出口状态，1—2 和 5—6 为气液在回热器的换热过程，试问该循环制冷剂的单位质量压缩耗功应是下列哪个选项？(注：各点比焓见下表)(2013-4-21)

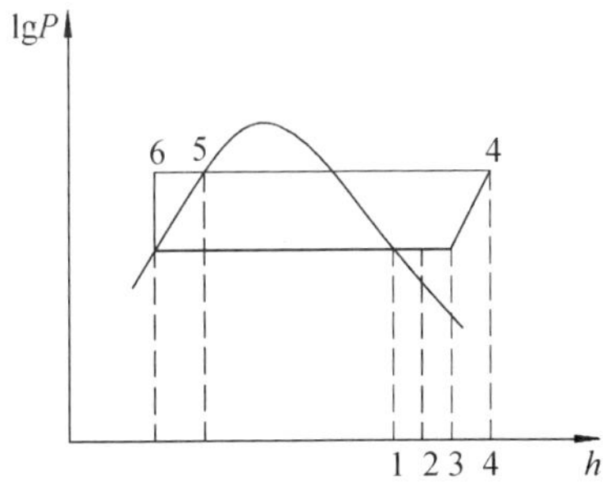

状态点号	1	2	3	4	5	6
比焓/(kJ/kg)	340	346.3	349.3	376.5	235.6	229.3

(A)6.8kJ/kg　　(B)9.5kJ/kg

(C)27.2kJ/kg　　(D)30.2kJ/kg

答案：[C]

主要解答过程：

耗功率 $W=h_4-h_3=27.2\text{kJ/kg}$

注：本题为 2008 年专业案例(上)第 22 题原题简化版。

17. 某带回热器的压缩式制冷机组，制冷剂为 CO_2。图示为系统组成和制冷循环，点 1 为蒸发器出口状态，该循环回热器的出口(点 5)焓值为何项？(注：各点比焓见下表)(2013-4-22)

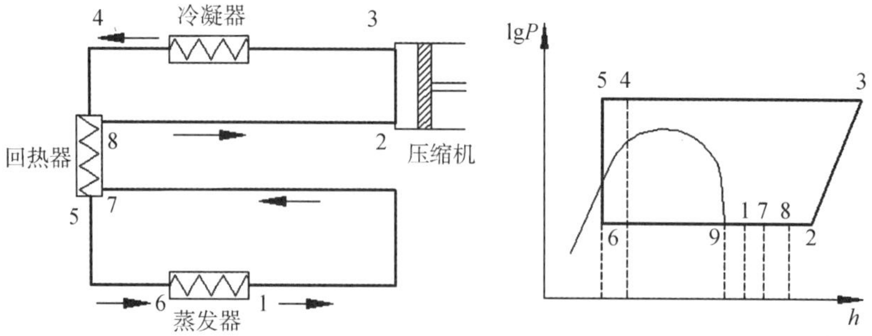

状态点号	1	2	3	4	7	8	9
比焓/(kJ/kg)	434.6	485.2	537.3	327.6	437.6	484.7	434.2

(A)277kJ/kg (B)277.5kJ/kg (C)280kJ/kg (D)280.5kJ/kg

答案：[D]

主要解答过程：

由回热器能量守恒：$h_4 - h_5 = h_8 - h_7$，得：$h_5 = 280.5$kJ/kg

18. 如图所示为一次节流完全中间冷却的双级氨制冷理论循环，各状态点比焓见下表(kJ/kg)。

h_1	h_2	h_3	h_4	h_5	h_6
1408.41	1590.12	1450.42	1648.82	342.08	181.54

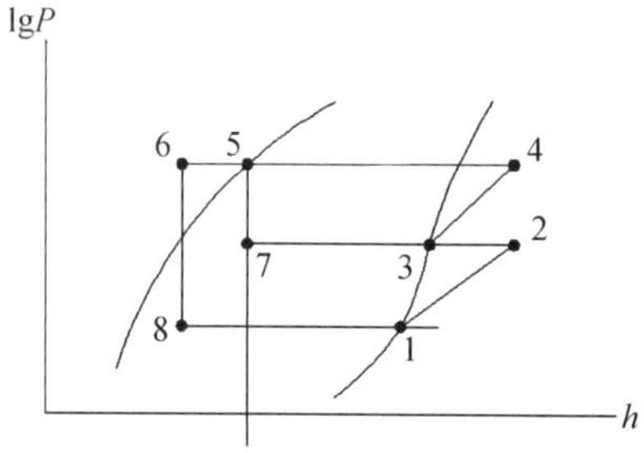

试问在该工况下，理论制冷系数为下列何项？(2014-3-22)

(A)1.9 ~2.2 (B)2.3 ~2.6

(C)2.7 ~3.0 (D)3.1 ~3.4

答案：[C]

主要解答过程：

根据《教材 2018》P582 ~ P583 式(4.1-24) ~ 式(4.1-29)，设制冷量为 Φ_0，通过蒸发器的制冷剂质量流量为 M_{R1}，通过中间冷却器的制冷剂质量流量为 M_{R2}(注意教材图 4.1-13 与题干附图状态点编号有差别)则有：

$$M_{R1} = \frac{\Phi_0}{(h_1 - h_8)} = \frac{\Phi_0}{(h_1 - h_6)}$$

$$M_{R2} = M_{R1}\frac{(h_2 - h_3) + (h_5 - h_6)}{(h_3 - h_7)} = M_{R1}\frac{(h_2 - h_3) + (h_5 - h_6)}{(h_3 - h_5)}$$

$$P_{th1} = M_{R1}(h_2 - h_1) = \frac{h_2 - h_1}{h_1 - h_6}\Phi_0 = 0.148\Phi_0$$

$$P_{th2} = (M_{R1} + M_{R2})(h_4 - h_3) = \frac{(h_2 - h_6)(h_4 - h_3)}{(h_3 - h_5)(h_1 - h_6)}\Phi_0 = 0.206\Phi_0$$

$$\varepsilon_{th} = \frac{\Phi_0}{P_{th1} + P_{th2}} = \frac{1}{0.148 + 0.206} = 2.83$$

19. 已知某电动压缩式制冷机组处于额定负荷出力的工况运行：冷凝温度为 30℃，蒸发温度为 2℃，不同的销售人员介绍该工况下机组的制冷系数值，不可取信的为下列何项？并说明原因。(2014-3-23)

(A)5.85 (B)6.52 (C)6.80 (D)9.82

答案：[D]

主要解答过程：

参考《教材 2018》P574 式(4.1-5)，两定温热源间的逆卡诺循环效率为：

$$\varepsilon_c = \frac{T'_0}{T'_k - T'_0} = \frac{273+2}{(273+30)-(273+2)} = 9.82$$

要知道逆卡诺循环为理想制冷循环，是所能达到的最高效率，考虑到实际制冷循环的温差损失、节流损失、过热损失等因素，实际制冷循环的制冷系数不可能达到 9.82。

4.2 制冷剂及载冷剂

1. CO_2作为载冷剂采用蒸发吸热，具有环保、节能的优点，其食品冷藏间($t_n = -20℃$)的空气冷却器采用载冷剂，已知冷负荷为 210kW，现比较选用载冷剂 CO_2或乙二醇溶液(有关参数见下表)，理论计算的乙二醇溶液质量流量与 CO_2质量流量之比值为何项？(2009-3-20)

载冷剂	传热方式	传热计算温差 Δt	比热容/[kJ/(kg·K)]	汽化潜热/(J/g)
CO_2	蒸发吸热	—		282
乙二醇溶液	温差传热	5℃	3.3	

(A)16～18　　(B)13～15　　(C)10～12　　(D)7～9

答案：[A]

主要解答过程：

乙二醇质量流量：$M_1 = Q/c\Delta t = 210/(3.3\times5) = 12.7$(kg/s)

CO_2质量流量：　$M_2 = Q/q = 210/282 = 0.745$(kg/s)

故：$M_1 : M_2 = 17$

4.3 蒸汽压缩式制冷(热泵)机组及其选择计算方法

4.3.1 制冷压缩机及热泵机组的主要性能参数(2016-3-21，2016-4-6，2016-4-21)

1. 某制冷系统供 A、B 两个冷藏室使用，其制冷量分别为 12kW 和 9kW，两室蒸发器出口均为饱和状态，而且至压缩机入口无热损失，试问该系统制冷剂质量循环量应为下列何值？注：各状态点参数见下表。(2006-3-19)

状态点	温度/℃	绝对压力/MPa	比焓/(kJ/kg)	比熵/[kJ/(kg·K)]	比容/(m^3/kg)
A 室蒸发器出口	-30	0.164	392.65	1.8016	0.136
B 室蒸发器出口	0	0.498	404.93	1.7502	0.4718
冷凝器出口	38	1.454	246.69	1.1572	

(A)470～480kg/h　　(B)495～505kg/h　　(C)510～520kg/h　　(D)525～535kg/h

答案：[B]

主要解答过程：

由于蒸发器至压缩机入口无热损失，冷凝器出口至蒸发器入口经膨胀阀为等焓过程，因此蒸发器入口焓值与冷凝器出口焓值相等，A、B 两个冷藏室所需的制冷剂质量流量为：

$$M_A = \frac{12\text{kW}}{(392.65-246.69)\text{kJ/kg}} \times 3600 = 296\text{kg/h}$$

$$M_B = \frac{9\text{kW}}{(404.93-246.69)\text{kJ/kg}} \times 3600 = 205\text{kg/h}$$

制冷系统制冷剂的总循环量为：

$$M = M_A + M_B = 296 + 205 = 501(\text{kg/h})$$

2. 图示给出冷凝器污垢系数对冷水机组性能影响的相对百分比。美国标准污垢系数为 0.044m² · K/kW，我国标准为 0.086m² · K/kW，问要求按我国标准选用一台制冷量 1000kW 按美国标准生产的冷水机组，其性能系数应乘以下列何值？（2006-3-21）

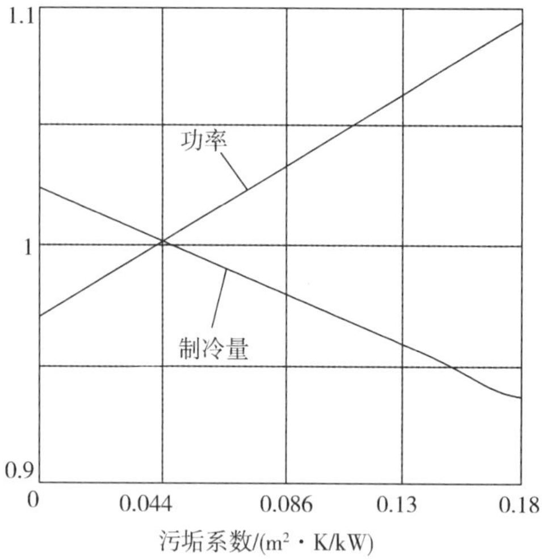

(A)1　　(B)0.98

(C)0.95　　(D)0.9

答案：[C]

主要解答过程：

可以发现，附图是以美国污垢系数(0.044)为基准，对其他污垢系数工况下制冷机组制冷量和耗功率进行修正，当污垢系数为 0.044 时，功率和制冷量的修正系数均为 1；而当污垢系数为 0.086 时，查图可知，功率和制冷量的修正系数分别为：

$$\eta_W = 1.03$$

$$\eta_Q = 0.98$$

因此，性能系数的修正系数应为：

$$\eta_{COP} = \frac{\eta_Q}{\eta_W} = \frac{0.98}{1.03} = 0.951$$

3. 一台理论排气量为 0.1m³/s 的半封闭式双螺旋压缩机，其压缩过程的指示效率为 0.9，摩擦效率为 0.95，容积效率为 0.8，电动机效率为 0.85。当吸气比容为 0.1m³/kg，单位质量制冷量为 150kJ/kg，理论耗功率为 20kJ/kg 时，该工况下压缩机的制冷性能系数为下列何值？(2006-3-22)

(A)5.0 ~ 5.1　　(B)5.2 ~ 5.3　　(C)5.4 ~ 5.5　　(D)5.6 ~ 5.7

答案：[C]

主要解答过程：

单位质量制冷剂的制冷量为：150kJ/kg。

对于封闭式压缩机(包括半封闭)，根据《教材 2018》P613 式(4.3-19)，单位质量制冷剂电动机的输入功率为：

$$P_{in} = P_{th}/\eta_i\eta_m\eta_e = \frac{20\text{kJ/kg}}{0.9 \times 0.95 \times 0.85} = 27.52\text{kJ/kg}$$

根据式(4.3-23)，制冷性能系数为：

$$COP = \frac{\phi_0}{P_{in}} = \frac{150}{27.52} = 5.45$$

4. 某单级压缩蒸汽理论制冷循环，工质为 R22，机械效率 $\eta_m = 0.9$，理论比功 $w_0 = 43.98$kJ/kg，指示比功 $w_i = 67.66$kJ/kg，制冷机质量流量 $q_m = 0.5$，求压缩机的理论功率、指示功率和轴功率约为下列哪一项？（2007-4-19）

(A)37.59kW，21.99kW，33.8kW　　(B)21.99kW，37.59kW，33.83kW

(C)33.83kW，21.99kW，37.59kW　　(D)21.99kW，33.83kW，37.59kW

答案：[D]

主要解答过程：

根据《教材 2018》P612 ~ P613

理论功率：$P_0 = q_m w_0 = 21.99\text{kW}$

指示功率：$P_i = q_m w_i = 33.83\text{kW}$

轴功率：$P_e = P_i / \eta_m = 37.59\text{kW}$

5. 某全封闭制冷压缩机，其制冷量 $Q_o = 128.7\text{W}$，理论功率 $P_{ts} = 44.8\text{W}$，指示功率 $P_i = 65.5\text{W}$，轴功率 $P_e = 79.81\text{W}$，电动机效率 $\eta_{mo} = 0.8$。问这台压缩机的实际 EER 为下列何值？(2007-4-20)

(A)0.8 ~ 1.0　　(B)2.2 ~ 2.4　　(C)1.2 ~ 1.5　　(D)3.0 ~ 3.2

答案：[C]

主要解答过程：

根据《教材 2018》P613 式(4.3-19)对于封闭式压缩机：

$$P_{in} = P_{ts}/\eta_i \eta_m \eta_{mo} = P_i/\eta_m \eta_{mo} = P_e/\eta_{mo} = 79.81/0.8 = 99.76$$

$$EER = Q_o / P_{in} = 1.29$$

本题需熟练掌握《教材 2018》P613 各种功率及效率的换算关系。

6. 对于单级氨压缩制冷循环，可采用冷负荷系数法计算冷凝器热负荷，一氨压缩机载标准工况下的制冷量为 122kW，按冷负荷系数法计算，该压缩机在标准工况下配套冷凝器的热负荷应是下列何项值？(2008-3-24)

(A)151 ~ 154kW　　(B)148 ~ 150kW

(C)144 ~ 147kW　　(D)140 ~ 143kW

答案：[C]

主要解答过程：

根据《教材 2018》P609 表 4.3-2 查得无机制冷剂(氨)压缩机标准工况为：吸入压力饱和温度(蒸发温度)为 -15℃，排出压力饱和温度(冷凝温度)为 30℃。

再根据《教材 2018》P737 图 4.9-3，冷凝器负荷系数约为 1.19，则 $\Phi_c = \psi \times 122 = 145\text{kW}$

7. 某中高温水源热泵机组，采用 R123 工质，蒸发温度为 20℃，冷凝温度为 75℃，容积制冷量为 578.3kJ/m^3，若某机组制冷量为 50kW 时，采用活塞压缩机。问：理论输气量满足要求，且富裕最小的机组，应是下列何项？(2009-3-23)

(A)机组 A：4 缸(缸径 100mm，活塞行程 100mm)，转速为 960r/min

(B)机组 B：4 缸(缸径 100mm，活塞行程 100mm)，转速为 1440r/min

(C)机组 C：8 缸(缸径 100mm，活塞行程 100mm)，转速为 960r/min

(D)机组 D：8 缸(缸径 100mm，活塞行程 100mm)，转速为 1440r/min

答案：[C]

主要解答过程：

实际要求输气量 $V_R = 50\text{kW}/578.3\text{kJ/m}^3 = 0.0865\text{m}^3/\text{s}$

根据《教材 2018》P610 式(4.3-1)，$V_h = (\pi/240) D^2 SnZ$

$$V_{hA} = (3.14/240) \times 0.1^2 \times 0.1 \times 960 \times 4 = 0.0524(\text{m}^3/\text{s})$$

$$V_{hB} = (3.14/240) \times 0.1^2 \times 0.1 \times 1440 \times 4 = 0.07536(\text{m}^3/\text{s})$$

$V_{hC} = (3.14/240) \times 0.1^2 \times 0.1 \times 960 \times 8 = 0.10048(m^3/s)$

$V_{hD} = (3.14/240) \times 0.1^2 \times 0.1 \times 1440 \times 8 = 0.15072(m^3/s)$

因此满足要求，且富裕最小的机组，应是机组C。

8. 有一台制冷剂为R717的8缸活塞压缩机，缸径为100mm，活塞行程为80mm，压缩机转速为720r/min，压缩比为6，压缩机的实际输气量是下列何项？(2012-3-21)

(A)0.04～0.042m^3/s　　(B)0.049～0.051m^3/s

(C)0.058～0.06m^3/s　　(D)0.067～0.069m^3/s

答案：[A]

主要解答过程：

根据《教材2018》P610 式(4.3-1)

压缩机理论输气量：$V_h = \frac{\pi}{240}D^2 SnZ = \frac{\pi}{240} \times 0.1^2 \times 0.08 \times 720 \times 8 = 0.0603(m^3/s)$

根据《教材2018》P611 式(4.3-8)

容积效率：$\eta_V = 0.94 - 0.085\left[\left(\frac{p_2}{p_1}\right)^{\frac{1}{m}} - 1\right] = 0.94 - 0.085 \times (6^{\frac{1}{1.28}} - 1) = 0.68$

实际输气量：$V_R = V_h \eta_V = 0.0603 \times 0.68 = 0.041(m^3/s)$

9. 某空调系统的水冷式冷水机组的运行工况与国家标准(GB/T 18430.1—2007)规定的名义工况时的温度/流量条件完全相同，其制冷性能系数$COP = 6.25$kW/kW，如果按照该冷水机组名义工况的要求来配备冷却水泵的水流量，此时冷却塔进塔与出塔水温，最接近以下哪个选项？(不考虑冷却水供回水管和冷却水泵的温升)(2013-3-17)

(A)进塔水温34.6℃，出塔水温30℃　　(B)进塔水温35.0℃，出塔水温30℃

(C)进塔水温36.0℃，出塔水温31℃　　(D)进塔水温37.0℃，出塔水温32℃

答案：[A]

主要解答过程：

根据GB/T 18430.1—2007表2或《教材2018》P620表4.3-5，冷却塔出塔水温为30℃，单位制冷量冷却水流量为0.215m^3/(h·kW)

则冷却塔所需散热量为：$Q_1 = Q_0 + \frac{Q_0}{COP} = 1.16Q_0$

冷却塔循环水流量为：$G = 0.215Q_0$

冷却塔温升：$\Delta t = \frac{Q_1}{cG\rho} = \frac{1.16Q_0}{4.18 \times \frac{0.215Q_0}{3600} \times 1000} = 4.65℃$

冷却塔进塔水温为30℃+4.65℃=34.65℃

注意：表2中冷却水流量的单位(单位制冷量)。

10. 某活塞式制冷压缩机的轴功率为100kW，摩擦效率为0.85。压缩机制冷负荷卸载50%运行时(设压缩机进出口的制冷剂焓值、指示效率与摩擦功率维持不变)，压缩机所需的轴功率为下列何项？(2014-4-22)

(A)50kW　　(B)50.5～54.0kW

(C)54.5～60.0kW　　(D)60.5～65.0kW

答案：[C]

主要解答过程：

根据《教材2018》P613 式(4.3-17)，压缩机指示功率为：

$$P_i = P_e\eta_m = 100 \times 0.85 = 85(\mathrm{kW})$$

根据式(4.3-16)，摩擦功率为：

$$P_m = P_i - P_e = 100 - 85 = 15(\mathrm{kW})$$

冷负荷卸载50%后，压缩机制冷剂质量流量减半，由于压缩机进出口的制冷剂焓值、指示效率与摩擦功率维持不变，根据式(4.3-15)，指示效率变为：

$$P_i' = \frac{1}{2}M_{R0}(h_3 - h_2)/\eta_i = \frac{1}{2}P_i = 42.5\mathrm{kW}$$

轴功率变为：

$$P_e' = P_i' + P_m = 42.5 + 15 = 57.5(\mathrm{kW})$$

4.3.2 制冷压缩机的种类及其特点

1. 现设定火力发电+电力输配系统的一次能源转换率为30%(到用户)，且往复式、螺杆式、离心式和直燃式冷水机组的制冷性能系数为4.0、4.3、4.7、1.25。问：在额定状态下产生相同的冷量，以消耗一次能源量计算，按照从小到大一次排列的顺序应是下列选项的哪一个？并说明理由。(2008-3-20)

(A)直燃式、离心式、螺杆式、往复式
(B)离心式、螺杆式、往复式、直燃式
(C)螺杆式、往复式、直燃式、离心式
(D)离心式、螺杆式、直燃式、往复式

答案：[D]

主要解答过程：

设往复式、螺杆式、离心式和直燃式冷水机组的一次能源消耗量分别为：M_1，M_2，M_3，M_4

$$M_1 = \frac{Q}{4.0 \times 30\%} = 0.833Q,\ M_2 = \frac{Q}{4.3 \times 30\%} = 0.775Q$$

$$M_3 = \frac{Q}{4.7 \times 30\%} = 0.709Q,\ M_4 = \frac{Q}{1.25} = 0.8Q$$

4.3.3 制冷(热泵)机组的性能系数及 *IPLV* 计算(2016-3-23，2017-4-18，2018-3-13，2018-3-20，2018-3-22，2018-4-21)

1. 部分负荷权重系数见下表。试问冷水机组的部分负荷性能性能系数 *IPLV* 应为下列何值？并说明式中符号含意。(2006-3-20)

负荷百分比(%)	100	75	50	25
权重系数(%)	1	42	45	12

(A)$0.01 \times COP_{100} + 0.42 \times COP_{75} + 0.45 \times COP_{50} + 0.12 \times COP_{25}$

(B)$1/(0.01/COP_{100} + 0.42/COP_{75} + 0.45/COP_{50} + 0.12/COP_{25})$

(C)$1/(0.01 \times COP_{100} + 0.42 \times COP_{75} + 0.45 \times COP_{50} + 0.12 \times COP_{25})$

(D)$(COP_{100} + COP_{75} + COP_{50} + COP_{25}) \times 0.25$

答案：[A]

主要解答过程：

参考《公建节能》第5.4.7条 *IPLV* 的计算方法

$$IPLV = 1\% \times COP_{100} + 42\% \times COP_{75} + 45\% \times COP_{50} + 12\% \times COP_{25}$$

式中 COP_{100}——100%负荷时的性能系数(W/W)；

COP_{75}——75% 负荷时的性能系数（W/W）；

COP_{50}——50% 负荷时的性能系数（W/W）；

COP_{25}——25% 负荷时的性能系数（W/W）。

注：《公建节能 2015》第 4.2.13 条对 IPLV 计算公式做出了修改，对于其适用范围及使用误区也在条文说明内做出了详细的阐述。

2. 某住宅选用空气源热泵冷热水机组用于辐射供冷和供热，有两款机型的部分负荷能效比见下表。部分负荷综合性能系数的计算式是：$IPLV=0.023A+0.415B+0.461C+0.101D$，哪一款机型更适合应用？为什么？（2007-3-22）

机型	100%	75%	50%	25%
甲	2.4	3.2	3.7	3.0
乙	2.8	3.4	3.2	2.6

（A）乙款机型更适合，额定工况下能效高

（B）甲款机型更适合，负荷综合性能系数高

（C）乙款机型更适合，部分负荷综合性能系数高

（D）两款机型都适合

答案：［B］

主要解答过程：

根据《公建节能》第 5.4.7 条

$LPLV_{甲}=0.023\times2.4+0.415\times3.2+0.461\times3.7+0.101\times3.0=3.39$

$LPLV_{乙}=0.023\times2.8+0.415\times3.4+0.461\times3.2+0.101\times2.6=3.21$，**故甲款机型更适合。**

注：《公建节能 2015》第 4.2.13 条对 IPLV 计算公式做出了修改。

3. 某大楼安装一台额定冷量为 500kW 的冷水机组（$COP=5$），系统冷冻水水泵功率为 25kW，冷却水泵功率为 20kW，冷却塔风机功率为 4kW，设水系统按定水量方式运行，且水泵和风机均处于额定工况运行，冷机的 COP 在部分负荷时维持不变。已知大楼整个供冷季 100%，75%，50%，25% 负荷的时间份额依次为 0.1，0.2，0.4 和 0.3，该空调系统在整个供冷季的系统能效比（不考虑末端能耗）为何项？（2009-4-18）

（A）4.5～5 （B）3.2～3.5 （C）2.4～2.7 （D）1.6～1.9

答案：［C］

主要解答过程：

设冷机运行总时间为 t，则整个供冷季系统能效比：

$$EER=\frac{\sum Q}{\sum W}$$

$$=\frac{0.1t\times500\times1+0.2t\times500\times0.75+0.4t\times500\times0.5+0.3t\times500\times0.25}{\dfrac{0.1t\times500\times1+0.2t\times500\times0.75+0.4t\times500\times0.5+0.3t\times500\times0.25}{COP}+(25+20+4)t}$$

$$=2.59$$

4. 北京某建筑的空调系统夏季冷源采用电驱动蒸汽压缩循环冷水机组，有下表中的四种冷水机组可供选择，从运行节能的角度出发，选择的应是下列何项？并列出判断计算过程。（2009-4-23）

负荷率(%)	25	50	75	100
A 机组的 *COP*	3.4	4.8	4.9	4.7
B 机组的 *COP*	4.8	5.2	5.0	4.4
C 机组的 *COP*	4.9	5.2	5.1	4.2
D 机组的 *COP*	3.6	4.7	4.8	4.8

(A)A 机组　　(B)B 机组

(C)C 机组　　(D)D 机组

答案：[C]

主要解答过程：

根据《公建节能》第 5.4.7 条

$$IPLV_A = 2.3\% \times 4.7 + 41.5\% \times 4.9 + 46.1\% \times 4.8 + 10.1\% \times 3.4 = 4.6978$$

$$IPLV_B = 2.3\% \times 4.4 + 41.5\% \times 5.0 + 46.1\% \times 5.2 + 10.1\% \times 4.8 = 5.0582$$

$$IPLV_C = 2.3\% \times 4.2 + 41.5\% \times 5.1 + 46.1\% \times 5.2 + 10.1\% \times 4.9 = 5.1052$$

$$IPLV_D = 2.3\% \times 4.8 + 41.5\% \times 4.8 + 46.1\% \times 4.7 + 10.1\% \times 3.6 = 4.6327$$

故选择 C 机组。

注：《公建节能 2015》第 4.2.13 条对 *IPLV* 计算公式做出了修改，对于其适用范围及使用误区也在条文说明内做出了详细的阐述，请考生详细阅读。

5. 某工程选择风冷螺杆式冷热水机组参数如下：名义制热量为 462kW，输入功率为 114kW。该地室外空调计算干球温度为 -10℃，空调设计供水温度为 45℃，该机组冬季制热工况修正系数见下表。

环境温度/℃	机组出水温度/℃					
	40		45		50	
	制热量	输入功率	制热量	输入功率	制热量	输入功率
-10	0.695	0.822	0.711	0.915		
0	0.840	0.854	0.863	0.961	0.891	1.084
7	0.976	0.887	1	1	1.028	1.130

机组每小时化霜 2 次。该机组在设计工况下的制热量及输入功率正确值为哪一项？(2011-4-6)

(A)320～330kW，100～105kW　　(B)260～265kW，100～105kW

(C)290～300kW，100～105kW　　(D)260～265kW，110～120kW

答案：[B]

主要解答过程：

根据《民规》第 8.3.2 条条文说明，查表得：$K_1 = 0.711$，$K_2 = 0.8$

则：$Q = qK_1K_2 = 462 \times 0.711 \times 0.8 = 263(kW)$

查题干附表得：$K_3 = 0.915$，输入功率：$W = W_0K_3 = 114 \times 0.915 = 104.3(kW)$

6. 某办公楼拟选择 2 台风冷螺杆式冷热水机组，已知机组名义制热量 462kW，建设地室外空调计算干球温度 -5℃，室外供暖计算干球温度 0℃，空调设计供水温度 50℃，该机组制热量修正系数见下表。机组每小时化霜 2 次，该机组在设计工况下的供热量为下列何项？(2012-3-5)

进风温度℃	出水温度℃			
	35	40	45	50
-5	0.71	0.69	0.65	0.59
0	0.85	0.83	0.79	0.73
5	1.01	0.97	0.93	0.87

(A)210～220kW　(B)240～250kW　(C)260～275kW　(D)280～305kW

答案：[A]

主要解答过程：

根据《民规》第 8.3.2 条条文说明，查表得：$K_1=0.59$，化霜 2 次，$K_2=0.8$

则设计工况供热量：$Q=qK_1K_2=462\text{kW}\times0.59\times0.8=218.06\text{kW}$

7. 某项目设计采用国外进口的离心式冷水机组，机组名义制冷量 1055kW，名义输入功率 209kW，污垢系数 0.044m^2·℃/kW。项目所在地水质较差，污垢系数为 0.18m^2·℃/kW，查得设备的性能系数变化比值：冷水机组实际制冷量/冷水机组设计制冷量 = 0.935，压缩机实际耗功率/压缩机设计耗功率 = 1.095，试求机组实际 *COP* 值接近下列何项？(2012-4-21)

(A)4.2　(B)4.3　(C)4.5　(D)4.7

答案：[B]

主要解答过程：

实际 *COP* 为：$COP=\dfrac{1055\times0.935}{209\times1.095}=4.31$

8. 某处一公共建筑，空调系统冷源选用两台离心式水冷冷水机组和一台螺杆式水冷冷水机组，其参数分别为：离心式水冷冷水机组：额定制冷量为 3267kW，额定输入功率 605kW；螺杆式水冷冷水机组：额定制冷量为 1338kW，额定输入功率 278kW。问：下列性能系数及能源效率等级的选项何项正确？(2012-4-22)

(A)离心式：性能系数 5.4，能源效率等级为 3 级；螺杆式：性能系数 4.8，能源效率等级为 4 级
(B)离心式：性能系数 5.8，能源效率等级为 2 级；螺杆式：性能系数 4.2，能源效率等级为 3 级
(C)离心式：性能系数 5.0，能源效率等级为 4 级；螺杆式：性能系数 4.8，能源效率等级为 4 级
(D)离心式：性能系数 5.4，能源效率等级为 2 级；螺杆式：性能系数 4.8，能源效率等级为 3 级

答案：[A]

主要解答过程：

离心冷水机组性能系数：$COP_1=\dfrac{3267}{605}=5.4$，**螺杆冷水机组性能系数：**$COP_2=\dfrac{1338}{278}=4.8$

根据《公建节能》表 5.4.5 及条文说明 P73，可知制冷量大于 1163 时，*COP* = 5.4 属于 3 级能效等级，*COP* = 4.8 属于 4 级能效等级。

注：本题根据 2005 版《公建节能》出题，《公建节能 2015》第 4.2.10 条针对于 2005 版规范第 5.4.5 条，更新了冷机类型制冷量范围及其效率限值，将定频机组和变频机组区别规定，并分气候区进行规定，考生应引起重视。

9. 一台名义制冷量 2110kW 的离心式冷水机组，其性能参数见下表，试问其综合部分负荷性能系数(*IPLV*)值，接近下列何项值？(2013-3-18)

(A)5.33　(B)5.69　(C)6.29　(D)6.59

负荷(%)	制冷量/kW	冷却水进水温度/℃	COP/(kW/kW)
25	528	19	5.22
50	1055	23	6.39
75	1582	26	6.46
100	2100	30	5.84

答案：[C]

主要解答过程：

根据《教材2018》P622 式(4.3-24)

$$IPLV = 1.2\% \times 5.84 + 32.8\% \times 6.46 + 39.7\% \times 6.39 + 26.3\% \times 5.22 = 6.10$$

注意：各负荷率的 *COP* 值需对应准确。

注：《公建节能2015》第4.2.13条对 *IPLV* 计算公式做出了修改，对于其适用范围及使用误区也在条文说明内做出了详细的阐述，请考生详细阅读。本题根据新规范系数计算，答案与选项并未完全匹配。

10. 某户用风冷冷水机组，按照现行国家标准规定的方法，出厂时测得机组名义工况制冷量为35.4kW，制冷总耗功率为12.5kW，试问，该机组能源效率按国家能耗等级标准判断，下列哪项是正确的？(2013-3-20)

(A)1级　　(B)2级　　(C)3级　　(D)4级

答案：[C]

主要解答过程：

机组能效比：$COP = 35.4/12.5 = 2.832$

查《冷水机组能效限定值及能源效率等级》(GB 19577—2004)表2，能耗等级为3级。

11. 某全新的水冷式冷水机组(冷量2400kW，$COP = 5.0$)的冷凝器温差为1.2℃(100%负荷)，经过一个供冷季的运行后，冷凝器温差为3.6℃(100%负荷)，设机组冷凝温度提高1℃，机组能效降低4%，问机组当前的 *COP* 为下列何项？(2013-3-23)

(A)4.4　　(B)4.5　　(C)4.6　　(D)4.7

答案：[B]

主要解答过程：

机组当前 $COP = 5.0 - 5.0 \times (3.6 - 1.2) \times 4\% = 4.52$

12. 已知用于全年累计工况评价的某空调系统的冷水机组运行效率限值 $COP_{LV} = 4.8$，冷却水输送系数限值 $WTFcw_{LV} = 25$，用于评价该空调系统的制冷子系统的能效比限值($EERr_{LV}$)应为下列何值？(2014-3-21)

(A)2.8～3.50　　(B)3.51～4.00　　(C)4.01～4.50　　(D)4.51～5.00

答案：[B]

主要解答过程：

根据《空气调节经济运行》(GB/T 17981—2007)第5.4.2条，用于评价空调系统中制冷子系统的经济运行指标限值为：

$$EERr_{LV} = \frac{1}{\dfrac{1}{COP_{LV}} + \dfrac{1}{WTFcw_{LV}} + 0.02} = \frac{1}{\dfrac{1}{4.8} + \dfrac{1}{25} + 0.02} = 3.73$$

4.3.4 蒸发器、冷凝器相关计算(2017-3-21)

1. 氨卧式冷凝器，冷却管为 $\Phi32\times3$mm 钢管，氨侧冷凝放热系数 $\alpha_A=9300\text{W}/(\text{m}^2\cdot℃)$，水侧放热系数 $\alpha_W=6000\text{W}/(\text{m}^2\cdot℃)$，油膜热阻 $R_{oil}=0.5\times10^{-3}\text{m}^2\cdot℃/\text{W}$，污垢热阻 $R_f=0.086\times10^{-3}\text{m}^2\cdot℃/\text{W}$，试问对管外侧表面而言，冷凝器的传热系数为下列何值？(06-4-20)

(A)1210～1250W/(m² · ℃)　　(B)1160～1200W/(m² · ℃)

(C)1110～1150W/(m² · ℃)　　(D)1060～1100W/(m² · ℃)

答案：[D]

主要解答过程：

管外径 $d_外=32$mm，管内径 $d_内=32-3\times2=26$(mm)，平均直径 $d_平=(32+26)/2=29$(mm)，忽略管壁热阻。

参考《教材(第二版)》P661 例题，冷凝器的传热系数为：

$$K=\left[\frac{1}{\alpha_A}+(R_{oil}+R_f)\frac{d_外}{d_平}+\frac{d_外}{d_平}\frac{1}{\alpha_w}\right]^{-1}$$

$$=\left[\frac{1}{9300}+(0.5+0.086)\times10^{-3}\times\frac{32}{29}+\frac{32}{26}\times\frac{1}{6000}\right]^{-1}=1042.5[\text{W}/(\text{m}^2\cdot℃)]$$

注：《教材(第三版)》已删除该例题。

2. 一台离心式冷水机组，运行中由于蒸发器内的传热面污垢的形成，导致其传热系数下降，已知该机组的额定值和实际运行条件产冷量 Q，蒸发的对数传热温差 $\Delta\theta_m$ 和传热系数与传热面积的乘积 KA，具体见下表。试问：机组蒸发器的污垢系数增加，导致蒸发器传热系数下降幅度的百分比，下列哪一个选项是正确的？(2008-4-20)

参数	冷水机组额定值	实际运行数值
Q/kW	2460	1636.8
$\Delta\theta$m/℃	4	4.4
KA/(W/K)	615	372

(A)10%～20%　　(B)25%～30%

(C)35%～40%　　(D)45%～50%

答案：[C]

主要解答过程：

污垢系数增加可认为换热面积 A 不变，则

传热系数下降幅度的百分比：

$$\Delta=(K_额-K_实)/K_额=(K_额A-K_实A)/K_额A=(615-372)/615=39.5\%$$

3. 一台冷水机组，当蒸发温度为 0℃，冷水进、出口温度分别为 12℃ 和 7℃，制冷量为 800kW。如果蒸发器的传热系数 $K=1000\text{W}/(\text{m}^2\cdot\text{K})$，该蒸发器的传热面积 A 和冷水流量 G_w(取整数)应是下列选项的哪一个？(2008-4-24)

(A)91m²，152m³/h　　(B)86m²，138m³/h

(C)79m²，138m³/h　　(D)86m²，152m³/h

答案：[B]

主要解答过程：

根据《教材 2018》P108，对数平均温差计算公式

$t_a=12-0=12$(℃)，$t_b=7-0=7$(℃)。则：$\Delta\theta_m=(t_a-t_b)/\ln(t_a/t_b)=9.28$℃

根据热量平衡方程：$800\text{kW}=cG_w\rho\Delta t=4.18\times G_w\times1000\times5$，

解得 $G_w=0.0383\text{m}^3/\text{s}=138\text{m}^3/\text{h}$

又因为 $800\text{kW}=KA\Delta\theta_m$，解得：$A=86\text{m}^2$

4. 某风冷制冷机的冷凝器放热量为50kW，风量为14000m³/h，在空气密度为1.15kg/m³和比热为1.005kJ/(kg·K)的条件下运行，若要求控制冷凝温度不超过50℃，冷凝器内侧制冷剂和空气的平均对数温差 $\Delta t_m = 9.19$℃，则该冷凝器空气入口最高允许温度应是下列何值？(2011-3-20)

(A)34～35℃　　(B)37～38℃　　(C)40～41℃　　(D)43～44℃

答案：[A]

主要解答过程：

设冷凝器入口空气温度为 t_1，出口温度为 t_2

$$Q = 50\text{kW} = \frac{14000}{3600} \times 1.15 \times 1.005 \times (t_2 - t_1) \Rightarrow t_2 - t_1 = 11.12℃\text{，又因为：}$$

$$\Delta t_m = \frac{\Delta t_a - \Delta t_b}{\ln \dfrac{\Delta t_a}{\Delta t_b}} = \frac{(50 - t_1) - (50 - t_2)}{\ln \dfrac{50 - t_1}{50 - t_2}} = 9.19(℃)$$

结合两式可解得：$t_1 = 34.16$℃

5. 某建筑设置的集中空调系统中，采用的离心式冷水机组为国家标准《冷水机组能效限值及能源效率等级》(GB 19577—2004)规定的3级能效等级的机组，其蒸发器的制冷量为1530kW，冷凝器冷却供回水设计温差为5℃。冷却水水泵的设计参数如下：扬程为40mH$_2$O，水泵效率70%。问：冷却塔的排热量(不考虑冷却水管路的外排热)应接近下列何项值？(2012-4-17)

(A)1530kW　　(B)1580kW　　(C)1830kW　　(D)1880kW

答案：[D]

主要解答过程：

根据GB 19577—2004表2，制冷量为1530kW时，3级能效机组 $COP = 5.1$

因此其冷凝器热负荷为：$Q_K = 1530 \times (1 + 1/COP) = 1830\text{kW}$

冷却水泵流量：$G = \dfrac{Q_K}{c\rho\Delta t} \times 3600 = \dfrac{1830}{4.18 \times 1000 \times 5} \times 3600 = 315.2(\text{m}^3/\text{h})$

水泵轴功率为：$N = \dfrac{GH}{367.3\eta} = \dfrac{315.2 \times 40}{367.3 \times 0.7} = 49(\text{kW})$

因此冷却塔总排热量为：$Q = Q_K + N = 1830 + 49 = 1879(\text{kW})$

6. 离心式冷水机组运行中由于冷凝器内传热面污垢的形成，会导致其传热系数下降，已知该机组的冷凝放热量 Q，冷凝器的对数传热温差 $\Delta\theta_m$ 的额定值和实际运行数值，具体见下表，试问，机组冷凝器的污垢系数增加后，导致冷凝器传热系数下降的百分比，数值正确的应该是下列选项的哪一个？(2013-3-21)

参数	冷水机组额定值	实际运行数值
Q/kW	2460	1636.8
$\Delta\theta_m$/℃	4	4.4

(A)10%～20%　　(B)25%～30%　　(C)35%～40%　　(D)45%～50%

答案：[C]

主要解答过程：

污垢系数增加可认为换热面积 A 不变，则

额定传热系数：$K_0 = \dfrac{2460}{4 \times A} = \dfrac{615}{A}$

实际传热系数：$K_1 = \dfrac{1636.8}{4.4 \times A} = \dfrac{372}{A}$

则传热系数下降的百分比：$m = \dfrac{K_0 - K_1}{K_0} = \dfrac{615 - 372}{615} = 39.5\%$

4.3.5　热泵机组计算(2016-3-18，2017-3-5，2017-3-22，2017-4-24，2018-3-23，2018-4-12，2018-4-18)

1. 某风冷热泵冷水机组，仅白天运行，每小时融霜 2 次。从其样本查得：制冷量修正系数为 0.979，制热量修正系数为 0.93，额定制热量为 331.3kW，试问机组制热量约为下列何值？(2006-4-17)

(A)292kW　(B)277kW　(C)260kW　(D)247kW

答案：[D]

主要解答过程：

根据《民规》第 8.3.2 条条文说明，每小时融霜 2 次，修正系数 $K_2 = 0.8$，因此机组制热量为：

$$Q = qK_1K_2 = 331.3 \times 0.93 \times 0.8 = 246.5(\text{kW})$$

2. 使用电热水器和热泵热水器将 520kg 的水从 15℃加热到 55℃，如果电热水器电效率为 90%，热泵 $COP = 3$，试问热泵热水器耗电量与电热水器耗电量之比为下列何值？(2007-3-21)

(A)20% 左右　(B)30% 左右

(C)45% 左右　(D)60% 左右

答案：[B]

主要解答过程：

热泵热水器耗电量：$Q_{热泵} = cm\Delta t / COP$

电热水器耗电量：$Q_{电} = cm\Delta t / \eta$

因此：$Q_{热泵}$：$Q_{电} = \eta / COP = 0.3$

3. 某水源热泵机组系统的冷负荷 356kW，该热泵机组供冷时的 EER 为 6.5，供热时的 COP 为 4.7，试问：该机组供热时，从水源中获取的热量应是下列选项哪一个？(2008-4-23)

(A)250 ~ 260kW　(B)220 ~ 230kW

(C)190 ~ 210kW　(D)160 ~ 180kW

答案：[C]

主要解答过程：

额定功率 $W = 356\text{kW}/EER = 54.77\text{kW}$

冬季热负荷 $Q_r = W \times COP = 257.4\text{kW}$

由能量守恒可知：从水中获取的热量 $Q = Q_r - W = 202.6\text{kW}$

4. 某酒店采用太阳能 + 电辅助加热的中央热水系统。已知：全年日平均用热负荷为 2600kWh，该地可用太阳能的天数为 290 天，同时，其日辅助电加热量为日平均用热负荷的 30%，其余天数均采用电加热器加热。为了节能，拟采用热泵热水机组取代电加热器，满足使用功能的条件下，机组制热 $COP = 4.60$。利用太阳能时，若不计循环热水泵耗电量以及热损失，新方案的年节电量应是下列哪一项？(2010-3-5)

(A)250000 ~ 325000kWh　(B)325500 ~ 327500kWh

(C)328000 ~ 330000kWh　　　　(D)330500 ~ 332500kWh

答案：[C]

主要解答过程：

全年电热器的总热负荷为：

$$Q_{电} = 2600\text{kWh} \times 30\% \times 290 + (365 - 290) \times 2600\text{kWh} = 421200\text{kWh}$$

若采用热泵机组提供同样热量，所需耗电量：

$$Q_{热泵} = Q_{电}/COP = 91565\text{kWh}$$

节电量为：

$$\Delta Q = Q_{电} - Q_{热泵} = 329634.8\text{kWh}$$

5. 某空气源热泵机组冬季室外换热器通风干球温度为7℃，焓值为18.09kJ/kg，出风干球温度为2℃，焓值为9.74kJ/kg，当室外通风干球温度为 -5℃，焓值为 -0.91kJ/kg，出风干球温度为 -10℃，焓值 -7.4kJ/kg时，略去融霜因素，且设环境为标准大气压(0℃空气密度为1.293kg/m^3)，室外换热器空气体积流量保持不变，冷凝器换热变化比例与蒸发器吸热变化比例相同，试求机组制热量的降低比例接近下列哪一项？(2010-3-23)

(A)10%　　(B)15%　　(C)18%　　(D)22%

答案：[C]

主要解答过程：

本题有争议，作者认为题干“室外换热器空气体积流量保持不变”应为机器入口体积流量不变，因为空气经过蒸发器的过程温度不断变化，空气体积流量无法保持不变，但由于质量守恒，质量流量保持不变。

$$\rho_7 = 353/(273+7) = 1.2607(\text{kg/m}^3),\ \rho_{-5} = 353/(273-5) = 1.317(\text{kg/m}^3)$$

$$Q_1 = V \times \rho_7 \times (18.09 - 9.74) = 10.527V,\ Q_2 = V \times \rho_{-5} \times [-0.91 - (-7.43)] = 8.588V$$

由于冷凝器换热变化比例与蒸发器吸热变化比例相同，制热量降低比率为：

$$\eta = (Q_1 - Q_2)/Q_1 = 18.4\%$$

热量降低比率：$\eta = (Q_1 - Q_2)/Q_1 = 18.4\%$

6. 某风冷热泵机组工质为R22，冬季工况：冷凝温度为40℃，蒸发温度为 -5℃，进出蒸发器的空气参数(标准大气压)分别为：温度6℃，相对湿度90%(含湿量 $d_R = 5.2\text{g/kg}_{干空气}$)和温度0℃，相对湿度100%(含湿量 $d_C = 3.8\text{g/kg}_{干空气}$)。若采用凝结后冷媒热液化霜，如图所示为其理论循环，点3为冷凝器出口状态。请判断热量是否满足化霜要求，1kg制冷剂成霜后，化霜需要的热量应是哪一项？(注：各点比焓见下表)(2010-4-21)

状态点号	1	3	5
比焓/(kJ/kg)	415.13	239.35	224.29

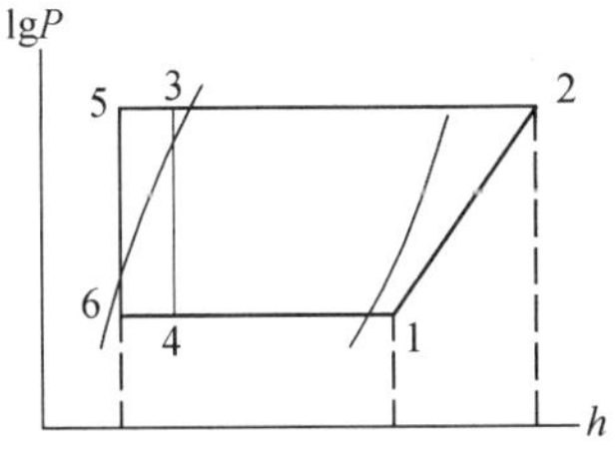

(A)化霜需求的热量为8.30 ~ 8.80kJ，可化霜

(B)化霜需求的热量为8.30 ~ 8.80kJ，不可化霜

(C)化霜需求的热量为9.10 ~ 9.60kJ，可化霜

(D)化霜需求的热量为9.10 ~ 9.60kJ，不可化霜

答案：[A]

主要解答过程：

本题十分难做，首先题目没有给出霜的溶化潜热，需要根据相关资料查得：冰的溶解热为：333.03kJ/kg(红宝书P20，0℃的水和冰的焓差)，还需要理解“凝结后冷媒热液化霜”的含义，

即为利用 3 点和 5 点之间的焓差进行融霜。

查 h-d 图得，空气进出口焓差为：$\Delta h = 19.14 - 9.44 = 9.7(\text{kJ/kg})$，含湿量差为：$\Delta d = 5.2 - 3.8 = 1.4\text{g}/(\text{kg}_{干空气})$

每 1kg 制冷剂从蒸发器吸热量：$\Delta h_0 = h_1 - h_4 = h_1 - h_3 = 415.13 - 239.35 = 175.78(\text{kJ/kg})$

每 1kg 制冷剂对应的空气质量流量为：$m_0 = \Delta h_0/\Delta h = 18.12\text{kg}$

每 1kg 制冷剂对应的结霜量为：$m_{霜} = \Delta d m_0 = 25.37\text{g} = 0.02537\text{kg}$

融霜所需热量为：$Q = m_{霜} \times 333.03\text{kJ/kg} = 0.02537\text{kg} \times 333.03\text{kJ/kg} = 8.45\text{kJ}$

采用凝结后冷媒热液化霜的方法，1kg 制冷剂所能提供的热量为：$Q_{化} = h_3 - h_5 = 15.04\text{kJ/kg} > Q$

因此，可以实现化霜。

4.4　蒸汽压缩式制冷系统及制冷机房设计

1. 对某空调冷却水系统改造，采用逆流式玻璃钢冷却塔，冷水机组的冷凝器水阻力为 0.1MPa，冷却塔的进水压力要求为 0.03MPa，冷却塔水池面至水塔喷头高差为 2.5m，利用原有冷却水泵，水泵扬程为 $25\text{mH}_2\text{O}$，试问：该冷却水系统允许的管路最大总阻力应是下列何项？(2008-4-21)

(A)0.068 ~0.078MPa　　(B)0.079 ~0.089MPa

(C)0.09 ~0.109MPa　　(D)$20 \sim 21\text{mH}_2\text{O}$

答案：[A]

主要解答过程：

本题根据《教材(第二版)》P562 式(4.4-1)出题，但题干疑似有错字，"冷却塔的进水压力要求"应修改为"冷却塔的布水压力要求"，因为冷却塔的进水压力是包括布水压力和水池到喷头的高差的。修改后计算过程为：

$$H_{\text{P}} = 1.1(H_{管路} + H_{\text{m}} + H_{\text{s}} + H_0)$$

$$25\text{m} \times 1000\text{kg/m}^3 \times 9.8 \times 10^{-6}\text{MPa} = 1.1 \times (H_{管路} + 0.1\text{MPa} + 2.5\text{m} \times 1000\text{kg/m}^3 \times 9.8 + 0.03\text{MPa})$$

解得：$H_{管路} = 0.068\text{MPa}$

注：根据《教材 2018》P495 式(3.7-7)及 P494 相关叙述，由于水盘与冷却塔布水口之间的高差，以及布水口压力要求均不宜查到，但进塔水压一般有明确要求，故新版教材公式做了相应修改，若本题按第三版教材公式解答，取冷却塔进塔水压为 0.03MPa(包含 2.5m 的高差)，同时考虑水泵附加系数为 1.1。

$$H_{水泵} = 1.1H = 1.1(\Delta P + H_{\text{t}})$$

$$25\text{m} \times 1000\text{kg/m}^3 \times 9.8 \times 10^{-6}\text{MPa} = 1.1 \times (H_{管路} + 0.1\text{MPa} + 0.03\text{MPa})$$

解得：$H_{管路} = 0.093\text{MPa}$，选择 C 选项。

2. 某水冷离心式冷水机组，设计工况下的制冷量为 500kW、$COP = 5.0$，冷却水进出水温差为 5℃。采用横流型冷却塔，冷却塔设在裙房屋面，其集水盘水面与机房内冷却水泵的高差为 18m。冷却塔喷淋口距离冷却水集水盘水面的高差为 5m，喷淋口出水压力为 $2\text{mH}_2\text{O}$，冷却水管路总阻力为 $5\text{mH}_2\text{O}$，冷凝器水阻力为 $8\text{mH}_2\text{O}$。忽略冷却水水泵及冷凝水管与环境热交换对冷凝负荷的影响。问：冷却水泵的扬程和流量(不考虑安全系数)接近以下何项？(2011-4-23)

(A)扬程为 $38\text{mH}_2\text{O}$，流量为 $86\text{m}^3/\text{h}$　　(B)扬程为 $38\text{mH}_2\text{O}$，流量为 $103.2\text{m}^3/\text{h}$

(C)扬程为 $20\text{mH}_2\text{O}$，流量为 $86\text{m}^3/\text{h}$　　(D)扬程为 $20\text{mH}_2\text{O}$，流量为 $103.2\text{m}^3/\text{h}$

答案：[D]

主要解答过程：

根据《教材(第二版)》P562 式(4.4-1)，若不考虑安全系数，冷却水泵扬程为：

$$H_p = H_f + H_d + H_m + H_s + H_0 = 5 + 8 + 5 + 2 = 20(mH_2O)$$

冷凝器排热热负荷为：

$$Q_k = 500kW \times (1 + 1/COP) = 600kW$$

冷却水泵流量：

$$G = \frac{Q_k}{c\rho\Delta t} \times 3600 = \frac{600}{4.18 \times 1000 \times 5} \times 3600 = 103.2(m^3/h)$$

注：《教材 2018》P495 式(3.7-7)有所调整，本题按《教材(第二版)》出题。

3. 有一冷却水系统采用逆流式玻璃钢冷却塔，冷却塔池面喷淋器高差 3.5m，系统管路总阻力损失 45kPa。冷水机组的冷凝器阻力损失 80kPa，冷却塔进水压力要求为 30kPa，选用冷却水泵的扬程应为下列何项？(2012-4-24)

(A) 16.8 ~ 19.1mH_2O　　(B) 19.2 ~ 21.5mH_2O

(C) 21.6 ~ 23.9mH_2O　　(D) 24.0 ~ 26.3mH_2O

答案：[B]

主要解答过程：

根据《教材(第二版)》P562 式(4.4-1)

$$H_P = 1.1(H_f + H_d + H_m + H_s + H_0) = 1.1 \times \left[\frac{(45 + 80 + 30) \times 10^3}{1000 \times 9.8} + 3.5\right]$$

$$= 21.25(mH_2O)$$

注：《教材 2018》P495 式(3.7-7)有所调整，本题按第二版教材出题。

4. 某离心式冷水机组允许变流量运行，允许蒸发器最小流量是额定流量的 65%，蒸发器在额定流量时，水压降为 60kPa，蒸发侧(冷水回路侧)设有压差保护装置(当压差低于设定数值，表明水量过小，实现机组自动停机保护)。问满足变流量要求设定的保护压差数值应为下列何项？(2013-3-22)

(A) 60kPa　　(B) 48 ~ 52kPa　　(C) 38 ~ 42kPa　　(D) 24 ~ 28kPa

答案：[D]

主要解答过程：

当运行流量小于额定流量的 65% 时，机组停机保护，蒸发器管路阻力系数 S 不变，

根据：$P = SQ^2 \Rightarrow P' = \left(\frac{0.65Q_0}{Q_0}\right)^2 P_0 = 25.35kPa$

5. 某多联式制冷机组(制冷剂为 R410A)，布置如图所示，已知，蒸发温度为 5℃(对应蒸发压力 934kPa、饱和液体密度为 795.5kg/m^3)；冷凝温度为 55℃(对应冷凝压力为 2602kPa、饱和液体密度为 1162.8kg/m^3)，根据电子膨胀阀的动作要求，其压差不应超过 2.26MPa。如不计制冷剂的流动阻力和制冷剂的温度变化，则理论上，图中的 H 数值最大为下列何项(g 取 9.81m/s^2)？(2014-3-24)

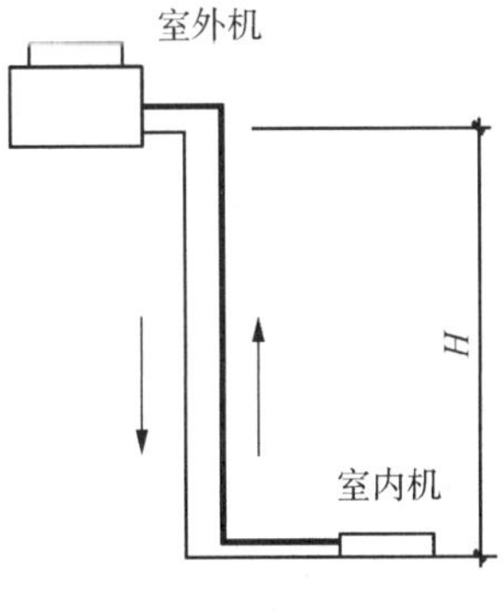

(A) 49 ~ 55m　　(B) 56 ~ 62m　　(C) 63 ~ 69m　　(D) 70 ~ 76m

答案：[A]

主要解答过程：

本题要首先明确的是多联机在制冷工况下，电子膨胀阀位于室内机即蒸发器侧，故由室外机至室内机向下方的制冷剂管道内为高温高压的液态制冷剂，密度取 1162.8kg/m³，列该段管路的阻力关系方程：

$$P_k + \rho gH - \Delta P = P_0$$

$$\Delta P = P_k - P_0 + \rho gH \leqslant 2260\text{kPa}$$

$$H \leqslant \frac{(2260 - 2602 + 934) \times 1000}{9.81 \times 1162.8} = 51.89(\text{m})$$

注：本题解答的关键是判断膨胀阀位置，并选用正确的密度数据，多联机冷媒管一般分为液管和气管，液管较细，气管较粗。故也可以从附图中管道粗细得到一定提示。

4.5 溴化锂吸收式制冷机(2016-4-22，2018-3-24，2018-4-23)

1. 溴化锂吸收式制机中，进入发生器的稀溶液流量为 10.9kg/s，浓度为 0.591，在发生器中产生 753g/s 的制冷剂水蒸气，剩下 10.147kg/s 的浓溶液，试问该制冷机的循环放气范围约为下列何值？(2007-4-22)

(A)14.5，0.064 (B)13.5，0.044 (C)14.5，0.044 (D)13.5，0.064

答案：[C]

主要解答过程：

根据《教材 2018》P645

$$f = m_3/m_7 = 10.9/0.753 = 14.5$$

$$\xi_s = m_3\xi_3/(m_3 - m_7) = 0.634$$

$$\Delta\xi = \xi_s - \xi_w = 0.634 - 0.591 = 0.044$$

2. 某直燃型溴化锂吸收式冷水机组，出厂时按照现行国家标准规定的方法测得机组名义工况的制冷量为 1125kW，天然气消耗量为 88.5Nm³/h(标准状态下天然气的低位热值为 36000kJ/Nm³)。电力消耗量为 15kW。试问：根据该机组的测定的能源消耗量，该冷水机组制冷时的性能系数应是下列选项的哪一个？(2008-4-22)

(A)1.10～1.15 (B)1.16～1.21 (C)1.22～1.27 (D)1.28～1.33

答案：[C]

主要解答过程：

根据《教材 2018》P651 式(4.5-17)

$$\Phi_g = (88.5\text{Nm}^3/\text{h} \times 36000\text{kJ/Nm}^3)/3600 = 885\text{kW}$$

$$COP_0 = \Phi_0/(\Phi_g + P) = 1125/(885 + 15) = 1.25$$

3. 某溴化锂吸收式机组，其发生器出口溶液浓度为 57%，吸收器出口溶液浓度为 53%，求循环倍率为下列哪一项？(2010-4-22)

(A)13～13.15 (B)13.2～13.3 (C)13.5～14.1 (D)14.2～14.3

答案：[D]

主要解答过程：

根据《教材 2018》P645 式(4.5-15)

$$f = \frac{\xi_s}{\xi_s - \xi_w} = \frac{57\%}{57\% - 53\%} = 14.25$$

4. 某吸收式溴化锂制冷机组的热力系数为 1.1，冷却水进出水温差为 6℃，若制冷量为 1200kW，则计算的冷却水量为多少？（2010-4-23）

(A)165 ~ 195m³/h　　(B)310 ~ 345m³/h

(C)350 ~ 385m³/h　　(D)390 ~ 425m³/h

答案：[B]

主要解答过程：

根据《教材 2018》P642 式(4.5-6)

$$\xi = \frac{\phi_0}{\phi_g} = 1.1 \Rightarrow \phi_g = 1200\text{kW}/1.1 = 1090.91\text{kW}$$

因此，冷却水负荷为：

$$\phi_K = \phi_0 + \phi_g = 2290.91\text{kW}$$

冷却水流量为：

$$G = \frac{\phi_K}{c\rho\Delta t} = \frac{2290.91}{4.18 \times 1000 \times 6} \times 3600 = 328.8(\text{m}^3/\text{h})$$

4.6 燃气冷热电三联供

1. 某燃气三联供项目的发电量全部用于冷水机组供冷，设内燃发电机组额定功率 1MW ×2 台，发电效率 40%，发电后燃气余热可利用 67%，若离心式冷水机组 *COP* 为 5.6，余热溴化锂吸收式冷水机组性能系数为 1.1，系统供冷量为下列何项？（2013-3-24）

(A)12.52MW　　(B)13.4MW　　(C)5.36MW　　(D)10MW

答案：[B]

主要解答过程：

参考《教材 2018》燃气冷热电三联供相关内容，首先要明确题干中内燃发电机组额定功率即为发电机组的装机容量，简单地说就是发电机组可以发出的电量。因此：

离心冷机供冷量：$Q_1 = 2\text{MW} \times 5.6 = 11.2\text{MW}$

发电余热：$Q_y = \frac{2\text{MW}}{40\%} - 2\text{MW} = 3\text{MW}$

溴化锂冷机供冷量：$Q_2 = 3\text{MW} \times 67\% \times 1.1 = 2.21\text{MW}$

总供冷量：$Q = Q_1 + Q_2 = 13.41\text{MW}$

4.7 蓄冷技术及其应用（2016-3-25，2016-4-23，2018-4-14，2018-4-24）

1. 某办公建筑空调工程，采用部分负荷蓄冰供冷系统，主机为螺杆式冷水机组，制冰工况制冷能力变化率 $c_F = 0.7$，设计日平均小时冷负荷为 850kW，设计日空调运行小时数 $n_2 = 10$h。该地区 23 ~ 7 时执行低谷电价。试问冷水机组空调工况制冷量和蓄冷装置有效容量应为下列何值？（06-4-22）

(A)2600 ~ 2700kWh，560 ~ 570kW　　(B)2400 ~ 2500kWh，430 ~ 440kW

(C)3000 ~ 3100kWh，540 ~ 550kW　　(D)8450 ~ 8550kWh，800 ~ 900kW

答案：[C]

主要解答过程:

根据《教材 2018》P689 式(4.7-6)和式(4.7-7),制冷机的标定冷量:

$$q_c = \frac{\sum q_i}{n_2 + n_i c_f} = \frac{10 \times 850}{10 + 8 \times 0.7} = 544.9(kW)$$

蓄冰装置容量:

$$Q_s = n_i c_f q_c = 8 \times 0.7 \times 544.9 = 3051.3(kWh)$$

2. 某办公建筑日累计负荷 400000KWh,空调工况时间 9:00 ~ 19:00,制冷站设计日附加系数为 1.0,电费的谷价时间段为:22:00 ~ 6:00,采用螺杆式制冷机(制冰时冷量变化率为 0.64),试比较采用全负荷蓄冷和部分负荷蓄冷,蓄冷装置有效容量前后两者的差值。(2007-4-23)

(A)(全负荷)有效容量 -(部分负荷)有效容量 = 243900kWh

(B)(部分负荷)有效容量 -(全负荷)有效容量 = 264550kWh

(C)(全负荷)有效容量 -(部分负荷)有效容量 = 264550kWh

(D)(全负荷)有效容量 -(部分负荷)有效容量 = 270270kWh

答案:[C]

主要解答过程:

根据《教材 2018》P689

(全负荷)有效容量为:$Q_{全} = 400000kWh$

(部分负荷)有效容量为:

$$Q_{部} = n_1 c_f \sum Q / (n_2 + n_1 c_f) = (8 \times 0.64 \times 400000)/(10 + 8 \times 0.64) = 135449.7(kWh)$$

$$\Delta Q = Q_{全} - Q_{部} = 264550kWh$$

3. 南方某办公建筑拟建蓄冰空调工程,该大楼设计日的日总负荷为 12045kWh,当地电费的谷价时段为 23:00 ~ 7:00,采用双工况螺杆式制冷机夜间低谷电价时段制冰蓄冷(制冰时制冷能力的变化率为 0.7),白天机组在空调工况运行 9h,制冷站设计日附加系数为 1.0,试问:在部分负荷蓄冷的条件下,该项目蓄冷装置最低有效容量 Q_s,应是下列何项值?(2008-3-21)

(A)4450 ~ 4650kW　(B)4700 ~ 4850kW　(C)4950 ~ 5150kW　(D)5250 ~ 5450kW

答案:[A]

主要解答过程:

根据《教材 2018》P689

$$q_c = 12045/(9 + 8 \times 0.7) = 825(kW); Q_s = 0.7 \times 8 \times q_c = 4620kW$$

4. 某办公楼空调制冷系统拟采用水蓄冷方式,空调日总负荷为 54000kWh,峰值冷负荷为 8000kW,分层型蓄冷槽进出水温差为 8℃,容积率为 1.08。若采用全负荷蓄冷,计算蓄冷槽容积值为下列何值?(2011-3-23)

(A)1050 ~ 1200m³　(B)1300 ~ 1400m³　(C)7300 ~ 8000m³　(D)8500 ~ 9500m³

答案:[C]

主要解答过程:

根据《教材 2018》P690 式(4.7-11),蓄冷槽效率根据表 4.7-8 取温度分层型的中间值 0.85

$$V = \frac{Q_s P}{1.163 \eta \Delta t} = \frac{54000 \times 1.08}{1.163 \times 0.85 \times 8} = 7374.4(m^3)$$

5. 某办公楼空调制冷系统拟采用冰蓄冷方式，制冷系统的白天运行 10h，当地谷价电时间为 23：00～7：00，计算日总冷负荷 $Q=53000\text{kWh}$，采用部分负荷蓄冷方式(制冷机制冰时制冷能力变化率 $C_f=0.7$)，则蓄冷装置有效容量为下列何项？(2012-3-23)

(A)5300～5400kWh (B)7500～7600kWh

(C)19000～19100kWh (D)23700～23800kWh

答案：[C]

主要解答过程：

根据《教材 2018》P689

$$q_c=\frac{\sum_{i=1}^{24}q_i}{n_2+n_1c_f}=\frac{53000}{10+8\times0.7}=3397.4(\text{kW})$$

$$Q_s=n_1c_fq_c=8\times0.7\times3397.4=19025.6(\text{kWh})$$

4.8 冷库设计的基础知识(2016-4-25，2017-4-22)

1. 某冷库，外墙自外至内的组成材料见下表。

材料	厚度/mm	导湿系数/[g/(m·h·mmHg)]
钢筋混凝土	180	0.0014
聚乙烯薄膜	0.2	0.22×10^{-6}
聚氨酯泡沫塑料	125	0.0014
木板	10	0.001

室外空气水蒸气分压力 $p_1=26.1\text{mmHg}$，室内 $p_2=0.379\text{mmHg}$，聚氨酯泡沫塑料与木板之间的温度为 -21.86℃，空气饱和水蒸气分压力为 0.647mmHg，如果忽略墙体内外表面的湿阻，试问聚氨酯泡沫塑料与木板之间应为下列何种状态？(2006-3-23)

(A)不结露 (B)结露 (C)结霜 (D)不结霜

答案：[A]

主要解答过程：

根据《教材 2018》P718 式(4.8-14)，与多层平板材料传热过程相似，多层材料的蒸汽渗透强度为材料两侧的水蒸气分压力与蒸汽渗透阻力的比值。设聚氨酯泡沫塑料与木板之间的蒸汽分压力为 P_{sx}，由于由室外至室内的蒸汽渗透强度等于由室外至聚氨酯泡沫塑料与木板之间的蒸汽渗透强度，即：(忽略墙体内外表面的湿阻)

$$\omega=\frac{P_{sw}-P_{sn}}{\frac{\delta_1}{\mu_1}+\frac{\delta_2}{\mu_2}+\frac{\delta_3}{\mu_3}+\frac{\delta_4}{\mu_4}}=\frac{P_{sw}-P_{sx}}{\frac{\delta_1}{\mu_1}+\frac{\delta_2}{\mu_2}+\frac{\delta_3}{\mu_3}}$$

$$=\frac{26.1-0.379}{\frac{0.18}{0.0014}+\frac{0.0002}{0.22\times10^{-6}}+\frac{0.125}{0.0014}+\frac{0.01}{0.001}}=\frac{26.1-P_{sx}}{\frac{0.18}{0.0014}+\frac{0.0002}{0.22\times10^{-6}}+\frac{0.125}{0.0014}}$$

解得：$P_{sx}=0.605\text{mmHg}$

小于饱和水蒸气分压力 0.647mmHg，空气未达饱和状态，故聚氨酯泡沫塑料与木板之间不结露。

注：本题类似于常考的多层平板材料传热过程计算，应学会类比。

2. 北京地区某冷库底层的冷却间，设计温度为 -2℃，一面邻外墙，外墙的热惰性指标为3.5，已知：北京地区的夏季空调室外计算温度为33.2℃，夏季空调室外日平均计算温度为28.6℃；夏季空调最热月14h的平均温度为64%(对应露点温度为21.1℃)，夏季空调最热月的平均湿度为78%(对应露点温度为24.4℃)，试问：该外墙的最小总热阻是下列哪一项？(2008-3-23)

(A)0.20~0.23m²·℃/W (B)0.30~0.33m²·℃/W

(C)0.36~0.39m²·℃/W (D)0.40~0.43m²·℃/W

答案：[C]

主要解答过程：本题第三版教材删除了最小热阻的计算公式，只能按第二版教材解答。

根据《教材(第二版)》P624~P625："室外计算温度应采用夏季空调日平均温度；相对湿度应采用最热月月平均相对湿度"，查表4.7-35，$R_W = 0.043\text{m}^2 \cdot ℃/\text{W}$。

根据式(4.7-19)，$R_{min} = (28.6+2)/(28.6-24.4) \times 1.2 \times 0.043 = 0.376(\text{m}^2 \cdot ℃/\text{W})$

3. 某装配式冷库用于储藏新鲜蔬菜，若已知该冷库的公称容积为500m³，冷库计算吨位按规范计算，体积利用系数为0.4，其每天蔬菜的最大进货量应是何值？(2009-3-24)

(A)2500~2800kg (B)2850~3150kg (C)3500~3800kg (D)4500~4800kg

答案：[C]

主要解答过程：

根据《冷库规》(GB 50072—2010)第3.0.3条注2，蔬菜的容积利用系数乘0.8的修正系数，查表3.0.6得蔬菜密度为230kg/m³，根据式(3.0.2)：

冷库计算吨位： $G = \dfrac{\sum V_1 \rho_s \eta}{1000} = \dfrac{500 \times 230 \times 0.4 \times 0.8}{1000} = 36.8(\text{t})$

再根据第6.1.5.2条：最大进货量 $M = 10\% \times G = 3.68\text{t}$

4. 有一批鲜鱼(20kg/盘)需要在某冷库的冻结间进行冷加工，该冻结间设有吊轨，吊轨有效长度为50m，货物的加工时间为2h，该冻结间每日的冷加工能力应是下列哪一项？(2010-3-24)

(A)240~250t (B)285~295t (C)300~305t (D)310~315t

答案：[B]

主要解答过程：

根据《教材(第二版)》P618表4.7-17注，20kg/盘的鱼为486kg/m(该条第三版教材已删除)。

再根据《冷库规》(GB 50072—2010)第6.2.1条

$$G_d = \frac{lg}{1000}\frac{24}{\tau} = \frac{50 \times 486}{1000} \times \frac{24}{2} = 291.6(\text{t})$$

5. 某水果冷藏库的总储藏量为1300t，带包装的容积利用系数为0.75，该冷藏库的公称容积正确的应是下列何项？(2012-3-24)

(A)4560~4570m³ (B)4950~4960m³ (C)6190~6200m³ (D)7530~7540m³

答案：[B]

主要解答过程：

根据《冷库规》(GB 50072—2010)第3.0.2条，查表3.0.6，水果密度为350kg/m³。

$$G = \frac{\sum V_1 \rho_s \eta}{1000} \Rightarrow \sum V_1 = \frac{G \times 1000}{\rho_s \eta} = \frac{1300 \times 1000}{350 \times 0.75} = 4952.4$$

6. 1t 含水率为60%的猪肉从15℃冷却至0℃，需用时1h，货物耗冷量为下列何项？(2014-4-24)

(A)11.0～11.2kW (B)13.4～13.6kW (C)14.0～14.20kW (D)15.4～15.6kW

答案：[B]

主要解答过程：

根据《教材2018》P710 式(4.8-1)，猪肉比热为：

$$C_r = 4.19 - 2.30X_s - 0.628X_s^3$$
$$= 4.19 - 2.3 \times (1 - 0.6) - 0.628 \times (1 - 0.6)^3 = 3.23(\text{kJ/kg} \cdot ℃)$$

货物耗冷量为：

$$Q = \frac{C_r m \Delta t}{3600} = \frac{3.23 \times 1000 \times (15 - 0)}{3600} = 13.46(\text{kW})$$

4.9 冷库制冷系统设计及设备的选择计算

1. 某两级压缩氨制冷系统，试问为了保证正常经济运行，中间压力(绝对压力)应为下列何值？

注：一些状态点参数见下表。(2006-4-23)

状态点	温度/℃	绝对压力/MPa	比焓/(kJ/kg)	比熵/[kJ/(kg·K)]	比容/(m³/kg)
低压级压缩机入口	-30	0.1193	1427	6.079	0.9658
高压级压缩机出口		1.473			
冷凝器出口	38	1.473	385.4		

(A)0.30～0.32MPa (B)0.38～0.40MPa

(C)0.41～0.43MPa (D)0.45～0.47MPa

答案：[C]

主要解答过程：

根据《教材2018》P734 式(4.9-7)，中间压力为：

$$p_{zj} = \sqrt{p_c p_z} = \sqrt{1.473 \times 0.1193} = 0.42(\text{MPa})$$

2. 北京地区某大型冷库，冷间面积为1000m²，冷间地面传热系数为0.6W/(m·℃)、土壤传热系数为0.4W/(m·℃)、冷间空气温度为-30℃，采用机械通风地面防冻方式，设地面加热层温度为1℃，若通风加热系统每天运行8h，系统防冻加热负荷应是下列何值(计算修正值α取为1.15、土壤温度t_r取为9.4℃)？(2011-4-24)

(A)50～55kW (B)43～48kW (C)39～41kW (D)36～37kW

答案：[A]

主要解答过程：

根据《冷库规》(GB 50072—2010)附录A 第A.0.2～A.0.4条

$$Q_r = F_d(t_r - t_n)K_d = 1000 \times (1 + 30) \times 0.6 = 18.6(\text{kW})$$

$$Q_{tu} = F_d(t_{tu} - t_r)K_d = 1000 \times (9.4 - 1) \times 0.4 = 3.36(\text{kW})$$

$$Q_f = \alpha(Q_r - Q_{tu})\frac{24}{T} = 1.15 \times (18.6 - 3.36) \times \frac{24}{8} = 52.6(\text{kW})$$

4.10　其他

4.10.1　地源热泵(2017-3-20，2017-4-21，2018-4-22)

1. 某土壤源热泵机组冬季空调供热量为 823kW，机组性能系数为 4.58，蒸发器进出口水温度为 15℃/8℃，循环水泵释热 18.7kW，该机组的地埋管换热系统从土壤中得到的最大吸热量和循环水量最接近下列哪项？(2007-4-17)

(A)823kW，101t/h　(B)662kW，81.3t/h　(C)643.3kW，79t/h　(D)624.6kW，79t/h

答案：[D]

主要解答过程：

根据《地源热泵规》(GB 50366—2005)第 4.3.3 条条文说明：

蒸发器热负荷：$Q_1 = 823\text{kW}(1-1/4.58) = 643.3\text{kW}$；自土壤吸热量：$Q = Q_1 - 18.7\text{kW} = 624.6\text{kW}$

则循环水量：$G = Q_1/c\Delta t = 643.3/(4.18\times7) = 21.99\text{kg/s} = 79.1\text{t/h}$

2. 某地源热泵系统，夏季的总供冷量为 900000kWh，冬季的总供热量为 540000kWh，设热泵机组的 $EER=5.5$(制冷)，$COP=4.7$(制热)，如仅计算系统中热泵机组的热量转移，则以一年计算，土壤的热量变化应是下列何项？(2009-3-21)

(A)土壤增加热量 350000～370000kWh　(B)土壤增加热量 460000～480000kWh

(C)土壤增加热量 520000～540000kWh　(D)土壤增加热量 620000～640000kWh

答案：[D]

主要解答过程：

夏季向土壤排热量：$Q_1 = 900000\text{kWh}\times(1+1/EER) = 1063636\text{kWh}$

冬季从土壤吸热量：$Q_2 = 540000\text{kWh}\times(1-1/COP) = 425106\text{kWh}$

则土壤增加热量：$\Delta Q = Q_1 - Q_2 = 638530\text{kWh}$

3. 某建筑空调采用地埋管地源热泵，设计参数为：制冷量 2000kW。全年空调制冷当量满负荷运行时间为 1000h，制热量为 2500kW，全年空调供热当量满负荷运行时间为 800h，设热泵机组的制冷，制热的能效比全年均为 5.0，辅助冷却塔的冷却能力不随负荷变化，不计水泵等的附加散热量。问要维持土壤全年自身热平衡(不考虑土壤与外界的换热)，以下措施正确的应是哪一项？(2010-3-20)

(A)设置全年冷却能力为 800000kWh 的辅助冷却塔

(B)设置全年冷却能力为 400000kWh 的辅助冷却塔

(C)设置全年加热能力为 400000kWh 的辅助供热设备

(D)系统已能实现保持土壤全年热平衡，不需设置任何辅助设备

答案：[A]

主要解答过程：

冷负荷：$Q_冷 = 2000\text{kW}\times1000\text{h} = 2\times10^6\text{kWh}$；热负荷：$Q_热 = 2500\text{kW}\times800\text{h} = 2\times10^6\text{kWh}$

夏季排热量：$Q_夏 = Q_冷(1+1/COP)$；冬季吸热量：$Q_冬 = Q_热(1-1/COP)$

故需附加散热量：$\Delta Q = Q_夏 - Q_冬 = 800000\text{kWh}$

4. 某建筑采用土壤源热泵冷热水机组作为空调冷、热源。在夏季向建筑供冷时，空调系统各末端设备的综合冷负荷合计为 1000kW，热泵制冷工况下的性能系数为 $COP=5$。空调冷水循环泵的轴功率为 50kW，空调冷水管道系统的冷损失为 50kW。问：上述工况条件下热泵向土

壤的总释热量 Q 接近下列何值？（2011-3-22）

(A)1100kW　　(B)1200kW　　(C)1300kW　　(D)1320kW

答案：[D]

主要解答过程：

注意，本题题干条件“空调冷水循环泵的轴功率为50kW”及“空调冷水管道系统的冷损失为50kW”都是冷冻水侧相关数据，并未提到冷却水水泵功率及管道散热量，要注意仔细审题看清条件。

空调蒸发器冷负荷：$Q_L = 1000 + 50 + 50 = 1100(\text{kW})$

因此排热量为：$Q = Q_L(1 + 1/COP) = 1320\text{kW}$

注：若题干给出冷却水泵功率为50kW，空调冷却水管道系统的冷损失为50kW

则排热量为：$Q = 1000(1 + 1/COP) + 50 + 50 = 1300\text{kW}$

5. 某地源热泵系统所处岩土的导热系数为1.65W/(m·K)，采用竖直单U形地埋管，管外径为32mm，钻孔灌浆回填材料是混凝土+细河沙，导热系数为2.20W/(m·K)，钻孔的直径为130mm。计算回填材料的热阻应为下列哪一项？（2011-4-14）

(A)0.048～0.052m·K/W　　(B)0.060～0.070m·K/W

(C)0.072～0.082m·K/W　　(D)0.092～0.112m·K/W

答案：[C]

主要解答过程：

根据《地源热泵规》(GB 50366—2005)附录B

$$d_e = \sqrt{n}d_0 = \sqrt{2} \times 32 = 45.25(\text{mm})$$

$$R_b = \frac{1}{2\pi\lambda_b}\ln\left(\frac{d_b}{d_e}\right) = \frac{1}{2 \times 3.14 \times 2.2} \times \ln\left(\frac{130}{45.25}\right) = 0.076(\text{m} \cdot \text{K/W})$$

6. 某项目采用地源热泵进行集中供冷、供热，经测量，有效换热深度为90m，设单U管换热，设夏、冬季单位管长的换热量为 $q = 30\text{W/m}$，夏季冷负荷和冬季热负荷均为450kW，所选热泵机组夏季性能系数 $EER = 5$，冬季性能系数 $COP = 4$，在理想换热状态下，所需孔数应为下列何项？（2012-3-22）

(A)63孔　　(B)84孔　　(C)100孔　　(D)167孔

答案：[A]

主要解答过程：

单孔换热量：$Q_0 = (90 \times 2) \times 30 = 5.4(\text{kW})$

根据《地源热泵规》(GB 50366—2005)第4.3.3条条文说明

夏季最大释热量：$Q_X = 450 \times (1 + 1/EER) = 540\text{kW}$，所需孔数为：$n_X = 540/5.4 = 100$

冬季最大吸热量：$Q_d = 450 \times (1 - 1/COP) = 337.5\text{kW}$，所需孔数为：$n_d = 337.5/5.4 = 62.5$

根据条文说明所述，最大吸热量和最大释热量，所需孔数取大值，当两者相差较大时，宜通过技术经济比较，采用辅助散热(增加冷却塔)或辅助供热方式解决，保证土壤热平衡。因此取63孔。

注：本题在2012年考试时，《民规》尚未实施，对于以上分析中“相差较大”没有给出量化指标，故当时有争议。现根据《民规》第8.3.4.4条条文说明，相差不大是指两者的比值在0.8～1.25，本题比值为：540/337.5 = 1.6，属相差较大的范围，故应按较小值打孔。

4.10.2　冷热源方案

1. 某全年需要供冷的空调建筑，最小需求的供冷量为 120kW，夏季设计工况的需冷量为 4800kW。现有螺杆式冷水机组(单机最小负荷率为 15%)和离心式冷水机组(单机最小负荷率为 25%)两类产品可供选配。合理的冷水机组配置应为下列何项？并给出判断过程。(2009-3-16)

(A)选择 2 台制冷量均为 2400kW 的离心机式冷水组

(B)选择 3 台制冷量均为 1600kW 的离心机式冷水组

(C)选择 1 台制冷量为 480kW 的离心式冷水机组和 2 台制冷量均为 2160kW 的离心机式冷水机组

(D)选择 1 台制冷量为 800kW 的螺杆式冷水机组和 2 台制冷量均为 2000kW 的离心机式冷水机组

答案：[D]

主要解答过程：

AB 选项：无法实现最小需求的供冷量为 120kW 时的节能运行(2400 × 0.25 = 600，1600 × 0.25 = 400)。C 选项：单台 2160kW 的离心机组，最低负荷值为：2160 × 25% = 540(kW)，因此当系统负荷处于 480 ~ 540kW 时无法实现机组的合理搭配。只有 D 选项既能满足最小负荷要求，又可以在不同负荷变化时实现机组的合理搭配，保证机组安全节能运行。

2. 某地建筑 A 与建筑 B 完全相同，冷水机组的额定制冷量均为 3000kW，$COP = 6$(冷却水进水温度为 30℃，机组消耗功率为 500kW)，仅采用冷却塔类型不同。冷却水系统见下表。(2011-3-21)

	冷却塔类型	运行进出水温差	冷却水泵扬程/mH_2O	冷却塔风机功率/kW	喷淋泵功率/kW	出水温度/℃
建筑 A	开式	4	25	18.5	—	30
建筑 B	闭式	5	15	28.2	15	32

两个建筑冷站的冷却水泵流量应为下列何值？(设机组冷却水进水水温每升高 1℃，冷机 COP 下降 1.5%；取 $C_p = 4.2$kJ/kg · K)

(A)A 建筑 550 ~ 650m^3/h，B 建筑 440 ~ 540m^3/h

(B)A 建筑 550 ~ 650m^3/h，B 建筑 550 ~ 650m^3/h

(C)A 建筑 700 ~ 800m^3/h，B 建筑 550 ~ 650m^3/h

(D)A 建筑 700 ~ 800m^3/h，B 建筑 700 ~ 800m^3/h

答案：[C]

主要解答过程：

对于建筑 A，冷却水流量为 G_A

冷凝器负荷为：

$$3000\text{kW} + 500\text{kW} = C_p\rho\frac{G_A}{3600}\Delta t_A \Rightarrow G_A = \frac{3500 \times 3600}{4.2 \times 1000 \times 4} = 750(\text{m}^3/\text{h})$$

对于 B 建筑，冷却水流量为 G_B，由于冷却塔出水温度为 32℃，因此

$$COP_B = 6 \times (1 - 1.5\% \times 2) = 5.82$$

冷凝器负荷为：

$$3000\text{kW} + \frac{3000\text{kW}}{COP_B} = C_p\rho\frac{G_B}{3600}\Delta t_B \Rightarrow G_B = \frac{3515.5 \times 3600}{4.2 \times 1000 \times 5} = 602.7(\text{m}^3/\text{h})$$

3. 夏热冬暖地区的某旅馆为集中空调两管制水系统。空调冷负荷为6000kW，空调热负荷为1000kW。全年当量满负荷运行时间，制冷为1000h，供热为300h。四种可供选择的制冷、制热设备方案，其数据见下表。

设备类型 性能系数	风冷式冷、热水热泵	离心式冷水机组	溴化锂吸收式冷(热)水机组	燃气热水锅炉
当量满负荷制冷性能系数	4.5	6.0	1.6	
当量满负荷制热性能系数	4.0	—	1.0	当量满负荷平均热效率0.7

建筑所在区域的一次能源换算为用户电能耗换算系数为0.35。问：全年最节省一次能源的冷、热源组合，为下列何项〈不考虑水泵等的能耗〉？(2012-4-19)

(A)配置制冷量为2000kW的离心机3台与1000kW的热水锅炉1台

(B)配置制冷量为2500kW的离心机2台与夏季制冷量和冬季供热量均为1000kW的风冷式冷、热水机组1台

(C)配置制冷量为2000kW的风冷式冷(热)水机组3台

(D)配置制冷量为2000kW的直燃式冷(热)水机组3台

答案：[B]

主要解答过程：

分别计算四种搭配方案的一次能源消耗量：

第一种方案：$M_1 = \dfrac{3\times2000\text{kW}}{6\times0.35}\times1000\text{h}+\dfrac{1000\text{kW}}{0.7}\times300\text{h}=3.28\times10^6\text{kWh}$

第二种方案：$M_2 = \left(\dfrac{2\times2500\text{kW}}{6\times0.35}+\dfrac{1000\text{kW}}{4.5\times0.35}\right)\times1000\text{h}+\dfrac{1000\text{kW}}{4\times0.35}\times300\text{h}=3.23\times10^6\text{kWh}$

第三、第四种方案在配置上不合理，无法合理匹配冬季热负荷，这里假设机组非满负荷运行性能系数与满负荷运行性能系数相同，计算其一次能源消耗量(实际消耗量应大于以下计算值，因为非满负荷性能系数低)

第三种方案：$M_3 = \dfrac{3\times2000\text{kW}}{4.5\times0.35}\times1000\text{h}+\dfrac{1000\text{kW}}{4\times0.35}\times300\text{h}=4.02\times10^6\text{kWh}$

第四种方案：$M_4 = \dfrac{3\times2000\text{kW}}{1.6}\times1000\text{h}+\dfrac{1000\text{kW}}{1.0}\times300\text{h}=4.05\times10^6\text{kWh}$

因此应选择方案二。

4. 某建筑冬季采用水环热泵空调系统，设计工况，外区热负荷为3000kW，内区冷负荷为2100kW，水环热泵机组的制热系数为4.0，制冷系数为3.75，若要求系统能够满足冬季运行要求，在设计工况下，辅助设备应是辅助供热设备还是辅助排热设备？其容量(预留10%余量)应为下列何项(忽略水泵及管道系统冷热损失)？(2013-4-23)

(A)排热设备，450kW　　(B)供热设备，450kW

(C)排热设备，660kW　　(D)供热设备，660kW

答案：[A]

主要解答过程：

为满足外区热负荷，所需热量为：$Q_r = 3000-\dfrac{3000}{4.0}=2250(\text{kW})$

为满足内区冷负荷，所需排热量为：$Q_l = 2100+\dfrac{2100}{3.75}=2660(\text{kW})$

因此辅助设备应是排热设备，容量为：$\Delta Q = 1.1 \times (2660 - 2250) = 451(kW)$

5. 地处夏热冬冷地区的某信息中心工程项目采用一台热回收冷水机组进行夏冬季期间的供冷、供暖，供冷负荷为 3500kW，供暖负荷为 2400kW，设机组的能效维持不变，其 $COP = 5.2$，忽略水泵和管道系统的冷、热损失，试求该运行工况下由循环冷却水带走的热量为下列何项？(2013-4-24)

(A)4173kW　　(B)3500kW　　(C)1773kW　　(D)2400kW

答案：[C]

主要解答过程：

本题与上题类似。

排热量为：$Q_p = 3500 + \dfrac{3500}{5.2} = 4173.1(kW)$

需由冷却水带走的热量为：$\Delta Q = Q_p - 2400 = 1773.1kW$

6. 某地一宾馆卫生热水供应方案：方案一采用热回收热泵机组 2 台；方案二采用燃气锅炉 1 台。已知：热回收热泵机组供冷期(运行 185 天)既满足空调制冷又同时满足卫生热水的需求，其他有关数据见下表。

卫生热水用量/(t/d)	自来水温度/℃	卫生热水温度/℃	热回收机组产热量/(kW/台)/耗电量/kW	燃气锅炉效率(%)
160	10	50℃	455/118	90

注：1. 电费 1 元/kWh、燃气费 4 元/Nm^3、燃气低位热值为 39840kJ/Nm^3。
2. 热回收机组产热量、耗电量为过渡季节和冬季制备卫生热水的数值。

关于两个方案年运行能源费用的论证结果，正确的是下列何项？(2013-4-25)

(A)方案一比方案二年节约运行能源费用 350000 ~ 380000 元

(B)方案一比方案二年节约运行能源费用 720000 ~ 750000 元

(C)方案二比方案一年节约运行能源费用 350000 ~ 380000 元

(D)方案一与方案二的运行费用基本一致

答案：[B]

主要解答过程：

采用方案一时，供冷季不需消耗额外电能进行卫生热水的制备，因此一年内消耗电能制取卫生热水的天数只有 365 − 185 = 180(天)。方案一加热热水热量为：

$$Q_1 = cm\Delta t = 4.18 \times 160 \times 1000 \times 180 \times (50 - 10) = 4815360000(kJ)$$

耗电量为：

$$M_1 = Q_1 \times \frac{118}{455} = 1248818637kJ = 346894kWh$$

电费为：$W_1 = M_1 \times 1 = 346894$ 元

方案二加热热水热量为：(365 天都要运行)

$$Q_2 = cm\Delta t = 4.18 \times 160 \times 1000 \times 365 \times (50 - 10) = 9764480000(kJ)$$

耗燃气量为：

$$M_2 = \frac{Q_2}{90\% \times 39840} = 272324.9Nm^3$$

燃气费为：

$$W_2 = M_2 \times 4 = 1089299.4 \text{ 元}$$

因此方案一比方案二年节约运行能源费用：$\Delta W = 1089299.4 - 346894 = 742405$(元)

7. 已知不同制冷方案的一次能源利用效率见下表，表列方案中的最高一次能源利用效率制方案与最低一次能源利用效率制冷方案之比值接近下列何项？(2014-3-20)

序号	制冷方案	效率
1	燃气蒸汽锅炉＋蒸汽溴化锂吸收式制冷	锅炉效率88%，吸收式制冷 $COP=1.3$
2	燃煤发电＋电压缩制冷	发电效率(计入传输损失)25%，电压缩制冷 $COP=5.5$
3	燃气直燃溴化锂吸收式制冷	$COP=1.3$
4	燃气发电＋电压缩制冷	发电效率(计入传输损失)45%，电压缩制冷 $COP=5.5$

(A)1.80　　(B)1.90　　(C)2.16　　(D)2.48

答案：[C]

主要解答过程：

设制冷量为 Q，一次能源消耗量为 A，一次能源利用效率为 ε，则：

$$\varepsilon = \frac{Q}{A} = \frac{Q}{\dfrac{Q}{\eta COP}} = \eta COP$$

其中 η 为锅炉效率或发电效率，COP 为机组制冷效率，故：

方案1：$\varepsilon_1 = \eta_1 COP_1 = 0.88 \times 1.3 = 1.144$

方案2：$\varepsilon_2 = \eta_2 COP_2 = 0.25 \times 5.5 = 1.375$

方案3：$\varepsilon_3 = COP_3 = 1.3$

方案4：$\varepsilon_4 = \eta_4 COP_4 = 0.45 \times 5.5 = 2.475$

最大与最小比值为：

$$\frac{\varepsilon_4}{\varepsilon_1} = \frac{2.475}{1.144} = 2.16$$

8. 某建筑空调冷源配置2台同规格冷水机组，表1为不同负荷率下冷水机组的制冷 COP，表2为供冷季节负荷率。计算冷水机组供冷季节制冷的 COP 应为下列何项？(2014-4-21)

表1　冷水机组制冷 COP

负荷率	12.5%	25%	37.5%	50%	75%	100%
COP	3.2	5.6	6.2	6.0	6.2	6.0

表2　供冷季节负荷率

负荷率	100%	75%	50%	37.5%	25%	12.5%
时间比例(%)	5	25	30	20	15	5

(A)5.20～5.30　　(B)5.55～5.65　　(C)5.95～6.05　　(D)6.15～6.25

答案：[C]

主要解答过程：

本题主要考点为2台机组配合运行时，运行策略对于系统整体 COP 的影响，但题干并未给出具体运行策略，这就给解题过程造成了一定的争议，下面主要讨论两种运行策略：①COP 最大方案，②逐台启动，满载后加载下一台。

①COP 最大方案。

负荷率	12.5%	25%	37.5%	50%	75%	100%
搭配方案及机组负荷率	1×25%	1×50%	1×75%	1×75% +1×25%	2×75%	2×100%
机组综合 *COP*	5.6	6.0	6.2	6.038 *	6.2	6.0
时间比例(%)	5	15	20	30	25	5

注：50%负荷率时综合 *COP* 的计算方法为：

$$COP_{50\%}=\frac{Q}{W}=\frac{0.5Q_0}{\dfrac{0.375Q_0}{6.2}+\dfrac{0.125Q_0}{5.6}}=6.038$$

大于单台100%运行和两台50%运行时的 *COP* 值(6.0)。

因此供冷季节制冷的 *COP* 应为：(按加权平均算法)

$$COP_Z=5.6\times0.05+6\times0.15+6.2\times0.2+6.038\times0.3+6.2\times0.25+6\times0.05$$
$$=6.08$$

②逐台启动，满载后加载下一台。

负荷率	12.5%	25%	37.5%	50%	75%	100%
搭配方案及机组负荷率	1×25%	1×50%	1×75%	1×100%	1×100% +1×50%	2×100%
机组综合 *COP*	5.6	6.0	6.2	6.0	6.0	6.0
时间比例(%)	5	15	20	30	25	5

因此供冷季节制冷的 *COP* 应为：

$$COP_Z=5.6\times0.05+6\times0.15+6.2\times0.2+6\times0.3+6\times0.25+6\times0.05=6.02$$

可以发现只有按方案②计算结果落在了选项C的范围内，因此推测出题者思路为方案②，但题干未说明产生了争议。

注：题解中所采用的加权平均法其实是一种近似的计算方法，其实按照 *COP* 的基本定义，采用总制冷量/总功耗的方法计算出的 *COP* 才是最准确的，但两种方法计算结果差距很小，不影响选项结果。

如方案②的计算过程如下：

$$COP_Z=\frac{\sum Q}{\sum W}$$
$$=\frac{0.125Q_0\times0.05+0.25Q_0\times0.15+0.375Q_0\times0.2+0.5Q_0\times0.3+0.75Q_0\times0.25+Q_0\times0.05}{\dfrac{0.125Q_0\times0.05}{5.6}+\dfrac{0.25Q_0\times0.15}{6.0}+\dfrac{0.375Q_0\times0.2}{6.2}+\dfrac{0.5Q_0\times0.3}{6.0}+\dfrac{0.75Q_0\times0.25}{6.0}+\dfrac{Q_0\times0.05}{6.0}}$$
$$=6.023$$

9. 已知某电动压缩式制冷机组的冷凝器设计的放热量为1500kW，分别采用温差为5℃的冷却水冷却和采用常温下水完全蒸发冷却(不考虑显热)，前者与后者相同单位时间的水量之比值是下列何项？(2014-4-23)

(A)10~12　　(B)50~90　　(C)100~120　　(D)130~150

答案：[C]

主要解答过程：

采用冷却水冷却时，用水量为：

$$M_1 = \frac{Q}{c\Delta t} = \frac{1500}{4.18 \times 5} = 71.77(\mathrm{kg/s})$$

采用蒸发冷却时，用水量为：

$$M_2 = \frac{Q}{2500\mathrm{kJ/kg}} = \frac{1500\mathrm{kW}}{2500\mathrm{kJ/kg}} = 0.6\mathrm{kg/s}$$

比值为：

$$\frac{M_1}{M_2} = \frac{71.77}{0.6} = 119.6$$

第5章　民用建筑房屋卫生设备和燃气供应

5.1　室内给水（2016-3-24，2017-4-25，2018-3-25）

1. 小区建五栋普通住宅塔楼，均为21层，每层8户，每户平均4人。该小区生活给水总管最大平均秒流量应为下列何值？（2006-3-25）

计算采用如下数据：用水定额 $q_0=130\text{L/(人·日)}$

用水时间 $T=24\text{h}$

小时变化系数 $K_h=2.3$。

(A) 7～8L/s　(B) 9～10L/s　(C) 11～12L/s　(D) 13～14L/s

答案：[C]

主要解答过程：

根据《教材(第二版)》P674式(5.1-3)

$$Q_s=\frac{Q_h}{3600}=\frac{mq_o k_h}{3600T}=\frac{(5\times21\times8\times4)\times130\times2.3}{3600\times24}=11.63(\text{L/s})$$

注：《教材(第三版)》删除了最大平均秒流量的计算公式，仅保留了最大小时用水量 Q_h 的计算公式，Q_h 除以3600即为最大平均秒流量。

2. 某住宅楼16层、每层6户，每层房间设备为低水箱冲落式大便器、沐浴器、洗涤盆、洗脸盆、家用洗衣机各一个，本楼排水为一个总出口，计算其排水设计秒流量为下列哪一项？（2007-3-25）

(A) 4.5～5.4L/s　(B) 5.5～6.4L/s　(C) 6.5～7.4L/s　(D) 7.5～8.5L/s

答案：[C]

主要解答过程：

根据《给水排水规》(GB 50015—2003)第4.4.5条

总排水当量：$N_p=16\times6\times(4.5+0.45+1+0.75+1.5)=787.2$

排水设计秒流量：$q=0.12\times1.5\sqrt{787.2}+1.5=6.55(\text{L/s})$

3. 某住宅楼18层，一～四层生活给水由市政直供，五～十八层由楼顶水箱供给，水泵从储水池向水箱供水，该楼每层6户，每户按3口人计，每户设大便器、洗脸盆、洗涤盆、洗衣机、热水器和沐浴器。用水定额和小时变化系数均取最小值，计算高位水箱最小调节水量应为下列何值？（2007-4-25）

(A) 1.0～1.3m³　(B) 1.5～1.8m³　(C) 2.0～2.3m³　(D) 2.4～2.9m³

答案：[B]

主要解答过程：

根据《给水排水规》(GB 50015—2003)第3.7.5条“……水箱的生活用水调节容量，不宜小于最大用水时水量的50%”。

再根据表 3.1.9：$V=0.5\times14(层)\times(6\times3)\times130\times2.3=37674\text{L/d}=37674/24\text{h}/1000=1.57\text{m}^3/\text{h}$

4. 某居民住宅楼 20 层，每层 6 户，每户平均 4 人，设有全日供应的热水系统，冷水温度 10℃，供应热水的温度为 60℃，每人用水定额为 $q_L=85\text{L/d}$。该楼设计热水小时耗热量，应是下列选项的哪一个？（2008-4-25）

(A)275～309kW　　(B)310～344kW　　(C)345～379kW　　(D)380～414kW

答案：[C]

主要解答过程：

注意：本题需根据老规范《建筑给水排水设计规范》(GB 50015—2003)第 5.3.1 条。

居住人数为 $20\times6\times4=480$，K_h根据表 5.3.1-1 取 3.28。

根据表 5.1.1 取使用时间 $T=24\text{h}$，代入公式(不考虑 60℃水的密度变化，近似为 1kg/m^3)：

$$Q_h=K_h\frac{mq_rC(t_r-t_l)\rho_r}{86400}=3.28\times\frac{20\times6\times4\times85\times4.18\times(60-10)\times1}{86400}=323.7\,(\text{kW})$$

如根据新规范：《建筑给水排水设计规范(2009 版)》(GB 50015—2003)第 5.3.1 条，

K_h近似根据表 5.3.1 由内插法得(同时考虑用水定额和用水人数的修正，可参考第 5.3.1 条条文说明中计算方法)：

$$K_h=4.8-\frac{480-100}{6000-100}\times\frac{85-60}{100-60}\times(4.8-2.75)=4.72$$

根据表 5.1.1 取使用时间 $T=24\text{h}$，代入公式：

$$Q_h=K_h\frac{mq_rC(t_r-t_l)\rho_r}{T}=4.72\times\frac{20\times6\times4\times85\times4.18\times(60-10)\times1}{24\times3600}=465.8(\text{kW})$$

5. 某大剧院的化妆间有 5 间(均附设卫生间)，由同一给水管供冷水，每间的用水设备相同，每间卫生间器具数量和额定流量见下表(注：洗脸盆和洗手盆均供应冷热水)。当卫生器具采用额定流量计算时，化妆间的冷水给水管道的设计秒流量应为下列何值？（2011-4-25）

名称	洗脸盆 (混合水嘴)	大便器 (延时自闭式冲洗阀)	洗手盆 (感应水嘴)	小便器 (自闭式冲洗阀)
数量	2	1	1	1
额定流量/(L/s)	0.10	1.2	0.10	0.10

(A)1.90～2.10L/s　　(B)2.14～2.30L/s　　(C)2.31～2.40L/s　　(D)2.41～2.50L/s

答案：[A]

主要解答过程：

根据《给水排水规》(GB 50015—2003)第 3.6.6 条

解题要点：

(1)第 3.6.6 条注 2：大便器自闭式冲洗阀应单列计算，当单列计算值小于 1.2L/s 时，以 1.2L/s 计；大于 1.2L/s 时，以计算值计。

(2)根据表 3.6.6-1 注 1：“表中括号内数据是电影院、剧院的化妆间使用”。

因此根据式(3.6.6)结合上述解题要点，设计秒流量为：

$$\begin{aligned}q_g&=\sum q_0n_0b=q_{脸}n_{脸}b_{脸}+q_{大}n_{大}b_{大}+q_{手}n_{手}b_{手}+q_{小}n_{小}b_{小}\\&=0.1\times(2\times5)\times50\%+1.2\times5\times2\%+0.1\times5\times50\%+0.1\times5\times10\%\\&=0.5+0.12(小于1.2\text{L/s},以1.2\text{L/s}计)+0.25+0.05\end{aligned}$$

$= 0.5 + 1.2 + 0.25 + 0.05 = 2(L/s)$

6. 某民用住宅楼用户户内安装有大便器、洗脸盆、洗涤盆、洗衣机、热水器和淋浴设备，已知该住宅楼总人数为 600，最高日用水定额为 200L/(人 · d)，最高日用热水定额为 60L/(人 · d)，问：该住宅楼最大日用水量为下列哪一项？(2013-3-25)

(A)120t/d　　(B)125t/d　　(C)145t/d　　(D)165t/d

答案：[A]

主要解答过程：

根据《教材 2018》P808 或《给水排水规》(GB 50015—2003)第 5.1.1 条表 5.1.1-1 注 2 可知热水定额是包括在日用水定额内的，因此题干中最高日用热水定额为干扰数据。根据《教材 2018》P806 式(6.1-1)，最大日用水量为：

$$M_d = Q_d\rho = mq_0\rho = 600 \times \frac{200}{1000} \times 1000 = 120000\text{kg/d} = 120\text{t/d}$$

7. 某半即热式水加热器，要求小时供热量不低于 1250000kJ/h，热媒为 50kPa 饱和蒸汽(饱和蒸汽温度为 100℃，进入加热器的最低水温为 7℃，出水终温为 60℃，加热器的传热系数为 5000kJ/(m^2 · h · K)，则加热器的最小加热面积应为下列何项？(取热损失系数为 1.10，ε 为 0.8)(2014-4-25)

(A)7.55 ~ 7.85m^2　　(B)7.20 ~ 7.50m^2　　(C)5.40 ~ 5.70m^2　　(D)5.05 ~ 5.35m^2

答案：[C]

主要解答过程：

根据《给水排水规》(GB 50015—2003)第 5.4.7.2 条，半即热式水加热器计算温差为：

$$\Delta t_j = \frac{\Delta t_{max} - \Delta t_{min}}{\ln \dfrac{\Delta t_{max}}{\Delta t_{min}}} = \frac{(100 - 7) - (100 - 60)}{\ln \dfrac{100 - 7}{100 - 60}} = 62.8(℃)$$

根据第 5.4.6 条，最小加热面积为：

$$F_{jr} = \frac{C_r Q_g}{\varepsilon K \Delta t_j} = \frac{1.1 \times 1250000}{0.8 \times 5000 \times 62.8} = 5.47(m^2)$$

5.2　室内排水(2017-3-25)

1. 某 4 层办公建筑有四根污水立管，其管径分别为 150mm、125mm、125mm 和 100mm，现设置汇合通气管，该通气管的计算管径应是何项？(2009-3-25)

(A)140 ~ 160mm　　(B)165 ~ 185mm　　(C)190 ~ 210mm　　(D)220 ~ 240mm

答案：[B]

主要解答过程：

根据《给水排水规》(GB 50015—2003)第 4.6.16 条。

$$\frac{\pi}{4}D_{总}^2 = S_{总} = S_{max} + 0.25(\sum S_i) = \frac{\pi}{4}D_{max}^2 + 0.25\frac{\pi}{4} \times (D_2^2 + D_3^2 + D_4^2)$$

解得：$D_{总} = 181.1$mm

注意：专用通气管、共用通气管、结合通气管和汇合通气管的区别：

第 4.6.11 条：通气管的管径，应根据排水能力、管道长度确定，不宜小于排水管管径的 0.5，最小管径可按表 4.6.11 确定。

第4.6.12条：通气立管长度在50m以上时，其管径应与排水立管管径相同。
第4.6.13条：通气立管长度小于等于50m时，且两根及两根以上排水立管同时与一根通气立管相连，应以最大一根排水立管按表4.6.11确定通气立管管径，且其管径不宜小于其余任何一根排水立管管径。

5.3 燃气供应(2016-4-24，2018-4-25)

1. 拟建700床的高级宾馆，当地天然气低热值为35.8MJ/m^3，试估算该工程天然气最大总用气量为下列何值？(2006-4-25)

(A) <80m^3/h (B)80～100m^3/h (C)101～120m^3/h (D) >120m^3/h

答案：[C]

主要解答过程：

根据《教材(第二版)》P775式(5.4-2)。估算最大用气量，所有系数均选取最大上限值。

$$Q_j=\frac{Q_n k_y k_r k_s}{365\times Q\times 24}=\frac{10467\times 700\times 1.3\times 1.2\times 3.2}{365\times 35.8\times 24}=116.6(\text{m}^3/\text{h})$$

注：本题根据《教材(第二版)》公式出题，而《教材2018》P822已对公式做出调整，考生可关注。

2. 某居民住宅楼18层，每层6户，每户一厨房，内设一台双眼灶和一台快速燃气热水器(燃气用量分别为0.3Nm^3/h和1.4Nm^3/h)，试问，该楼燃气入口处的设计流量应为下列何项值？(2008-3-25)

(A)26.5～30Nm^3/h (B)30.5～34Nm^3/h (C)34.5～38Nm^3/h (D)60.5～64Nm^3/h

答案：[B]

主要解答过程：

根据《教材2018》P821式(6.3-2)及表6.3-4

总用户为18×6=108，$\sum k$按100人近似取值为0.17

则：$Q_n=1\times 0.17\times 18\times 6\times(0.3+1.4)=31.2(\text{Nm}^3/\text{h})$。

3. 某小区采用低压天然气管道供气，已知：小区住户的低压燃具需要的额定压力为2500Pa，从调压站到最远燃具的管道允许阻力损失应是下列何项？(2009-4-25)

(A)2500Pa (B)2025Pa (C)1875Pa (D)1500Pa

答案：[B]

主要解答过程：

根据《燃气设计规》(GB 50028—2006)第6.2.8条：

$$\Delta P_d=0.75p_n+150=0.75\times 2500+150=2025(\text{Pa})$$

4. 山地城市某高层使用人工煤气，顶层的民用燃具的燃气管道终点比调压箱出口管道高出300m。已知燃气的密度为0.71kg/m^3，空气的密度为1.20kg/m^3，调压箱出口压力为1500Pa，调压箱至用户燃气具的压力降为500Pa。计算用户燃气具前压力并判断是否满足燃具要求。(2010-4-25)

(A)用户燃气具前压力为2400～2500Pa，满足用户燃气具前额定压力要求
(B)用户燃气具前压力为2400～2500Pa，不符合用户燃气具前额定压力要求
(C)用户燃气具前压力为2900～3000Pa，满足用户燃气具前额定压力要求
(D)用户燃气具前压力为2900～3000Pa，不符合用户燃气具前额定压力要求

答案：[B]

主要解答过程：

根据《教材 2018》P817 式(6.3-1)

因高差引起的附加压头：

$$\Delta P = 9.81(\rho_a - \rho_g)\Delta H = 9.81 \times (1.2 - 0.71) \times 300 = 1442.07(\text{Pa})$$

用户燃气具前压力：

$$P = 1500 - 500 + \Delta P = 2442.07\text{Pa}$$

根据《燃气设计规》(GB 50028—2006)表 10.2.2，人工煤气用户设备燃烧器的额定压力要求为 1000Pa，根据第 10.4.1 条，用气设备前的燃气压力应在 750～1500 的范围内，因此实际燃气具前压力超出了规范规定的压力上限值。

5. 某 28 层的塔式住宅，每层 8 户，每户一个厨房，气源为天然气，厨房内设一双眼灶(燃气额定流量为 $0.3\text{m}^3/\text{h}$)和一燃气快速热水器(燃气额定流量为 $1.4\text{m}^3/\text{h}$)。该住宅天然气入管道的燃气计算流量应为下列何值？(2011-3-25)

(A)50.1～$54.0\text{m}^3/\text{h}$　(B)54.1～$57.0\text{m}^3/\text{h}$　(C)57.1～$61.0\text{m}^3/\text{h}$　(D)61.1～$65.0\text{m}^3/\text{h}$

答案：[C]

主要解答过程：

根据《教材 2018》P821 表 6.3-4

总用户为：28×8=224(户)，利用插值法根据表 6.3-4 得到

$$\sum k = 0.16 - \frac{224 - 200}{300 - 200} \times (0.16 - 0.15) = 0.1576$$

根据式(6.3-2)

$$Q_h = k_t\left(\sum kNQ_n\right) = 1 \times [0.1576 \times 224 \times (0.3 + 1.4)] = 60.01(\text{m}^3/\text{h})$$

6. 武汉市某 20 层住宅(层高 2.80m)接入用户的燃气管道引入管高于一层室内地面 1.8m。供气立管沿外墙敷设，立管顶端高于二十层住宅室内地坪 0.8m，立管管道的热伸长量应为下列何项？(2012-4-25)

(A)10～18mm　(B)20～28mm　(C)30～38mm　(D)40～48mm

答案：[D]

主要解答过程：

根据《燃气设计规》(GB 50028—2006)第 10.2.29.3 条，沿外墙敷设补偿计算温差取 70℃。

根据《教材 2018》P104 式(1.8-23)

$$\Delta X = 0.012(t_1 - t_2)L = 0.012 \times 70 \times (19 \times 2.8 - 1.8 + 0.8) = 43.85(\text{mm})$$

7. 已知某住宅小区燃气用户为 250 户，每户均设置燃气双眼灶和快速热水器各一台，其额定流量分别为 $2.4\text{m}^3/\text{h}$ 和 $1.75\text{m}^3/\text{h}$，该小区的燃气计算流量应接近下列何项？(2014-3-25)

(A)$156\text{m}^3/\text{h}$　(B)$161\text{m}^3/\text{h}$　(C)$166\text{m}^3/\text{h}$　(D)$170\text{m}^3/\text{h}$

答案：[B]

主要解答过程：

根据《教材 2018》P821 式(6.3-2)，查表 6.3-4，采用内插法得：

$$k = 0.15 + \frac{300 - 250}{300 - 200} \times (0.16 - 0.15) = 0.155$$

$$Q_h = \sum kNQ_n = 0.155 \times 250 \times (2.4 + 1.75) = 160.8(\text{m}^3/\text{h})$$

第2篇

历年真题原版试卷及详细解析（专业案例）

2010年度全国注册公用设备工程师(暖通空调)执业资格考试　专业案例(上)

1. 地处严寒地区A区的某10层矩形办公楼(正南北朝向，平屋顶)，其外围护结构平面几何尺寸为57.6m × 14.4m，每层层高均为3.1m，其中南向外窗面积最大(其外窗面积为604.8m²)，问该朝向的外窗及外墙的传热系数[W/(m²·K)]应是何项？

(A)$K_{窗} \leqslant 2.8$，$K_{墙} \leqslant 0.45$　　(B)$K_{窗} \leqslant 1.7$，$K_{墙} \leqslant 0.40$

(C)$K_{窗} \leqslant 2.5$，$K_{墙} \leqslant 0.45$　　(D)应进行权衡判断

答案：[　]

主要解答过程：

2. 某低温热水地板辐射供暖系统，设计供回水温度为50℃/40℃，系统工作压力P_{D}=0.4MPa，某一环路所承担的热负荷为2000W。说法正确的应是下列哪一项？并列出判断过程。

(A)采用公称外径为*De*40的PP-R管，符合规范规定

(B)采用公称外径为*De*32的PP-R管，符合规范规定

(C)采用公称外径为*De*20的PP-R管，符合规范规定

(D)采用公称外径为*De*20的PP-R管，不符合规范规定

答案：[　]

主要解答过程：

3. 某办公建筑设计采用散热器供暖系统，总热负荷为2100kW，供回水温度为80℃/60℃，系统主干线总长950m，如果选用直联方式的循环水泵时，与水泵设计工况点的轴功率接近的应是下列哪一项？

(A)不应大于4.0kW　　(B)不应大于5.5kW

(C)不应大于1.5kW　　(D)不应大于11kW

答案：[　]

主要解答过程：

4. 严寒地区某住宅小区，有一冬季供暖用热水锅炉房，容量为140MW，原供热范围为200万m²的既有住宅，经对既有住宅进行围护结构节能改造后，供暖热指标降至48W/m²。试问，既有住宅改造后，该锅炉房还可负担新建住宅供暖的面积应是下列何项？(锅炉房自用负荷可忽略不计，管网为直埋，散热损失附加系数为0.10；新建住宅供暖热指标为40W/m²)

(A)90～95($\times 10^4 m^2$)　　(B)96～100($\times 10^4 m^2$)

(C)101～105($\times 10^4 m^2$)　　(D)106～115($\times 10^4 m^2$)

答案：[　]

主要解答过程：

5. 某酒店采用太阳能 + 电辅助加热的中央热水系统。已知：全年日平均用热负荷为 2600kWh，该地可用太阳能的天数为 290 天，同时，其日辅助电加热量为日平均用热负荷的 30%，其余天数均采用电加热器加热。为了节能，拟采用热泵热水机组取代电加热器，满足使用功能的条件下，机组制热 $COP=4.60$。利用太阳能时，若不计循环热水泵耗电量以及热损失，新方案的年节电量应是下列哪一项？

(A)250000 ~ 325000kWh　　(B)325500 ~ 327500kWh

(C)328000 ~ 330000kWh　　(D)330500 ~ 332500kWh

答案：[　]

主要解答过程：

6. 在一般工业区内(非特定工业区)新建某除尘系统，排气筒的高度为 20m，排放的污染物为石英粉尘，排放速度速率均匀，经两小时连续测定，标准工况下，排气量 80000m³/h，除尘效率为 99%，粉尘收集量为 $G_1=633.6\text{kg}$。试问，以下依次列出排气筒的排放速率值，排放浓度值以及达标排放的结论，正确者应为下列哪一项？

(A)3.0kg/h，60mg/m³，达标排放　　(B)3.1kg/h，80mg/m³，排放不达标

(C)3.0kg/h，40mg/m³，达标排放　　(D)3.2kg/h，40mg/m³，排放不达标

答案：[　]

主要解答过程：

7. 某房间采用机械通风与空调相结合的方式排除室内余热。已知，室内余热量为 10kW，设计室温为 28℃，空调机的 $COP=4-0.005\times(t_w-35)$(kW/kW)，其中 t_w 为室外空气温度，单位为℃；机械通风系统可根据室外气温调节风量以保证室温，风机功率为 1.5kW/(m³/s)，问采用机械通风与空调的切换温度(室外为标准大气压，空气密度取 1.2kg/m³)应为下列哪一项？

(A)19.5 ~ 21.5°C　　(B)21.6 ~ 23.5°C

(C)23.6 ~ 25.5°C　　(D)25.6 ~ 27.5°C

答案：[　]

主要解答过程：

8. 某厂房利用热压进行自然通风。厂房高度 $H=12\text{m}$，排风天窗中心距地面高度 $h=10\text{m}$，天窗的局部阻力系数 $\xi=4$。已知：厂房内散热均匀，散热量为 100W/m³，厂房工作区的温度 $t_n=25℃$，当天窗的空气平均流速为 $v=1.1\text{m/s}$ 时，天窗窗口压力损失为下列哪一项(当地为标准大气压)？

(A)2.50 ~ 2.60Pa　　(B)2.70 ~ 2.80Pa

(C)2.85 ~ 3.10Pa　　(D)3.20 ~ 3.30Pa

答案：[　]

主要解答过程：

9. 某金属熔化炉，炉内金属温度为 650℃，环境温度为 30℃，炉口直径为 0.65m，散热面为

水平面，于炉口上方 1.0m 处设圆形接受罩，接受罩的直径为下列哪一项?

(A)0.65 ~1.0m　　(B)1.01 ~1.30m

(C)1.31 ~1.60m　　(D)1.61 ~1.90m

答案：[　]

主要解答过程：

10. 某有害气体流量为 3000m^3/h，其中有害物成分的浓度为 5.25ppm，克摩尔数 M=64，采用固定床活性炭吸附装置净化该有害气体，设平衡吸附量为 0.15kg/kg，炭吸附效率为 95%，一次装活性炭量为 80kg，则连续有效使用时间为下列哪一项?

(A)200 ~225h　　(B)226 ~250h

(C)251 ~270h　　(D)271 ~290h

答案：[　]

主要解答过程：

11. 某两级除尘器串联，已知粉尘的初始浓度为 15g/m^3，排风标准为 30mg/m^3，第一级除尘器效率 85%，求第二级除尘器的效率至少应为下列哪一项?

(A)82.5% ~85%　　(B)86.5% ~90%

(C)91.5% ~95.5%　　(D)96.5% ~99.5%

答案：[　]

主要解答过程：

12. Ⅰ类地区的某办公楼的全空气空调系统，空调送风温度为 19℃，风管材料为镀锌钢板，风管处于室内非空调区(空气温度为 31℃)，采用导热系数为 0.0377W/(m·K)的离心玻璃棉保温(不计导热系数的温度修正)。问，满足空调风管热阻的玻璃棉板保温层厚度为下列哪一项?

(A)26 ~30mm　　(B)31 ~36mm

(C)36 ~40mm　　(D)41 ~45mm

答案：[　]

主要解答过程：

13. 某车间的内区室内空气设计计算参数：干球温度为 20℃，相对湿度为 60%，湿负荷为零，交付运行后，发热设备减少了，实际室内空调冷负荷比设计时减少了 30%，在送风量和送风状态不变(送风相对湿度为 90%)的情况下，室内空气状态应是下列哪一项?(工程所在地为标准大气压，计算时不考虑维护结构的传热)

(A)16.5 ~17.5℃，相对湿度 68% ~70%

(B)18.0 ~18.9℃，相对湿度 65% ~68%

(C)37.5 ~38.5kJ/$kg_{干空气}$、含湿量为 8.9 ~9.1g/$kg_{干空气}$

(D)42.9 ~43.1kJ/$kg_{干空气}$、含湿量为 7.5 ~8.0g/$kg_{干空气}$

答案：[　]

主要解答过程：

14. 某空调区域空气计算参数：室温为 28℃，相对湿度为 55%。室内仅有显热冷负荷 8kW。工艺要求采用直流式、送风温差为 8℃的空调系统。该系统的设计冷量应为下列何值？（标准大气压，室外计算温度 34℃，相对湿度 75%）

(A)35 ~ 39kW　　(B)40 ~ 44kW

(C)45 ~ 49kW　　(D)50 ~ 54kW

答案：[　]

主要解答过程：

15. 标准大气压下，空气从状态 A(t_A = 5℃，φ_A = 80%)依次经表面式加热器和干蒸汽加湿器处理到状态点 B(t_B = 80kJ/kg，φ_B = 50%)，要求直接查 h-d 图，求出该空气状态处理过程中，单位质量空气经表面加热器的加热量应该接近下列何项？并以 h-d 图绘制出处理过程。

(A)64. 1kJ/kg　　(B)40. 1kJ/kg

(C)33. 8kJ/kg　　(D)30. 3kJ/kg

答案：[　]

主要解答过程：

16. 已知某地夏季室外设计计算参数：干球温度为 35℃，湿球温度为 28℃(标准大气压)。需设计直流全新风系统，风量为 1000m³/h(空气密度取 1. 2kg/m³)。要求提供新风的参数为：干球温度为 15℃，相对湿度为 30%，试问，采用一级冷却除湿(处理到相对湿度为 95%，焓降为 45kJ/$kg_{干空气}$) + 转轮除湿(冷凝水带走热量忽略不计) + 二级冷却方案，符合要求的除湿器后空气温度最接近下列哪一项？查 h-d 图，并绘制出全部处理过程。

(A)15℃　　(B)16℃　　(C)34℃　　(D)36℃

答案：[　]

主要解答过程：

17. 已知室内设计参数为：t_n = 23℃，φ_n = 60%，室外参数为：t_w = 35℃，h_w = 92. 2kJ/kg，新风比为 15%，夏季室内余热量为 Q = 4. 89kW，余湿量为 0，送风温差为 4℃，采用一次回风系统，机器露点的相对湿度取 90%，不计风机和管道的温升。试求，夏季所需送风量(kg/s)和系统所需的冷量(kW)应为下列何项？(注：空气为标准大气压)

(A)1. 10 ~ 1. 30kg/s，11 ~ 14kW　　(B)1. 10 ~ 1. 30kg/s，14. 5 ~ 18kW

(C)0. 7 ~ 0. 9kg/s，7 ~ 9kW　　(D)0. 7 ~ 0. 9kg/s，9. 1 ~ 11kW

答案：[　]

主要解答过程：

18. 某采用压差旁通控制的空调冷水系统如左图所示，两台冷水泵规格型号相同，水泵流量和扬程曲线如右图所示，两台冷水泵同时运行时，有关管段的流量和压力损失见下表。问：当 1 号泵单独运行时，测得 AB 管段、GH 管段的压力损失分别为 4. 27kPa。则水泵的流量和扬程最接近下列哪一项？并列出判断计算过程。

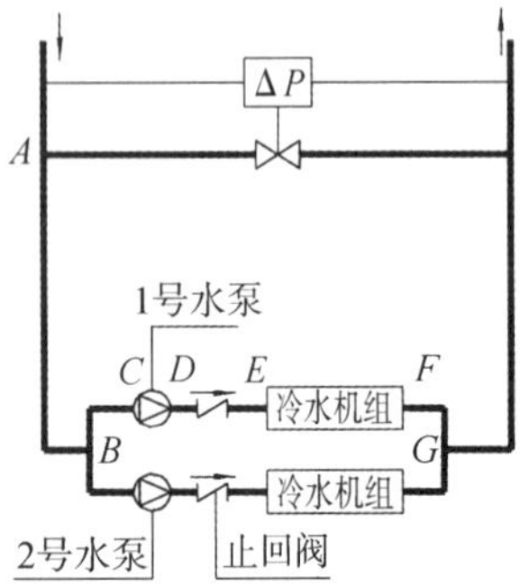

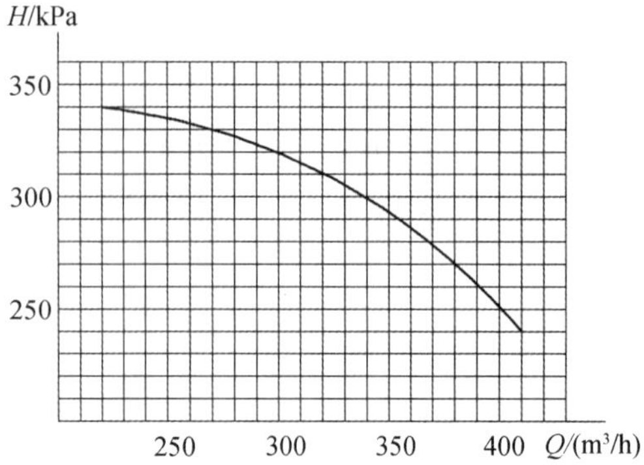

管段	AB	BC	DE	冷水机组	FG	GH
流量/(m^3/h)	600	300	300	300	300	600
压力损失/kPa	15	10	15	50	15	15

(A)流量 300m^3/h，扬程 320kPa　　(B)流量 320m^3/h，扬程 310kPa

(C)流量 338m^3/h，扬程 300kPa　　(D)流量 300m^3/h，扬程 293kPa

答案：[　]

主要解答过程：

19. 如图所示分别为 A 建筑、B 建筑处于夏季典型设计日全天工作的冷负荷逐时分布图(横坐标为工作时刻，纵坐标为冷负荷)。设各建筑的冷水机组装机容量分别为 Q_A、Q_B，各建筑典型设计日的总耗冷量(kWh)分别为 E_A、E_B。说法正确的是下列哪一项？并写出判断过程。

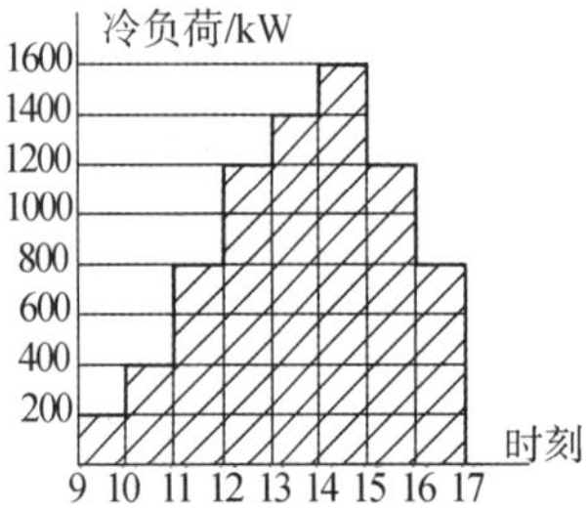

A建筑

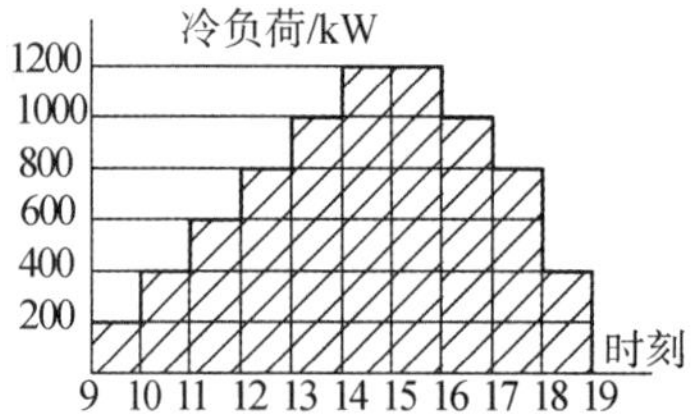

B建筑

(A) $Q_A > Q_B$ 且 $E_A > E_B$　　(B) $Q_A > Q_B$ 且 $E_A = E_B$

(C) $Q_A > Q_B$ 且 $E_A < E_B$　　(D) $Q_A = Q_B$ 且 $E_A = E_B$

答案：[　]

主要解答过程：

20. 某建筑空调采用地埋管地源热泵，设计参数为：制冷量 2000kW。全年空调制冷当量满负荷运行时间为 1000h，制热量为 2500kW，全年空调供热当量满负荷运行时间为 800h，设热泵机组的制冷，制热的能效比全年均为 5.0，辅助冷却塔的冷却能力不随负荷变化，不计水泵等的附加散热量。问要维持土壤全年自身热平衡(不考虑土壤与外界的换热)，以下措施正确的应是哪一项？

(A)设置全年冷却能力为 800000kWh 的辅助冷却塔

(B)设置全年冷却能力为 400000kWh 的辅助冷却塔

(C)设置全年加热能力为 400000kWh 的辅助供热设备

(D)系统已能实现保持土壤全年热平衡，不需设置任何辅助设备

答案：[　]

主要解答过程：

21. 某带经济器的螺杆式压缩式制冷机组，制冷剂为 R22。制冷剂质量流量的比值 $M_{R1}:M_{R2}=6:1$，如图所示为系统组成和理论循环，点 1 为蒸发器出口状态，该循环状态点 3 的焓值为下列哪一项？(注：各点比焓见下表)

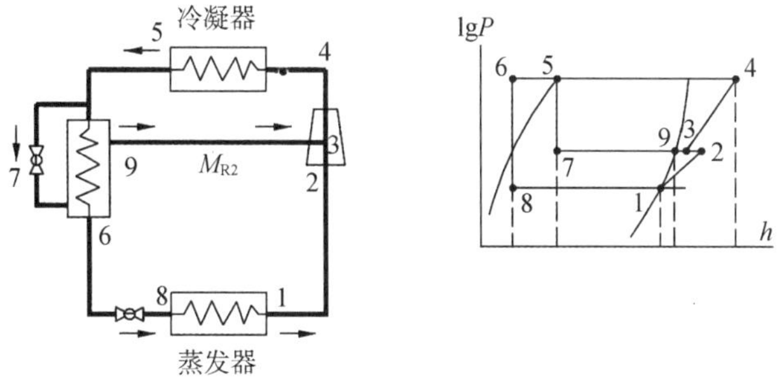

状态点号	1	2	4	5	9
比焓/(kJ/kg)	409.09	428.02	440.33	263.27	414.53

(A)403 ~410kJ/kg　　(B)419 ~422kJ/kg

(C)424 ~427kJ/kg　　(D)428 ~431kJ/kg

答案：[　]

主要解答过程：

22. 接上题，该循环的理论制冷系数 *COP* 接近下列何项？

(A)6.34　　(B)5.48　　(C)5.16　　(D)4.83

答案：[　]

主要解答过程：

23. 某空气源热泵机组冬季室外换热器通风干球温度为 7℃，焓值为 18.09kJ/kg，出风干球温度为 2℃，焓值为 9.74kJ/kg，当室外通风干球温度为 -5℃，焓值为 -0.91kJ/kg，出风干球温度为 -10℃，焓值 -7.4kJ/kg 时，略去融霜因素，且设环境为标准大气压(0℃空气密度为 1.293kg/m^3)，室外换热器空气体积流量保持不变，冷凝器换热变化比例与蒸发器吸热变化比例相同，试求机组制热量的降低比例接近下列哪一项？

(A)10%　　(B)15%　　(C)18%　　(D)22%

答案：[　]

主要解答过程：

24. 有一批鲜鱼(20kg/盘)需要在某冷库的冻结间进行冷加工，该冻结间设有吊轨，吊轨有效长度为 50m，货物的加工时间为 2h，该冻结间每日的冷加工能力应是下列哪一项？

(A)240 ~ 250t　　(B)285 ~ 295t　　(C)300 ~ 305t　　(D)310 ~ 315t

答案：[　]

主要解答过程：

25. 某一单层丙类厂房设置有室内消火栓，该厂房层高为 12m，当水枪的上倾角为 45°时，满足规范规定的水枪的充实水柱长度应为下列何值？

(A)6 ~ 8m　　(B)9 ~ 11m　　(C)12 ~ 14m　　(D)15 ~ 17m

答案：[　]

主要解答过程：

2010 年度全国注册公用设备工程师（暖通空调）执业资格考试　专业案例（上）　详解

专业案例答案									
题号	答案	题号	答案	题号	答案	题号	答案	题号	答案
1	C	6	D	11	D	16	D	21	C
2	D	7	B	12	B	17	B	22	D
3	D	8	B	13	B	18	B	23	C
4	B	9	D	14	C	19	B	24	B
5	C	10	D	15	D	20	A	25	D

1. **答案：**［C］

主要解答过程：

建筑体积：$V=57.6\times14.4\times(10\times3.1)=25712.64(\mathrm{m}^3)$

建筑表面积：$S=(57.6+14.4)\times2\times(10\times3.1)+57.6\times14.4=5293.44(\mathrm{m}^2)$

体形系数：$n=S/V=0.206<0.4$，因此不需要进行权衡判断

南外窗窗墙比：$m=604.8/(57.6\times3.1\times10)=0.34$

根据《公建节能》表 4.2.2-1，查得：$K_{窗}\leqslant2.5$，$K_{墙}\leqslant0.45$

2. **答案：**［D］

主要解答过程：

根据：$2000\mathrm{W}=cm\Delta t$，$m=2\mathrm{kW}\times3600/(4.18\times10℃)=172.25\mathrm{kg/h}$

根据《辐射冷暖规》（JGJ 142—2012）附录 C 表 C.1.3 可知，0.4MPa 条件下 $De20$ 的 PPR 管壁厚为 2mm，即内径为 16mm。

因此管内流速：$$V=\frac{\dfrac{m}{3600\rho}}{\dfrac{1}{4}\pi D_n^{\ 2}}=\frac{\dfrac{172.25}{3600\times1000}}{\dfrac{1}{4}\times3.14\times0.016^2}=0.238\mathrm{m/s}<0.25\mathrm{m/s}$$

因此，根据第 3.5.11 条，不符合规范要求。

3. **答案：**［D］

主要解答过程：

根据《公建节能》第 5.2.8 条

$$EHR=\frac{N}{Q\eta}\leqslant0.00561\times(14+\alpha\sum L)/\Delta t$$

$$N\leqslant\frac{0.00561(14+\alpha\sum L)}{\Delta t}Q\eta=\frac{0.00561\times(14+0.0092\times950)}{80-60}\times2100\times0.85$$
$$=11.37(\mathrm{kW})$$

4. **答案**：[B]

主要解答过程：

注意，本题需默认改造建筑热指标的 48W/m² 已包括管网热损失，否则无可选答案。

既有住宅改造后所需总负荷：$Q_0 = 200\times10^4\times48 = 96(\text{MW})$

节约容量：$\Delta Q = 140\text{MW} - Q_0 = 44\text{MW}$

可负担新建住宅面积：$S = \Delta Q/[40\text{W/m}^2\times(1+10\%)] = 100\times10^4\text{m}^2$

5. **答案**：[C]

主要解答过程：

全年电热器的总热负荷为：

$$Q_{电} = 2600\text{kWh}\times30\%\times290 + (365-290)\times2600\text{kWh} = 421200\text{kWh}$$

若采用热泵机组提供同样热量，所需耗电量：

$$Q_{热泵} = Q_{电}/COP = 91565\text{kWh}$$

节电量为：

$$\Delta Q = Q_{电} - Q_{热泵} = 329634.8\text{kWh}$$

6. **答案**：[D]

主要解答过程：

查《环境空气质量标准》(GB 3059—1996)，非特定工业区的排放标准为二级。

排气 2h 含尘量为$(G_1/0.99)\times(1-0.99) = 6.4\text{kg}$，则排放速率为 $6.4\text{kg}/2\text{h} = 3.2\text{kg/h}$

排放浓度为$(3.2\text{kg/h})/80000\text{m}^3/\text{h} = 40\text{mg/m}^3$

根据《大气污染物综合排放标准》(GB 16297—1996)表 2，查得石英粉尘的最高允许排放浓度为 60mg/m^3，允许排放速率为 3.1kg/h。故排放浓度达标，但排放速率不达标，总体不达标。

7. **答案**：[B]

主要解答过程：

本题为过渡季根据室外条件切换自然通风与空调系统以达到节能的目的，只需求出系统切换点的室外空气温度。注意题干中“风机功率为 $1.5\text{kW}/(\text{m}^3/\text{s})$”的单位，意思是单位风量风机耗功率。

设通风与空调能耗相同时室外温度为 t_w，有：

$$\frac{10\text{kW}}{4-0.005\times(t_w-35)} = \frac{10\text{kW}}{c\times\rho\times(28-t_w)}\times1.5\text{kW}/(\text{m}^3/\text{s})$$

解得：$t_w = 22.98℃$

8. **答案**：[B]

主要解答过程：

根据《教材 2018》P183 表 2.3-3 查得温度梯度 $\alpha = 1.5℃/\text{m}$。根据式(2.3-17)

$$t_p = t_n + \alpha(h-2) = 25 + 1.5\times(10-2) = 37(℃)$$

$$\rho_p = 353/(273+37) = 1.139(\text{kg/m}^3)$$

根据 P185 式(2.3-21)，

$$\Delta p = \zeta(\rho_p v^2/2) = 2.76\text{Pa}$$

9. **答案**：[D]

主要解答过程：

根据《教材 2018》P200，$1.5\sqrt{A_P} = 1.5\times\left(\frac{\pi}{4}\times0.65^2\right)^{0.5} = 0.864 < H$，故为高悬罩。

根据式(2.4-23)及式(2.4-30)得：

$$D = D_Z + 0.8H = 0.36H + B + 0.8H = 1.81\text{m}$$

注：《教材 2018》对于高、低悬罩的判断增加了“$H\leqslant1$m”的条件，由于题干未指明横向气流大小，本题根据老版教材判断为高悬罩。

10. **答案**：[D]

主要解答过程：

根据《教材 2018》P231 式(2.6-1)

$$Y = CM/22.4 = 5.25\times64/22.4 = 15(\text{mg/m}^3)$$

根据吸附过程质量守恒：

$$3000\text{m}^3/\text{h}\times15\text{mg/m}^3\times10^{-6}\times95\%\times t = 80\text{kg}\times0.15\text{kg/kg}_{炭}$$

解得：$t = 280.7$h

注意：1. 活性炭吸附为案例常考点，原理及公式较为固定，为送分题，务必熟练掌握。此外《教材(第二版)》P220 例题印刷错误，公式漏乘 200h，注意鉴别。

2. 本题参考《教材(第二版)》例题出题，不考虑《工业暖规》第 7.3.5 条条文说明中动活性与静活性之比，今后题目如明确给出该参数时才需要考虑。

11. **答案**：[D]

主要解答过程：

两级除尘器的总效率为：

$$\eta_t = 1 - \frac{30\text{mg/m}^3}{15\text{g/m}^3} = 99.8\% = 1-(1-85\%)\times(1-\eta_2)$$

解得：$\eta_2 = 98.7\%$

12. **答案**：[B]

主要解答过程：

根据《民规》P271 表 K.0.4 或《公建节能 2015》P58 表 D.0.4，一般空调系统绝热层最小热阻为 $0.81\text{m}^2\cdot\text{K/W}$，由于不考虑导热系数温度修正，则：

$$\delta = R\lambda = 0.81\times0.0377 = 0.0305\text{m}\approx31\text{mm}$$

13. **答案**：[B]

主要解答过程：

查 h-d 图得：$h_n = 42.36$kJ/kg，由于没有湿负荷，过室内点的等含湿量线与 90% 相对湿度线交点即为送风状态点，查得：$h_o = 35.7$kJ/kg

减少 30% 后单位送风量承担的室内负荷为：

$$Q_n' = (1-30\%)\times(h_n - h_o) = 4.66\text{kJ/kg}$$

此时室内焓值：

$$h_n' = h_o + 4.66\text{kJ/kg} = 40.36\text{kJ/kg}$$

查 h-d 图得：$t_n' = 18.3$℃，$\varphi = 67.5\%$

14. **答案**：[C]

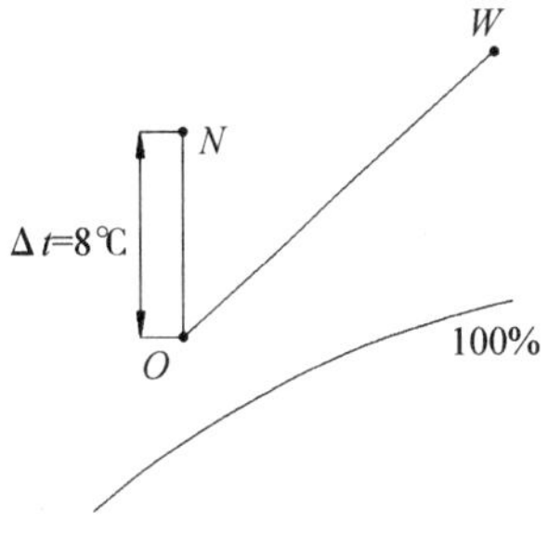

主要解答过程：

由于仅有显热负荷，总送风量：$G = 8\text{kW}/c\Delta t = 0.99$kg/s

查 h-d 图得：$h_w=100.2\text{kJ/kg}$，$h_O=53.2\text{kJ/kg}$

因此系统的设计冷量为：

$$L=G(h_w-h_O)=46.5\text{kW}$$

15. **答案：**[D]

主要解答过程：

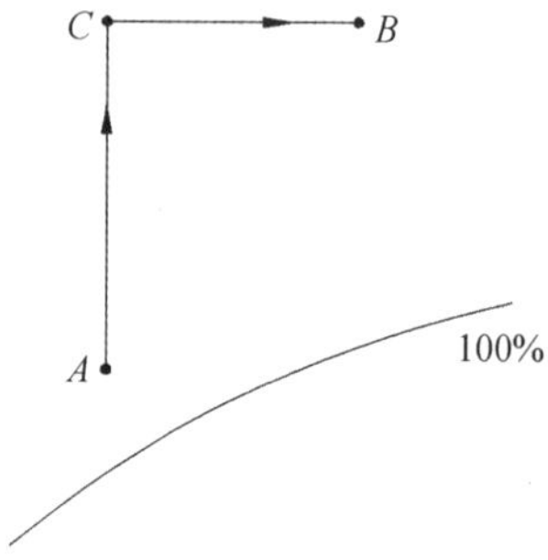

h-d 图如图所示，AC 过程为等湿加热过程，CB 过程为等温加湿过程。

查 h-d 图得：$h_C=46\text{kJ/kg}$，$h_A=15.9\text{kJ/kg}$

因此加热量为：$\Delta h=h_C-h_A=30.1\text{kJ/kg}$

16. **答案：**[D]

主要解答过程：

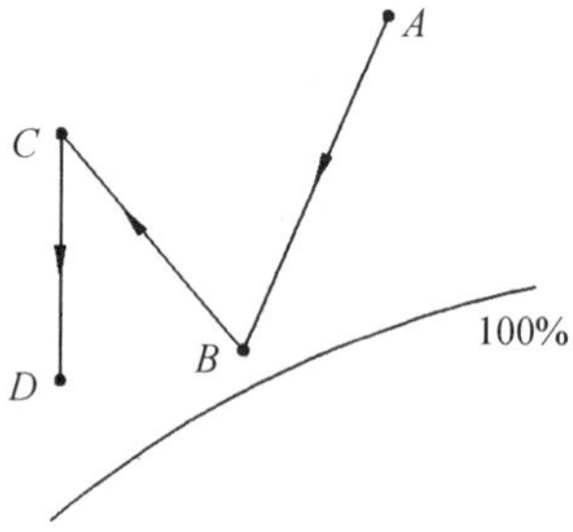

根据《09 技措》P125，知转轮除湿过程近似认为是等焓升温过程。处理过程线如图所示：AB 为一级冷却除湿，BC 为转轮除湿，等焓过程，CD 为二级冷却过程。过 D 点做等含湿量线与过 B 点的等焓线的交点即为除湿器后的状态点，查 h-d 图得：$t_C=36.5℃$。

17. **答案：**[B]

主要解答过程：

查 h-d 图得：$h_n=50\text{kJ/kg}$，$h_w=92.2\text{kJ/kg}$，机器露点 $h_L=43.4\text{kJ/kg}$

则混合状态点焓值：$h_C=(1-15\%)h_n+15\%h_w=56.33\text{kJ/kg}$

总送风量 $G=Q/c\Delta t=4.89/(1.01\times4)=1.21(\text{kg/s})$

系统所需冷量：$Q=G(h_C-h_L)=15.65\text{kW}$

18. **答案：**[B]

主要解答过程：

对于 AB 管段，管网阻力数 S_{AB} 不变。

两台水泵运行时：$P_{AB}=S_{AB}Q_{AB}^2$

单台水泵运行时：$P'_{AB}=S_{AB}Q'^2_{AB}$

两式相比可得：$\dfrac{15\text{kPa}}{4.27\text{kPa}}=\dfrac{600^2}{(Q'_{AB})^2}$

解得：$Q'_{AB}=320\text{m}^3/\text{h}$，即为水泵流量，查图得：扬程 $H=310\text{kPa}$

19. **答案：**[B]

主要解答过程：

根据《民规》第 8.2.2 条，冷水机组装机容量应该以设计计算负荷选定，不另作附加。

故：$Q_A=1600\text{kW}$，$Q_B=1200\text{kW}$，$Q_A>Q_B$

而 $E_A=(200+400+800+1200+1400+1600+1200+800)\text{kW}\times1\text{h}=7600\text{kWh}$

$E_B=(200+400+600+800+1000+1200+1200+1000+800+400)\text{kW}\times1\text{h}=7600\text{kWh}$

所以：$E_A=E_B$

20. **答案：**[A]

主要解答过程：

冷负荷：$Q_{冷}=2000\text{kW}\times1000\text{h}=2\times10^6\text{kWh}$；热负荷：$Q_{热}=2500\text{kW}\times800\text{h}=2\times10^6\text{kWh}$

夏季排热量：$Q_{夏}=Q_{冷}(1+1/COP)$；冬季吸热量：$Q_{冬}=Q_{热}(1-1/COP)$

故需附加散热量：$\Delta Q=Q_{夏}-Q_{冬}=800000\text{kWh}$

21. **答案：**[C]

主要解答过程：

3 点为 9 点和 2 点的混合状态点，由能量守恒：

$$(M_{R1}+M_{R2})h_3=M_{R1}h_2+M_{R2}h_9$$

解得：$h_3=426.1\text{kJ/kg}$

22. **答案：**[D]

主要解答过程：

由经济器的能量守恒：$(h_6=h_8)$

$$(M_{R1}+M_{R2})h_5=M_{R1}h_6+M_{R2}h_9$$

解得：$h_8=h_6=238.06\text{kJ/kg}$

制冷量：$Q_V=(h_1-h_8)M_{R1}$

耗功率：$W=M_{R1}(h_2-h_1)+(M_{R1}+M_{R2})(h_4-h_3)$

$$COP=\frac{Q_V}{W}=\frac{6\times171.03}{6\times(428.02-409.09)+7\times(440.33-426.1)}=4.81$$

23. **答案：**[C]

主要解答过程：

本题有争议，作者认为题干“室外换热器空气体积流量保持不变”应为机器入口体积流量不变，因为空气经过蒸发器的过程温度不断变化，空气体积流量无法保持不变，但由于质量守恒，质量流量保持不变。

$$\rho_7=353/(273+7)=1.2607(\text{kg/m}^3),\ \rho_{-5}=353/(273-5)=1.317(\text{kg/m}^3)$$

$$Q_1=V\times\rho_7\times(18.09-9.74)=10.527V,\ Q_2=V\times\rho_{-5}\times[-0.91-(-7.43)]=8.588V$$

由于冷凝器换热变化比例与蒸发器吸热变化比例相同，制热量降低比率为：

$$\eta=(Q_1-Q_2)/Q_1=18.4\%$$

24. **答案：**[B]

主要解答过程：

根据《教材(第二版)》P618 表 4.7-17 注，20kg/盘的鱼为 486kg/m(该条第三版教材已删除)。

再根据《冷库规》(GB 50072—2010)第 6.2.1 条

$$G_d=\frac{lg}{1000}\frac{24}{\tau}=\frac{50\times486}{1000}\times\frac{24}{2}=291.6(\text{t})$$

25. **答案：**[D]

主要解答过程：

根据《教材(第二版)》P732 式(5.3-3)(消防章节第三版教材已删除)。

$$S_k=\frac{H_1-H_2}{\sin\alpha}=\frac{12-1}{\sin45^\circ}=15.6(\text{m})$$

2010 年度全国注册公用设备工程师（暖通空调）执业资格考试　专业案例（下）

1. 某地冬季通风室外计算温度为 0℃，冬季供暖室外计算温度为 −5℃。一散发有害气体的生产车间，冬季工作区供暖计算温度为 15℃，车间围护结构耗热量 $Q=242.4$kW；车间工作区设全面机械通风系统排除有害气体，机械排风量为 9kg/s；设计采用全新风集中热风供暖，设计送风量为 8kg/s；则该系统冬季的设计送风温度应为下列何项？（空气比热容 $C_p=1.01$kJ/kg·℃）

(A) 40.5～42.4℃　　(B) 42.5～44.4℃

(C) 44.5～47.0℃　　(D) 47.1～49.5℃

答案：[　　]

主要解答过程：

2. 某厂房设计采用 60kPa 蒸汽供暖，供气管道最大长度为 500m，选择供气管道管径时，平均单位长度摩擦压力损失值以及供气水平干管末端的管径，应是哪一项？

(A) $\Delta P_m \leqslant 30$Pa/m，$DN \geqslant 20$mm　　(B) $\Delta P_m \leqslant 30$Pa/m，$DN \geqslant 25$mm

(C) $\Delta P_m \leqslant 70$Pa/m，$DN \geqslant 20$mm　　(D) $\Delta P_m \leqslant 70$Pa/m，$DN \geqslant 25$mm

答案：[　　]

主要解答过程：

3. 某办公楼会议室计算供暖热负荷为 4500kW，采用铸铁四柱 640 型散热器，供暖热媒为热水，供回水温度为 80℃/60℃，会议室为独立环路。办公楼围护结构节能改造后，该会议室的供暖热负荷降至 3100W，若原设计的散热器片数与有关修正系数不变，要保持室内温度为 18℃（不大于 21℃），供回水温度应是下列哪一项？（已知散热器的传热系数计算公式 $K=2.442\Delta t^{0.321}$，供回水温差为 20℃）

(A) 供回水温度为 75℃/55℃　　(B) 供回水温度为 70℃/50℃

(C) 供回水温度为 65℃/45℃　　(D) 供回水温度为 60℃/40℃

答案：[　　]

主要解答过程：

4. 某住宅小区热力管网有四个热用户，管网在正常工况时的水压图和各用户的水流量如图所示，如果关闭用户 2，管网的总阻力数应是下列哪一项？（设循环水泵扬程保持不变）

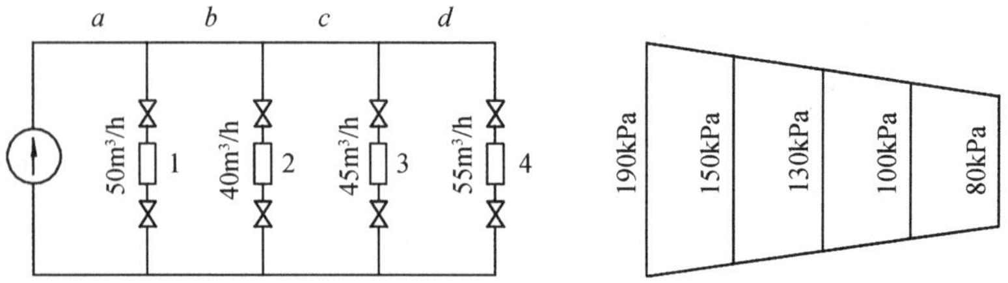

(A)2 ~ 5.5Pa/(m³/h)²　　(B)6 ~ 9.5Pa/(m³/h)²

(C)10 ~ 13.5Pa/(m³/h)²　　(D)14 ~ 17.5Pa/(m³/h)²

答案：[　]

主要解答过程：

5. 接上题，若关闭用户 2，热用户 4 的水流量是下列哪一项？

(A)28 ~ 33.5m³/h　　(B)53.6 ~ 58.5m³/h

(C)58.6 ~ 63.5m³/h　　(D)67 ~ 72.5m³/h

答案：[　]

主要解答过程：

6. 一容积式水—水换热器，一次水进出口温度为 110℃/70℃，二次水进出口温度为 60℃/50℃。所需换热量为 0.15MW，传热系数为 300W/(m²·℃)，水垢系数为 0.8，设计计算的换热面积应是下列哪一项？

(A)15.8 ~ 16.8m²　　(B)17.8 ~ 18.8m²

(C)19.0 ~ 19.8m²　　(D)21.2 ~ 22.0m²

答案：[　]

主要解答过程：

7. 某通风系统的过滤器，可选择静电过滤器或袋式过滤器。已知：大气压为 101.3kPa，空气温度为 20℃。处理风量为 3000m³/h，静电过滤器阻力为 20Pa，耗电功率为 20W；袋式过滤器阻力为 120Pa。风机的全压效率为 0.80，风机采用三角带传动(滚动轴承)。系统每年运行 180 天，每天运行 10h。若不计电动机的功率损耗，试从节能角度比较，静电过滤器比袋式过滤器年节电数值应是下列哪一项？

(A)110 ~ 125kWh　　(B)140 ~ 155kWh

(C)160 ~ 185kWh　　(D)195 ~ 210kWh

答案：[　]

主要解答过程：

8. 某会议室有 105 人，每人每小时呼出 CO_2 为 22.6L。设室外空气中 CO_2 的体积浓度为 400ppm，会议室内空气 CO_2 允许体积浓度为 0.1%；用全面通风方式稀释室内 CO_2 浓度，则能满足室内 CO_2 的允许浓度的最小新风量是下列哪一项？

(A)3700 ~ 3800m³/h　　(B)3900 ~ 4000m³/h

(C)4100 ~ 4200m³/h　　(D)4300 ~ 4400m³/h

答案：[　]

主要解答过程：

9. 某厂房利用热压进行自然通风，进风口面积 $F_j = 36m^2$，排风口面积 $F_p = 30m^2$，进排风口中心的高度差 $H = 12.2m$。设进、排风口的流量系数相同，且近似认为 $\rho_w = \rho_p$，则厂房内部空间中余压值为零的界面与进风口中心的距离 h_j，为下列哪一项？

(A)4. 7 ~5. 2m (B)5. 3 ~5. 8m (C)5. 9 ~6. 4m (D)6. 8 ~7. 3m

答案：[ ]

主要解答过程：

10. 某实验室为空调房间，为节约能耗，采用送风式通风柜，补风取自相邻房间。通风柜柜内进行有毒污染物实验，柜内有毒污染物气体发生量为 0. 2m^3/s，通风柜工作孔面积 0. 2m^2，则通风柜的最小补风量应是下列哪一项？

(A)500 ~600m^3/h (B)680 ~740m^3/h (C)750 ~850m^3/h (D)1000 ~1080m^3/h

答案：[ ]

主要解答过程：

11. 某严寒地区办公建筑，采用普通机械排风系统，风机与电动机采用直联方式，设计工况下的风机效率为 60%，电动机效率为 90%，风道单位长度的平均阻力为 3Pa/m(包括局部阻力和摩擦阻力)。该系统符合节能要求，允许的最大风管长度为下列哪一项？

(A)195 ~201m (B)204 ~210m (C)220 ~240m (D)300 ~350m

答案：[ ]

主要解答过程：

12. 某五星级宾馆的宴会厅面积为 400m^2，净高 6m。最大用餐人数为 200 人(实际平均用餐人数为 90 人)，持续用餐时间为 2. 5h。宴会厅排风量为 1300m^3/h，房间要求维持正压，正压风量按换气次数 0. 5 次计算。该宴会厅的新风量应为下列哪一项？

(A)2500m^3/h (B)3000m^3/h (C)4300m^3/h (D)6000m^3/h

答案：[ ]

主要解答过程：

13. 某工艺用空调房间采用冷却降温除湿的空调方式，室内设计状态：干球温度为 25℃，相对湿度为 55%，室温允许波动范围为 ±0. 5℃。房间的冷负荷为 21000W，湿负荷为 3g/s。问：满足空调要求的空调机组，其经表冷器后的空气温度(即“机器露点”)的最低允许值，用 h-d 图求解应为下列何项？并写出过程。(当地为标准大气压，取“机器露点”的相对湿度为 90%)

(A)9 ~10℃ (B)11. 5 ~13℃ (C)14 ~16. 5℃ (D)19 ~22℃

答案：[ ]

主要解答过程：

14. 标准大气压下，某房间采用温、湿度独立控制的空调系统，房间末端装置的空气处理过程为干工况。

已知：(1)室内空气设计参数 t_N =26℃，φ_N =55%。

(2)送入处理后新风参数 t_C =20℃，φ_C =55%。

(3)新风与末端装置处理后的室内空气混合后送入室内，混合后的空气温度为 18.6℃。

(4)室内热湿比为 10000。

要求以 h-d 图绘制处理过程。直接查 h-d 图，求出送入房间新风量与室内装置处理风量的比值应为下列何值?

(A)0.21～0.30 (B)0.31～0.40 (C)0.41～0.50 (D)0.51～0.60

答案:[ ]

主要解答过程:

15. 某空调房间的计算参数：室温 28℃，相对湿度 55%，室内仅有显热负荷为 8kW，采用一次回风系统、新风比为 20%，送风的相对湿度为 90%。该系统的设计冷量，应为下列哪一项?(大气条件为标准大气压，室外计算温度为 34℃，相对湿度 75%，不考虑风机与风道引起的温升)

(A)6.5～12.4kW (B)12.5～14.4kW

(C)14.5～16.4kW (D)16.5～18.4kW

答案:[ ]

主要解答过程:

16. 某空调办公室夏季室内设计温度为 25℃，采用 1.0m×0.15m 的活动百叶风口送风，风口紊流系数为 0.16，送风口送风温度为 15℃。问：距离风口 1.0m 处的送风射流轴心温度为下列何值?

(A)18.0～18.4℃ (B)18.5～18.9℃

(C)19.0～19.8℃ (D)20.0～20.8℃

答案:[ ]

主要解答过程:

17. 某空调系统采用表冷器对空气进行冷却除湿，空气的初始状态参数为：$h_1 = 53$kJ/kg，$t_1 = 30$℃；空气的终状态参数为：$h_2 = 30.2$kJ/kg，$t_2 = 11.5$℃。空气为标准大气压，空气的比热为 1.01kJ/(kg·℃)，试求处理过程的析湿系数应是下列哪一项?

(A)1.05～1.09 (B)1.10～1.14 (C)1.15～1.19 (D)1.20～1.25

答案:[ ]

主要解答过程:

18. 某风机盘管的冷量的计算公式：$Q = A(t_s - t_g)e^{0.02t_s}e^{0.0167t_g}$，式中，$A$ 为常数，t_s为进风湿球湿度(℃)，t_g为供水温度(℃)。若风机盘管的实际进口空气状态符合国家标准规定的试验工况参数，实际供水温度 $t_{g1} = 12$℃，该风机盘管实际冷量与额定冷量之比值应为下列何项?

(A)0.60～0.70 (B)0.75～0.85 (C)1.15～1.25 (D)1.50～1.60

答案:[ ]

主要解答过程:

19. 某风机转速为 2900r/min，若风机减振器选用金属弹簧型，减振器固有频率应为下列哪一项？

(A)4 ~ 5Hz (B)9 ~ 13Hz (C)18 ~ 21Hz (D)45 ~ 50Hz

答案：[ ]

主要解答过程：

20. 沿海某地为标准大气压，冬季的室外平均风速为 4.5m/s，室外温度为 0℃，空气密度为 1.29kg/m^3。该地洁净室与室外合理的设计正压值，应为下列何项？

(A)5Pa (B)10Pa (C)15Pa (D)25Pa

答案：[ ]

主要解答过程：

21. 某风冷热泵机组工质为 R22，冬季工况：冷凝温度为 40℃，蒸发温度为 −5℃，进出蒸发器的空气参数(标准大气压)分别为：温度 6℃，相对湿度 90%(含湿量 d_R = 5.2g/kg$_{干空气}$)和温度 0℃，相对湿度 100%(含湿量 d_C = 3.8g/kg$_{干空气}$)。若采用凝结后冷媒热液化霜，如图所示为其理论循环，点 3 为冷凝器出口状态。请判断热量是否满足化霜要求，1kg 制冷剂成霜后，化霜需要的热量应是哪一项？(注：各点比焓见下表)

状态点号	1	3	5
比焓/(kJ/kg)	415.13	239.35	224.29

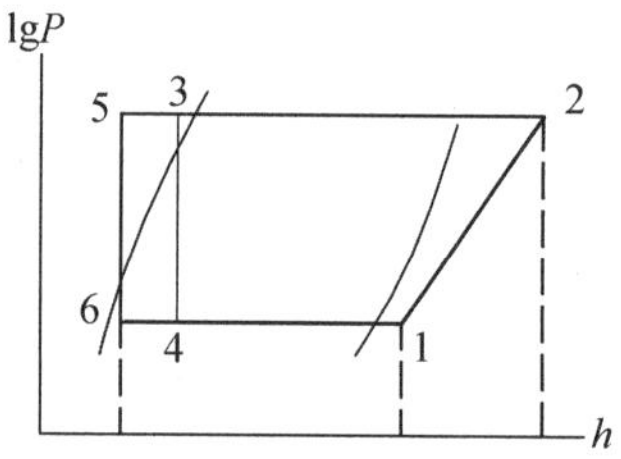

(A)化霜需求的热量为 8.30 ~ 8.80kJ，可化霜

(B)化霜需求的热量为 8.30 ~ 8.80kJ，不可化霜

(C)化霜需求的热量为 9.10 ~ 9.60kJ，可化霜

(D)化霜需求的热量为 9.10 ~ 9.60kJ，不可化霜

答案：[ ]

主要解答过程：

22. 某溴化锂吸收式机组，其发生器出口溶液浓度为 57%，吸收器出口溶液浓度为 53%，求循环倍率为下列哪一项？

(A)13 ~ 13.15 (B)13.2 ~ 13.3 (C)13.5 ~ 14.1 (D)14.2 ~ 14.3

答案：[ ]

主要解答过程：

23. 某吸收式溴化锂制冷机组的热力系数为 1.1，冷却水进出水温差为 6℃，若制冷量为 1200kW，则计算的冷却水量为多少？

(A)165 ~ 195m^3/h (B)310 ~ 345m^3/h (C)350 ~ 385m^3/h (D)390 ~ 425m^3/h

答案：[ ]

主要解答过程：

24. 某冷库地处标准大气压，其一内走廊与 −15℃ 的冷藏间相邻。已知冷藏间外侧空气参数：

16℃，$\varphi=85\%$。冷藏间与走廊之间传热系数 $K=0.371\mathrm{W/(m^2\cdot K)}$，隔墙外表面换热阻 $R_w=0.125\mathrm{m^2\cdot ℃/W}$。求走廊隔墙外表面温度，并判断隔墙外表面是否会结露？

(A)14～15°C，不会结露　　(B)14～15°C，会结露

(C)12～13°C，不会结露　　(D)12～13°C，会结露

答案：[　]

主要解答过程：

25. 山地城市某高层使用人工煤气，顶层的民用燃具的燃气管道终点比调压箱出口管道高出300m。已知燃气的密度为0.71kg/m³，空气的密度为1.20kg/m³，调压箱出口压力为1500Pa，调压箱至用户燃气具的压力降为500Pa。计算用户燃气具前压力并判断是否满足燃具要求。

(A)用户燃气具前压力为2400～2500Pa，满足用户燃气具前额定压力要求

(B)用户燃气具前压力为2400～2500Pa，不符合用户燃气具前额定压力要求

(C)用户燃气具前压力为2900～3000Pa，满足用户燃气具前额定压力要求

(D)用户燃气具前压力为2900～3000Pa，不符合用户燃气具前额定压力要求

答案：[　]

主要解答过程：

2010 年度全国注册公用设备工程师（暖通空调）执业资格考试　专业案例（下）　详解

专业案例答案									
题号	答案	题号	答案	题号	答案	题号	答案	题号	答案
1	D	6	B	11	B	16	D	21	A
2	D	7	C	12	B	17	D	22	D
3	B	8	B	13	B	18	A	23	B
4	B	9	A	14	B	19	B	24	A
5	C	10	B	15	C	20	D	25	B

1. **答案**：[D]

主要解答过程：

《教材 2018》P175，根据风量平衡：$G_s + G_{zj} = G_p$，得：$G_{zj} = 1\text{kg/s}$

根据热量平衡：$Q + cG_p t_n = cG_{zj} t_w + cG_s t_s$，其中 t_w 为冬季供暖室外计算温度 −5℃

$$242.4 + 1.01 \times 9 \times 15 = 1.01 \times 1 \times (-5) + 1.01 \times 8 \times t_s$$

解得：$t_s = 47.5℃$

2. **答案**：[D]

主要解答过程：

根据《教材 2018》P34 可知，60kPa 属于低压蒸汽系统，根据 P81 式（1.6-4）

$$\Delta P_m = \frac{(P - 2000)\alpha}{l} = \frac{(60000 - 2000) \times 0.6}{500} = 69.6\text{Pa/m} \leqslant 70\text{Pa/m}$$

根据《教材 2018》P79，低压蒸汽管路管径不小于 25mm。

3. **答案**：[B]

主要解答过程：

根据《教材 2018》P89 式（1.8-1），各修正系数不变，忽略其影响。改造前后热负荷：

$$Q_1 = \frac{K_1 F \Delta t_1}{\beta_1\beta_2\beta_3\beta_4} = \frac{2.442 \times F(t_{pj1} - t_n)^{1.321}}{\beta_1\beta_2\beta_3\beta_4} = 4500\text{W}$$

$$Q_2 = \frac{K_2 F \Delta t_2}{\beta_1\beta_2\beta_3\beta_4} = \frac{2.442 \times F(t_{pj2} - t_n)^{1.321}}{\beta_1\beta_2\beta_3\beta_4} = 3100\text{W}$$

两式相比得：$$\frac{\left(\dfrac{80 + 60}{2} - 18\right)^{1.321}}{(t_{pj2} - 18)^{1.321}} = \frac{4500}{3100}$$

$$t_{pj2} = \frac{t_g' + t_h'}{2} = 57.2℃ \quad t_g' - t_h' = 20$$

$t_g' = 67.2℃ \quad t_h' = 47.2℃$

4. **答案**：[B]

主要解答过程：

如图所示，设 $abcd$ 管段下方对应管段为 $hgfe$，2 用户以后的管网压头为 $P_{2后} = 130\text{kPa}$，$Q_{2后} = 45 + 55 = 100(\text{m}^3/\text{h})$

$$S_{2后} = \frac{P_{2后}}{Q_{2后}^2} = \frac{130 \times 10^3\text{Pa}}{(100\text{m}^3/\text{h})^2} = 13\text{Pa}/(\text{m}^3/\text{h})^2$$

$$S_{b+g} = \frac{P_{b+g}}{Q_{b+g}^2} = \frac{20 \times 10^3\text{Pa}}{(140\text{m}^3/\text{h})^2} = 1.02\text{Pa}/(\text{m}^3/\text{h})^2$$

$$S_1 = \frac{P_1}{Q_1^2} = \frac{150 \times 10^3\text{Pa}}{(50\text{m}^3/\text{h})^2} = 60\text{Pa}/(\text{m}^3/\text{h})^2$$

$$S_{a+h} = \frac{P_{a+h}}{Q_{a+h}^2} = \frac{40 \times 10^3\text{Pa}}{(190\text{m}^3/\text{h})^2} = 1.108\text{Pa}/(\text{m}^3/\text{h})^2$$

关闭 2 用户后，根据并联公式：$\frac{1}{\sqrt{S}} = \frac{1}{\sqrt{S_1}} + \frac{1}{\sqrt{S_2}}$ 设 S_1 并联$(S_{b+g} + S_{2后})$的阻力数为 $S_并$

则：$\frac{1}{\sqrt{S_并}} = \frac{1}{\sqrt{S_1}} + \frac{1}{\sqrt{S_{b+g} + S_{2后}}} \Rightarrow S_并 = 6.37\ \text{Pa}/(\text{m}^3/\text{h})^2$

则总阻力数为：$S_总 = S_{a+h} + S_并 = 7.48\text{Pa}/(\text{m}^3/\text{h})^2$

5. **答案**：[C]

主要解答过程：

关闭 2 用户后，系统总流量：

$$Q' = \sqrt{\frac{P}{S_总}} = \sqrt{\frac{190000\text{Pa}}{7.48\ \text{Pa}/(\text{m}^3/\text{h})^2}} = 159.4\text{m}^3/\text{h}$$

$$190\text{kPa} - S_{a+h}Q'^2 = (S_{b+g} + S_{2后})(Q_3 + Q_4)^2$$

解得：$Q_3 + Q_4 = 107.44\text{m}^3/\text{h}$

3、4 用户等比例失调，失调度为 $107.44/(45+55) = 1.0744$

因此，用户 4 的流量为 $Q_4 = 1.0744 \times 55 = 59.1(\text{m}^3/\text{h})$

6. **答案**：[B]

主要解答过程：

注意：根据《给水排水规范》第 5.4.7 条，容积式水加热器计算温差应取算数平均温差。

$$\Delta t_j = \frac{t_{mc} - t_{mz}}{2} - \frac{t_c - t_z}{2} = \frac{110 + 70}{2} - \frac{60 + 50}{2} = 35(℃)$$

$$F = \frac{Q}{K\Delta t_j B} = \frac{0.15 \times 10^6}{300 \times 35 \times 0.8} = 17.86(\text{m}^2)$$

7. **答案**：[C]

主要解答过程：

根据《教材 2018》P268 式(2.8-3)(不考虑电动机容量安全系数 K)，查表 2.8-4 三角带传动时 $\eta_m = 0.95$

静电除尘器总耗电量：

$$W_{电} = \frac{LP_{电}}{\eta \times 3600 \times \eta_m} + 20\text{W} = \frac{3000 \times 20}{0.8 \times 3600 \times 0.95} + 20 = 41.93(\text{W})$$

袋式除尘器总耗电量：

$$W_{袋} = \frac{LP_{袋}}{\eta \times 3600 \times \eta_m} = \frac{3000 \times 120}{0.8 \times 3600 \times 0.95} = 131.58(\text{W})$$

总节电量：$W = 180 \times 10 \times (W_{袋} - W_{电}) = 161.4\text{kWh}$

8. **答案：**[B]

主要解答过程：

注意：ppm 的含义为体积分数为百万分之一，即 1000ppm = 0.1%

室内 CO_2的产生量 $m = (22.6/22.4) \times 44 \times 105 = 4.66(\text{kg/h})$

根据《教材 2018》P231 式(2.6-1)，由 CO_2的质量平衡：

$$G\frac{(1000\text{ppm} - 400\text{ppm}) \times 44}{22.4} = G \times 1178.6\text{mg/m}^3 = m$$

解得：$G = 3954\text{m}^3/\text{h}$

9. **答案：**[A]

主要解答过程：

由于认为 $\mu_j = \mu_p$，$\rho_w = \rho_p$，根据《教材 2018》P182 式(2.3-16)

$$\left(\frac{F_j}{F_p}\right)^2 = \frac{h_p}{h_j} = \left(\frac{36}{30}\right)^2$$

$$h_j + h_p = 12.2\text{m}$$

解得：$h_j = 5\text{m}$

10. **答案：**[B]

主要解答过程：

根据《教材 2018》P191 式(2.4-3)，由于所求为最小通风量，取 $\beta = 1.1$，控制风速 v 取 0.4

排风量：$L = L_1 + vF\beta = 0.2 + 0.4 \times 0.2 \times 1.1 = 0.288\text{m}^3/\text{s} = 1036.8\text{m}^3/\text{h}$

注意，题干要求计算的为补风量，根据 P192："送风量约为排风量的 70% ~75%"，取 70%

则补风量：$L_{补} = 0.7 \times L = 725.76\text{m}^3/\text{h}$

11. **答案：**[B]

主要解答过程：

根据《教材 2018》P268 表 2.8-4，电动机直联机械效率为 1，总效率 $\eta_t = 0.6 \times 0.9 \times 1 = 0.54$

根据《公建节能》第 5.3.26 条，普通机械排风系统，$W_s = 0.32\text{W}/(\text{m}^3/\text{h})$

$W_s = P/(3600\eta_t)$，$P = W_s \times 3600 \times \eta_t = 622.08\text{Pa}$

则风管长度：$L = P/(3\text{Pa/m}) = 207.4\text{m}$

注：本题《公建节能 2015》相关内容见第 4.3.20 条，计算公式有所修改。

12. **答案：**[B]

主要解答过程：

根据《公建节能》第 3.0.2 条条文说明："对于出现最多人数的持续时间少于 3h 的房间，所需新风量可按室内的平均人数确定，该平均人数不应少于最多人数的 1/2。"因此题目平均人数为 100 人。

查表 3.0.2 得：五星级餐厅人均新风量为 $30m^3/(h \cdot p)$

人员所需新风量：$V_{人} = 100 \times 30 = 3000(m^3/h)$

正压新风量：$V_{正} = 400 \times 6 \times 0.5 = 1200(m^3/h)$

因为 $V_{人} > V_{正} + V_{排}$，因此新风量取 $3000m^3/h$。

注：《公建节能 2015》已删除该内容。

13. **答案：**[B]

主要解答过程：

本题室温允许波动范围为 ±0.5℃，根据《民规》表 7.4.10-2 可知，最大送风温差为 6℃，由于二次回风的机器露点低于一次回风，题目要求机器露点的最低允许值，因此空气处理过程采用二次回风。

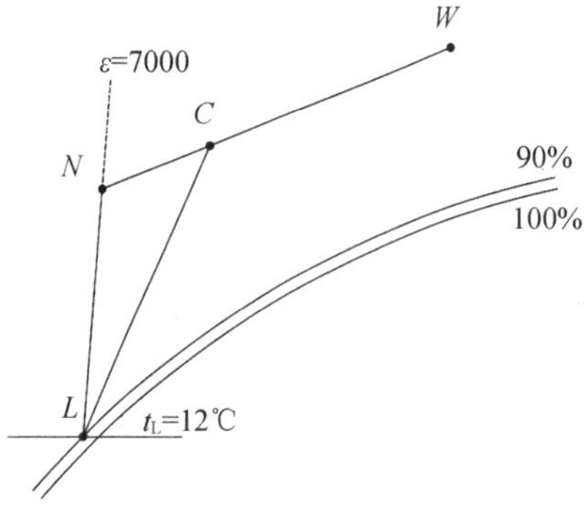

热湿比：$\varepsilon = \dfrac{21kW}{0.003kg/s} = 7000kJ/kg$

如图所示，过室内状态点做 7000 的热湿比线与 90% 相对湿度交点即为机器露点，查 h-d 图得：$t_L = 12℃$

14. **答案：**[B]

主要解答过程：

处理过程如图所示，由于系统为温湿度独立控制，空调末端干工况运行，因此处理过程 N—L 为等湿冷却。

过 N 做 10000 的热湿比线与 18.6℃的等温线交点为送风状态点 O，O 点为处理后新风状态点 C 与末端处理后状态点 L 的混合状态点，因此 C—O 的延长线与 N 点的等含湿量线的交点即为状态点 L。

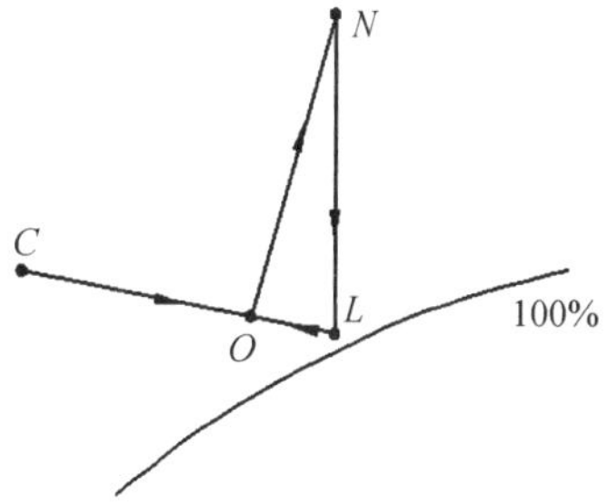

查 h-d 图得：$h_C = 40.3kJ/kg$，$h_O = 45.3kJ/kg$，$h_L = 47.3kJ/kg$

由空气混合关系得：$\dfrac{V_{新}}{V_{末}} = \dfrac{h_L - h_O}{h_O - h_C} = 0.4$

15. **答案：**[C]

主要解答过程：

查 h-d 图得：$h_W = 100.2kJ/kg$，$h_n = 61.55kJ/kg$

混合状态点：$h_C = 0.2 \times h_W + (1 - 0.2) \times h_n = 69.28kJ/kg$

由于仅有显热负荷，过室内点做等含湿量线与 90% 相对湿度线交点即为送风状态点

查 h-d 图得：$h_O = 52.89kJ/kg$，$t_O = 20℃$

因此总风量：$G = \dfrac{8kW}{1.01 \times (t_n - t_O)} = 0.99kg/s$

系统设计冷量为：$Q_L = G(h_C - h_O) = 16.23kW$

16. **答案：**[D]

主要解答过程：

根据《教材 2018》P428 式(3.5-3)，注意此处的当量直径 d_0 在教材重印版本已勘误为水力直径，即：

$$d_0 = 4 \times \frac{AB}{2(A+B)} = \frac{2 \times 1 \times 0.15}{1+0.15} = 0.26(\mathrm{m})$$

$$\frac{\Delta T_x}{\Delta T_0} = \frac{0.35}{\frac{\alpha x}{d_0} + 0.147} = \frac{0.35}{\frac{0.16 \times 1}{0.26} + 0.147} = 0.459$$

$$\Delta T_0 = 25 - 15 = 10(℃), \Delta T_x = 4.59℃$$

$$T_x = 25 - \Delta T_x = 20.4(℃)$$

17. **答案：**[D]

主要解答过程：

根据《教材 2018》P404 式(3.4-11)

$$\xi = \frac{h_1 - h_2}{c_p(t_1 - t_2)} = \frac{53 - 30.2}{1.01 \times (30 - 11.5)} = 1.22$$

18. **答案：**[A]

主要解答过程：

根据《风机盘管机组》(GB/T 19232—2003)表 4，标准试验工况为 $t_{s0} = 19.5℃$，$t_{g0} = 7℃$

因此冷量比值为：

$$\frac{Q_1}{Q_0} = \frac{A(19.5 - 12)e^{0.02 \times 19.5}e^{0.0167 \times 12}}{A(19.5 - 7)e^{0.02 \times 19.5}e^{0.0167 \times 7}} = 0.65$$

19. **答案：**[B]

主要解答过程：

$$2900\mathrm{r/min} = 48.33\mathrm{r/s} = 48.33\mathrm{Hz}$$

根据《民规》第 10.3.3 条：

$$\frac{48.33\mathrm{Hz}}{f} = 4 \sim 5 \Rightarrow f = 9.66 \sim 12.08\mathrm{Hz}$$

20. **答案：**[D]

主要解答过程：

根据《教材 2018》P467 式(3.6-11)

压力复核计算：$P = C\frac{v^2\rho}{2} = 0.9 \times \frac{4.5^2 \times 1.29}{2} = 11.76(\mathrm{Pa})$

正压值应高于迎面风压 5Pa，即为：11.76Pa + 5Pa = 16.76Pa，选择 D 选项。

21. **答案：**[A]

主要解答过程：

本题十分难做，首先题目没有给出霜的溶化潜热，需要根据相关资料查得：冰的溶解热为：333.03kJ/kg(红宝书 P20，0℃的水和冰的焓差)，还需要理解“凝结后冷媒热液化霜”的含义，即为利用 3 点和 5 点之间的焓差进行融霜。

查 h-d 图得，空气进出口焓差为：$\Delta h = 19.14 - 9.44 = 9.7(\mathrm{kJ/kg})$，

含湿量差为：$\Delta d = 5.2 - 3.8 = 1.4(\mathrm{g/kg_{干空气}})$

每 1kg 制冷剂从蒸发器吸热量：$\Delta h_0 = h_1 - h_4 = h_1 - h_3 = 415.13 - 239.35 = 175.78(\mathrm{kJ/kg})$

每 1kg 制冷剂对应的空气质量流量为：$m_0 = \Delta h_0 / \Delta h = 18.12\mathrm{kg}$

每 1kg 制冷剂对应的结霜量为：$m_{霜} = \Delta d m_0 = 25.37\mathrm{g} = 0.02537\mathrm{kg}$

融霜所需热量为：$Q = m_{霜} \times 333.03\text{kJ/kg} = 0.02537\text{kg} \times 333.03\text{kJ/kg} = 8.45\text{kJ}$
采用凝结后冷媒热液化霜的方法，1kg 制冷剂所能提供的热量为：$Q_{化} = h_3 - h_5 = 15.04\text{kJ/kg} > Q$
因此，可以实现化霜。

22. **答案：**［D］
主要解答过程：
根据《教材 2018》P645 式(4.5-15)

$$f = \frac{\xi_s}{\xi_s - \xi_w} = \frac{57\%}{57\% - 53\%} = 14.25$$

23. **答案：**［B］
主要解答过程：
根据《教材 2018》P642 式(4.5-6)

$$\xi = \frac{\phi_0}{\phi_g} = 1.1 \Rightarrow \phi_g = 1200\text{kW}/1.1 = 1090.91\text{kW}$$

因此，冷却水负荷为：

$$\phi_K = \phi_0 + \phi_g = 2290.91\text{kW}$$

冷却水流量为：

$$G = \frac{\phi_K}{c\rho\Delta t} = \frac{2290.91}{4.18 \times 1000 \times 6} \times 3600 = 328.8(\text{m}^3/\text{h})$$

24. **答案：**［A］
主要解答过程：
查 $h\text{-}d$ 图得室内状态点露点温度：$t_L = 13.4℃$
根据墙体热平衡方程：

$$\frac{16 - t_{外}}{R_w} = \frac{16 - (-15)}{\frac{1}{K}} \Rightarrow t_{外} = 14.56℃ > t_L$$ ，因此隔墙外表面不会结露。

25. **答案：**［B］
主要解答过程：
根据《教材 2018》P817 式(6.3-1)
因高差引起的附加压头：

$$\Delta P = 9.81(\rho_a - \rho_g)\Delta H = 9.81 \times (1.2 - 0.71) \times 300 = 1442.07(\text{Pa})$$

用户燃气具前压力：

$$P = 1500 - 500 + \Delta P = 2442.07(\text{Pa})$$

根据《燃气设计规》(GB 50028—2006)表 10.2.2，人工煤气用户设备燃烧器的额定压力要求为 1000Pa，根据第 10.4.1 条，用气设备前的燃气压力应在 750 ~ 1500 的范围内，因此实际燃气具前压力超出了规范规定的压力上限值。

2011年度全国注册公用设备工程师(暖通空调)执业资格考试　专业案例(上)

1. 某地一厂房冬季室内设计参数为 $t_n = 18℃$、$\Phi_n = 50\%$，供暖室外计算温度 $t_w = -12℃$，室内空气干燥。厂房的外门的最小热阻不应低于下列哪一项？

(A)0.21m² · ℃/W　　(B)0.26m² · ℃/W

(C)0.31m² · ℃/W　　(D)0.35m² · ℃/W

答案：[　]

主要解答过程：

2. 某办公楼会议室供暖负荷为5500W，采用铸铁四柱640型散热器，供暖热水为85℃/60℃，会议室为独立环路。办公室进行围护结构节能改造后，该会议室的供暖热负荷降至3800W，若原设计的散热器片数与有关修正系数不变，要保持室内温度为18℃(不超过21℃)，供回水温度应是下列哪一项？(已知散热器的传热系数公式 $K = 2.442\Delta t^{0.321}$，供回水温差为20℃)

(A)75℃/55℃　　(B)70℃/50℃

(C)65℃/45℃　　(D)60℃/40℃

答案：[　]

主要解答过程：

3. 某热水网路如图所示，已知总流量为220m³/h，各用户的流量：用户1和用户3均为80m³/h，用户2为60m³/h，压力测点的数值见下表。试求关闭用户1后，该热水管网 B—G 管段总阻力数应是下列哪一项？

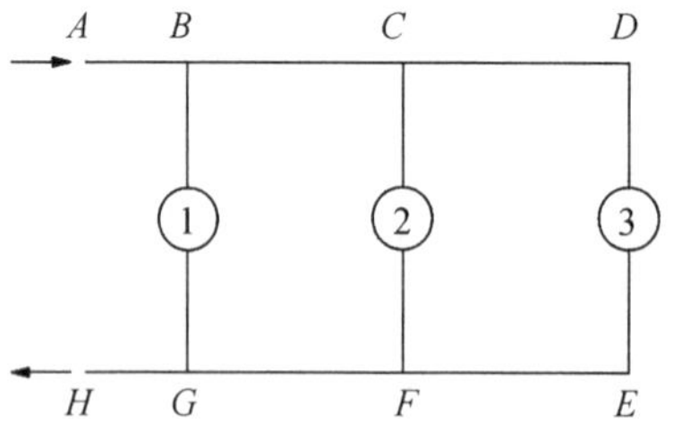

压力测点	A	B	C	F	G	H
压力数值/Pa	25000	23000	21000	14000	12000	10000

(A)0.5～1.0Pa/(m³/h)²　　(B)1.2～1.7Pa/(m³/h)²

(C)1.8～2.3Pa/(m³/h)²　　(D)3.0～3.3Pa/(m³/h)²

答案：[　]

主要解答过程：

4. 接上题(表、图相同)，若管网供回水接口的压差保持不变，试求关闭用户 1 后，用户 2 和用户 3 的流量失调度应是下列哪一项?

(A)0.98 ~1.02　　(B)1.06 ~1.10

(C)1.11 ~1.15　　(D)1.16 ~1.20

答案：[　]

主要解答过程：

5. 某小区锅炉房为燃煤粉锅炉，煤粉仓几何容积为 $60m^3$，煤粉仓设置的防爆门面积应是下列哪一项?

(A)0.1 ~0.19m^2　　(B)0.2 ~0.29m^2

(C)0.3 ~0.39m^2　　(D)0.4 ~0.59m^2

答案：[　]

主要解答过程：

6. 某工厂焊接车间散发的有害物质主要为电焊烟尘，劳动者接触状况见下表。试问，此状况下该物质的时间加权平均允许浓度值和是否符合国家相关标准规定的判断，是下列哪一项?

接触时间/h	接触焊尘对应的浓度/(mg/m^3)
1.5	3.4
2.5	4
2.5	5
1.5	0(等同不接触)

(A)3.2mg/m^3，未超标　　(B)3.45mg/m^3，未超标

(C)4.24mg/m^3，超标　　(D)4.42mg/m^3，超标

答案：[　]

主要解答过程：

7. 某防空地下室为二等人员掩蔽所(一个防护单元)，掩蔽人数 $N=415$ 人，清洁新风量为 $5m^3/(p \cdot h)$，滤毒新风量为 $2m^3/(p \cdot h)$(滤毒风机风量为 $1000m^3/h$)，最小防毒通道有效容积为 $10m^3$，清洁区有效容积为 $1725m^3$，该掩蔽所设计的防毒通道的最小换气次数接近下列哪一项?

(A)200 次/h　　(B)93 次/h　　(C)76 次/h　　(D)40 次/h

答案：[　]

主要解答过程：

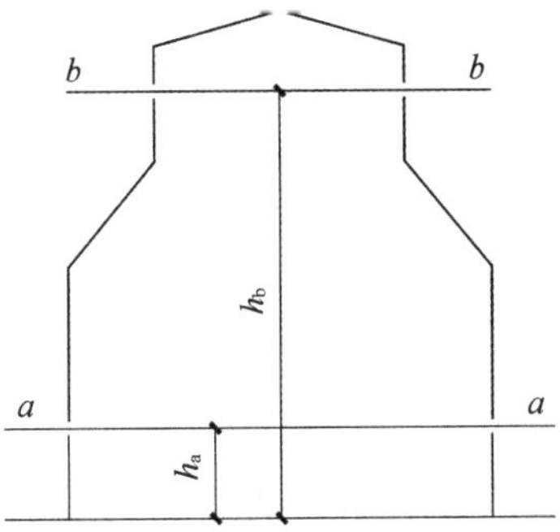

8. 地处标准大气压的某车间利用热压自然通风(如图所示)，已知车间的侧窗 a 的开启面积 $F_a=27m^2$，侧窗 a 与天窗 b 距地面的高度分别为 $h_a=2.14m$、$h_b=13m$。设室外空气密度与排风密度近似相等，侧窗与天窗的流量系数相同。现拟维持车间距地面 $h=8.14m$ 处余压为 0，问：天窗开启面积 F_b 为下列哪一项?

(A)$26.5 \sim 27.5m^2$　　(B)$28.0 \sim 29.0m^2$

(C)$29.5 \sim 30.5m^2$　　(D)$31.0 \sim 32.0m^2$

答案：[　]

主要解答过程：

9. 如图所示排风罩，其连接风管直径 $D = 200mm$，已知该排风罩的局部阻力系数 $\xi_Z = 0.04$(对应管内风速)，蝶阀全开 $\xi_{FK1} = 0.2$，风管 A-A 断面处测得静压 $P_{J1} = -120Pa$。当蝶阀开度关小，蝶阀的 $\xi_{FK2} = 4.0$，风管 A-A 断面处测得的静压 $P_{J2} = -220Pa$。设空气密度 $\rho = 1.20kg/m^3$，蝶阀开度关小后排风罩的排风量与蝶阀全开的排风量之比为哪一项(沿程阻力忽略不计)？

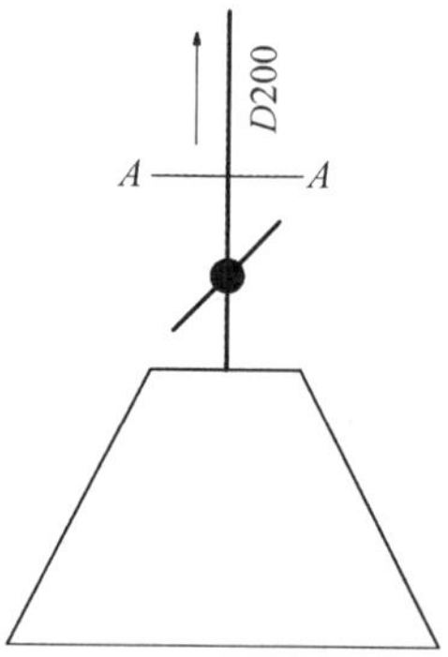

(A)48% ~53%　　(B)54% ~59%

(C)65% ~70%　　(D)71% ~76%

答案：[　]

主要解答过程：

10. 拟设计一用于“粗颗粒物料的破碎”的局部排风密闭罩。已知：物料下落时带入罩内的诱导空气量为 $0.35m^3/s$，从孔口或缝隙处吸入的空气量为 $0.50m^3/s$，则连接密闭罩“圆形吸风口”的最小直径最接近下列哪一项？

(A)0.5m　　(B)0.6m　　(C)0.7m　　(D)0.8m

答案：[　]

主要解答过程：

11. 采用静电除尘器处理某种含尘烟气，烟气量 $L = 50m^3/s$，含尘浓度 $Y_1 = 12g/m^3$，已知该除尘器的极板面积 $F = 2300m^2$，尘粒的有效驱进速度 $W_e = 0.1m/s$，计算的排放浓度 Y_2 接近下列哪一项？

(A)$240mg/m^3$　　(B)$180mg/m^3$　　(C)$144mg/m^3$　　(D)$120mg/m^3$

答案：[　]

主要解答过程：

12. 二管制空调水系统，夏季测得如下数据：空调冷水流量 $G = 108m^3/h$，供、回水温度分别为 11.5℃，7.5℃，水泵轴功率 $N = 10kW$，水泵效率为 75%。问系统的输送能效比(ER)为下列哪一项？(注：水的密度 $\rho = 1000kg/m^3$，比热为 4.2kJ/kg · K)

(A)0.0171 ~0.0190　　(B)0.0191 ~0.0210

(C)0.0211 ~0.0230　　(D)0.0236 ~0.0270

答案：[　]

主要解答过程：

13. 某一次回风定风量空调系统夏季设计参数见表。计算该空调系统组合式空调器表冷器的设计冷量，接近下列哪一项?

	干球温度	含湿量	焓值	风量
	℃	g/kg干空气	kJ/kg	kg/h
送风	15	9.7	39.7	8000
回风	26	10.7	53.4	6500
新风	33	22.7	91.5	1500

(A)24.7kW　(B)30.4kW　(C)37.6kW　(D)46.3kW

答案：[　]

主要解答过程：

14. 某剧院空调采用二次回风和座椅送风方式，夏季室内设计温度为25℃，座椅送风口出风温度为20℃，一次回风与新风混合后经表冷器处理到出风温度为13℃，风机和送风管考虑1℃温升。如一次回风量和新风量均为10000m^3/h，要求采用计算方法求空气处理机组的送风机风量，应接近下列哪一项(空气的密度视为不变)?

(A)20000m^3/h　(B)40000m^3/h　(C)44000m^3/h　(D)48000m^3/h

答案：[　]

主要解答过程：

15. 某地一宾馆空调采用风机盘管+新风系统，设计计算参数：室内干球温度为26℃，相对湿度为60%；室外干球温度为36℃、相对湿度为65%(标准大气压)。某健身房夏季室内冷负荷为4.8kW，湿负荷为0.6g/s。新风处理到室内状态的等焓线，因管路温升，新风的温度为23℃；风机盘管的出口干球温度为16℃；新风机组和风机盘管的表冷器机器露点均为90%，设空气密度为1.20kg/m^3，风机盘管的风量应为下列哪一项? 查 h-d 图计算，并绘制出处理过程。

(A)751～800m^3/h　(B)801～805m^3/h　(C)851～1000m^3/h　(D)1001～1200m^3/h

答案：[　]

主要解答过程：

16. 接上题，因新风管路温升，产生的附加冷负荷应为下列哪一项?

(A)0.105～0.168kW　(B)0.231～0.248kW

(C)0.331～0.348kW　(D)0.441～0.488kW

答案：[　]

主要解答过程：

17. 某空调房间设计室温为27℃，送风量为2160m^3/h。采用尺寸为1000mm×150mm的矩形风口进行送风(不考虑风口有效面积系数)，送风口出风温度为17℃。问：该送风气流的阿基米德数接近以下哪一项?

(A)0.0992　(B)0.0081　(C)0.0089　(D)0.0053

答案：[　]

主要解答过程：

18. 某集中空调系统需供冷量 $Q=2000\text{kW}$，供回水温差 $\Delta t=6℃$，在设计状态点，水泵的扬程为 $H=28\text{mH}_2\text{O}$，效率为 $\eta=75\%$，选择两台同规格水泵，单台水泵轴功率是下列哪一项（$C_p=4.18\text{kJ/kg}\cdot\text{K}$）？

(A)20～21kW　　(B)11～12kW　　(C)14～15kW　　(D)17～18kW

答案：[　]

主要解答过程：

19. 在同一排风机房内，设有三台排风机，其声功率依次为 62dB、65dB 和 70dB，该机房的最大声功率级为下列哪一项？

(A)69.5～70.5dB　　(B)70.8～71.8dB

(C)71.9～72.9dB　　(D)73.5～74.5dB

答案：[　]

主要解答过程：

20. 某风冷制冷机的冷凝器放热量 50kW，风量为 $14000\text{m}^3/\text{h}$，在空气密度为 1.15kg/m^3 和比热为 $1.005\text{kJ/(kg}\cdot\text{K)}$ 的条件下运行，若要求控制冷凝温度不超过 50℃，冷凝器内侧制冷剂和空气的平均对数温差 $\Delta t_m=9.19℃$，则该冷凝器空气入口最高允许温度应是下列何值？

(A)34～35℃　　(B)37～38℃　　(C)40～41℃　　(D)43～44℃

答案：[　]

主要解答过程：

21. 某地建筑 A 与建筑 B 完全相同，冷水机组的额定制冷量均为 3000kW，$COP=6$(冷却水进水温度为 30℃，机组消耗功率为 500kW)，仅采用冷却塔类型不同。冷却水系统见下表。

	冷却塔类型	运行进出水温差/℃	冷却水泵扬程/mH_2O	冷却塔风机功率/kW	喷淋泵功率/kW	出水温度/℃
建筑 A	开式	4	25	18.5	—	30
建筑 B	闭式	5	15	28.2	15	32

两个建筑冷站的冷却水泵流量应为下列何值？(设机组冷却水进水水温每升高 1℃，冷机 COP 下降 1.5%；取 $C_p=4.2\text{kJ/kg}\cdot\text{K}$)

(A)A 建筑 550～650m^3/h，B 建筑 440～540m^3/h

(B)A 建筑 550～650m^3/h，B 建筑 550～650m^3/h

(C)A 建筑 700～800m^3/h，B 建筑 550～650m^3/h

(D)A 建筑 700～800m^3/h，B 建筑 700～800m^3/h

答案：[　]

主要解答过程：

22. 某建筑采用土壤源热泵冷热水机组作为空调冷、热源。在夏季向建筑供冷时，空调系统各末端设备的综合冷负荷合计为 1000kW，热泵制冷工况下的性能系数为 $COP=5$。空调冷水循环泵的轴功率为 50kW，空调冷水管道系统的冷损失为 50kW。问：上述工况条件下热泵向土壤的总释热量 Q 接近下列何值？

(A)1100kW　　(B)1200kW　　(C)1300kW　　(D)1320kW

答案：[　]

主要解答过程：

23. 某办公楼空调制冷系统拟采用水蓄冷方式，空调日总负荷为 54000kWh，峰值冷负荷为 8000kW，分层型蓄冷槽进出水温差为 8℃，容积率为 1.08。若采用全负荷蓄冷，计算蓄冷槽容积值为下列何值？

(A)1050 ~ 1200m^3　　(B)1300 ~ 1400m^3　　(C)7300 ~ 8000m^3　　(D)8500 ~ 9500m^3

答案：[　]

主要解答过程：

24. 某一次节流完全中间冷却的氨双级压缩制冷理论循环，冷凝温度为 38℃，蒸发温度为 −35℃。按制冷系数最大为原则确定中间压力，对应的中间温度接近下列何值？

(A)1.5℃　　(B)0℃　　(C) −2.8℃　　(D) −5.8℃

答案：[　]

主要解答过程：

25. 某 28 层的塔式住宅，每层 8 户，每户一个厨房，气源为天然气，厨房内设一双眼灶(燃气额定流量为 0.3m^3/h)和一燃气快速热水器(燃气额定流量为 1.4m^3/h)。该住宅天然气入管道的燃气计算流量应为下列何值？

(A)50.1 ~ 54.0m^3/h　　(B)54.1 ~ 57.0m^3/h

(C)57.1 ~ 61.0m^3/h　　(D)61.1 ~ 65.0m^3/h

答案：[　]

主要解答过程：

2011年度全国注册公用设备工程师(暖通空调)执业资格考试　专业案例(上)　详解

专业案例答案									
题号	答案	题号	答案	题号	答案	题号	答案	题号	答案
1	A	6	B	11	D	16	A	21	C
2	B	7	B	12	B	17	D	22	D
3	A	8	C	13	D	18	C	23	C
4	B	9	C	14	B	19	B	24	C
5	D	10	B	15	C	20	A	25	C

1. **答案：**[A]

主要解答过程：

根据《教材2018》P4式(1.1-5)，外墙最小热阻：$R_{\text{Omin}}=\dfrac{\alpha(t_n-t_w)}{\Delta t_y\alpha_n}$

查表1.1-8、表1.1-9和表1.1-4知：$\alpha=1.0$，$\Delta t_y=10℃$，$\alpha_n=8.7\text{W}/(\text{m}^2\cdot℃)$

又根据P5注③，外门最小热阻为外墙的60%，因此外门最小热阻为：

$$R_{\text{Omin门}}=0.6\frac{\alpha(t_n-t_w)}{\Delta t_y\alpha_n}=0.6\times\frac{1\times(18+12)}{10\times8.7}=0.207(\text{m}^2\cdot℃/\text{W})$$

注：《教材2018》中最小传热阻相关内容已根据《民用建筑热工设计规范》(GB 50176—2016)改编。

2. **答案：**[B]

主要解答过程：

根据《教材2018》P89式(1.8-1)，由于修正系数保持不变，则：

原始散热量：$Q_0=K_0F\Delta t_0=2.442\times F\times\Delta t_0^{1.321}$

改造后散热量：$Q=KF\Delta t=2.442\times F\times\Delta t^{1.321}$

两式相除得：$\dfrac{5500}{3800}=\dfrac{\left(\dfrac{85+60}{2}-18\right)^{1.321}}{\left(\dfrac{t_g+t_h}{2}-18\right)^{1.321}}$，解得：$t_g+t_h=118.4℃$，又因为$t_g-t_h=20℃$

因此：$t_g=70℃$，$t_h=50℃$

3. **答案：**[A]

主要解答过程：

$$S_{BG}=\frac{P_B-P_G}{(Q_2+Q_3)^2}=\frac{11000\text{Pa}}{(140\text{m}^3/\text{h})^2}=0.561\text{Pa}/(\text{m}^3/\text{h})^2$$

4. **答案**：[B]

主要解答过程：

AB 管段阻力数为：

$$S_{AB}=\frac{P_A-P_B}{(Q_1+Q_2+Q_3)^2}=\frac{2000\text{Pa}}{(220\text{m}^3/\text{h})^2}=0.041\ \text{Pa}/(\text{m}^3/\text{h})^2$$

GH 管段阻力数为：

$$S_{GH}=\frac{P_G-P_H}{(Q_1+Q_2+Q_3)^2}=\frac{2000\text{Pa}}{(220\text{m}^3/\text{h})^2}=0.041\ \text{Pa}/(\text{m}^3/\text{h})^2$$

则关闭①用户后管网总阻力数为：

$$S=S_{AB}+S_{BG}+S_{GH}=0.644\ \text{Pa}/(\text{m}^3/\text{h})^2$$

②、③用户等比例失调，总流量为：

$$Q_2'+Q_3'=\sqrt{\frac{P_A-P_H}{S}}=152.6\text{m}^3/\text{h}$$

失调度：

$$\chi=\frac{Q_2'+Q_3'}{Q_2+Q_3}=\frac{152.6}{140}=1.09$$

5. **答案**：[D]

主要解答过程：

根据《锅规》(GB 50041—2008)第 5.1.8.4 条

防爆门面积为：$S=60\text{m}^3\times0.0025\text{m}^2/\text{m}^3=0.15\text{m}^2$，但总面积不应小于 0.5m^2。

6. **答案**：[B]

主要解答过程：

根据《工作场所有害因素职业接触限值　第 1 部分：化学有害因素》(GBZ 2.1—2007)第 A.3 条

$$C_{TWA}=(C_1T_1+C_2T_2+C_3T_3+C_4T_4)/8=3.45\text{mg/m}^3$$

查表 2 得：电焊烟尘的时间加权平均容许浓度为 4mg/m^3，故未超过国家标准容许值。

7. **答案**：[B]

主要解答过程：

本题，滤毒风机风量为 $1000\text{m}^3/\text{h}$ 应理解为实际防毒通道的换气量。

根据《人防规》(GB 50038—2005)第 5.2.7 条，人员新风量为：

$$L_R=L_2N=2\times415=830\text{m}^3/\text{h}<1000\text{m}^3/\text{h}$$

因此实际防毒通道的换气量应按保持超压的新风量确定，即：

$$L_H=V_FK_H+L_f=10\text{m}^3\times K_H+1725\text{m}^3\times4\%$$

解得：$K_H=93.1$ 次/h

8. **答案**：[C]

主要解答过程：

$h_1=h-h_a=8.14-2.14=6(\text{m})$，$h_2=h_b-h=13-8.14=4.86(\text{m})$

根据《教材 2018》P182 式(2.3-16)

$$\frac{F_a}{F_b}=\sqrt{\frac{h_2}{h_1}}=0.9\Rightarrow F_b=30\text{m}^2$$

9. **答案**：[C]

主要解答过程：

根据《教材 2018》P285 式(2.9-9)

$$L=\frac{1}{\sqrt{1+\zeta}}F\sqrt{\frac{2}{\rho}}\sqrt{|p_j|}$$

$$\begin{cases} L_1=\dfrac{1}{\sqrt{1+0.04+0.2}}F\sqrt{\dfrac{2}{\rho}}\sqrt{120} \\ L_2=\dfrac{1}{\sqrt{1+0.04+4}}F\sqrt{\dfrac{2}{\rho}}\sqrt{|-220|} \end{cases}\Rightarrow\frac{L_2}{L_1}=0.67$$

注：也可根据基本理论方程计算：

设罩口处为 B 断面，由 A、B 断面的伯努利方程：

$$\frac{\rho v_B{}^2}{2}=\frac{\rho v_A{}^2}{2}+\sum\xi\frac{\rho v_A{}^2}{2}+P_A(v_B=0)\Rightarrow P_A=-(1+\sum\xi)\frac{\rho v_A{}^2}{2}$$

因此：$P_{J1}=-(1+\xi_Z+\xi_{FK1})\dfrac{\rho v_{A1}{}^2}{2}$，$P_{J2}=-(1+\xi_Z+\xi_{FK2})\dfrac{\rho v_{A2}{}^2}{2}$

两式相比得：

$$\frac{-220}{-120}=\frac{1+0.04+4}{1+0.04+0.2}\times\frac{v_{A2}{}^2}{v_{A1}{}^2}\Rightarrow\frac{v_{A2}}{v_{A1}}=0.67\Rightarrow\frac{Q_2}{Q_1}=\frac{Sv_{A2}}{Sv_{A1}}=0.67$$

10. **答案**：[B]

主要解答过程：

根据《教材 2018》P190 式(2.4-2)

$$L=L_1+L_2=0.85\text{m}^3/\text{s}$$

根据 P191，粗颗粒物料破碎吸风口风速≤3m/s。

最小直径：$S=\dfrac{1}{4}\pi D^2=\dfrac{L}{3\text{m/s}}=0.2833\text{m}^2$，解得：$D=0.6\text{m}$

11. **答案**：[D]

主要解答过程：

根据《教材 2018》P225(式 2.5-27)

$$\eta=1.0-\exp\left(-\frac{A}{L}w_e\right)=1.0-\exp\left(-\frac{2300}{50}\times0.1\right)=98.995\%$$

$$Y_2=Y_1(1-\eta)=120.6\text{mg/m}^3$$

12. **答案**：[B]

主要解答过程：

由水泵轴功率公式：

$$N=\frac{GH}{367.3\eta}\Rightarrow H=\frac{367.3\times0.75\times10}{108}=25.5(\text{m})$$

根据《公建节能》第 5.3.27 条

$$ER=\frac{0.002342H}{\Delta T\eta}=\frac{0.002342\times25.5}{(11.5-7.5)\times0.75}=0.01991$$

13. **答案**：[D]

主要解答过程：

新风回风混合状态点焓值：

$$h_c = \frac{6500 \times 53.4 + 1500 \times 91.5}{6500 + 1500} = 60.54(\text{kJ/kg})$$

查 h-d 图知，送风状态点相对湿度为 92%，即该系统为露点送风，所以空调表冷器设计冷量为：

$$Q_L = \frac{G}{3600}(h_c - h_o) = \frac{8000}{3600} \times (60.54 - 39.7) = 46.3(\text{kW})$$

14. **答案：**[B]

主要解答过程：

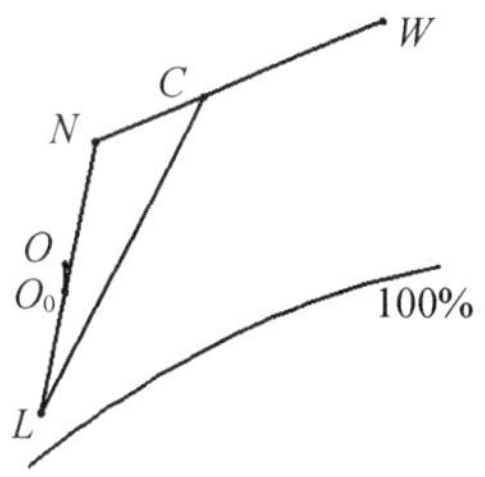

空气处理过程如图所示。

由于风机温升为 1℃，则二次回风混合点 $t_{00} = 20 - 1 = 19(℃)$

经过表冷器的风量为新风量与一次回风量之和为：10000 + 10000 = 20000(m^3/h)

根据二次回风混合关系：

$$\frac{V_{总}}{20000} = \frac{25℃ - 13℃}{25℃ - 19℃}$$

解得：$V_{总} = 40000m^3/h$

15. **答案：**[C]

主要解答过程：

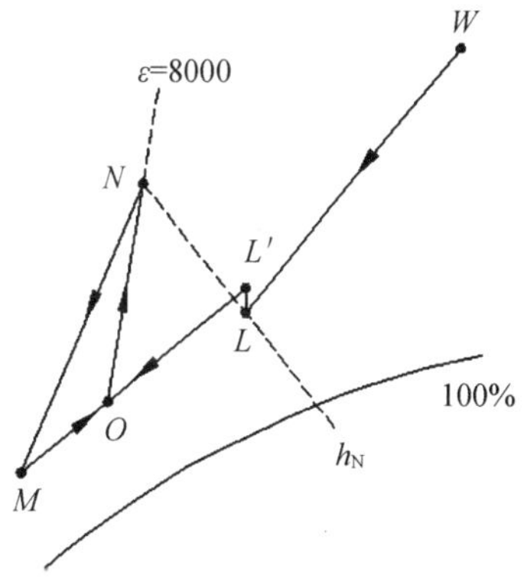

空气处理过程如图所示。

空调房间热湿比：$\varepsilon = \dfrac{4.8\text{kW}}{\dfrac{0.6}{1000}\text{kg/s}} = 8000\text{kJ/kg}$

查 h-d 图得：$h_N = 58.3\text{kJ/kg}$，风机盘管出口点 $t_M = 16℃$，$\varphi = 90\%$，$h_M = 42\text{kJ/kg}$，由于新风处理到室内等焓线上，不承担室内负荷(管路温升产生的冷负荷本题忽略，16 题专门计算)，因此，风机盘管风量为：

$$V_{风盘} = \frac{4.8\text{kW}}{\rho(h_N - h_M)} = \frac{4.8\text{kW}}{1.2\ \text{kg/m}^3 \times (58.3 - 42)\text{kJ/kg}} \times 3600 = 883.4\text{m}^3/\text{h}$$

16. **答案：**[A]

主要解答过程：

查 h-d 图得：$h_L = h_N = 58.3\text{kJ/kg}$，$h_M = 42\text{kJ/kg}$，$h_{L'} = 60\text{kJ/kg}$，$h_O = 45\text{kJ/kg}$

根据混合关系：

$$\frac{V_{风盘}}{V_{新}} = \frac{h_{L'} - h_O}{h_O - h_M} \Rightarrow V_{新} = 176.7\text{m}^3/\text{h}$$

因此，附加冷负荷：

$$\Delta Q = V_{新}\rho(h_{L'} - h_L) = \frac{176.7}{3600} \times 1.2 \times (60 - 58.3) = 0.100(\text{kW})$$

17. **答案：**[D]

主要解答过程：

根据《教材 2018》P428 式(3.5-5)，注意此处的当量直径 d_0 已勘误为水力直径，即：

$$d_0 = 4\frac{AB}{2(A+B)} = \frac{2\times1\times0.15}{1+0.15} = 0.26(\mathrm{m})$$

风速：$v_0 = \dfrac{2160}{3600\times1\times0.15} = 4(\mathrm{m/s})$

$$Ar = \frac{gd_0(t_0 - t_n)}{v_0{}^2 T_n} = \frac{9.81\times0.26\times(27-17)}{4^2\times(273+27)} = 0.0053$$

18. **答案：**[C]

主要解答过程：

单台水泵流量：$G = \dfrac{0.5Q}{C_p\rho\Delta t}\times3600 = \dfrac{1000}{4.18\times1000\times6}\times3600 = 143.5(\mathrm{m^3/h})$

单台水泵轴功率：$N = \dfrac{GH}{367.3\eta} = \dfrac{143.5\times28}{367.3\times0.75} = 14.6(\mathrm{kW})$

19. **答案：**[B]

主要解答过程：

根据《教材 2018》P540 表 3.9-6

70dB 叠加 65dB 为 70 + 1.2 = 71.2(dB)

71.2dB 叠加 62dB 为 71.2 + 0.5 = 71.7(dB)

20. **答案：**[A]

主要解答过程：

设冷凝器入口空气温度为 t_1，出口温度为 t_2

$$Q = 50\mathrm{kW} = \frac{14000}{3600}\times1.15\times1.005\times(t_2 - t_1)\Rightarrow t_2 - t_1 = 11.12℃$$，又因为：

$$\Delta t_m = \frac{\Delta t_a - \Delta t_b}{\ln\dfrac{\Delta t_a}{\Delta t_b}} = \frac{(50-t_1)-(50-t_2)}{\ln\dfrac{50-t_1}{50-t_2}} = 9.19℃$$

结合两式可解得：$t_1 = 34.16℃$

21. **答案：**[C]

主要解答过程：

对于建筑 A，冷却水流量为 G_A

冷凝器负荷为：

$$3000\mathrm{kW} + 500\mathrm{kW} = C_p\rho\frac{G_A}{3600}\Delta t_A$$

$$\Rightarrow G_A = \frac{3500\times3600}{4.2\times1000\times4} = 750(\mathrm{m^3/h})$$

对于 B 建筑，冷却水流量为 G_B，由于冷却塔出水温度为 32℃，因此 $COP_B = 6\times(1-1.5\%\times2) = 5.82$

冷凝器负荷为：

$$3000\mathrm{kW} + \frac{3000\mathrm{kW}}{COP_B} = C_p\rho\frac{G_B}{3600}\Delta t_B$$

$$\Rightarrow G_B = \frac{3515.5\times3600}{4.2\times1000\times5} = 602.7(\mathrm{m^3/h})$$

22. **答案**：[D]

主要解答过程：

注意，本题题干条件“空调冷水循环泵的轴功率为 50kW”及“空调冷水管道系统的冷损失为 50kW”都是冷冻水侧相关数据，并未提到冷却水水泵功率及管道散热量，要注意仔细审题看清条件。

空调蒸发器冷负荷：$Q_L = 1000 + 50 + 50 = 1100(kW)$

因此排热量为：$Q = Q_L(1 + 1/COP) = 1320kW$

注：若题干给出冷却水泵功率为 50kW，空调冷却水管道系统的冷损失为 50kW。

则排热量为：$Q = 1000 \times (1 + 1/COP) + 50 + 50 = 1300(kW)$

23. **答案**：[C]

主要解答过程：

根据《教材 2018》P690 式(4.7-11)，蓄冷槽效率根据表 4.7-8 取温度分层型的中间值 0.85。

$$V = \frac{Q_s P}{1.163\eta\Delta t} = \frac{54000 \times 1.08}{1.163 \times 0.85 \times 8} = 7374.4(m^3)$$

24. **答案**：[C]

主要解答过程：

根据《教材 2018》P584 式(4.1-35)

$$t_{佳} = 0.4t_k + 0.6t_0 + 3℃ = 0.4 \times 38 + 0.6 \times (-35) + 3 = -2.8(℃)$$

25. **答案**：[C]

主要解答过程：

根据《教材 2018》P821 表 6.3-4

总用户为：$28 \times 8 = 224$ 户，利用插值法根据表 6.3-4 得到

$$\sum k = 0.16 - \frac{224 - 200}{300 - 200} \times (0.16 - 0.15) = 0.1576$$

根据式(6.3-2)

$$Q_h = k_t(\sum kNQ_n) - 1 \times [0.1576 \times 224 \times (0.3 + 1.4)] = 60.01(m^3/h)$$

2011 年度全国注册公用设备工程师(暖通空调)执业资格考试　专业案例(下)

1. 某严寒地区 A 区拟建 10 层办公建筑(正南、北朝向、平屋顶)，矩形平面，其外轮廓平面尺寸为 40000mm × 14400mm。一层和顶层层高均为 5.4m，中间层层高均为 3.0m。顶层为多功能厅，多功能厅屋面开设一天窗，尺寸为 12000mm × 6000mm。该建筑的屋面及天窗的传热系数[W/(m^2 · K)]应是下列哪一项？

(A) $K_{天窗} \leqslant 2.6$，$K_{屋面} \leqslant 0.45$　　(B) $K_{天窗} \leqslant 2.5$，$K_{屋面} \leqslant 0.35$

(C) $K_{天窗} \leqslant 2.5$，$K_{屋面} \leqslant 0.30$　　(D)应当进行权衡判断确定

答案：[　]

主要解答过程：

2. 某办公楼的办公室 $t_n = 18$℃，计算供暖热负荷为 850W，选用铸铁四柱 640 散热器，散热器罩内暗装，上部和下部开口高度均为 150mm，供暖系统热媒为 80 ~ 60℃热水，双管上供下回，散热器为异侧上进下出。问该办公室计算选用散热器片数应是下列哪一项？(已知：铸铁四柱 640 型散热器单片散热面积 $f = 0.205m^2$；10 片的散热器传热系数计算公式 $K = 2.442\Delta t^{0.321}$)

(A) 8 片　　(B) 9 片　　(C) 10 片　　(D) 11 片

答案：[　]

主要解答过程：

3. 某热水集中供暖系统的设计参数：供暖热负荷为 750kW，供回水温度为 95℃/70℃。系统计算阻力损失为 30kPa。实际运行时于系统的热力入口处测得：供回水压差为 34.7kPa，供回水温度为 80℃/60℃，系统实际运行的热负荷，应为下列哪一项？

(A) 530 ~ 560kW　　(B) 570 ~ 600kW

(C) 605 ~ 635kW　　(D) 640 ~ 670kW

答案：[　]

主要解答过程：

4. 某空调系统供热负荷为 1500kW，系统热媒为 60℃/50℃的热水，外网热媒为 95℃/70℃的热水，拟采用板式换热器进行换热，其传热系数为 4000W/(m^2 · ℃)，污垢系数为 0.7，计算换热器面积应是下列哪一项？

(A) 18 ~ 19m^2　　(B) 19.5 ~ 20.5m^2

(C) 21 ~ 22m^2　　(D) 22.5 ~ 23.5m^2

答案：[　]

主要解答过程：

5. 某天然气锅炉房位于地下室，锅炉额定产热量为 4.2MW，效率为 91%，天然气的低位热值 $Q_{DW}=35000\text{kJ/m}^3$，燃烧理论空气量 $V=0.2680Q_{DW}/1000(\text{m}^3/\text{m}^3)$，燃烧装置空气过剩系数为 1.1，锅炉间空气体积为 1300m³，该锅炉房平时总送风量和室内压力状态应为下列哪一项？(运算中，保留到小数点后一位)

(A)略大于 15600m³/h，维持锅炉间微正压　(B)略大于 20053m³/h，维持锅炉间微正压

(C) <20500m³/h，维持锅炉间负压　(D)略大于 20500m³/h，维持锅炉间微正压

答案：[　]

主要解答过程：

6. 某工程选择风冷螺杆式冷热水机组参数如下：名义制热量为 462kW，输入功率为 114kW。该地室外空调计算干球温度为 -10℃，空调设计供水温度为 45℃，该机组冬季制热工况修正系数见下表。

环境温度/℃	机组出水温度/℃					
	40		45		50	
	制热量	输入功率	制热量	输入功率	制热量	输入功率
-10	0.695	0.822	0.711	0.915		
0	0.840	0.854	0.863	0.961	0.891	1.084
7	0.976	0.887	1	1	1.028	1.130

机组每小时化霜 2 次。该机组在设计工况下的制热量及输入功率正确值为哪一项？

(A)320 ~ 330kW，100 ~ 105kW　(B)260 ~ 265kW，100 ~ 105kW

(C)290 ~ 300kW，100 ~ 105kW　(D)260 ~ 265kW，110 ~ 120kW

答案：[　]

主要解答过程：

7. 某工厂新建理化楼的化验室排放有害气体甲苯，排气筒的高度为 12m，试问符合国家二级排放标准的最高允许排放速率接近下列哪一项？

(A)3.49kg/h　(B)2.30kg/h　(C)1.98kg/h　(D)0.99kg/h

答案：[　]

主要解答过程：

8. 某地下车库面积为 500m²，平均净高 3m，设置全面机械通风系统。已知车库内汽车的 CO 散发量为 40g/h，室外空气的 CO 浓度为 1.0mg/m³。为了保证车库内空气的 CO 浓度不超过 5.0mg/m³，所需的最小机械通风量应接近下列哪一项？

(A)7500m³/h　(B)8000m³/h　(C)9000m³/h　(D)10000m³/h

答案：[　]

主要解答过程：

9. 某车间同时散发苯、乙酸乙酯溶剂蒸汽和余热，设稀释苯、乙酸乙酯溶剂蒸汽的散发量所需的室外新风量分别为 200000m³/h、50000m³/h；满足排出余热的室外新风量为 220000m³/h。

问同时满足排出苯、乙酸乙酯溶剂蒸汽和余热的最小新风量是下列哪一项?

(A)220000m^3/h　　(B)250000m^3/h

(C)270000m^3/h　　(D)470000m^3/h

答案:[　]

主要解答过程:

10. 某金属熔化炉，炉内金属温度为650℃，环境温度为30℃，炉口直径为0.65m，散热面为水平面，于炉口上方1.0m处设接受罩，热源的热射流收缩断面上的流量为下列哪一项?

(A)0.10 ~0.14m^3/h　　(B)0.16 ~0.20m^3/h

(C)0.40 ~0.44m^3/h　　(D)1.1 ~1.3m^3/h

答案:[　]

主要解答过程:

11. 含有SO_2有害气体的流量为3000m^3/h，其中SO_2的浓度为5.25mL/m^3，采用固定床活性炭吸附装置净化该有害气体。设平衡吸附量为0.15kg/$kg_{炭}$，吸附效率为96%。如有效使用时间(穿透时间)为250h，所需装炭量为下列哪一项?

(A)71.5 ~72.5kg　　(B)72.6 ~73.6kg

(C)73.7 ~74.7kg　　(D)74.8 ~78.8kg

答案:[　]

主要解答过程:

12. 某地夏季空调室外计算干球温度t_W =35℃，累年最热月平均相对湿度为80%。设计一矩形钢制冷水箱(冷水温度为7℃)。采用导热系数λ =0.0407W/(m·K)软质聚氨酯制品保温。不计水箱壁热阻和水箱内表面放热系数，按防结露要求计算的最小保温层厚度应是下列哪一项?注：当地为标准大气压，保温层外表面换热系数α_W =8.14W/(m^2·K)。

(A)23.5 ~26.4mm　　(B)26.5 ~29mm

(C)29.5 ~32.4mm　　(D)32.5 ~35.4mm

答案:[　]

主要解答过程:

13. 某高层酒店采用集中空调系统，冷水机组设在地下室，采用单台离心式水泵输送冷水。水泵设计工况：流量为400m^3/h，扬程为50mH_2O，配套电动机功率为75kW。系统运行后水泵发生停泵，经核查，系统运行时的实际阻力为30mH_2O。水泵性能有关数据见表。实际运行工况下，水泵功率接近下列哪一项?并解释引起故障的原因。

流量/(m^3/h)	扬程/mH_2O	备注
280	54.5	
400	50	效率75%
480	39	
540	30	效率50%

(A)90kW　　(B)75kW　　(C)55kW　　(D)110kW

答案：[　]

主要解答过程：

14. 某地源热泵系统所处岩土的导热系数为 1.65W/(m · K)，采用竖直单 U 形地埋管，管外径为 32mm，钻孔灌浆回填材料是混凝土 + 细河沙，导热系数为 2.20W/(m · K)，钻孔的直径为 130mm。计算回填材料的热阻应为下列哪一项？

(A)0.048 ~ 0.052m · k/W　　(B)0.060 ~ 0.070m · k/W

(C)0.072 ~ 0.082m · k/W　　(D)0.092 ~ 0.112m · k/W

答案：[　]

主要解答过程：

15. 某全新风空调系统设全热交换器，新风与排风量相等，夏季显热回收效率为 60%，全热回收效率为 55%。已知：新风进风干球温度为 34℃，进风焓值为 90kJ/$kg_{干空气}$；排风温度为 27℃，排风焓值为 55kJ/$kg_{干空气}$。试计算其新风出口的干球温度和焓值应是下列哪一项？

(A)31.2℃，74.25kJ/$kg_{干空气}$　　(B)22.3℃，64.4kJ/$kg_{干空气}$

(C)38.7℃，118.26kJ/$kg_{干空气}$　　(D)29.8℃，70.75kJ/$kg_{干空气}$

答案：[　]

主要解答过程：

16. 在标准大气压力下，将干球温度为 34℃、相对湿度为 70%、流量为 5000m^3/h 的室外空气处理到干球温度为 24℃、相对湿度为 55% 的送风状态。试问处理过程中空气的除湿量为下列哪一项？(查 h-d 图计算，空气密度取 1.2kg/m^3)

(A)60 ~ 65kg/h　　(B)70 ~ 75kg/h

(C)76 ~ 85kg/h　　(D)100 ~ 105kg/h

答案：[　]

主要解答过程：

17. 某餐厅(高 6m)空调夏季室内设计参数为：$t = 25℃$，$\Phi = 50\%$。计算室内冷负荷为 $\sum Q =$ 24250W，总余湿量 $\sum W = 5g/s$。该房间采用冷却降温除湿、机器露点最大送风温差送风的方式(注：无再热热源，不计风机和送风管温升)。空调机组的表冷器进水温度为 7.5℃。当地为标准大气压。问：空调时段，房间的实际相对湿度接近以下哪一项(取“机器露点”的相对湿度为 95%)？绘制焓湿图，图上绘制过程线。

(A)50%　　(B)60%　　(C)70%　　(D)80%

答案：[　]

主要解答过程：

18. 某严寒地区办公楼，采用二管制定风量空调系统，空调机组内设置了预热盘管，空气经粗、中效两级过滤后送入房间，其风机全压为 1280Pa，总效率为 70%，风机的单位风量耗功率数值和是否满足节能设计标准的判断，正确的为下列哪一项？

(A)0.38W/(m^3/h)，满足　　(B)0.42W/(m^3/h)，满足

(C)0.51W/(m^3/h)，满足　　(D)0.51W/(m^3/h)，不满足

答案：[　]

主要解答过程：

19. 某办公楼的一全空气空调系统为四个房间送风，下表内新风量和送风量是根据各房间的人员和负荷计算所得。问该空调设计的总新风量应是下列哪一项？

房间用途	办公室 1	办公室 2	会议室	接待室	合计
新风量/(m^3/h)	500	180	1360	200	2240
送风量/(m^3/h)	3000	2000	4200	2800	12000

(A)2200～2300m^3/h　　(B)2350～2450m^3/h

(C)2500～2650m^3/h　　(D)2700～2850m^3/h

答案：[　]

主要解答过程：

20. 某空气处理机设有两级过滤器，按计重浓度，粗效过滤器的过滤效率为 70%、中效过滤器的过滤效率为 90%。若粗效过滤器入口空气含尘浓度为 50mg/m^3，中效过滤器出口空气含尘浓度是下列哪一项？

(A)1mg/m^3　　(B)1.5mg/m^3　　(C)2mg/m^3　　(D)2.5mg/m^3

答案：[　]

主要解答过程：

21. 某氨压缩式制冷机组，冷凝温度为 40℃、蒸发温度为 -15℃，如图所示为其理论循环，点 2 为蒸发器制冷剂蒸汽出口状态。该循环的理论制冷系数应是下列何值？(注：各点比焓见下表)

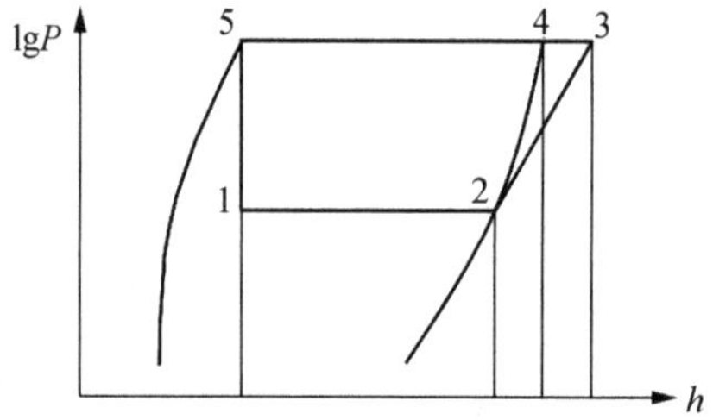

状态点号	1	2	3	4
比焓/(kJ/kg)	686	1441	2040	1650

(A)2.10～2.30　　(B)1.75～1.95

(C)1.45～1.65　　(D)1.15～1.35

答案：[　]

主要解答过程：

22. 某热回收型地源热泵机组，采用 R502 制冷剂，冷凝温度为 40℃、蒸发温度为 -5℃，如图所示为其理论循环。采用冷凝热回收，回收蒸发的显热。点 4 为冷凝器制冷剂蒸汽进口状态，该机组回收的热量占循环中总的冷凝热的比例应是下列哪一项？注：各点比焓见下表。

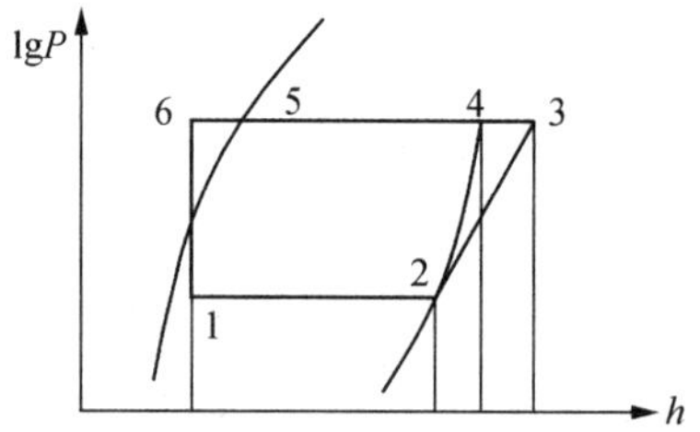

状态点号	1	2	3	4	5
比焓/(kJ/kg)	241.5	344.7	385.7	359.6	247.9

(A)26.5% ~29.0%　　(B)21.0% ~23.5%

(C)18.6% ~20.1%　　(D)17% ~18.5%

答案：[　]

主要解答过程：

23. 某水冷离心式冷水机组，设计工况下的制冷量为500kW、*COP* =5.0，冷却水进出水温差为5℃。采用横流型冷却塔，冷却塔设在裙房屋面，其集水盘水面与机房内冷却水泵的高差为18m。冷却塔喷淋口距离冷却水集水盘水面的高差为5m，喷淋口出水压力为$2mH_2O$，冷却水管路总阻力为$5mH_2O$，冷凝器水阻力为$8mH_2O$。忽略冷却水水泵及冷凝水管与环境热交换对冷凝负荷的影响。问：冷却水泵的扬程和流量(不考虑安全系数)接近以下何项?

(A)扬程为$38mH_2O$，流量为$86m^3/h$　　(B)扬程为$38mH_2O$，流量为$103.2m^3/h$

(C)扬程为$20mH_2O$，流量为$86m^3/h$　　(D)扬程为$20mH_2O$，流量为$103.2m^3/h$

答案：[　]

主要解答过程：

24. 北京地区某大型冷库，冷间面积为$1000m^2$，冷间地面传热系数为0.6W/(m·℃)、土壤传热系数为0.4W/(m·℃)、冷间空气温度为-30℃，采用机械通风地面防冻方式，设地面加热层温度为1℃，若通风加热系统每天运行8h，系统防冻加热负荷应是下列何值(计算修正值α取为1.15，土壤温度t_r取为9.4℃)?

(A)50 ~55kW　　(B)43 ~48kW

(C)39 ~41kW　　(D)36 ~37kW

答案：[　]

主要解答过程：

25. 某大剧院的化妆间有5间(均附设卫生间)，由同一给水管供冷水，每间的用水设备相同，每间卫生间器具数量和额定流量见下表(注：洗脸盆和洗手盆均供应冷热水)。当卫生器具采用额定流量计算时，化妆间的冷水给水管道的设计秒流量应为下列何值?

名称	洗脸盆(混合水嘴)	大便器(延时自闭式冲洗阀)	洗手盆(感应水嘴)	小便器(自闭式冲洗阀)
数量	2	1	1	1
额定流量/(L/s)	0.10	1.2	0.10	0.10

(A)1.90 ~2.10L/s　　(B)2.14 ~2.30L/s

(C)2.31 ~2.40L/s　　(D)2.41 ~2.50L/s

答案：[　]

主要解答过程：

2011 年度全国注册公用设备工程师(暖通空调)执业资格考试　专业案例(下)　详解

专业案例答案									
题号	答案	题号	答案	题号	答案	题号	答案	题号	答案
1	B	6	B	11	A	16	C	21	D
2	C	7	D	12	C	17	C	22	D
3	D	8	D	13	A	18	C	23	D
4	B	9	B	14	C	19	C	24	A
5	D	10	A	15	D	20	B	25	A

1. **答案**：[B]

主要解答过程：

建筑表面积：$S=40\times14.4+(14.4+40)\times2\times(5.4\times2+3\times8)=4362.24(\text{m}^2)$

建筑体积：$V=14.4\times40\times(5.4\times2+3\times8)=20044.8(\text{m}^3)$

体形系数：$N=S/V=0.218<0.4$

天窗占屋面百分比：$M=(12\times6)/(40\times14.4)=12.5\%<20\%$

根据《公建节能》第 4.1.2 及 4.2.6 条，不需要进行权衡判断确定。

查表 4.2.2-1，得 $K_{天窗}\leqslant2.5$，$K_{屋面}\leqslant0.35$

2. **答案**：[C]

主要解答过程：

根据《教材 2018》P89 式(1.8-1)

$$F=\frac{Q}{K(t_{pj}-t_n)}\beta_1\beta_2\beta_3\beta_4$$，先假设 $\beta_1=1.0$，根据表 1.8-3 和表 1.8-4 得 $\beta_2=1.0$，$\beta_3=1.04$

供回水温差为 20℃，流量增加倍数为：$25\div20=1.25$，根据表 1.8-5 采用插值法 $\beta_4=0.975$

$$F=\frac{850}{2.442\times\left(\frac{80+60}{2}-18\right)^{1.321}}\times1\times1\times1.04\times0.975=1.91(\text{m})^2$$　片数：$n_0=\dfrac{F}{f}=9.32$

查表 1.8-2，得 9～10 片时 $\beta_1=1.0$，因此：$n=9.55\times1.0=9.32$(片)，取整进位为 10 片。

注：关于《09 技措》第 2.3.3 条的散热器片数取舍原则，笔者认为是不合理的，笔者认为散热器片数选取只能进位而不能舍去，因为舍去之后，从理论计算角度就无法满足在设计工况下室温的要求了，这显然是不合理的，工程设计当中也只会采取进位。

3. **答案**：[D]

主要解答过程：

设计工况系统流量：

$$G_1 = \frac{750}{4.18 \times (95 - 70)} = 7.18(\text{kg/s})$$

管网阻力数 S 值不变，则：

$$\frac{P_1}{P_2} = \frac{G_1^{\ 2}}{G_2^{\ 2}} \Rightarrow G_2 = \sqrt{\frac{P_2}{P_1}}G_1 = \sqrt{\frac{34.7}{30}} \times 7.18 = 7.72(\text{kg/s})$$

则实际热负荷：

$$Q_{实} = cG_2(80 - 60) = 645.6\text{kW}$$

4. **答案：**[B]

主要解答过程：

根据《教材 2018》P108 式(1.8-29)，在题目未指明的情况下，一般按照逆流换热计算

$$\Delta t_{\text{m}} = \frac{\Delta t_{\text{a}} - \Delta t_{\text{b}}}{\ln \dfrac{\Delta t_{\text{a}}}{\Delta t_{\text{b}}}} = \frac{(95 - 60) - (70 - 50)}{\ln \dfrac{95 - 60}{70 - 50}} = 26.8(℃)$$

$$F = \frac{Q}{KB\Delta t_{\text{m}}} = \frac{1500\text{kW}}{4\text{kW/(m}^2 \cdot ℃) \times 0.7 \times 26.8℃} = 20\text{m}^2$$

5. **答案：**[D]

主要解答过程：

所需天然气体积量为：$V_{天然气} = \dfrac{4.2\text{MW}}{Q_{\text{DW}}\eta} \times 3600 = \dfrac{4200}{35000 \times 0.91} \times 3600 = 475(\text{m}^3/\text{h})$

燃烧所需空气量：$V_{空} = \dfrac{0.268Q_{\text{DW}}}{1000} \times V_{天然气} \times 1.1 = 4901\text{m}^3/\text{h}$

根据《锅规》(GB 50041—2008)第 15.3.7 条，锅炉房位于地下室时，换气次数不小于 12 次，根据注：换气量中不包括锅炉燃烧所需空气量，根据条文说明中，锅炉房维持微正压。

送风量：$V_{送} = V_{空} + 12 \times 1300 = 20501\text{m}^3/\text{h}$

6. **答案：**[B]

主要解答过程：

根据《民规》第 8.3.2 条条文说明，查表得：$K_1 = 0.711$，$K_2 = 0.8$

则：$Q = qK_1K_2 = 462 \times 0.711 \times 0.8 = 263(\text{kW})$

查题干附表得：$K_3 = 0.915$，输入功率：$W = W_0K_3 = 114 \times 0.915 = 104.3(\text{kW})$

7. **答案：**[D]

主要解答过程：

根据《大气污染物综合排放标准》(GB 16297—1996)表 2 查得 15m 排气筒的二级最高允许排放速率为 3.1kg/h，根据附录 B3：

$$Q_0 = Q_{\text{c}}\left(\frac{h}{h_{\text{c}}}\right)^2 = 3.1 \times \left(\frac{12}{15}\right)^2 = 1.984(\text{kg/h})$$

根据第 7.4 条规定，再严格 50% 则：$Q = 0.5Q_0 = 0.99\text{kg/h}$

8. **答案：**[D]

主要解答过程：

根据 CO 质量平衡方程：

$$40 \times 10^3\text{mg/h} + V \times 1\text{mg/m}^3 = V \times 5\text{mg/m}^3$$

解得：$V = 10000\text{m}^3/\text{h}$

车库换气次数为 $n = V/(500\times3) = 6.67$ 次/h，满足《教材 2018》P337 不小于 6 次换气的要求。

9. **答案：**[B]

主要解答过程：

根据《教材 2018》P174，排除苯和乙酸乙酯的新风量应叠加计算即为：200000 + 50000 = 250000(m^3/h)，大于排除余热所需新风量 220000m^3/h，因此最小新风量应取较大值。

10. **答案：**[A]

主要解答过程：

根据《教材 2018》P200，式(2.4-24)~式(2.4-26)：

$$Q = \alpha F\Delta t = A\Delta t^{1/3}\times F\Delta t = 1.7\times\frac{\pi}{4}\times(0.65)^2\times(650-30)^{4/3} = 2.98(\text{kJ/s})$$

$$L_0 = 0.167Q^{1/3}B^{3/2} = 0.167\times2.98^{1/3}\times0.65^{3/2} = 0.126(\text{m}^3/\text{s})$$

注意：教材式(2.4-25)中 Q 的单位为(J/s)，而式(2.4-24)中的 Q 的单位为(kJ/s)，计算时注意换算。

11. **答案：**[A]

主要解答过程：

根据《教材 2018》P231 式(2.6-1)

$$Y = \frac{CM}{22.4} = \frac{5.25\times64}{22.4} = 15(\text{mg/m}^3)$$

根据吸附过程 SO_2 的质量平衡：

$$W\times0.15\text{kg/kg}_{炭} = 3000\text{m}^3/\text{h}\times15\times10^{-6}\text{kg/m}^3\times250\text{h}\times96\%$$

$$\therefore W = 72\text{kg}$$

注意：参考 2010-3-10 说明。

12. **答案：**[C]

主要解答过程：

查 h-d 图，室外状态点露点温度 $t_L = 31.02$℃

由于不计水箱壁热阻和水箱内表面放热系数，由热量平衡关系：

$$\frac{35-7}{\frac{d}{\lambda}+\frac{1}{\alpha_w}} = \frac{35-t_L}{\frac{1}{\alpha_w}} \Rightarrow d = 0.03\text{m} = 30\text{mm}$$

13. **答案：**[A]

主要解答过程：

实际运行时 $H = 30\text{m}$，查表得流量为 540m^3/h

水泵轴功率：$N = \dfrac{GH}{376.3\eta} = \dfrac{540\times30}{367.3\times0.5} = 88.21\text{kW} > 75\text{kW}$

可以看出，水泵实际运行功率大于配用电动机功率，造成电流超载，导致停泵，主要原因在于设计计算管网阻力大于实际管网阻力，水泵选型过大。

14. **答案：**[C]

主要解答过程：

根据《地源热泵规》(GB 50366—2005)附录 B

$$d_e = \sqrt{n}d_0 = \sqrt{2} \times 32 = 45.25(\mathrm{mm})$$

$$R_b = \frac{1}{2\pi\lambda_b}\ln\left(\frac{d_b}{d_e}\right) = \frac{1}{2 \times 3.14 \times 2.2}\ln\left(\frac{130}{45.25}\right) = 0.076(\mathrm{m \cdot K/W})$$

15. **答案：**[D]

主要解答过程：

根据《教材 2018》P562 ~ P563

显热回收效率：$60\% = \dfrac{t_1 - t_2}{t_1 - t_3} = \dfrac{34 - t_2}{34 - 27} \Rightarrow t_2 = 29.8℃$

全热回收效率：$55\% = \dfrac{h_1 - h_2}{h_1 - h_3} = \dfrac{90 - h_2}{90 - 55} \Rightarrow h_2 = 70.75\mathrm{kJ/kg}$

16. **答案：**[C]

主要解答过程：

查 h-d 图得：$d_1 = 23.75\mathrm{g/kg}$，$d_2 = 10.25\mathrm{g/kg}$

除湿量：$\Delta W = G\rho\left(\dfrac{d_1 - d_2}{1000}\right) = 5000\mathrm{m^3/h} \times 1.2\mathrm{kg/m^3} \times \dfrac{23.75 - 10.25}{1000} = 81\mathrm{kg/h}$

17. **答案：**[C]

主要解答过程：

本题较难，需根据《民规》第 7.5.4.2 条，空气出口温度应比冷媒温度至少高 3.5℃，因此认为空调机组的出风温度(机器露点)为 $t_L = 7.5 + 3.5 = 11℃$

热湿比：$\varepsilon = \dfrac{24.250\mathrm{kW}}{0.005\mathrm{kg/s}} = 4850\mathrm{kJ/kg}$

过 L 点做热湿比为 4850 的热湿比线与 25℃的等温线相交，交点即为房间实际状态点，查 h-d 图得相对湿度接近 70%。

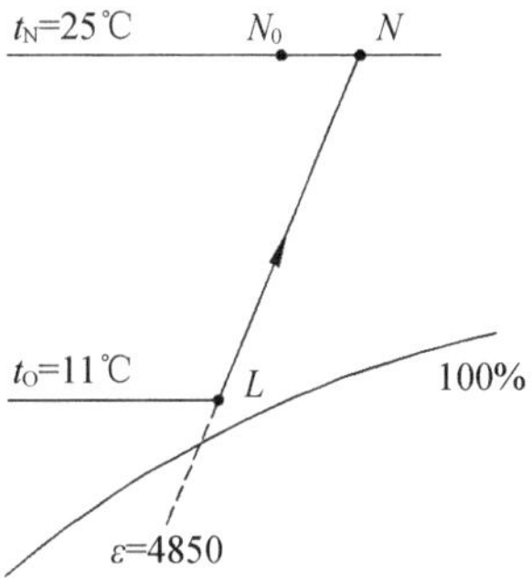

18. **答案：**[C]

主要解答过程：

根据《公建节能》第 5.3.26 条，查表 5.3.26 严寒地区二管制定风量空调系统的办公建筑，设置了预热盘管时单位风量耗功率限值为：0.42 + 0.035 = 0.515W/(m³/h)

$$W_s = \frac{P}{3600\eta_t} = \frac{1280}{3600 \times 0.7} = 0.508\mathrm{W/(m^3/h)} < 0.515\mathrm{W/(m^3/h)}，满足要求。$$

19. **答案：**[C]

主要解答过程：

根据《公建节能 2015》第 4.3.12 条

$$X = \frac{2240}{12000} = 18.76\% \qquad Z = \frac{1360}{4200} = 32.4\%$$

$$Y = \frac{X}{1 + X - Z} = \frac{18.76\%}{1 + 18.76\% - 32.4\%} = 21.6\%$$

$$Q_{新} = 12000\text{m}^3/\text{h} \times Y = 2597\text{m}^3/\text{h}$$

20. **答案**：[B]

主要解答过程：

总过滤效率：$\eta_t = 1 - (1 - 70\%) \times (1 - 90\%) = 97\%$

出口含尘浓度：$m = 50\text{mg/m}^3 \times (1 - \eta_t) = 1.5\text{mg/m}^3$

21. **答案**：[D]

主要解答过程：

$$\varepsilon = \frac{Q}{W} = \frac{h_2 - h_1}{h_3 - h_2} = \frac{1441 - 686}{2040 - 1441} = 1.26$$

22. **答案**：[D]

主要解答过程：

3 点为压缩机出口状态点，在不进行热回收时即为冷凝器进口状态，进行热回收后，冷凝器进口状态点为 4 点，因此，单位制冷机流量回收热量为：$h_3 - h_4$，总冷凝热为：$h_3 - h_6 = h_3 - h_1$

回收热量所占比例：

$$m = \frac{h_3 - h_4}{h_3 - h_1} = \frac{385.7 - 359.6}{385.7 - 241.5} = 18.1\%$$

23. **答案**：[D]

主要解答过程：

根据《教材(第二版)》P562 式(4.4-1)，若不考虑安全系数，冷却水泵扬程为：

$$H_p = H_f + H_d + H_m + H_s + H_0 = 5 + 8 + 5 + 2 = 20(\text{mH}_2\text{O})$$

冷凝器排热热负荷为：

$$Q_k = 500\text{kW} \times (1 + 1/COP) = 600\text{kW}$$

冷却水泵流量：

$$G = \frac{Q_k}{c\rho\Delta t} \times 3600 = \frac{600\text{kW}}{4.18 \times 1000 \times 5} \times 3600 = 103.2(\text{m}^3/\text{h})$$

注：《教材 2018》P495 式(3.7-7)有所调整，本题按《教材(第二版)》出题。

24. **答案**：[A]

主要解答过程：

根据《冷库规》(GB 50072—2010)附录 A 第 A.0.2 ~ A.0.4 条

$$Q_r = F_d(t_r - t_n)K_d = 1000\text{m}^2 \times (1 + 30) \times 0.6\text{W/(m} \cdot ℃) = 18.6\text{kW}$$

$$Q_{tu} = F_d(t_{tu} - t_r)K_d = 1000\text{m}^2 \times (9.4 - 1) \times 0.4\text{W/(m} \cdot ℃) = 3.36\text{kW}$$

$$Q_f = \alpha(Q_r - Q_{tu})\frac{24}{T} = 1.15 \times (18.6 - 3.36) \times \frac{24}{8} = 52.6(\text{kW})$$

25. **答案**：[A]

主要解答过程：

根据《给水排水规》(GB 50015—2003)第 3.6.6 条。

解题要点：

(1)第 3.6.6 条注 2：大便器自闭式冲洗阀应单列计算，当单列计算值小于 1.2L/s 时，以 1.2L/s 计；大于 1.2L/s 时，以计算值计。

(2)根据表 3.6.6-1 注 1："表中括号内数据是电影院、剧院的化妆间使用"。

因此根据式(3.6.6)结合上述解题要点，设计秒流量为：

$$
\begin{aligned}
q_g &= \sum q_0 n_0 b = q_{脸} n_{脸} b_{脸} + q_{大} n_{大} b_{大} + q_{手} n_{手} b_{手} + q_{小} n_{小} b_{小} \\
&= 0.1 \times (2 \times 5) \times 50\% + 1.2 \times 5 \times 2\% + 0.1 \times 5 \times 50\% + 0.1 \times 5 \times 10\% \\
&= 0.5 + 0.12(\text{小于 } 1.2\text{L/s,以 } 1.2\text{L/s 计}) + 0.25 + 0.05 \\
&= 0.5 + 1.2 + 0.25 + 0.05 = 2(\text{L/s})
\end{aligned}
$$

2012 年度全国注册公用设备工程师(暖通空调)执业资格考试　专业案例(上)

1. 设计严寒地区 A 区某正南北朝向的 9 层办公楼，外轮廓尺寸为 54m×15m，南外窗为 16 个通高竖向条形窗(每个窗宽 2.10m)，整个顶层为多功能厅，顶部开设一天窗(24m×6m)，一层和顶层层高均为 5.4m，中间层层高均为 3.9m，问该建筑的南外窗及窗外的传热系数 $W/(m^2\cdot K)$ 应当是下列何项？

(A) $K_{窗}\leqslant 1.4$，$K_{墙}\leqslant 0.40$　　(B) $K_{窗}\leqslant 1.7$，$K_{墙}\leqslant 0.45$

(C) $K_{窗}\leqslant 1.5$，$K_{墙}\leqslant 0.40$　　(D) $K_{窗}\leqslant 1.5$，$K_{墙}\leqslant 0.45$

答案：[　]

主要解答过程：

2. 某办公楼供暖系统原设计热媒为 85～60℃热水，采用铸铁四柱散热器，室内温度为 18℃。因办公楼进行了围护结构节能改造，其热负荷降至原来的 67%，若散热器不变，维持室内温度为 18℃(不超过 21℃)，且供暖热媒温差采用 20℃，选择热媒应为下列何项？(已知散热器传热系数 $K=2.81\times\Delta t^{0.276}$)

(A) 75～55℃热水　　(B) 70～50℃热水

(C) 65～45℃热水　　(D) 60～40℃热水

答案：[　]

主要解答过程：

3. 严寒地区某 200 万 m^2 住宅小区，冬季供暖用热水锅炉容量为 140MW，满足供暖需求。城市规划在该区域再建 130 万 m^2 节能住宅也需该锅炉供暖。因该锅炉房无法扩建，故对既有住宅进行围护结构节能改造，满足全部住宅正常供暖，问：既有住宅节能改造后的供暖热指标应是下列何项？(锅炉房自用负荷忽略不计，管网直埋附加 $K_0=1.02$，新建住宅供暖热指标 $35W/m^2$)

(A) $\leqslant 44W/m^2$　　(B) $\leqslant 45W/m^2$　　(C) $\leqslant 46W/m^2$　　(D) $\leqslant 47W/m^2$

答案：[　]

主要解答过程：

4. 某居住小区的热源为燃煤锅炉，小区供暖热负荷为 10MW，冬季生活热水的最大小时耗热量为 4MW，夏季生活热水的最小小时耗热量为 2.5MW，室外供热管网的输送效率为 0.92，不计锅炉房的自用热。锅炉房的总设计容量以及最小锅炉容量的设计最大值应为下列何项？(生活热水的同时使用率为 0.8)

(A) 总设计容量为 11～13MW，最小锅炉容量的设计最大值为 5MW

(B) 总设计容量为 11～13MW，最小锅炉容量的设计最大值为 8MW

(C)总设计容量为 13.1 ~ 14.5MW，最小锅炉容量的设计最大值为 5MW

(D)总设计容量为 13.1 ~ 14.5MW，最小锅炉容量的设计最大值为 8MW

答案：[　　]

主要解答过程：

5. 某办公楼拟选择 2 台风冷螺杆式冷热水机组，已知，机组名义制热量 462kW，建设地室外空调计算干球温度 -5℃，室外供暖计算干球温度 0℃，空调设计供水温度 50℃，该机组制热量修正系数见下表。机组每小时化霜两次，该机组在设计工况下的供热量为下列何项？

进风温度/℃	出水温度/℃			
	35	40	45	50
-5	0.71	0.69	0.65	0.59
0	0.85	0.83	0.79	0.73
5	1.01	0.97	0.93	0.87

(A)210 ~ 220kW　　(B)240 ~ 250kW

(C)260 ~ 275kW　　(D)280 ~ 305kW

答案：[　　]

主要解答过程：

6. 某车间设有局部排风系统，局部排风量为 0.56kg/s，冬季室内工作区温度为 15℃，冬季通风室外计算温度为 -15℃，供暖室外计算温度为 -25℃(大气为标准大气压，空气定压比热 1.01kJ/kg·℃)。围护结构耗热量为 8.8kW，室内维持负压，机械进风量为排风量的 90%，试求机械通风量和送风温度为下列何项？

(A)0.3 ~ 0.53kg/s，29 ~ 32℃　　(B)0.54 ~ 0.65kg/s，29 ~ 32℃

(C)0.54 ~ 0.65kg/s，33 ~ 36.5℃　　(D)0.3 ~ 0.53kg/s，36.6 ~ 38.5℃

答案：[　　]

主要解答过程：

7. 某配电室的变压器功率为 1000kVA，变压器功率因数为 0.95，效率为 0.98，负荷率为 0.75，配电室要求夏季室内设计温度不大于 40℃，当地夏季室外通风计算温度为 32℃，采用机械排风，自然进风的通风方式。能消除夏季变压器发热量的风机最小排风量应是下列何项？(风机计算风量为标准状态，空气比热容 C = 1.01kJ/kg·℃)

(A)5200 ~ 5400m^3/h　　(B)5500 ~ 5700m^3/h

(C)5800 ~ 6000m^3/h　　(D)6100 ~ 6300m^3/h

答案：[　　]

主要解答过程：

8. 某地夏季为标准大气压力，室外通风计算温度为 32℃，设计某车间内一高温设备的排风系统，已知：排风罩吸入的热空气温度为 500℃，排风量 1500m^3/h。因排风机承受的温度最高为 250℃，采用风机入口段混入室外空气做法，满足要求的最小室外空气风量应是下列何项？

(空气比热容按 $C = 1.01\mathrm{kJ/kg} \cdot ℃$ 计，不计风管与外界的热交换)

(A)600 ~ 700$\mathrm{m^3/h}$　　(B)900 ~ 1100$\mathrm{m^3/h}$

(C)1400 ~ 1600$\mathrm{m^3/h}$　　(D)1700 ~ 1800$\mathrm{m^3/h}$

答案：[　]

主要解答过程：

9. 某厂房利用风帽进行自然排风，总排风量 $L = 13842\mathrm{m^3/h}$，室外风速 $V = 3.16\mathrm{m/s}$，不考虑热压作用，压差修正系数 $A = 1.43$，拟选用 $d = 800\mathrm{mm}$ 的筒形风帽，不接风管，风帽入口的局部阻力系数 $\xi = 0.5$。问：设计配置的风帽个数为下列何项(当地为标准大气压)？

(A)4 个　(B)5 个　(C)6 个　(D)7 个

答案：[　]

主要解答过程：

10. 某水平圆形热源(散热面直径 $B = 1.0\mathrm{m}$)的对流散热量为 $Q = 5.466\mathrm{kJ/s}$，拟在热源上部 1.0m 处设直径为 $D = 1.2\mathrm{m}$ 的圆伞形接受罩排除余热。设室内有轻微的横向气流干扰，则计算排风量应是下列何项？(罩口扩大面积的空气吸入气流速 $V = 0.5\mathrm{m/s}$)

(A)1001 ~ 1200$\mathrm{m^3/h}$　　(B)1201 ~ 1400$\mathrm{m^3/h}$

(C)1401 ~ 1600$\mathrm{m^3/h}$　　(D)1601 ~ 1800$\mathrm{m^3/h}$

答案：[　]

主要解答过程：

11. 含有 SO_2 有害气体流量 2500$\mathrm{m^3/h}$，其中 SO_2 的浓度 4.48$\mathrm{ml/m^3}$，采用固定床活性炭吸附装置净化该有害气体，设平衡吸附量为 0.15$\mathrm{kg/kg_{炭}}$，吸附效率为 94.5%，如装炭量为 50kg，有效使用时间(穿透时间)t 为下列何项？

(A)216 ~ 225h　　(B)226 ~ 235h

(C)236 ~ 245h　　(D)246 ~ 255h

答案：[　]

主要解答过程：

12. 实测某空调冷水系统(水泵)流量为 200$\mathrm{m^3/h}$，供水温度 7.5℃，回水温度 11.5℃，系统压力损失为 325kPa。后采用变频调节技术将水泵流量调小到 160$\mathrm{m^3/h}$。如加装变频器前后的水泵效率不变($\eta = 0.75$)，并不计变频器能量损耗，水泵轴功率减少的数值应为下列何项？

(A)8.0 ~ 8.9kW　(B)9.0 ~ 9.9kW　(C)10.0 ~ 10.9kW　(D)11.0 ~ 12.0kW

答案：[　]

主要解答过程：

13. 某地为标准大气压，有一变风量空调系统，所服务的各空调区室内逐时显热冷负荷见下表，取送风温差为 10℃，该空调系统的送风量为下列何项？

房间 \ 时间	逐时显热负荷/W								
	9:00	10:00	11:00	12:00	13:00	14:00	15:00	16:00	17:00
房间 1	4340	4560	4535	4410	4190	4050	4000	3960	3935
房间 2	8870	9125	8655	7725	6065	6145	6130	5990	5800
房间 3	2440	2600	2730	2950	3245	3630	3900	3930	3730

(A)1.40～1.50kg/s　(B)1.50～1.60kg/s

(C)1.60～1.70kg/s　(D)1.70～1.80kg/s

答案：[　]

主要解答过程：

14. 某地一室内游泳池的夏季室内设计参数 $t_n=32$℃，$\varphi_n=70\%$，室外设计参数：干球温度 35℃，湿球温度 28.9℃(标准大气压，空气定压比热为 1.01kJ/kg·℃，空气密度为 1.2kg/m^3)。已知：室内总散湿量为 160kg/h，夏季设计总送风量为 50000m^3/h，新风量为送风量的 15%，问：组合式空调机组表冷器的冷量应为下列何项(表冷器处理后空气相对湿度为 90%)？查 h-d 图计算，相关参数见下表。

室内 d_s /(g/kg$_{干空气}$)	室内 h_s /(kJ/kg$_{干空气}$)	室外 d_w /(g/kg$_{干空气}$)	室内 h_w /(kJ/kg$_{干空气}$)
21.2	86.4	22.8	94

(A)170～185kW　(B)195～210kW　(C)215～230kW　(D)235～250kW

答案：[　]

主要解答过程：

15. 接上题为维持室内游泳池夏季设计室温 32℃，设计相对湿度 70% 的条件，已知：计算的夏季显热冷负荷为 80kW。问：空气经组合式空调机组的表冷器冷却除湿后，空气的再热量应为何项？并用 h-d 图绘制该游泳池空气处理的全部过程。

(A)25～40kW　(B)46～56kW　(C)85～95kW　(D)170～190kW

答案：[　]

主要解答过程：

16. 某空调系统新排风设全热交换器，夏季显热回收效率为 60%，全热回收效率为 55%，若夏季新风进风干球温度 34℃，进风焓值 90kJ/kg$_{干空气}$，排风温度 27℃，排风焓值 60kJ/kg$_{干空气}$，夏季新风出风的干球温度和焓值应为下列何项？

(A)33～34℃，85～90kJ/kg$_{干空气}$　(B)31～32℃，77～83kJ/kg$_{干空气}$

(C)29～30℃，70～75kJ/kg$_{干空气}$　(D)27～28℃，63～68kJ/kg$_{干空气}$

答案：[　]

主要解答过程：

17. 某空调系统采用全空气空调方案，冬季房间总热负荷为 150kW，室内计算温度为 18℃，需要的新风量为 3600m^3/h，冬季室外空调计算温度为 -12℃，冬季大气压力按 101300Pa 计算，空气的密度为 1.2kg/m^3，定压比热容为 1.01kJ/(kg · K)，热水的平均比热容为 4.18kJ/(kg · K)，空调热源为 80℃/60℃的热水，则该房间需要的热水量为何值?

(A)5000 ~ 5800kg/h　　(B)5900 ~ 6700kg/h

(C)6800 ~ 7600kg/h　　(D)7700 ~ 8500kg/h

答案：[ ]

主要解答过程：

18. 某空调房间采用风机盘管加新风空调系统(新风不承担室内显热负荷)，该房间冬季设计湿负荷为 0，房间设计参数为：干球温度 20℃，相对湿度 30%，室外通风计算参数为：干球温度 0℃，相对湿度 20%，房间设计新风量为 1000m^3/h，新风采用空气显热热回收装置，显热回收效率为 60%，新风机组的处理过程如图所示。问：新风机组加热盘管的加热量，约为下列何项?(按照标准大气压计算，空气密度为 1.2kg/m^3)

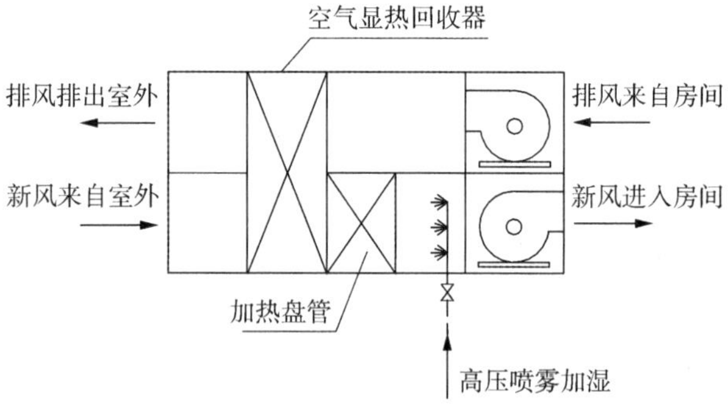

(A)2.7kW　　(B)5.4kW　　(C)6.7kW　　(D)9.2kW

答案：[ ]

主要解答过程：

19. 某办公楼普通机械送风系统风机与电动机采用直联方式，设计工况下的风机及传动效率为 92.8%，风管的长度为 124m，通风系统单位长度平均风压为 5Pa/m(包含摩擦阻力和局部阻力)。问：在通风系统设计时，所选择的风机效率的最小值应接近以下效率值，才能满足节能要求?

(A)52%　　(B)53%　　(C)56%　　(D)58%

答案：[ ]

主要解答过程：

20. 某高层酒店采用集中空调系统，冷水机组设在屋顶，送冷水，单台水泵流量 400m^3/h，扬程 50mH$_2$O，系统正常运行时水泵出现过载现象，水泵阀门要关至 1/4 水泵才可正常进行，且满足供冷要求。实测水泵流量 300m^3/h。查该水泵样本见下表，若采用改变水泵转速的方式，则满足供冷要求时，水泵转速应接近何项?

型号	流量/(m^3/h)	扬程/mH$_2$O	转速/(r/min)	功率/kW
200/400	280	54.5	1460	75
	400	50		
	480	39		

(A)980r/min　　(B)1100r/min　　(C)2960r/min　　(D)760r/min

答案：[ ]

主要解答过程：

21. 有一台制冷剂为 R717 的 8 缸活塞压缩机，缸径为 100mm，活塞行程为 80mm，压缩机转速为 720r/min，压缩比为 6，压缩机的实际输气量是下列何项？

(A)0.04 ~ 0.042m^3/s　　(B)0.049 ~ 0.051m^3/s

(C)0.058 ~ 0.06m^3/s　　(D)0.067 ~ 0.069m^3/s

答案：[　]

主要解答过程：

22. 某项目采用地源热泵进行集中供冷、供热，经测量，有效换热深度为 90m，设单 U 管换热，设夏、冬季单位管长的换热量为 $q=30$W/m，夏季冷负荷和冬季热负荷均为 450kW，所选热泵机组夏季性能系数 $EER=5$，冬季性能系数 $COP=4$，在理想换热状态下，所需孔数应为下列何项？

(A)63 孔　　(B)84 孔　　(C)100 孔　　(D)167 孔

答案：[　]

主要解答过程：

23. 某办公楼空调制冷系统拟采用冰蓄冷方式，制冷系统的白天运行 10h，当地谷价电时间为 23：00 ~ 7：00，计算日总冷负荷 $Q=53000$kWh，采用部分负荷蓄冷方式(制冷机制冰时制冷能力变化率 $C_f=0.7$)，则蓄冷装置有效容量为下列何项？

(A)5300 ~ 5400kWh　　(B)7500 ~ 7600kWh

(C)19000 ~ 19100kWh　　(D)23700 ~ 23800kWh

答案：[　]

主要解答过程：

24. 某水果冷藏库的总储藏量为 1300t，带包装的容积利用系数为 0.75，该冷藏库的公称容积正确的应是下列何项？

(A)4560 ~ 4570m^3　　(B)4950 ~ 4960m^3

(C)6190 ~ 6200m^3　　(D)7530 ~ 7540m^3

答案：[　]

主要解答过程：

25. 沈阳一别墅区，消防水池的容积为 450m^3，问消防水池的最小补水量应为下列何项？

(A)1.0L/s　　(B)1.3L/s　　(C)2.6L/s　　(D)3.5L/s

答案：[　]

主要解答过程：

2012年度全国注册公用设备工程师（暖通空调）执业资格考试　专业案例（上）　详解

专业案例答案									
题号	答案	题号	答案	题号	答案	题号	答案	题号	答案
1	B	6	D	11	D	16	C	21	A
2	B	7	A	12	D	17	D	22	A
3	C	8	A	13	C	18	B	23	C
4	C	9	D	14	D	19	D	24	B
5	A	10	D	15	A	20	B	25	C

1. **答案**：[B]

主要解答过程：

建筑表面积：$S=54\times15+2\times(54+15)\times(5.4\times2+3.9\times7)=6067.8(\text{m}^2)$

建筑体积：$V=54\times15\times(5.4\times2+3.9\times7)=30861(\text{m}^3)$

体形系数：$N=S/V=0.197<0.4$

天窗占屋面百分比：$M=(24\times6)/(54\times15)=17.8\%<20\%$

南向窗墙比：$Q=16\times2.10\times(5.4\times2+3.9\times7)/54\times(5.4\times2+3.9\times7)=62.2\%$

根据《公建节能》第4.1.2及4.2.6条，不需要进行权衡判断确定

查表4.2.2-1，得 $K_{墙}\leqslant0.45$，$K_{窗}\leqslant1.7$

2. **答案**：[B]

主要解答过程：

根据《教材2018》P89式（1.8-1），由于修正系数保持不变，则：

原始散热量：$Q=K_0F\Delta t_0=2.81\times F\times\Delta t_0^{1.276}$

改造后散热量：$0.67Q=KF\Delta t=2.81\times F\times\Delta t^{1.276}$

两式相除得：$\dfrac{1}{0.67}=\dfrac{\left(\dfrac{85+60}{2}-18\right)^{1.276}}{\left(\dfrac{t_g+t_h}{2}-18\right)^{1.276}}$，解得：$t_g+t_h=115.64℃$，又因为 $t_g-t_h=20℃$

因此取 $t_g=70℃$，$t_h=50℃$

3. **答案**：[C]

主要解答过程：

新建住宅所需锅炉容量：$Q_x=K_0\times130\times10^4\times35=46.41(\text{MW})$

既有住宅改造后所需锅炉容量：$Q=140\text{MW}-46.41\text{MW}=93.59\text{MW}$

改造后的热指标为：$Q_0=Q/(K_0\times200\times10^4)=45.9\text{W/m}^2$

4. **答案**：[C]

主要解答过程：

根据《教材 2018》P157 式(1.11-4)

$$Q = (10\text{MW} + 4\text{MW} \times 0.8)/0.92 = 14.35\text{MW}$$

夏季锅炉需要提供的最小供热量为：(注意：最小耗热量不应再乘同时使用率)

$$Q_x = 2.5\text{MW}/0.92 = 2.72\text{MW}$$

根据《09 技措》第 8.2.10.3.2)条，“单台燃煤锅炉的运行负荷不应低于锅炉额定负荷的 50%”，因此，最小锅炉容量的设计最大值为：

$$Q_{max} = Q_x/50\% = 5.43\text{MW}$$

5. **答案**：[A]

主要解答过程：

根据《民规》第 8.3.2 条条文说明，查表得：$K_1 = 0.59$，化霜两次，$K_2 = 0.8$

则设计工况供热量：$Q = qK_1K_2 = 462\text{kW} \times 0.59 \times 0.8 = 218.06\text{kW}$

6. **答案**：[D]

主要解答过程：

根据《教材 2018》P175，机械通风量：$G_{jj} = 90\% \times 0.56\text{kg/s} = 0.504\text{kg/s}$

根据质量守恒：$G_{zj} + G_{jj} = G_{jp} \Rightarrow G_{zj} = 0.056\text{kg/s}$

根据能量守恒：(局部排风的补风应采用供暖室外计算温度 $t_w = -25℃$)

$$8.8\text{kW} + cG_{jp}t_n = cG_{jj}t_s + cG_{zj}t_w$$

$$8.8 + 1.01 \times 0.56 \times 15 = 1.01 \times 0.504 \times t_s + 1.01 \times 0.056 \times (-25)$$

$$t_s = 36.7℃$$

7. **答案**：[A]

主要解答过程：

根据《09 技措》P60 式(4.4.2)

变压器散热量：$Q = (1 - \eta_1)\eta_2\phi W = (1 - 0.98) \times 0.75 \times 0.95 \times 1000 = 14.25(\text{kW})$

风机最小排风量：$G = \dfrac{Q}{c\rho\Delta t} \times 3600 = \dfrac{14.25}{1.01 \times 1.2 \times (40 - 32)} \times 3600 = 5290.8(\text{m}^3/\text{h})$

8. **答案**：[A]

主要解答过程：

32℃时空气密度：$\rho_{32} = 353/(273 + 32) = 1.157(\text{kg/m}^3)$

250℃时空气密度：$\rho_{250} = 353/(273 + 250) = 0.675(\text{kg/m}^3)$

500℃时空气密度：$\rho_{500} = 353/(273 + 500) = 0.457(\text{kg/m}^3)$

根据混合过程能量守恒：

$$c\rho_{500}V_{排} \times 500℃ + c\rho_{32}V \times 32℃ = c(\rho_{500}V_{排} + \rho_{32}V) \times 250℃$$

$$0.457 \times 1500 \times 500 + 1.157 \times V \times 32 = (0.457 \times 1500 + 1.157 \times V) \times 250$$

$$\therefore V = 679.45\text{m}^3/\text{h}$$

9. **答案**：[D]

主要解答过程：

根据《教材 2018》P187 式(2.3-22)

$$L_0 = 2827d^2 \frac{A}{\sqrt{1.2 + \sum \xi + 0.02l/d}} = 2827 \times 0.8^2 \times \frac{1.43}{\sqrt{1.2 + 0.5 + 0.02 \times 0/0.8}}$$

$$= 1984.3(m^3/h)$$

$$n = \frac{L}{L_0} = \frac{13842}{1984.3} = 6.98 \approx 7$$

10. **答案：**[D]

主要解答过程：

根据《教材 2018》P200，$1.5\sqrt{AP} = 1.32m > H$，因此为低悬罩。再根据式(2.4-24)，也可参考《教材(第二版)》P186 例题，注意忽略轻微横向气流影响。

$$L_0 = 0.167Q^{\frac{1}{3}}B^{\frac{3}{2}} = 0.167 \times 5.466^{\frac{1}{3}} \times 1 = 0.294(m^3/s)$$

$$L = L_0 + v'F' = L_0 + v'\frac{\pi(D^2 - B^2)}{4} = 0.294 + 0.5 \times \frac{3.14 \times (1.2^2 - 1)}{4} = 0.467m^3/s$$

$$= 1681.2m^3/h$$

11. **答案：**[D]

主要解答过程：

根据吸附过程质量守恒：

根据《教材 2018》P231 式(2.5-1)

$$Y = CM/22.4 = 4.48 \times 64/22.4 = 12.8(mg/m^3)$$

$$2500m^3/h \times 12.8mg/m^3 \times 10^{-6} \times 94.5\% \times t = 50kg \times 0.15kg/kg_{炭}$$

解得：$t = 248h$

注意：参考 2010-3-10 说明。

12. **答案：**[D]

主要解答过程：

变频前水泵轴功率为：$N_0 = \frac{G_0H_0}{367.3\eta} = \frac{200 \times (325000/1000 \times 9.8)}{367.3 \times 0.75} = 24.08(kW)$

根据变频后流量扬程关系：$H = H_0\left(\frac{G}{G_0}\right)^2 = 325 \times \left(\frac{160}{200}\right)^2 = 208kPa = 21.2H_2O$

变频后水泵轴功率为：$N = \frac{GH}{367.3\eta} = \frac{160 \times 21.2}{367.3 \times 0.75} = 12.3(kW)$

水泵轴功率减少：$\Delta N = N_0 - N = 11.77kW$

13. **答案：**[C]

主要解答过程：

各房间逐时负荷累加最大值出现在 10：00，负荷值为 16.285kW

空调送风量：$G = \frac{Q}{c\Delta t} = \frac{16.285}{1.01 \times 10} = 1.61(kg/s)$

14. **答案：**[D]

主要解答过程：

处理过程 h-d 图如图所示。

混合状态点焓值：$h_c = 0.15 \times 94 + (1 - 0.15) \times 86.4 = 87.54(kJ/kg)$

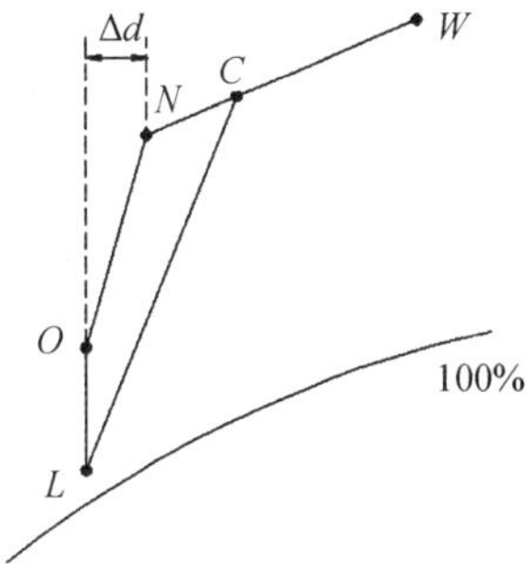

室内总散湿量：

$$160 = 50000 \times 1.2 \times \frac{(d_s - d_o)}{1000} \Rightarrow d_o = d_L = 18.53 \text{g/kg}$$

根据 $d_L = 18.53$g/kg，$\varphi = 90\%$ 查 h-d 图得：$h_L = 72.96$kJ/kg，$t_L = 25.5$℃

因此，表冷器的冷量为：$Q_L = \frac{50000 \times 1.2}{3600} \times (h_C - h_L) = 243$kW

15. **答案**：[A]

主要解答过程：

计算显热负荷：$80\text{kW} = 1.01 \times \frac{50000}{3600} \times 1.2 \times (t_N - t_O) \Rightarrow t_O = 27.25$℃

再热量为：

$$Q_R = 1.01 \times \frac{50000}{3600} \times 1.2 \times (t_O - t_L)$$

$$= 1.01 \times \frac{50000}{3600} \times 1.2 \times (27.25 - 25.5) = 29.4(\text{kW})$$

16. **答案**：[C]

主要解答过程：

本题为 2011 年专业案例(下)第 15 题稍做修改。根据《教材 2018》P562 ~ P563

显热回收效率：$60\% = \frac{t_1 - t_2}{t_1 - t_3} = \frac{34 - t_2}{34 - 27} \Rightarrow t_2 = 29.8$℃

全热回收效率：$55\% = \frac{h_1 - h_2}{h_1 - h_3} = \frac{90 - h_2}{90 - 60} \Rightarrow h_2 = 73.5$kJ/kg

17. **答案**：[D]

主要解答过程：

加热新风所需热量：$Q_X = c \times \frac{3600}{3600} \times \rho \times (18 + 12) = 1.01 \times 1 \times 1.2 \times 30 = 36.36(\text{kW})$

总热负荷：$Q = Q_X + 150\text{kW} = 186.36\text{kW} = c_{水} \times G \times (80 - 60)$

解得：$G = 8025.1$kg/h

18. **答案**：[B]

主要解答过程：

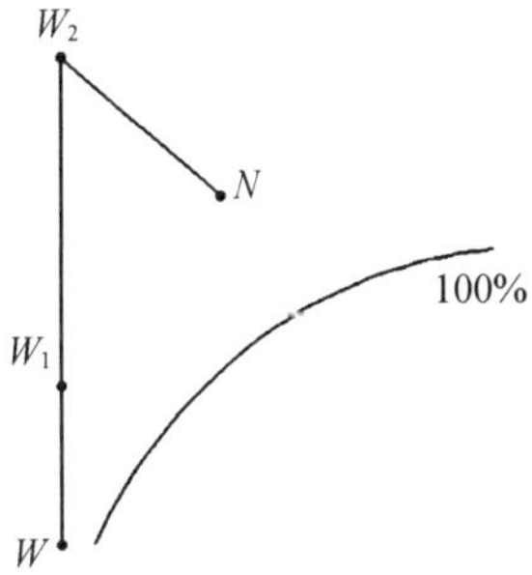

根据《教材 2018》P376，高压喷雾加湿为等焓过程，又因为新风不承担室内显热负荷，且房间湿负荷为 0，因此新风需直接处理到室内状态点 N 处，新风处理过程如图所示。查 h-d 图得：$d_W = 0.75$g/kg，$h_N = 31.2$kJ/kg。其中 W_2点为室内等焓线与室外等含湿量线的交点，查得：$t_{W2} = 29$℃[或根据：$31.2 = 1.01t_{W2} + (2500 + 1.84t_{W2}) \times 0.75 \times 10^{-3}$，解得：$t_{W2} = 29$℃]，因此：

若不进行热回收所需加热量：$Q_0 = 1.01 \times \frac{1000}{3600} \times 1.2 \times (29 - 0) = 9.76(\text{kW})$

显热回收热量：$Q_R = 0.6 \times 1.01 \times \frac{1000}{3600} \times 1.2 \times (20 - 0) = 4.04(\text{kW})$

新风机组所需加热量：$Q = Q_0 - Q_R = 5.72\text{kW}$，计算结果与 B 选项有一定差距。

注：实际工程中，将新风通过等焓加湿直接处理到室内状态点要求控制精度较高，并不常用，本题疑似题干附图印刷错误，若将“高压喷雾加湿”更改为“干蒸汽加湿”，则加湿过程为等温过程，则计算过程调整为：

若不进行热回收所需加热量：$Q_0 = 1.01 \times \dfrac{1000}{3600} \times 1.2 \times (20 - 0) = 6.73(\text{kW})$

显热回收热量：$Q_R = 0.6 \times 1.01 \times \dfrac{1000}{3600} \times 1.2 \times (20 - 0) = 4.04(\text{kW})$

新风机组所需加热量：$Q = Q_0 - Q_R = 2.69\text{kW}$，发现十分接近 A 选项。

19. **答案：**[D]

主要解答过程：

电动机直联，机械效率为 1，风管总阻力为：$124\text{m} \times 5\text{Pa/m} = 620\text{Pa}$

根据《公建节能》第 5.3.26 条，普通机械通风系统 $W_s = 0.32$

$$W_s = 0.32 = \frac{P}{3600 \times 1 \times \eta \times 0.928} = \frac{620}{3600 \times 1 \times \eta \times 0.928}(\eta_t = \eta_m \eta \eta_d)$$

$$\therefore \eta = 58\%$$

20. **答案：**[B]

主要解答过程：

满足供冷要求的水泵流量为 $300\text{m}^3/\text{h}$，由于水泵转速与流量成正比，因此

$$\frac{n_2}{n_1} = \frac{n_2}{1460} = \frac{300}{400} \Rightarrow n_2 = 1095\text{r/min}$$

21. **答案：**[A]

主要解答过程：

根据《教材 2018》P610 式(4.3-1)

压缩机理论输气量：$V_h = \dfrac{\pi}{240} D^2 S n Z = \dfrac{\pi}{240} \times 0.1^2 \times 0.08 \times 720 \times 8 = 0.0603(\text{m}^3/\text{s})$

根据《教材 2018》P611 式(4.3-8)

容积效率：$\eta_V = 0.94 - 0.085\left[\left(\dfrac{p_2}{p_1}\right)^{\frac{1}{m}} - 1\right] = 0.94 - 0.085 \times (6^{\frac{1}{1.28}} - 1) = 0.68$

实际输气量：$V_R = V_h \eta_V = 0.0603 \times 0.68 = 0.041(\text{m}^3/\text{s})$

22. **答案：**[A]

主要解答过程：

单孔换热量：$Q_0 = (90 \times 2) \times 30 = 5.4(\text{kW})$

根据《地源热泵规》(GB 50366—2005)第 4.3.3 条条文说明

夏季最大释热量：$Q_X = 450 \times (1 + 1/EER) = 540\text{kW}$，所需孔数为：$n_X = 540/5.4 = 100$

冬季最大吸热量：$Q_d = 450 \times (1 - 1/COP) = 337.5\text{kW}$，所需孔数为：$n_d = 337.5/5.4 = 62.5$

根据条文说明所述，最大吸热量和最大释热量，所需孔数取大值，当两者相差较大时，宜通过技术经济比较，采用辅助散热(增加冷却塔)或辅助供热方式解决，保证土壤热平衡。因此取 63 孔。

注：本题在 2012 年考试时，《民规》尚未实施，对于以上分析中“相差较大”没有给出量化指

标，故当时有争议。现根据《民规》第 8. 3. 4. 4 条条文说明，相差不大是指两者的比值在0. 8 ~ 1. 25，本题比值为：540/337. 5 = 1. 6，属相差较大的范围，故应按较小值打孔。

23. **答案**：[C]

主要解答过程：

根据《教材 2018》P689

$$q_c = \frac{\sum_{i=1}^{24} q_i}{n_2 + n_1 c_f} = \frac{53000}{10 + 8 \times 0.7} = 3397.4(\text{kW})$$

$$Q_s = n_1 c_f q_c = 8 \times 0.7 \times 3397.4 = 19025.6(\text{kWh})$$

24. **答案**：[B]

主要解答过程：

根据《冷库规》(GB 50072—2010)第 3. 0. 2 条，查表 3. 0. 6，水果密度为 350kg/m^3。

$$G = \frac{\sum V_1 \rho_s \eta}{1000} \Rightarrow \sum V_1 = \frac{G \times 1000}{\rho_s \eta} = \frac{1300 \times 1000}{350 \times 0.75} = 4952.4$$

25. **答案**：[C]

主要解答过程：

根据《建规》第 8. 6. 2. 3 条，题干未提及是缺水地区，因此取 48h。

最小补水量：$G = \dfrac{450 \times 1000}{48 \times 3600} = 2.6(\text{L/s})$

注：《教材(第三版)》已删除对消防给水排水部分内容的考试要求。

2012 年度全国注册公用设备工程师(暖通空调)执业资格考试　专业案例(下)

1. 某乙类厂房，冬季工作区供暖计算温度 15℃，厂房围护结构耗热量 $Q=313.1\text{kW}$，厂房全面排风量 $L=42000\text{m}^3/\text{h}$；厂房采用集中热风供暖系统，设计送风量 $G=12\text{kg/s}$，则该系统冬季的设计送风温度 t_{jj} 应为下列何项？（注：当地为标准大气压力，室内外空气密度取均为 1.2kg/m^3，空气比热容 $C_p=1.01\text{kJ/kg}\cdot℃$，冬季通风室外计算温度 -10℃）

(A)40 ~ 41.9℃　　(B)42 ~ 43.9℃　　(C)44 ~ 45.9℃　　(D)46 ~ 48.9℃

答案：[　]

主要解答过程：

2. 低温热水地面辐射供暖系统的单位地面面积的散热量与地面面层材料有关，当设计供回水温度为 60℃/50℃，室内空气温度为 16℃时，地面面层分别为陶瓷地砖与木地板，采用公称外径为 $De20$ 的 PB 管，加热管间距 200mm，填充层厚度为 50mm，聚苯乙烯绝热层厚度为 20mm，陶瓷地砖(热阻 $R=0.02\text{m}^2\cdot\text{K/W}$)与木地板(热阻 $R=0.1\text{m}^2\cdot\text{K/W}$)的单位地面面积的散热量之比，应是下列何项？

(A)1.70 ~ 1.79　　(B)1.60 ~ 1.69　　(C)1.40 ~ 1.49　　(D)1.30 ~ 1.39

答案：[　]

主要解答过程：

3. 某 5 层住宅为下供下回双管热水供暖系统，设计条件下供回水温度 95℃/70℃，顶层某房间设计室温 20℃，设计热负荷 1148W。进入立管水温为 93℃。已知：立管的平均流量为 250kg/h，一 ~ 四层立管高度为 10m，立管散热量为 78W/m。设定条件下，散热器散热量为 140W/片，传热系数 $K=3.10(t_{pj}-t_n)^{0.278}\text{W/(m}^2\cdot\text{K)}$，散热器散热回水温度维持 70℃，该房间散热器的片数应为下列何项？(不计该层立管散热和有关修正系数)

(A)8 片　　(B)9 片　　(C)10 片　　(D)11 片

答案：[　]

主要解答过程：

4. 某厂房设计采用 50kPa 蒸汽供暖，供汽管道最大长度为 600m，选择供汽管径时，平均单位长度摩擦压力损失值以及供汽水平干管的管径，应是下列何项？

(A)$\Delta P_m\leqslant 25\text{Pa/m}$，$DN\leqslant 20\text{mm}$　　(B)$\Delta P_m\leqslant 48\text{Pa/m}$，$DN\geqslant 25\text{mm}$

(C)$\Delta P_m\leqslant 50\text{Pa/m}$，$DN\leqslant 20\text{mm}$　　(D)$\Delta P_m\leqslant 25\text{Pa/m}$，$DN\geqslant 25\text{mm}$

答案：[　]

主要解答过程：

5. 某住宅楼设计供暖热媒为 85～60℃热水，采用四柱型散热器，经住宅楼进行围护结构节能改造后，采用 70～50℃热水，仍能满足原设计的室内温度 20℃(原供暖系统未做变更)。则改造后的热负荷应是下列何项？(散热器传热系数 $K=2.81\Delta t^{0.297}$)

(A)为原热负荷的 67.1%～68.8%　　(B)为原热负荷的 69.1%～70.8%

(C)为原热负荷的 71.1%～72.8%　　(D)为原热负荷的 73.1%～74.8%

答案：[　　]

主要解答过程：

6. 某商业综合体内办公建筑面积 135000m²、商业建筑面积 75000m²、宾馆建筑面积 50000m²，其夏季空调冷负荷建筑面积指标分别为：90W/m²、140W/m²、110W/m²(已考虑各种因素的影响)，冷源为蒸汽溴化锂吸收式制冷机组，市政热网供应 0.4MPa 蒸汽，市政热网的供热负荷是下列何项？

(A)46920～40220kW　　(B)31280～37530kW

(C)28150～23460kW　　(D)20110～21650kW

答案：[　　]

主要解答过程：

7. 在一般工业区内(非特定工业区)新建某除尘系统，排气筒的高度为 20m，距其 190m 处有一高度为 18m 的建筑物。排放污染物为石英粉尘，排放浓度为 $y=50\text{mg/m}^3$，标准工况下，排气量 $V=60000\text{m}^3/\text{h}$。试问，以下依次列出排气筒的排放速率值以及排放是否达标的结论，正确者应为何项？

(A)3.5kg/h，排放不达标　　(B)3.1kg/h，排放达标

(C)3.0kg/h，排放达标　　(D)3.0kg/h，排放不达标

答案：[　　]

主要解答过程：

8. 某车间同时散发苯、醋酸乙酯、松节油溶剂蒸汽和余热，为稀释苯、醋酸乙酯、松节油溶剂蒸汽的散发量，所需的室外新风量分别为 500000m³/h、10000m³/h、2000m³/h，满足排除余热的室外新风量为 510000m³/h。则能够满足排除苯、醋酸乙酯、松节油溶剂蒸汽和余热的最小新风量是下列何项？

(A)510000m³/h　　(B)512000m³/h　　(C)520000m³/h　　(D)522000m³/h

答案：[　　]

主要解答过程：

9. 某生产厂房全面通风量 20kg/s，采用自然通风，进风为厂房外墙 F 的侧窗($\mu_j=0.56$，窗的面积 $F_j=260\text{m}^2$)，排风为顶面的矩形通风天窗($\mu_p=0.46$)，通风天窗距进风窗之间的中心距离 $H=15\text{m}$。夏季室内工作地点空气计算温度 35℃，室内平均气温度接近下列何项？(注：当地大气压为 101.3kPa，夏季通风室外空气计算温度 32℃，厂房有效热量系数 $m=0.4$)

(A)32.5℃　　(B)35.4℃　　(C)37.5℃　　(D)39.5℃

答案：［　］

主要解答过程：

10. 某车间的一个工作平台上装有带法兰边的矩形吸气罩，罩口的净尺寸为 320mm × 640mm，工作距罩口的距离 640mm，要求于工作处形成 0.52m/s 的吸入速度，排气罩的排风量应为下列何项？

（A）1800 ~ 2160m^3/h　　（B）2200 ~ 2500m^3/h

（C）2650 ~ 2950m^3/h　　（D）3000 ~ 3360m^3/h

答案：［　］

主要解答过程：

11. 某民用建筑的全面通风系统，系统计算总风量为 10000m^3/h，系统计算总压力损失 300Pa，当地大气压力为 101.3kPa，假设空气温度为 20℃。若选用风系统全压效率为 0.65。机械效率为 0.98，在选择确定通风机时，风机的配用电动机容量至少应为下列何项？（风机风量按计算风量附加 5%，风压按计算阻力附加 10%）

（A）1.25 ~ 1.4kW　　（B）1.4 ~ 1.50kW　　（C）1.6 ~ 1.75kW　　（D）1.8 ~ 2.0kW

答案：［　］

主要解答过程：

12. 某总风量为 40000m^3/h 的全空气低速空调系统服务于总人数为 180 人的多个房间，其中新风要求比最大的房间为 50 人，送风量为 7500m^3/h。新风人均标准为 30m^3/（h · 人）。试问该系统的总新风量最接近下列何项？

（A）5050m^3/h　　（B）5250m^3/h　　（C）5450m^3/h　　（D）5800m^3/h

答案：［　］

主要解答过程：

13. 某医院病房区采用理想的温湿度独立控制空调系统，夏季室内设计参数：t_n = 27℃，φ_n = 60%。室外设计参数：干球温度 36℃、湿球温度 28.9℃（标准大气压、空气定压比热容为 1.01kJ/kg · K，空气密度为 1.2kg/m^3）。已知：室内总散湿量为 29.16kg/h，设计总送风量为 30000m^3/h，新风量为 4500m^3/h，新风处理后含湿量为 8.0g/$kg_{干空气}$，问：新风空调机组的除湿量应为下列何项？查 *h-d* 图计算。

（A）25 ~ 35kg/h　　（B）40 ~ 50kg/h　　（C）55 ~ 65kg/h　　（D）70 ~ 80kg/h

答案：［　］

主要解答过程：

14. 接上题，问：系统的室内干式风机盘管承担的冷负荷应为下列何项（盘管处理后空气相对湿度为 90%）？查 *h-d* 图计算，并绘制空气处理的全过程（新风空调机组的出风的相对湿度为 70%）。

（A）39 ~ 49kW　　（B）50 ~ 60kW　　（C）61 ~ 71kW　　（D）72 ~ 82kW

答案：[　　]

主要解答过程：

15. 已知某地夏季室外设计计算参数：干球温度为 35℃，湿球温度为 28℃(标准大气压)。需设计直流全新风系统，风量为 $1000m^3/h$(空气密度取 $1.2kg/m^3$)。要求提供新风的参数为：干球温度为 15℃，相对湿度为 30%，试问，采用一级冷却除湿(处理到相对湿度为 95%，焓降为 $45kJ/kg_{干空气}$)+转轮除湿(冷凝水带走热量忽略不计)+二级冷却方案，符合要求的转轮除湿器后空气温度最接近下列哪一项？查 h-d 图，并绘制出全部处理过程。

(A)15℃　　(B)15.8～16.8℃　　(C)35℃　　(D)35.2～36.2℃

答案：[　　]

主要解答过程：

16. 某空调房间采用风机盘管(回水管上设置电动两通阀)加新风空调系统。房间空气设计参数为：干球温度 26℃，相对湿度 50%。房间的计算冷负荷为 8kW，计算湿负荷为 3.72kg/h，设计新风量为 $1000m^3/h$，新风进入房间的温度为 14℃(新风机组的机器露点 95%)。风机盘管送风量为 $2000m^3/h$。问：若运行时，室内相对湿度为下列何项？

(A)45%　　(B)50%　　(C)55%　　(D)60%

答案：[　　]

主要解答过程：

17. 某建筑设置的集中空调系统中，采用的离心式冷水机组为国家标准《冷水机组能效限值及能源效率等级》(GB 19577—2004)规定的 3 级能效等级的机组，其蒸发器的制冷量为 1530kW，冷凝器冷却供回水设计温差为 5℃。冷却水水泵的设计参数如下：扬程为 $40mH_2O$，水泵效率 70%。问：冷却塔的排热量(不考虑冷却水管路的外排热)应接近下列何项值？

(A)1530kW　　(B)1580kW　　(C)1830kW　　(D)1880kW

答案：[　　]

主要解答过程：

18. 某空调水系统的某段管道如图所示。管道内径为 200mm，A、B 点之间的管长为 10m，管道的摩擦系数为 0.02。管道上阀门的局部阻力系数(以流速计算)为 2，水管弯头的局部阻力系数(以流速计算)为 0.7。当输送水量为 $180m^3/h$ 时，问：A、B 点之间的水流阻力最接近下列何项？(水的密度取 $1000kg/m^3$)

(A)2.53kPa　　(B)3.41kPa　　(C)3.79kPa　　(D)4.67kPa

答案：[　　]

主要解答过程：

19. 夏热冬暖地区的某旅馆为集中空调两管制水系统。空调冷负荷为 6000kW，空调热负荷为 1000kW。全年当量满负荷运行时间，制冷为 1000h，供热为 300h。四种可供选择的制冷、制热设备方案。其数据见下表。

设备类型 性能系数	风冷式冷、热水热泵	离式冷水机组	溴化锂吸收式冷(热)水机组	燃气热水锅炉
当量满负荷制冷性能系数	4.5	6.0	1.6	
当量满负荷制热性能系数	4.0	—	1.0	当量满负荷平均热效率0.7

建筑所在区域的一次能源换算为用户电能耗换算系数为0.35。问：全年最节省一次能源的冷、热源组合，为下列何项〈不考虑水泵等的能耗〉？

(A)配置制冷量为2000kW的离心机3台与1000kW的热水锅炉1台

(B)配置制冷量为2500kW的离心机2台与夏季制冷量和冬季供热量均为1000kW的风冷式冷、热水机组1台

(C)配置制冷量为2000kW的风冷式冷(热)水机组3台

(D)配置制冷量为2000kW的直燃式冷(热)水机组3台

答案：[　]

主要解答过程：

20. 某净化室空调系统新风比为0.15，设置了初、中、高效过滤器，对于粒径≥0.5微粒的计数效率分别为20%、65%、99.9%，回风含尘浓度为500000粒/m^3，新风含尘浓度为1000000粒/m^3，高效过滤器下游的空气含尘浓度(保留整数)为下列何项？

(A)43粒　　(B)119粒　　(C)161粒　　(D)259粒

答案：[　]

主要解答过程：

21. 某项目设计采用国外进口的离心式冷水机组，机组名义制冷量1055kW，名义输入功率209kW，污垢系数0.044m^2·℃/kW。项目所在地水质较差，污垢系数为0.18m^2·℃/kW，查得设备的性能系数变化比值：冷水机组实际制冷量/冷水机组设计制冷量=0.935，压缩机实际耗功率/压缩机设计耗功率=1.095，试求机组实际*COP*值接近下列何项？

(A)4.2　　(B)4.3　　(C)4.5　　(D)4.7

答案：[　]

主要解答过程：

22. 某处一公共建筑，空调系统冷源选用两台离心式水冷冷水机组和一台螺杆式水冷冷水机组，其参数分别为：离心式水冷冷水机组：额定制冷量为3267kW，额定输入功率605kW；螺杆式水冷冷水机组：额定制冷量为1338kW，额定输入功率278kW。问：下列性能系数及能源效率等级的选项哪项正确？

(A)离心式：性能系数5.4，能源效率等级为3级；螺杆式：性能系数4.8，能源效率等级为4级

(B)离心式：性能系数5.8，能源效率等级为2级；螺杆式：性能系数4.2，能源效率等级为3级

(C)离心式：性能系数5.0，能源效率等级为4级；螺杆式：性能系数4.8，能源效率等级为

4 级

(D)离心式：性能系数 5.4，能源效率等级为 2 级；螺杆式：性能系数 4.8，能源效率等级为 3 级

答案：[　]

主要解答过程：

23. 如图所示为闪发分离器(制冷剂为 R134a)的双级压缩制冷循环，已知：循环主要状态点制冷剂的比焓(kJ/kg)为：$h_3=410.25$，$h_7=228.50$。当流经蒸发器与流出闪发分离器的制冷剂质量流量之比为 5.5 时，h_5应为下列何值？

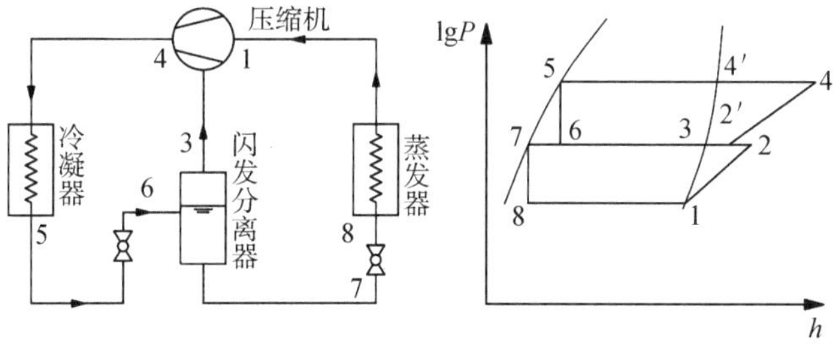

(A)231 ~256kJ/kg　　(B)251 ~270kJ/kg

(C)271 ~280kJ/kg　　(D)281 ~310kJ/kg

答案：[　]

主要解答过程：

24. 有一冷却水系统采用逆流式玻璃钢冷却塔，冷却塔池面喷淋器高差 3.5m，系统管路总阻力损失 45kPa。冷水机组的冷凝器阻力损失 80kPa，冷却塔进水压力要求为 30kPa，选用冷却水泵的扬程应为下列何项？

(A)16.8 ~19.1mH_2O　　(B)19.2 ~21.5mH_2O

(C)21.6 ~23.9mH_2O　　(D)24.0 ~26.3mH_2O

答案：[　]

主要解答过程：

25. 武汉市某 20 层住宅(层高 2.80m)接入用户的天然气管道引入管高于一层室内地面 1.8m。供气立管沿外墙敷设，立管顶端高于二十层住宅室内地坪 0.8m，立管管道的热伸长量应为下列何项？

(A)10 ~18mm　　(B)20 ~28mm　　(C)30 ~38mm　　(D)40 ~48mm

答案：[　]

主要解答过程：

2012 年度全国注册公用设备工程师(暖通空调)执业资格考试　专业案例(下)　详解

专业案例答案									
题号	答案	题号	答案	题号	答案	题号	答案	题号	答案
1	C	6	C	11	D	16	均可	21	B
2	C	7	D	12	D	17	D	22	A
3	B	8	B	13	D	18	D	23	B
4	B	9	C	14	B	19	B	24	B
5	B	10	B	15	D	20	C	25	D

1. **答案**：[C]

主要解答过程：

根据《教材 2018》P175

全面排风质量流量：$G_{jp} = \frac{42000}{3600} \times \rho = 14(\text{kg/s})$

根据质量守恒，自然进风量：$G_{zj} = G_{jp} - G = 2\text{kg/s}$

根据能量守恒：

$$Q + C_P G_{jp} t_n = C_P G t_{jj} + C_P G_{zj} t_w$$

$$313.1 + 1.01 \times 14 \times 15 = 1.01 \times 12 \times t_{jj} + 1.01 \times 2 \times (-10)$$

$$\therefore t_{jj} = 45℃$$

注：本题题干错误，根据《教材 2018》P171 第 6)条，机械送风系统加热器的冬季室外参数应采用供暖室外计算温度，但是题干所给条件却是冬季通风室外计算温度。

2. **答案**：[C]

主要解答过程：

根据《地暖规》(JGJ 142—2004)附录 A 表 A.2.1 及表 A.2.3 可查得两种情况单位地面面积散热量分别为：199.1W/m^{2}和 137.5W/m^2，比值为：199.1/137.5 = 1.448

注：本题根据老版《地暖规》出题，新版《辐射冷暖规》附录 B 中参数与本题参数有所不同。

3. **答案**：[B]

主要解答过程：

立管散热过程：

$$4.18 \times \frac{250}{3600} \times (93 - t_{进}) = 10\text{m} \times 0.078\text{kW/m}$$

$$\therefore t_{进} = 90.31℃$$

标准供回水温度下散热器散热量：

$$140W = KF(t_{pj} - t_n)^{0.278} = 3.10F \times \left(\frac{95 + 70}{2} - 20\right)^{1.278}$$

实际供回水温度下散热器散热量：

$$Q' = K'F(t'_{pj} - t_n)^{0.278} = 3.10F \times \left(\frac{90.31 + 70}{2} - 20\right)^{1.278}$$

两式相比解得：

$$Q' = 133.3W/片$$

$$\therefore n = 1148/Q' = 8.61 \approx 9 片$$

4. **答案**：[B]

主要解答过程：

根据《教材 2018》P34 可知，50kPa 属于低压蒸汽系统，根据 P81 式(1.6-4)

$$\Delta P_m = \frac{(P - 2000)\alpha}{l} = \frac{(50000 - 2000) \times 0.6}{600} = 48(Pa/m)$$

根据《教材 2018》P79，低压蒸汽管路管径不小于 25mm。

5. **答案**：[B]

主要解答过程：

改造前热负荷：$Q = KF(t_{pj} - t_n) = 2.81F \times \left(\frac{85 + 60}{2} - 20\right)^{1.297} = 478.36F$

改造后热负荷：$Q' = K'F(t'_{pj} - t_n) = 2.81F \times \left(\frac{70 + 50}{2} - 20\right)^{1.297} = 336.18F$

两式相比得：$Q'/Q = 336.18F/478.36F = 70.2\%$

6. **答案**：[C]

主要解答过程：

总空调冷负荷：$Q = 135000 \times 90 + 75000 \times 140 + 50000 \times 110 = 28150(kW)$

根据《热网规》(CJJ 34—2010)第 3.1.2.3 条条文说明，双效溴化锂机组 COP 可达 1.0 ~ 1.2，再根据《教材 2018》P646，0.4MPa 蒸汽采用双效溴化锂机组，热力系数可提高到 1.1 ~ 1.2。因此市政供热负荷：$Q_R = 28150kW/(1.0 \sim 1.2) = 28450 \sim 23460kW$

7. **答案**：[D]

主要解答过程：

查《环境空气质量标准》(GB 3059—1996)，非特定工业区的排放标准为二级。

排放速率为：$50mg/m^3 \times 60000m^3/h = 3kg/h$

根据《大气污染物综合排放标准》(GB 16297—1996)表 2，20m 排气筒的二级允许排放速率为 3.1kg/h。但根据第 7.1 条，排气筒应高出周围 200m 半径范围的建筑 5m 以上，不能达到则需严格 50%，因此允许排放速率为 $3.1 \times 50\% = 1.55kg/h < 3kg/h$，故排放不达标。

8. **答案**：[B]

主要解答过程：

根据《教材 2018》P174 当数种溶剂(苯及其同系物、醇类或醋酸酯类)蒸汽或数种刺激性气体同时放散于空气中时，应按各种气体分别稀释至规定的接触限值所需要的空气量的总和计算全面通风换气量。所需新风量为 $500000 + 10000 + 2000 = 512000(m^3/h)$，大于排除余热余湿所需新风量，因此应取较大值 $512000m^3/h$。

9. **答案:**[C]

主要解答过程:

根据《教材 2018》P183 式(2.3-19)

$$t_p = t_w + \frac{t_n - t_w}{m} = 32 + \frac{35 - 32}{0.4} = 39.5(℃)$$

根据 P181 式(2.3-12)

$$t_{np} = \frac{t_n + t_p}{2} = \frac{35 + 39.5}{2} = 37.25(℃)$$

注意:题干给出干扰条件,要根据需求选择有用的已知条件。

10. **答案:**[B]

主要解答过程:

根据《教材(第二版)》P179 第 2 个例题,将该罩看成是 640mm × 640mm 的假想罩,$a/b = 1.0$,$x/b = 1.0$,查图 2.3-15 得:$v_x/v_0 = 0.12$(注意教材取值错误,图中从下向上,第一根是圆形风管,第二根才是矩形 1:1)

罩口平均风速:$v_0 = v_x/0.12 = 4.33\text{m/s}$

实际排风量:$L = 3600Fv_0 = 3600 \times 0.32 \times 0.64 \times 4.33 = 3194.9(\text{m}^3/\text{h})$

由于带法兰边,需考虑 0.75 的系数,即:$L' = 0.75L = 2396.2\text{m}^3/\text{h}$

11. **答案:**[D]

主要解答过程:

实际计算风量为:$10000\text{m}^3/\text{h} \times (1 + 5\%) = 10500\text{m}^3/\text{h}$,实际计算风压为:$300\text{Pa} \times (1 + 10\%) = 330\text{Pa}$

根据《教材 2018》P268 式(2.8-3)

电动机功率:$N = \dfrac{LP}{\eta \times 3600 \times \eta_m}K = \dfrac{10500 \times 330}{0.65 \times 3600 \times 0.98} \times K = 1511K(\text{W})$

根据表 2.7-5,$K = 1.3$,因此:$N = 1511 \times 1.3 = 1964\text{W} = 1.964\text{kW}$

12. **答案:**[D]

主要解答过程:

根据《公建节能 2015》第 4.3.12 条

$$X = \frac{180 \times 30}{40000} = 0.135 \quad Z = \frac{50 \times 30}{7500} = 0.2$$

$$Y = \frac{X}{1 + X - Z} = \frac{0.135}{1 + 0.135 - 0.2} = 0.1444$$

因此系统新风量为:$40000 \times 0.1444 = 5775.4(\text{m}^3/\text{h})$

13. **答案:**[D]

主要解答过程:

由于是温湿度独立控制系统,室内风机盘管不承担任何湿负荷,为干工况运行,新风承担新风和室内湿负荷,参见《教材 2018》P392 表中第三种工况。查 h-d 图得,$d_w = 22.3\text{g/kg}$

因此新风湿负荷为:

$$W_X = \frac{4500}{3600}\rho(d_w - d_L) = 1.25 \times 1.2 \times (22.3 - 8) = 21.45\text{g/s} = 77.27\text{kg/h}$$

14. **答案**：[B]

主要解答过程：

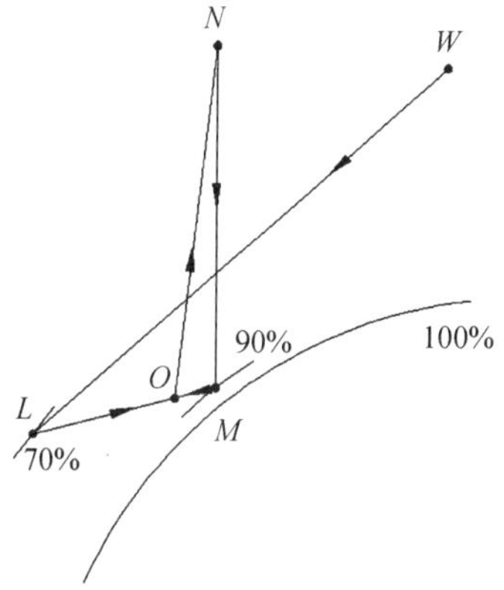

处理过程线如图所示，风机盘管处理后相对湿度为90%，过室内等含湿量线与90%相对湿度线相交，交点 M 的温度 t_M = 20.25℃，由于风盘仅处理显热负荷，冷负荷为：

$$Q_L = cG\Delta t = 1.01 \times \frac{30000 - 4500}{3600} \times 1.2 \times (27 - 20.25)$$
$$= 57.9(\text{kW})$$

15. **答案**：[D]

主要解答过程：

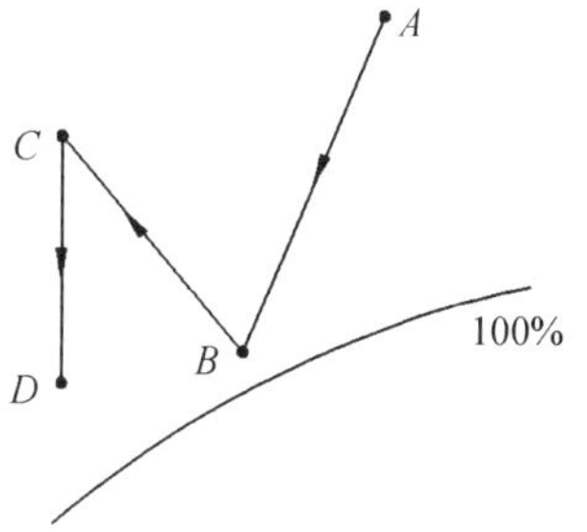

本题为2010年专业案例(上)第16题原题，为防止歧义，出题老师将2010年原题题干"除湿器"改为"转轮除湿器"，计算方法不变。

根据《09技措》P125，知转轮除湿过程近似认为是等焓升温过程处理过程线如图所示：AB 为一级冷却除湿，BC 为转轮除湿，等焓过程，CD 为二级冷却过程。过 D 点做等含湿量线与过 B 点的等焓线的交点即为除湿器后的状态点，查 h-d 图得：t_C = 36.5℃

16. **答案**：[均可]

主要解答过程：

本题出题错误，所给条件不足，备选答案四个选项均有可能。一般的解题过程如下：

一般风机盘管加新风系统不能同时满足室内温度和相对湿度的设计要求，通常以保证室内设计温度为主，本题即为在保证室内设计温度(26℃)的情况下，计算室内实际的相对湿度值。

房间全热负荷为8kW，湿负荷为3.72kg/h，则潜热负荷为：

$$Q_q = \frac{3.72}{3600} \times 2500 = 2.58(\text{kW})$$

显热负荷为：

$$Q_x = 8 - 2.58\text{kW} = cG_{新}(t_n - t_{新}) + cG_{风盘}(t_n - t_{风盘})$$
$$= 1.01 \times \frac{1000}{3600} \times 1.2 \times (26 - 14) + 1.01 \times \frac{2000}{3600} \times 1.2 \times (26 - t_{风盘})$$

解得：$t_{风盘}$ = 24℃

从这里开始很多参考资料的解答就出现了判断错误，有人判断，由于风盘出口送风温度远远高于室内状态点的露点温度，就此作出"风机盘管不承担室内湿负荷，为干工况运行"的错误判断，之后让新风系统承担所有湿负荷，计算出室内含湿量(12.59g/kg)，从而得出室内相对湿度为60%的错误答案。其实，决定风盘处理过程是否为干工况的关键在于供水温度，只有供水温度(或供回水平均温度)低于室内空气的露点温度时，才会发生结露现象，即所谓的湿工况，这也是为什么温湿度独立控制系统要严格控制供水温度的原因。下图(风盘送风与新风混合后送入室内的画法)将说明之前所述判断错误的原因，并分析为什么本题得不到确切答案：

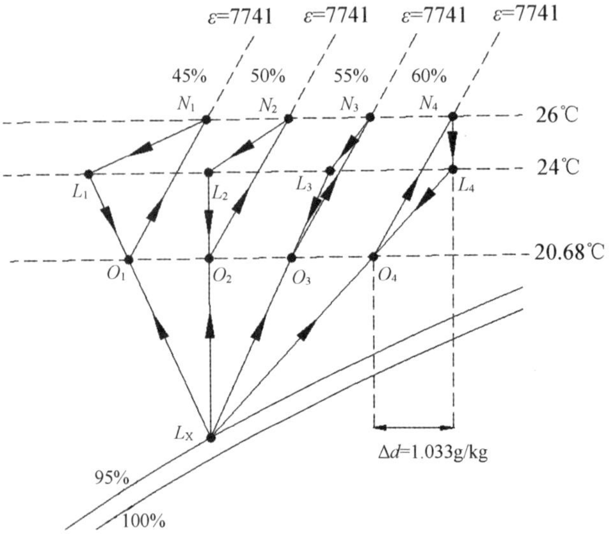

图中四种工况，分别表示 *ABCD* 四个选项中室内相对湿度的状态点，可以看出前三种工况风盘的处理过程线(N_1L_1，N_2L_2，N_3L_3)风盘出风口温度均为 24℃，均远远大于室内状态点的露点温度，但可以明显看出，3 个过程线均为湿工况，风盘均承担湿负荷，因此可以说明之前提到的判断方法是完全错误的。具体原因可参考《教材 2018》P375，“由于表冷器翅片之间的距离，不是所有的空气都能被冷却到露点”，因此湿工况的出风温度不一定低于空气露点温度。

图中 L_X 为新风送风温度，$L_1 \sim L_4$ 为风盘出口状态点，$O_1 \sim O_4$ 为新风与风盘送风混合后状态点。

房间热湿比为：$\varepsilon = 1000 \times \dfrac{8}{\dfrac{3.72}{3600} \times 1000} = 7741$，$N_1O_1$，$N_2O_2$，$N_3O_3$，$N_4O_4$ 均为沿该热湿比的过程线。

因此，根据焓湿图比例及相似关系，可以得到以下等式：

$$h_{N1} - h_{O1} = h_{N2} - h_{O2} = h_{N3} - h_{O3} = h_{N4} - h_{O4} = \frac{8}{G_{新} + G_{风盘}} = \frac{8}{\dfrac{1000 + 2000}{3600} \times 1.2} = 8(\text{kJ/kg})$$

$$t_{N1} - t_{O1} = t_{N2} - t_{O2} = t_{N3} - t_{O3} = t_{N4} - t_{O4} = \frac{8 - 2.58}{c(G_{新} + G_{风盘})} = \frac{5.37}{1.01 \times \dfrac{1000 + 2000}{3600} \times 1.2} = 5.32(℃)$$

$$d_{N1} - d_{O1} = d_{N2} - d_{O2} = d_{N3} - d_{O3} = d_{N4} - d_{O4} = \frac{1000 \times 3.72}{G_{新} + G_{风盘}} = \frac{1000 \times 3.72}{(1000 + 2000) \times 1.2} = 1.033(\text{g/kg})$$

$$\frac{\overline{L_XO_1}}{\overline{L_1O_1}} = \frac{\overline{L_XO_2}}{\overline{L_2O_2}} = \frac{\overline{L_XO_3}}{\overline{L_3O_3}} = \frac{\overline{L_XO_4}}{\overline{L_4O_4}} = \frac{L_{风盘}}{L_{新风}} = \frac{2000\text{m}^3/\text{h}}{1000\text{m}^3/\text{h}} = 2$$

可以发现图中四种工况(仅根据 ABCD 选项举例，其他工况也可)处理过程均能够满足题干中所有条件的要求和约束，因此本题没有固定答案，目测为出题过程中遗漏已知条件，较为可能遗漏的已知条件为：“风盘为干工况运行”，若补充条件后，则实际工况为图中第四种工况，解答过程较为简单，可以得到 60% 的结果。

17. **答案**：[D]

主要解答过程：

根据(GB 19577—2004)表 2，制冷量为 1530kW 时，3 级能效机组 $COP=5.1$

因此其冷凝器热负荷为：$Q_K=1530\times(1+1/COP)=1830\text{kW}$

冷却水泵流量：$G=\dfrac{Q_K}{c\rho\Delta t}\times3600=\dfrac{1830}{4.18\times1000\times5}\times3600=315.2(\text{m}^3/\text{h})$

水泵轴功率为：$N=\dfrac{GH}{367.3\eta}=\dfrac{315.2\times40}{367.3\times0.7}=49(\text{kW})$

因此冷却塔总排热量为：$Q=Q_K+N=1830+49=1879(\text{kW})$

18. **答案**：[D]

主要解答过程：

管内水流速为：$v=\dfrac{180}{3600\times\dfrac{1}{4}\pi\times(0.2)^2}=1.59(\text{m/s})$

根据《教材 2018》P74 式(1.6-1)

$$\Delta p=\Delta p_m+\Delta p_i=\left(\frac{\lambda}{d}l+\sum\zeta\right)\frac{\rho v^2}{2}$$

$$=\left[\frac{0.02}{0.2}\times10+(2+0.7)\right]\times\frac{1000\times1.59^2}{2}=4677\text{Pa}=4.677\text{kPa}$$

19. **答案**：[B]

主要解答过程：

分别计算四种搭配方案的一次能源消耗量：

第一种方案：$M_1=\dfrac{3\times2000\text{kW}}{6\times0.35}\times1000\text{h}+\dfrac{1000\text{kW}}{0.7}\times300\text{h}=3.28\times10^6\text{kWh}$

第二种方案：$M_2=\left(\dfrac{2\times2500\text{kW}}{6\times0.35}+\dfrac{1000\text{kW}}{4.5\times0.35}\right)\times1000\text{h}+\dfrac{1000\text{kW}}{4\times0.35}\times300\text{h}=3.23\times10^6\text{kWh}$

第三、第四种方案在配置上不合理，无法合理匹配冬季热负荷，这里假设机组非满负荷运行性能系数与满负荷运行性能系数相同，计算其一次能源消耗量(实际消耗量应大于以下计算值，因为非满负荷性能系数低)

第三种方案：$M_3=\dfrac{3\times2000\text{kW}}{4.5\times0.35}\times1000\text{h}+\dfrac{1000\text{kW}}{4\times0.35}\times300\text{h}=4.02\times10^6\text{kWh}$

第四种方案：$M_4=\dfrac{3\times2000\text{kW}}{1.6}\times1000\text{h}+\dfrac{1000\text{kW}}{1.0}\times300\text{h}=4.05\times10^6\text{kWh}$

因此应选择方案二。

20. **答案**：[C]

主要解答过程：

参考《教材(第二版)》P418，本题因回风含尘浓度较高，认为回风先与新风进行混合再经过三级过滤器(否则没有正确答案)。

出口含尘浓度为：

$$N_s=(0.15\times1000000+0.85\times500000)\times(1-20\%)\times(1-65\%)\times(1-99.9\%)$$

$= 161$(粒/m^3)

注： 新版教材已删除该公式。

21. **答案：** [B]

主要解答过程：

实际 COP 为：$COP = \dfrac{1055 \times 0.935}{209 \times 1.095} = 4.31$

22. **答案：** [A]

主要解答过程：

离心冷水机组性能系数：$COP_1 = \dfrac{3267}{605} = 5.4$，螺杆冷水机组性能系数：$COP_2 = \dfrac{1338}{278} = 4.8$

根据《公建节能》表 5.4.5 及条文说明 P73，可知制冷量大于 1163 时，$COP = 5.4$ 属于 3 级能效等级，$COP = 4.8$ 属于 4 级能效等级。

注： 本题根据 2005 版《公建节能》出题，《公建节能 2015 版》第 4.2.10 条针对于 2005 版规范第 5.4.5 条，更新了冷机类型制冷量范围及其效率限值，将定频机组和变频机组区别规定，并分气候区进行规定，考生应引起重视。

23. **答案：** [B]

主要解答过程：

本题根据 2007 年专业案例(上)第 19 题改编。

$$m_7 : m_3 = 5.5$$

质量守恒方程：$m_6 = m_3 + m_7$

能量守恒方程：$m_6 h_6 = m_3 h_3 + m_7 h_7$

解得：$h_5 = h_6 = 256.5\text{kJ/kg}$

24. **答案：** [B]

主要解答过程：

根据《教材(第二版)》P562 式(4.4-1)

$$\begin{aligned} H_P &= 1.1(H_f + H_d + H_m + H_s + H_0) \\ &= 1.1 \times \left[\frac{(45 + 80 + 30) \times 10^3}{1000 \times 9.8} + 3.5\right] \\ &= 21.25(\text{mH}_2\text{O}) \end{aligned}$$

注：《教材 2018》P495 式(3.7-7)有所调整，本题按第二版教材出题。

25. **答案：** [D]

主要解答过程：

根据《燃气设计规》(GB 50028—2006)第 10.2.29.3 条，沿外墙敷设补偿计算温差取 70℃。

根据《教材 2018》P104 式(1.8-23)

$$\Delta X = 0.012(t_1 - t_2)L = 0.012 \times 70 \times (19 \times 2.8 - 1.8 + 0.8) = 43.85(\text{mm})$$

2013 年度全国注册公用设备工程师(暖通空调)执业资格考试　专业案例(上)

1. 如图所示一重力循环上供下回供暖系统，已知：供回水温度为95℃/70℃，对应的水的密度分别为 961.92kg/m³，977.81kg/m³，管道散热量忽略不计。问：系统的重力循环水头应为何项？

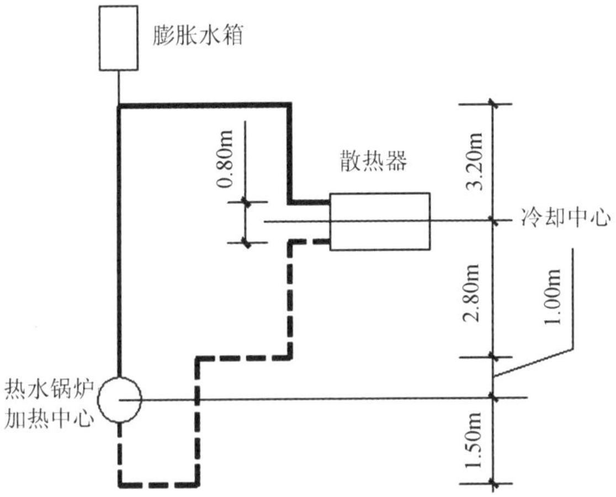

(A)42 ~46kg/m²　　(B)48 ~52kg/m²　　(C)58 ~62kg/m²　　(D)82 ~86kg/m²

答案：[　]

主要解答过程：

2. 某住宅小区，住宅楼均为6层，设分户热计量散热器供暖系统(异程双管下供下回式)，设计室内温度为20℃，户内为单管跨越式(户间共用立管)。原设计供暖热水的供回水温度分别为85℃/60℃。对小区住宅楼进行了围护结构节能改造后，该住宅小区的供暖热负荷降至原来的65%，若维持原系统流量和设计室内温度不变，供暖热水供回水的平均温度和温差应是下列何项？(已知散热器传热系数计算公式 $K=2.81\Delta t^{0.276}$)

(A) $t_{pj}=59\sim60$℃，$\Delta t=20$℃，　　(B) $t_{pj}=55\sim58$℃，$\Delta t=20$℃

(C) $t_{pj}=55\sim58$℃，$\Delta t=16.25$℃　　(D) $t_{pj}=59\sim60$℃，$\Delta t=16.25$℃

答案：[　]

主要解答过程：

3. 某车间采用单侧单股平行射流集中送风方式供暖，每股射流作用的宽度范围为24m。已知：车间高度为6m，送风口采用收缩的圆喷嘴，送风口高度为3m，工作地带的最大平均回流速度 V_1 为0.3m/s，射流末端最小平均回流速度 V_2 为0.15m/s。试问该方案的送风射流的有效作用长度能够完全覆盖的车间是哪一项？

(A)长度为 60m 的车间　　(B)长度为 54m 的车间

(C)长度为 48m 的车间　　(D)长度为 36m 的车间

答案：[　]

主要解答过程：

4. 某工程的集中供暖系统，室内设计温度为 18℃，供暖室外计算温度 -7℃，冬季通风室外计算温度 -4℃，冬季空调室外计算温度 -10℃，供暖期室外平均温度 -1℃，供暖期为 120 天。该工程供暖设计热负荷 1500kW，通风设计热负荷 800kW，通风系统每天平均运行 3h。另有，空调冬季设计热负荷 500kW，空调系统每天平均运行 8h，该工程全年最大耗热量应是下列何项？

(A)18750 ~ 18850GJ　　(B)13800 ~ 14000GJ

(C)11850 ~ 11950GJ　　(D)10650 ~ 10750GJ

答案：[　]

主要解答过程：

5. 某热水供热管网的水压图如图所示，设计供回水温度为 110℃/70℃。1 号楼、2 号楼、3 号楼和 4 号楼的高度分别是：18m、36m、21m 和 21m。2 号楼为间接连接，其余为直接连接，求循环水泵的扬程和系统停止运行时 3 号楼顶层的水系统的压力(不考虑顶层的层高因素)是何项？

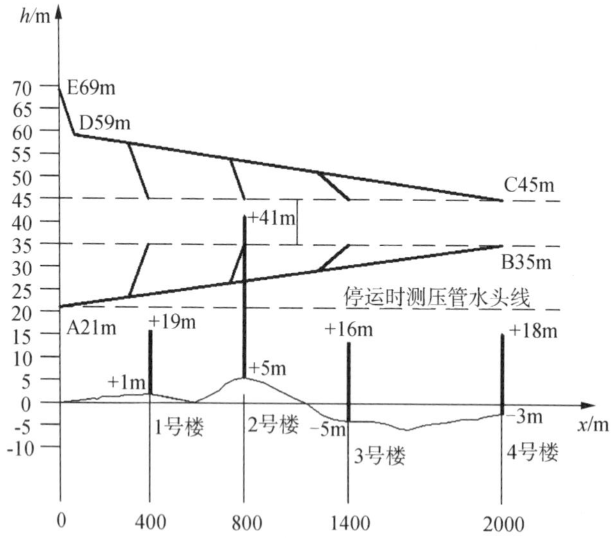

(A)水泵扬程 $38mH_2O$，3 号楼顶层水系统的压力 $5mH_2O$

(B)水泵扬程 $48mH_2O$，3 号楼顶层水系统的压力 $5mH_2O$

(C)水泵扬程 $38mH_2O$，3 号楼顶层水系统的压力 $19mH_2O$

(D)水泵扬程 $48mH_2O$，3 号楼顶层水系统的压力 $19mH_2O$

答案：[　]

主要解答过程：

6. 某厂房内一排风系统设置变频调速风机，当风机低速运行时，测得系统风量 $Q_1=30000m^3/h$，系统的压力损失 $\Delta P_1=300Pa$；当将风机转速提高，系统风量增大到 $Q_2=60000m^3/h$ 时，系统的压力损失 ΔP_2 将为下列何项？

(A)600Pa　　(B)900Pa　　(C)1200Pa　　(D)2400Pa

答案：[　]

主要解答过程：

7. 某生产厂房采用自然进风，机械排风的全面通风方式，室内空气温度为 30℃，相对湿度为 60%，室外通风设计温度为 27℃，相对湿度为 50%，厂房内的余湿量为 25kg/h。厂房所在地为标准大气压，查 h-d 图计算，该厂房排风系统消除余湿的设计风量(按干空气计)应为下列何项？

(A)3100～3500kg/h　　(B)3600～4000kg/h

(C)4100～4500kg/h　　(D)4800～5200kg/h

答案：[　]

主要解答过程：

8. 某生产厂房采用自然进风、机械排风的全面通风方式，室内设计空气温度为 30℃，含湿量 17.4g/kg；室外通风设计温度为 26.5℃，含湿量为 15.5g/kg；厂房内的余热量 20kW，余湿量为 25kg/h；该厂房排风系统的设计风量应为下列何项？(空气比热容为 1.01kJ/kg · K)

(A)12000～14000kg/h　　(B)15000～17000kg/h

(C)18000～19000kg/h　　(D)20000～21000kg/h

答案：[　]

主要解答过程：

9. 某人防地下室战时为二级人员掩护体，清洁区的有效体积为 $3200m^3$，掩蔽人数为 420 人，清洁式通风的新风量标准为 $6m^3/(p\cdot h)$，滤毒式通风的新风量标准为 $2.5m^3/(p\cdot h)$，最小防毒通道体积为 $20m^3$，设计滤毒通风时的最小新风量，应是下列何项？

(A)2510～2530m^3/h　　(B)1040～1060m^3/h

(C)920～940m^3/h　　(D)790～810m^3/h

答案：[　]

主要解答过程：

10. 某厂房采用自然通风排除室内余热，要求进风窗的进风量与天窗的排风量均为 $G_j=850kg/s$，排风天窗窗孔两侧的密度差为 $0.055kg/m^3$，进风窗的面积 $F_j=800m^2$、局部阻力系数 $\zeta_j=3.18$，设：天窗与进风窗之间中心距 $h=15m$，天窗中心与中和面的距离 $h_j=10m$，天窗局部阻力系数 $\zeta_p=4.2$，天窗排风口空气密度 $\rho_p=1.125kg/m^3$，则所需天窗面积为下列何项？

(A)410～470m^2　　(B)471～530m^2　　(C)531～590m^2　　(D)591～640m^2

答案：[　]

主要解答过程：

11. 某台离心式风机在标准工况下的参数为：风量 9900m^3/h，风压 350Pa，在实际工程中用于输送 10℃的空气，当地大气压力为标准大气压力，则该风机的实际风量和风压值为下列哪项？

(A)风量不变，风压为 335 ~ 340Pa

(B)风量不变，风压为 360 ~ 365Pa

(C)风量为 8650 ~ 8700m^3/h，风压为 335 ~ 340Pa

(D)风量为 9310 ~ 9320m^3/h，风压为 360 ~ 365Pa

答案：[　]

主要解答过程：

12. 某恒温车间采用一次回风空调系统，设计室温为 22℃ ±0.5℃，相对湿度为 50%，室外设计计算参数：干球温度 36℃，湿球温度 27℃，夏季室内仅有显热负荷 109.08kW，新风比为 20%，表冷器机器露点取相对湿度为 90%，当采用最大送风温差时，该车间的组合式空调器的设计冷量(当地为标准大气压，空气密度按 1.20kg/m^3，不考虑风机与管道温升)应为下列何项？查 h-d 图计算。

(A)200 ~ 230kW　　(B)240 ~ 280kW　　(C)300 ~ 350kW　　(D)380 ~ 420kW

答案：[　]

主要解答过程：

13. 某地大型商场为定风量空调系统，冬季采用变新风供冷、湿膜加湿方式。室内设计温度 22℃，相对湿度 50%，室外空调设计温度 −1.2℃，相对湿度 74%；要求送风参数为 13℃，相对湿度为 80%；系统送风量 30000m^3/h。查焓湿图(B = 101325Pa)求新风量和加湿量为下列何项？(空气密度取 1.20kg/m^3)

(A)20000 ~ 23000m^3/h，130 ~ 150kg/h　　(B)10000 ~ 13000m^3/h，45 ~ 55kg/h

(C)7500 ~ 9000m^3/h，30 ~ 40kg/h　　(D)2500 ~ 4000m^3/h，20 ~ 25kg/h

答案：[　]

主要解答过程：

14. 位于我国西部某厂的空调系统，当地夏季大气压力为 70kPa，车间的总余热为 100kW，空调系统的送风焓差为 15kJ/kg$_{干空气}$，试问：设空气密度与温度无关，该空调系统的送风量最接近下列何项？(标准大气压力下，空气密度 ρ = 1.20kg/m^3)

(A)29000m^3/h　　(B)31000m^3/h　　(C)33000m^3/h　　(D)35000m^3/h

答案：[　]

主要解答过程：

15. 某空调系统用表冷器处理空气，表冷器空气进口温度为 34℃，出口温度为 11℃，冷水进口温度为 7℃，则表冷器的热交换效率系数应为下列何项？

(A)0. 58 ~ 0. 64　　(B)0. 66 ~ 0. 72　　(C)0. 73 ~ 0. 79　　(D)0. 80 ~ 0. 86

答案：[　]

主要解答过程：

16. 某一次回风全空气空调系统负担 4 个空调房间(房间 A ~ 房间 D)，各房间设计状态下的新风量和送风量详见下表，已知 4 个房间的总室内冷负荷为 18kW，各房间的室内设计参数均为：$t = 25℃$，$\varphi = 55\%$，$h = 52.9\text{kJ/kg}$，室外新风状态点为 $t = 34℃$，$\varphi = 65\%$，$h = 90.4\text{kJ/kg}$，无再热负荷，且忽略风机、管道温升，该系统的空调器所需冷量应为下列何项？(空气密度 $\rho = 1.2\text{kg/m}^3$)

	房间 A	房间 B	房间 C	房间 D	合计
新风量/(m^3/h)	180	270	180	150	780
送风量/(m^3/h)	1250	1500	1500	1200	5450
新风比	14. 4%	18%	12%	12. 5%	14. 3%

(A)25 ~ 25. 9kW　　(B)26 ~ 26. 9kW　　(C)27 ~ 27. 9kW　　(D)28 ~ 28. 9kW

答案：[　]

主要解答过程：

17. 某空调系统的水冷式冷水机组的运行工况与国家标准(GB/T 18430. 1—2007)规定的名义工况时的温度/流量条件完全相同，其制冷性能系数 $COP = 6.25\text{kW/kW}$，如果按照该冷水机组名义工况的要求来配备冷却水泵的水流量，此时冷却塔进塔与出塔水温，最接近以下哪个选项？(不考虑冷却水供回水管和冷却水泵的温升)

(A)进塔水温 34. 6℃，出塔水温 30℃　　(B)进塔水温 35. 0℃，出塔水温 30℃

(C)进塔水温 36. 0℃，出塔水温 31℃　　(D)进塔水温 37. 0℃，出塔水温 32℃

答案：[　]

主要解答过程：

18. 一台名义制冷量 2110kW 的离心式冷水机组，其性能参数见下表，试问其综合部分负荷性能系数(*IPLV*)值，接近下列何项值？

(A)5. 33　　(B)5. 69　　(C)6. 29　　(D)6. 59

负荷(%)	制冷量/kW	冷却水进水温度/℃	*COP*/(kW/kW)
25	528	19	5. 22
50	1055	23	6. 39
75	1582	26	6. 46
100	2100	30	5. 84

答案：[　]

主要解答过程：

19. 某房间采用温湿度独立控制方式的新风加干式风机盘管空调系统，房间各项冷负荷逐时计算结果汇总见下表。问：在设备选型时，新风机组的设计冷负荷 Q_k 和干工况风机盘管的设计冷负荷 Q_f 应为以下何项？

各项冷负荷逐时计算结果汇总表　　(单位：W)

时刻	10:00	11:00	12:00	13:00	14:00	15:00	16:00
围护结构冷负荷	1800	2300	2700	2900	3000	3100	3000
照明冷负荷	200	210	220	230	240	250	260
人员潜热冷负荷	200	200	200	200	200	200	200
人员显热冷负荷	100	110	120	130	140	150	160
新风冷负荷	900	1000	1100	1200	1300	1200	1100

(A) $Q_k=1300\text{W}$，$Q_f=3580\text{W}$　　(B) $Q_k=1300\text{W}$，$Q_f=3650\text{W}$

(C) $Q_k=1500\text{W}$，$Q_f=3380\text{W}$　　(D) $Q_k=1500\text{W}$，$Q_f=3500\text{W}$

答案：[　]

主要解答过程：

20. 某户用风冷冷水机组，按照现行国家标准规定的方法，出厂时测得机组名义工况制冷量为 35.4kW，制冷总耗功率为 12.5kW，试问，该机组能源效率按国家能耗等级标准判断，下列哪项是正确的？

(A)1 级　　(B)2 级　　(C)3 级　　(D)4 级

答案：[　]

主要解答过程：

21. 离心式冷水机组运行中由于冷凝器内传热面污垢的形成，会导致其传热系数下降，已知该机组的冷凝放热量 Q，冷凝器的对数传热温差 $\Delta\theta_m$ 的额定值和实际运行数值，具体见下表，试问，机组冷凝器的污垢系数增加后，导致冷凝器传热系数下降的百分比，数值正确的应该是下列选项的哪一个？

参数	冷水机组额定值	实际运行数值
Q/kW	2460	1636.8
$\Delta\theta_m$/℃	4	4.4

(A)10% ~20%　　(B)25% ~30%　　(C)35% ~40%　　(D)45% ~50%

答案：[　]

主要解答过程：

22. 某离心式冷水机组允许变流量运行，允许蒸发器最小流量是额定流量的 65%，蒸发器在额定流量时，水压降为 60kPa，蒸发侧(冷水回路侧)设有压差保护装置(当压差低于设定数值，表明水量过小，实现机组自动停机保护)。问满足变流量要求设定的保护压差数值应为下列何项？

(A)60kPa　　(B)48 ~52kPa　　(C)38 ~42kPa　　(D)24 ~28kPa

答案：[　]

主要解答过程：

23. 某全新的水冷式冷水机组(冷量 2400kW，*COP* = 5.0)的冷凝器温差为 1.2℃(100% 负荷)，经过一个供冷季的运行后，冷凝器温差为 3.6℃(100% 负荷)，设机组冷凝温度提高 1℃，机组能效降低 4%，问机组当前的 *COP* 为下列何项？

(A)4.4　　(B)4.5　　(C)4.6　　(D)4.7

答案：[　]

主要解答过程：

24. 某燃气三联供项目的发电量全部用于冷水机组供冷，设内燃发电机组额定功率 1MW ×2 台，发电效率 40%，发电后燃气余热可利用 67%，若离心式冷水机组 *COP* 为 5.6，余热溴化锂吸收式冷水机组性能系数为 1.1，系统供冷量为下列何项？

(A)12.52MW　　(B)13.4MW　　(C)5.36MW　　(D)10MW

答案：[　]

主要解答过程：

25. 某民用住宅楼用户户内安装有大便器、洗脸盆、洗涤盆、洗衣机、热水器和淋浴设备，已知该住宅楼总人数为 600，最高日用水定额为 200L/(人·d)，最高日用热水定额为 60L/(人·d)，问：该住宅楼最大日用水量为下列哪一项？

(A)120t/d　　(B)125t/d　　(C)145t/d　　(D)165t/d

答案：[　]

主要解答过程：

2013 年度全国注册公用设备工程师(暖通空调)执业资格考试　专业案例(上)　详解

专业案例答案									
题号	答案	题号	答案	题号	答案	题号	答案	题号	答案
1	C	6	C	11	B	16	D	21	C
2	C	7	D	12	C	17	A	22	D
3	D	8	D	13	C	18	C	23	B
4	B	9	B	14	A	19	D	24	B
5	B	10	B	15	D	20	C	25	A

1. **答案**：[C]

主要解答过程：

根据《教材 2018》P25 式(1.3-3)及图 1.3-1

系统的重力循环水头：

$$\Delta p = h(\rho_h - \rho_g) = (2.8 + 1) \times (977.81 - 961.92) = 60.38(\text{kg/m}^2)$$

注：h 为加热中心至冷却中心的垂直距离，公式中不乘以重力加速度 g，所得结果单位为选项中的 kg/m^2。

2. **答案**：[C]

主要解答过程：

因为系统流量不变，热负荷减小为 65%，因此供回水温差也应减小为改造前的 65%，即：

$$t_g - t_h = 0.65(t_{g0} - t_{h0}) = 0.65 \times (85 - 60) = 16.25(℃)$$

根据《教材 2018》P89 式(1.8-1)，由于修正系数保持不变，则：

原始散热量：$Q = K_0 F\Delta t_0 = 2.81 \times F \times \Delta t_0^{1.276}$

改造后散热量：$0.65Q = KF\Delta t = 2.81 \times F \times \Delta t^{1.276}$

两式相除得：$\dfrac{1}{0.65} = \dfrac{\left(\dfrac{85 + 60}{2} - 20\right)^{1.276}}{(t_{pj} - 20)^{1.276}}$，解得：$t_{pj} = 57.46℃$。

注：本题出题符号混乱！要注意题干中传热系数表达式中的 Δt 与选项中的 Δt 含义不同！

3. **答案**：[D]

主要解答过程：本题类似于 2008 年案例(下)第 2 题，送风口高度不同，采用计算公式不同。

根据《教材 2018》P65 式(1.5-2)

$h = 3\text{m} = 0.5H$。根据 P67 表 1.5-2 取 $X = 0.33$；根据 P68 表 1.5-4 取送风口紊流系数 $a = 0.07$。代入得：

$$l_x = \frac{0.7X}{a}\sqrt{A_h} = \frac{0.7 \times 0.33}{0.07}\sqrt{24 \times 6} = 39.6(\text{m})$$

4. **答案：**［B］

主要解答过程：

根据《教材 2018》P123 ~ P124

供暖全年耗热量：

$$Q_h^a = 0.0864NQ_h \frac{t_i - t_a}{t_i - t_{o,h}} = 0.0864 \times 120 \times 1500 \times \frac{18-(-1)}{18-(-7)} = 11819.52(\text{GJ})$$

通风全年耗热量：

$$Q_v^a = 0.0036T_vNQ_v \frac{t_i - t_a}{t_i - t_{o,v}} = 0.0036 \times 3 \times 120 \times 800 \times \frac{18-(-1)}{18-(-4)} = 895.42(\text{GJ})$$

空调全年耗热量：

$$Q_a^a = 0.0036T_aNQ_a \frac{t_i - t_a}{t_i - t_{o,a}} = 0.0036 \times 8 \times 120 \times 500 \times \frac{18-(-1)}{18-(-10)} = 1172.57(\text{GJ})$$

全年最大耗热量：

$$Q_T^a = Q_h^a + Q_v^a + Q_a^a = 13887.51(\text{GJ})$$

5. **答案：**［B］

主要解答过程：

本题可参考《教材 2018》P136 例题。水泵扬程：$H = 69 - 21 = 48(\text{mH}_2\text{O})$

系统停泵后，静水压线为 21m，则 3 号楼顶层的水系统的压力为：$P_3 = 21 - 16 = 5(\text{mH}_2\text{O})$

注：本题出题不严密，题干中没有像教材一样说明 1、3、4 号楼是直接采用高温水供暖还是采用带混合装置的直接连接。查《教材 2018》P136 表 1.10-4，110℃水的汽化压力为 46kPa = 4.6mH_2O，为保证不汽化还要留有 30 ~ 50kPa 的富裕压力，分析 1、3、4 号楼停泵时候顶层水系统的压力：$P_1 = 21 - 19 = 2(\text{mH}_2\text{O})$，$P_3 = 21 - 16 = 5(\text{mH}_2\text{O})$，$P_4 = 21 - 18 = 3(\text{mH}_2\text{O})$ 均小于 $4.6 + 3 = 7.6(\text{mH}_2\text{O})$ 防止汽化的最低压力，因此推测题干中所谓的直接连接应该是采用混合装置的直接连接，才能够满足不汽化的要求。其实可以发现，教材 P134 图中在高温水供暖建筑的楼顶是附加了 4.6mH_2O 的汽化压力水头的，而题干图中并未做该附加，因此可以认为题目默认1、3、4号楼是采用带混合装置的直接连接。

6. **答案：**［C］

主要解答过程：

风道系统阻力系数 S 值不变，根据公式 $\Delta P = SQ^2$

$$\Delta P_1 = SQ_1^{\ 2} \qquad \Delta P_2 = SQ_2^{\ 2} = \left(\frac{Q_2}{Q_1}\right)^2 \Delta P_1 = 1200\text{Pa}$$

7. **答案：**［D］

主要解答过程：

根据《教材 2018》P174 查 h-d 图得：$d_n = 16.04\text{g/kg}$，$d_w = 11.15\text{g/kg}$

排风量：$G = \dfrac{W}{d_n - d_w} = \dfrac{25\text{kg/h} \times 1000}{(16.04 - 11.15)\text{g/kg}} = 5112.5\text{kg/h}$

8. **答案：**［D］

主要解答过程：

根据《教材 2018》P174

消除余热排风量：$G_1 = \dfrac{Q}{c(t_p - t_o)} = \dfrac{20\text{kW}}{1.01\text{kJ/(kg·K)} \times (30 - 26.5)℃} = 5.658\text{kg/s}$

$= 20367.8\text{kg/h}$

消除余湿排风量：$G_2 = \dfrac{W}{d_p - d_o} = \dfrac{25\text{kg/h} \times 1000}{(17.4 - 15.5)\text{g/kg}} = 13157.9\text{kg/h}$

设计风量应取两者大值，即 20367.8kg/h。

注意：题干中所给的余热量为显热。计算风量要记住：显热用温差，潜热用湿差，全热用焓差。

9. **答案**：[B]

主要解答过程：

根据《人防规》(GB 50038—2005)第 5.2.7 条

$L_R = L_2 n = 2.5 \times 420 = 1050(\text{m}^3/\text{h})$

$L_H = V_F K_H + L_F = 20 \times 40 + 3200 \times 4\% = 928(\text{m}^3/\text{h})$，取大值为 1050m³/h。

10. **答案**：[B]

主要解答过程：

根据《教材 2018》P178 式(2.3-1b)，$\mu_p = \sqrt{\dfrac{1}{\zeta_p}} = 0.49$

根据 P182 式(2.3-15)，排风天窗面积为：

$$F_b = \frac{G_j}{\mu_p \sqrt{2h_j g \Delta\rho\rho_p}} = \frac{850}{0.49\sqrt{2 \times 10 \times 9.8 \times 0.055 \times 1.125}} = 498.1(\text{m}^2)$$

注：本题出题有问题，因为教材 P182 式(2.3-15)中 $\Delta\rho = \rho_w - \rho_{np}$，是室外空气密度和室内平均温度下的空气密度之差，而题干中所给的窗孔两侧的密度差实际上是 $\rho_w - \rho_p$，即室外空气密度和排风密度之差，因此实际上上述算法是不准确的，正确的解法如下：

室外空气密度为：

$$\rho_w = \rho_p + 0.055 = 1.18(\text{kg/m}^3)$$

式(2.3-14)与式(2.3-15)相比：

$$\frac{F_j}{F_p} = \frac{\mu_p \sqrt{2h_2 g \Delta\rho\rho_p}}{\mu_j \sqrt{2h_1 g \Delta\rho\rho_w}} = \sqrt{\frac{h_2\rho_p\zeta_j}{h_1\rho_w\zeta_p}} = \sqrt{\frac{10 \times 1.125 \times 3.18}{5 \times 1.18 \times 4.2}} = 1.2$$

$$F_p = 665.8\text{m}^2$$

但却发现并没有对应选项，不知本题目出题者想法为何。

11. **答案**：[B]

主要解答过程：

根据《教材 2018》P267，通风机的标准工况为空气温度为 20℃，空气密度为 1.20kg/m³

实际工程中 10℃空气的密度为：$\rho_{10} = 353/(273 + 10) = 1.247(\text{kg/m}^3)$

再根据 P268 表 2.8-6，密度变化风量不变，风压：$P_2 = P_1 \times \dfrac{1.247}{1.2} = 363.8(\text{Pa})$

12. **答案**：[C]

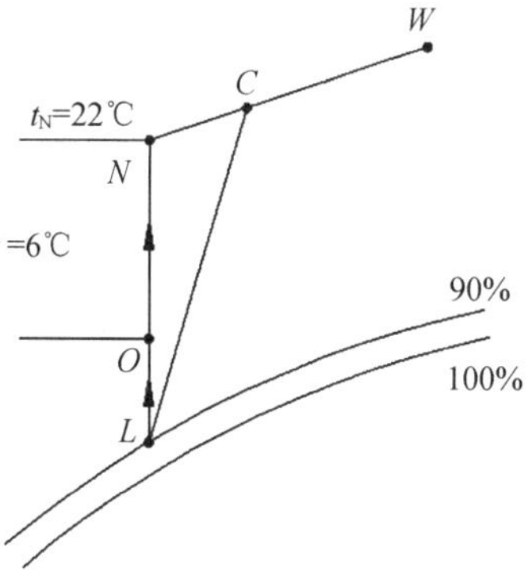

主要解答过程：空气处理过程如图所示。

查 h-d 图得：$h_n = 43.12\text{kJ/kg}$，$h_w = 84.62\text{kJ/kg}$

混合状态点：

$$h_c = 20\% \times 84.62\text{kJ/kg} + (1 - 20\%) \times 43.12\text{kJ/kg} = 51.42\text{kJ/kg}$$

由于室内仅有显热负荷，做室内状态点的等湿线与 90% 相对湿度线的交点即为机器露点，

$$h_L = 33.7\text{kJ/kg},\ t_L = 12.75℃$$

注意题干，恒温洁净室的温度精度为 ±0.5℃，根据《教材 2018》P436 表 3.5-4，送风温差为3～6℃，取最大值 6℃，则送风量为：

$$G = \frac{Q}{c\Delta t} = \frac{109.08\text{kW}}{1.01\text{kJ/(kg·K)} \times 6℃} = 18\text{kg/s}$$

空调器的设计冷量即为将空气由 C 点处理至 L 点所需要的冷量：

$$Q_L = G(h_c - h_L) = 18\text{kg/s} \times (51.42 - 33.7)\text{kJ/kg} = 318.96\text{kW}$$

注意：本题由于是有精度要求的恒温空调，因此最大温差送风并不是露点送风，需要经过再热至 O 点，再送入室内。

13. **答案**：[C]

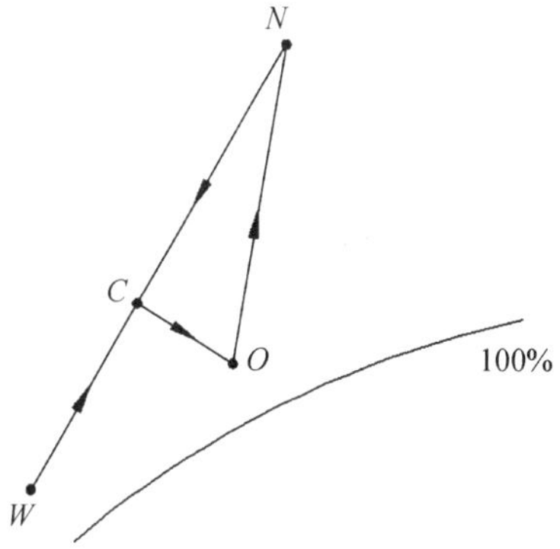

主要解答过程：空气处理过程如图所示。

湿膜加湿为等焓加湿过程，因此 $h_c = h_o$

查 h-d 图得：$h_o = h_c = 31.92\text{kJ/kg}$，$h_N = 43.12\text{kJ/kg}$，$h_W = 5.02\text{kJ/kg}$

设新风比为 m，根据空气混合关系：

$$h_C = mh_W + (1 - m)h_N$$

$$m = \frac{h_C - h_N}{h_W - h_N} = \frac{31.92 - 43.12}{5.02 - 43.12} = 0.294$$

新风量为：$G_x = 30000\text{m}^3/\text{h} \times 0.294 = 8818.9\text{m}^3/\text{h}$

查 h-d 图得：$d_N = 8.22\text{g/kg}$，$d_W = 2.52\text{g/kg}$，$d_O - 7.44\text{g/kg}$

则：$d_C = md_W + (1 - m)d_N = 6.54\text{g/kg}$

加湿量：$\Delta W = G(d_o - d_c) = 30000 \times 1.2 \times (7.44 - 6.54) = 32248\text{g/h} = 32.25\text{kg/h}$

14. **答案**：[A]

主要解答过程：

大气压力不同于标准大气压，空气密度需做修正，题干假设密度与温度无关，仅与大气压有关

根据热力学公式：$PV = mRT \Rightarrow P = \frac{m}{V}RT \Rightarrow P = \rho RT$，因此：$\rho_{70} = \frac{70}{101.3}\rho_0 = 0.83\text{kg/m}^3$

送风量：$L = \frac{Q}{\rho_{70}\Delta h} = \frac{100\text{kW} \times 3600}{0.83\text{kg/m}^3 \times 15\text{kJ/kg}} = 28915.7\text{m}^3/\text{h}$

15. **答案**：[D]

主要解答过程：

根据《教材 2018》P408 式(3.4-14)

$$\varepsilon_1 = \frac{t_1 - t_2}{t_1 - t_{w1}} = \frac{34 - 11}{34 - 7} = 0.852$$

16. **答案：**[D]

主要解答过程：

房间总冷负荷已知，只需求出新风负荷即可，根据《教材 2018》P559 或《公建节能 2015》第 4.3.12 条

系统新风比：$Y = \dfrac{X}{1 + X - Z} = \dfrac{14.3\%}{1 + 14.3\% - 18\%} = 14.85\%$

系统新风量为：$L_x = 5450 \times 14.85\% = 809.3(m^3/h)$

新风负荷为：$Q_x = L_x\rho\Delta h = \dfrac{809.3}{3600} \times 1.2 \times (90.4 - 52.9) = 10.12(kW)$

空调器所需冷量：$Q = Q_n + Q_x = 28.12kW$

17. **答案：**[A]

主要解答过程：

根据 GB/T 18430.1—2007 表 2 或《教材 2018》P620 表 4.3-5，冷却塔出塔水温为 30℃，单位制冷量冷却水流量为 $0.215m^3/(h \cdot kW)$

则冷却塔所需散热量为：$Q_1 = Q_0 + \dfrac{Q_0}{COP} = 1.16Q_0$

冷却塔循环水流量为：$G = 0.215Q_0$

冷却塔温升：$\Delta t = \dfrac{Q_1}{cG\rho} = \dfrac{1.16Q_0}{4.18 \times \dfrac{0.215Q_0}{3600} \times 1000} = 4.65℃$

冷却塔进塔水温为 30℃ +4.65℃ =34.65℃

注意：表 2 中冷却水流量的单位(单位制冷量)。

18. **答案：**[C]

主要解答过程：

根据《教材 2018》P622 式(4.3-24)

$$IPLV = 1.2\% \times 5.84 + 32.8\% \times 6.46 + 39.7\% \times 6.39 + 26.3\% \times 5.22 = 6.10$$

注意：各负荷率的 *COP* 值需对应准确。

注：《公建节能 2015》第 4.2.13 条对 *IPLV* 计算公式做出了修改，对于其适用范围及使用误区也在条文说明内做出了详细的阐述，请考生详细阅读。本题根据新规范系数计算，答案与选项并未完全匹配。

19. **答案：**[D]

主要解答过程：

温湿度独立控制方式，干式风机盘管仅承担室内显热负荷，新风机组承担新风负荷和室内潜热负荷

表中显热负荷最大值出现在 15:00 时，$Q_f = 3500kW$

新风负荷和室内潜热负荷的累加最大值出现在 14:00 时，$Q_k = 1500kW$

注：本题出题有误，简单地认为温湿度独立控制系统的室内显热负荷全部由干式风机盘管承担，实际上，新风在承担全部潜热负荷的同时，还会承担一部分显热负荷，而干式风机盘管

只承担剩余的显热负荷，但本题明显未考虑到这点，否则无法作答。温湿度独立控制系统负荷的正确计算方法可参考 2014 年案例(上)18 题解析。

20. **答案**：[C]

主要解答过程：

机组能效比：$COP=35.4/12.5=2.832$

查《冷水机组能效限定值及能源效率等级》(GB 19577—2004)表 2，能耗等级为 3 级。

21. **答案**：[C]

主要解答过程：

污垢系数增加可认为换热面积 A 不变，则

额定传热系数：$K_0=\dfrac{2460}{4\times A}=\dfrac{615}{A}$

实际传热系数：$K_1=\dfrac{1636.8}{4.4\times A}=\dfrac{372}{A}$

则传热系数下降的百分比：$m=\dfrac{K_0-K_1}{K_0}=\dfrac{615-372}{615}=39.5\%$

22. **答案**：[D]

主要解答过程：

当运行流量小于额定流量的 65% 时，机组停机保护，蒸发器管路阻力系数 S 不变。

根据：$P=SQ^2\Rightarrow P'=\left(\dfrac{0.65Q_0}{Q_0}\right)^2P_0=25.35\text{kPa}$

23. **答案**：[B]

主要解答过程：

机组当前 $COP=5.0-5.0\times(3.6-1.2)\times4\%=4.52$

24. **答案**：[B]

主要解答过程：

参考《教材 2018》燃气冷热电三联供相关内容，首先要明确题干中内燃发电机组额定功率即为发电机组的装机容量，简单地说就是发电机组可以发出的电量。因此：

离心冷机供冷量：$Q_1=2\text{MW}\times5.6=11.2\text{MW}$

发电余热：$Q_y=\dfrac{2\text{MW}}{40\%}-2\text{MW}=3\text{MW}$

溴化锂冷机供冷量：$Q_2=3\text{MW}\times67\%\times1.1=2.21\text{MW}$

总供冷量：$Q_t=Q_1+Q_2=13.41\text{MW}$

25. **答案**：[A]

主要解答过程：

根据《教材 2018》P808 或《给水排水规》(GB 50015—2003)第 5.1.1 条表 5.1.1-1 注 2 可知热水定额是包括在日用水定额内的，因此题干中最高日用热水定额为干扰数据。根据《教材 2018》P806 式(6.1-1)，最大日用水量为：

$$M_d=Q_d\rho=mq_0\rho=600\times\frac{200}{1000}\text{m}^3/(\text{人}\cdot\text{d})\times1000\text{kg/m}^3=120000\text{kg/d}=120\text{t/d}$$

2013 年度全国注册公用设备工程师(暖通空调)执业资格考试　专业案例(下)

1. 严寒地区 A 区拟建正南、北朝向 10 层办公楼，外轮廓尺寸为 63m × 15m，顶层为多功能厅，南侧外窗为 14 个竖向条形落地窗(每个窗宽 2700mm)，一层和顶层层高为 5.4m，中间层层高为 3.9m，其顶层多功能厅开设两个天窗，尺寸为 15m × 6m，问该建筑的南外墙及南外窗的传热系数($W/m^2 \cdot K$)应为何项？

(A) $K_{窗} \leqslant 1.7$，$K_{墙} \leqslant 0.40$　　(B) $K_{窗} \leqslant 1.7$，$K_{墙} \leqslant 0.45$

(C) $K_{窗} \leqslant 1.5$，$K_{墙} \leqslant 0.40$　　(D) $K_{窗} \leqslant 1.5$，$K_{墙} \leqslant 0.45$

答案：[　　]

主要解答过程：

2. 某厂房设计采用 60kPa 蒸汽供暖，供气管道最大长度为 870m，选择供气管道管径时，平均单位长度摩擦压力损失值以及供汽水平干管的末端管径，应是何项？

(A) $\Delta P_m \leqslant 25Pa/m$，$DN \leqslant 20mm$　　(B) $\Delta P_m \leqslant 35Pa/m$，$DN \geqslant 25mm$

(C) $\Delta P_m \leqslant 40Pa/m$，$DN \geqslant 25mm$　　(D) $\Delta P_m \leqslant 50Pa/m$，$DN \geqslant 25mm$

答案：[　　]

主要解答过程：

3. 某住宅楼供暖系统原设计热媒为 85 ~ 60℃热水，采用铸铁四柱 640 型散热器，经对该楼进行围护结构节能改造后，室外供暖热水降至 65 ~ 45℃仍能满足原设计的室内温度 20℃(原供暖系统未做任何变动)。围护结构改造后的供暖热负荷应是下列何项？(已知散热器传热系数计算公式 $K = 2.81\Delta t^{0.297}$)

(A) 为原设计热负荷的 56% ~ 60%　　(B) 为原设计热负荷的 61% ~ 65%

(C) 为原设计热负荷的 66% ~ 70%　　(D) 为原设计热负荷的 71% ~ 75%

答案：[　　]

主要解答过程：

4. 在浴室采用低温热水地面辐射供暖系统，设计室内温度为 25℃，且不超过地表面平均温度最高上限要求(32℃)，敷设加热管单位面积散热量的最大数值应为哪一项？

(A) $60W/m^2$　　(B) $70W/m^2$　　(C) $80W/m^2$　　(D) $100W/m^2$

答案：[　　]

主要解答过程：

5. 严寒地区某 200 万 m^2 的住宅小区，冬季供暖用热水锅炉房总装机容量为 140MW，对该住宅小区进行围护结构节能改造后，供暖热指标降至 $45W/m^2$，该锅炉房还能再负担新建节能住宅(供暖热指标 $35W/m^2$)供暖的面积，应是下列何项？(锅炉房自用负荷忽略不计，管网输送效率 $K_0 = 0.94$)

(A) $118\times10^4m^2$　(B) $128\times10^4m^2$　(C) $134\times10^4m^2$　(D) $142\times10^4m^2$

答案：[　]

主要解答过程：

6. 某小区供暖锅炉房，设有 1 台燃气锅炉，其额定工况为：供水温度为 95℃，回水温度 70℃，效率为 90%。实际运行中，锅炉供水温度改变为 80℃，回水温度为 60℃，同时测得水流量为 100t/h，天然气耗量为 $260Nm^3/h$(当地天然气低位热值为 $35000kJ/Nm^3$)。该锅炉实际运行中的效率变化为下列何项？

(A)运行效率比额定效率降低了 1.5% ~2.5%

(B)运行效率比额定效率降低了 4% ~5%

(C)运行效率比额定效率提高了 1.5% ~2.5%

(D)运行效率比额定效率提高了 4% ~5%

答案：[　]

主要解答过程：

7. 某车间除尘通风系统的圆形风管制作完毕，需对其漏风量进行测试，风管设计工作压力为 1500Pa，风管设计工作压力下的最大允许漏风量接近下列何项值？(按 GB 50738 要求)

(A) $1.03m^3/(h\cdot m^2)$　(B) $2.04m^3/(h\cdot m^2)$

(C) $4.08m^3/(h\cdot m^2)$　(D) $6.12m^3/(h\cdot m^2)$

答案：[　]

主要解答过程：

8. 某化工生产车间内，生产过程中散发苯、丙酮、醋酸乙酯和醋酸丁酯的有机溶剂蒸汽，需设置通风系统。已知其散发量分别为：苯 $M_1 = 200g/h$、丙酮 $M_2 = 150g/h$、醋酸乙酯 $M_3 = 180g/h$、醋酸丁酯 $M_4 = 260g/h$。车间内四种溶剂的最高允许浓度分别为：苯 $S_1 = 50mg/m^3$、丙酮 $S_2 = 400mg/m^3$、醋酸乙酯 $S_3 = 200mg/m^3$、醋酸丁酯 $S_4 = 200mg/m^3$。试问该车间的通风量应为下列何项？

(A) $4000m^3/h$　(B) $4900m^3/h$　(C) $5300m^3/h$　(D) $6575m^3/h$

答案：[　]

主要解答过程：

9. 某层高 4m 的一栋散发有害气体的厂房，室内供暖计算温度 15℃，车间围护结构耗热量 200kW，室内为消除有害气体的全面机械排风量 10kg/s；拟采用全新风集中热风供暖系统，送风量 9kg/s，则车间热风供暖系统的送风温度应为下列何项？(当地室外供暖计算温度 -10℃，冬季通风室外计算温度 -5℃，空气比热容为 1.01kJ/kg·K)

(A)33.0 ~34.9℃　(B)35.0 ~36.9℃

(C)37.0～38.9℃ (D)39.0～40.9℃

答案：[ ]

主要解答过程：

10. 某屋面高为14m的厂房，室内散热均匀，余热量为1374kW，温度梯度0.4℃/m；夏季室外通风计算温度30℃，室内工作区(高2m)设计温度32℃。拟采用屋面天窗排风、外墙侧窗进风的自然通风方式排除室内余热，自然通风量应为下列何项？(空气比热容为1.01kJ/kg·K)

(A)171～190kg/s (B)191～210kg/s

(C)211～230kg/s (D)231～250kg/s

答案：[ ]

主要解答过程：

11. 一个地下二层的汽车库，建筑面积3500m^2，层高3m，设置通风兼排烟系统，排烟时机械补风。试问计算的排烟量和补风量为下列哪组时符合要求？

(A)排烟量52500m^3/h，补风量21000m^3/h (B)排烟量52500m^3/h，补风量26250m^3/h

(C)排烟量63000m^3/h，补风量25200m^3/h (D)排烟量63000m^3/h，补风量31500m^3/h

答案：[ ]

主要解答过程：

12. 某酒店集中空调系统采用离心式循环水泵输送冷水，设计选用水泵额定流量200m^3/h，扬程50mH_2O，配套电动机功率45kW。系统运行后，水泵常因故障停泵。经实测，水泵扬程为30mH_2O。该水泵性能的有关数据见表。实际运行时，水泵轴功率接近下列何项？并说明停泵原因。

型号	流量/(m^3/h)	扬程/mH_2O	效率 η
200/400	140	53	68%
200/400	200	50	75%
200/400	260	46	71%
200/400	370	30	60%

(A)45kW (B)50kW (C)55kW (D)75kW

答案：[ ]

主要解答过程：

13. 一空调矩形钢板送风管(风管内空气温度15℃)，途经一非空调场所(场所空气干球温度35℃、露点温度为31℃)。拟选用离心玻璃棉保温防止结露，则该风管的防止结露的最小计算保温厚度应是下列何项？(注：离心玻璃棉的导热系数 $\lambda=0.039$W/m·K，不考虑导热系数的温度修正；保温层外表面换热系数 $\alpha=8.14$W/m^2·K，保冷厚度修正系数为1.2)

(A)19.3～20.3mm (B)21.4～22.4mm

(C)22.5～23.5mm (D)23.6～24.6mm

答案：[ ]

主要解答过程：

14. 严寒地区的某办公建筑中的两管制定风量全空气空调系统，其空调机组的功能段如图所示。设风机(包含电动机及传动效率)的总效率为 η_t = 55%。问：该系统送风机符合节能设计要求所允许的最大全压限值，接近以下何项？

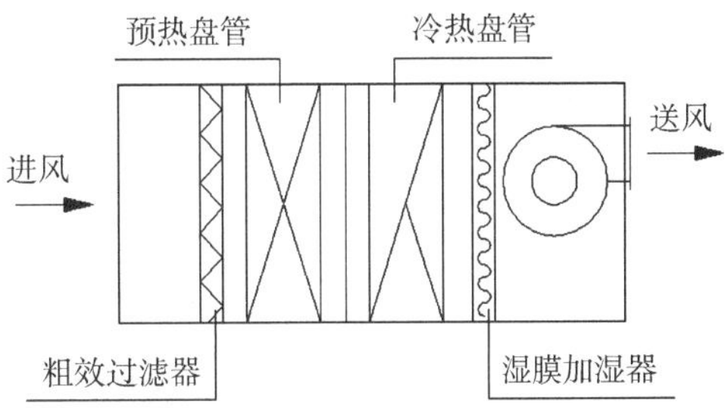

(A)832Pa　　(B)901Pa

(C)937Pa　　(D)1006Pa

答案：[　]

主要解答过程：

15. 已知某地一空调房间采用辐射顶板 + 新风系统供冷(新风系统采用 7℃/12℃冷水冷却除湿)，设计室内参数：干球温度 26℃，相对湿度 60%，室内无余湿。当地气象条件：标准大气压，室外空调计算干球温度 34℃，计算含湿量 $20g/kg_{干空气}$。送入房间的新风处理方式中，设计合理的应是下列何项？并说明求解过程(新风处理后相对湿度为 90%)。

(A)直接送室外 34℃的新风　　(B)新风处理到约 18℃送入室内

(C)新风处理到约 19.5℃送入室内　　(D)新风处理到约 26℃送入室内

答案：[　]

主要解答过程：

16. 某地大气压力 B = 101.3kPa，夏季室外空气设计参数：干球温度 34℃、湿球温度 20℃。一房间的室内空气设计参数 t_n = 26℃、Φ_n = 55%，室内余湿量为 1.6kg/h。采用新风机组 + 干式风机盘管，新风机组由表冷段 + 循环喷雾段组成。已知，表冷段供水温度为 16℃，热交换效率系数 0.75，新风机组出风的相对湿度 Φ_x = 90%。查 h-d 图计算并绘制出空气处理过程。送入房间的新风量应是下列何项？

(A)1280 ~ 1680kg/h　(B)1700 ~ 2300kg/h　(C)2400 ~ 3000kg/h　(D)3100 ~ 3600kg/h

答案：[　]

主要解答过程：

17. 某建筑一房间空调系统为全空气一次回风定风量、定新风比系统(全年送风量不变)，新风比为 40%。系统设计的基本参数除表列值外，其余见后：①夏季房间空调全热冷负荷 40kW，送风机器露点确定为 95%(不考虑风机及风管温升)；②冬季室外设计状态：室外温度 -5℃，相对湿度 30%；冬季送风设计温度为 28℃；冬季加湿方式为高压喷雾等焓加湿；③大气压力为 101325Pa。问：该系统空调机组的加热盘管在冬季设计状态下所需要的加热量，接近以下何项？(查 h-d 图计算)

	室内设计参数		热湿比/(kJ/kg)
	温度	相对湿度	
夏季	25℃	50%	20000
冬季	20℃	40%	-5000

(A)72 ~ 78kW　(B)60 ~ 71kW　(C)55 ~ 59kW　(D)43 ~ 54kW

答案：[ ]

主要解答过程：

18. 某办公室 1000m^2，层高 4m，吊顶高度 3m；空调换气次数 8 次/h；要求采用面尺寸 500mm，颈部尺寸 400mm 的方形散流器送风，试计算散流器的最少个数？(已知：散流器的安装高度为 3m 时，颈部最大风速要求为 4.65m/s；安装高度为 4m 时，颈部最大风速要求为 5.60m/s)

(A)6 个　　(B)9 个　　(C)10 个　　(D)12 个

答案：[ ]

主要解答过程：

19. 某空调冷水系统如图所示。设计工况下，二次侧水泵的运行效率为 75%，水泵轴功率为 10kW。当末端及系统处于低负荷时，该系统采用恒定水泵出口压力的方式来自动控制水泵的转速。当系统所需要的流量为设计工况流量的 50% 时，假设二次侧水泵在此工况时的效率为 60%。问：此时二次侧水泵所需的轴功率，接近以下何项(膨胀管连接在水泵吸入口)？

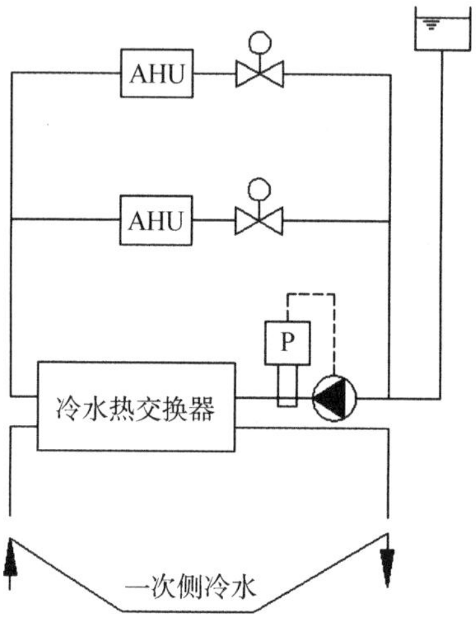

(A)12.5kW　　(B)6.3kW　　(C)5.0kW　　(D)1.6kW

答案：[ ]

主要解答过程：

20. 某空调机组内设有粗、中效两级空气过滤器，按质量浓度计，粗效过滤器的效率为 70%，中效过滤器的效率为 80%。若粗效过滤器入口空气含尘浓度为 150mg/m^3，中效过滤器出口空气含尘浓度为下列何项？

(A)3mg/m^3　　(B)5mg/m^3　　(C)7mg/m^3　　(D)9mg/m^3

答案：[ ]

主要解答过程：

21. 图示为采用热力膨胀阀的回热式制冷循环，点 1 为蒸发器出口状态，1-2 和 5-6 为气液在回热器的换热过程，试问该循环制冷剂的单位质量压缩耗功应是下列哪个选项？(注：各点

比焓见下表)

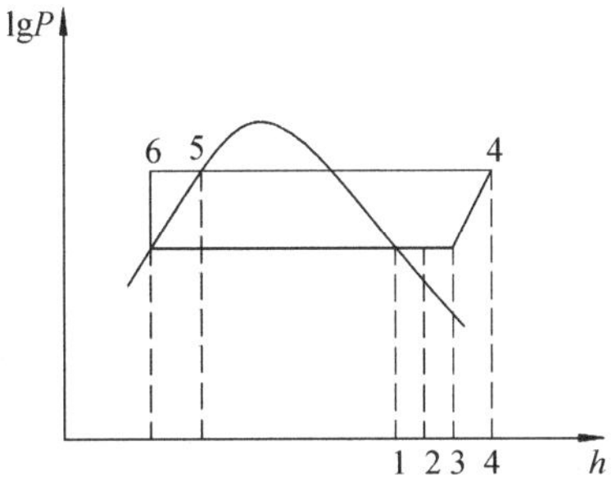

状态点号	1	2	3	4	5	6
比焓/(kJ/kg)	340	346.3	349.3	376.5	235.6	229.3

(A)6.8kJ/kg　　(B)9.5kJ/kg　　(C)27.2kJ/kg　　(D)30.2kJ/kg

答案：[　]

主要解答过程：

22. 某带回热器的压缩式制冷机组，制冷剂为 CO_2。图示为系统组成和制冷循环，点 1 为蒸发器出口状态，该循环回热器的出口(点 5)焓值为何项？(注：各点比焓见下表)

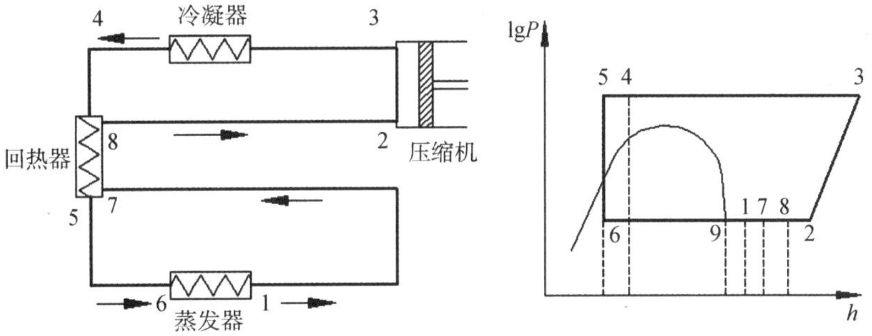

状态点号	1	2	3	4	7	8	9
比焓/(kJ/kg)	434.6	485.2	537.3	327.6	437.6	484.7	434.2

(A)277kJ/kg　　(B)277.5kJ/kg　　(C)280kJ/kg　　(D)280.5kJ/kg

答案：[　]

主要解答过程：

23. 某建筑冬季采用水环热泵空调系统，设计工况，外区热负荷为 3000kW，内区冷负荷为 2100kW，水环热泵机组的制热系数为 4.0，制冷系数为 3.75，若要求系统能够满足冬季运行要求，在设计工况下，辅助设备应是辅助供热设备还是辅助排热设备？其容量(预留 10% 余量)应为下列何项(忽略水泵及管道系统冷热损失)？

(A)排热设备，450kW　　(B)供热设备，450kW

(C)排热设备，660kW　　(D)供热设备，660kW

答案：[　]

主要解答过程：

24. 地处夏热冬冷地区的某信息中心工程项目采用一台热回收冷水机组进行冬季期间的供冷、供暖，供冷负荷为 3500kW，供暖负荷为 2400kW，设机组的能效维持不变，其 $COP=5.2$，忽略水泵和管道系统的冷、热损失，试求该运行工况下由循环冷却水带走的热量为下列何项？

(A)4173kW　　(B)3500kW　　(C)1773kW　　(D)2400kW

答案：[　]

主要解答过程：

25. 某地一宾馆卫生热水供应方案：方案一采用热回收热泵机组 2 台；方案二采用燃气锅炉 1 台。已知：热回收热泵机组供冷期(运行 185 天)既满足空调制冷又同时满足卫生热水的需求，其他有关数据见下表。

卫生热水用量/(t/d)	自来水温度/℃	卫生热水温度/℃	热回收机组产热量/(kW/台)/耗电量/kW	燃气锅炉效率(%)
160	10	50℃	455/118	90

注：1. 电费 1 元/kWh、燃气费 4 元/Nm^3、燃气低位热值为 39840kJ/Nm^3。

2. 热回收机组产热量、耗电量为过渡季节和冬季制备卫生热水的数值。

关于两个方案年运行能源费用的论证结果，正确的是下列何项？

(A)方案一比方案二年节约运行能源费用 350000～380000 元

(B)方案一比方案二年节约运行能源费用 720000～750000 元

(C)方案二比方案一年节约运行能源费用 350000～380000 元

(D)方案一与方案二的运行费用基本一致

答案：[　]

主要解答过程：

2013年度全国注册公用设备工程师（暖通空调）执业资格考试　专业案例（下）　详解

专业案例答案									
题号	答案	题号	答案	题号	答案	题号	答案	题号	答案
1	B	6	C	11	D	16	A	21	C
2	C	7	B	12	B	17	B	22	D
3	A	8	D	13	C	18	B	23	A
4	B	9	D	14	D	19	B	24	C
5	A	10	B	15	C	20	D	25	B

1. **答案：**［B］

主要解答过程：

建筑表面积：$S = 63 \times 15 + 2 \times (63 + 15) \times (5.4 \times 2 + 3.9 \times 8) = 7497(m^2)$

建筑体积：$V = 63 \times 15 \times (5.4 \times 2 + 3.9 \times 8) = 39690(m^3)$

体形系数：$N = S/V = 0.189 < 0.4$

天窗占屋面百分比：$M = (2 \times 15 \times 6)/(63 \times 15) = 19.0\% < 20\%$

南向窗墙比：$Q = 14 \times 2.70 \times (5.4 \times 2 + 3.9 \times 8)/63 \times (5.4 \times 2 + 3.9 \times 8) = 60\%$

根据《公建节能》第4.1.2及4.2.6条，不需要进行权衡判断确定

查表4.2.2-1，得 $K_{墙} \leqslant 0.45$，$K_{窗} \leqslant 1.7$

注：本题为2012年案例（上）第1题改数据原题。

2. **答案：**［C］

主要解答过程：

根据《教材2018》P34可知，60kPa属于低压蒸汽系统，根据P81式（1.6-4）

$$\Delta P_m = \frac{(P - 2000)\alpha}{l} = \frac{(60000 - 2000) \times 0.6}{870} = 40(Pa/m)$$

根据《教材2018》P79，低压蒸汽管路管径不小于25mm。

注：本题为2010年案例（下）第2题改数据原题。

3. **答案：**［A］

主要解答过程：

改造前房间热负荷：$Q_1 = K_1 F \Delta t_1 = 2.81F(t_{pj1} - t_n)^{1.297} = 2.81 \times F\left(\frac{85 + 60}{2} - 20\right)^{1.297}$

改造后房间热负荷：$Q_2 = K_2 F \Delta t_2 = 2.81F(t_{pj2} - t_n)^{1.297} = 2.81 \times F\left(\frac{65 + 45}{2} - 20\right)^{1.297}$

$$\frac{Q_2}{Q_1}=\left(\frac{\frac{65+45}{2}-20}{\frac{85+60}{2}-20}\right)^{1.297}=59.1\%$$

注： 本题为 2010 年案例(下)第 3 题原题改编。

4. **答案：**[B]

主要解答过程：

根据《教材 2018》P44 式(1.4-9)

$$32=25+9.82\times\left(\frac{q_x}{100}\right)^{0.969}\Rightarrow q_x=70.5\text{W/m}^2$$

5. **答案：**[A]

主要解答过程：

容量为 140MW 的锅炉，能够提供的供暖负荷为：

$$Q=140\times K_0=131.6\text{MW}$$

既有住宅改造后所需的供暖负荷为：

$$Q_1=200\times10^4\times45=90(\text{MW})$$

可负担新建住宅面积为：

$$\Delta S=\frac{Q-Q_1}{35}=\frac{131.6-90}{35}=119\times10^4(\text{m}^2)$$

6. **答案：**[C]

主要解答过程：

根据《教材 2018》P152，锅炉实际运行热效率：

$$\eta'=\frac{\text{加热水的热量}}{\text{完全燃烧产生的热量}}=\frac{4.18\times(100\times1000)\times(80-60)}{35000\times260}=91.87\%$$

运行热效率提高了：91.87% −90% =1.87%

注： 本题与 2007 年案例(下)第 5 题考点相同。

7. **答案：**[B]

主要解答过程：

根据《通风施规》(GB 50738—2011)第 4.1.6 条表 4.1.6-1，1500Pa 管道属于中压系统，再根据第 15.2.3 条，中压矩形风道允许漏风量为：

$$Q_M\leqslant0.0352\times1500^{0.65}=4.083\text{m}^3/(\text{h}\cdot\text{m}^2)$$

再根据 15.2.3.2 条，圆形风管允许漏风量是矩形的 50%，因此最终允许漏风量为 2.041m³/(h · m²)。

注： 其实根据《通风验规》(GB 50243—2002)第 4.2.5.5 条，除尘系统风管是直接按照中压计算的，但是 GB 50738 相同的条款将“除尘”二字删除了，值得注意。假如题干所给压力为 400Pa，则根据两本规范计算所得数值就不同了。

8. **答案：**[D]

主要解答过程：

根据《教材 2018》P174，当数种溶剂(苯及其同系物、醇类或醋酸酯类)蒸气或数种刺激性气体同时放散于空气中时，应按各种气体分别稀释至规定的接触限值所需要的空气量的总和计算

全面通风换气量。根据 P172 式(2.2-1b)，则该车间的通风量应为：(公式 K 值取 1，否则没有答案)

$$L = \frac{M_1}{S_1 - 0} + \frac{M_2}{S_2 - 0} + \frac{M_3}{S_3 - 0} + \frac{M_3}{S_4 - 0} = \frac{200}{0.05} + \frac{150}{0.4} + \frac{180}{0.2} + \frac{260}{0.2} = 6575(\mathrm{m^3/h})$$

9. **答案**：[D]

主要解答过程：根据《教材 2018》P175，根据风量平衡：$G_s + G_{zj} = G_p$，得：$G_{zj} = 1\mathrm{kg/s}$

根据热量平衡：$Q + cG_p t_n = cG_{zj} t_w + cG_s t_s$，其中 t_w 为冬季供暖室外计算温度 −10℃

$200 + 1.01 \times 10 \times 15 = 1.01 \times 1 \times (-10) + 1.01 \times 9 \times t_s$

解得：$t_s = 39.8$℃

注：本题为 2010 年案例(下)第 1 题修改数据原题。

10. **答案**：[B]

主要解答过程：

天窗排风温度：$t_p = 32 + 0.4 \times (14 - 2) = 36.8$(℃)

通风量：$G = \dfrac{Q}{c(t_p - t_w)} = \dfrac{1374\mathrm{kW}}{1.01\mathrm{kJ/(kg \cdot K)} \times (36.8 - 30)℃} = 200\mathrm{kg/s}$

11. **答案**：[D]

主要解答过程：

根据《汽车库、修车库、停车场设计防火规范》(GB 50067—2014)第 8.2.2 条，第 8.2.5 条及第 8.2.10 条，建筑面积 3500m²，应该划分至少 2 个防烟分区，层高 3m，单个防烟分区排烟量不小于 30000m³/h，总排烟量不小于 60000m³/h，补风量不小于 30000m³/h。

12. **答案**：[B]

主要解答过程：

实际运行时 $H = 30\mathrm{m}$，查表得流量为 370m³/h

水泵轴功率：$N = \dfrac{GH}{376.3\eta} = \dfrac{370 \times 30}{367.3 \times 0.6} = 50.37\mathrm{kW} > 45\mathrm{kW}$

可以看出，水泵实际运行功率大于配用电动机功率，造成电流超载，导致停泵，主要原因在于设计计算管网阻力大于实际管网阻力，导致水泵选型过大。

注：本题为 2011 年案例(下)第 13 题改数据原题。

13. **答案**：[C]

主要解答过程：

本题未给出风管内表面换热系数、风管材料导热系数以及风管厚度，只能忽略其热阻。(风管内为强制对流换热，对流换热热阻较小，此外风管材料的热阻也远小于保温材料)

为防止结露，保温层外侧最低温度不能低于空气的露点温度，根据热量传递等量关系：

$$8.14 \times (35 - 31) = \frac{31 - 15}{\dfrac{d}{0.039}} \Rightarrow d = 19.17\mathrm{mm}$$

考虑到 1.2 的保冷厚度修正系数，保温层厚度为：$19.17\mathrm{mm} \times 1.2 = 23.0\mathrm{mm}$

14. **答案**：[D]

主要解答过程：

根据《公建节能》第 5.3.26 条，查表 5.3.26，办公建筑、设粗效过滤器、两管制定风量系统的单位风量耗功率限值为 0.42W/(m^3/h)，又根据注 2 和注 3，严寒地区增设预热盘管时，功率可增加 0.035W/(m^3/h)，采用湿膜加湿方法时，功率可增加 0.053W/(m^3/h)，即 W_s = 0.42 + 0.035 + 0.053 = 0.508[W/(m^3/h)]。

$$W_s = P/(3600\eta_t) \Rightarrow P = 3600 W_s \eta_t = 1005.84\text{Pa}$$

15. **答案：**[C]

主要解答过程：

室内无余湿，因此新风机组只需要承担新风的湿负荷即可，即新风处理到室内状态点的等湿线上，假设新风机组的机器露点为 90%，做室内状态点的等湿线与 90% 相对湿度线的交点即为送风状态点，查 *h-d* 图得，新风送风温度为：19.5℃。

16. **答案：**[A]

主要解答过程：

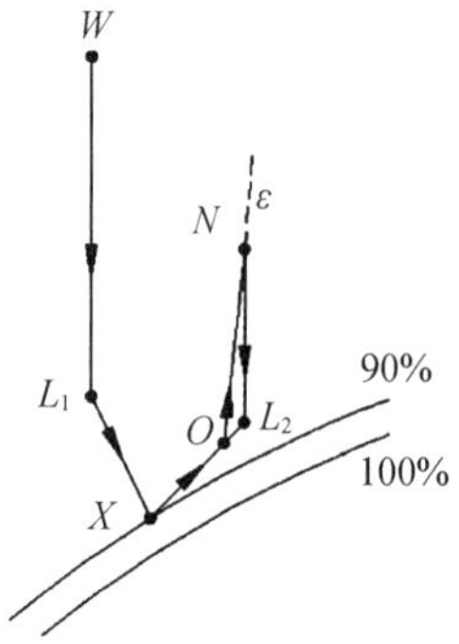

本题比较特殊，查 *h-d* 图得：d_w = 9.05g/kg，d_n = 11.57g/kg，可以发现夏季室外含湿量低于室内，对于新风反而要加湿，具体空气处理过程如图所示，其中上图为新风与风盘送风混合后送入室内，下图为新风与风盘送风分别送入室内(两种方案计算结果相同)。风盘 + 新风处理过程线可参考《教材 2018》P392。

根据《教材 2018》P408 式(3.4-14)

$$0.75 = \frac{34 - t_{L1}}{34 - 16} \Rightarrow t_{L1} = 20.5℃$$

，循环喷雾为等焓加湿，做 L_1 点的等焓线与 90% 相对湿度线交点即为新风出口状态点，查 *h-d* 图得：d_x = 10.6g/kg

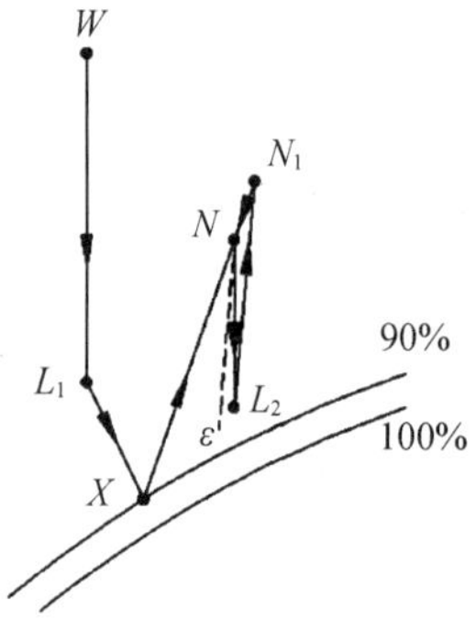

由于风机盘管为干式，因此室内湿负荷完全由新风承担，因此新风量为：

$$G_x = \frac{W}{d_n - d_x} = \frac{1.6}{\frac{11.57 - 10.6}{1000}} = 1650(\text{kg/h})$$

注：本题出题较为新颖，过程线与常见工况不同(干旱高温地区)。

17. **答案：**[B]

主要解答过程：

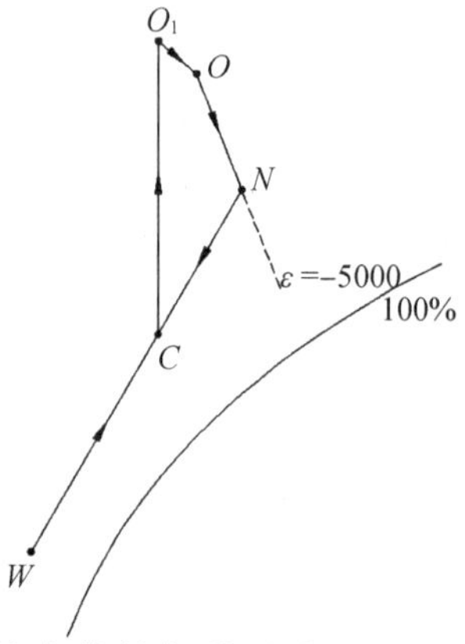

过室内状态点 N 做 20000 的热湿比线与 95% 相对湿度线的交点即为送风状态点，查 *h-d* 图得：h_n = 50.2kJ/kg，h_L = 36.9kJ/kg

$$送风量：G = \frac{40\text{kW}}{(50.2 - 36.9)\text{kJ/kg}} = 3.01\text{kg/s}$$

冬季工况，具体空气处理过程如图所示(先加热，再加湿方案)。

查 *h-d* 图得：h_n' = 34.8kJ/kg，h_w' = −3.15kJ/kg

一次回风与新风混合状态点焓值为：

$$h_c = h_W' \times 40\% + h_n' \times (1 - 40\%) = 19.62\text{kJ/kg}$$

过冬季室内状态点做 −5000 的热湿比线与 28℃ 的等温线的交点即为送风状态点 O，过 O 点做等焓线与 C 点等湿线的交点即为加热盘管出口空气状态点 O_1，查焓湿图得：$h_{O1} = h_O$ = 40.15kJ/kg，则加热盘管的加热量为：

$$Q_R = G(h_{01} - h_C)$$
$$= 3.01\text{kg/s} \times (40.15 - 19.62)\text{kJ/kg} = 61.8\text{kW}$$

注：一般焓湿图热湿比标尺最大为 10000，新版清风注考焓湿图小工具已将热湿比标尺扩展至 40000，此外精确热湿比线的手工画法请参照交流群内共享资料。

18. **答案：**[B]

主要解答过程：

换气次数应计算吊顶下的空间，送风量为：

$$L = 1000 \times 3 \times 8 = 24000(\text{m}^3/\text{h})$$

单个散流器送风量为：

$$L_0 = 0.4^2 \times 4.65 = 0.744\text{m}^3/\text{s} = 2678.4\text{m}^3/\text{h}$$

所需散流器个数为：

$$n = \frac{L}{L_0} = \frac{24000}{2678.4} = 8.96\text{，取 9 个。}$$

19. **答案：**[B]

主要解答过程：

设计工况下：$N_0 = \dfrac{G_0 H}{367.3\eta_0}$

50% 流量工况下：$N_1 = \dfrac{0.5G_0 H}{367.3\eta_1}$

两式相比得：$\dfrac{N_1}{N_0} = 0.5\dfrac{\eta_0}{\eta_1} = 0.625\text{kW} \Rightarrow N_1 = 0.625N_0 = 6.25\text{kW}$

20. **答案：**[D]

主要解答过程：

根据《教材 2018》P207 式(2.5-4)

$$\eta = 1 - (1 - 70\%) \times (1 - 80\%) = 0.94$$

出口含尘浓度为：

$$C = 150\text{mg/m}^3 \times (1 - 0.94) = 9\text{mg/m}^3$$

21. **答案：**[C]

主要解答过程：

耗功率 $W = h_4 - h_3 = 27.2\text{kJ/kg}$

注：本题为 2008 年专业案例(上)第 22 题原题简化版。

22. **答案：**[D]

主要解答过程：

由回热器能量守恒：$h_4 - h_5 = h_8 - h_7$，得：$h_5 = 280.5\text{kJ/kg}$

23. **答案：**[A]

主要解答过程：

为满足外区热负荷，所需热量为：$Q_r = 3000 - \dfrac{3000}{4.0} = 2250(\text{kW})$

为满足内区冷负荷，所需排热量为：$Q_l = 2100 + \dfrac{2100}{3.75} = 2660(\text{kW})$

因此辅助设备应是排热设备，容量为：$\Delta Q = 1.1 \times (2660 - 2250) = 451(\text{kW})$

24. **答案**：[C]

主要解答过程：

本题与上题类似。

排热量为：$Q_p = 3500 + \dfrac{3500}{5.2} = 4173.1(\text{kW})$

需由冷却水带走的热量为：$\Delta Q = Q_p - 2400 = 1773.1(\text{kW})$

25. **答案**：[B]

主要解答过程：

采用方案一时，供冷季不需消耗额外电能进行卫生热水的制备，因此一年内消耗电能制取卫生热水的天数只有 365 - 185 = 180 天。方案一加热热水热量为：

$$Q_1 = cm\Delta t = 4.18 \times 160 \times 1000 \times 180 \times (50 - 10) = 4815360000(\text{kJ})$$

耗电量为：

$$M_1 = Q_1 \times \frac{118}{455} = 1248818637\text{kJ} = 346894\text{kWh}$$

电费为：$W_1 = M_1 \times 1 = 346894$ 元

方案二加热热水热量为：(365 天都要运行)

$$Q_2 = cm\Delta t = 4.18 \times 160 \times 1000 \times 365 \times (50 - 10) = 9764480000(\text{kJ})$$

耗燃气量为：

$$M_2 = \frac{Q_2}{90\% \times 39840} = 272324.9(\text{Nm}^3)$$

燃气费为：

$$W_2 = M_2 \times 4 = 1089299.4(\text{元})$$

因此方案一比方案二年节约运行能源费用：

$$\Delta W = 1089299.4 - 346894 = 742405(\text{元})$$

2014年度全国注册公用设备工程师(暖通空调)执业资格考试　专业案例(上)

1. 某住宅楼节能外墙的做法(从内到外)：①水泥砂浆：厚度 $\delta_1=20\text{mm}$，导热系数 $\lambda_1=0.93\text{W/(m·K)}$；②蒸压加气混凝土块 $\delta_2=200\text{mm}$，导热系数 $\lambda_2=0.20\text{W/(m·K)}$，修正系数 $\alpha_\lambda=1.25$；③单面钢丝网片岩棉板 $\delta_3=70\text{mm}$，$\lambda_3=0.045\text{W/(m·K)}$，修正系数 $\alpha_\lambda=1.20$；④保护层、饰面层。如果忽略保护层、饰面层热阻影响，该外墙的传热系数 K 应为以下何项？

(A)0.29～0.31W/(m^2·K)　　(B)0.35～0.37W/(m^2·K)

(C)0.38～0.40W/(m^2·K)　　(D)0.42～0.44W/(m^2·K)

答案：[　]

主要解答过程：

2. 寒冷地区某住宅楼采用热水地面辐射供暖系统(间歇供暖，修正系数 $\alpha=1.3$)，各户热源为燃气壁挂炉，供水/回水温度为45℃/35℃，分室温控，加热管采用PE-X管，某户的起居室32m^2，基本耗热量0.96kW，查规范水力计算表该环路的管径(mm)和设计流速应为下列中的哪一项？

注：管径 D_o：X_1/X_2(管内径/管外径)mm

(A)D_o：15.7/20，v：约0.17m/s　　(B)D_o：15.7/20，v：约0.18m/s

(C)D_o：12.1/16，v：约0.26m/s　　(D)D_o：12.1/16，v：约0.30m/s

答案：[　]

主要解答过程：

3. 双管下供下回式热水供暖系统如图所示，每层散热器间的垂直距离为6m，供/回水温度85℃/60℃，供水管 ab 段、bc 段和 cd 段的阻力分别为0.5kPa、1.0kPa和1.0kPa(对应的回水管段阻力相同)，散热器A1、A2和A3的水阻力分别为 $P_{A1}=P_{A2}=7.5\text{kPa}$ 和 $P_{A3}=5.5\text{kPa}$，忽略管道沿程冷却与散热器支管阻力，试问设计工况下散热器A3环路相对A1环路的阻力不平衡率(%)为多少？(取 $g=9.8\text{m/s}^2$，热水密度 $\rho_{85℃}=968.65\text{kg/m}^3$，$\rho_{60℃}=983.75\text{kg/m}^3$)

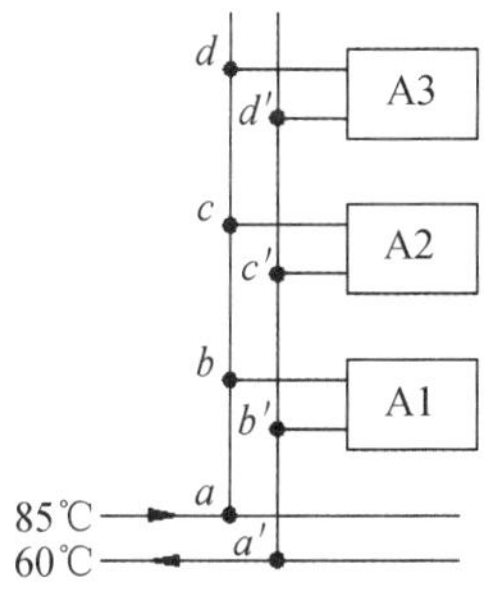

(A)26～27　(B)2.8～3.0　(C)2.5～2.7　(D)10～11

答案：[　]

主要解答过程：

4. 某住宅小区住宅楼均为6层，设计为分户热计量散热器供暖系统(异程双管下供下回式)。设计供暖热媒为85℃/60℃热水，散热器为内腔无砂四柱660型，$K=2.81\Delta t^{0.276}$(W/m^2·℃)。因住宅楼进行了围护结构节能改造(供暖系统设计不变),改造后该住宅小区的供暖热水供回水温度为 70℃/50℃,即可实现原室内设计温度 20℃。问:该住宅小区节能改造前与改造后供暖系统阻力之比应是下列哪一项?

(A)0.8 ~ 0.9　(B)1.0 ~ 1.1　(C)1.2 ~ 1.3　(D)1.4 ~ 1.5

答案:[ ]

主要解答过程:

5. 某项目需设计一台热水锅炉,供回水温度 95℃/70℃,循环水量 48t/h,设锅炉热效率 90%,分别计算锅炉采用重油的燃料耗量(kg/h)及采用天然气的燃料消耗量(Nm^3/h),正确的答案应是下列哪一项?(水的比热容取 4.18kJ/kg · K,重油的低位热值为 40600kJ/kg、天然气的低位热值为 35000kJ/Nm^3)

(A)135 ~ 140,155 ~ 160　(B)126 ~ 134,146 ~ 154

(C)120 ~ 125,140 ~ 145　(D)110 ~ 119,130 ~ 139

答案:[ ]

主要解答过程:

6. 某送风管(镀锌薄钢板制作,管道壁面粗糙度 0.15mm)长 30m,断面尺寸为 800mm × 313mm;当管内空气流速 18m/s,温度 50℃时,该段风管的长度摩擦阻力损失是多少 Pa?(注:大气压力 101.3kPa,忽略空气密度和黏性变化的影响)

(A)80 ~ 100　(B)120 ~ 140　(C)155 ~ 170　(D)175 ~ 195

答案:[ ]

主要解答过程:

7. 某均匀送风管道采用保持孔口前静压相同原理实现均匀送风(如图所示),有四个间距为 2.5m 的送风孔口(每个孔口送风量为 1000m^3/h)。已知:每个孔口的平均流速为 5m/s,孔口的流量系数均为 0.6,断面 1 处风管的空气平均流速为 4.5m/s。该段风管断面 1 处的全压应是下列何项,并计算说明是否保证出流角 $\alpha \geqslant 60°$?(注:大气压力 101.3kPa、空气密度取 1.20kg/m^3)

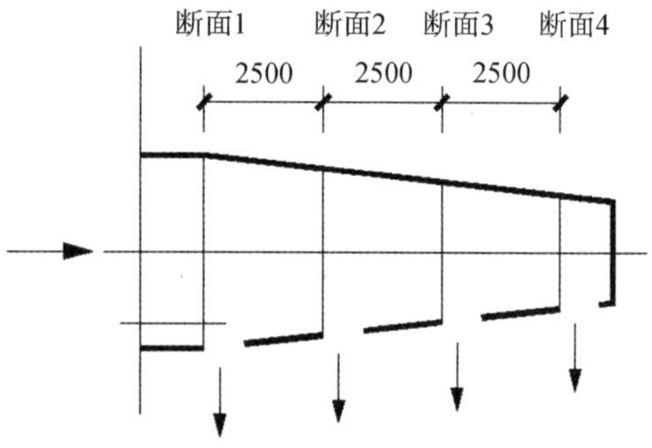

(A)10 ~ 15Pa,不满足保证出流角的条件

(B)16 ~ 30Pa,不满足保证出流角的条件

(C)31 ~ 45Pa,满足保证出流角的条件

(D)46 ~ 60Pa,满足保证出流角的条件

答案:[ ]

主要解答过程:

8. 接上题,孔口出流的实际流速应为下列何项?

(A)9.1 ~ 10m/s　(B)8.1 ~ 9.0m/s　(C)5.1 ~ 6.0m/s　(D)4.1 ~ 5.0m/s

答案：[　]

主要解答过程：

9. 某空调机组从风机出口至房间送风口的空气阻力为 1800Pa，机组出口处的送风温度为 15℃，且送风管保温良好(不计风管的传热)。问：该系统送至房间送风出口处的空气温度，最接近以下哪个选项？(取空气的定压比热为 1. 01kJ/kg · K、空气密度为 1. 2kg/m^3)？(注：风机电动机外置)

(A)15℃　　(B)15. 5℃　　(C)16℃　　(D)16. 5℃

答案：[　]

主要解答过程：

10. 已知室内有强热源的某厂房，工艺设备总散热量为 1136kJ/s，有效热量系数 $m=0.4$；夏季室内工作点设计温度 33℃；采用天窗排风、侧窗进风的自然通风方式排除室内余热，其全面通风量 G 应是下列何项？(注：当地大气压 101. 3kPa，夏季通风室外计算温度 30℃，取空气的定压比热为 1. 01kJ/kg · K)。

(A)80 ~ 120kg/s　　(B)125 ~ 165kg/s

(C)175 ~ 215kg/s　　(D)220 ~ 260kg/s

答案：[　]

主要解答过程：

11. 对某环隙脉冲袋式除尘器进行漏风率的测试，已知测试时除尘器的净气箱中的负压稳定为 2500Pa，测试的漏风率为 2. 5%，试求在标准测试条件下，该除尘器的漏风率更接近下列何项？

(A)2. 0%　　(B)2. 2%　　(C)2. 5%　　(D)5. 0%

答案：[　]

主要解答过程：

12. 某酒店的集中空调系统为闭式系统，冷水机组及冷水循环水泵(处于机组的进水口前)设于地下室，回水干管最高点至水泵吸入口的水阻力 15kPa，系统最大高差 50m(回水干管最高点至水泵吸入口)，定压点设于泵吸入口管路上，试问系统最低定压压力值，正确的是下列何项(取 $g=9.8\text{m/s}^2$)？

(A)510kPa　　(B)495kPa　　(C)25kPa　　(D)15kPa

答案：[　]

主要解答过程：

13. 某工艺用空调房间共有 10 名工作人员，人均最小新风量要求不少于 30m^3/(h · 人)，该房间设置了工艺要求的局部排风系统，其排风量为 250m^3/h，保证房间正压所要求的风量为 200m^3/h。问：该房间空调系统最小设计新风量应为多少 m^3/h？

(A)300　　(B)450　　(C)500　　(D)550

答案：[　　]

主要解答过程：

14. 某空调工程位于天津市。夏季空调室外计算日 16: 00 时的空调室外计算温度，最接近下列哪个选项？并写出判断过程。

(A)29.4℃　　(B)33.1℃　　(C)33.9℃　　(D)38.1℃

答案：[　　]

主要解答过程：

15. 某二次回风空调系统，房间设计温度 23℃，相对湿度 45%，室内显热负荷 17kW，室内散湿量 9kg/h。系统新风量 2000m^3/h，表冷器出风相对湿度 95%(焓值 23.3kJ/$kg_{干空气}$)；二次回风混合后经风机及送风管温升 1℃，送风温度 19℃；夏季室外设计计算温度 34℃，湿球温度 26℃，大气压力 101.325kPa。新风与一次回风混合点的焓值接近下列何项？并于焓湿图绘制空气处理过程线。(空气密度取 1.2kg/m^3，比热取 1.01kJ/kg·℃，忽略回风温升。过程点参数：室内 d_n=7.9g/$kg_{干空气}$，h_n=43.1kJ/$kg_{干空气}$，室外 d_w=18.1g/$kg_{干空气}$，h_w=80.6kJ/$kg_{干空气}$)

(A)67kJ/$kg_{干空气}$　　(B)61kJ/$kg_{干空气}$

(C)55kJ/$kg_{干空气}$　　(D)51kJ/$kg_{干空气}$

答案：[　　]

主要解答过程：

16. 某常年运行的冷却水系统如图所示，h_1、h_2、h_3 为高差，h_1 = 8m、h_2 = 6m、h_3 = 3m，各段阻力见下表。计算的冷却水循环泵的扬程应为下列何项？(不考虑安全系数，取 g = 9.8m/s^2)

	阻力/kPa
A ~ B 管道及附件	20
C ~ D 管道及附件	150
冷水机组	50
冷却塔布水器	20

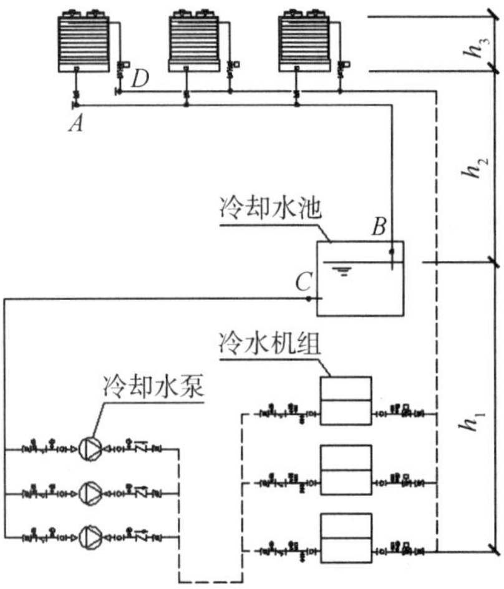

(A)215 ~ 225kPa　　(B)235 ~ 245kPa

(C)300 ~ 315kPa　　(D)380 ~ 395kPa

答案：[　　]

主要解答过程：

17. 成都市某 12 层的办公建筑，设计总冷负荷为 850kW，冷水机组采用两台水冷螺杆式冷水机组。空调水系统采用二管制一级泵系统，选用两台设计流量为 100m^3/h，设计扬程为 30mH_2O 的冷水循环泵并联运行。冷冻机房至系统最远用户的供回水管道的总输送长度 350m，那么冷水循环泵的设计工作点效率应不小于多少？

(A)58.3%　　(B)69.0%　　(C)76.4%　　(D)80.9%

答案：[　　]

主要解答过程：

18. 某空调办公室采用温湿度独立控制系统，设计室内空气温度 24℃。房间热湿负荷的计算结果为：围护结构冷负荷 1500W，人体显热冷负荷 550W，人体潜热冷负荷 300W，室内照明及用电设备冷负荷 1150W。房间设计新风量合计为 $300m^3/h$，送入房间的新风温度要求为 20℃。问：室内干工况末端装置的最小供冷量，应为下列何项？(空气密度为 $1.2kg/m^3$，空气的定压比热为 1.01kJ/kg · K)

(A)2650W　　(B)2796W　　(C)3096W　　(D)3200W

答案：[　　]

主要解答过程：

19. 某变频水泵的额定转速为 960r/min，变频控制最小转速为额定转速的 60%。现要求该水泵隔振设计时的振动传递比不大于 0.05。问：选用下列哪种隔振器更合理？并写出推断过程。

(A)非预应力阻尼型金属弹簧隔振器　　(B)橡胶剪切隔振器

(C)预应力阻尼型金属弹簧隔振器　　(D)橡胶隔振垫

答案：[　　]

主要解答过程：

20. 已知不同制冷方案的一次能源利用效率见下表，表列方案中的最高一次能源利用效率制方案与最低一次能源利用效率制冷方案之比值接近下列何项？

序号	制冷方案	效率
1	燃气蒸汽锅炉 + 蒸汽溴化锂吸收式制冷	锅炉效率 88%，吸收式制冷 $COP = 1.3$
2	燃煤发电 + 电压缩制冷	发电效率(计入传输损失)25%，电压缩制冷 $COP = 5.5$
3	燃气直燃溴化锂吸收式制冷	$COP = 1.3$
4	燃气发电 + 电压缩制冷	发电效率(计入传输损失)45%，电压缩制冷 $COP = 5.5$

(A)1.80　　(B)1.90　　(C)2.16　　(D)2.48

答案：[　　]

主要解答过程：

21. 已知用于全年累计工况评价的某空调系统的冷水机组运行效率限值 $COP_{LV} = 4.8$，冷却水输送系数限值 $WTFcw_{LV} = 25$，用于评价该空调系统的制冷子系统的能效比限值(EER_{rLV})应为下列何值？

(A)2.8 ~ 3.50　　(B)3.51 ~ 4.00　　(C)4.01 ~ 4.50　　(D)4.51 ~ 5.00

答案：[　　]

主要解答过程：

22. 图示为一次节流完全中间冷却的双级氨制冷理论循环，各状态点比焓(kJ/kg)见下表。

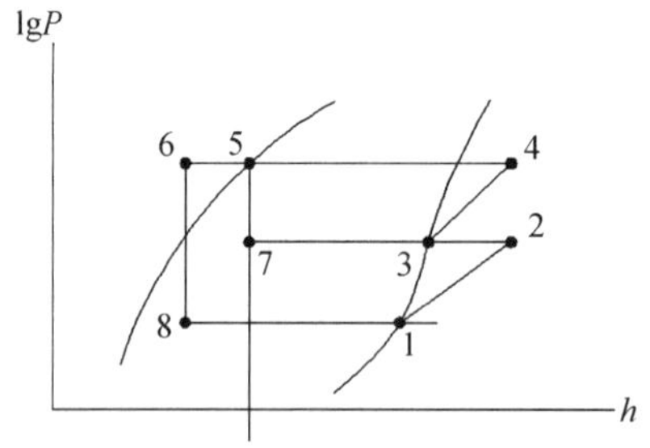

h_1	h_2	h_3	h_4	h_5	h_6
1408.41	1590.12	1450.42	1648.82	342.08	181.54

试问在该工况下，理论制冷系数为下列何项?

(A)1.9～2.2 (B)2.3～2.6 (C)2.7～3.0 (D)3.1～3.4

答案：[ ]

主要解答过程：

23. 已知某电动压缩式制冷机组处于额定负荷出力的工况运行：冷凝温度为 30℃，蒸发温度为 2℃，不同的销售人员介绍该工况下机组的制冷系数值，不可取信的为下列何项？并说明原因。

(A)5.85 (B)6.52 (C)6.80 (D)9.82

答案：[ ]

主要解答过程：

24. 某多联式制冷机组(制冷剂为 R410A)，布置如图所示，已知，蒸发温度为 5℃(对应蒸发压力 934kPa、饱和液体密度为 795.5kg/m^3)；冷凝温度为 55℃(对应冷凝压力为 2602kPa、饱和液体密度为 1162.8kg/m^3)，根据电子膨胀阀的动作要求，其压差不应超过 2.26MPa。如不计制冷剂的流动阻力和制冷剂的温度变化，则理论上，图中的 H 数值最大为下列何项(g 取 9.81m/s^2)？

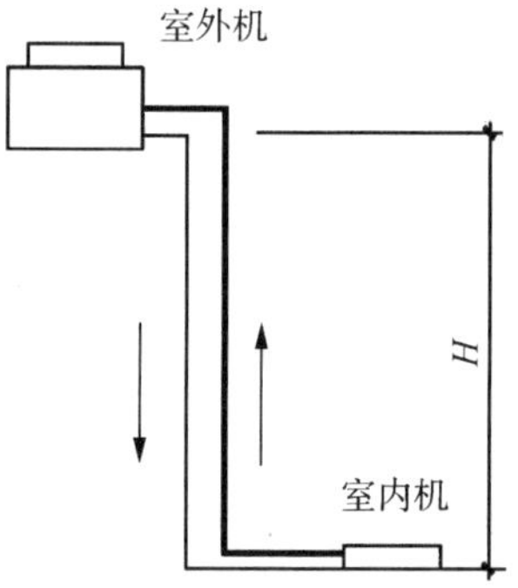

(A)49～55m (B)56～62m

(C)63～69m (D)70～76m

答案：[ ]

主要解答过程：

25. 已知某住宅小区燃气用户为 250 户，每户均设置燃气双眼灶和快速热水器各一台，其额定流量分别为 2.4m^3/h 和 1.75m^3/h，该小区的燃气计算流量应接近下列何项？

(A)156m^3/h (B)161m^3/h (C)166m^3/h (D)170m^3/h

答案：[ ]

主要解答过程：

2014 年度全国注册公用设备工程师(暖通空调)执业资格考试　专业案例(上)　详解

专业案例答案									
题号	答案	题号	答案	题号	答案	题号	答案	题号	答案
1	D	6	C	11	B	16	C	21	B
2	D	7	D	12	B	17	D	22	C
3	D	8	A	13	B	18	B	23	D
4	C	9	D	14	B	19	C	24	A
5	A	10	B	15	B	20	C	25	B

1. **答案**：[D]

主要解答过程：

根据《教材 2018》P3 表 1.1-4 和表 1.1-5，该外墙内外表面换热系数：

$$\alpha_n = 8.7\ \text{W/(m}^2\cdot\text{K)}\quad \alpha_w = 23\ \text{W/(m}^2\cdot\text{K)}$$

根据式(1.1-3)，该外墙传热系数：(其中 $R_k = 0\text{m}^2\cdot\text{K/W}$)

$$K = \frac{1}{R_o} = \frac{1}{\dfrac{1}{\alpha_n} + \sum\dfrac{\delta}{\alpha_\lambda \lambda} + R_K + \dfrac{1}{\alpha_w}}$$

$$= \frac{1}{\dfrac{1}{8.7} + \dfrac{0.02}{0.93} + \dfrac{0.2}{0.2\times1.25} + \dfrac{0.07}{1.2\times0.045} + 0 + \dfrac{1}{23}} = 0.439(\text{m}^2\cdot\text{K/W})$$

2. **答案**：[D]

主要解答过程：

根据《辐射冷暖规》(JGJ 142—2012)第 3.3.7 条及其条文说明，该住户起居室的供暖热负荷为：

$$Q = \alpha Q_j + q_h M = 1.3\times(0.96\times1000) + 7\times32 = 1472(\text{W})$$

系统流量为：

$$G = \frac{0.86Q}{\Delta t} = \frac{0.86\times1472}{45-35} = 126.6(\text{kg/h})$$

查附录 D 表 D.0.1，结合第 3.5.11 条对于管内流速不小于 0.25m/s 的要求，表 D.0.1 中三种管径规格，当 $G = 126.6\text{kg/h}$ 时，只有管内径/管外径为 12.1mm/16mm 对应的流速为 0.3m/s 左右，大于 0.25m/s 的限值，因此只能选择 D 选项。

3. **答案**：[D]

主要解答过程：

根据《教材2018》P27，重力循环宜采用上供下回式，题干中系统为下供下回，故判断该系统为机械循环系统。再根据P78，机械循环系统必须考虑各层不同的自然循环压力，可按设计水温条件下最大循环压力的2/3计算。此外根据《民规》第5.9.11条或教材P78所述，各并联环路之间的压力损失相对差值不包括公共管段，因此A3环路相对A1环路的阻力差值不应包括 ab 段和 $a'b'$ 段。A3环路相对A1环路附加的自然循环压力为：

$$H = \frac{2}{3}gh(\rho_h - \rho_g) = \frac{2}{3} \times 9.8 \times (6+6) \times (983.75 - 968.65) = 1183.84(\text{Pa})$$

A3环路相对A1环路的阻力不平衡率为：（A3相对于A1，因此以A1环路阻力为分母）

$$\alpha = \frac{(\Delta P_3 - H) - \Delta P_1}{\Delta P_1} = \frac{2P_{bc+cd} + P_{A3} - H - P_{A1}}{P_{A1}}$$

$$= \frac{4000\text{Pa} + 5500\text{Pa} - 1183.84\text{Pa} - 7500\text{Pa}}{7500\text{Pa}}$$

$$= 10.9\%$$

注：(1)自然循环(即热压)对于散热器热水循环是动力，因此在计算阻力时应减去。

(2)本题存在争议，具体分析请参考2016年案例(下)第2题解答过程。

4. **答案：**[C]

主要解答过程：

根据《教材2018》P89式(1.8-1)，并认为散热器修正系数不变，有：

$$Q_1 = \frac{K_1 F \Delta t_1}{\beta_1\beta_2\beta_3\beta_4} = \frac{2.81F(t_{pj1} - t_n)^{1.276}}{\beta_1\beta_2\beta_3\beta_4} = cG_1(85-60)$$

$$Q_2 = \frac{K_2 F \Delta t_2}{\beta_1\beta_2\beta_3\beta_4} = \frac{2.81F(t_{pj2} - t_n)^{1.276}}{\beta_1\beta_2\beta_3\beta_4} = cG_2(70-50)$$

两式相比得：$$\frac{\left(\frac{85+60}{2} - 20\right)^{1.276}}{\left(\frac{70+50}{2} - 20\right)^{1.276}} = \frac{G_1}{G_2} \times \frac{85-60}{70-50} \Rightarrow \frac{G_1}{G_2} = 1.132$$

由于系统管网阻力系数 S 值不变：

$$\frac{\Delta P_1}{\Delta P_2} = \frac{SG_1^{\ 2}}{SG_2^{\ 2}} = \left(\frac{G_1}{G_2}\right)^2 = 1.28$$

5. **答案：**[A]

主要解答过程：

根据《教材2018》P152，锅炉热效率：（设 Q 为热水负荷，B 为燃料消耗量，q 为燃料低位热值）

$$\eta_{gl} = \frac{Q}{Bq} \Rightarrow B = \frac{Q}{\eta_{gl}q} = \frac{cG\Delta t}{\eta_{gl}q}$$，因此：

燃料采用重油时燃料消耗量为：

$$B_{zy} = \frac{48 \times 1000 \times 4.18 \times (95-70)}{90\% \times 40600} = 137.3(\text{kg/h})$$

燃料采用天然气时燃料消耗量为：

$$B_{tyq} = \frac{48 \times 1000 \times 4.18 \times (95-70)}{90\% \times 35000} = 152.9(\text{Nm}^3/\text{h})$$

6. **答案：**[C]

主要解答过程：

根据《教材 2018》P252 式(2.7-7)

流速当量直径：

$$D_v = \frac{2ab}{a+b} = \frac{2\times800\times313}{800+313} = 449.95(\text{mm})$$

查 P251 图 2.7-1 得单位长度摩擦压力损失为：$R_{mo} = 6\text{Pa/m}$

考虑空气温度和大气压的修正，不考虑空气密度和黏性的修正，$K=0.15$ 不考虑管壁粗糙度的修正，因此，根据式(2.7-4)：

$$R_m = K_t K_B R_{mo} = \left(\frac{273+20}{273+t}\right)^{0.825} \times \left(\frac{B}{101.3}\right)^{0.9} \times R_{mo}$$

$$= \left(\frac{273+20}{273+50}\right)^{0.825} \times \left(\frac{101.3}{101.3}\right)^{0.9} \times 6 = 5.536(\text{Pa})$$

故该段风管的长度摩擦阻力损失为：

$$\Delta P = R_m L = 5.536\times30 = 166.1(\text{Pa})$$

7. **答案：**[D]

主要解答过程：

根据《教材 2018》P260 ~ P261

根据式(2.7-15)，孔口平均流速 $v_0=5\text{m/s}$，孔口流量系数 $\mu=0.6$，

故静压流速为：

$$v_j = \frac{v_0}{\mu} = 8.33\text{m/s}$$

根据式(2.7-10)和式(2.7-11)

断面 1 处的静压为：

$$p_j = \frac{1}{2}v_j^2\rho = 0.5\times8.33^2\times1.2 = 41.63(\text{Pa})$$

动压为：

$$p_d = \frac{1}{2}v_d^2\rho = 0.5\times4.5^2\times1.2 = 12.15(\text{Pa})$$

全压为：

$$p_q = p_j + p_d = 41.63 + 12.15 = 53.78(\text{Pa})$$

根据式(2.7-12)，出流角为：

$$\alpha = \arctan\left(\frac{v_j}{v_d}\right) = \arctan\frac{8.33}{4.5} = 61.6° > 60°$$

注：本题可参考《教材(第二版)》P245 例题，更易理解，第三版教材删除该例题。

8. **答案：**[A]

主要解答过程：

根据《教材 2018》P260 式(2.7-13)

孔口实际流速为：$v = \dfrac{v_j}{\sin\alpha} = \dfrac{8.33}{\sin61.6} = 9.47(\text{m/s})$

9. **答案：**[D]

主要解答过程：

本系统风道及风口的阻力为 1800Pa，参考《教材 2018》P273 风机全压的组成，这 1800Pa 的阻力需要依靠风机全压里的一部分压头来克服，并且这部分能量通过摩擦的方式转化为热量造成了送风温升，那么产生这部分压头所需要的风机有效功率为：(P267 式 2.8-1)

$$N_y = \frac{LP}{3600} = Q_{温升} = c\rho\frac{L}{3600}\Delta t \times 1000$$

$$\Delta t = 1.49℃$$

$$t_s = 15 + \Delta t = 16.49℃$$

10. **答案：**[B]

主要解答过程：

根据《教材 2018》P183 式(2.3-19)，天窗排风温度：

$$t_p = t_w + \frac{t_n - t_w}{m} = 30 + \frac{33-30}{0.4} = 37.5(℃)$$

根据 P181 式(2.3-13)，全面通风量为：

$$G = \frac{Q}{C(t_p - t_j)} = \frac{1136}{1.01 \times (37.5\text{-}30)} = 149.97(\text{kg/s})$$

11. **答案：**[B]

主要解答过程：

根据《脉冲喷吹类袋式除尘器》(JBJ 8532—2008)第 5.2 条，该除尘器的漏风率为：

$$\varepsilon = \frac{44.72\varepsilon_1}{\sqrt{p}} = \frac{44.72 \times 2.5\%}{\sqrt{2500}} = 2.236\%$$

12. **答案：**[B]

主要解答过程：

本题的直接考点是《教材 2018》P508 式(3.7-13)，但是教材针对这部分的分析出现错误，并且多次勘误均未改正，为说明其错误原因，做以下分析：

根据 P507 关于定压点的叙述，定压点确定的最主要原则是：保证系统内任何一点不出现负压或者热水的汽化(无论是系统运行还是停止)，定压点的最低运行压力应保证水系统最高点的压力为 5kPa 以上。根据以上原则结合 P507 图 3.7-26b 对该系统进行水力工况分析：

(1)当系统停止时，为保证系统最高点 A 点压力不小于 5kPa，B 点的最低定压压力为：

$$P_{B停} = P_{Amin} + \rho gH = 5 + 1 \times 9.8 \times 50 = 495(\text{kPa})$$

(2)当系统运行时，同样保证 A 点压力不小于 5kPa，列 AB 两点的伯努利方程：

$$P_{Amin} + \rho gH + \frac{\rho v^2}{2} = P_{B运行} + \frac{\rho v^2}{2} + \Delta P_{AB}$$

$$P_{B运行} = P_{Amin} + \rho gH - \Delta H_{AB} = 5 + 1 \times 9.8 \times 50 - 15 = 480(\text{kPa})$$

可以发现，系统停止运行时是对于定压点定压值选取的最不利状态，只要满足系统停止时定压值的要求，则系统运行时一定不会产生负压或者汽化现象，因此系统最低定压压力值，应选取 495kPa。

注：由以上分析可知，教材式(3.7-13)给出的计算方法是错误的，并且也没有合理的物理意义，本题的出题意图应该是有意考查教材的出错点，以考验考生真实的分析能力，但也不排除出题者并未意识到公式错误，以简单套公式为目的给出 510kPa 的参考答案。

13. **答案**：[B]

主要解答过程：

根据《民规》第 7.3.19.2 条

首先，人员所需的最小新风量为：$M_1 = 30 \times 10 = 300(\mathrm{m^3/h})$

其次，补偿排风与保持空调区域空气压力所需的新风量之和为：$M_2 = 250 + 200 = 450(\mathrm{m^3/h})$

因此，该房间空调系统最小的设计新风量为：$M = \max(M_1, M_2) = 450\mathrm{m^3/h}$

14. **答案**：[B]

主要解答过程：

根据《民规》第 4.1.11 条或《教材 2018》P352。

夏季空调室外计算逐时温度为：$t_{sh} = t_{wp} + \beta \Delta t_r$

查表 4.1-11 得：$\beta = 0.43$，查民规附录 A 得：$t_{wp} = 29.4℃$，$t_{wg} = 33.9℃$，故：

$$t_{sh} = 29.4℃ + 0.43 \times \frac{33.9℃ - 29.4℃}{0.52} = 33.12℃$$

15. **答案**：[B]

主要解答过程：

空气处理过程示意图如图所示，根据相对湿度 95%，$h = 23.3\mathrm{kJ/kg_{干空气}}$，查 h-d 图得机器露点 $t_L = 7.7℃$，二次回风混合点温度 $t_{00} = 19 - 1 = 18(℃)$，系统总送风量为：

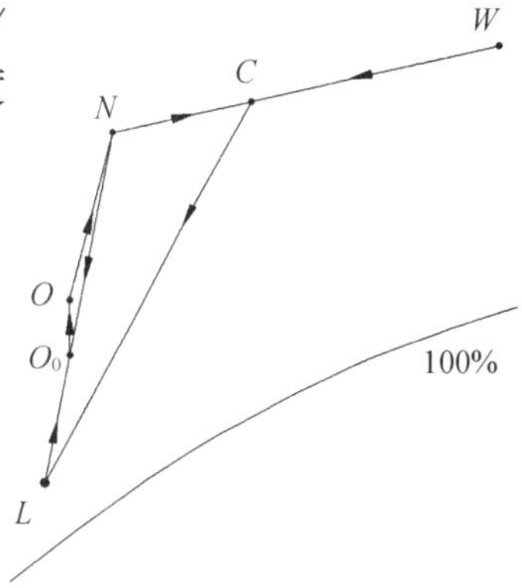

$$G_{总} = \frac{3600Q}{c\rho\Delta t}$$

$$= \frac{3600 \times 17\mathrm{kW}}{1.01\mathrm{kJ/kg_{干空气}} \times 1.2\mathrm{kg/m^3} \times (23 - 19)℃}$$

$$= 12623.7\mathrm{m^3/h}$$

根据二次混风风量关系比：

$$\frac{G_L}{G_{总}} = \frac{t_N - t_{00}}{t_N - t_L} = \frac{23 - 18}{23 - 7.7} \Rightarrow G_L = 4125.4\mathrm{m^3/h}$$

一次回风量为：

$$G_1 = G_L - G_w = 4125.4 - 2000 = 2125.4(\mathrm{m^3/h})$$

一次回风混合点焓值：

$$h_C = \frac{G_1}{G_L} h_N + \frac{G_w}{G_L} h_W = \frac{2125.4}{4125.4} \times 43.1 + \frac{2000}{4125.4} \times 80.6 = 61.28(\mathrm{kJ/kg_{干空气}})$$

16. **答案**：[C]

主要解答过程：

冷却水泵从水箱抽水经冷凝器(冷水机组)送到冷却塔布水器，因此不计从冷却塔依靠重力流至回水箱的管路阻力(可把“管路 AB + 水箱”当作一个“集水盘”来看待，由水箱提升至喷淋器的高差$(h_2 + h_3)$相当于冷却塔中水的提升高度，根据《教材 2018》P495 式(3.7-7)，其中根据 P494 下部所述，进塔水压 H_t 包含了集水盘到布水口之间的压差，因此，冷却水泵扬程为：

$$H_p = \Delta P + H_t = (P_{CD} + P_{冷机}) + [\rho g(h_2 + h_3) + P_{布水}]$$

$$= 150 + 50 + 1 \times 9.8 \times (6 + 3) + 20 = 308.2(\mathrm{kPa})$$

17. **答案**：[D]

主要解答过程：

根据《民规》第 8.5.12 条，冷水循环泵的耗电输冷比满足：

$$ECR = 0.003096\sum(GH/\eta_b)/\sum Q \leqslant A(B+\alpha\sum L)/\Delta T$$

查各附表：$G = 100\text{m}^3/\text{h}$（单台水泵），$H = 30\text{m}$，$\sum Q = 850\text{kW}$，$\Delta T = 5°\text{C}$

$$A = 0.003858, B = 28, \sum L = 350, \alpha = 0.02$$

故：$\eta_b \geqslant \dfrac{0.003096\Delta T\sum GH}{A(B+\alpha\sum L)\sum Q} = \dfrac{0.003096\times5\times2\times100\times30}{0.003858\times(28+0.02\times350)\times850} = 80.92\%$

注：表 8.5.12-3 和表 8.5.12-4 在查询参数上标注不明确，易造成困扰，故作者对表 8.5.12-3 做出注释，以便考生理解：

表 8.5.12-3

系统组成		四管制　单冷、单热管道 *B* 值（两管制　冷水管路 *B* 值也按该列选取）	二管制　热水管道 *B* 值（热水管道对应冷水系统不取值，为"—"）
一级泵	冷水系统	28	—
	热水系统	22	21
二级泵	冷水系统	33	—
	热水系统	27	25

同理，两管制冷水管路 α 值也应根据表 8.5.12-4 取值。

18. **答案：**[B]

主要解答过程：

温湿度独立控制系统，新风承担所有系统湿负荷，室内末端干工况运行，仅承担显热负荷。

由于新风送风温度为 20℃，低于室内空气干球温度，故承担了一部分室内显热负荷：

$$Q_1 = c\rho L_W\Delta t = 1.01\times1.2\times\frac{300}{3600}\times(24-20) = 0.404(\text{kW})$$

室内总显热负荷为：

$$Q_X = 1500+550+1150 = 3200(\text{W})$$

干工况末端最小供冷量为：

$$Q = Q_X - Q_1 = 3200-404 = 2796(\text{W})$$

注：由于显热负荷和潜热负荷分别处理，因此温湿度独立空调系统的负荷计算及负荷分配流程有别于常规系统：

首先，分别计算出室内显热负荷和潜热负荷。

其次，根据室内湿负荷和新风量计算出新风系统的送风状态点，保证新风承担全部湿负荷。

接着，根据新风送风状态点，计算出新风系统所能承担室内的显热负荷。

最后，将剩余的室内显热负荷交给干工况末端来处理。

19. **答案：**[C]

主要解答过程：

根据《教材 2018》P548 式(3.9-14)及式(3.9-15)

水泵额定工况的扰动频率为：

$$f = \frac{n}{60} = \frac{960}{60} = 16(\text{Hz})$$

所需隔振器的自振频率为：

$$f_0 = f\sqrt{\frac{T}{1-T}} \leqslant 16\sqrt{\frac{0.05}{1-0.05}} = 3.67\text{Hz} < 5\text{Hz}$$

故，根据教材所述自振频率小于 5Hz 时，应采用预应力阻尼型金属弹簧隔振器。

20. **答案：**［C］

主要解答过程：

设制冷量为 Q，一次能源消耗量为 A，一次能源利用效率为 ε，则：

$$\varepsilon = \frac{Q}{A} = \frac{Q}{\dfrac{Q}{\eta COP}} = \eta COP$$

其中 η 为锅炉效率或发电效率，COP 为机组制冷效率，故：

方案 1：$\varepsilon_1 = \eta_1 COP_1 = 0.88 \times 1.3 = 1.144$

方案 2：$\varepsilon_2 = \eta_2 COP_2 = 0.25 \times 5.5 = 1.375$

方案 3：$\varepsilon_3 = COP_3 = 1.3$

方案 4：$\varepsilon_4 = \eta_4 COP_4 = 0.45 \times 5.5 = 2.475$

最大与最小比值为：

$$\frac{\varepsilon_4}{\varepsilon_1} = \frac{2.475}{1.144} = 2.16$$

21. **答案：**［B］

主要解答过程：

根据《空气调节经济运行》(GB/T 17981—2007)第 5.4.2 条，用于评价空调系统中制冷子系统的经济运行指标限值为：

$$EER_{\text{rLV}} = \frac{1}{\dfrac{1}{COP_{\text{LV}}} + \dfrac{1}{WTF\text{cw}_{\text{LV}}} + 0.02} = \frac{1}{\dfrac{1}{4.8} + \dfrac{1}{25} + 0.02} = 3.73$$

22. **答案：**［C］

主要解答过程：

根据《教材 2018》P582 ~ P583 式(4.1-24) ~ 式(4.1-29)，设制冷量为 Φ_0，通过蒸发器的制冷剂质量流量为 M_{R1}，通过中间冷却器的制冷剂质量流量为 M_{R2}(注意教材图 4.1-13 与题干附图状态点编号有差别)，则有：

$$M_{\text{R1}} = \frac{\Phi_0}{(h_1 - h_8)} = \frac{\Phi_0}{(h_1 - h_6)}$$

$$M_{\text{R2}} = M_{\text{R1}}\frac{(h_2 - h_3) + (h_5 - h_6)}{(h_3 - h_7)} = M_{\text{R1}}\frac{(h_2 - h_3) + (h_5 - h_6)}{(h_3 - h_5)}$$

$$P_{\text{th1}} = M_{\text{R1}}(h_2 - h_1) = \frac{h_2 - h_1}{h_1 - h_6}\Phi_0 = 0.148\Phi_0$$

$$P_{\text{th2}} = (M_{\text{R1}} + M_{\text{R2}})(h_4 - h_3) = \frac{(h_2 - h_6)(h_4 - h_3)}{(h_3 - h_5)(h_1 - h_6)}\Phi_0 = 0.206\Phi_0$$

$$\varepsilon_{\text{th}} = \frac{\Phi_0}{P_{\text{th1}} + P_{\text{th2}}} = \frac{1}{0.148 + 0.206} = 2.83$$

23. **答案：**［D］

主要解答过程：

参考《教材 2018》P574 式(4.1-5)，两定温热源间的逆卡诺循环效率为：

$$\varepsilon_c = \frac{T_0'}{T_k' - T_0'} = \frac{273 + 2}{(273 + 30) - (273 + 2)} = 9.82$$

要知道逆卡诺循环为理想制冷循环，是所能达到的最高效率，考虑到实际制冷循环的温差损失、节流损失、过热损失等因素，实际制冷循环的制冷系数不可能达到 9.82。

24. **答案：**［A］

主要解答过程：

本题要首先明确的是多联机在制冷工况下，电子膨胀阀位于室内机即蒸发器侧，故由室外机至室内机向下方的制冷剂管道内为高温高压的液态制冷剂，密度取 1162.8kg/m^3，列该段管路的阻力关系方程：

$$P_k + \rho g H - \Delta P = P_0$$

$$\Delta P = P_k - P_0 + \rho g H \leqslant 2260\text{kPa}$$

$$H \leqslant \frac{(2260 - 2602 + 934) \times 1000}{9.81 \times 1162.8} = 51.89(\text{m})$$

注：本题解答的关键是判断膨胀阀位置，并选用正确的密度数据，多联机冷媒管一般分为液管和气管，液管较细，气管较粗。故也可以从附图中管道粗细得到一定提示。

25. **答案：**［B］

主要解答过程：

根据《教材 2018》P821 式(6.3-2)，查表 6.3-4，采用内插法得：

$$k = 0.15 + \frac{300 - 250}{300 - 200} \times (0.16 - 0.15) = 0.155$$

$$Q_h = \sum kNQ_n = 0.155 \times 250 \times (2.4 + 1.75) = 160.8(\text{m}^3/\text{h})$$

2014年度全国注册公用设备工程师(暖通空调)执业资格考试　专业案例(下)

1. 某建筑首层门厅采用地面辐射供暖系统，门厅面积 $F = 360\text{m}^2$，可敷设加热管的地面面积 $F_j = 270\text{m}^2$，室内设计计算温度20℃。以下何项房间计算热负荷数值满足保证地表面温度的规定上限值？

(A)19.2kW　　(B)21.2kW　　(C)23.2kW　　(D)33.2kW

答案：[　]

主要解答过程：

2. 某住宅楼采用上供下回双管散热器供暖系统，室内设计温度为20℃，热水供回水温度90℃/65℃，设计采用椭四柱660型散热器，其传热系数 $K = 2.682\Delta t^{0.297}$[W/(m²·℃)]。因对小区住宅楼进行了围护结构节能改造，该住宅小区的供暖热负荷降至原设计负荷的60%，若原设计供暖系统保持不变，要保持室内温度为20～22℃，供暖热水供回水温度(供回水温差为20℃)应是下列哪一项？并列出计算判断过程(忽略水流量变化对散热器散热量的影响)。

(A)75℃/55℃　　(B)70℃/50℃　　(C)65℃/45℃　　(D)60℃/40℃

答案：[　]

主要解答过程：

3. 某住宅室内设计温度为20℃，采用双管上供下回供暖系统，设计供回水温度85℃/60℃，铸铁柱型散热器明装，片厚60mm，单片散热面积0.24m²，连接方式如图所示。为使散热器组装长度≤1500mm，每组散热器负担的热负荷不应大于下列哪一个选项？注：散热器传热系数 $K = 2.503\Delta t^{0.293}$W/(m²·℃)，$\beta_3 = \beta_4 = 1.0$。

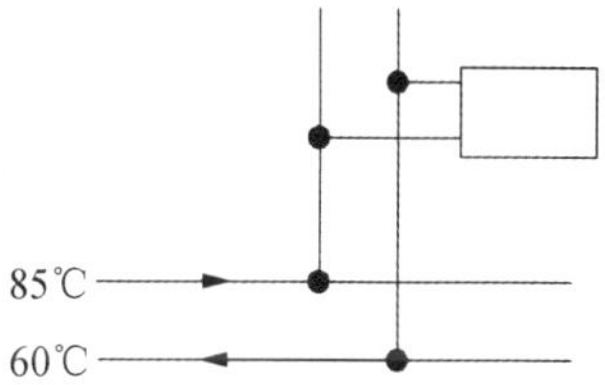

(A)1600～1740W　　(B)1750～1840W　　(C)2200～2300W　　(D)3100～3200W

答案：[　]

主要解答过程：

4. 严寒地区某住宅小区的冬季供暖用热水锅炉房，容量为280MW，刚好满足 $400 \times 10^4\text{m}^2$ 既有住宅的供暖。因对既有住宅进行了围护结构节能改造，改造后该锅炉房又多负担了新建住宅供暖的面积 $270 \times 10^4\text{m}^2$，且能满足设计要求。请问既有住宅的供暖热指标和改造后既有住宅的供暖热指标分别应接近下列选项的哪一个？(锅炉房自用负荷可忽略不计，管网散热损失为供热量的2%；新建住宅供暖热指标35W/m²)

(A)70.0W/m²和46.3W/m²　　(B)70.0W/m²和45.0W/m²

(C)68.6W/m²和46.3W/m²　　(D)68.6W/m²和45.0W/m²

答案：[　]

主要解答过程:

5. 某住宅小区热力管网有四个热用户，管网在正常工况时的水压图和各热用户的水流量如图所示，如果关闭热用户 2、3、4，热用户 1 的水力失调度应是下列选项的哪一个？(假设循环水泵扬程不变)

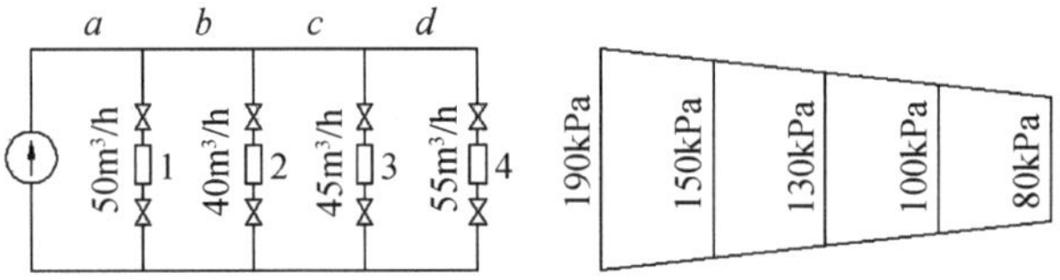

(A)0.9 ~ 1.0　　(B)1.1 ~ 1.2　　(C)1.3 ~ 1.4　　(D)1.5 ~ 1.6

答案: [　]

主要解答过程:

6. 某热水供热系统(上供下回)设计供回水温度 110℃/70℃，为 5 个用户供暖(见下表)，用户采用散热器承压 0.6MPa，试问设计选用的系统定压方式(留出了 $3mH_2O$ 余量)及用户与外网连接方式，正确的应是下列何项？(汽化表压取 42kPa，$1mH_2O = 9.8kPa$，膨胀水箱架设高度小于 1m)

用户	1	2	3	4	5
用户底层地面标高/m	+5	+3	-2	-5	0
用户楼高/m	48	24	15	15	24

注：以热网循环水泵中心高度为基准。

(A)在用户 1 屋面设置膨胀水箱，各用户与热网直接连接
(B)在用户 2 屋面设置膨胀水箱，用户 1 与外网分层连接，高区 28 ~ 48m 间接连接，低区 1 ~ 27m 直接连接，其余用户与热网直接连接
(C)取定压点压力 $56mH_2O$，各用户与热网直接连接，用户 4 散热器选用承压 0.8MPa
(D)取定压点压力 $35mH_2O$，用户 1 与外网分层连接，高区 23 ~ 48m 间接连接，低区 1 ~ 22m 直接连接，其余用户与热网直接连接

答案: [　]

主要解答过程:

7. 某风系统风量为 $4000m^3/h$，系统全年运行 180 天、每天运行 8h，拟比较选择纤维填充式过滤器和静电过滤器两种方案(二者实现同样的过滤级别)的用能情况。已知：纤维填充式过滤器的运行阻力为 120Pa，静电过滤器的运行阻力为 20Pa、静电过滤器的耗电功率为 40W，风机机组的效率为 0.75，问采用静电过滤器方案，一年节约的电量(kW·h)应为下列何项？

(A)140 ~ 170　　(B)175 ~ 205　　(C)210 ~ 240　　(D)250 ~ 280

答案: [　]

主要解答过程:

8. 某车间，室内设计温度 15℃，车间围护结构设计耗热量 200kW，工作区局部排风量 10kg/s;

车间采用混合供暖系统(散热器 + 新风集中热风供暖)，设计散热器散热量等于室内 +5℃值班供暖的热负荷。新风送风系统风量 7kg/s，送风温度 t(℃)为下列何项？(已知：供暖室外计算温度为 -10℃，空气的比热容为 1.01kJ/kg，值班供暖时，通风系统不运行)

(A)35.5 ~ 36.5　　(B)36.6 ~ 37.5　　(C)37.6 ~ 38.5　　(D)38.6 ~ 39.5

答案：[　]

主要解答过程：

9. 某除尘系统由旋风除尘器(除尘总效率 85%) + 脉冲袋式除尘器(除尘总效率 99%)组成，已知除尘系统进入风量为 10000m^3/h，入口含尘浓度为 5.0g/m^3，漏风率：旋风除尘器为 1.5%，脉冲袋式除尘器为 3%，求该除尘系统的出口含尘浓度应接近下列何项(环境空气的含尘量忽略不计)？

(A)7.0mg/m^3　　(B)7.2mg/m^3　　(C)7.4mg/m^3　　(D)7.5mg/m^3

答案：[　]

主要解答过程：

10. 含有 SO_2浓度为 100ppm 的有害气体，流量为 5000m^3/h，选用净化装置的净化效率为 95%，净化后的 SO_2浓度(mg/m^3)为下列何项(大气压为 101325Pa)？

(A)12.0 ~ 13.0　　(B)13.1 ~ 14.0　　(C)14.1 ~ 15.0　　(D)15.1 ~ 16.0

答案：[　]

主要解答过程：

11. 某房间设置一机械送风系统，房间与室外压差为零。当通风机在设计工况运行时，系统送风量为 5000m^3/h，系统的阻力为 380Pa。现改变风机转速，系统送风量降为 4000m^3/h，此时该机械送风系统的阻力(Pa)应为下列何项？

(A)210 ~ 215　　(B)240 ~ 245　　(C)300 ~ 305　　(D)系统阻力不变

答案：[　]

主要解答过程：

12. 某办公楼的空气调节系统，空调风管的绝热材料采用柔性泡沫橡塑材料，其导热系数为 0.0365W/(m·K)，根据有关节能设计标准，采用柔性泡沫橡塑板材的厚度规格，最合理的应是下列选项的哪一个？并列出判断过程。(计算中，不考虑修正系数)

(A)19mm　　(B)25mm　　(C)32mm　　(D)38mm

答案：[　]

主要解答过程：

13. 某空调房间经计算在设计状态时，显热冷负荷为 10kW，房间湿负荷为 0.01kg/s。则该房间空调送风的设计热湿比，接近下列何项？

(A)800　　(B)1000　　(C)2500　　(D)3500

答案：[　]

主要解答过程：

14. 某建筑设置 VAV + 外区风机盘管空调系统。其中一个外区房间外墙面积 $8m^2$，外墙传热系数 $0.6W/(m^2 \cdot K)$；外窗面积 $16m^2$，外窗传热系数 $2.3W/(m^2 \cdot K)$；室外空调计算温度 $-12℃$，室内设计温度 20℃；房间变风量末端最大送风量 $1000m^3/h$，最小送风量 $500m^3/h$，送风温度 15℃；取空气密度为 $1.2kg/m^3$，比热容为 1.01kJ/kg。不考虑围护结构附加耗热量及房间内部的热量。问：该房间风机盘管应承担的热负荷(W)为下列何项？

(A)830 ~ 850　　(B)1320 ~ 1340　　(C)2160 ~ 2180　　(D)3000 ~ 3020

答案：[　]

主要解答过程：

15. 某空调房间室内设计参数为：$t_n = 26℃$，$\varphi_n = 50\%$，$d_n = 10.5g/kg_{干空气}$；房间热湿比为 8500kJ/kg，设计送风温差 9℃。要求应用公式计算空气焓值，则设计送风状态点的空气焓值($kJ/kg_{干空气}$)应为下列何项(空气的比热容为 1.01kJ/kg℃)？

(A)38.2 ~ 38.7　　(B)39.5 ~ 40　　(C)41.0 ~ 41.5　　(D)42.3 ~ 42.8

答案：[　]

主要解答过程：

16. 某局部岗位冷却送风系统，采用紊流系数为 0.076 的圆管送风口，送风出口温度 $t_S = 20℃$，房间温度 $t_n = 35℃$，送风口至工作岗位的距离为 3m。工艺要求为：送风至岗位处的射流的轴心温度 $t = 29℃$、射流轴心速度为 0.5m/s。问：该圆管风口的送风量，应最接近下列何项(送风口直径采用计算值)？

(A)$160m^3/h$　　(B)$200m^3/h$　　(C)$250m^3/h$　　(D)$300m^3/h$

答案：[　]

主要解答过程：

17. 某办公楼层采用温湿度独立控制空调系统，夏季室内设计参数为 $t = 26℃$，$\varphi = 60\%$，室内总显热冷负荷为 35kW。湿度控制系统(新风系统)的送风量为 $2000m^3/h$，送风温度为 19℃；温度控制系统由若干台干式风机盘管构成，风机盘管的送风温度为 20℃。试问温度控制系统的总风量(m^3/h)应为下列何项？(取空气密度为 $1.2kg/m^3$，比热容为 1.01kJ/kg。不计风机、管道温升)

(A)14800 ~ 14900　　(B)14900 ~ 15000　　(C)16500 ~ 16600　　(D)17300 ~ 17400

答案：[　]

主要解答过程：

18. 如图所示的集中空调冷水系统为由两台主机和两台冷水泵组成的一级泵变频变流量水系统，一级泵转速由供回水总管压差进行控制。已知条件是：每台冷水机组的额定设计制冷量为 1163kW，供回水温差为 5℃，冷水机组允许的最小安全运行流量为额定设计流量的 60%，供回水总管恒定控制压差为 150kPa。问：供回水总管之间的旁通电动阀所需要流通能力，最接近下列何项?

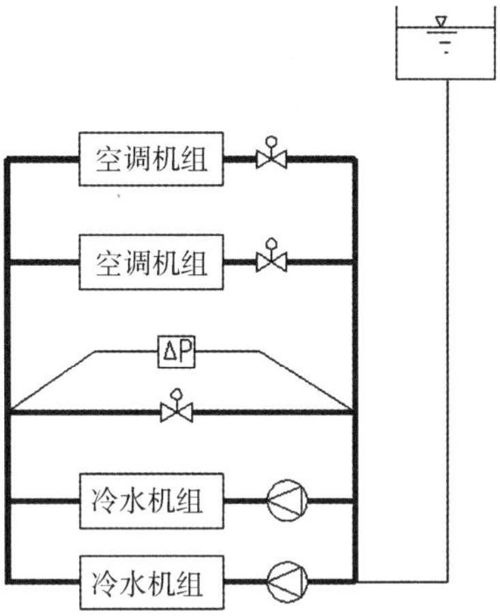

(A)326　　(B)196　　(C)163　　(D)98

答案：[　]

主要解答过程：

19. 某空调房间设置全热回收装置，新风量与排风量均为 200m³/h，室内温度为 24℃、相对湿度 60%、焓值 56.2kJ/kg，室外温度 35℃、相对湿度 60%，焓值 90.2kJ/kg，全热回收效率 62%，试求新风带入室内的冷负荷为下列何项?(空气密度为 1.2kg/m³)

(A)260～320W　　(B)430～470W　　(C)840～880W　　(D)1380～1420W

答案：[　]

主要解答过程：

20. 某洁净室按照发尘量和洁净度等级要求计算送风量 12000m³/h，根据热湿负荷计算送风量 15000m³/h，排风量 14000m³/h，正压风量 1500m³/h，室内 25 人，该洁净室的送风量应为下列何项?

(A)12000m³/h　　(B)15000m³/h　　(C)15500m³/h　　(D)16500m³/h

答案：[　]

主要解答过程：

21. 某建筑空调冷源配置 2 台同规格冷水机组，表 1 为不同负荷率下冷水机组的制冷 *COP*，表 2 为供冷季节负荷率。计算冷水机组供冷季节制冷的 *COP* 应为下列何项?

表 1　冷水机组制冷 *COP*

负荷率	12.5%	25%	37.5%	50%	75%	100%
COP	3.2	5.6	6.2	6.0	6.2	6.0

表 2　供冷季节负荷率

	100%	75%	50%	37.5%	25%	12.5%
时间比例(%)	5	25	30	20	15	5

(A)5.20～5.30　　(B)5.55～5.65　　(C)5.95～6.05　　(D)6.15～6.25

答案：[　]
主要解答过程：

22. 某活塞式制冷压缩机的轴功率为 100kW，摩擦效率为 0.85。压缩机制冷负荷卸载 50% 运行时(设压缩机进出口的制冷剂焓值、指示效率与摩擦功率维持不变)，压缩机所需的轴功率为下列何项？

(A)50kW　(B)50.5 ~ 54.0kW　(C)54.5 ~ 60.0kW　(D)60.5 ~ 65.0kW

答案：[　]
主要解答过程：

23. 已知某电动压缩式制冷机组的冷凝器设计的放热量为 1500kW，分别采用温差为 5℃的冷却水冷却和采用常温下水完全蒸发冷却(不考虑显热)，前者与后者相同单位时间的水量之比值是下列何项？

(A)10 ~ 12　(B)50 ~ 90　(C)100 ~ 120　(D)130 ~ 150

答案：[　]
主要解答过程：

24. 1t 含水率为 60% 的猪肉从 15℃冷却至 0℃，需用时 1h，货物耗冷量为下列何项？

(A)11.0 ~ 11.2kW　(B)13.4 ~ 13.6kW　(C)14.0 ~ 14.20kW　(D)15.4 ~ 15.6kW

答案：[　]
主要解答过程：

25. 某半即热式水加热器，要求小时供热量不低于 1250000kJ/h，热媒为 50kPa 饱和蒸汽，饱和蒸汽温度为 100℃，进入加热器的最低水温为 7℃，出水终温为 60℃，加热器的传热系数为 5000kJ/(m^2 · h · K)，则加热器的最小加热面积应为下列何项？(取热损失系数为 1.10，ε 为 0.8)

(A)7.55 ~ 7.85m^2　(B)7.20 ~ 7.50m^2　(C)5.40 ~ 5.70m^2　(D)5.05 ~ 5.35m^2

答案：[　]
主要解答过程：

2014 年度全国注册公用设备工程师（暖通空调）执业资格考试　专业案例（下）　详解

专业案例答案									
题号	答案	题号	答案	题号	答案	题号	答案	题号	答案
1	D	6	D	11	B	16	C	21	C
2	B	7	A	12	C	17	B	22	C
3	A	8	B	13	D	18	D	23	C
4	D	9	B	14	C	19	C	24	B
5	B	10	C	15	B	20	C	25	C

1. **答案：**［D］

主要解答过程：

根据《辐射冷暖规》（JGJ 142—2012）第 3.4.6 条，再查表 3.1.3，门厅为人员短时间停留场所，地面平均温度上限取 32℃，故：

$$t_{pj} = t_n + 9.82\left(\frac{q}{100}\right)^{0.969}$$

$$32℃ = 20 + 9.82 \times \left(\frac{q}{100}\right)^{0.969} \Rightarrow q = 123\text{W/m}^2$$

最大房间热负荷为：$Q = qF_j = 33.2\text{kW}$

2. **答案：**［B］

主要解答过程：

根据《教材 2018》P89 式（1.8-1），由于散热器片数与安装形式均未变化，且忽略水流量变化对散热器散热量的影响，故各修正系数均未发生变化。改造前后热负荷：

$$Q_1 = \frac{K_1 F\Delta t_1}{\beta_1\beta_2\beta_3\beta_4} = \frac{2.682F(t_{pj1} - t_n)^{1.297}}{\beta_1\beta_2\beta_3\beta_4}$$

$$0.6Q_1 - \frac{K_2 F\Delta t_2}{\beta_1\beta_2\beta_3\beta_4} = \frac{2.682F(t_{pj2} - t_n)^{1.297}}{\beta_1\beta_2\beta_3\beta_4}$$

两式相比得：$\dfrac{\left(\dfrac{90+65}{2} - 20\right)^{1.297}}{(t_{pj2} - 20)^{1.297}} = \dfrac{1}{0.6}$

$$t_{pj2} = \frac{t_g' + t_h'}{2} = 58.8℃$$

$$t_g' - t_h' = 20℃ \qquad \Rightarrow t_g' = 68.8℃ \quad t_h' = 48.8℃$$

注：本题为 2010 年案例（下）第 3 题原题改编。

3. **答案：**[A]

主要解答过程：

由散热器长度限制可知，最大片数值为：$n = \dfrac{1500}{60} = 25$（片）。

根据《教材 2018》P89 式(1.8-1)并查表 1.8-2 和表 1.8-3 得 $\beta_1 = 1.1$，$\beta_2 = 1.42$。

$$Q = \frac{K_1 F(t_{pj} - t_n)}{\beta_1\beta_2\beta_3\beta_4} = \frac{(25 \times 0.24) \times 2.503 \times \left(\dfrac{85 + 60}{2} - 20\right)^{1.293}}{1.1 \times 1.42 \times 1 \times 1} = 1610.96(\mathrm{W})$$

注：本题出题图文不符，题干为上供下回，而配图散热器为下供上回，本题根据配图下供上回选取修正系数进行计算。

4. **答案：**[D]

主要解答过程：

容量为 280MW 的锅炉，能够提供的供暖负荷为：

$$Q = 280 \times (1 - 2\%) = 274.4(\mathrm{MW})$$

既有建筑改造前的热指标为：

$$q = \frac{Q}{400 \times 10^4} = 68.6\ (\mathrm{W/m^2})$$

新建住宅所需的供暖负荷为：

$$Q_x = 270 \times 10^4 \times 35 = 94.5(\mathrm{MW})$$

既有建筑改造后的热指标为：

$$q' = \frac{Q - Q_x}{400 \times 10^4} = 45.0\ (\mathrm{W/m^2})$$

5. **答案：**[B]

主要解答过程：

参考《教材 2018》P138 ~ P141 部分内容，如图所示，四个用户均运行时 a 管段的阻力损失为：$(190 - 150)/2 = 20(\mathrm{kPa})$，流量为：$50 + 40 + 45 + 55 = 190(\mathrm{m^3/h})$，故：

a 管段的阻力数为：

$$S_a = \frac{P_a}{{Q_a}^2} = \frac{20 \times 10^3\mathrm{Pa}}{(190\mathrm{m^3/h})^2} = 0.554\mathrm{Pa/(m^3/h)^2}$$

1 支路的阻力数为：

$$S_1 = \frac{P_1}{{Q_1}^2} = \frac{150 \times 10^3\mathrm{Pa}}{(50\mathrm{m^3/h})^2} = 60\mathrm{Pa/(m^3/h)^2}$$

关闭 2、3、4 用户后，原干管和 1 支路阻力系数不变，故：

1 支路的流量为：

$$Q_1' = \sqrt{\frac{P_Z}{2S_a + S_1}} = \sqrt{\frac{190 \times 10^3}{2 \times 0.554 + 60}} = 55.76(\mathrm{m^3/h})$$，注意与 a 管路对应还有一段回水干管。

用户 1 的水力失调度为：

$$x_1 = \frac{Q_1'}{Q_1} = \frac{55.76}{50} = 1.12$$

6. **答案：**[D]

主要解答过程：

根据《教材 2018》P136 ~ P138 水压图分析部分内容。

由于系统任意一点(系统最高点为最不利点)的压力，不能低于热水的汽化压力(42kPa)，并留出 $3mH_2O$ 的余量，计算最高建筑用户 1 所需求的最低静水压力要求为：

$$H_{J1} = 48 + 5 + \frac{42000}{1000 \times 9.8} + 3 = 60.3(\text{m})$$

因此首先排除 C 选项；A 选项：由于膨胀水箱架设高度小于 1m，因此若在屋面设置膨胀水箱，定压压力 $H \leqslant 48\text{m} + 5\text{m} + 1\text{m} = 54\text{m} < 60.3\text{m}$，同样不满足最低静水压力要求；B 选项：同理 A 选项，在用户 2 屋面设置膨胀水箱，是不可能满足 2 用户直接连接方式下的最低静水压力要求的，因此 B 选项错误；D 选项正确，分析如下：

在用户 1 进行高低分区后，除用户 1 高区外，其余直接连接用户(包括用户 1 低区)，系统最高点为 $22 + 5 = 27(\text{m})$ 或 $24 + 3 = 27(\text{m})$，此时所需要的最低静水压力要求为：

$$H_{J2} = 27 + \frac{42000}{1000 \times 9.8} + 3 = 34.3\text{m} < 35\text{m}$$，故定压点压力满足静水压力要求。

系统最低点为用户 4 底层的 −5m，散热器承压为：

$$P = \rho g H = 1000 \times 9.8 \times (35 + 5) = 0.392\text{MPa} < 0.6\text{MPa}$$

散热器不超压。

7. **答案：**[A]

主要解答过程：

根据《教材 2018》P268 式(2.8-3)，题干所给通风机效率为总效率，计算消耗电能不需考虑电动机安全容量系数。

纤维填充式过滤器耗电量为：

$$N_1 = \frac{LP_1}{\eta \times 3600} = \frac{4000 \times 120}{0.75 \times 3600} = 177.8(\text{W})$$

静电过滤器除了风机电耗外还要计算除尘器本身电耗：

$$N_2 = \frac{LP_2}{\eta \times 3600} + 40 = \frac{4000 \times 20}{0.75 \times 3600} + 40 = 69.6(\text{W})$$

故，运行 180 天一年节约电量为：

$$W = 180 \times 8 \times \frac{177.8 - 69.6}{1000} = 155.8(\text{kW} \cdot \text{h})$$

注：本题为 2010 年专业案例(下)第 7 题原题改编。

8. **答案：**[B]

主要解答过程：

由于值班供暖时通风系统不运行，因此值班供暖散热器仅承担 +5℃条件下对应的围护结构耗热量，在设计温度 15℃条件下，围护结构设计耗热量为 200kW，由于围护结构耗热量与室内外温差成正比，故：

$$\frac{Q'}{200\text{kW}} = \frac{5 - (-10)}{15 - (-10)} \Rightarrow Q' = 120\text{kW}$$ 即为散热器的散热量。

根据《教材 2018》P175 式(2.2-5)和式(2.2-6)

车间风量平衡：

$$G_p = G_{zj} + G_{jj} \Rightarrow G_{zj} = 10 - 7 = 3(\text{kg/s})$$

车间热量平衡：

$$(200 - Q') + cG_p t_n = cG_{jj} t + cG_{zj} t_w$$

解得：$t = 37.03℃$

注：本题近似认为散热器在室温 5℃时和 15℃时散热量不变，均为 120kW。

9. **答案**：[B]

主要解答过程：

入口含尘量为：

$$m_{入} = 5\text{g/m}^3 \times 10000\text{m}^3/\text{h} = 50\text{kg/h}$$

总除尘效率为：

$$\eta_t = 1 - (1 - \eta_1)(1 - \eta_2) = 99.85\%$$

出口风量为：

$$V_{出} = 10000\text{m}^3/\text{h} \times (1 + 1.5\%) \times (1 + 3\%) = 10454.5\text{m}^3/\text{h}$$

出口含尘量为：

$$m_{出} = m_{入}(1 - \eta_t) = 0.075\text{kg/h}$$

出口浓度为：

$$y = \frac{m_{出}}{V_{出}} = 7.17\text{mg/m}^3$$

10. **答案**：[C]

主要解答过程：

根据《教材 2018》P231 式(2.6-1)

$$Y = \frac{CM}{22.4} = \frac{100 \times 64}{22.4} = 285.71(\text{mg/m}^3)$$

故净化后的 SO_2 浓度为：

$$Y' = Y(1 - \eta) = 285.71 \times (1 - 95\%) = 14.29(\text{mg/m}^3)$$

11. **答案**：[B]

主要解答过程：

根据管网公式 $P = SQ^2$，工况改变管网阻力系数 S 不变，故有：

$$\frac{P_1}{P_2} = \frac{Q_1{}^2}{Q_2{}^2}$$

$$P_2 = \frac{Q_2{}^2}{Q_1{}^2} P_1 = \left(\frac{4000}{5000}\right)^2 \times 380 = 243.2(\text{Pa})$$

12. **答案**：[C]

主要解答过程：

根据《民规》第 11.1.6 条及附录表 K.0.4-1 或《公建节能 2015》附录 D.0.4，最小热阻限值为 $0.81\text{m}^2 \cdot \text{K/W}$，因此：

$$0.81 \leqslant \frac{\delta_2}{\lambda} \Rightarrow \delta_2 \geqslant 29.6\text{mm}$$

13. **答案**：[D]

主要解答过程：

本题考查热湿比的基本定义，根据《教材 2018》P346 式(3.1-6)，注意热湿比为全热负荷(焓差)除以湿负荷。

房间全热负荷为：

$$\Delta h = 10\text{kW} + 2500\text{kJ/kg} \times 0.01\text{kg/s} = 35\text{kW}$$

房间送风热湿比为：

$$\varepsilon = \frac{\Delta h}{\Delta d} = \frac{35\text{kW}}{0.01\text{kg/s}} = 3500\text{kJ/kg}$$

14. **答案：**[C]

主要解答过程：

围护结构热负荷为：

$$Q_{\text{围}} = K_1F_1\Delta t + K_2F_2\Delta t$$
$$= 0.6 \times 8 \times [20-(-12)] + 2.3 \times 16 \times [20-(-12)] = 1331.2(\text{W})$$

关于 VAV 系统带来的热负荷计算有争议，争议点在于计算风量选择最大送风量还是最小送风量。笔者认为应按最小送风量计算，原因在于：题干所述变风量系统一次送风温度为 15℃，低于室内设计温度，其目的是为了满足建筑内区房间冬季供冷的需求，而对于外区房间，一次风仅需要满足室内最小新风量的要求，采用最小送风量即可。若选择最大送风量则会造成冷热抵消，增加风机盘管负荷，显然不合理，具体可参考《教材 2018》P384 ~ P387 部分。因此 VAV 系统带来的热负荷为：

$$Q_{\text{VAV}} = cG\Delta t = 1.01 \times \frac{500}{3600} \times 1.2 \times (20-15) = 0.842\text{kW} = 842\text{W}$$

故风机盘管应承担的热负荷为：

$$Q_{\text{FP}} = Q_{\text{围}} + Q_{\text{VAV}} = 2173\text{W}$$

15. **答案：**[B]

主要解答过程：

送风温度 $t_o = t_n - 9 = 17℃$，根据《教材 2018》P344 式(3.1-4)

$$h_o = 1.01t_o + \frac{d_o}{1000}(2500 + 1.84t_o)$$

$$h_n = 1.01t_n + \frac{d_n}{1000}(2500 + 1.84t_n)$$
$$= 1.01 \times 26 + \frac{10.5}{1000} \times (2500 + 1.84 \times 26) = 53.01(\text{kJ/kg}_{\text{干空气}})$$

再根据 P346 式(3.1-6)

$$\varepsilon = \frac{\Delta h}{\Delta d} = \frac{h_o - h_n}{(d_o - d_n)/1000} = 8500\text{kJ/kg}$$

$$d_o = 8.95\text{g/kg}_{\text{干空气}}$$

解得：

$$h_o = 1.01t_o + \frac{d_o}{1000}(2500 + 1.84t_o) = 39.81\text{kJ/kg}_{\text{干空气}}$$

16. **答案：**[C]

主要解答过程：

根据《教材 2018》P428 式(3.5-3)

$$\frac{\Delta T_x}{\Delta T_0}=\frac{0.35}{\frac{\alpha x}{d_0}+0.145}\Rightarrow\frac{35-29}{35-20}=\frac{0.35}{\frac{0.076\times 3}{d_0}+0.145}\Rightarrow d_0=0.31\text{m}$$

根据 P425 式(3.5-1)

$$\frac{v_x}{v_0}=\frac{0.48}{\frac{\alpha x}{d_0}+0.145}\Rightarrow\frac{0.5}{v_0}=\frac{0.48}{\frac{0.076\times 3}{0.313}+0.145}\Rightarrow v_0=0.91\text{m/s}$$

故送风量:

$$V=\frac{1}{4}\pi d_0{}^2 v_0=251\text{m}^3/\text{h}$$

17. **答案:**[B]

主要解答过程:

温湿度独立控制系统，新风承担所有系统湿负荷，室内末端干工况运行，仅承担显热负荷。由于新风送风温度为 19℃，低于室内空气干球温度，故承担了一部分室内显热负荷:

$$Q_1=c\rho L_W\Delta t=1.01\times 1.2\times\frac{2000}{3600}\times(26-19)=4.71(\text{kW})$$

干式风机盘管承担的显热负荷为:

$$Q=35\text{kW}-Q_1=30.29\text{kW}$$

干式风机盘管的风量为:

$$V=\frac{Q}{c\rho\Delta t}=\frac{30.29}{1.01\times 1.2\times(26-20)}\times 3600=14995(\text{m}^3/\text{h})$$

18. **答案:**[D]

主要解答过程:

每台冷水机组的额定流量为:

$$V=\frac{Q}{c\rho\Delta t}=\frac{1163}{4.18\times 1000\times 5}\times 3600=200.3(\text{m}^3/\text{h})$$

根据《09 技措》第 5.7.6.5 条，旁通阀的设计流量应取单台最大冷水机组的最小安全额定流量:

$$V_{\min}=60\%\times V=120.2\text{m}^3/\text{h}$$

根据《教材 2018》P524 式(3.8-1)

$$C=\frac{316V_{\min}}{\sqrt{\Delta P}}=\frac{316\times 120.2}{\sqrt{150\times 1000}}=98$$

19. **答案:**[C]

主要解答过程:

根据《教材 2018》P563 式(3.11-7)

$$\eta_h=0.62=\frac{h_1-h_2}{h_1-h_3}=\frac{90.2-h_2}{90.2-56.2}$$

$$h_2=69.12\text{kJ/kg}$$

则新风带入室内的冷负荷为:

$$Q_x=\rho V(h_2-h_3)=1.2\times\frac{200}{3600}\times(69.12-56.2)=0.861\text{kW}=861\text{W}$$

20. **答案**：[C]

主要解答过程：

根据《洁净规》(GB 50073—2013)第 6.1.5 条，新鲜空气量为：

$$V_x = \max[(14000 + 1500), 25 \times 40] = 15500(m^3/h)$$

再根据第 6.3.2 条，送风量为：

$$V_s = \max[12000, 15000, V_x] = V_x = 15500(m^3/h)$$

21. **答案**：[C]

主要解答过程：

本题主要考点为 2 台机组配合运行时，运行策略对于系统整体 *COP* 的影响，但题干并未给出具体运行策略，这就给解题过程造成了一定的争议，下面主要讨论两种运行策略：①*COP* 最大方案，②逐台启动，满载后加载下一台。

①*COP* 最大方案

负荷率	12.5%	25%	37.5%	50%	75%	100%
搭配方案及机组负荷率	1×25%	1×50%	1×75%	1×75% +1×25%	2×75%	2×100%
机组综合 *COP*	5.6	6.0	6.2	6.038 *	6.2	6.0
时间比例(%)	5	15	20	30	25	5

注：50% 负荷率时综合 *COP* 的计算方法为：

$$COP_{50\%} = \frac{Q}{W} = \frac{0.5Q_0}{\dfrac{0.375Q_0}{6.2} + \dfrac{0.125Q_0}{5.6}} = 6.038$$

大于单台 100% 运行和两台 50% 运行时的 *COP* 值(6.0)，因此供冷季节制冷的 *COP* 应为：(按加权平均算法)

$$\begin{aligned} COP_Z &= 5.6 \times 0.05 + 6 \times 0.15 + 6.2 \times 0.2 + 6.038 \times 0.3 + 6.2 \times 0.25 + 6 \times 0.05 \\ &= 6.08 \end{aligned}$$

②逐台启动，满载后加载下一台

负荷率	12.5%	25%	37.5%	50%	75%	100%
搭配方案及机组负荷率	1×25%	1×50%	1×75%	1×100%	1×100% +1×50%	2×100%
机组综合 *COP*	5.6	6.0	6.2	6.0	6.0	6.0
时间比例(%)	5	15	20	30	25	5

因此供冷季节制冷的 *COP* 应为：

$$COP_Z = 5.6 \times 0.05 + 6 \times 0.15 + 6.2 \times 0.2 + 6 \times 0.3 + 6 \times 0.25 + 6 \times 0.05 = 6.02$$

可以发现只有按方案②计算结果落在了 C 选项的范围内，因此推测出题者思路为方案②，但题干未说明产生了争议。

注：题解中所采用的加权平均法其实是一种近似的计算方法，其实按照 *COP* 的基本定义，采用总制冷量/总功耗的方法计算出的 *COP* 才是最准确的，但两种方法计算结果差距很小，不影响选项结果。

如方案②的计算过程如下：

$$COP_Z = \frac{\sum Q}{\sum W}$$

$$= \frac{0.125Q_0 \times 0.05 + 0.25Q_0 \times 0.15 + 0.375Q_0 \times 0.2 + 0.5Q_0 \times 0.3 + 0.75Q_0 \times 0.25 + Q_0 \times 0.05}{\frac{0.125Q_0 \times 0.05}{5.6} + \frac{0.25Q_0 \times 0.15}{6.0} + \frac{0.375Q_0 \times 0.2}{6.2} + \frac{0.5Q_0 \times 0.3}{6.0} + \frac{0.75Q_0 \times 0.25}{6.0} + \frac{Q_0 \times 0.05}{6.0}}$$

$$= 6.023$$

22. **答案**：[C]

主要解答过程：

根据《教材 2018》P613 式(4.3-17)，压缩机指示功率为：

$$P_i = P_e \eta_m = 100 \times 0.85 = 85(\text{kW})$$

根据式(4.3-16)，摩擦功率为：

$$P_m = P_i - P_e = 100 - 85 = 15(\text{kW})$$

冷负荷卸载 50% 后，压缩机制冷剂质量流量减半，由于压缩机进出口的制冷剂焓值、指示效率与摩擦功率维持不变，根据式(4.3-15)，指示效率变为：

$$P_i' = \frac{1}{2} M_{R0}(h_3 - h_2)/\eta_i = \frac{1}{2} P_i = 42.5\text{kW}$$

轴功率变为：

$$P_e' = P_i' + P_m = 42.5 + 15 = 57.5(\text{kW})$$

23. **答案**：[C]

主要解答过程：

采用冷却水冷却时，用水量为：

$$M_1 = \frac{Q}{c\Delta t} = \frac{1500}{4.18 \times 5} = 71.77(\text{kg/s})$$

采用蒸发冷却时，用水量为：

$$M_2 = \frac{Q}{2500\text{kJ/kg}} = \frac{1500\text{kW}}{2500\text{kJ/kg}} = 0.6\text{kg/s}$$

比值为：

$$\frac{M_1}{M_2} = \frac{71.77}{0.6} = 119.6$$

24. **答案**：[B]

主要解答过程：

根据《教材 2018》P710 式(4.8-1)，猪肉比热为：

$$C_r = 4.19 - 2.30X_S - 0.628X_S^3$$
$$= 4.19 - 2.3 \times (1 - 0.6) - 0.628 \times (1 - 0.6)^3 = 3.23\,[\text{kJ/(kg}\cdot{}^\circ\text{C)}]$$

货物耗冷量为：

$$Q = \frac{C_r m \Delta t}{3600} = \frac{3.23 \times 1000 \times (15 - 0)}{3600} = 13.46(\text{kW})$$

25. **答案**：[C]

主要解答过程：

根据《给水排水规》(GB 50015—2003)第 5.4.7.2 条，半即热式水加热器计算温差为：

$$\Delta t_j = \frac{\Delta t_{\max} - \Delta t_{\min}}{\ln \dfrac{\Delta t_{\max}}{\Delta t_{\min}}} = \frac{(100-7)-(100-60)}{\ln \dfrac{100-7}{100-60}} = 62.8(℃)$$

根据第 5.4.6 条，最小加热面积为：

$$F_{jr} = \frac{C_r Q_g}{\varepsilon K \Delta t_j} = \frac{1.1 \times 1250000}{0.8 \times 5000 \times 62.8} = 5.47(m^2)$$

2016 年度全国注册公用设备工程师(暖通空调)执业资格考试　专业案例(上)

1. 严寒 C 区某甲类公共建筑(平屋顶)，建筑平面为矩形，地上 3 层，地下 1 层，层高均为 3.9m，平面尺寸为 43.6m×14.5m。建筑外墙构造与导热系数如图所示。已知外墙(包括非透光幕墙)传热系数限值见下表，则计算岩棉厚度(mm)理论最小值最接近下列何项(忽略金属幕墙热阻，不计材料导热系数修正系数)？

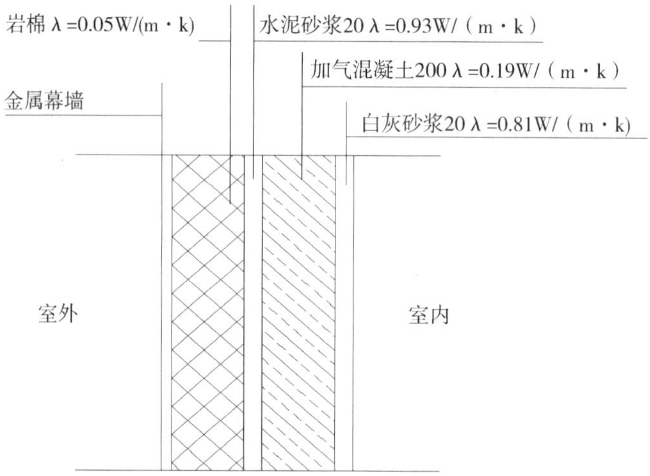

体形系数≤0.30	0.30＜体形系数≤0.50
传热系数 K[W/(m^2·K)]	
≤0.43	≤0.38

(A)53.42　　(B)61.34　　(C)68.72　　(D)43.74

答案：[　　]

主要解答过程：

2. 某厂房冬季的围护结构耗热量 200kW，由散热器供暖系统承担。设备散热量 5kW，厂房内设置局部排风系统排除有害气体，排风量为 10000m^3/h，排风系统设置热回收装置，显热热回收效率为 60%，自然进风量为 3000m^3/h。热回收装置的送风系统计算的送风温度(℃)最接近下列何项？(室内设计温度 18℃，冬季通风室外计算温度 −13.5℃；供暖室外计算温度 −20℃；空气密度 ρ_{-20}=1.365kg/m^3；$\rho_{-13.5}$=1.328kg/m^3；ρ_{18}=1.172kg/m^3；空气定压比热容取 1.01kJ/kg·K)

(A)34.5　　(B)36.0　　(C)48.1　　(D)60.5

答案：[　　]

主要解答过程：

3. 某蒸汽凝水回水管段，疏水阀后的压力 $p_2=100\text{kPa}$，疏水阀后管路系统的总压力损失 $\Delta p=5\text{kPa}$，回水箱内的压力 $p_3=50\text{kPa}$。回水箱处于高位，凝水被余压压到回水箱内。疏水阀后的余压可使凝水提升的计算高度(m)最接近下列何项？(取凝结水密度为 1000kg/m^3、$g=9.81\text{m/s}^2$)

(A)4.0　(B)4.5　(C)5.1　(D)9.6

答案：[　]

主要解答过程：

4. 严寒地区某展览馆采用燃气辐射供暖，气源为天然气，已知展览馆的内部空间尺寸为 60m×60m×18m(高)，设计布置辐射器总辐射热量为 450kW，按经验公式计算发生器工作时所需的最小空气量(m^3/h)接近下列何值？并判断是否要设置室外空气供应系统。

(A)$3140\text{m}^3/\text{h}$，不设置室外空气供应系统　(B)$6480\text{m}^3/\text{h}$，设置室外空气供应系统

(C)$9830\text{m}^3/\text{h}$，不设置室外空气供应系统　(D)$11830\text{m}^3/\text{h}$，设置室外空气供应系统

答案：[　]

主要解答过程：

5. 坐落于北京市区的某大型商业综合体的冬季热负荷包括供暖、空调和通风的耗热量，设计热负荷为：供暖 2MW，空调 6MW 和通风 3.5MW，室内设计温度为 20℃，供暖期内空调系统平均每天运行 12h，通风装置平均每天运行 6h，供暖期天数为 123 天，该商业综合体供暖期耗热量(GJ)为多少？

(A)51400~51500　(B)46100~46200

(C)44000~45000　(D)38100~38200

答案：[　]

主要解答过程：

6. 某地下汽车库机械排风系统，一台小风机和一台大风机并联安装，互换交替运行，分别为两个工况服务。设小风机运行时系统风量为 $24000\text{m}^3/\text{h}$、压力损失为 300Pa，如大风机运行时系统风量为 $36000\text{m}^3/\text{h}$，并设风机的全压效率为 0.75，则大风机的轴功率(kW)最接近下列何项？

(A)4.0　(B)6.8　(C)9.0　(D)10.1

答案：[　]

主要解答过程：

7. 全热型排风热回收装置，额定新风量 $50000\text{m}^3/\text{h}$、新排风比 1∶0.8、风机总效率均为 65%，两侧额定风量阻力均为 200Pa；夏季设计工况回收冷量为 192kW。设空气密度为 1.2kg/m^3、制冷系统保持 $COP=4.5$，则所给工况下每小时节电量(kW·h)最接近下列何项？

(A)34.98　(B)42.67　(C)45.65　(D)53.34

答案：[　]

主要解答过程：

8. 一单层厂房(屋面高度 10m)迎风面高 10m，长 40m，厂房内有设备产生烟气，厂房背风面

4m 高处已设有进风口，为避免排风进入屋顶上部的回流空腔，则机械排风立管设置高出屋面的高度(m)至少应是下列何项？

(A)20　　(B)15　　(C)10　　(D)5

答案：[　]

主要解答过程：

9. 某产生易燃易爆粉尘车间的面积为 $3000m^2$、高 6m。已知，粉尘在空气中爆炸极限的下限是 $37mg/m^3$，易燃易爆粉尘的发尘量为 4.5kg/h。设计排除易燃易爆粉尘的局部通风除尘系统(排除发尘量的 90%)，则该车间的计算除尘排风量(m^3/h)的最小值最接近下列何项？

(A)219000　　(B)243000　　(C)365000　　(D)438000

答案：[　]

主要解答过程：

10. 图示的机械排烟(风)系统采用双速风机，设 *A*、*B* 两个 1400mm×1000mm 的排烟防火阀。*A* 阀常闭，火灾时开启，负担 *A* 防烟分区排烟，排烟量 $54000m^3/h$；*B* 阀平时常开，排风量 $36000m^3/h$，火灾时开启负担 *B* 防烟分区排烟，排烟量 $72000m^3/h$；系统仅需满足 *A*、*B* 中任一防烟分区的排烟需求，除排烟防火阀外，不计其他漏风量(排烟防火阀关闭时，250Pa 静压差下漏风量为 $700m^3/h \cdot m^2$，漏风量与压差的平方根成正比)。经计算：风机低速运行时设计全压 400Pa，近风机进口处 *P* 点管内静压 −250Pa；问：风机高速排烟时设计计算排风风量(m^3/h)最接近下列何项(不考虑防火阀漏风对管道阻力的影响)？

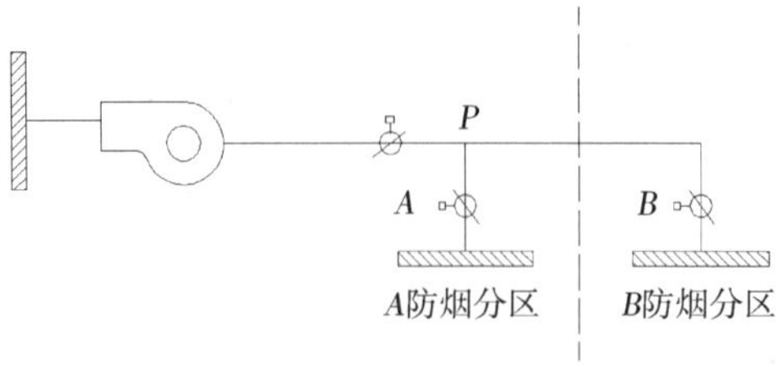

(A)72000　　(B)72980　　(C)73550　　(D)73960

答案：[　]

主要解答过程：

11. 某地新建一染料工厂，一车间内的除尘系统，其排风温度为 250℃(空气密度 $0.675kg/m^3$)，排风量为 $12000m^3/h$，采用一级袋式除尘器处理。要求混入室外空气(温度按 20℃、空气密度 $1.2kg/m^3$)使进入袋式除尘器的气流温度不高于 120℃(空气密度 $0.89kg/m^3$)，不考虑染料尘的热影响、空气定压比热容取 $1.01kJ/(kg \cdot K)$，则该除尘系统的计算混入新风量(m^3/h)最小值最接近下列何项？

(A)8800　　(B)9500　　(C)10200　　(D)12000

答案：[　]

主要解答过程：

12. 某空调机组内，空气经过低压饱和干蒸汽加湿器处理后，空气的比焓值增加了 $12.75kJ/kg_{干空气}$，含湿量增加了 $5g/kg_{干空气}$。请问空气流经干蒸汽加湿器前后的干球温度最接近下列哪一项？

(A)加湿前为 26.5℃，加湿后为 27.2℃　　(B)加湿前为 27.2℃，加湿后为 27.2℃
(C)加湿前为 27.2℃，加湿后为 30.2℃　　(D)加湿前为 30.5℃，加湿后为 30.5℃

答案：[　]

主要解答过程：

13. 某空调采用辐射顶板供冷，新风($1500m^3/h$)承担室内湿负荷和部分室内显热冷负荷。新风的处理过程为：进风—排风/新风空气热回收设备(全热交换效率 70%)—表冷器(机器露点 90%)—诱导送风口(混入部分的室内空气)。有关设计计算参数见下表(当地大气压 101.3Pa，空气密度取 $1.2kg/m^3$)。

室内温度与相对湿度	室内湿负荷/(kg/h)	室外温度/℃/湿球温度/℃
26℃、55%	3.6	35/27

查 h-d 图，计算新风表冷器的计算冷量(kW)应最接近下列何项？

(A)9.5　　(B)12.5　　(C)20.5　　(D)26.5

答案：[　]

主要解答过程：

14. 某集中空调冷水系统的设计流量为 $200m^3/h$，计算阻力为 300kPa。设计选择水泵扬程 H(kPa)与流量 Q(m^3/h)的关系式为：$H = 410 + 0.49Q - 0.0032Q^2$。投入运行后，实测实际工作点的水泵流量为 $220m^3/h$，问：与采用变频调速(达到系统设计工况)理论计算的水泵轴功率相比，该水泵实际运行所增加的功率(kW)最接近以下何项？(水泵效率为 70%)

(A)2.4　　(B)2.9　　(C)7.9　　(D)23.8

答案：[　]

主要解答过程：

15. 某既有建筑房间空调冷负荷计算结果见下表(假定其他围护结构传热负荷和内部热、湿负荷为恒定值)。该建筑进行节能改造后，外窗太阳得热系数由 0.75 降为 0.48，外窗传热系数由 $6.0W/(m^2 \cdot K)$ 变为 $2.8W/(m^2 \cdot K)$，其他条件不变。请问，改造后该房间设计空调冷负荷(W)最接近下列何项？

时间	外窗传热负荷/W	外窗太阳辐射负荷/W	其他围护结构传热负荷/W	内部发热散湿负荷/W
8:00	151	344	160	1200
9:00	186	458		
10:00	216	630		
11:00	251	821		
12:00	281	802		
13:00	306	1050		
14:00	320	1050		
15:00	320	993		
16:00	315	878		
17:00	302	572		

(A)1820　　(B)2180　　(C)2300　　(D)2500

答案：[ ]

主要解答过程：

16. 某具有工艺空间要求的房间，室内设计参数为：室温 22℃，相对湿度 60%（室内空气比焓 47.4kJ/$kg_{干空气}$），室温允许波动值为 ±0.5℃，送风温差取 6℃。房间计算总冷负荷为 50kW，湿负荷为 0.005kg/s(热湿比 $\varepsilon=10000$)。为了满足恒温精度要求，空调机组对空气降温达到 90% 的“机器露点”之后，利用热水加热器再热而达到送风状态点。查 h-d 图计算，再热盘管计算的设计加热量(kW)最接近下列何项？（室外大气压为 101325Pa）

(A)3.5 ~8.5　　(B)9.4 ~15.0　　(C)20.0 ~25.0　　(D)25.5 ~30.5

答案：[ ]

主要解答过程：

17. 某离心式风机，其运行参数为：风量 10000m^3/h，全压 550Pa，转速 1450r/min。现将风机转速调整为 960r/min，调整后风机的估算声功率级[dB(A)]最接近下列何项？

(A)88.5　　(B)90.8　　(C)96.5　　(D)99.8

答案：[ ]

主要解答过程：

18. 某寒冷地区一办公建筑，冬季采用空气源热泵机组和锅炉房联合提供空调热水。空气源热泵热水机组的供热性能系数 COP_R 见下表。

室外温度/℃	1	2	3	4	5	6	7	8	9
COP_R	2.0	2.1	2.2	2.3	2.5	2.7	3.0	3.4	3.7

假定发电及输配电系统对一次能源的利用率为 32%。锅炉房的供热总效率为 80%，问：以下哪种运行策略对于一次能源的利用率是最高的？并给出计算依据。

(A)附表所有室外温度条件下，均由空气源热泵供应热水

(B)附表所有室外温度条件下，均由锅炉房供应热水

(C)室外温度 <7℃时，由锅炉房供应热水

(D)室外温度 >5℃时，由空气源热泵供应热水

答案：[ ]

主要解答过程：

19. 某空调机组的表冷器设计工况为：制冷量 $Q=60$kW，冷水供回水温差 5℃，水阻力 $\Delta P_B=$ 50kPa。要求为其配置电动二通阀权度为 $P_v=0.3$(不考虑冷水供回水总管的压力损失)。现有阀门口径 Dg 与其流通能力 C 的关系见下表。

阀门口径 Dg	20	25	32	40	50	65	80	100
流通能力 C	6.3	10	16	23	40	63	100	160

问：按照上表选择阀门口径时，以下哪一项是正确的？并给出计算依据。

(A)Dg32　　(B)Dg40　　(C)Dg50　　(D)Dg65

答案：[ ]

主要解答过程：

20. 一个由两个定温过程和两个绝热过程组成的理论制冷循环，低温热源恒定为 -15℃，高温热源恒定为 30℃，试求传热温差均为 5℃时，热泵循环的制热系数最接近下列何项？

(A)6.7　　(B)5.6　　(C)4.6　　(D)3.5

答案：[　]

主要解答过程：

21. 蒸汽压缩式制冷冷水机组，制冷剂为 R134a，各点热力参数见下表，计算时考虑如下效率：压缩机指示效率为 0.92，摩擦效率为 0.99，电动机效率为 0.98，该状态下的制冷系数 *COP* 最接近下列何项？

状态点	绝对压力/Pa	温度/℃	液体比焓/(kJ/kg)	蒸汽比焓/(kJ/kg)
压缩机入口	273000	10		407.8
压缩机出口	1017000	53		438.5
蒸发器入口	313000	0	257.3	
蒸发器出口	293000	5		401.6

(A)4.20　　(B)4.28　　(C)4.56　　(D)4.70

答案：[　]

主要解答过程：

22. 下图为某带经济器的制冷循环，已知：h_1 = 390kJ/kg，h_3 = 410kJ/kg，h_4 = 430kJ/kg、h_5 = 250kJ/kg、h_7 = 220kJ/kg。蒸发器制冷量为 50kW，求冷凝器散热量(kW)最接近下列何项？(忽略管路等传热的影响)

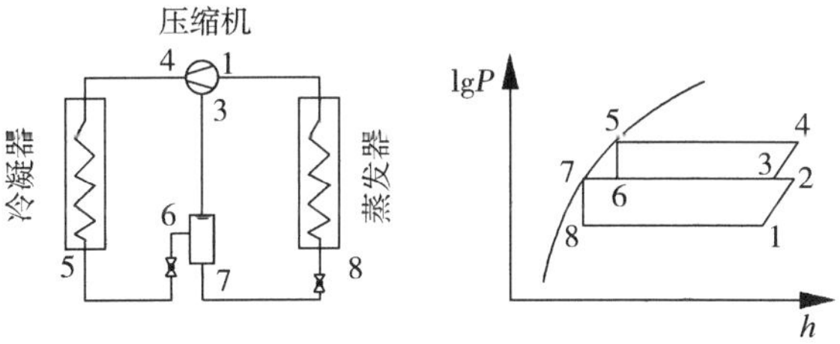

(A)50　　(B)56　　(C)62　　(D)66

答案：[　]

主要解答过程：

23. 某工程设计冷负荷为 3000kW，拟采购 2 台离心式冷水机组。由于当地冷却水水质较差，设计选用冷凝器时的污垢系数为 0.13m²·℃/kW。机组污垢系数对其制冷量的影响详见下表，则机组在出厂检测时单台制冷量(kW)应达到下列哪一项才是合格的？(设计温度同名义工况)

污垢系数/(m²·℃/kW)	0	0.044	0.086	0.13
制冷量变化	1.02	1.00	0.98	0.96

(A)1500　　(B)1535　　(C)1563　　(D)1594

答案:[　]

主要解答过程:

24. 已知某图书馆的一计算管段的卫生器具给水当量总数 N_g 为 5，问：该计算管段的给水设计秒流量(L/s)最接近下列何项?

(A)0.54　　(B)0.72　　(C)0.81　　(D)1.12

答案:[　]

主要解答过程:

25. 下图为冰蓄冷 + 冷水机组供冷的系统流程示意图。该系数共设三台双工况主机，空调供冷工况：两台主机制冷量为 2500kW，一台主机空调供冷工况制冷量 1000kW。空调冷水循环泵根据回水温度(12℃)进行变频控制；主机出口空调冷水温度为 7℃，供水温度恒定为 5℃。当空调冷负荷为 4500kW 时，采用最合理的供冷主机运行组合，运行主机承担的负荷占其运行主机额定负荷的比率最接近下列哪项?

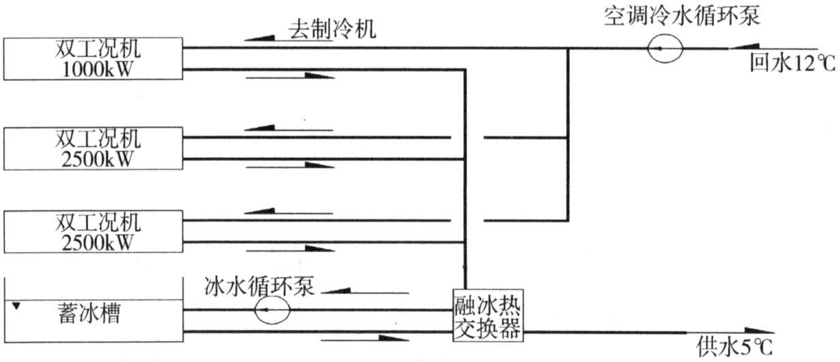

(A)53.6%　　(B)64.3%　　(C)82.5%　　(D)91.8%

答案:[　]

主要解答过程:

2016 年度全国注册公用设备工程师(暖通空调)执业资格考试　专业案例(上)　详解

专业案例答案									
题号	答案	题号	答案	题号	答案	题号	答案	题号	答案
1	A	6	C	11	A	16	B	21	B
2	B	7	A	12	B	17	B	22	C
3	B	8	C	13	B	18	D	23	D
4	C	9	A	14	C	19	B	24	B
5	B	10	D	15	B	20	B	25	B

1. **答案：**[A]

主要解答过程：

根据《公建节能 2015》第 2.0.2 条，建筑体形系数计算中，外表面积与体积均不包含地下建筑，因此，体形系数为：

$$m=\frac{(43.6+14.5)\times2\times3\times3.9+43.6\times14.5}{43.6\times14.5\times3\times3.9}=0.27<0.3$$

传热系数取 $K\leqslant0.43\text{W}/(\text{m}^2\cdot\text{K})$，查《教材 2018》P3 表 1.1-4、表 1.1-5，$\alpha_n=8.7\text{W}/(\text{m}^2\cdot\text{K})$，$\alpha_w=23\text{W}/(\text{m}^2\cdot\text{K})$，不考虑导热系数修正系数。

$$K=\frac{1}{\frac{1}{\alpha_n}+\frac{\delta_1}{\lambda_1}+\frac{\delta_2}{\lambda_2}+\frac{\delta_3}{\lambda_3}+\frac{\delta_4}{\lambda_4}+\frac{1}{\alpha_w}}\leqslant0.43$$

$$\frac{1}{\frac{1}{8.7}+\frac{\delta_1}{0.05}+\frac{0.02}{0.93}+\frac{0.2}{0.19}+\frac{0.02}{0.81}+\frac{1}{23}}\leqslant0.43\Rightarrow\delta_1\geqslant0.05342\text{m}=53.42\text{mm}$$

2. **答案：**[B]

主要解答过程：

本题显热热回收效率为 60% 为干扰项，因为无论如何热回收，最终所求的送风温度是一定的，本题不是求所需供热量大小，因此无需理会热回收效率这个条件。此外围护结构热负荷完全由散热器承担，通风计算过程不需要考虑。

根据《教材 2018》P175，根据质量守恒：

$$G_{zj}+G_{jj}=G_{jp}\Rightarrow G_{jj}=\frac{10000}{3600}\times1.172-\frac{3000}{3600}\times1.365=2.12(\text{kg/s})$$

根据能量守恒：(局部排风的补风应采用供暖室外计算温度 $t_w=-20℃$)

$$cG_{jp}t_n=cG_{jj}t_s+cG_{zj}t_w+5\text{kW}$$

$$1.01\times3.26\times18=1.01\times2.12\times t_s+1.01\times1.14\times(-20)+5\text{kW}$$

$$t_s = 36.1℃$$

3. **答案：[B]**

主要解答过程：

$$\rho g H = p_2 - \Delta p - p_3$$

$$H = \frac{100 - 5 - 50}{(1000 \times 9.81) \times 0.001} = 4.5(\text{m})$$

注：本题可参考 2006 年专业案例(下)第 3 题。

4. **答案：[C]**

主要解答过程：

根据《教材 2018》P58 式(1.4-25)

$$L = \frac{Q}{293}K = \frac{450000}{293} \times 6.4 = 9829.4(\text{m}^3/\text{h})$$

房间体积为：$60 \times 60 \times 18\text{m} = 64800(\text{m}^3)$，房间换气次数为：

$$n = \frac{9829.4}{64800} = 0.15 < 0.5$$，因此无需设置室外空气供应系统。

5. **答案：[B]**

主要解答过程：

根据《教材 2018》P123 ~ P124 式(1.10-8) ~ 式(1.10-10)，查《民规》附录 A，$t_a = -0.7℃$，$t_{o,h} = -7.6℃$，$t_{o,v} = -3.6℃$，$t_{o,a} = -9.9℃$，因此：

供暖全年耗热量：

$$Q_h^a = 0.0864NQ_h \frac{t_i - t_a}{t_i - t_{o,h}} = 0.0864 \times 123 \times 2 \times 1000 \times \frac{20 - (-0.7)}{20 - (-7.6)} = 15940.8(\text{GJ})$$

通风全年耗热量：

$$Q_v^a = 0.0036T_vNQ_v \frac{t_i - t_a}{t_i - t_{o,v}}$$

$$= 0.0036 \times 6 \times 123 \times 3.5 \times 1000 \times \frac{20 - (-0.7)}{20 - (-3.6)} = 8156.2(\text{GJ})$$

空调全年耗热量：

$$Q_a^a = 0.0036T_aNQ_a \frac{t_i - t_a}{t_i - t_{o,a}}$$

$$= 0.0036 \times 12 \times 123 \times 6 \times 1000 \times \frac{20 - (-0.7)}{20 - (-9.9)} = 22071.9(\text{GJ})$$

总耗热量为：

$$Q = Q_h^a + Q_v^a + Q_a^a = 46168.9\text{GJ}$$

6. **答案：[C]**

主要解答过程：

风道管网阻力系数 S 不变：

$$S = \frac{P_1}{L_1^2} = \frac{P_2}{L_2^2} \Rightarrow P_2 = \frac{L_2^2}{L_1^2}P_1 = \left(\frac{36000}{24000}\right)^2 \times 300 = 675(\text{Pa})$$

大风机轴功率为：

$$N=\frac{LP}{3600\eta}=\frac{36000\times 675}{3600\times 0.75}=9000\text{W}=9\text{kW}$$

7. **答案：**［A］

主要解答过程：

新、排风机消耗功率分别为：

$$N_X=\frac{L_X P}{3600\eta}=\frac{50000\times 200}{3600\times 0.65}=4273\text{W}=4.27\text{kW}$$

$$N_P=\frac{L_P P}{3600\eta}=\frac{50000\times 0.8\times 200}{3600\times 0.65}=3419\text{W}=3.42\text{kW}$$

回收冷量如采用制冷系统承担，耗电量为：

$$N'=\frac{192}{4.5}=42.67(\text{kW})$$

每小时节约电量为：

$$Q=(N'-N_X-N_P)\times 1\text{h}=34.98\text{kW}\cdot\text{h}$$

8. **答案：**［C］

主要解答过程：

根据《教材 2018》P257 排风口要求“位于建筑空气动力阴影区和正压区以上”(图 2.7-3)。并利用 P180 式(2.3-7)。动力阴影区(回流空腔)的最大高度为：

$$H_C\approx 0.3\sqrt{A}=0.3\times\sqrt{10\times 40}=6(\text{m})$$

根据题干选项分布，只能选择 C 选项。

注：本题出题选项设置不合理，也因此在考友讨论中造成了三种错误的解答方式：

第一种：错误地根据《教材 2018》P257 图 2.7-3 中 1.3 ~ 2.0H 的高度要求，选取其最大值 2H，得到 10m 的答案，恰巧符合 C 选项，但要注意地是，题干所求为“高出屋面的最小高度”，因此如果按照该图解答，实际答案应该为 3m。

第二种：下意识地利用《教材 2018》P180 式(2.3-8)，求出屋顶上方受建筑影响气流的最大高度为 20m，也能得到 10m 的“正确答案”。但实际上，为了防止污染物通过进风口进入室内，排风立管的最小高度只需要高于动力阴影区(回流空腔)即可，并非一定要高于受建筑影响气流的最大高度，因此采用式(2.3-8)的计算方法也是错误的，详细内容可参考《工业通风(第四版)》P188 ~ P189 相关内容及图 7-3 ~ 图 7-5。

第三种：利用上述公式计算的 6m 高度，强行加上 4m 的背部进风口高度，得出 10m 的结果。实际上动力阴影区的高度与背风面是否设置进风口无关，而排风立管只需要高于动力阴影区即可，并不需要附加进风窗的高度。

9. **答案：**［A］

主要解答过程：

根据《工业暖规》第 6.9.5 条，风管内的含尘浓度不应大于 37mg/m^3 ×50% = 18.5mg/m^3，由质量守恒可知：

$$4.5\text{kg/h}\times 90\%=V\times 18.5\text{mg/m}^3$$

$$V=218918\text{m}^3/\text{h}$$

10. **答案：**［D］

主要解答过程：

由于 A 阀门常闭，B 阀门常开，因此计算排烟防火阀漏风量时仅需考虑 A 阀门，风机低速运行时，全压为 400Pa，则高速运行时，风机全压为：

$$P' = \left(\frac{72000}{36000}\right)^2 \times 400 = 1600(\text{Pa})$$

同理，此时 P 点的静压为：

$$P_{\text{P}} = \left(\frac{72000}{36000}\right)^2 \times (-250) = -1000(\text{Pa})$$

此时 A 阀门的漏风量为：

$$V = \sqrt{\left(\frac{-1000}{-250}\right)} \times 700 \times (1 \times 1.4) = 1960(\text{m}^3/\text{h})$$

由于需满足 A、B 中任一防烟分区的排烟需求，排烟量取两防烟分区大值 $72000\text{m}^3/\text{h}$，则系统总风量为：

$$V_{\text{T}} = 72000 + V = 73960(\text{m}^3/\text{h})$$

注：本题要注意漏风量的单位为 $\text{m}^3/(\text{h} \cdot \text{m}^2)$，即单位面积漏风量；此外，在计算风机高速运行风机全压与各点静压时，只能近似忽略漏风量的影响。

11. **答案：**[A]

主要解答过程：

根据混合过程中能量守恒：

$$c\rho_{250}V_{排} \times 250 + c\rho_{20}V_{新} \times 20 = c(\rho_{250}V_{排} + \rho_{20}V_{新}) \times 120$$

$$0.675 \times 12000 \times 250 + 1.2 \times V_{新} \times 20 = (0.675 \times 12000 + 1.2 \times V_{新}) \times 120$$

$$\Rightarrow V_{新} = 8775\text{m}^3/\text{h}$$

12. **答案：**[B]

主要解答过程：

根据《教材 2018》P375，干蒸汽加湿过程近似认为是等温过程，因此，加湿前后焓差为：

$$\Delta h = \left[1.01t + \frac{d_1}{1000}(2500 + 1.84t)\right] - \left[1.01t + \frac{d_2}{1000}(2500 + 1.84t)\right]$$

$$12.75 = \frac{\Delta d}{1000} \times (2500 + 1.84t) = \frac{5}{1000} \times (2500 + 1.84t)$$

$$t = 27.2℃$$

13. **答案：**[B]

主要解答过程：

查 h-d 图得：室内 $d_{\text{n}} = 11.6\text{g/kg}$，$h_{\text{n}} = 55.7\text{kJ/kg}$，室外 $h_{\text{w}} = 84.7\text{kJ/kg}$，新风承担全部室内湿负荷：

$$W = \frac{3.6}{3600} \times 1000 = \frac{1500}{3600} \times 1.2 \times (d_{\text{n}} - d_{\text{L}})$$

$$d_{\text{L}} = 9.6\text{g/kg}_{干}$$

机器露点 90%，查 h-d 图得：$t_{\text{L}} = 14.9℃$，$h_{\text{L}} = 39.1\text{kJ/kg}$，假设不进行热回收，表冷器冷量为：

$$Q_0 = \frac{1500}{3600} \times 1.2 \times (84.7 - 39.1) = 22.8(\text{kW})$$

全热交换量：

$$Q_{回} = \frac{1500}{3600} \times 1.2 \times (84.7 - 55.7) \times 70\% = 10.15(\text{kW})$$

表冷器实际需要冷量为：

$$Q = Q_0 - Q_{回} = 12.65\text{kW}$$

14. **答案**：[C]

主要解答过程：

设计工况轴功率为：

$$W_0 = \frac{G_0 H_0}{367.3\eta} = \frac{200 \times \frac{300000}{10^5}}{367.3 \times 0.7} = 23.3(\text{kW})$$

实际工况水泵扬程为：

$$H = 410 + 0.49 \times 220 - 0.0032 \times 220^2 = 362.9\text{kPa} = 36.3\ \text{mH}_2\text{O}$$

实际工况水泵轴功率为：

$$W = \frac{GH}{367.3\eta} = \frac{220 \times 36.3}{367.3 \times 0.7} = 31.1(\text{kW})$$

增加功率：$\Delta W = 31.1 - 23.3 = 7.76(\text{kW})$

15. **答案**：[B]

主要解答过程：

根据《民规》式(7.2.7-3)和式(7.2.7-4)，可知外窗辐射得热与太阳得热系数成正比，外窗传热得热与传热系数成正比。根据附表可知改造前 14:00 时逐时冷负荷最大，因此改造后外窗辐射得热为：

$$W_{\text{C}} = \frac{0.48}{0.75} \times 1050 = 672(\text{W})$$

外窗传热得热为：

$$W_{\text{W}} = \frac{2.8}{6} \times 320 = 149.3(\text{W})$$

总负荷为：$W = 149.3 + 672 + 160 + 1200 = 2181.3(\text{W})$

16. **答案**：[B]

主要解答过程：

送风温度为：$t_s = 22 - 6 = 16(℃)$，过室内状态点 N 做 10000 的热湿比线与 16℃ 等温线交点即为送风状态点，查 h-d 图得 $h_s = 39.0\text{kJ/kg}_{干空气}$，$d_s = 9.0\text{g/kg}_{干空气}$，过 d_s 的等湿线与 90% 相对湿度线相交，交点即为机器露点 L，$h_L = 37.1\text{kJ/kg}_{干空气}$。系统送风量为：

$$G = \frac{50}{47.4 - 39} = 5.95(\text{kg/s})$$

再热盘管计算的设计加热量为：

$$Q_Z = G(h_s - h_L) = 11.3\text{kW}$$

17. **答案**：[B]

主要解答过程：

根据《教材 2018》P268 表 2.8-6，转速调整后，风机风量及全压分别为：

$$L_2 = L_1 \frac{n_2}{n_1} = 10000 \times \frac{960}{1450} = 6620(\mathrm{Pa})$$

$$P_2 = P_1 \left(\frac{n_2}{n_1}\right)^2 = 550 \times \left(\frac{960}{1450}\right)^2 = 241(\mathrm{Pa})$$

根据《教材 2018》P539 式(3.9-7)

$$L_W = 5 + 10\lg L_2 + 20\lg P_2 = 5 + 10\lg 6620 + 20\lg 241 = 90.8[\mathrm{dB(A)}]$$

18. **答案**：[D]

主要解答过程：

比较两种系统一次能源利用效率，锅炉一次能源利用效率为 0.8，空气源热泵机组一次能源利用效率为供热性能系数与发输变电效率的乘积，即 $0.32COP_R$，当 $0.32COP_R > 0.8$，即 $COP_R > 2.5$ 时应采用空气源热泵供应热水，查表得此时室外温度为 5℃。

19. **答案**：[B]

主要解答过程：

系统流量为：

$$G = \frac{60}{4.18 \times 1000 \times 5} \times 3600 = 10.33(\mathrm{m^3/h})$$

根据《教材 2018》P527 式(3.8-7)及 P524 式(3.8-1)：

$$P_V = \frac{\Delta P_V}{\Delta P_B + \Delta P_V} = 0.3 \Rightarrow \Delta P_V = 21.4\mathrm{kPa}$$

$$C = \frac{316G}{\sqrt{\Delta P_V}} = \frac{316 \times 10.33}{\sqrt{21.4 \times 1000}} = 22.3$$

查表选择 $Dg40$。

20. **答案**：[B]

主要解答过程：

根据《教材 2018》P575 图 4.1-7，式(4.1-6)所求为循环制冷系数，同理热泵循环的制热系数为：

$$\varepsilon' = \frac{T_k}{T_k - T_0} = \frac{273 + (30 + 5)}{[273 + (30 + 5)] - [273 + (-15 - 5)]} = 5.6$$

21. **答案**：[B]

主要解答过程：

根据《教材 2018》P612 ~ P614 式(4.3-9)、式(4.3-18)、式(4.3-22)：

$$\phi_0 = M_R \times (401.6 - 257.3)$$

$$P_e = \frac{P_{th}}{\eta_i \eta_m} = \frac{M_R \times (438.5 - 407.8)}{0.92 \times 0.99}$$

$$COP = \frac{\phi_0}{P_e} = 4.28$$

注：本题存在争议，原因是《教材(第三版)》P609 对于 *COP* 的定义区分开式压缩机和封闭式压缩机，开式压缩机为：制冷量除以轴功率，封闭式压缩机为：制冷量除以输入功率；而《教材 2018》P614 式(4.3-22)不再区分开式压缩机和封闭式压缩机，统一将 *COP* 的定义修改

为制冷量除以轴功率，本题中并未指出压缩机类型，只能按照新版《教材 2018》公式计算，不考虑题干所提供的电动机效率。

此外，有学员认为本题所求为制冷机组的 *COP*，以此为理由认为应考虑电动机效率。实际上根据《教材 2018》P624，制冷机组名义消耗电功率不仅包括压缩机耗功率，还包括油泵电动机和操作控制电路等其他输入的总功率，由此可知本题题意并非计算制冷冷水机组的 *COP*。

22. **答案**：[C]

主要解答过程：

流经蒸发器循环质量流量：

$$M_{R1} = \frac{50}{h_1 - h_7} = 0.29(\mathrm{kg/s})$$

列经济器的能量守恒方程：

$$M_{R2}h_6 = M_{R1}h_7 + (M_{R2} - M_{R1})h_3$$

$$M_{R2}h_5 = M_{R1}h_7 + (M_{R2} - M_{R1})h_3$$

$$\frac{M_{R2}}{M_{R1}} = \frac{h_7 - h_3}{h_5 - h_3} = 1.1875 \Rightarrow M_{R2} = 1.1875 \times 0.29 = 0.344(\mathrm{kg/s})$$

冷凝器散热量：

$$Q = M_{R2}(h_4 - h_5) = 62\mathrm{kW}$$

23. **答案**：[D]

主要解答过程：

根据《教材 2018》P620，新机组测试时，蒸发器和冷凝器认为是清洁的，测试时污垢系数考虑为 $0\mathrm{m^2 \cdot ℃/kW}$，这是本题易错点。考虑实际污垢系数影响，机组出厂检测时单台制冷量应不小于：

$$Q = \frac{3000 \div 2}{0.96} \times 1.02 = 1593.75(\mathrm{kW})$$

24. **答案**：[B]

主要解答过程：

根据《给水排水规》(CB 50015　2003)第 3.6.5 条，查表 3.6.5，图书馆 $\alpha = 1.6$。

$$q_g = 0.2\alpha\sqrt{N_g} = 0.2 \times 1.6 \times \sqrt{5} = 0.72(\mathrm{L/s})$$

25. **答案**：[B]

主要解答过程：

空调工况时，制冷机组和蓄冰系统联合运行，共同提供末端所需冷量，由于流经制冷机组与流经融冰热交换器的流量相等，因此当空调冷负荷为 4500kW 时，制冷机组所承担的冷负荷为：

$$Q = \frac{12 - 7}{12 - 5} \times 4500 = 3214.3(\mathrm{kW})$$

之后计算过程略有争议，争议点在于什么样的供冷主机运行组合才是最合理的，存在三种情况：

(1)2500kW + 1000kW，此时负荷率为：

$$m = \frac{3214.3}{2500 + 1000} = 91.8\%$$

(2)2500kW + 2500kW，此时负荷率为：

$$m = \frac{3214.3}{2500 + 2500} = 64.3\%$$

(3)2500kW + 2500kW + 1000kW，此时负荷率为：

$$m = \frac{3214.3}{2500 + 2500 + 1000} = 53.6\%$$

对于一般冷水机组，负荷率为 70% 左右时，制冷系数最高，而且一般容量大的机组制冷效率更高，因此参考《教材 2018》P503 ~ P504，从节能角度考虑，笔者认为采用两台 2500kW 机组以 64.3% 的负荷率运行应是最合理的组合。

2016 年度全国注册公用设备工程师(暖通空调)执业资格考试 专业案例(下)

1. 某住宅小区的住宅楼均为 6 层、设计为分户热计量散热器供暖系统，户内为单管跨越式、户外是异程双管下供下回式。原设计供暖热水为 85 ~ 60℃，设计采用铸铁四柱 660 型散热器。小区住宅楼进行围护结构节能改造，原设计系统不变，供暖热媒改为 65 ~ 45℃后，该住宅小区的实际供暖热负荷降至原来的 65%。改造后室内的温度(℃)最接近下列何项？(已知原室内温度为 20℃，散热器传热系数 $K = 2.81\Delta t^{0.276}\mathrm{W/m^2 \cdot K}$)

(A)16.5　　(B)17.5　　(C)18.5　　(D)19.5

答案：[　]

主要解答过程：

2. 双管上供下回式热水供暖系统如图所示，每层散热器间的垂直距离为 6m，供/回水温度 95℃/70℃，供水管 ab 段、bc 段的阻力均为 0.5kPa(对应的回水管段阻力相同)，散热器 A_1、A_2 和 A_3 的水阻力均分别为 7.5kPa。忽略管道沿程冷却与散热器支管阻力，试问：以 a 点和 c_2点为基准，设计工况下散热器 A_3 环路阻力相对 A_1 环路的阻力不平衡率接近下列何项？(取 $g = 9.81\mathrm{m/s^2}$，热水密度 $\rho_{95℃} = 962\mathrm{kg/m^3}$，$\rho_{70℃} = 977.9\mathrm{kg/m^3}$)

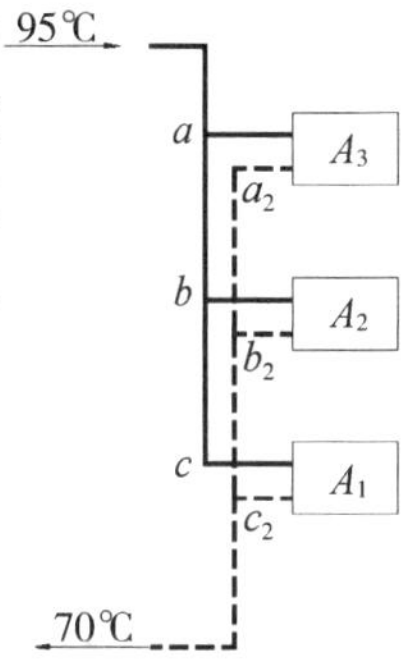

(A) −22%　　(B)0

(C)13%　　(D)22%

答案：[　]

主要解答过程：

3. 严寒地区某 10 层办公楼，建筑面积 28000m²，供暖热负荷 1670kW，采用椭三柱 645 型铸铁散热器系统供暖，热源位于该建筑物地下室换热站，热媒为 95 ~ 70℃，采用高位膨胀水箱定压。请问计算的膨胀水箱有效容积(m³)最接近下列何项？

(A)0.8　　(B)0.9　　(C)1.0　　(D)1.2

答案：[　]

主要解答过程：

4. 地板热水供暖系统为保证足够的流速，热水流量应有一最小值。当系统的供回水温差为 10℃，采用的地板埋管回形环路管径为 $De25 \times 2.3$mm 时，该回路允许最小热负荷(W)最接近下列何值？(水的比热容取 4.187kJ/kg·K)

(A)2869　　(B)3420　　(C)4233　　(D)5133

答案：[　]

主要解答过程：

5. 某住宅楼供暖系统，设计工况供暖热负荷为 300kW，热煤为 80℃/55℃热水、供暖系统压力损失为 41.2kPa。而实际运行时测得系统供热量为 251.2kW，供回水温度 70℃/50℃，热力入口处供回水压力差(kPa)应最接近下列哪一项？(水的比热容取 4.187kJ/kg · K、不计水的密度变化)

(A)41.2　　(B)42.5　　(C)44.0　　(D)45.0

答案：[　]

主要解答过程：

6. 已知额定工况下，埋管换热器吸热量 5000kW，热泵机组制热性能系数 $COP=5.0$，地源侧循环泵总轴功率 150kW，如不计地上管路的热损失，且全部制热量经冷凝器供出，问热泵机组制热量(kW)的正确值最接近下列哪一项？

(A)6437.5　　(B)6400　　(C)6250　　(D)6180

答案：[　]

主要解答过程：

7. 某新风转轮式热回收装置新风进风温度 35℃，含湿量 $22g/kg_{干空气}$，焓值 92kJ/kg；排风进风温度 26℃，含湿量 $13g/kg_{干空气}$，焓值 70.5kJ/kg，全热交换效率为 60%，新、排风量均为 $20000m^3/h$，风侧阻力 300Pa，风机总效率均为 70%，风机全压均为 1000Pa；转轮拖动电动机功率 2kW。试计算该装置的性能系数 COP(COP = 装置的回收热量与消耗功率之比值)最接近下列何项？(空气密度取为 $1.20kg/m^3$)

(A)12.7　　(B)16.4　　(C)21.2　　(D)30.0

答案：[　]

主要解答过程：

8. 某地一车间室内供暖计算温度 14℃，室外供暖计算温度 −10℃，车间供暖耗热量 339.36kW(室内无热源)，采用散热器供暖。后来工作区增设局部排风量 10kg/s，拟用全新风热风系统补热并提高室温至 16℃，若送风量为 6kg/s 时，送风温度(℃)最接近下列何项？(空气定压比热容取 1.01kJ/kg · K、散热器供热量维持不变)

(A)37　　(B)38　　(C)39　　(D)40

答案：[　]

主要解答过程：

9. 北京地区某厂房的显热余热量为 300kW，散热强度 $50W/m^2$，厂房高度 10m，若采用屋顶水平天窗自然通风方式，保证夏季车间内温度不高于 32℃，车间自然通风全面换气的最小风量(kg/h)最接近下列何项(当地夏季通风计算温度 29.7℃，空气定压比热容取 1.01kJ/kg · K)？

(A)120450　　(B)122910　　(C)123590　　(D)125700

答案：[　]

主要解答过程：

10. 有一设在工作台上尺寸为 300mm × 600mm 的矩形侧吸罩，要求在距罩口 X = 900mm 处，形成 V_X = 0.3m/s 的吸入速度，根据公式计算该排风罩的排风量(m^3/h)最接近下列何项?

(A)8942　　(B)4568　　(C)195　　(D)396

答案：[　]

主要解答过程：

11. 某活性炭吸附装置，处理有害气体量 $V = 100m^3/min$，体积浓度 C_0 = 5ppm，气体分子的克摩尔数 M = 94，活性炭平衡吸附时吸附量 q_0 = 0.15kg/$kg_{炭}$，装置吸附率 η = 95%，有效使用时间(穿透时间)t = 200h，求所需最小装炭量(kg)最接近下列何项?(标准状况条件)

(A)85　　(B)105　　(C)160　　(D)177

答案：[　]

主要解答过程：

12. 现有一台离心风机的风量为 30000m^3/h，全压为 600Pa，转速为 1120r/min，经计算其噪声超出要求。现更换一台离心风机，保持风机风量不变，计算噪声要求为 100.33dB，则新更换风机的全压(Pa)应最接近下列何项?

(A)337　　(B)365　　(C)450　　(D)535

答案：[　]

主要解答过程：

13. 武汉市某 12 层的办公建筑，设计总冷负荷为 1260kW，采用 2 台水冷螺杆式冷水机组。空调水系统采用二管制一级泵系统，选用 2 台设计流量为 100m^3/h、设计扬程为 30mH_2O 的冷水循环泵并联运行。冷冻机房至系统最远用户的供回水管道的总输送长度为 248m，那么冷水循环泵的设计工作点效率应不小于多少?

(A)58.0%　　(B)63.0%　　(C)76.0%　　(D)80.0%

答案：[　]

主要解答过程：

14. 某空调区的室内设计参数为 t = 25℃，φ = 55%，其显热冷负荷为 30kW，湿负荷为 5kg/h。为其服务的空调系统的总送风量为 10000m^3/h，新风量为 1500m^3/h。空气处理流程如图所示，其中表冷器 1 承担了空调区的全部湿负荷，且机器露点为 90%。问：表冷器 2 需要的冷量(kW)应为下列哪一项?(按标准大气压条件查 h-d 图计算，空气密度为 1.2kg/m^3，定压比热容为 1.01kJ/kg · K，且不考虑风机与管路的温升)

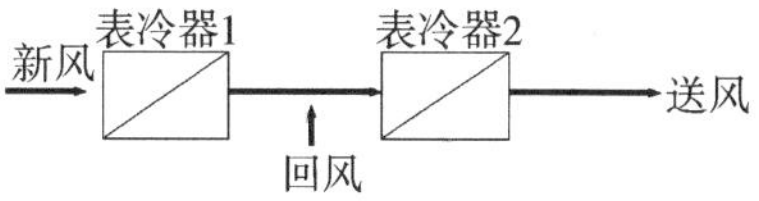

(A)表冷器 1 的冷量已能满足要求，表冷器 2 所需冷量为 0

(B)表冷器 2 所需冷量为 20.5 ~ 22.0

(C)表冷器 2 所需冷量为 22.5 ~ 24.0

(D)表冷器 2 所需冷量为 25.5 ~ 26.0

答案：[　]

主要解答过程：

15. 某餐厅计算空调冷负荷的热温比为 5000kJ/kg，室内设计温度为 $t_n = 25$℃。在设计冷水温度条件下，空气处理机组能够达到的最低送风点参数为 $t_s = 12.5$℃、$d_s = 9.0 g/kg_{干空气}$。设水蒸气的焓值为定值：$2500 kJ/kg_{水蒸气}$，请计算在设计冷负荷条件下室内空气含湿量($g/kg_{干空气}$)最接近下列何项？(大气压力 101325Pa，空气定压比热容为 1.01kJ/kg · K，采用公式法计算)

(A)10.5　　(B)12.6　　(C)13.7　　(D)14.1

答案：[　]

主要解答过程：

16. 某酒店客房采用侧送贴附方式的气流组织形式，侧送风口(一个)尺寸为 800mm(长) × 200mm(高)，垂直于射流方向的房间净高为 3.5m，宽度为 4m。人员活动区的允许风速为 0.2m/s。则送风口最大允许风速(m/s)最接近下列何项？(风口当量直径按面积当量直径计算)

(A)2.41　　(B)2.53　　(C)2.70　　(D)3.39

答案：[　]

主要解答过程：

17. 某房间设置风机盘管加新风空调系统。室内设计温度 25℃，含湿量 $9.8 g/kg_{干空气}$，将新风处理到与室内空气等焓的状态点后送入室内，新风送风温度 19℃。已知该房间设计计算空调冷负荷为 2.8kW，热湿比为 12000kJ/kg，新风送风量 $180 m^3/h$。风机盘管应该承担的除湿量(g/s)最接近下列何项？(按标准大气压条件，空气密度为 $1.2 kg/m^3$，且不考虑风机与管路的温升)

(A)0.15　　(B)0.23　　(C)0.38　　(D)0.46

答案：[　]

主要解答过程：

18. 某实验室室内维持负压，设置室内循环式空调机组。实验室的空调负荷为 50kW，室内状态焓值 50kJ/kg，送风状态焓值 35kJ/kg，室外新风设计状态焓值 85kJ/kg，设置的排风量为 0.3kg/s(新风经围护结构渗透进入室内)。求实验室空调机组送风量(kg/s)和机组冷负荷(kW)最接近下列哪组数据？

(A)4.03，60.5　　(B)3.30，60.5　　(C)4.03，50　　(D)3.30，50

答案：[　]

主要解答过程：

19. 某空调水系统在设计冷负荷下处于小温差运行，实测参数为：水泵流量 $150 m^3/h$，水泵扬程 $35 mH_2O$，水泵轴功率 19kW，供回水温差 3.5℃，拟通过水泵变频运行将系统的供回水温差调整至5℃，水泵变频后其效率为70%。则水泵变频运行后，其运行轴功率比变频前降低的理论计算数值(kW)最接近下列何项？(重力加速度取9.81m/s^2)

(A)7.0　　(B)8.5　　(C)10.5　　(D)12.0

答案：[　]

主要解答过程：

20. 某工厂一正压洁净室的工作人员为3人，室内外压差为10Pa，房间有一扇密闭门1.5m×2.2m，三扇单层固定密闭钢窗1.8m×1.5m，设备排风量为30m^3/h，洁净室内最小新风量(m^3/h)应最接近下列何项？(门窗气密性安全系数取1.20，按缝隙法计算)

(A)150　　(B)138　　(C)120　　(D)108

答案：[　]

主要解答过程：

21. 已知某热泵装置运行时，从室外低温环境中的吸热量为3.5kW，根据运行工况查得各状态点的焓值为：蒸发器出口制冷剂比焓359kJ/kg，压缩机出口气态制冷剂的比焓380kJ/kg；冷凝器出口液态制冷剂的比焓229kJ/kg。则该装置向室内的理论计算供热量(kW)最接近下列何项？(系统的放热均全部视为向室内供热)

(A)3.90　　(B)4.10　　(C)4.30　　(D)4.50

答案：[　]

主要解答过程：

22. 某乙醇制造厂采用第二类吸收式热泵机组将高温水从106℃提高到111℃，所获得热量为$Q_A=2675$kW；驱动热源为生产过程的乙醇蒸汽，提供的热量为$Q_C=5570$kW；热泵机组的冷凝器经冷却水带走的热量是$Q_K=2895$kW。问该热泵机组的性能系数COP最接近下列何项？

(A)0.48　　(B)0.52　　(C)0.924　　(D)1.924

答案：[　]

主要解答过程：

23. 某办公楼采用蓄冷系统供冷(部分负荷蓄冰方式)，空调系统全天运行12h。空调设计冷负荷为3000kW，设计日平均负荷系数为0.75。根据当地电力政策23:00~7:00为低谷电价，当进行夜间制冰，冷水机组采用双工况螺杆式冷水机组(制冰工况下制冷能力的变化率为0.7)，则选定的蓄冷装置有效容量全天所提供的总冷量(kW·h)占设计日总冷量(kW·h)的百分比最接近下列何项？

(A)25.5%　　(B)29.6%　　(C)31.8%　　(D)35.5%

答案：[　]

主要解答过程：

24. 某住宅小区的燃气管网为天然气低压分配管网(采用区域调压站)，燃气供气压力为0.008MPa，问燃气管段到达最远住户的燃具管道的允许阻力损失(Pa)最接近下列何项？

(A)900　　(B)1650　　(C)2250　　(D)6150

答案：[　]

主要解答过程：

25. 某地夏季空气调节室外计算温度34℃，夏季空调室外计算日平均温度29.4℃，冻结物冷藏库设计计算温度-20℃。冻结物冷藏库外墙结构见下表(表中自上而下依次为室外至室内)。

材料名称	导热系数/[W/(m·K)]	蓄热系数/[W/(m^2·K)]	厚度/mm
水泥砂浆抹面	0.93	11.37	20
砖墙	0.81	9.96	180
水泥砂浆抹面	0.93	11.37	20
隔汽层	0.20	16.39	2.0
聚苯乙烯挤塑板	0.03	0.28	200
水泥砂浆抹面	0.93	11.37	20

取聚苯乙烯挤塑板导热系数修正系数为1.3，已知冻结物冷藏库外墙总热阻为5.55(m^2·K)/W，外墙单位面积热流量(W/m^2)最接近下列何项？

(A)8.90　　(B)9.35　　(C)9.80　　(D)11.60

答案：[　]

主要解答过程：

2016 年度全国注册公用设备工程师(暖通空调)执业资格考试　专业案例(下)　详解

专业案例答案									
题号	答案	题号	答案	题号	答案	题号	答案	题号	答案
1	B	6	A	11	C	16	A	21	B
2	A	7	A	12	A	17	C	22	A
3	C	8	B	13	A	18	A	23	C
4	B	9	B	14	C	19	D	24	B
5	D	10	B	15	D	20	C	25	B

1. **答案：**[B]

主要解答过程：

根据《教材 2018》P89 式(1.8-1)，各修正系数不变。改造前后热负荷：

$$Q_1 = \frac{K_1 F \Delta t_1}{\beta_1\beta_2\beta_3\beta_4} = \frac{2.81F(t_{pj1} - t_n)^{1.276}}{\beta_1\beta_2\beta_3\beta_4}$$

$$0.65Q_1 = \frac{K_2 F \Delta t_2}{\beta_1\beta_2\beta_3\beta_4} = \frac{2.81F(t_{pj2} - t_n)^{1.276}}{\beta_1\beta_2\beta_3\beta_4}$$

两式相比得：$\dfrac{\left(\dfrac{85+60}{2} - 20\right)^{1.276}}{\left(\dfrac{65+45}{2} - t_n\right)^{1.276}} = \dfrac{1}{0.65}$

解得：$t_n = 17.5℃$

注：本题改造后负荷减小为原来的 65%，即便是供回水温差减小至 20℃，实际流量依旧减小，因此不应考虑流量修正系数。

2. **答案：**[A]

主要解答过程：

本题为双管上供下回系统，未明确指出循环形式，由于重力循环一般采用上供下回系统，因此本题按照重力循环解答(存在争议)。A_3 环路相对 A_1 环路附加的自然循环压力为：

$$H = gh(\rho_h - \rho_g) = 9.8\times(6+6)\times(977.9-962) = 1.87(\text{kPa})$$

参考《教材 2018》P79 表 1.6-7 等温降法水力计算的步骤，A_3 环路在设计工况(环路流量为设计值)下的压力损失为：

$$\Delta P_3 = 7.5 + 0.5 + 0.5 - H = 6.63(\text{kPa})$$

而 A_1 环路在设计工况(环路流量为设计值)下的压力损失为：

$$\Delta P_1 = 7.5 + 0.5 + 0.5 = 8.5(\text{kPa})$$

因此 A_3 环路相对 A_1 环路的阻力不平衡率为：(A_3 相对于 A_1，因此以 A_1 环路阻力为分母)

$$\alpha = \frac{\Delta P_3 - \Delta P_1}{\Delta P_1} = \frac{6.63 - 8.5}{8.5} = -22\%$$

注：本题与 2014-3-3 题属于同一系列题目，争议较大，主要争议点在于：首先，题干没有说明系统循环形式，是机械循环还是重力循环，这影响到自然循环压力的计算；其次，平时工程中计算不平衡率一般以最不利环路阻力作为分母，而题干要求计算 A_3 环路阻力相对 A_1 环路的阻力不平衡率，是否应理解为固定将 A_1 环路阻力作为分母？抛开具体答案不谈，笔者仅对于不平衡率的相关概念和计算方法做以下梳理：

(1)并联管路资用压力：并联管路中管路进出口处所具有的能用于克服流动阻力的压力差。

(2)在水力计算时，为了保证两并联环路中的流量分配均符合设计值(或偏差不超过规定值)，两并联环路的压力损失需均与资用压力相等(或偏差不超过规定值)。

(3)根据《教材 2018》P79 表 1.6-7 等温降水力计算的方法，计算每个环路在设计工况流量时的压力损失，再比较各环路之间压力损失的不平衡率。这里每个环路的压力损失也就等于为了保证各环路流量达到设计值所需要的资用压力。

(4)同样的，题干中给出的各管段及散热器的阻力，实际上就是其在设计流量时所对应的阻力损失，各路的总阻力也即是各对应环路所需要的资用压力，对于 A_1 环路，由于不存在自然循环压力，该环路所需要的资用压力即为其设计工况下的阻力损失：8.5kPa；而对于 A_3 环路，由于自然循环压力有利于循环，克服了一部分该环路在设计工况下的阻力损失，因此 A_3 环路所需要的资用压力有所减小，应为设计阻力损失与自然循环压力之差：6.63kPa。

(5)因此，两个环路阻力的不平衡率实际上也可以理解为：两环路同时达到设计工况流量时，所需要外部系统提供的资用压力的偏差程度。

(6)平时工程中，两环路不平衡率 =(最不利环路阻力 - 另一环路阻力)/最不利环路阻力，而根据题干特殊要求，笔者认为 A_3 环路阻力相对 A_1 环路的阻力不平衡率 =(A_3 环路阻力 - A_1 环路阻力)/A_1 环路阻力，此处存在争议，考生可不必纠结，只需掌握水力计算的基本概念和方法即可，考试时可根据具体题目和选项灵活应对。

3. **答案：**[C]

主要解答过程：

根据《教材 2018》P98 表 1.8-8，查得该系统水容量(包括散热器、室内机械循环管路和换热器三部分)为：

$$V_c = (8.8 + 7.8 + 1.0) \times 1670 = 29392(\text{L})$$

则膨胀水箱容积为：

$$V = 0.0034V_c = 1000\text{L} = 1.0\text{m}^3$$

4. **答案：**[B]

主解答过程：

根据《辐射冷暖规》(JGJ 142—2012)第 3.5.11 条，管内流速不宜小于 0.25m/s，$De25 \times 2.3$mm 管材内径为：

$$d_n = 25 - 2.3 \times 2 = 20.4(\text{mm})$$

最小流量为：

$$L = \frac{\pi}{4}d_n^2 \times 0.25 = 8.17 \times 10^{-5}(\text{m}^3/\text{s})$$

最小热负荷为：

$$Q = c\rho V\Delta t = 4.18 \times 8.17 \times 10^{-5} \times 1000 \times 10 = 3.414\text{kW} = 3414\text{W}$$

5. **答案**：[D]

主要解答过程：

设计工况流量：

$$G_0 = \frac{300}{4.18 \times (80 - 55)} = 2.87(\text{kg/s})$$

实际工况流量：

$$G = \frac{251.2}{4.18 \times (70 - 50)} = 3(\text{kg/s})$$

管网阻力系数不变：

$$S = \frac{P_0}{{G_0}^2} = \frac{P}{G^2} \Rightarrow P = \left(\frac{G}{G_0}\right)^2 P_0 = 45\text{kPa}$$

6. **答案**：[A]

主要解答过程：

根据热泵循环能量守恒关系：

$$Q = W + (5000 + 150) = \frac{Q}{COP} + 5150$$

$$Q = \frac{5150}{1 - 0.2} = 6437.5(\text{kW})$$

注：注意题干 *COP* 为制热性能系数，为制热量与耗功率比值。

7. **答案**：[A]

主要解答过程：

本题首先要了解转轮式热回收机组的基本构成，其包含送风和排风两台风机；其次要理解题干所求的 *COP* 为“转轮”回收的热量与“转轮”所消耗的功率之比，转轮装置风阻为 300Pa，系统其他阻力为 1000 - 300 = 700(Pa)，因此在计算转轮所消耗风机功率时，应选用其阻力 300Pa，而不是风机全压 1000Pa。因此单台风机功率：

$$N = \frac{LP}{3600\eta} = \frac{300 \times 20000}{3600 \times 0.7} = 2.38(\text{kW})$$

回收热量：

$$Q = \rho L(h_1 - h_3) \times 60\% = 1.2 \times \frac{20000}{3600} \times (92 - 70.5) \times 0.6 = 86(\text{kW})$$

转轮的性能系数为：

$$COP = \frac{Q}{2N + 2} = 12.7$$

8. **答案**：[B]

主要解答过程：

车间耗热量与室内外温差成正比，室温提高至 16℃，耗热量为：

$$\frac{Q}{339.36} = \frac{16 - (-10)}{14 - (-10)} \Rightarrow Q = 367.64\text{kW}$$

增加耗热量为 367.64 - 339.36 = 28.3kW，由热风系统承担。

质量守恒：

$$G_P = G_{jj} + G_{zj} \Rightarrow G_{zj} = 10 - 6 = 4(\text{kg/s})$$

能量守恒：

$$28.3 + cG_P \times 16℃ = cG_{jj} \times t_s + cG_{zj} \times (-10℃) \Rightarrow t_s = 38℃$$

9. **答案：**[B]

主要解答过程：

根据《教材 2018》P183 式(2.3-17)，查表 2.3-3 得温度梯度为 0.8℃/m。

天窗排风温度：$t_p = 32 + 0.8 \times (10 - 2) = 38.4(℃)$

通风量：$G = \dfrac{Q}{c(t_p - t_w)} = \dfrac{300}{1.01 \times (38.4 - 29.7)} = 34.14\text{kg/s} = 122908\text{kg/h}$

注：题干所给条件印刷错误，散热强度单位应为“W/m^3”。

10. **答案：**[B]

主要解答过程：

注意题干要求根据公式计算，因此根据《教材 2018》P195 式(2.4-8)：

$$L = \frac{1}{2}L' = (5x^2 + F) = (5 \times 0.9^2 + 0.3 \times 0.6) \times 0.3 = 1.269\text{m}^3/\text{s} = 4568.4\text{m}^3/\text{h}$$

注：本题争议分析请参考本书第 2.4.2 节考点说明。

11. **答案：**[C]

主要解答过程：

根据《教材 2018》P231 式(2.6-1)

$$Y = CM/22.4 = 5 \times 94/22.4 = 21(\text{mg/m}^3)$$

根据吸附过程质量守恒：

$$(100 \times 60) \times 21 \times 10^{-6}\text{kg/m}^3 \times 95\% \times 200 = m \times 0.15\text{kg/kg}_{炭}$$

$$m = 159.6\text{kg}$$

注：计算过程注意单位换算。

12. **答案：**[A]

主要解答过程：

根据《教材 2018》P539 式(3.9-7)

$$L_W = 5 + 10\lg L + 20\lg H$$

$$100.33 = 5 + 10\lg 30000 + 20\lg H$$

$$H = 331\text{Pa}$$

13. **答案：**[A]

主要解答过程：

根据《公建节能 2015》第 4.3.9 条，查各附表得：$\Delta T = 5°C$，$A = 0.003858$，$B = 28$，$\alpha = 0.02$

$$EC(H)Ra = 0.003096 \sum (GH/\eta_b) / \sum Q \leqslant A(B + \alpha \sum L)/\Delta T$$

$$\eta_b \geqslant \frac{0.003096\Delta T \sum GH}{A(B + \alpha \sum L) \sum Q} = \frac{0.003096 \times 5 \times 2 \times 100 \times 30}{0.003858 \times (28 + 0.02 \times 248) \times 1260} = 58\%$$

注意：ΔT 应查表取定值 5℃，而不是采用实际计算值 5.4℃。

14. **答案**：[C]

主要解答过程：

新风承担所有室内湿负荷，查 h-d 图得：$d_n = 11.01\text{g/kg}_{干}$，湿负荷：

$$\frac{5}{3600} = \frac{1500}{3600} \times 1.2 \times (11.01 - d_L)$$

$$d_L = 8.23\text{g/kg}_{干}$$

过 $d_L = 8.23\text{g/kg}_{干}$的等湿线与 90% 相对湿度线相交，交点即为新风的机器露点 L，查 h-d 图得：$t_L = 12.6℃$

则新风承担的室内显热负荷为：

$$Q_X = 1.01 \times \frac{1500}{3600} \times 1.2 \times (25 - 12.6) = 6.26(\text{kW})$$

表冷器 2 所需冷量为：

$$Q_2 = 30 - Q_X = 23.74\text{kW}$$

15. **答案**：[D]

主要解答过程：

$$\varepsilon = \frac{\Delta h}{\Delta d} = \frac{\left(1.01t_n + \dfrac{d_n}{1000} \times 2500\right) - \left(1.01t_s + \dfrac{d_s}{1000} \times 2500\right)}{\dfrac{d_n - d_s}{1000}} = 5000$$

$$d_n = 14.1\text{g/kg}_{干}$$

注意：(1)注意 d 的单位，计算时要除以 1000。

(2)题干假设水蒸气焓值为定值 2500，忽略了焓值公式中 $1.84t$ 此项，因为 $1.84t$ 远小于 2500，在工程计算中可忽略，以简化计算。

16. **答案**：[A]

主要解答过程：

根据《教材 2018》P440 式(3.5-12)，其中面积当量直径(题干要求使用)为：

$$d_0 = \sqrt{\frac{4F}{\pi}} = 1.13\sqrt{0.8 \times 0.2} = 0.452(\text{m})$$

$$F_n = \frac{4 \times 3.5}{1} = 14$$

$$\frac{0.2}{v_0} = \frac{0.69}{\dfrac{\sqrt{14}}{0.452}} \Rightarrow v_0 = 2.4\text{m/s}$$

注：本题《民规》公式与教材不同，存在争议。根据《民规》第 7.4.11 条条文说明，给出的公式计算系数为 0.65，相应计算结果为 2.54m/s，选择 B 选项。

17. **答案**：[C]

主要解答过程：

查 h-d 图，$h_n = 50.2\text{kJ/kg}$，过室内等焓线与 19℃ 等温线交点即为新风送风状态点，得 $d_x = 12.2\text{g/kg}$。

根据热湿比求室内湿负荷：

$$12000 = \frac{2.8}{W} \Rightarrow W = 0.233\text{g/s}$$

新风处理至室内等焓线，因此风机盘管需承担一部分新风湿负荷：

$$W_X = \frac{180}{3600} \times 1.2 \times (12.2 - 9.8) = 0.144(\text{g/s})$$

风机盘管承担的总除湿量为：

$$W_F = W + W_X = 0.377\text{g/s}$$

18. **答案：**［A］

主要解答过程：

由质量守恒可知，渗透新风量为 0.3kg/s。实验室空调负荷不包括新风负荷，内循环式空调机组需承担渗透新风负荷：

$$Q_X = 0.3 \times (85 - 50) = 10.5(\text{kW})$$

机组冷负荷为：

$$Q = 50 + Q_X = 60.5(\text{kW})$$

送风量为：

$$L = \frac{Q}{50 - 35} = 4.03(\text{kg/s})$$

19. **答案：**［D］

主要解答过程：

由于系统冷负荷不变：

$$Q = c\rho \times 150 \times 3.5 = c\rho L_2 \times 5$$

$$L_2 = 105\text{m}^3/\text{h}$$

管网阻力系数不变：

$$S = \frac{P_1}{L_1{}^2} = \frac{P_2}{L_2{}^2} \Rightarrow P_2 = 17.15\text{m}$$

变频后的轴功率为：

$$W_2 = \frac{L_2 P_2}{367.3\eta} = \frac{105 \times 17.15}{367.3 \times 0.7} = 7(\text{kW})$$

$$\Delta W = 19 - W_2 = 12(\text{kW})$$

20. **答案：**［C］

主要解答过程：

根据《洁净规》(GB 50073—2013) 第 6.2.3 条条文说明及表 7，压差风量为：

$$Q = \alpha \sum (qL) = 1.2 \times [6 \times (1.5 + 2.2) \times 2 + 1 \times 3 \times (1.8 + 1.5) \times 2] = 77.04(\text{m}^3/\text{h})$$

根据第 6.1.5 条，补偿排风和保证正压所需新风量为：77.04 + 30 = 107.04 (m^3/h)，人员新风量为：3 × 40 = 120 (m^3/h)，取大值 $120\text{m}^3/\text{h}$。

21. **答案：**［B］

主要解答过程：

该热泵循环制热性能系数为：

$$COP_h = \frac{380 - 229}{380 - 359} = 7.19$$

供热量为：$Q = 3.5 + \frac{Q}{7.19} \Rightarrow Q = 4.06\text{kW}$

解法二：

求该循环质量流量：

$$m_r = \frac{3.5}{359 - 229} = 0.269$$

$$Q = m_r \times (380 - 229) = 4.06\text{kW}$$

22. **答案**：[A]

主要解答过程：

根据《教材 2018》P664

$$COP = \frac{Q_A}{Q_C} = \frac{2675}{5570} = 0.48$$

23. **答案**：[C]

主要解答过程：

根据《教材 2018》P689 式(4.7-6)和式(4.7-7)，空调系统总冷负荷为：

$$\sum q_i = 12 \times 3000 \times 0.75 = 27000(\text{kW}\cdot\text{h})$$

$$q_c = \frac{\sum q_i}{n_2 + n_1 c_f} = \frac{27000}{12 + 8 \times 0.7} = 1534.1(\text{kW})$$

$$Q_S = n_i c_f q_c = 8 \times 0.7 \times 1534.1 = 8591(\text{kW})$$

占设计日总冷量的百分比为：

$$m = \frac{Q_S}{\sum q_i} = 31.8\%$$

24. **答案**：[B]

主要解答过程：

首先根据《燃气设计规》(GB 50028—2006)表 10.2.2 查得低压用气设备额定压力为 2000Pa，再根据第 6.2.8 条：

$$\Delta P = 0.75 \times 2000 + 150 = 1650(\text{Pa})$$

注：题干 0.008MPa 为供气压力，而不是用气设备额定压力，为干扰数据。

25. **答案**：[B]

主要解答过程：

根据《教材 2018》P722 式(4.8-18)，外墙热惰性指标：

$$D = \frac{0.02 \times 11.37}{0.93} + \frac{0.18 \times 9.96}{0.81} + \frac{0.02 \times 11.37}{0.93} + \frac{0.002 \times 16.39}{0.2} + \frac{0.2 \times 0.28}{0.03 \times 1.3} + \frac{0.02 \times 11.37}{0.93} = 4.54 > 4$$

查表 4.8-29，温差修正系数取 1.05，计算温度取夏季空调室外计算平均温度，根据式(4.8-20)：

$$q = K\alpha(t_w - t_n) = \frac{1}{5.55} \times 1.05 \times (29.4 + 20) = 9.35\ (\text{W/m}^2)$$

2017年度全国注册公用设备工程师(暖通空调)执业资格考试　专业案例(上)

1. 某逆流水-水热交换器热交换过程如图所示，一次侧水流量为120t/h，二次侧水流量为100t/h，设计工况下一次侧供回水温度为80℃/60℃、二次水供回水温度为64℃/40℃。实际运行时由于污垢影响，热交换器传热系数下降了20%。问：在一、二次侧水流量、一次水供水温度、二次水回水温度不变的情况下，热交换器传热量与设计工况下传热量的比值(%)，最接近下列何项？(传热计算采用算数平均温差)

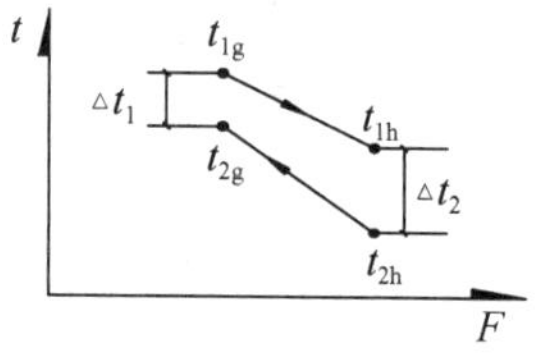

(A)75　　(B)80　　(C)85　　(D)90

答案：[　]

主要解答过程：

2. 有一供暖房间的外墙由3层材料组成，其厚度与导热系数从外到内依次为：240mm 砖墙，导热系数0.49W/(m·K)；200mm 泡沫混凝土砌块，导热系数0.19W/(m·K)；20mm 石灰粉刷，导热系数0.76W/(m·K)，则该外墙的传热系数[W/(m^2·K)]最接近下列哪一项？

(A)0.58　　(B)0.66　　(C)1.51　　(D)1.73

答案：[　]

主要解答过程：

3. 某严寒地区(室外供暖计算温度-18℃)住宅小区，既有住宅楼均为6层，设计为分户热计量散热器供暖系统，户内为单管跨越式、楼内的户外系统是异程双管下供下回式。原设计供暖热媒为95℃/70℃，设计室温为18℃，采用铸铁四柱660型散热器(该散热器传热系数计算公式 $K=2.81\Delta t^{0.276}$)。后来政府对小区住宅楼进行了墙体外保温节能改造，现在供暖热媒降至60℃/40℃即可使住宅楼的室内温度达到20℃(在室外温度仍然为-18℃时)。如果按室内温度18℃计算，该住宅小区节能率(%)(即：供暖热负荷改造后比改造前节省百分比)最接近下列哪一项？

(A)35.7　　(B)37.6　　(C)62.3　　(D)64.3

答案：[　]

主要解答过程：

4. 某严寒地区(室外供暖计算温度-11℃)工业厂房，原设计功能为货物存放，厂房内温度按5℃设计，计算热负荷为600kW，采用暖风机供暖系统，热媒为95℃/70℃热水。现欲将货物存放功能改为生产厂房，在原供暖系统及热媒不变的条件下，使厂房内温度达到18℃，需要对厂房的围护结构进行节能改造。问：改造后厂房的热负荷限值(kW)最接近下列选项的哪一项？

(A)560　　(B)540　　(C)500　　(D)330

答案：[　]

主要解答过程：

5. 某商场建筑设计采用水环热泵空调系统，内区全年供冷，外区夏季供冷，冬季供暖。该建筑冬季空调设计热负荷 $Q_R=3000\text{kW}$，内区冬季设计冷负荷 800kW；水环热泵机组冬季额定运行工况下的制冷 $COP=3.9$、制热 $COP=4.4$；系统冬季设计工况三台循环水泵并联运行，总流量 $G=600\text{m}^3/\text{h}$，扬程 $H=25\text{mH}_2\text{O}$，效率 $\eta=75\%$。问忽略系统管道热损失的情况下，该系统辅助热源容量(kW)最接近下列哪一项？(注：水的密度 $\rho=1000\text{kg/m}^3$)

(A)2200.0　　(B)1940.4　　(C)1258.6　　(D)1313.2

答案：[　]

主要解答过程：

6. 含有 SO_2 的有害气体流量为 $5000\text{m}^3/\text{h}$，其中有害成分 SO_2 的浓度为 8.75ml/m^3，有害物成分克摩尔数 $M=64$，选用效率为 90% 的固定床活性炭吸附装置净化后排放，则排放浓度(mg/m^3)最接近下列哪一项？

(A)2.0　　(B)2.5　　(C)3.0　　(D)3.5

答案：[　]

主要解答过程：

7. 某均匀送风管采用保持孔口前静压相同原理实现均匀送风(如图所示)，有四个送风孔口(间距为 2.5m)断面 1 处风管的空气平均流速为 5m/s，且每段风管的阻力损失为 3.5Pa。该段风管断面 4 处的平均风速(m/s)应最接近下列哪一项？(注：大气压力 101.3kPa、空气密度取 1.20kg/m^3)

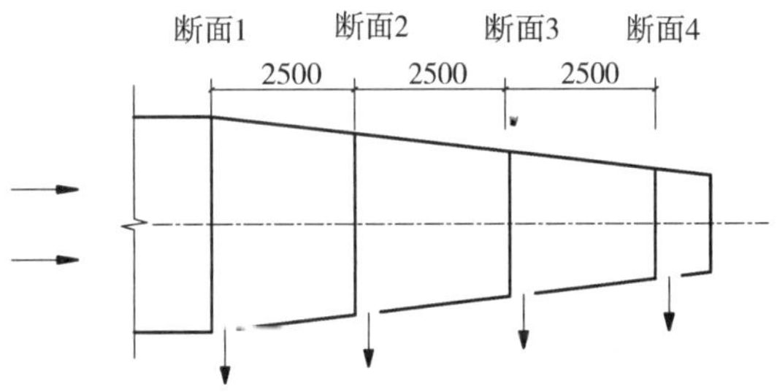

(A)4.50　　(B)4.16　　(C)3.52　　(D)2.74

答案：[　]

主要解答过程：

8. 某大厦的地下变压器室安装有 2 台 500kVA 变压器。设计全面通风系统，当排风温度为 40℃，送风温度为 28℃时，变压器室的计算通风量(m^3/h)最接近下列哪一项？(变压器负荷率和功率因素均按上限取值)

(A)1860　　(B)2960　　(C)3760　　(D)4280

答案：[　]

主要解答过程：

9. 河南安阳某车间，冬季室内设计温度为 16℃，围护结构耗热量为 260kW，车间有 2 台相同的通风柜，每台排风量为 0.75kg/s，车间采用全面机械排风系统排除有害气体，排风量为 16kg/s，采用全新风集中热风供暖补风，热风补风量为 14kg/s。问：送风温度 t_{jj}(℃)最接近下列哪一项？[空气比热容为 1.01kJ/(kg · ℃)]

(A)36.8　　(B)37.6　　(C)38.6　　(D)39.6

答案：[　]

主要解答过程：

10. 一排风系统共有外形相同的两个排风罩(如图所示)，排风罩的支管(管径均为 200mm)通过合流三通连接排风总管(管径 300mm)。在两个排风支管上(设置位置如图所示)测得管内静压分别为 -169Pa、-144Pa。设排风罩的阻力系数均为 1.0，则该系统的总排风量(m^3/h)最接近下列哪一项？(空气密度按 1.2kg/m^3计)

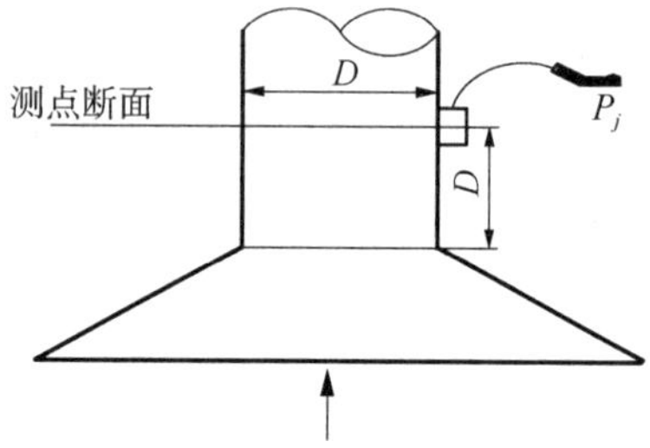

(A)2480　　(B)2580　　(C)3080　　(D)3340

答案：[　]

主要解答过程：

11. 某地夏季室外通风温度 t_w = 31℃。有 2000m^2热车间高 9m，室内散热量 116W/m^2，工作点设计温度 t_n = 33℃。设计采用热压自然通风方式：车间侧墙下、上部分别设置进、排风常开无扇窗孔；排风窗孔中心距屋顶 1m，进、排窗孔面积比 0.5，中心距 7m，流量系数均为 0.43。问：上部排风的窗口总面积(m^2)应为以下哪项？

[注：用温度梯度法求排风温度，空气定压比热容取 1.01kJ/(kg · ℃)]

温度/℃	30	31	32	33	34	35	36	37
空气密度/(kg/m^3)	1.165	1.161	1.157	1.154	1.150	1.146	1.142	1.139
温度/℃	38	39	40	41	42	43	44	45
空气密度/(kg/m^3)	1.135	1.132	1.128	1.124	1.121	1.117	1.114	1.110

(A)71 ~ 80　　(B)51 ~ 60　　(C)41 ~ 50　　(D)31 ~ 40

答案：[　]

主要解答过程：

12. 某空调工程采用设计风量为 80000m^3/h 组合式空调机组，样本提供机组的漏风率 0.3%(标准空气状态)，实际使用条件：温度为 15℃，大气压力为 81200Pa。问：该空调机组的实际设计漏风量(kg/h)应最接近下列哪一项？

(A)196　　(B)235　　(C)240　　(D)1600

答案：[　]

主要解答过程：

13. 空调房间设有从排风回收显热冷量的新风换气装置，新风量为 3250m^3/h，排风量为 3000m^3/h，室内空气温度 25℃。室外空气温度 35℃。设：装置对排风侧的显热回收效率为

0.65，则该新风换气装置的新风送风温度 t_x(℃)最接近下列哪一项？

(A)27　　(B)28　　(C)29　　(D)30

答案：[　]

主要解答过程：

14. 某候机厅拟采用单侧圆形喷口送风，初选喷口直径为 250mm，喷口送风速度为 8m/s，此时发现供冷时空调区的平均风速达到 0.50m/s，不能满足空调区平均风速不大于 0.25m/s 的室内环境控制要求。若要满足室内环境控制要求，同时维持喷口安装高度、射程和送风速度不变，则喷口的射程(m)和直径(mm)选择应最接近下列哪一项？(圆形喷口的紊流系数取 0.07)

(A)射程为 13.2，直径为 100　　(B)射程为 13.2，直径为 125

(C)射程为 26.9，直径为 125　　(D)射程为 26.9，直径为 200

答案：[　]

主要解答过程：

15. 严寒地区某建筑设置空调系统和值班供暖系统(工作时两个系统同时使用)，散热器出口设温控阀恒定散热器出水温度。冬季空调室外计算温度 −25℃，值班供暖温度 10℃，室内设计温度 20℃。值班供暖负荷按室内设计温度 10℃计算的空调热负荷计算，散热器供回水温度为 75℃/50℃。某房间值班供暖散热器负荷为 2000W，散热器传热系数 $K = 1.76\Delta t^{0.25}$。问：空调系统应该负担的房间热负荷(W)为下列哪项？

(A)500 ~ 600　　(B)650 ~ 750　　(C)1000 ~ 1100　　(D)2500 ~ 2600

答案：[　]

主要解答过程：

16. 某空调水系统采用两管制一级泵系统，设计总冷负荷为 300kW，设计供/回水温度为 6℃/12℃，从冷冻机房至最远用户的供回水管道总长度为 95m。假定选用 1 台冷水循环泵，其设计工作点效率为 60%，则冷水循环泵设计扬程最大限值(m)最接近下列何项？

(A)26.7　　(B)28.4　　(C)33.6　　(D)38.5

答案：[　]

主要解答过程：

17. 在空气处理室内，将 100℃的饱和干蒸汽喷入干球温度等于 22℃的空气中，对空气进行加湿，且不使空气的含湿量达到饱和状态，则该空气状态变化过程的热湿比最接近下列何项？

(A)2768　　(B)2684　　(C)2540　　(D)2500

答案：[　]

主要解答过程：

18. 地处温和地区的某建筑，供冷期为 50 天，空调系统每天运行时间为 8h。供冷期室外空气的平均焓值为 56.8kJ/kg，室内设计参数对应的焓值为 55.5kJ/kg。建筑内设有 1 套风量为 10000m³/h 的集中新风系统和风量为 8500m³/h 的集中排风系统配套使用，空调冷源系统(含主机、冷水系统和冷却水系统)的制冷季节能效比为 4.0kWh/kWh。若增设排风热回收系统用于新风预冷，则新风系统的风机全压需增加 100Pa，排风系统的风机全压需增加 80Pa。假如热回收装置的基于排风的全热交换效率为 65%，两个系统改造前后的风机总效率均为 75%。试分析该建筑增设排风热回收装置的节能性，增设热回收系统前后供冷期的空调运行总能耗变化量为下列哪项？(不考虑其他附加，空气密度取 1.2kg/m^3)

(A)可节能，增设后总能耗减少了 33 ~ 34kWh

(B)可节能，增设后总能耗减少了 709 ~ 800kWh

(C)不节能，增设后总能耗增加了 8 ~ 10kWh

(D)不节能，增设后总能耗增加了 91 ~ 92kWh

答案：[ ]

主要解答过程：

19. 某办公室建筑采用了单风道节流型末端的变风量空调系统，由各房间温控器控制对应变风量末端的风量。在系统设计工况下各房间空调冷负荷见下表，其中湿负荷全部为人员散湿形成的湿负荷。各空调房间设计温度 25℃、相对湿度 50%。表冷器机器露点相对湿度 90%，不考虑风机温升。问在上述设计工况下相对湿度最大的房间，其相对湿度值(%)最接近下列何项？(用标准大气压湿空气焓湿图作答)

	房间 1	房间 2	房间 3	房间 4	房间 5	房间 6
显热负荷/W	10000	8000	6000	8000	4000	10000
潜热负荷/W	2500	2500	2500	2500	2500	2500

(A)50 (B)58 (C)65 (D)72

答案：[ ]

主要解答过程：

20. 建筑采用土壤源热泵机组进行制冷并通过冷凝热回收提供生活热水。建筑空调设计冷负荷为 1800kW，生活热水负荷为 300kW。热泵机组制冷性能系数(*EER*)为 4.5。计算地埋管排热负荷(kW)最接近下列何项？

(A)1800 (B)1900 (C)2100 (D)2200

答案：[ ]

主要解答过程：

21. 某空调系统用的空气冷却式冷凝器，其传热系数 $K=30\text{W}/(\text{m}^2\cdot℃)$(以空气侧为准)，冷凝器的热负荷 $\varphi_k=60\text{kW}$，冷凝器入口空气温度 $t_{a1}=35℃$，流量为 15kg/s，如果冷凝温度 $t_k=48℃$，设空气的定压比热 $c_p=1.0\text{kJ}/(\text{kg}\cdot℃)$，则该冷凝器空气侧传热面积(m^2)应为以下哪个选项？(注：按照对数平均温度差计算)

(A)170 ~ 172 (B)174 ~ 176 (C)180 ~ 182 (D)183 ~ 185

答案：[ ]

主要解答过程：

22. 某热回收离心冷水机组运行工况下 *COP* = 5.7，冬季空调冷负荷 1300kW，冬季空调热负荷 800kW，忽略冷冻水泵、冷却水泵的热量和管道热损失。问：冬季制冷时该冷水机组的循环冷却水热负荷(kW)最接近下列何项？

(A)50　　(B)728　　(C)1300　　(D)1528

答案：[　]

主要解答过程：

23. 如图所示为带闪发分离器的双级压缩制冷循环，该循环部分节点的制冷剂比焓见下面已知条件，流经一级压缩机的制冷剂质量流量为 10kg/s。问：二级压缩机质量流量(kg/s)为以下哪个选项？

已知：$h_3 = 415\text{kJ/kg}$，$h_6 = 250\text{kJ/kg}$，$h_7 = 230\text{kJ/kg}$

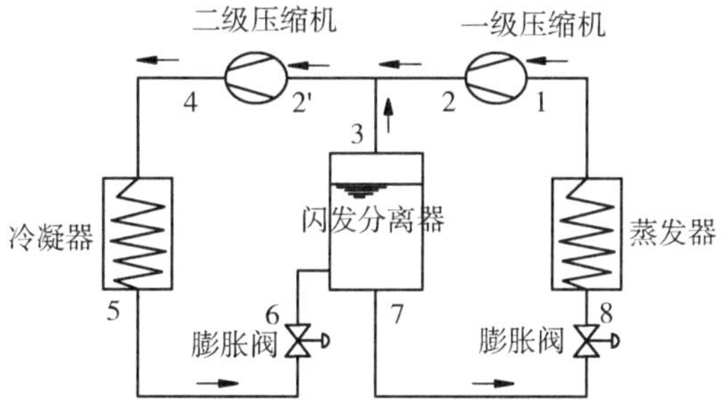

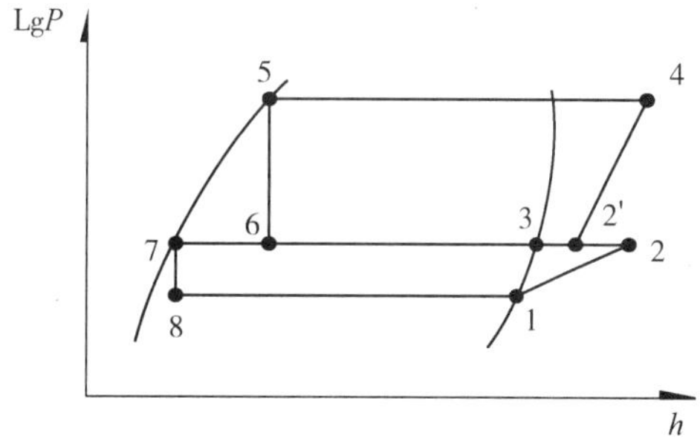

(A)9.0～9.5　　(B)10.0～10.5　　(C)11.0～11.5　　(D)12.0～12.5

答案：[　]

主要解答过程：

24. 如图所示为采用 R134A 制冷剂的蒸汽压缩制冷理论循环，采用将压缩后的高压气体分流一部分(8→6)与来自蒸发器的制冷剂混合(4＋6→5)后再压缩的方式实现变制冷量调节。已知，蒸发温度为 0℃、冷凝温度为 40℃，有关状态点的焓值(kJ/kg)见表中所列，该循环的理论制冷量与不调节分流的理论制冷量之比值(%)最接近下列何项？

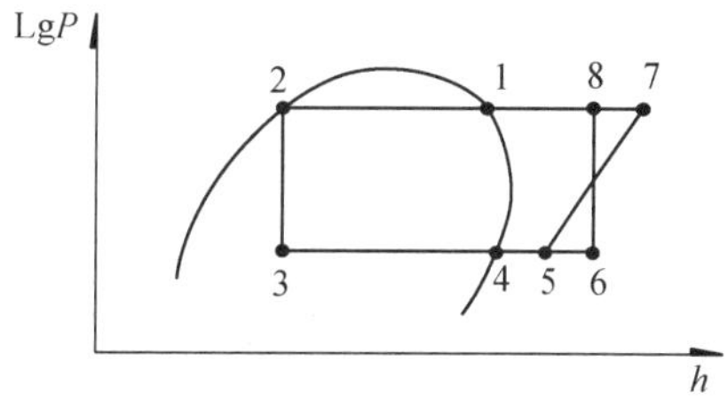

h_1	h_2	h_4	h_5	h_7	h_8
417.2	256.8	395.6	420.2	449.8	439.8

(A)44.3　　(B)51.1　　(C)54.2　　(D)58.6

答案：[　]

主要解答过程：

25. 设计某宿舍的排水系统，已知用水定额为 120L/(d·P)、小时变化系数为 3.10，某一层的一段生活排水管道汇集有 12 个相同房间，房间卫生间的配置均为洗脸盆 1 个(同时排水百分数为 80%)、冲洗水箱大便器 1 个，问：该段排水管道的排水设计秒流量(L/s)最接近下列何项？

(A)1.50　　(B)3.40　　(C)3.88　　(D)4.56

答案：[　]

主要解答过程：

2017年度全国注册公用设备工程师(暖通空调)执业资格考试　专业案例(上)　详解

专业案例答案									
题号	答案	题号	答案	题号	答案	题号	答案	题号	答案
1	D	6	B	11	B	16	C	21	D
2	B	7	D	12	B	17	B	22	B
3	D	8	C	13	C	18	C	23	C
4	C	9	D	14	B	19	B	24	A
5	C	10	B	15	C	20	B	25	D

1. **答案**：[D]

主要解答过程：

设计工况时：

一次侧换热量为：$Q_1 = cm_1(t_{1g} - t_{1h})$

二次侧换热量为：$Q_2 = cm_2(t_{2g} - t_{2h})$

换热器换热量为：$Q = KB\Delta t_{pj}F$

其中　$\Delta t_{pj} = \dfrac{\Delta t_1 + \Delta t_2}{2} = \dfrac{(80-64)+(60-40)}{2} = 18(℃)$

实际工况时：

一次侧换热量为：$Q_1' = cm_1(t_{1g} - t_{1h}')$

二次侧换热量为：$Q_2' = cm_2(t_{2g}' - t_{2h})$

换热器换热量为：$Q' = (1-20\%)KB\Delta t_{pj}'F$

其中　$\Delta t_{pj}' = \dfrac{\Delta t_1' + \Delta t_2'}{2} = \dfrac{(80-t_{2g}')+(t_{1h}'-40)}{2} = 20 + \dfrac{t_{1h}' - t_{2g}'}{2}$

由于污垢影响热交换器传热系数下降后，一次侧、二次侧及换热器本身换热量等比例减小(认为换热量计算公式中其他参数保持不变)。得到如下等式：

$$\frac{Q_1'}{Q_1} = \frac{Q_2'}{Q_2} = \frac{Q'}{Q} \Rightarrow \frac{80 - t_{1h}'}{80-60} = \frac{t_{2g}' - 40}{64-40} = \frac{0.8\times\left(20 + \dfrac{t_{1h}' - t_{2g}'}{2}\right)}{18}$$

以上等式为二元一次方程组，解得：$t_{1h}' = 62.02℃$，则热交换器传热量与设计工况下传热量的比值为：

$$\frac{Q'}{Q} = \frac{Q_1'}{Q_1} = \frac{80-62.02}{80-60}\times 100\% = 89.9\%$$

2. **答案**：[B]

主要解答过程：

根据《教材 2018》P3 式(1.1-3)，查表 1.1-4、表 1.1-5 及表 1.1-6 得：

$$\alpha_n = 8.7\ \mathrm{W/(m^2 \cdot K)},\ \alpha_w = 23\ \mathrm{W/(m^2 \cdot K)},\ \alpha_\lambda = 1.25$$

$$K = \frac{1}{\frac{1}{\alpha_n} + \sum \frac{\delta}{\alpha_\lambda \lambda} + \frac{1}{\alpha_w}} = \frac{1}{\frac{1}{8.7} + \frac{0.24}{1 \times 0.49} + \frac{0.2}{1.25 \times 0.19} + \frac{0.02}{1 \times 0.76} + \frac{1}{23}}$$

$$= 0.66[\mathrm{W/(m^2 \cdot K)}]$$

注：本题有一定争议，在于是否应考虑泡沫混凝土砌块的导热修正系数，参考 2014-3-1，题干中明确给出了修正系数数值，题目较为严谨。而本题并未给出具体修正系数，也未提示是否应考虑修正系数的影响，因此很难判断出题者思路，本题解答按考虑导热修正系数计算，并保留争议。

3. **答案：**[D]

主要解答过程：

根据《教材 2018》P89 式(1.8-1)，认为公式中各修正系数不变，对比改造前后散热器散热量：

$$\frac{Q'}{Q} = \frac{K'F\Delta t'^{0.276}}{KF\Delta t^{0.276}} = \frac{\Delta t'^{1.276}}{\Delta t^{1.276}} = \left(\frac{\frac{60+40}{2} - 20}{\frac{95+70}{2} - 18}\right)^{1.276} \Rightarrow Q' = 0.376Q$$

上述负荷计算结果是按照室温 20℃计算所得，如按室内温度 18℃计算，根据室内外温差与房间负荷的正比关系：

$$Q'' = \frac{18-(-18)}{20-(-18)}Q' = 0.356Q$$

节能率为：

$$\varepsilon = \frac{Q - Q''}{Q} \times 100\% = 64.3\%$$

4. **答案：**[C]

主要解答过程：

根据《教材 2018》P70 式(1.5-18)和式(1.5-19)，由于原供暖系统及热媒不变，因此：

$$Q'_d = \frac{\frac{95+70}{2} - 18}{\frac{95+70}{2} - 15}Q_0,\quad Q_d = \frac{\frac{95+70}{2} - 5}{\frac{95+70}{2} - 15}Q_0$$

$$\frac{Q'}{Q} = \frac{Q'_d}{Q_d} = 0.83 \Rightarrow Q' = 0.83 \times 600\mathrm{kW} = 498\mathrm{kW}$$

5. **答案：**[C]

主要解答过程：

内区供冷冷凝器散热量：$Q_1 = 800\mathrm{kW} + \dfrac{800\mathrm{kW}}{3.9} = 1005.1\mathrm{kW}$

外区供热蒸发器吸热量：$Q_2 = 3000\mathrm{kW} - \dfrac{3000\mathrm{kW}}{4.4} = 2318.2\mathrm{kW}$

水泵循环轴功率：$W = \dfrac{GH}{367.3\eta} = \dfrac{600 \times 25}{367.3 \times 0.75} = 54.4(\mathrm{kW})$

根据能量守恒关系，辅助热源容量：$\Delta Q = Q_2 - Q_1 - W = 1258.7\text{kW}$

注：本题需了解水环热泵系统运行原理。

6. **答案：**[B]

主要解答过程：

根据《教材 2018》P231 式(2.6-1)

$$Y = \frac{CM}{22.4} = \frac{8.76 \times 64}{22.4} = 25(\text{mg/m}^3)$$

净化后排放浓度为：

$$Y' = (1 - 90\%)Y = 2.5\ \text{mg/m}^3$$

7. **答案：**[D]

主要解答过程：

根据《教材 2018》P260 式(2.7-11)，断面 1 处的动压为：

$$P_{d1} = \frac{\rho}{2}v_1^2 = \frac{1.2}{2} \times 5^2 = 15(\text{Pa})$$

由于各孔口的静压相同，因此各管段压力损失均为动压，故断面 4 处的动压及平均风速为：

$$P_{d4} = P_{d2} - 3 \times 3.5\text{Pa} = 4.5\text{Pa}$$

$$v_4 = \sqrt{\frac{2P_{d4}}{\rho}} = \sqrt{\frac{2 \times 4.5}{1.2}} = 2.74(\text{m/s})$$

8. **答案：**[C]

主要解答过程：

根据《09 技措》P60 式(4.4.2)，变压器发热量为：

$$Q = (1 - \eta_1)\eta_2\phi W = (1 - 0.98) \times 0.8 \times 0.9 \times (2 \times 500) = 15.2(\text{kW})$$

所需通风量为：

$$L = \frac{Q}{\rho c(t_n - t_w)} \times 3600 = \frac{15.2}{1.2 \times 1.01 \times (40 - 28)} \times 3600 = 3762.4(\text{m}^3/\text{h})$$

9. **答案：**[D]

主要解答过程：

查《民规》附录 A 可知，安阳冬季供暖室外计算温度为 −4.7℃，根据室内空气质量守恒：

$$G_{zj} + G_{jj} = G_{jp} \Rightarrow G_{zj} = 2 \times 0.75 + 16 - 14 = 3.5(\text{kg/s})$$

根据室内空气能量守恒：

$$260\text{kW} + cG_{jp}t_{jp} = cG_{jj}t_{jj} + cG_{zj}t_w$$

$$\Rightarrow t_{jj} = 39.6℃$$

10. **答案：**[B]

主要解答过程：

根据《教材 2018》P285 式(2.9-9)，两个排风罩排风量分别为：

$$L_1 = v_1 F = \frac{1}{\sqrt{1+\zeta}} \times \frac{1}{4}\pi d^2 \times \sqrt{\frac{2}{\rho}} \times \sqrt{|p_{j1}|}$$

$$= \frac{1}{\sqrt{1+1}} \times \frac{1}{4}\pi \times 0.2^2 \times \sqrt{\frac{2}{1.2}} \times \sqrt{169} = 0.37(\text{m}^3/\text{s})$$

$$L_2 = v_2F = \frac{1}{\sqrt{1+\zeta}} \times \frac{1}{4}\pi d^2 \times \sqrt{\frac{2}{\rho}} \times \sqrt{|p_{j2}|}$$

$$= \frac{1}{\sqrt{1+1}} \times \frac{1}{4}\pi \times 0.2^2 \times \sqrt{\frac{2}{1.2}} \times \sqrt{144} = 0.34(\mathrm{m^3/s})$$

则系统的总排风量：$L = (L_1 + L_2) \times 3600 = 2580\mathrm{m^3/h}$

注：要注意阻力系数和流量系数的区别。

11. **答案：**[B]

主要解答过程：

说明：本题题干数据单位有误，需要将“2000m²”修改为“2000m³”，“116W/m²”修改为“116W/m³”后方可得出正确答案。

根据《教材 2018》P183 式(2.3-17)，并查表 2.3-3，排风温度为：

$$t_p = t_n + \alpha(h-2) = 33 + 1.5 \times (8-2) = 42(℃)$$

室内平均温度为：

$$t_{np} = (t_n + t_p)/2 = 37.5℃$$

查表得：$\rho_p = 1.121\mathrm{kg/m^3}$，$\rho_n = 1.154\mathrm{kg/m^3}$，$\rho_w = 1.161\mathrm{kg/m^3}$，$\rho_{np} = 1.137\mathrm{kg/m^3}$

通风量为：

$$G = \frac{Q}{c(t_p - t_w)} = \frac{2000\mathrm{m^3} \times 0.116\ \mathrm{kW/m^3}}{1.01\mathrm{kJ(kg\cdot ℃)} \times (42-31)℃} = 20.9\mathrm{kg/s}$$

根据 P182 式(2.3-14)和式(2.3-15)，两式相比得：

$$0.5 = \frac{F_j}{F_p} = \frac{\sqrt{2h_2g(\rho_w - \rho_{np})\rho_p}}{\sqrt{2h_1g(\rho_w - \rho_{np})\rho_w}} = \sqrt{\frac{h_2\rho_p}{h_1\rho_w}}$$

解得：$h_2 = 0.259h_1, h_1 + h_2 = 7\mathrm{m} \Rightarrow h_2 = 1.44\mathrm{m}$

因此排风的窗口总面积为：

$$F_p = \frac{G}{\mu\sqrt{2h_2g(\rho_w - \rho_{np})\rho_p}}$$

$$= \frac{20.9}{0.43 \times \sqrt{2 \times 1.44 \times 9.8 \times (1.161 - 1.137) \times 1.121}} = 55.8(\mathrm{m^2})$$

12. **答案：**[B]

主要解答过程：

标准空气状态(20℃，大气压 101325Pa)下机组漏风量为：

$$L_0 = 80000\mathrm{m^3/h} \times 0.3\% = 240\mathrm{m^3/h}$$

换算到实际工况下的漏风量为：

$$G = \rho_{15}\frac{B}{B_0}L_0 = 1.293 \times \frac{273}{273+15} \times \frac{81200}{101325} \times 240 = 235.7(\mathrm{kg/h})$$

13. **答案：**[C]

主要解答过程：

根据《教材 2018》P563 式(3.11-8)，回收显热：

$$Q_t = c\rho L_p(t_1 - t_3)\eta = c\rho L_x(t_1 - t_2)$$

$$3000 \times (35-25) \times 0.65 = 3250 \times (35 - t_2)$$

$$\Rightarrow t_2 = 29℃$$

14. **答案：**［B］

主要解答过程：

根据《教材 2018》P450 式(3.5-22)，轴心速度为末端平均速度的 2 倍，因此：

$$\frac{0.5\times 2}{8}=\frac{0.48}{\frac{0.07x}{0.25}+0.145}\Rightarrow x=13.2\text{m}$$

若保持喷口安装高度、射程和送风速度不变，且末端平均风速满足 0.25m/s 的要求，则：

$$\frac{0.25\times 2}{8}=\frac{0.48}{\frac{0.07\times 13.2}{d_0'}+0.145}\Rightarrow d_0'=0.123\text{m}=123\text{mm}$$

注：注意轴心速度与末端平均速度的关系。

15. **答案：**［C］

主要解答过程：

首先核算散热器在室温 20℃时的实际散热量，根据《教材 2018》P89 式(1.8-1)，认为公式中各修正系数不变，则：

$$\frac{Q'}{2000\text{W}}=\frac{K'F\Delta t'^{0.25}}{KF\Delta t^{0.25}}=\frac{\Delta t'^{1.25}}{\Delta t^{1.25}}=\left(\frac{\frac{75+50}{2}-20}{\frac{75+50}{2}-10}\right)^{1.25}\Rightarrow Q'=1535.7\text{W}$$

由于房间热负荷与室内外温差成正比，计算室温为 20℃时，房间的实际热负荷：

$$\frac{Q_{20}}{2000\text{W}}=\frac{20-(-25)}{10-(-25)}\Rightarrow Q_{20}=2571.4\text{W}$$

则空调系统应承担的热负荷为：

$$\Delta Q=Q_{20}-Q'=1035.7\text{W}$$

16. **答案：**［C］

主要解答过程：

$$300\text{kW}=c\times\rho\times\frac{G}{3600}\times(12-6)\Rightarrow G=43\text{m}^3/\text{h}$$

根据《公建节能 2015》第 4.3.9 条，查各附表得：$\Delta T=5$℃，$A=0.004225$，$B=28$，$\alpha=0.02$

$$EC(H)Ra=0.003096\sum(GH/\eta_b)/\sum Q\leqslant A(B+\alpha\sum L)/\Delta T$$

$$\Rightarrow H\leqslant 34.1\text{m}$$

注：常规冷水系统 ΔT 应查表取定值 5℃，而不是采用实际计算值 6℃。

17. **答案：**［B］

主要解答过程：

根据《教材 2018》P347 式(3.1-11)

$$\varepsilon=2500+1.84t_q=2500+1.84\times 100=2684$$

注：t_q 是水蒸气的温度，而不是室内干球温度，因为虽然蒸汽的显热相比于潜热数值较小，但干蒸汽加湿过程的热湿比还是与蒸汽的温度有关，例如 500℃的蒸汽和 100℃的蒸汽喷入室内加湿过程的热湿比数值必然不同的，实际上我们常说的干蒸汽等温加湿是近似的等温过程。

18. **答案：**［C］

主要解答过程：

根据《教材 2018》P563 式(3.11-9)，如设置排风热回收系统，回收全热量为：

$$Q_h = \rho L_p(h_1 - h_3)\eta = 1.2 \times \frac{8500}{3600} \times (56.8 - 55.5) \times 65\% = 2.39(kW)$$

节省电功率：

$$W_1 = \frac{Q_h}{COP} = 0.598kW$$

但增加排风热回收系统，新、排风机增加耗功率为：

$$W_2 = W_p + W_x = \frac{L_p \Delta P_p}{3600\eta} + \frac{L_x \Delta P_x}{3600\eta} = 0.62kW > 0.598kW$$

因此，系统不节能，全年多消耗的电能为：

$$\Delta Q = 50 \times 8 \times (W_2 - W_1) = 9kWh$$

注：《公建节能 2015》已经取消了老版《公建节能》对于排风热回收系统设置的条件限制，指出应根据项目具体情况进行经济技术比较分析来确定是否采用，本题即为典型的分析实例计算题目。

19. **答案：**[B]

主要解答过程：

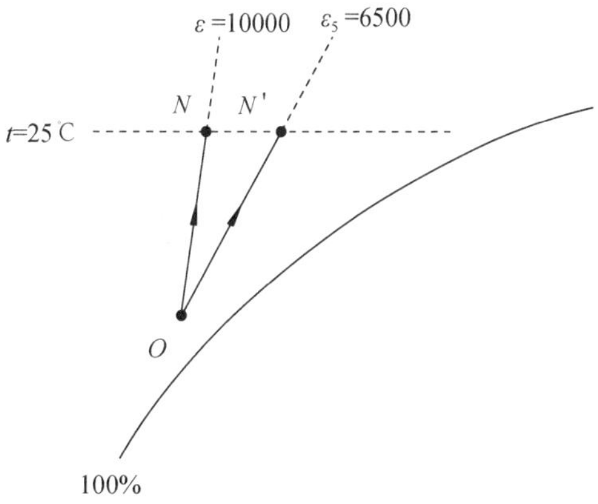

系统总显热负荷为：$Q_X = 46kW$

总潜热负荷为：$Q_Q = 15kW$

总全热负荷为：$Q_T = 46kW + 15kW = 61kW$

散湿量为：$\Delta d = 15/2500 = 0.006(kg/s)$

全空气系统设计工况总热湿比为：

$$\varepsilon = \frac{\Delta h}{\Delta d} = \frac{61kW}{0.006kg/s} = 10167kJ/kg \approx 10000kJ/kg$$

由于全空气变风量系统空气统一处理，故各房间送风状态点均相同。系统控制方式为：变风量末端根据室内温度调节送入室内风量大小，因此实际上该系统仅能保证室内温度达到设计值(25℃)，而不能保证各房间的相对湿度。由于各房间湿负荷相同，因此相对湿度最大的房间应是显热负荷最小(即热湿比最小)的房间，可以发现房间 5 显热负荷最小，其热湿比为：

$$\varepsilon_5 = \frac{\Delta h_5}{\Delta d_5} = \frac{(2.5 + 4)kW}{(2.5/2500)kg/s} = 6500kJ/kg$$

利用焓湿图作答过程如下：首先过设计室内状态点 N 做 10000 的热湿比线与 90% 相对湿度线相交，即可得到实际送风状态点 O，再过 O 点做 6500 的热湿比线(房间 5 的实际空气处理过程线)与 25℃的等温线相交，即可得到房间 5 的实际室内状态点 N'，查焓湿图即可得到其相对湿度约为 58%。

20. **答案：**[B]

主要解答过程：

空调系统冷凝热：$Q_1 = 1800kW + \dfrac{1800kW}{4.5} = 2200kW$

冷凝热中扣除热回收提供生活热水所需热量，则地埋管排热负荷为：

$$\Delta Q = Q_1 - 300\text{kW} = 1900\text{kW}$$

21. **答案：**[D]

主要解答过程：

$$\varphi_k = cm\Delta t = 1.01 \times 15 \times (t_{a2} - 35)$$

$$\Rightarrow t_{a2} = 39^\circ\text{C}$$

$$\Delta\theta_m = \frac{(48-35)-(48-39)}{\ln\dfrac{48-35}{48-39}} = 10.88(^\circ\text{C})$$

根据《教材 2018》P738 式(4.9-10)

$$A = \frac{\varphi_k}{K\Delta\theta_m} = \frac{60 \times 1000}{30 \times 10.88} = 183.8(\text{m}^2)$$

22. **答案：**[B]

主要解答过程：

空调系统冷凝热：$Q_1 = 1300\text{kW} + \dfrac{1300\text{kW}}{5.7} = 1528\text{kW}$

冷凝热中扣除热回收提供空调热负荷，冷却水热负荷为：

$$\Delta Q = Q_1 - 800\text{kW} = 728\text{kW}$$

23. **答案：**[C]

主要解答过程：

对闪发分离器列质量守恒及能量守恒方程：

$$m_6 = m_3 + m_7$$

$$m_6 h_6 = m_3 h_3 + m_7 h_7$$

解得：$m_6 = 11.21\text{kg/s}$

24. **答案：**[A]

主要解答过程：

对 4 + 6→5 混合过程列质量守恒及能量守恒方程：

$$m_5 = m_4 + m_6$$

$$m_5 h_5 = m_4 h_4 + m_6 h_6$$

其中，$h_6 = h_8 = 439.8\text{kJ/kg}$

解得：$m_4 = 0.797 m_6$

理论制冷量之比值为：

$$\frac{Q}{Q_0} = \frac{m_4(h_4 - h_3)}{m_5(h_4 - h_3)} = \frac{m_4}{m_5} = \frac{m_4}{m_4 + m_6} \times 100\% = 44.3\%$$

25. **答案：**[D]

主要解答过程：

根据《给水排水规》(GB 50015—2003)表 3.1.10，题目用水定额为 120L/(d·P)，因此判断建筑为Ⅲ类Ⅳ类宿舍。再根据第 4.4.6 条，并查表 4.4.4，排水设计秒流量为：

$$q_p = \sum q_0 n_0 b = 0.25 \times 12 \times 0.8 + 1.5 \times 12 \times 12\% = 4.56(\text{L/s})$$

注：本题的难点在于先通过用水定额判断宿舍类型。

2017 年度全国注册公用设备工程师(暖通空调)执业资格考试　专业案例(下)

1. 某严寒地区一个 6 层综合楼，除一层门厅采用地面辐射供暖系统外，其他区域均采用散热器热水供暖系统，计算热负荷分别为散热器系统 200kW、地面辐射系统 20kW。散热器供暖系统热媒为 75℃/50℃，地面辐射供暖系统采用混水泵方式，其一次热媒由散热器供暖系统提供，辐射地板供暖热媒为 60℃/50℃。问：该建筑物供暖系统水流量(t/h)和混水泵的流量(t/h)最接近下列哪一个选项？

(A)6.88 和 1.72　　(B)6.88 和 0.688　　(C)7.568 和 1.032　　(D)7.912 和 1.032

答案：[　]

主要解答过程：

2. 寒冷地区某工厂食堂净高为 4m，一面外墙，窗墙比为 0.4，无外门，设计室温为 18℃，食堂围护结构基本耗热量为 150kW(含朝向修正)，冷风渗透热负荷 19kW，采用铸铁四柱 760 散热器明装[单片散热量公式 $Q_1=0.5538\Delta t^{1.316}$(W)]，系统形式为下供下回单管同程式系统，该食堂仅白天使用，采用间歇供暖，散热器接管为异侧上进下出，供暖热媒为 95℃/70℃热水，该食堂每组散热器片数均为 25 片。问：该食堂需要设置散热器的组数最接近下列选项的哪一项？

(A)56　　(B)62　　(C)66　　(D)73

答案：[　]

主要解答过程：

3. 某办公室采用地板辐射供暖系统，室内计算温度为 22℃。问：辐射供暖地板单位面积可承担的最大供暖热负荷(W/m^2)，最接近以下哪个选项？

(A)70　　(B)91　　(C)102　　(D)123

答案：[　]

主要解答过程：

4. 某蒸汽供暖系统供汽压力为 0.04MPa，散热器的集中回水管路拟采用 3 级串联水封替代疏水阀，已知：凝结水排水管处压力为 0.02MPa，凝结水密度为 958.4kg/m^3，重力加速度 9.81m/s^2，水封连接点处蒸汽压力为供暖系统供汽压力的 0.7 倍。问：3 级串联水封高度(m)的合理选取值，最接近以下何项？

(A)0.32　　(B)0.43　　(C)0.48　　(D)1.18

答案：[　]

主要解答过程：

5. 某住宅楼集中热水供暖系统，计算热负荷为 262kW、热媒为 75℃/50℃ 热水、系统计算压力损失为 35.0kPa；而实际运行时测得：供回水温度 65℃/45℃，热力入口处供回水压力差 39.2kPa，则系统实际供热量（kW）最接近下列哪一项？

(A)210　　(B)220　　(C)230　　(D)244

答案：[　　]

主要解答过程：

6. 某车间拟用蒸汽铸铁散热器供暖系统，余压回水。系统最不利环路的供汽管长 400m，起始蒸汽压力 200kPa，如果摩擦阻力占总压力损失的比例为 0.8，则该管段选择管径依据的平均单位长度摩擦阻力（Pa/m）应最接近下列何项？

(A)60　　(B)80　　(C)100　　(D)120

答案：[　　]

主要解答过程：

7. 某车间生产设备发热量 11.6kJ/s，工作区局部排风量 0.84kg/s，机械补风量 0.56kg/s，室外空气温度 30℃，机械补风温度 25℃，室内工作区温度 32℃，天窗排气温度 38℃。若采用天窗自然通风方式排出余热，问：所需的自然进风量（kg/s）和自然排风量（kg/s）最接近下列哪一项？

(A)0.96 和 0.68　　(B)1.06 和 0.78　　(C)1.16 和 0.88　　(D)1.26 和 0.98

答案：[　　]

主要解答过程：

8. 按照现行 GB 50072 的规定，氨制冷机房空气中氨气体浓度报警的上限为 150ppm，若将其与现行《国家职业卫生标准》（GBZ 2.1）规定的短时间接触容许浓度相比较，前者与后者的浓度数值之比最接近下列何项？（氨气分子量 17，按标准状况条件计算）

(A)0.26　　(B)1.00　　(C)2.53　　(D)3.79

答案：[　　]

主要解答过程：

9. 某化工车间内产生余热量 $Q=50\text{kW}$，余湿量 $W=50\text{kg/h}$，同时散发出硫酸气体 10mg/s，要求夏季室内工作地点温度不大于 33℃，相对湿度不大于 70%，问：所需要的全面通风量（m^3/h）最接近以下哪个选项？

已知条件：夏季通风室外计算温度 $t_{\text{wt}}=30℃$，相对湿度 62%。30℃ 时空气密度为 1.165kg/m^3。工作场所空气中硫酸的时间加权平均允许浓度 1mg/m^3，短时间接触允许浓度 2mg/m^3，消除有害物质通风量安全系数 $K=3$。

(A)36000　　(B)51000　　(C)72000　　(D)10800（应为 108000）

答案：[　　]

主要解答过程：

10. 河北衡水某车间内有强热源，工艺设备的总散热量为 2000kW，热源占地面积和地板面积之比为 0.155，热源高度 4m，热源的辐射散热量为 1000kW，室内工作区温度 33.5℃。采用自然通风方式，屋面设排风天窗，外墙侧窗进风，消除室内余热，全面通风量(kg/s)最接近下列哪一选项？[空气比热容为 1.01kJ/(kg · ℃)]

(A)240　　(B)270　　(C)300　　(D)330

答案：[　]

主要解答过程：

11. 某化学实验室局部采用通风柜，通风柜工作孔开口尺寸为：长 0.8m、宽 0.5m，柜内污染物为苯，其气体发生量为 $0.055m^3/h$；另一个某些特定工艺(车间)局部通风也采用通风柜，通风柜工作孔开口尺寸为：长 1m、宽 0.6m，柜内污染物为苯，其气体发生量为 $0.095m^3/h$，问：以上两个通风柜分别要求的最小排风量(m^3/h)最接近下列哪一项？

(A)800，1062　　(B)832，1530　　(C)1062，1530　　(D)1062，2156

答案：[　]

主要解答过程：

12. 某空调房间尺寸为 4m × 5m × 3m，室内平均吸声系数为 0.15，指向性因素为 4，送风口距测量点的距离为 3m，送风口进入室内的声功率级为 40dB，试问测量点的声压级(dB)最接近下列何项？

(A)25　　(B)30　　(C)35　　(D)40

答案：[　]

主要解答过程：

13. 某办公建筑有若干间办公室，房间设计温度为 25℃、相对湿度≤60%，设计室内人数为 100 人，每人的散湿量为 61.0g/h。拟采用风机盘管 + 新风的温湿度独立控制空调系统，空调室内湿度由新风系统承担，若新风机组送入室内的空气含湿量最低可为 9.0g/kg，问：新风机组的最小设计风量(m^3/h)最接近下列何项？(标准大气压，空气密度取 $1.2kg/m^3$)

(A)1750　　(B)1980　　(C)2510　　(D)3000

答案：[　]

主要解答过程：

14. 某室内游泳馆面积 $600m^2$，平均净高 4.8m，按换气次数 6 次/h 确定空调设计送风量，设计新风量为送风量的 20%，室内计算人数为 50 人，室内泳池水面面积 $310m^2$。室外设计参数：干球温度 34℃、湿球温度 28℃；室内设计参数：干球温度 28℃、相对湿度 65%；室内人员散湿量 400g/(P · h)；水面散湿量 150g/(m^2 · h)。当地为标准大气压，问：空调系统的计算湿负荷(kg/h)最接近下列何项？(空气密度取 $1.2kg/m^3$)

(A)55　　(B)66　　(C)82　　(D)92

答案：[　]

主要解答过程：

15. 某地夏季空调室外计算干球温度 35℃，最热月月平均相对湿度 80%；某公共建筑敷设在架空层中的矩形钢板风管(高 500mm、宽 1000mm)，板厚 0.5mm，风管内输送的空气温度为 15℃。选用离心玻璃棉保温。问：该风管的防结露计算的保温厚度(mm)最接近下列何项？(注：大气压力为 101325Pa，离心玻璃棉的导热系数 $\lambda=0.035\text{W/m}\cdot\text{K}$；保温层外表面换热系数 $\alpha=8.141\text{W/m}^2\cdot\text{K}$，保冷厚度计算修正系数 $K=1.2$)

(A)19　　(B)21　　(C)23　　(D)26

答案：[　　]

主要解答过程：

16. 两管制调水系统，设计供/回温度：供热工况 45℃/35℃、供冷工况 7℃/12℃，在系统低位设置容纳膨胀水量的隔膜式气压罐定压(低位定压)，补水泵平时运行流量为 $3\text{m}^3/\text{h}$，空调水系统最高点位置高于定压点 50m，系统安全阀开启压力设为 0.8MPa，系统水容量 $V_C=50\text{m}^3$，假定系统膨胀的起始计算温度为 20℃。问：气压罐最小总容积(m^3)最接近以下哪个选项？[不同温度时水的密度(kg/m^3)为：7℃ 999.88，12℃ 999.43，20℃ 998.23，35℃ 993.96，45℃ 990.25]

(A)0.6　　(B)1.8　　(C)3.0　　(D)3.6

答案：[　　]

主要解答过程：

17. 某冷冻站采用一级泵主机定流量、末端变流量的空调冷水系统，设有 3 台型号相同的冷水机组，冷冻水系统并联配置 3 台型号相同的循环水泵。单台水泵运行时的参数为：流量 $300\text{m}^3/\text{h}$，扬程 350kPa。分、集水器设计供回水压差为 250kPa。问：分水器与集水器之间的旁通压差调节阀的流通能力 K_v 最接近以下哪个选项？

(A)300　　(B)190　　(C)160　　(D)140

答案：[　　]

主要解答过程：

18. 夏热冬冷地区某办公楼设计集中空调系统，选用 3 台单台名义制冷量为 1055kW 的螺杆式冷水机组，名义制冷性能系数 $COP=5.7$。系统配 3 台冷水循环泵，设计工况时的轴功率为 30kW/台；3 台冷却水循环泵，设计工况时的轴功率 45kW/台；3 台冷却塔，配置的电动机额定功率为 5.5kW/台。问：该空调系统设计工况下的冷源综合制冷性能系数，最接近以下何项？

(A)4.0　　(B)4.5　　(C)5.0　　(D)5.7

答案：[　　]

主要解答过程：

19. 某演艺厅的空调室内显热冷负荷为 54kW，潜热冷负荷为 16.4kW，湿负荷为 24kg/h；室内设计参数为 $t=25℃$、$\varphi=60\%$ ($h=55.5\text{kJ/kg}$，$d=11.89\text{g/kg}$)；室外设计参数为干球温度 31.5℃、湿球温度 26℃ ($h=80.4\text{kJ/kg}$，$d=18.98\text{g/kg}$)；若采用温湿度独立控制空调系统，

湿度控制系统为全新风系统，设计送风量 6000m^3/h，新风处理采用冷却除湿方式，露点送风(机器露点相对湿度 95%)；温度控制系统采用干式显热处理末端。问：湿度控制系统的设计冷量[Q_H(kW)]和温度控制系统的设计冷量[Q_T(kW)]最接近以下何项？(标准大气压，空气密度取 1.2kg/m^3)

(A)$Q_H=49.8$，$Q_T=54$　　(B)$Q_H=49.8$，$Q_T=29$

(C)$Q_H=92$，$Q_T=29$　　(D)$Q_H=92$，$Q_T=11$

答案：[　]

主要解答过程：

20. 如果生产工艺要求洁净环境≥0.3μm 粒子的最大浓度限值为 352pc/m^3，问：≥0.5μm 粒子的最大浓度限值(pc/m^3)最接近以下何项？

(A)122　(B)212　(C)352　(D)588

答案：[　]

主要解答过程：

21. 某建筑采用土壤源热泵为供暖和生活热水系统提供热源。冬季建筑供暖热负荷为 1200kW，生活热水负荷为 230kW。热泵机组性能系数(*COP*)为 3.2。问：地埋管的取热量(kW)最接近下列何项？

(A)665　(B)826　(C)983　(D)1167

答案：[　]

主要解答过程：

22. 设计某卷心菜的预冷设备，已知进入预冷的卷心菜温度 35℃，需预冷到 20℃，冷却能力为 2000kg/h，卷心菜的固形质量分数为 13%，问：计算的预冷冷量(kW)最接近下列何项？

(A)27.6　(B)32.4　(C)38.1　(D)42.5

答案：[　]

主要解答过程：

23. 某乙醇制造厂的蒸馏塔 111℃的高温水，由采用蒸汽加热塔底 106℃的回水而得到。为节能，现应用第二类吸收式热泵机组将水温从 106℃提高到 111℃，机组所获得热量为 $Q_A=2675$kW，设每天工作 20h，年运行 365 天，年节约的蒸汽用量(t)接近下列何项？(设原来蒸汽的焓值是 2706kJ/kg)

(A)7511　(B)8629　(C)27038　(D)31065

答案：[　]

主要解答过程：

24. 某平面进深较大的商业建筑拟采用水环热泵空调系统，冬季内区设计冷负荷为 50kW，外区设计热负荷为 100kW；内外区均采用相同型号的水环热泵机组，其设计工况下的制冷性能系数为 4.2W/W，制热性能系数为 3.5W/W，则该水环系统辅助热源的设计容量(kW)最接近下列何项?

(A)9.5　　(B)28.6　　(C)38.1　　(D)50

答案:[　]

主要解答过程:

25. 设计某宾馆的全日供应热水系统,已知床位数为 800 床、小时变化系数为 3.10,热水用水定额 140L/(d·床),冷水温度为 7℃,热水密度为 1kg/L,问:计算的设计耗热量(kW)最接近下列何项?

(A)2675　　(B)1784　　(C)1264　　(D)892

答案:[　]

主要解答过程:

2017年度全国注册公用设备工程师(暖通空调)执业资格考试　专业案例(下)　详解

专业案例答案									
题号	答案	题号	答案	题号	答案	题号	答案	题号	答案
1	C	6	C	11	C	16	B	21	C
2	C	7	C	12	C	17	B	22	B
3	A	8	D	13	D	18	B	23	D
4	C	9	D	14	D	19	C	24	A
5	B	10	A	15	B	20	A	25	D

1. **答案：**[C]

主要解答过程：

设系统总流量为 G，地暖系统流量为 G_2，混水泵流量为 G_{2a}，地暖用户流量为 G_{2b}，则针对总系统有：

$$200+20=c\times G\times(75-50)\Rightarrow G=2.105\text{kg/s}=7.57\text{t/h}$$

则针对地暖系统有：

$$20=c\times G_2\times(75-50)\Rightarrow G_2=0.191\text{kg/s}=0.688\text{t/h}$$

对地暖混水过程列质量守恒及能量守恒方程：

$$G_2+G_{2a}=G_{2b}$$

$$75\times G_2+50\times G_{2a}=60\times G_{2b}$$

解得：$G_{2a}=1.032\text{t/h}$

2. **答案：**[C]

主要解答过程：

根据《教材2018》P19负荷计算及相关修正系数的选取方法，房间热负荷为：

$$Q=150\text{kW}\times(1+20\%)+19\text{kW}=199\text{kW}$$

单片散热器散热量为：

$$Q_0=0.5538\times\Delta t^{1.316}=0.5538\times\left(\frac{95+70}{2}-18\right)^{1.316}=133.3\text{W}$$

查《教材2018》P89表1.8-2～表1.8-5，$\beta_1=1.10$，$\beta_2=\beta_3=\beta_4=1.0$

所需散热器总片数为：$n=\dfrac{Q}{Q_0}\beta_1\beta_2\beta_3\beta_4=1642.2$ 片

所需散热器组数为：$X=\dfrac{n}{25}=\dfrac{1642.2}{25}=65.7$ 组，取66组

注：需正确掌握房间热负荷各修正系数的选取方法，可参考《专业知识篇》1.2节围护结构耗

热量计算公式的相关总结。

3. **答案**：[A]

主要解答过程：

根据《教材 2018》P44 式(1.4-9)，再查表 1.4-3，办公室为人员经常停留的场所，最高温度上限值为 29℃，因此：

$$29 = 22 + 9.82 \times \left(\frac{q_x}{100}\right)^{0.969} \Rightarrow q_x = 70.5\text{W/m}^2$$

4. **答案**：[C]

主要解答过程：

根据《教材 2018》P96 式(1.8-18)和式(1.8-19)：

$$H = \frac{(p_1 - p_2)\beta}{\rho g} = \frac{(0.7 \times 0.04 - 0.02) \times 10^6 \times 1.1}{958.4 \times 9.8} = 0.937(\text{m})$$

$$h = 1.5\frac{H}{n} = 1.5 \times \frac{0.937}{3} = 0.47(\text{m})$$

5. **答案**：[B]

主要解答过程：

设计工况系统流量：

$$G_0 = \frac{Q_0}{c\Delta t_0} = \frac{262}{4.18 \times (75 - 50)} = 2.51(\text{kg/s})$$

由于管网阻力系数不变，根据 $P = SG^2$：

$$\frac{G^2}{{G_0}^2} = \frac{P}{P_0} \Rightarrow G = \sqrt{\frac{P}{P_0}}G_0 = \sqrt{\frac{39.2}{35.0}} \times 2.51 = 2.66(\text{kg/s})$$

则实际供热量为：

$$Q = cG\Delta t = 4.18 \times 2.66 \times (65 - 45) = 222.4(\text{kW})$$

6. **答案**：[C]

主要解答过程：

根据《教材 2018》P34 可知，200kPa 蒸汽为高压蒸汽，根据 P82 式(1.6-5)

$$\Delta p_{\text{m}} = \frac{0.25\alpha p}{l} = \frac{0.25 \times 0.8 \times 200 \times 1000}{400} = 100(\text{Pa/m})$$

注：教材中并未给出高压蒸汽摩擦阻力占总压力损失的比例(0.8)，考生易直接带入低压蒸汽公式式(1.6-4)中的数据(0.6)。

7. **答案**：[C]

主要解答过程：

根据室内空气质量守恒：

$$G_{zj} + G_{jj} = G_{zp} + G_{jp}$$

$$G_{zj} + 0.56 = G_{zp} + 0.84$$

根据室内空气能量守恒：

$$11.6\text{kW} + cG_{zj}t_{zj} + cG_{jj}t_{jj} = cG_{zp}t_{zp} + cG_{jp}t_{jp}$$

$$11.6\text{kW} + 1.01 \times G_{zj} \times 30 + 1.01 \times 0.56 \times 25 = 1.01 \times G_{zp} \times 38 + 1.01 \times 0.84 \times 32$$

解方程组得：$G_{zj} = 1.16\text{kg/s}$，$G_{zp} = 0.88\text{kg/s}$

注：工作区局部排风温度应取工作区温度，而非天窗排气温度。

8. **答案**：[D]

主要解答过程：

查 GBZ 2.1—2007 表 1，氨短时间接触容许浓度为 30mg/m³，根据《教材 2018》P231 式(2.6-1)

$$Y = \frac{CM}{22.4} = \frac{150 \times 17}{22.4} = 113.8(\text{mg/m}^3)$$

浓度比为：113.8 ÷ 30 = 3.79

9. **答案**：[D]

主要解答过程：

根据《教材 2018》P173 ~ P174

消除余热所需通风量：

$$L_1 = \frac{Q}{c\rho\Delta t} = \frac{50}{1.01 \times 1.165 \times (33 - 30)} \times 3600 = 50992(\text{m}^3/\text{h})$$

消除余湿所需通风量：(查焓湿图，$d_n = 22.4\text{g/kg}$，$d_w = 16.7\text{g/kg}$)

$$L_2 = \frac{W}{\rho\Delta d} = \frac{50}{1.165 \times (22.4 - 16.7) \times 10^{-3}} = 7529.6(\text{m}^3/\text{h})$$

消除有害物所需通风量：(工作场所计算应取加权平均允许浓度)

$$L_3 = \frac{Kx}{y_2 - y_0} = \frac{3 \times 10}{1 - 0} \times 3600 = 108000(\text{m}^3/\text{h})$$

所需要的全面通风量应取消除余热、余湿及有害物所需通风量中的最大值，即 108000m³/h。

注：此题选项 D 印刷错误。

10. **答案**：[A]

主要解答过程：

查《民规》附录 A 可知河北衡水地区夏季通风室外计算温度为：30.5℃。

根据《教材 2018》P183 式(2.3-19)，查表 2.3-4，表 2.3-5 及图 2.3-5 得：

$$m = m_1 m_2 m_3 = 0.4 \times 0.85 \times 1.07 = 0.364$$

$$t_p = t_w + (t_n - t_w)/m = 30.5 + (33.5 - 30.5)/0.364 = 38.8(℃)$$

则全面通风量为：

$$G = \frac{Q}{c\Delta t} = \frac{2000}{1.01 \times (38.8 - 30.5)} = 239(\text{kg/s})$$

11. **答案**：[C]

主要解答过程：

本题考题印刷错误，题干中污染物发生量的单位应改为 m³/s。

根据《工业暖规》第 6.2.2 条条文说明，苯为极毒物质。

根据《教材 2018》P191 式(2.4-3)，对于实验室查表 2.4-1，极毒物质取最小控制风速 0.5m/s，则最小排风量为：

$$L_a = L_{1a} + vF\beta = 0.055 + 0.5 \times (0.8 \times 0.5) \times 1.1 = 0.275\text{m}^3/\text{s} = 990\text{m}^3/\text{h}$$

对于特定工艺车间查表 2.4-2，取最小控制风速 0.5m/s，则最小排风量为：

$$L_b = L_{1b} + vF\beta = 0.095 + 0.5 \times (1 \times 0.6) \times 1.1 = 0.425\text{m}^3/\text{s} = 1530\text{m}^3/\text{h}$$

注：(1)本题数据单位印刷错误，造成考生解题过程中得不到正确答案。

(2)对于苯的毒性判断较为困难，查相关规范可知苯为剧毒物质，但以此计算得不到匹配答案，反而按照苯为“有毒性或有危险的污染物”选择控制风速(0.4m/s)，可以得到匹配选项(选项 B)。

12. **答案：**[C]

主要解答过程：

根据《教材 2018》P542 式(3.9-13)

$$L_P = L_W + 10\lg\left[\frac{Q}{4\pi r^2} + \frac{4(1-a_m)}{Sa_m}\right]$$

$$= 40 + 10\times\lg\left\{\frac{4}{4\pi\times3^2} + \frac{4\times(1-0.15)}{[(4+5)\times2\times3+2\times(4\times5)]\times0.15}\right\} = 34.4(\mathrm{dB})$$

13. **答案：**[D]

主要解答过程：

查焓湿图得：$d_n = 11.9\mathrm{g/kg}$

室内湿负荷为：$W = 100\times61 = 6100\mathrm{g/h} = 1.69\mathrm{g/s}$

按消除湿负荷计算的最小新风量为：

$$L = \frac{W}{\rho(d_n - d_L)} = \frac{1.69\mathrm{g/s}}{1.2\mathrm{kg/m^3}\times(11.9-9.0)\mathrm{g/kg}}\times3600 = 1748\mathrm{m^3/h}$$

但是根据《民规》第 3.0.6 条，公共办公建筑每人所需最小新风量为：$30\mathrm{m^3/(h\cdot 人)}$，因此按照规范要求，该房间新风量不应小于 $3000\mathrm{m^3/h}$。

注：题干条件“最低可为”的用词十分严谨，9.0g/kg 并非送入室内新风的实际含湿量。

14. **答案：**[D]

主要解答过程：

人员湿负荷为：$W_1 = 50\times\frac{400}{1000} = 20(\mathrm{kg/h})$

水面湿负荷为：$W_2 = 310\times\frac{150}{1000} = 46.5(\mathrm{kg/h})$

室内新风量为：$L_X = (600\times4.8)\times6\times20\% = 3456(\mathrm{m^3/h})$

查焓湿图得：$d_n = 15.5\mathrm{g/kg}$，$d_w = 22.0\mathrm{g/kg}$

新风湿负荷为：$W_X = L_X\rho\frac{(d_w - d_n)}{1000} = 27.0\mathrm{kg/h}$

总湿负荷为：$W = W_1 + W_2 + W_X = 93.5\mathrm{kg/h}$

15. **答案：**[B]

主要解答过程：

查焓湿图，露点温度 $t_l = 31℃$，忽略风管内表面换热系数及风管热阻，列热平衡方程得：

$$\frac{t_w - t_l}{\frac{1}{\alpha}} = \frac{t_l - t_n}{\frac{\delta}{K\lambda}} \Rightarrow \frac{35-31}{\frac{1}{8.141}} = \frac{31-15}{\frac{\delta}{1.2\times0.035}}$$

解得：$\delta = 0.0206\mathrm{m} = 20.6\mathrm{mm}$

16. **答案：**[B]

主要解答过程：

根据《09 技措》P165 ~ P167，题干条件为容纳膨胀水量的隔膜式气压罐定压，因此应根据式

(6.9.8)计算，首先根据式(6.9.6-2)计算系统膨胀水量，需要注意的是，根据 P166 表 6.9.6-1 下注，系统供回水温度按平均水温计，即系统膨胀水终温为：(45 +35)/2 =40(℃)，其密度为(993.96 +990.25)/2 =992.105(kg/m³)，而膨胀的起始计算温度为 20℃，因此，系统膨胀水量为：

$$V_P = 1.1 \times \frac{\rho_{20} - \rho_{40}}{\rho_{40}} \times 1000 V_C$$
$$= 1.1 \times \frac{998.23 - 992.105}{992.105} \times 1000 \times 50 = 339.56(L)$$

气压罐应吸纳的最小水容积为：

$$V_{xmin} = V_{min} = V_t + V_P = \frac{3}{60} \times 3 \times 1000 + 339.6 = 498.56(L)$$

气压罐正常运行的最高压力为：

$$P_{2max} = 0.9P_3 = 0.9 \times 0.8MPa = 0.72MPa = 720kPa$$

无水时气压罐的起始充气压力，根据第 6.9.5 条计算：

$$P_0 = \rho gH + 5kPa = \frac{992.105 \times 9.8 \times 50}{1000} + 5 = 491.1(kPa)$$

因此，气压罐最小总容积为：

$$V_{Zmin} = V_{xmin}\frac{P_{2max} + 100}{P_{2max} - P_0} = 498.56 \times \frac{720 + 100}{720 - 491.1} = 1786.3L = 1.786m^3$$

注：本题较难，不仅是因为计算量较大，主要难点在于对应水温密度的选取，需要注意到供暖膨胀水终温应按照供回水平均温度计算，否则如按照 45℃计算，不能得到匹配的答案选项。

17. **答案**：[B]

主要解答过程：

根据《09 技措》第 5.7.4 条或《教材 2018》P479，对于主机定流量、末端变流量的空调冷水系统，旁通阀的设计流量应取单台冷水机组的额定流量。再根据《教材 2018》P524 式(3.8-1)，调节阀的流通能力为：

$$K_V \approx C = \frac{316G}{\sqrt{\Delta P}} = \frac{316 \times 300}{\sqrt{250 \times 1000}} = 189.6$$

18. **答案**：[B]

主要解答过程：

根据《公建节能 2015》第 4.2.12 条及其条文说明，注意冷源综合制冷性能系数 *SCOP* 中不包含冷水泵的能耗。系统制冷量为：

$$Q = 3 \times 1055 = 3165(kW)$$

系统耗功率为：

$$W = \frac{Q}{5.7} + 3 \times 45 + 3 \times 5.5 = 706.8(kW)$$

冷源综合制冷性能系数为：

$$SCOP = \frac{Q}{W} = \frac{3165}{706.8} = 4.48$$

19. **答案**：[C]

主要解答过程：

室内湿负荷：

$$24\text{kg/h} = 6000 \times 1.2 \times \frac{d_n - d_0}{1000}$$

解得：$d_0 = 8.56\text{g/kg}$，机器露点为 95%，查焓湿图得：$h_0 = 35.5\text{kJ/kg}$，$t_0 = 13.5℃$

湿度控制系统设计冷量为：

$$Q_H = \frac{6000}{3600} \times 1.2 \times (80.4 - 35.5) = 89.8(\text{kW})$$

湿度控制系统承担的显热负荷为：

$$Q_{Hx} = 1.01 \times \frac{6000}{3600} \times 1.2 \times (25 - 13.5) = 23.23(\text{kW})$$

因此，温度控制系统的设计冷量为：

$$Q_T = 54 - Q_{Hx} = 30.8\text{kW}$$

注：注意掌握温湿度独立控制系统负荷分配及计算方法。

20. **答案：**[A]

主要解答过程：

根据《教材 2018》P455 式(3.6-1)，≥0.3μm 粒子和≥0.5μm 粒子在相同洁净度等级的情况下有：

$$352 = 10^N \times (0.1/0.3)^{2.08}$$

$$\therefore C_n = 10^N \times (0.1/0.5)^{2.08} = 352 \times \frac{(0.1/0.5)^{2.08}}{(0.1/0.3)^{2.08}} = 121.6(\text{pc/m}^3)$$

21. **答案：**[C]

主要解答过程：

总热负荷为：$Q = 1200 + 230 = 1430(\text{kW})$

地埋管的取热量为：$Q_h = Q - \dfrac{Q}{COP} = 1430 - \dfrac{1430}{3.2} = 983.1(\text{kW})$

22. **答案：**[B]

主要解答过程：

根据《教材 2018》P710 式(4.8-1)，卷心菜的比热容为：

$$C_r = 4.19 - 2.30X_s - 0.628X_s^3$$
$$= 4.19 - 2.3 \times 0.13 - 0.628 \times 0.13^3 = 3.89[\text{kJ/(kg} \cdot ℃)]$$

则预冷冷量为：

$$Q = \frac{C_r M \Delta t}{3600} = \frac{3.89 \times 2000 \times (35 - 20)}{3600} = 32.41(\text{kW})$$

23. **答案：**[D]

主要解答过程：

本题题意为，利用蒸汽将 106℃的水加热到 111℃，已知获得总热量，求蒸汽用量。因此可根据《教材 2018》P149 式(1.11-1)计算，其中由于焓值的定义为以 0℃的空气和 0℃的水的比焓为零，因此 106℃的水的焓值可以采用下式计算：

$$h_{106} = c(t - 0) = 4.18 \times (106 - 0) = 443.08(\text{kJ/kg})$$

根据式(1. 11-1)得年节约蒸汽量为：

$$\Delta D = \frac{Q_A \times 10^{-3}}{0.000278 \times (2706 - 443.08)} \times 20 \times 365 = 31041(t)$$

24. **答案：**[A]

主要解答过程：

内区热泵机组散热量为：$Q_1 = 50 + \frac{50}{4.2} = 61.9(kW)$

外区热泵机组吸热量为：$Q_2 = 100 - \frac{100}{3.5} = 71.4(kW)$

辅助热源设计容量为：$\Delta Q = Q_2 - Q_1 = 9.5(kW)$

25. **答案：**[D]

主要解答过程：

根据《教材 2018》P809 式(6. 1-6)

$$Q_h = K_h = \frac{mq_r C(t_r - t_1)\rho_r}{T}$$

$$= 3.1 \times \frac{800 \times 140 \times 4.187 \times (60 - 7) \times 1}{24} = 3210312.5kJ/h = 891.8kW$$

2018 年度全国注册公用设备工程师(暖通空调)执业资格考试　专业案例(上)

1. 某单层多功能礼堂建筑，设计温度为 18℃。供暖计算热负荷为 235kW，室内供暖系统为双管系统，采用明装铸铁四柱 760 型散热器，上进下出异侧连接，散热器单片散热量公式为：$Q=0.5538\Delta t^{1.316}$，供暖热媒为 85℃/60℃热水，每组散热器片数均为 25 片。问：该礼堂需要设置散热器组数最接近下列选项的哪一项？

(A)63　　(B)70　　(C)88　　(D)97

答案：[　]

主要解答过程：

2. 北京市某办公楼供暖系统采用一级泵系统，设计总热负荷为 3600kW，设置两台相同规格的循环水泵并联运行，供/回水温度为 75℃/50℃，水泵设计工作点的效率为 75%，从该楼换热站到供暖末端的管道单程长度为 97m。请问根据相关节能规范的要求循环水泵扬程(m)，接近下列哪一项？(不考虑选择水泵时的流量安全系数)

(A)17　　(B)21　　(C)25　　(D)28

答案：[　]

主要解答过程：

3. 某厂房室内设计温度为 20℃，采用暖风机供暖。已知该暖风机在标准工况(进风温度 15℃，热水供/回水温度为 80℃/60℃)时的散热量为 55kW。问：如果热水温度不变，向该暖风机提供的热水流量(kg/h)，应最接近以下哪个选项？(热媒平均温度按照算术平均温度计算)

(A)2600　　(B)2365　　(C)2150　　(D)1770

答案：[　]

主要解答过程：

4. 某工厂因工艺要求设置蒸汽锅炉房，厂房相应采用蒸汽供暖形式。已知锅炉送至供暖用分汽缸的蒸汽量 2000kg/h，蒸汽工作压力为 100kPa。问：分汽缸选用的疏水阀的设计凝结水排量(kg/h)最接近下列何项？

(A)200　　(B)300　　(C)600　　(D)900

答案：[　]

主要解答过程：

5. 某住宅小区 A 建筑面积为 230 万 m^2，设有一座冬季供暖使用的热水锅炉房，安装总容量为 140MW，刚好能够满足其正常供暖。现将邻近的一个原供暖热指标和使用方式都与小区 A 相同、建筑面积为 100 万 m^2的住宅小区 B 的供暖，划归由小区 A 的现有锅炉房承担(锅炉房安装总容量不变)。在对小区 A、B 的住宅建筑进行相应的节能改造后，刚好能同时满足两个小区的正常供暖。问：节能改造后整个区域(A 和 B)的供暖热指标(W/m^2)和节能率，应是下列选项的哪一个?(锅炉房自用负荷以及管网热损失均忽略不计)

(A)60.87 和 69.7%　　(B)60.87 和 30.3%

(C)42.42 和 69.7%　　(D)42.42 和 30.3%

答案：[　]

主要解答过程：

6. 某送风系统的设计工作压力为 1000Pa，风管总面积 $1000m^2$，由各出风口测得的风量累计值为 $20000m^3/h$，如果风管漏风量符合规范要求，问：该系统风机的最大送风量(m^3/h)最接近以下哪一项?

(A)23140　　(B)16860　　(C)19997　　(D)21000

答案：[　]

主要解答过程：

7. 某车间采用自然进风、机械排风的全面通风方式，负压段排风管全部位于车间内且其总长度 40m。室内空气温度为 30℃，空气含湿量为 17g/kg。夏季通风室外计算温度为 26.4℃，空气含湿量为 13.5g/kg。车间内余热量为 30kW，余湿量为 70kg/h。问：所选排风机的最小排风量(kg/h)最接近下列哪项数据?

已知：空气比热容为 1.01kJ/(kg·℃)。

(A)29703　　(B)31188　　(C)32673　　(D)49703

答案：[　]

主要解答过程：

8. 某地夏季室外计算风速 $v=2.5m/s$，该地一厂房拟采用风帽直径 $d=0.70m$ 的筒形风帽，以自然排风形式排除夏季室内余热，其排除室内余热的计算排风量为 $37500m^3/h$。设：室内热压 $\Delta p_g=2Pa$，室内外压差 $\Delta p_{ch}=0Pa$。风帽直接安装在屋面上(无竖风道和接管)，风帽入口的阻力系数 $\Sigma\zeta=0.5$。问：需安装该筒形风帽的最少数量(个)为下列何项?

(A)8　　(B)11　　(C)15　　(D)20

答案：[　]

主要解答过程：

9. 某车间窗户有效流通面积 $0.8m^2$，窗孔口室内外压差 3Pa，窗孔口局部阻力系数 0.2，空气密度 $1.2kg/m^3$。问：该窗孔口的通风量(m^3/h)最接近下列何项?

(A)13700　　(B)14400　　(C)15800　　(D)17280

答案：[　]

主要解答过程：

10. 某化工车间内散发到空气中的苯、甲苯、二甲苯、二氧化碳等有害物的散发量分别为

12g/h、75g/h、50g/h、4500g/h，工作场所苯、甲苯、二甲苯、二氧化碳 PC-TWA 允许浓度分别为 $6mg/m^3$、$50mg/m^3$、$50mg/m^3$、$9000mg/m^3$，假定补充空气中上述有害物浓度均为零，取安全系数 $K=5$。问：该车间的全面通风量(m^3/h)最接近以下哪项？

(A)10000　　(B)17500　　(C)22500　　(D)25000

答案：[　]

主要解答过程：

11. 某地面上一变配电室，安装有两台容量为 $W=1000kVA$ 的变压器(变压器功率因数 $\Phi=0.95$，效率 $\eta_1=0.98$，负荷率 $\eta_2=0.78$)，当地夏季通风室外计算温度为 30℃，变压器室的室内设计温度为 40℃。拟采用机械通风方式排除变压器室余热(不考虑变压器围护结构的传热)，室外空气密度按 $1.20kg/m^3$，空气比热容按 1.01kJ/(kg·K)计算。问：该变电室的最小通风量(m^3/h)最接近下列何项？

(A)8800　　(B)9270　　(C)10500　　(D)11300

答案：[　]

主要解答过程：

12. 某一次回风空气调节系统，新风量为 100kg/h，新风焓值 90kJ/kg；回风量为 500kg/h，回风焓值 50kJ/kg，新风与回风直接混合。问混合后的空气焓值(kJ/kg)最接近下列何项？

(A)48　　(B)57　　(C)90　　(D)95

答案：[　]

主要解答过程：

13. 某住宅采用风冷热泵机组，额定制热量为 150kW，供水温度 50℃，室外空调计算干球温度 0℃，室外通风计算干球温度 4℃，假定每小时化霜一次。该机组在设计工况下的供热能力(kW)最接近下列哪项？该机组热量温度修正系数见下表。

出水温度/℃	进入盘管的空气温度/℃								
	0	1	2	3	4	5	6	7	8
50	0.803	0.827	0.851	0.875	0.899	0.899	0.940	0.981	1.008

(A)95.5　　(B)108.5　　(C)120.5　　(D)130.5

答案：[　]

主要解答过程：

14. 某设置送、回风机的双风机全空气定风量系统设计风量 $40000m^3/h$，最小新风比 20%，室内设计温度 26℃，室内冷负荷 293.3kW，湿负荷 144kg/h，空气处理机组表冷器出风参数为 12℃/95%。若不考虑风机、管道及回风温升，试计算：当室外新风参数为 20℃/85% 时，如果室内冷负荷和湿负荷不随室外空气参数变化且室内空气参数保持不变，则全新风工况相比最小新风工况每小时的节能量(kW·h)最接近下列哪项？

(A)340　　(B)283　　(C)87　　(D)30

答案：[　]

主要解答过程：

15. 某建筑设置间歇运行集中冷热源空调系统，空调冷热水系统最大膨胀量为 $1m^3$，采用闭式气压罐定压，定压点工作压力等于补水泵启泵压力 0.5MPa，停泵压力 0.6MPa，泄压阀动作压力 0.65MPa。要求在系统不泄漏的情况下补水泵不得运行。问：在定压点工作压力下闭式气压罐最小气体容积(m^3)最接近下列哪一项？(定压罐内空气温度不变)

(A)5.0　　(B)6.0　　(C)7.0　　(D)8.0

答案：[　]

主要解答过程：

16. 某空调冷水系统共有 5 个空调末端。各末端在设计工况下的冷水流量均为 $50m^3/h$，水流阻力均为 40kPa，主管路及末端支管路的设计水流阻力如图所示。运行过程中，控制 A、B 点的压差一直维持在设计工况的压差。问：如果回路 2 的阀门关闭(其他阀门不动作)，则系统的总循环水量(m^3/h)最接近下列何项？

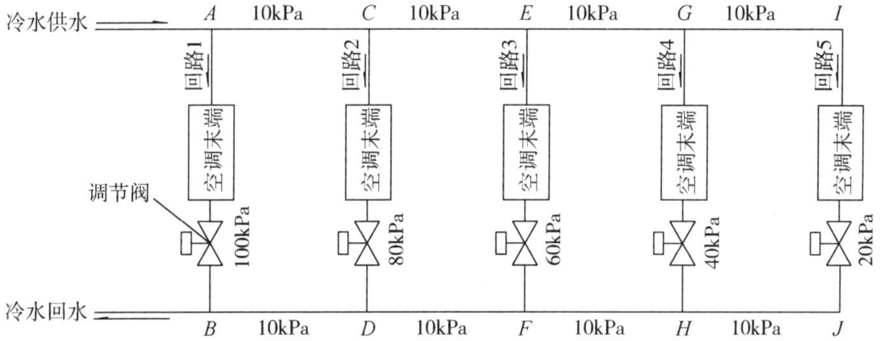

(A)250　　(B)205　　(C)187　　(D)156

答案：[　]

主要解答过程：

17. 已知某空调房间送风量为 $1000m^3/h$，空气处理过程、送风状态点 S、过程状态点 S_1、S_2 的有关参数如图所示。问：S_1 到 S 过程的加热量(kW)和加湿量(kg/h)最接近下列何项？[室外大气压 101325Pa、空气密度 $1.2kg/m^3$，空气比热容 1.01kJ/(kg·K)]

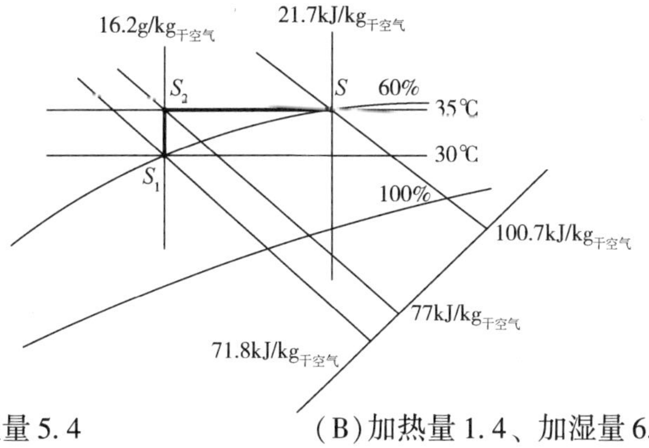

(A)加热量 1.4、加湿量 5.4　　(B)加热量 1.4、加湿量 6.6

(C)加热量 1.7、加湿量 5.4　　(D)加热量 1.7、加湿量 6.6

答案：[　]

主要解答过程：

18. 夏热冬冷地区某建筑的空调水系统采用两管一级泵系统，空调热负荷为2800kW，空调热水的设计供/回水温度为65℃/50℃。锅炉房至最远用户供回水管总输送长度为800m，拟设置两台热水循环泵，系统水力计算所需水泵扬程为25m。水的密度值取1000kg/m³，定压比热容值取4.18kJ/(kg·K)。问：热水循环泵设计点的工作效率的最低限值最接近下列哪项？

(A)51%　　(B)69%　　(C)71%　　(D)76%

答案：[　]

主要解答过程：

19. 空调房间净尺寸为：长4.8m、宽4.8m、高3.6m，室内温度控制要求22℃±0.5℃，恒温区高度2.0m。采用一个平送风散流器送风，送风口喉部尺寸300×300(mm)，房间冷负荷900W。问：该空调房间的最小送风量(kg/h)最接近下列哪一项？

(A)500　　(B)600　　(C)800　　(D)1100

答案：[　]

主要解答过程：

20. 上海地区某工程选用空气源热泵冷热水机组，产品样本给出名义工况下的制热量为1000kW。

已知：①室外空调计算干球温度T_w(℃)的修正系数$K_1=1-0.02(7-T_w)$；②机组每小时化霜1次；③性能系数COP的修正系数$K_c=1-0.01(7-T_w)$。

问：在本工程的供热设计工况(供水45℃、回水40℃)下，满足规范最低性能系数要求时的机组制热量Q_h(kW)和机组输入电功率N_h(kW)应最接近以下哪项？

(A)$Q_h=816$，$N_h=450$　　(B)$Q_h=814$，$N_h=550$

(C)$Q_h=735$，$N_h=405$　　(D)$Q_h=735$，$N_h=450$

答案：[　]

主要解答过程：

21. 一种空气源热泵机组的工作原理图如图所示。已知：图中一些状态点的比焓值：$h_1=418$kJ/kg，$h_2=439$kJ/kg，$h_4=458$kJ/kg，$h_5=276$kJ/kg，$h_7=223$kJ/kg，$h_9=425$kJ/kg。问：该热泵机组的制热能效比COP最接近下列哪项？

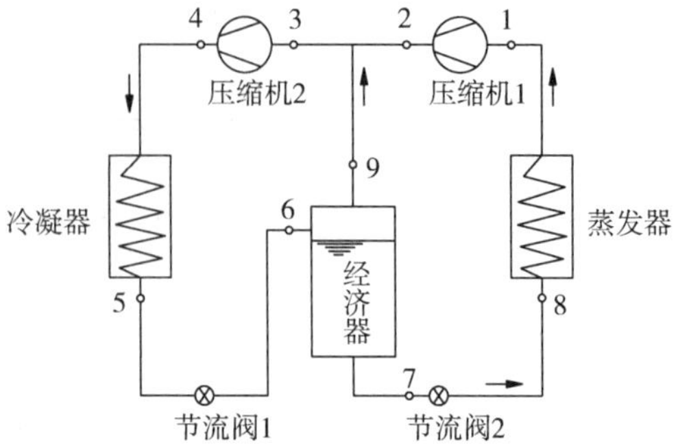

(A)3.8　　(B)4.4

(C)4.8　　(D)5.1

答案：[　]

主要解答过程：

22. 一台水冷式冷水机组，其满负荷名义冷量为 33kW，其部分负荷工况性能按标准测试规程进行测试，得到的数据见下表。

冷凝器进水温度/℃	负荷率(%)	制冷量/kW	输入功率/kW	*COP*
30	100	32.8	11.23	2.92
27.4	82	27.06	7.67	3.53
23	48.2	15.9	5.08	3.13
20.0	30.8	10.16	3.43	2.96

问：按照产品标准规定的 $IPLV = 2.3\% \times A + 41.5\% \times B + 46.1\% \times C + 10.1\% \times D$ 公式计算，该机组的 *IPLV* 最接近以下哪个选项？(忽略检测工况点冷凝器进水温差偏差影响)

(A)3.35　　(B)3.25　　(C)3.15　　(D)3.05

答案：[　]

主要解答过程：

23. 设计某地埋管热泵空调系统，热泵机组带有制备卫生热水的热回收功能。已知夏季设计工况条件下，热泵机组承担的冷负荷为 3150kW，热泵机组的制冷 $EER = 5.5$，制备卫生热水的热负荷为 540kW。问：在此条件下，热泵机组排入土壤中的热量(kW)最接近下列何项？(注：不考虑机房管路的热损失及地源侧水泵的功率)

(A)2038　　(B)2610　　(C)3183　　(D)3723

答案：[　]

主要解答过程：

24. 某办公楼空调冷热源采用了两台名义制冷量为 1000kW 的直燃型溴化锂吸收式冷热机组，在机组出厂验收时，对其中一台进行了性能测试。在名义工况下，实测冷水流量为 $169m^3/h$，天然气消耗量为 $89m^3/h$，天然气低位热值为 $35700kJ/m^3$，机组耗电量为 11kW，水的密度为 $1000kg/m^3$，水比热容为 4.2kJ/(kg · K)。问：下列对这台机组性能的评价选项中，正确的是哪一项？

(A)名义制冷量不合格、性能系数满足节能设计要求

(B)名义制冷量不合格、性能系数不满足节能设计要求

(C)名义制冷量合格、性能系数满足节能设计要求

(D)名义制冷量合格、性能系数不满足节能设计要求

答案：[　]

主要解答过程：

25. 某宾馆建筑设置集中生活热水系统，已知宾馆客房 400 床位，最高日热水用水定额 120L/(床位 · d)，使用时间 24h，小时变化系数 K_h 为 3.33，热水温度 60℃，冷水温度 10℃，热水密度 1.0kg/L，问：该宾馆客房部分生活热水的最高日平均小时耗热量(kW)最接近下列何项？

(A)116　　(B)232　　(C)349　　(D)387

答案：[　]

主要解答过程：

2018年度全国注册公用设备工程师(暖通空调)执业资格考试　专业案例(上)　详解

专业案例答案									
题号	答案	题号	答案	题号	答案	题号	答案	题号	答案
1	D	6	A	11	A	16	B	21	C
2	B	7	A	12	B	17	D	22	D
3	C	8	C	13	B	18	A	23	C
4	B	9	B	14	D	19	D	24	D
5	D	10	C	15	C	20	C	25	A

1. **答案**：[D]

主要解答过程：

根据《教材2018》P90式(1.8-3)，另查表1.8-2～表1.8-5得：$\beta_1=1.1$，$\beta_2=\beta_3=\beta_4=1.0$，则所需散热器片数：

$$n=\frac{Q}{Q_s}\beta_1\beta_2\beta_3\beta_4=\frac{235\times 1000}{0.5538\times\left(\frac{85+60}{2}-18\right)^{1.316}}\times 1.1\times 1\times 1\times 1=2421(\text{片})$$

所需散热器组数：

$$n'=\frac{n}{25}=96.8\text{组},\text{取}97\text{组}。$$

2. **答案**：[B]

主要解答过程：

$$3600\text{kW}=c\times\rho\times\frac{G}{3600}\times(75-50)$$

$$G=123.8\text{m}^3/\text{h},\text{单台泵流量为}:61.9\text{m}^3/\text{h}$$

根据《公建节能2015》第4.3.3条，查各附表得：$\Delta T=25℃$，$A=0.003858$，$B=17$，$\alpha=0.0115$，

$$ECR-h=0.003096\sum(G\times H/\eta_b)/Q\leqslant A(B+\alpha\sum L)/\Delta T$$

$$0.003096\times\frac{123.8\times H}{75\%\times 3600}\leqslant 0.003858\times\frac{17+0.0115\times 92\times 2}{25}$$

$$\Rightarrow H\leqslant 20.9\text{m}\approx 21\text{m}$$

3. **答案**：[C]

主要解答过程：

根据《教材2018》P70式(1.5-19)，暖风机进口温度标准参数为15℃，不同时散热量需进行修正：

$$\frac{Q_d}{Q_0}=\frac{t_{pj}-t_n}{t_{pj}-15}=\frac{\frac{80+60}{2}-20}{\frac{80+60}{2}-15}\Rightarrow Q_d=50\text{kW}$$

则热水流量为：

$$G=\frac{Q_d}{c\Delta t}\times 3600=\frac{50\times 3600}{4.18\times(80-60)}=2153(\text{kg/h})$$

4. **答案：**[B]

主要解答过程：

根据《教材 2018》P94 式(1.8-13)

$$G_{sh}=G\times C\times 10\%=2000\times 1.5\times 10\%=300(\text{kg/h})$$

5. **答案：**[D]

主要解答过程：

改造前后的热指标分别为：

$$q_0=\frac{140\times 10^6\text{W}}{230\times 10^4\text{m}^2}=60.87\text{W/m}^2$$

$$q=\frac{140\times 10^6\text{W}}{(230+100)\times 10^4\text{m}^2}=42.42\text{W/m}^2$$

节能率为：$X=\frac{q-q_0}{q_0}=30.3\%$

6. **答案：**[A]

主要解答过程：

根据《通风施规》(GB 50738—2011)第 4.1.6 条表 4.1.6-1，1000Pa 管道属于中压系统，再根据第 15.2.3 条，中压单位面积允许漏风量(默认矩形风道)为：

$$Q_M\leqslant 0.0352\times 1000^{0.65}=3.14[\text{m}^3/(\text{h}\cdot\text{m}^2)]$$

允许漏风量为：$\Delta Q=Q_M\times 1000\text{m}^2=3137\text{m}^3/\text{h}$

风机的最大送风量为：$Q=20000+\Delta Q=23137\text{m}^3/\text{h}$

注：(1)本题考点同 2013-4-7。

(2)题目未说明风管形状，由于求风机的最大送风量，本题按矩形风管默认计算。

(3)有观点认为本题应根据《工业暖规》第 6.7.4.1 条，取 5% 的漏风率计算，但笔者认为根据题干所提供条件，考点明显指向《通风施规》，且题目并未说明为工业建筑，因此不应参考《工业暖规》。

7. **答案：**[A]

主要解答过程：

根据《工业暖规》第 6.7.4 条条文说明，全面排风系统直接布置在使用房间内，不必考虑漏风的影响，因此本题不考虑风机漏风附加风量。

消除余热排风量为：$L_R=\frac{Q}{c\Delta t}\times 3600=\frac{30\times 3600}{1.01\times(30-26.4)}=29703(\text{kg/h})$

消除余湿排风量为：$L_S=\frac{W}{\Delta d/1000}=\frac{70\times 1000}{17-13.5}=20000(\text{kg/h})$

排风机的最小排风量为：$L=\max[L_R,L_S]=29703\text{kg/h}$

注：考生应从根本上理解风机风量附加的原因，是为了保证通风系统满足设计风量要求，对于全面通风系统，由于只需满足室内总排(送)风量达到设计值，因此当排(送)风系统直接布置在使用房间内，不必考虑漏风的影响；但如果是对风口风量有要求的局部排(送)风系统，即使排(送)风系统直接布置在使用房间内，也应对风机风量进行附加。

8. **答案**：[C]

主要解答过程：

根据《教材 2018》P187 式(2.3-22)，式(2.3-23)：

$$A = \sqrt{0.4v_w^2 + 1.63(\Delta p_g + \Delta p_{ch})} = \sqrt{0.4 \times 2.5^2 + 1.63(2+0)} = 2.4$$

$$L_0 = 2827d^2 \frac{A}{\sqrt{1.2 + \sum \xi + 0.02l/d}}$$

$$= 2827 \times 0.7^2 \times \frac{2.4}{\sqrt{1.2 + 0.5 + 0.02 \times 0/0.7}} = 2549.8(m^3/h)$$

筒形风帽个数为：$n = \frac{L}{L_0} = \frac{37500}{2549.8} = 14.7 \approx 15$ 个

9. **答案**：[B]

主要解答过程：

根据《教材 2018》P178

$$\mu = \sqrt{\frac{1}{\zeta}} = 2.24$$

$$G = \mu F\sqrt{2\Delta p\rho} = 2.24 \times 0.8^2 \times \sqrt{2 \times 3 \times 1.2} = 4.8(kg/s)$$

$$L = \frac{G}{\rho} \times 3600 = 14425m^3/h$$

10. **答案**：[C]

主要解答过程：

根据《教材 2018》P174，稀释苯及其同系物所需排风量应进行叠加，而不需与稀释 CO_2 的排风量进行叠加。根据式(2.2-1b)

$$L_{苯} = \frac{Kx}{y_2 - y_0} = \frac{5 \times 12}{0.006 - 0} = 10000(m^3/h)$$

$$L_{甲苯} = \frac{Kx}{y_2 - y_0} = \frac{5 \times 75}{0.05 - 0} = 7500(m^3/h)$$

$$L_{二甲苯} = \frac{Kx}{y_2 - y_0} = \frac{5 \times 50}{0.05 - 0} = 5000(m^3/h)$$

$$L_{CO_2} = \frac{Kx}{y_2 - y_0} = \frac{5 \times 4500}{9 - 0} = 2500(m^3/h)$$

故全面通风量为：

$$L = \max[(L_{苯} + L_{甲苯} + L_{二甲苯}), L_{CO_2}] = 22500m^3/h$$

11. **答案**：[A]

主要解答过程：

根据《09 技措》P60 式(4.4.2)

变压器散热量：

$$Q=2\times(1-\eta_1)\times\eta_2\times\varphi\times W=2\times(1-0.98)\times0.78\times0.95\times1000=29.64(\text{kW})$$

最小通风量：$L=\dfrac{Q}{c\rho\Delta t}\times3600=\dfrac{29.64}{1.01\times1.2\times(40-30)}\times3600=8804(\text{m}^3/\text{h})$

12. **答案：**[B]

主要解答过程：

混合过程满足质量守恒及能量守恒原则：

$$M_1+M_2=M$$

$$M_1h_1+M_2h_2=Mh$$

$$\therefore h=\frac{M_1h_1+M_2h_2}{M_1+M_2}=\frac{100\times90+500\times50}{100+500}=56.7(\text{kJ/kg})$$

13. **答案：**[B]

主要解答过程：

根据《民规》第 8.3.2 条条文说明，查表得 $K_1=0.803$，$K_2=0.9$，则设计工况下的供热能力为：

$$Q=qK_1K_2=150\times0.803\times0.9=108.4(\text{kW})$$

14. **答案：**[D]

主要解答过程：

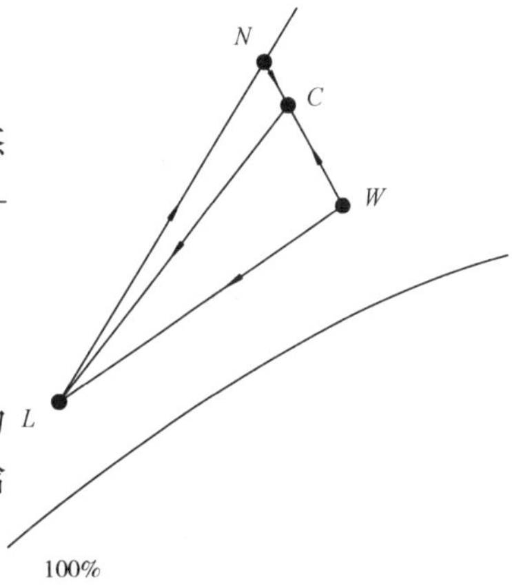

查 h-d 图得：表冷器出风状态点 $h_L=33\text{kJ/kg}$；室外新风状态点 $h_W=51.7\text{kJ/kg}$，最小新风工况(C—L)及全新风工况(W—L)空气处理过程线如图所示。

热湿比为：$\varepsilon=\dfrac{\Delta Q}{\Delta W}=\dfrac{293.3\text{kW}}{(144/3600)\text{kg/s}}=7332.4\text{kJ/kg}$

过 L 点做热湿比为 7332.4 的热湿比线与 26℃等温线交点即为室内状态点 N，查 h-d 图得 $h_N=54.7\text{kJ/kg}$，则混合状态点焓值为：

$h_C=20\%\times h_W+(1-20\%)\times h_N=54.1\text{kJ/kg}$，则：

最小新风工况制冷量：$Q_1=m(h_c-h_L)=\dfrac{40000\times1.2}{3600}\times(54.1-33)=281.3(\text{kW})$

全新风工况制冷量：$Q_2=m(h_W-h_L)=\dfrac{40000\times1.2}{3600}\times(51.7-33)=249.3(\text{kW})$

故每小时的节能量为：$\Delta Q=(Q_1-Q_2)\times1\text{h}=32\text{kW}\cdot\text{h}$

15. **答案：**[C]

主要解答过程：

根据《09 技措》P165 ~ P167，由于题干要求在系统不泄漏的情况下补水泵不得运行，故不考虑式(6.9.6-1)中的调节容积 V_t，因此：

$$V_{\text{xmin}}=V_{\min}=V_{\text{p}}=1\text{m}^3$$

$$V_{\text{Zmin}}=V_{\text{xmin}}\times\frac{P_{2\max}+100}{P_{2\max}-P_0}=1\times\frac{600+100}{600-500}=7(\text{m}^3)$$

16. **答案：**［B］

主要解答过程：

CD 点后系统压力、流量及管网阻力系数分别为：

$$P_{CD} = (10 \times 2 + 60 + 40) = 120(\text{kPa})$$

$$L_{CD} = 3 \times 50 = 150(\text{m}^3/\text{h})$$

$$S_{CD} = \frac{P_{CD}}{L_{CD}{}^2} = \frac{120}{150^2} = 5.33 \times 10^{-3}[\text{kPa}/(\text{m}^3/\text{h})^2]$$

AC 及 *BD* 管段阻力系数为：

$$S_{AC} = S_{BD} = \frac{P_{AC}}{L_{AC}{}^2} = \frac{P_{BD}}{L_{BD}{}^2} = \frac{10}{200^2} = 2.5 \times 10^{-4}[\text{kPa}/(\text{m}^3/\text{h})^2]$$

回路 2 的阀门关闭后，*AB* 点之后(不含回路 1)的总阻力数为：

$$S_{AB} = S_{AC} + S_{BD} + S_{CD} = 5.83 \times 10^{-3}\ \text{kPa}/(\text{m}^3/\text{h})^2$$

AB 点之后(不含回路 1)循环水量为：

$$Q_{AB} = \sqrt{\frac{P_{AB}}{S_{AB}}} = 155\text{m}^3/\text{h}$$

系统总循环水量为：

$$Q = Q_{AB} + Q_1 = 155 + 50 = 205(\text{m}^3/\text{h})$$

17. **答案：**［D］

主要解答过程：

$$\Delta Q = m\Delta h = \frac{1.2 \times 1000}{3600} \times (77 - 71.8) = 1.73(\text{kW})$$

$$\Delta W = m\Delta d = 1.2 \times 1000 \times \frac{21.7 - 16.2}{1000} = 6.6(\text{kg/h})$$

18. **答案：**［A］

主要解答过程：

$$2800 = c \times \rho \times \frac{G}{3600} \times (65 - 50)$$

$G = 160.5\text{m}^3/\text{h}$,单台泵流量为:$80.25\text{m}^3/\text{h}$

根据《公建节能 2015》第 4.3.9 条，查各附表得：

$\Delta T = 10℃$, $A = 0.003858$, $B = 21$, $\alpha = 0.002 + 0.16/800 = 0.0022$

$EC(H)R - a = 0.003096\sum(GH/\eta_b)/Q \leqslant A\left(B + \alpha\sum L\right)/\Delta T$

$$0.003096 \times \frac{160.5 \times 25}{\eta \times 2800} \leqslant 0.003858 \times \frac{21 + 0.0022 \times 800}{10}$$

$\Rightarrow \eta \geqslant 50.5\%$

19. **答案：**［D］

主要解答过程：

根据《教材 2018》P436 表 3.5-4 及 P443 式(3.5-18)、式(3.5-19)

$$h_x = H - h = 1.6\text{m}, l = 4.8/2 = 2.4(\text{m}), l/h_x = 1.5, 0.1\frac{l}{\sqrt{F_0}} = 0.1 \times \frac{2.4}{\sqrt{0.3 \times 0.3}} = 0.8$$

查图 3.5-23 得：$K = 0.5$，由于 $\Delta t_x < 0.5℃$(空调精度)，则：

$$\frac{0.5}{\Delta t_0} > 1.1 \times \frac{\sqrt{0.3 \times 0.3}}{0.5 \times (1.6 + 2.4)} \Rightarrow \Delta t_0 < 3.03℃$$

最小送风量：$L = \dfrac{Q}{c\rho\Delta t_0} \times 3600 = \dfrac{0.9 \times 3600}{1.01 \times 1.2 \times 3.03} = 882(\mathrm{m^3/h})$

散流器喉部风速：$v_0 = \dfrac{L}{0.3 \times 0.3 \times 3600} = 2.7\mathrm{m/s}$

验算轴心速度：$\dfrac{v_x}{v_0} = 1.2K \dfrac{\sqrt{F_0}}{h_x + l} \Rightarrow v_x = 0.12\mathrm{m/s} < 0.2\mathrm{m/s}$

验算换气次数：$n = \dfrac{L}{4.8 \times 4.8 \times 3.6} = 10.6$ 次/h > 8 次/h

均满足表 3.5-4 中要求，因此最小送风质量流量为：$G = \rho L = 1058\mathrm{kg/h}$

注意：(1)散流器气流组织计算步骤参见《教材 2018》P444，为 2018 年新考点。

(2)所求风量为质量流量，注意单位。

20. **答案：**[C]

主要解答过程：

根据《民规》第 8.3.2 条条文说明及附录 A，$t_w = -2.2℃$

$$K_1 = 1 - 0.02 \times (7 + 2.2) = 0.816$$

$$K_2 = 0.9$$

$$K_c = 1 - 0.01 \times (7 + 2.2) = 0.908$$

$$Q_h = 1000 \times K_1 \times K_2 = 734.4\mathrm{kW}$$

根据《民规》第 8.3.1.2 条，在名义工况下要求 $COP \geqslant 2.0$，按实际工况修正后得：

$$COP' = 2.0 \times K_c = 1.816$$

$$\therefore N_h = \frac{Q_h}{COP'} = 404.4\mathrm{kW}$$

21. **答案：**[C]

主要解答过程：

参考《教材 2018》P583，设 M_1、M_2 分别为通过 1#和 2#压缩机的制冷剂质量流量，对经济器列能量守恒方程($h_5 = h_6$)：

$$M_2 h_5 = (M_2 - M_1) h_9 + M_1 h_7$$

$$\therefore \frac{M_2}{M_1} = \frac{h_9 - h_7}{h_9 - h_5} = 1.35$$

对 3 状态点列能量守恒方程：

$$M_2 h_3 = (M_2 - M_1) h_9 + M_1 h_2$$

$$\therefore h_3 = \frac{0.35 M_1 h_9 + M_1 h_2}{1.35 M_1} = 435.4\mathrm{kJ/kg}$$

因此热泵机组的制热能效比为：

$$COP = \frac{M_2 (h_4 - h_5)}{M_2 (h_4 - h_3) + M_1 (h_2 - h_1)} = 4.8$$

22. **答案：**[D]

主要解答过程：

根据 GB/T 18430.2—2016 附录 A，采用内插法计算 75%，50% 和 25% 负荷率时的 COP 值：

$$COP_{75\%}=3.02，COP_{50\%}=3.13，COP_{25\%}=3.11$$

因此：$IPLV=2.3\%\times2.92+41.5\%\times3.02+46.1\%\times3.13+10.1\%\times3.11=3.08$

注：本题为 GB/T 18430.2—2016 附录 A 例题原题，如直接根据表格数据进行内插法计算有一定难度。

23. **答案：**［C］

主要解答过程：

制冷工况散热量：$Q=3150+\dfrac{3150}{EER}=3723\text{kW}$

根据能量守恒原理，排入土壤热量为：$\Delta Q=Q-540=3183\text{kW}$

24. **答案：**［D］

主要解答过程：

查 GB/T 18362—2008 表 1，$t_g=7℃$，$t_h=12℃$，实测制冷量为：

$$Q_L=cm\Delta t=4.2\times\frac{1000\times169}{3600}\times(12-7)=986(\text{kW})>1000\times95\%=950(\text{kW})$$

因此满足 GB/T 18362—2008 第 5.3.1 条对于实测制冷量的要求。

热源耗热量为：$Q_R=mq=\dfrac{89}{3600}\times35700=882.6(\text{kW})$

性能系数为：$COP=\dfrac{Q_L}{Q_R+W}=\dfrac{950}{882.6+11}=1.10$

性能系数满足 GB/T 18362—2008 表 1 的要求，但根据《公建节能 2015》第 4.2.19 条，对于直燃溴化锂冷水机组的性能系数要求有所提高，要求 $COP\geqslant1.20$，因此综合判断，该机组性能系数不满足节能设计要求。

注：本题由于不同规范对性能系数有不同要求，故有一定难度，但该考点在当年专业知识考试(上)第 67 题中已有考查，因此对考生有一定的提示作用。

25. **答案：**［A］

主要解答过程：

参考《教材 2018》P809 式(6.1-6)热水设计小时耗热量的计算公式，由于本题所求为最高日平均小时耗热量，因此不应考虑公式中的小时变化系数 K_h：

$$\overline{Q}_h=\frac{mq_rC(t_r-t_1)\rho_r}{T}=\frac{400\times120\times4.18\times(60-10)\times1}{24\times3600}=116(\text{kW})$$

注：(1)本题陷阱十分隐晦，考生在紧张的考场上较难发现。

(2)小时变化系数的含义参考《给水排水规》(GB 50015—2003)第 2.1.3 条，对于热水系统，应为设计小时耗热量与日平均小时耗热量的比值，是衡量耗热量按时间分布不均的数值，在计算系统设计耗热量时使用，而计算全日平均小时耗热量时不应考虑。

2018 年度全国注册公用设备工程师(暖通空调)执业资格考试　专业案例(下)

1. 严寒地区 A 区某地计划建设一座朝向为正南正北的 12 层办公楼，外轮廓尺寸为 39000×15000(mm)，顶层为多功能厅。每层南、北侧分别为 10 个外窗，外窗尺寸均为 2400×1500(mm)，首层层高为 5.4m，顶层层高为 6.0m，中间层层高均为 3.9m，其顶层多功能厅设有两个天窗，尺寸均为 7800×7800(mm)。问：该建筑正确的设计做法应是下列选项的哪一个？(K_c 为窗的传热系数，K_q 为墙的传热系数)

(A)满足 $K_c \leqslant 2.5$，$K_q \leqslant 0.38$ 即可　　(B)满足 $K_c \leqslant 2.7$，$K_q \leqslant 0.35$ 即可

(C)满足 $K_c \leqslant 2.2$，$K_q \leqslant 0.38$ 即可　　(D)应通过权衡判断来确定 K_c 和 K_q

答案：[　]

主要解答过程：

2. 某夏热冬冷地区的甲类公共建筑，外墙做法如图所示。各材料的热工参数为：①石膏板，导热系数 $\lambda_1 = 0.33\text{W}/(\text{m}\cdot\text{K})$，蓄热系数 $S_1 = 5.28\text{W}/(\text{m}^2\cdot\text{K})$。②乳化膨胀珍珠岩，导热系数 $\lambda_2 = 0.093\text{W}/(\text{m}\cdot\text{K})$；蓄热系数 $S_2 = 1.77\text{W}/(\text{m}^2\cdot\text{K})$。③大理石板，导热系数 $\lambda_3 = 2.91\text{W}/(\text{m}\cdot\text{K})$，蓄热系数 $S_3 = 23.27\text{W}/(\text{m}^2\cdot\text{K})$。外墙内外表面的换热系数分别取 $8.7\text{W}/(\text{m}^2\cdot\text{K})$ 和 $23\text{W}/(\text{m}^2\cdot\text{K})$。问：为了满足现行节能设计标准对外墙热工性能的要求，乳化膨胀珍珠岩的最小厚度 δ(mm)，最接近以下哪个选项？

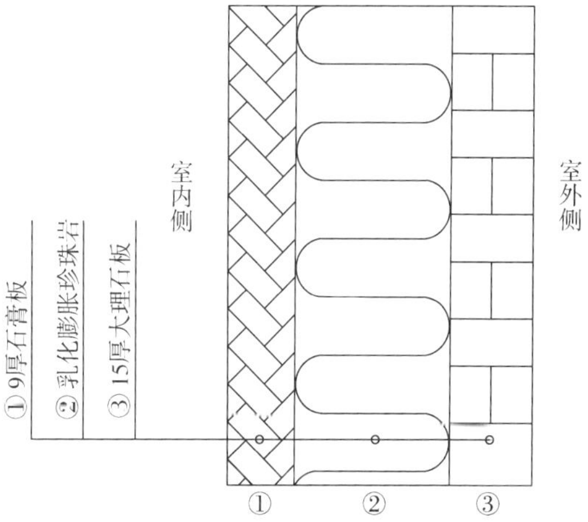

(A)120　　(B)140　　(C)160　　(D)180

答案：[　]

主要解答过程：

3. 某住宅小区，既有住宅楼均为 6 层，设计为分户热计量散热器供暖系统，室内设计温度 20℃，户内为单管跨越式、户外是异程双管下供下回式。原设计供暖热媒为 95～70(℃)，设计采用内腔无砂铸铁四柱 660 型散热器。后来由于对小区住宅楼进行了围护结构节能改造，该住宅小区的供暖热负荷降至原来的 40%。已知散热器传热系数计算公式 $K = 2.81\Delta t^{0.276}$，如果系统原设计流量不变，保持室内温度为 20℃，合理的供暖热媒供/回温度(℃)最接近下列哪个选项？(传热平均温差按照算术平均温差计算)

(A)55.5/45.5　　(B)58.0/43.0　　(C)60.5/40.5　　(D)63.0/38.0

答案：[　]

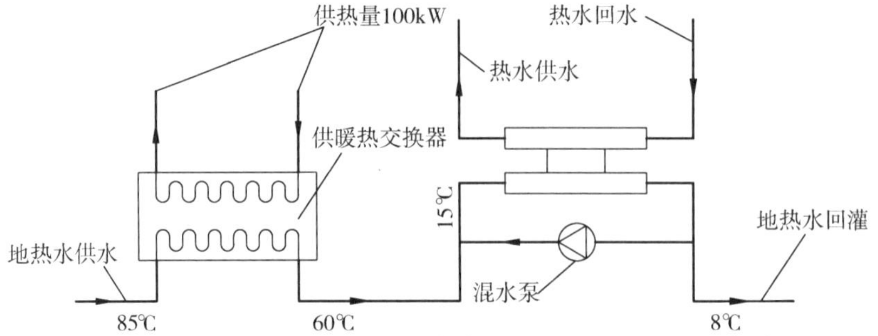

(A)35　　(B)180　　(C)208　　(D)260

答案:[　]

主要解答过程:

13. 某空调房间采用变风量全空气系统,由房间温度控制变风量末端的送风量。该房间计算全热冷负荷 50kW,余湿 15kg/h,设计送风温差为 8℃。问:当仅仅由于日射负荷变化使得房间全热冷负荷为 40kW(其他参数不变)时,该房间的空调送风量(kg/s)应最接近下列哪一项?[送风空气比热容取 1.01kJ/(kg·K),水的汽化潜热取 2500kJ/kg]

(A)6.19　　(B)4.95　　(C)4.28　　(D)3.66

答案:[　]

主要解答过程:

14. 某冰蓄冷空调冷源系统,设计日全天供冷量 18000kWh,最大冷负荷 2000kW,空调季最低冷负荷 650kW。选用双工况冷水机组两台,单台机组空调工况制冷量 725kW、蓄冰工况制冷量 500kW,低谷电时段 8h,假定蓄冰装置有效容量等于机组 8h 制冰能力。问:该项目对蓄冰装置的名义容量和释冷速率的最低要求最接近以下哪个选项?

(A)8000kWh 和 650kW　　(B)8600kWh 和 650kW

(C)8600kWh 和 550kW　　(D)9600kWh 和 650kW

答案:[　]

主要解答过程:

15. 如图所示的一级泵变流量空调水系统,主机侧定流量末端变流量,图中标识出主要管段的管径和设计工况下的水流阻力;每台冷水机组的额定冷量为 650kW,供回水温度为 7℃/12℃。各不同口径电动阀的流通能力见下表。问:供回水总管之间(A、B 点之间)的旁通电动阀,以下哪个阀门口径是最合理的?[水的密度为 1000kg/m³,定压比热容值为 4.18kJ/(kg·K)]

阀门口径	阀门流通能力
*DN*50	40
*DN*65	63
*DN*80	100
*DN*100	160
*DN*125	250
*DN*150	400

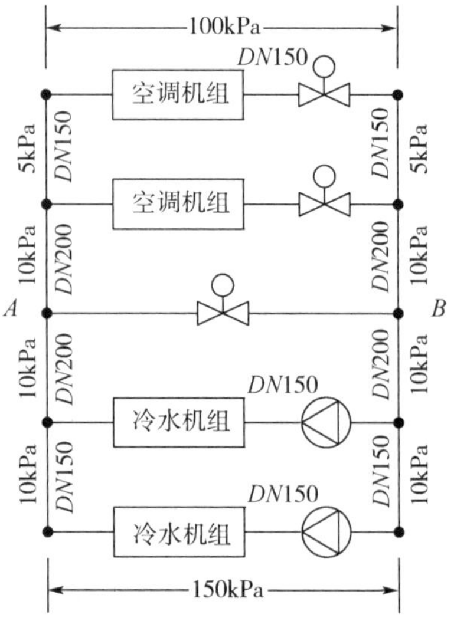

(A) $DN80$　　(B) $DN100$　　(C) $DN125$　　(D) $DN150$

答案：[　]

主要解答过程：

16. 某办公建筑采用全空气变风量空调系统，空气处理机组的风量为 25000m³/h、机外余压为 560Pa，风机效率为 0.65，该系统的单位风量耗功率[W/(m³/h)]最接近下列哪项？并判断能否满足节能标准的要求？

(A)0.22，符合节能设计标准要求　　(B)0.24，符合节能设计标准要求

(C)0.26，符合节能设计标准要求　　(D)0.28，符合节能设计标准要求

答案：[　]

主要解答过程：

17. 某图书阅览室采用一套温湿度独立控制系统。温度控制系统采用风机盘管，湿度控制系统(新风系统)处理后空气温度为 13.9℃，含湿量为 9g/kg，比焓为 36.78kJ/kg。阅览室总面积 300m²，总在室人员 120 人。总热湿负荷计算结果为：围护结构冷负荷 8400W，人员显热冷负荷 8040W，人员散湿量 7320g/h，照明及用电设备冷负荷 6000W。室内设计参数为：干球温度 25℃，相对湿度 60%，室内空气含湿量 12.04g/kg。室外空气计算参数为：干球温度 32℃，比焓 81kJ/kg。问：新风机组耗冷量(kW)和风机盘管供冷量(kW)最接近下列哪项？(不考虑风机温升和管道冷损耗)[空气密度为 1.2kg/m³，比热容为 1.01kJ/(kg·K)]

(A)新风机组耗冷量 35.4，风机盘管供冷量 13.5

(B)新风机组耗冷量 29.6，风机盘管供冷量 13.5

(C)新风机组耗冷量 35.4，风机盘管供冷量 22.4

(D)新风机组耗冷量 29.6，风机盘管供冷量 22.4

答案：[　]

主要解答过程：

18. 某建筑空调设计冷负荷为 120kW，空调设计热负荷为 100kW。采用空气源热泵机组作为空调冷热源，夏季供水温度为 7℃，冬季供水温度为 50℃。建设地点的夏季室外空调计算干球温度 37.5℃，冬季室外空调计算干球温度 -5℃。不同工况下的热泵机组制冷/制热出力修正系数见下表。冬季机组制热时每小时融霜 2 次。问：满足要求的热泵机组，其名义工况下的制冷量(kW)和制热量(kW)最少应达到下列哪项？(计算过程中，不在下表所列值时，采用插值法计算确定)

空气源热泵机组工况修正系数表

出水温度/℃	空气侧温度/℃			出水温度/℃	空气侧温度/℃		
	-5	0	7		45	40	35
40	0.7	0.82	1.02	5	0.8	0.87	0.95
45	0.69	0.74	1	7	0.87	0.95	1
50	0.67	0.72	0.89	9	0.95	1	1.05

(A)名义制冷量 120，名义制热量 100　　(B)名义制冷量 120，名义制热量 145

(C)名义制冷量 123，名义制热量 149　　　　(D)名义制冷量 123，名义制热量 187

答案：[　]

主要解答过程：

19. 某办公楼空调设计采用集中供冷方案，总供冷负荷 $Q_o=2300\text{kW}$，设计工况下冷冻水供水温度 $t_g=7℃$、回水温度 $t_h=12℃$，选用两台容量相等的冷水机组，设置三台型号相同的冷冻水泵(两用一备)，水力计算已得知冷冻水循环管路系统(未含冷水机组)的压力损失为 $P_1=275\text{kPa}$，产品样本查知冷冻水流经冷水机组的压力损失为 $P_2=75\text{kPa}$。问：若水泵效率 $\eta=76\%$，则每台水泵的轴功率值(kW)最接近下列哪一项？

(A)19.2　　(B)19.9　　(C)25.3　　(D)38.5

答案：[　]

主要解答过程：

20. 某洁净室要求室内空气≥0.5μm 尘粒的浓度≤35.2pc/L。室外大气≥0.5μm 尘粒的含尘浓度为 10×107pc/m³，该洁净室内单位容积发尘量为 2.08×104pc/(m³·min)，净化空调系统设计新风比为 10%。新风经粗效过滤(效率 20%，效率为对≥0.5μm 尘粒的效率，以下同)、中效过滤(效率 70%)后与经过中效过滤(效率 70%)的回风混合并经高效过滤(效率 99.99%)后送入洁净室。若安全系数取 0.6，按非单向流均匀分布计算法算出的该洁净室所需的最小换气次数(次/h)最接近下列何项？

(A)60　　(B)70　　(C)80　　(D)90

答案：[　]

主要解答过程：

21. 在使用侧和放热侧水温差均为 5℃ 的情况下，现行水冷式冷水机组国家标准 GB/T 18430.1—2007 和 GB/T 18430.2—2016 在其规定的使用侧和放热侧水流量条件下，冷水机组的制冷性能系数 COP_C 最接近以下哪个选项？

(A)3.5　　(B)4.0　　(C)4.5　　(D)5.0

答案：[　]

主要解答过程：

22. 夏热冬冷地区某土壤源热泵空调系统，同时配置有辅助冷却塔。已知：设计工况下，机组制冷和制热的性能系数均为 5.0，且夏季空调负荷为 3000kW，冬季供热负荷为 2100kW，要求地埋管系统容量按照冬季供暖负荷设计。问：冷却塔夏季设计工况时的排热负荷(kW)最接近下列何项？(注：设计工况下，地埋管冬、夏季单位管长换热量按相等考虑)

(A)900　　(B)1320　　(C)1920　　(D)3600

答案：[　]

主要解答过程：

23. 制冷量与使用侧工况条件均相同的直燃型溴化锂吸收式冷水机组和离心式冷水机组，前

者的制冷能效比 $COP_1=1.2$，后者的 $COP_2=6.0$。如果二者的冷却水进、出口温度相同，则前者与后者所要求的冷却水流量之比最接近以下哪项?

(A)0.2　　(B)1.0　　(C)1.6　　(D)5.0

答案：[　]

主要解答过程：

24. 某办公楼的工作模式为 9:00 到 17:00，设计日工作期间的平均小时冷负荷为 600kW，采用部分负荷水蓄冷方案，蓄冷负荷率为 50%，蓄冷槽的容积率取 1.2，可利用的进出水温差取 5℃，蓄冷槽效率取 0.8，制冷站设计日附加系数取 10%。问：蓄冷槽的最小设计容积(m^3)最接近下列哪项?

(A)500　　(B)600　　(C)700　　(D)800

答案：[　]

主要解答过程：

25. 某小区共有 5 栋公寓楼，每栋楼 20 户，另有一栋小区会所。小区采用低压天然气供应，拟考虑每户公寓厨房设置一台快速燃气热水器和一台燃气双眼灶。其中单台热水器燃气流量为 2.86(m^3/h)，单台双眼灶燃气流量为 0.7(m^3/h)，小区会所燃气计算流量为 12(m^3/h)。问：该小区天然气的总计算流量(m^3/h)最接近以下哪个选项?

(A)60.52　　(B)72.52　　(C)74.76　　(D)86.76

答案：[　]

主要解答过程：

2018 年度全国注册公用设备工程师(暖通空调)执业资格考试　专业案例(下)　详解

专业案例答案									
题号	答案	题号	答案	题号	答案	题号	答案	题号	答案
1	D	6	B	11	B	16	D	21	B
2	A	7	C	12	D	17	A	22	C
3	A	8	D	13	D	18	D	23	C
4	C	9	D	14	C	19	C	24	C
5	C	10	A	15	A	20	A	25	B

1. **答案**：[D]

主要解答过程：

根据《公建节能 2015》第 3.2 节

建筑高：$H = 5.4 + 6.0 + 10 \times 3.9 = 50.4(\text{m})$

建筑体积：$V = 39 \times 15 \times 50.4 = 29484(\text{m}^3)$

建筑表面积：$S = (39 + 15) \times 2 \times 50.4 + 39 \times 15 = 6028.2(\text{m}^2)$

体形系数：$\varepsilon = \dfrac{S}{V} = 0.204$，满足第 3.2.1 条要求。

南北窗墙比：$n_1 = \dfrac{10 \times 2.4 \times 1.5 \times 12}{39 \times 50.4} = 22\%$，满足第 3.2.2 条要求。

天窗占屋顶面积比：$n_2 = \dfrac{2 \times 7.8 \times 7.8}{39 \times 15} = 20.8\%$，不满足第 3.2.7 条要求。

因此必须按照《公建节能 2015》规定的方法进行权衡判断。

注：《公建节能 2015》相较于《公建节能》关于权衡判断的修改内容，请参见 1.1.2 节"新旧节能规范关于权衡判断的对比"相关总结。

2. **答案**：[A]

主要解答过程：

根据《公建节能 2015》表 3.3.1-4，由于是求保温材料的最小厚度，先假设 $D > 2.5$，则取 $K \leqslant 0.8\text{W}/(\text{m}^2 \cdot \text{K})$，根据《教材 2018》P3 式(1.1-3)

$$K = \frac{1}{R_o} = \frac{1}{\dfrac{1}{\alpha_n} + \sum \dfrac{\delta}{\alpha_\lambda \lambda} + R_K + \dfrac{1}{\alpha_w}} = \frac{1}{\dfrac{1}{8.7} + \dfrac{0.009}{0.33} + \dfrac{\delta}{1 \times 0.093} + \dfrac{0.015}{2.91} + \dfrac{1}{23}} \leqslant 0.8\text{W}/(\text{m}^2 \cdot \text{K})$$

$$\Rightarrow \delta \geqslant 0.098\text{m} = 98\text{mm}$$

验算热惰性指标：

$$D = R_1S_1 + R_2S_2 + R_3S_3 = \frac{0.009}{0.33} \times 5.28 + \frac{0.098}{0.093} \times 1.77 + \frac{0.015}{2.91} \times 23.27 = 2.15 < 2.5$$

不满足假设条件，因此计算当 $D=2.5$ 时，保温材料的厚度：

$$D = 2.5 = \frac{0.009}{0.33} \times 5.28 + \frac{\delta'}{0.093} \times 1.77 + \frac{0.015}{2.91} \times 23.27$$

$$\Rightarrow \delta' = 0.117\text{m} = 117\text{mm}$$

因此当乳化膨胀珍珠岩厚度大于 117mm 时，可满足 $D>2.5$ 的同时，$K<0.8\text{W}/(\text{m}^2 \cdot \text{K})$。

注：《教材 2018》表 1.1-6 中并未列举乳化膨胀珍珠岩的导热材料修正系数，因此不予考虑。

3. **答案：**[A]

主要解答过程：

根据《教材 2018》P89 式(1.8-1)，各修正系数不变，忽略其影响。改造前后热负荷：

$$Q_0 = K_0F\Delta t_0 = 2.81 \times F \times \Delta t_0^{\ 1.276}$$

$$0.4Q_0 = KF\Delta t = 2.81 \times F \times \Delta t^{1.276}$$

两式相比得：

$$\frac{1}{0.4} = \frac{\left(\frac{95+70}{2} - 20\right)^{1.276}}{\left(\frac{t_g + t_h}{2} - 20\right)^{1.276}} \Rightarrow t_g + t_h = 100.96℃$$

又因为系统流量不变，因此：

$$\frac{Q}{95-70} = \frac{0.4Q}{t_g - t_h} \Rightarrow t_g - t_h = 10℃$$

解得：$t_g = 55.5℃$，$t_h = 45.5℃$

4. **答案：**[C]

主要解答过程：

根据《教材 2018》P92 式(1.8-9)

$$A = \frac{q_m}{490.3P_1} = \frac{600}{490.3 \times 0.33} = 3.71(\text{cm}^2)$$

由于微启式一般用于液体，故选择全启式，因此选择 $DN40$。

扩展：全启式安全阀，排放量大，当 $DN \geqslant 40\text{mm}$ 时，其出口管径一般比进口管径大一级，多用于气体介质。

5. **答案：**[C]

主要解答过程：

根据《教材 2018》P120 式(1.10-2)并查表 1.10-1；P122 式(1.10-5)并查表 1.10-2

供暖热负荷为：

$$Q_n' = q_fF \times 10^{-3} = (45 \times 120 \times 10^4 + 70 \times 15 \times 10^4 \times 50\% + 60 \times 10 \times 10^4 \times 40\%) \times 10^{-3}$$

$$= 61650\text{kW} = 61.65\text{MW}$$

空调热负荷为：

$$Q_a = q_aA_k \times 10^{-3} = (120 \times 15 \times 10^4 \times 50\% + 120 \times 10 \times 10^4 \times 60\%) \times 10^{-3}$$

$$= 16200\text{kW} = 16.2\text{MW}$$

总热负荷最大概算容量为：$Q = Q_n' + Q_a = 77.85\text{MW}$

6. **答案：**[B]

主要解答过程：

根据《教材2018》P123～P124

A座耗热量：$Q_h^a = 0.0864NQ_h\dfrac{t_i - t_a}{t_i - t_{o,h}} = 0.0864 \times 120 \times 1000 \times \dfrac{18-3}{18-(-4)} = 7069(\mathrm{GJ})$

B座耗热量：$Q_a^a = 0.0036T_aNQ_a\dfrac{t_i - t_a}{t_i - t_{o,a}} = 0.0036 \times 8 \times 120 \times 600 \times \dfrac{20-3}{20-(-6)} = 1695(\mathrm{GJ})$

全年最大耗热量：$Q_T^a = Q_h^a + Q_a^a = 8764(\mathrm{GJ})$

7. **答案：**[C]

主要解答过程：

根据《教材2018》P272式(2.8-5)

$$\rho_{-25℃} = 1.293 \times \frac{273}{273-25} \times \frac{943}{1013} = 1.32(\mathrm{kg/m^3})$$

根据P268表2.8-6得：

$$\frac{N_2}{N_1} = \frac{\rho_{-25℃}}{\rho_{20℃}} = \frac{1.32}{1.2} = 1.1$$

8. **答案：**[D]

主要解答过程：

根据《教材2018》P198，最小吸风量为：

$$L_2 = 1800A = 1800 \times 3 \times 1.5 = 8100(\mathrm{m^3/h})$$

最小吹风量为：

$$L_1 = \frac{1}{BE}L_2 = \frac{1}{1.5 \times 6.6} \times 8100 = 818(\mathrm{m^3/h})$$

9. **答案：**[D]

主要解答过程：

根据JBT 8533—2010表1，要求出口含尘浓度≤50mg/m³，漏风率≤3%。

入口含尘量：$m_{入} = 15000\mathrm{m^3/h} \times 38\ \mathrm{g/m^3} = 57 \times 10^4\mathrm{g/h}$

出口风量：$L_{出} = 15000\mathrm{m^3/h} \times (1+1.8\%) \times (1+3\%) = 15728.1\mathrm{m^3/h}$

出口最大含尘量：$m_{出} = L_{出} \times 50\ \mathrm{mg/m^3} = 786.4\mathrm{g/h}$

因此：$m_{入} \times (1-86\%) \times (1-\eta) = m_{出} \Rightarrow \eta = 99\%$

10. **答案：**[A]

主要解答过程：

根据《教材2018》P268表2.8-6

$$L_2 = L_1\frac{n_2}{n_1} = 23650 \times \frac{1000}{710} = 33309.8(\mathrm{m^3/h})$$

$$P_2 = P_1\left(\frac{n_2}{n_1}\right)^2 = 760 \times \left(\frac{1000}{710}\right)^2 = 1507.6(\mathrm{Pa})$$

根据P539式(3.9-7)

$L_W = 5 + 10\lg L_2 + 20\lg P_2 = 113.8\mathrm{dB}$

11. **答案：**[B]

主要解答过程：

根据《工业暖规》第 6. 3. 8 条条文说明，“当房间高度大于 6m 时，仍按 6m 高度时的房间容积计算全面排风量”；根据第 6. 4. 3. 2 条，当房间高度大于 6m 时，事故通风量按 6m 的空间体积计算，因此：

事故通风量：$L_1 = 100 \times 6 \times 12 \times 1.1 = 7920(m^3/h)$

全面排风量：$L_2 = 100 \times 6 \times 6 \times 1.1 = 3960(m^3/h)$

因此最为合理(节能)的风机配置方案为：设置两台风量为 $3960m^3/h$ 的定速风机，平时通风开启一台，事故通风时两台同时打开。

注：实际工程中类似情况常选用一台双速风机，平时低速运行，事故时高速运行，相比于题目所选方案更加节约初投资。

12. **答案：**［D］

主要解答过程：

设水源热泵蒸发器侧吸热量为 Q_1，则根据地热水侧流量相等有：

$$\frac{Q_1}{100kW} = \frac{60-8}{85-60} \Rightarrow Q_1 = 208kW$$

水源热泵设计供热量为 Q，则：

$$Q = Q_1 + \frac{Q}{COP} = 208 + \frac{Q}{5} \Rightarrow Q = 260kW$$

注：(1)水源热泵热源侧换热量应从整体考虑，可不必进行混水泵计算，减少计算量。

(2)注意题目已知条件为制热系数，不要错看为制冷系数。

13. **答案：**［D］

主要解答过程：

房间潜热负荷为：$Q_q = \frac{15}{3600} \times 2500 = 10.4(kW)$

当由于日射负荷变化导致全热负荷减小为 40kW 时，房间潜热负荷不变，故此时房间显热负荷为：

$$Q_x' = 40 - Q_q = 29.6kW$$

送风温差不变，因此房间空调送风量减小为：

$$m = \frac{Q_x'}{c\Delta t} = \frac{29.6}{1.01 \times 8} = 3.66(kg/s)$$

注：关于变风量系统相关总结可参考专业知识篇第 3. 3. 3 节“变风量系统知识点总结”相关内容，本题考点在于：变风量系统湿度控制能力较差，即不能同时保证不同房间湿度要求，一般仅控制室内温度。

14. **答案：**［C］

主要解答过程：

根据《教材 2018》P689 及《09 技措》P142，蓄冰装置的名义容量的最低要求为：

$$Q_{so} = \varepsilon Q_s = 1.03 \times 2 \times 500 \times 8 = 8240(kWh)$$

根据《蓄冷空调工程技术规程》(JGJ 158—2008)第 2. 0. 21 条及 3. 3. 8 条，释冷速率为蓄冷装置瞬时的单位时间释冷量的大小，并应能满足蓄冷空调系统的用冷需求。由于制冷机组空调工况总制冷量不能满足最大负荷需求，因此释冷速率的最低要求为：

$$Q_{min} = 2000 - 2 \times 725 = 550(kW)$$

综合判断，选择 C 选项。

注：(1)《教材 2018》及《蓄冷空调工程技术规程》中均未给出蓄冷装置实际放大系数取值。

(2)有观点认为最小释冷速率应满足空调季最低冷负荷 650kW，理由是最低负荷时可以转换为全负荷蓄冷，节约运行费用。笔者认为该看法错误，首先，题目所求为最小释冷速率，仅需满足蓄冷空调系统的用冷需求，空调季部分负荷工况时，可以由制冷机直接供冷；其次，空调最低冷负荷出现时间较短，仅满足最低负荷工况下全负荷蓄冷没有实际意义，例如当实际冷负荷高于最低冷负荷时(绝大多数时间段)，同样要开启制冷机供冷。

15. **答案**：[A]

主要解答过程：

根据《09 技措》第 5.7.4 条或《教材 2018》P479，对于主机定流量、末端变流量的空调冷水系统，旁通阀的设计流量应取单台冷水机组的额定流量：

$$G = \frac{Q}{c\rho\Delta t} = \frac{650}{4.18 \times 1000 \times 5} \times 3600 = 111.8(m^3/h)$$

用户端旁通阀两侧设计压差为：

$$\Delta P = 100 + 2 \times (10 + 50) = 130(kPa)$$

再根据《教材 2018》P524 式(3.8-1)，调节阀的流通能力为：

$$C = \frac{316G}{\sqrt{\Delta P}} = \frac{316 \times 111.8}{\sqrt{130 \times 1000}} = 98$$

故旁通阀口径选择 $DN80$。

扩展：对于主机变流量的空调冷水系统，旁通阀的设计流量应取单台最大冷水机组的最小安全额定流量。

16. **答案**：[D]

主要解答过程：

根据《公建节能 2015》第 4.3.22 条

$$W_s = \frac{P}{3600\eta_{CD}\eta_F} = \frac{560}{3600 \times 0.855 \times 0.65} = 0.28[W/(m^3/h]$$

满足表 4.3.22 中 0.29W/(m³/h)的限值，故符合节能设计标准要求。

17. **答案**：[A]

主要解答过程：

根据《民规》表 3.0.6-4，图书馆人员密度为：120/300 = 0.4(人/m²)，故新风量取 20m³/(h·人)，按人员卫生要求最小总新风量为：

$$L_{X1} = 120 \times 20 = 2400(m^3/h)$$

温湿度独立控制系统，新风承担所有湿负荷，所需新风量为：

$$L_{X2} = \frac{W}{\Delta d\rho} = \frac{7320}{(12.04 - 9) \times 1.2} = 2006.6(m^3/h) < L_{X1}$$，故系统新风量取 2400m³/h。

新风机组总负荷为：$Q_X = \frac{L_{X1}\rho}{3600}\Delta h = \frac{2400 \times 1.2}{3600} \times (81 - 36.78) = 35.4(kW)$

新风机组显热负荷为：$Q_{XX} = \frac{cL_{X1}\rho}{3600}\Delta t = \frac{1.01 \times 2400 \times 1.2}{3600} \times (25 - 13.9) = 8.97(kW)$

故风机盘管承担负荷为：$Q_{FP} = 8.4 + 8.04 + 6.0 - Q_{XX} = 13.5\text{kW}$

注：温湿度独立控制计算方法可参考第3.3.7节相关总结。

18. **答案：**[D]

主要解答过程：

制冷工况，查表得室外温度为37.5℃，出水温度为7℃时，修正系数采用插值法得：$K_1 = 0.975$，则名义制冷量为：

$$q_L = \frac{Q_L}{K_1} = \frac{120}{0.975} = 123.1(\text{kW})$$

制冷工况，查表得室外温度为－5℃，出水温度为50℃时，修正系数为$K_1 = 0.67$，根据《民规》第8.3.2条条文说明，融霜系数为$K_2 = 0.8$，则名义制热量为：

$$q_R = \frac{Q_R}{K_1K_2} = \frac{100}{0.67 \times 0.8} = 186.6(\text{kW})$$

19. **答案：**[C]

主要解答过程：

单台泵水流量：$G = \frac{1}{2} \times \frac{Q \times 3600}{c\rho\Delta t} = \frac{1}{2} \times \frac{2300 \times 3600}{4.18 \times 1000 \times (12-7)} = 198(\text{m}^3/\text{h})$

水泵扬程：$H = \frac{P_1 + P_2}{\rho g} = \frac{(275 + 75) \times 1000}{1000 \times 9.8} = 35.7(\text{mH}_2\text{O})$

水泵轴功率：$W = \frac{GH}{367.3\eta} = \frac{35.7 \times 198}{367.3 \times 76\%} = 25.3(\text{kW})$

20. **答案：**[A]

主要解答过程：

根据《教材2018》P464式(3.6-8)，新风与回风混合后含尘浓度为：

$$N_{sh} = 10\% \times 10 \times 10^4\text{pc/L} \times (1 - 20\%) \times (1 - 70\%) + 90\% \times 35.2\text{pc/L} = 2431.7\text{pc/L}$$

送风含尘浓度：$N_s = N_{sh} \times (1 - 99.99\%) = 0.243\text{pc/L}$

换气次数：$n = 60\frac{G}{aN - N_s} = 60 \times \frac{2.08 \times 10^4}{0.6 \times 35.2 \times 10^3 - 0.243 \times 10^3} = 59.8(\text{次/h})$

21. **答案：**[B]

主要解答过程：

根据GB/T 18430.1—2007表2，使用侧流量为：$0.172\text{m}^3/(\text{h} \cdot \text{kW})$，放热侧流量为：$0.215\text{m}^3/(\text{h} \cdot \text{kW})$

制冷量为：$Q_L = cm_1\Delta t$

散热量为：$Q_R = cm_2\Delta t$

制冷性能系数为：$COP_C = \frac{Q_L}{W} = \frac{Q_L}{Q_R - Q_L} = \frac{0.172}{0.215 - 0.172} = 4.0$

22. **答案：**[C]

主要解答过程：

由于地埋管冬、夏季单位管长换热量按相等考虑，因此夏季设计工况盘管向土壤中的排热量等于冬季设计工况盘管从土壤中的吸热量，即：

$$Q_1 = 2100 - \frac{2100}{5} = 1680(\text{kW})$$

夏季冷却水系统总热负荷为：

$$Q_2 = 3000 + \frac{3000}{5} = 3600(\text{kW})$$

冷却塔夏季设计工况时排热负荷为：

$$\Delta Q = Q_2 - Q_1 = 1920\text{kW}$$

23. **答案：**[C]

主要解答过程：

设冷负荷为 Q_0，根据《教材 2018》P642 式(4.5-6)，溴化锂机组消耗的热量为：$Q_g = \frac{Q_0}{1.2}$

冷却水热负荷为：$Q_K = Q_0 + Q_g = 1.83Q_0$

电制冷机组冷却水热负荷为：$Q_K' = Q_0 + \frac{Q_0}{6.0} = 1.167Q_0$

冷却水进、出口温度相同，故冷却水流量比为：$n = \frac{Q_K}{Q_K'} = 1.57$

24. **答案：**[C]

主要解答过程：

根据《教材 2018》P688 ~ P690

设备选用日总冷负荷为：$Q = (1 + k)Q_d = (1 + 10\%) \times 600 \times 8 = 5280(\text{kWh})$

蓄冰装置有效容量为：$Q_s = 50\% \times Q = 2640\text{kWh}$

蓄冷槽的最小设计容积为：$V = \frac{Q_s P}{1.163\eta\Delta t} = \frac{2640 \times 1.2}{1.163 \times 0.8 \times 5} = 681(\text{m}^3)$

25. **答案：**[B]

主要解答过程：

根据《教材 2018》P821 式(6.3-2)及表 6.3-4，公寓楼燃气计算流量为：

$$Q_{h1} = \sum kNQ_n = 0.17 \times 5 \times 20 \times (2.86 + 0.7) = 60.52(\text{m}^3/\text{h})$$

该小区天然气的总计算流量为：

$$Q_h = Q_{h1} + 12 = 72.52\text{m}^3/\text{h}$$

附　录

附录 A　2019 年全国注册公用设备工程师(暖通空调)执业资格考试专业考试使用的主要规范、标准

序号	规范名称	标准编号	备注
1	民用建筑供暖通风与空气调节设计规范	GB 50736—2012	
2	工业建筑供暖通风与空气调节设计规范	GB 50019—2015	2017 年新增
3	建筑防烟排烟系统技术标准	GB 51251—2017	2019 年新增
4	建筑设计防火规范	GB 50016—2014	2016 年新增
5	汽车库、修车库、停车场设计防火规范	GB 50067—2014	2016 年新增
6	人民防空工程设计防火规范	GB 50098—2009	
7	人民防空地下室设计规范	GB 50038—2005	
8	住宅设计规范	GB 50096—2011	
9	住宅建筑规范	GB 50368—2005	
10	严寒和寒冷地区居住建筑节能设计标准	JGJ 26—2010	
11	夏热冬冷地区居住建筑节能设计标准	JGJ 134—2010	
12	夏热冬暖地区居住建筑节能设计标准	JGJ 75—2012	
13	公共建筑节能设计标准	GB 50189—2015	2016 年新增
14	民用建筑热工设计规范	GB 50176—2016	2018 年新增
15	辐射供暖供冷技术规程	JGJ 142—2012	
16	供热计量技术规程	JGJ 173—2009	
17	工业设备及管道绝热工程设计规范	GB 50264—2013	
18	既有居住建筑节能改造技术规程	JGJ/T 129—2012	
19	公共建筑节能改造技术规范	JGJ 176—2009	
20	环境空气质量标准	GB 3095—2012	
21	声环境质量标准	GB 3096—2008	
22	工业企业厂界环境噪声排放标准	GB 12348—2008	
23	工业企业噪声控制设计规范	GB/T 50087—2013	
24	大气污染物综合排放标准	GB 16297—1996	
25	工业企业设计卫生标准	GBZ 1—2010	
26	工作场所有害因素职业接触限值　第 1 部分：化学有害因素	GBZ 2. 1—2007	
27	工作场所有害因素职业接触限值　第 2 部分：物理因素	GBZ 2. 2—2007	

（续）

序号	规范名称	标准编号	备注
28	洁净厂房设计规范	GB 50073—2013	
29	地源热泵系统工程技术规范	GB 50366—2005（2009 年版）	
30	燃气冷热电联供工程技术规范	GB 51131—2016	2018 年新增
31	蓄冷空调工程技术规程	JGJ 158—2008	
32	多联机空调系统工程技术规程	JGJ 174—2010	
33	冷库设计规范	GB 50072—2010	
34	锅炉房设计规范	GB 50041—2008	
35	锅炉大气污染物排放标准	GB 13271—2014	
36	城镇供热管网设计规范	CJJ 34—2010	
37	城镇燃气设计规范	GB 50028—2006	
38	城镇燃气技术规范	GB 50494—2009	
39	建筑给水排水设计规范	GB 50015—2003（2009 年版）	
40	建筑给水排水及采暖工程施工质量验收规范	GB 50242—2002	
41	通风与空调工程施工规范	GB 50738—2011	
42	通风与空调工程施工质量验收规范	GB 50243—2016	2018 年新增
43	制冷设备、空气分离设备安装工程施工及验收规范	GB 50274—2010	
44	建筑节能工程施工质量验收规范	GB 50411—2007	
45	绿色建筑评价标准	GB 50378—2014	2016 年新增
46	绿色工业建筑评价标准	GB/T 50878—2013	
47	民用建筑绿色设计规范	JGJ/T 229—2010	
48	空气调节系统经济运行	GB/T 17981—2007	
49	冷水机组能效限定值及能源效率等级	GB 19577—2015	2018 年新增
50	单元式空气调节机能效限定值及能源效率等级	GB 19576—2004	
51	房间空气调节器能效限定值及能效等级	GB 12021. 3—2010	
52	多联式空调（热泵）机组能效限定值及能源效率等级	GB 21454—2008	
53	蒸气压缩循环冷水（热泵）机组 工商业用和类似用途的冷水（热泵）机组	GB/T 18430. 1—2007	
54	蒸气压缩循环冷水（热泵）机组 户用和类似用途的冷水（热泵）机组	GB/T 18430. 2—2016	2018 年新增
55	溴化锂吸收式冷（温）水机组安全要求	GB 18361—2001	
56	直燃型溴化锂吸收式冷（温）水机组	GB/T 18362—2008	
57	蒸汽和热水型溴化锂吸收式冷水机组	GB/T 18431—2014	
58	水源热泵机组	GB/T 19409—2013	
59	商业或工业用及类似用途的热泵热水机	GB/T 21362—2008	
60	组合式空调机组	GB/T 14294—2008	
61	柜式风机盘管机组	JB/T 9066—1999	
62	风机盘管机组	GB/T 19232—2003	
63	通风机能效限定值及能效等级	GB/T 19761—2009	

（续）

序号	规范名称	标准编号	备注
64	清水离心泵能效限定值及节能评价值	GB/T 19762—2007	
65	离心式除尘器	JB/T 9054—2015	
66	回转反吹类袋式除尘器	JB/T 8533—2010	
67	脉冲喷吹类袋式除尘器	JB/T 8532—2008	
68	内滤分室反吹类袋式除尘器	JB/T 8534—2010	
69	建筑通风和排烟系统用防火阀门	GB 15930—2007	
70	干式风机盘管	JB/T 11524—2013	2018年新增
71	高出水温度冷水机组	JB/T 12325—2015	2018年新增
72	全国民用建筑工程设计技术措施 暖通空调·动力	2009年版	大纲删除但仍有考点，建议购买
73	全国民用建筑工程设计技术措施 节能专篇 暖通空调·动力	2007年版	大纲删除但仍有考点，建议购买

说明：

1. 由于本书出版之日2019年考试规范、标准大纲尚未公布，因此上表中仅按惯例列出2019年大纲可能涉及的规范、标准。待2019年官方大纲目录公布时，读者可自行对照，补全2019年新增规范及标准。

2. 注册暖通专业考试大纲涉及规范、规程及标准按时间划分原则：考试年度的试题中所采用的规范、规程及标准均以前一年10月1日前公布实施的规范、规程及标准为准，如2019年考试大纲，应以2018年10月1日前公布实施的规范、规程及标准为准，2018年10月1日之后实施的规范规程及标准，原则上不应列入考试大纲要求。

附录C 热湿比小工具（仅供配合本书附录D使用）

清风注考制作

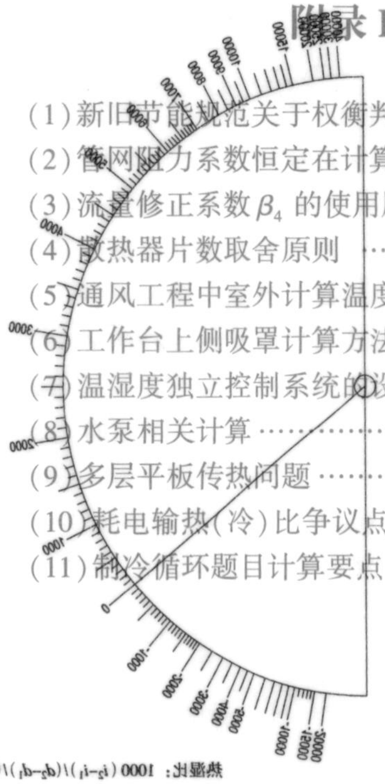

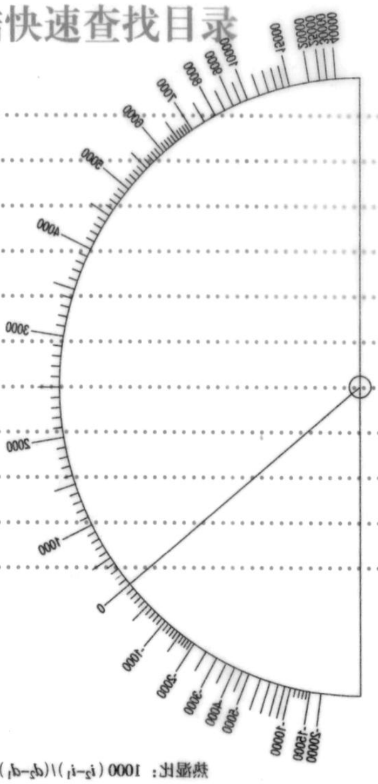

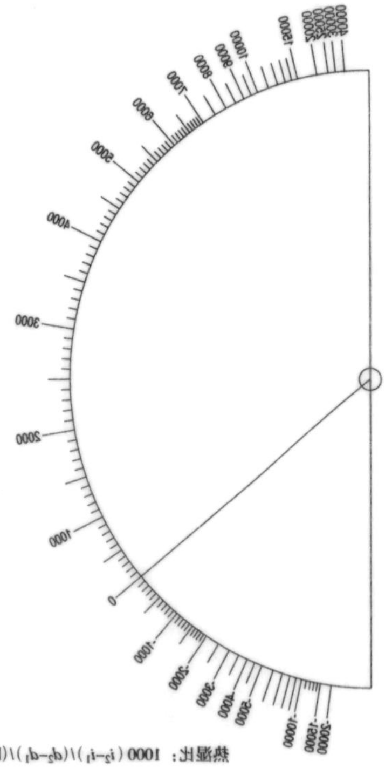

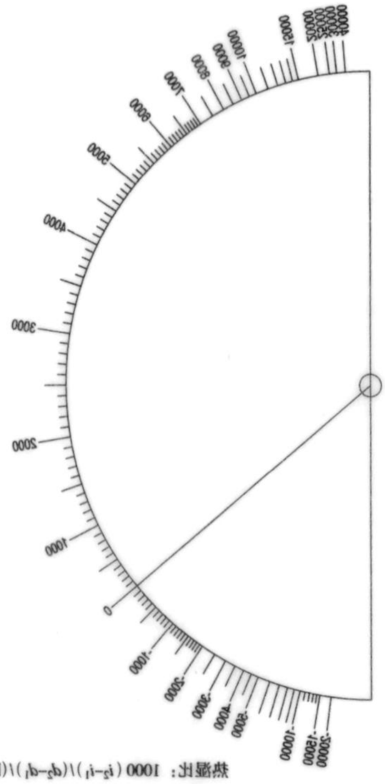

使用说明：

1. **本工具需配合本书附录D焓湿图使用，使用其他焓湿图可能造成误差！** 将附录C按虚线裁开，共四份，每一份可单独使用。
2. 在焓湿图上确定需要绘制热湿比线的状态点后，将本工具覆盖于焓湿图上，使其圆心与状态点重合，半圆直径与焓湿图等湿线平行。
3. 用直尺紧压本工具与焓湿图，画线连接圆心至所需热湿比大小的刻度处，并继续画线延伸至焓湿图上（超出工具覆盖的范围）。
4. 将工具移走，连接状态点与焓湿图上所画直线，即可准确得到经过该状态点指定大小的热湿比线。